清華
电脑学堂

Office 2016
高效办公应用标准教程

谢 华 冉洪艳 编著

清华大学出版社
北 京

内 容 简 介

本书汇集了用户在使用 Office 2016 时最常见的操作技巧，通过几十个经典案例，详细介绍了文档的基础排版、图文混排、文表混排、美化工作表、公式与函数、使用图表、分析数据、幻灯片基础操作、编辑 PowerPoint、展示与分析数据、设置动画与交互效果、放映与输出等基础知识和实用技巧。本书结构编排合理，图文并茂，实例丰富，可有效帮助用户提升 Office 2016 的操作水平。本书适合作为高校教材使用，也可作为企业管理人员、计算机办公用户深入学习 Office 2016 的参考资料。

图书在版编目（CIP）数据

Office 2016 高效办公应用标准教程/谢华，冉洪艳编著. —北京：清华大学出版社，2017(2019.8 重印)
（清华电脑学堂）

ISBN 978-7-302-44774-0

Ⅰ. ①O…　Ⅱ. ①谢…　②冉…　Ⅲ. ①办公自动化-应用软件-教材　Ⅳ. ①TP317.1

中国版本图书馆 CIP 数据核字（2016）第 189807 号

责任编辑： 冯志强　薛　阳
封面设计： 杨玉芳
责任校对： 徐俊伟
责任印制： 李红英

出版发行： 清华大学出版社
　网　址：http://www.tup.com.cn, http://www.wqbook.com
　地　址：北京清华大学学研大厦 A 座　　邮　编：100084
　社 总 机：010-62770175　　邮　购：010-62786544
　投稿与读者服务：010-62776969，c-service@tup.tsinghua.edu.cn
　质量反馈：010-62772015，zhiliang@tup.tsinghua.edu.cn
印 装 者： 三河市龙大印装有限公司
经　销： 全国新华书店
开　本： 185mm×260mm　　**印　张：** 23.75　　**字　数：** 593 千字
版　次： 2017 年 2 月第 1 版　　**印　次：** 2019 年 8 月第 3 次印刷
定　价： 49.00 元

产品编号：048600-01

前　　言

Office 2016 是微软公司最新推出的办公自动化软件，也是 Office 产品史上最具创新与革命性的一个版本。本书以 Office 2016 中的实用技巧出发，配以大量实例，采用知识点讲解与动手练习相结合的方式，详细介绍了 Office 2016 中的基础应用知识与高级使用技巧。每一章都配合了丰富的插图说明，生动具体、浅显易懂，使用户能够迅速上手，轻松掌握功能强大的 Office 2016 在日常生活与办公中的应用，为工作和学习带来事半功倍的效果。

1. 本书内容介绍

全书系统全面地介绍了 Office 2016 的应用知识，每章都提供了课堂练习，用来巩固所学知识。本书共分为 16 章，内容概括如下。

第 1 章：全面介绍 Office 2016 概述，包括 Office 简介、Office 2016 版本介绍、Office 2016 新增功能、Office 2016 协作应用等基础知识。

第 2 章：全面介绍 Word 2016 基础操作，包括文档的基础操作、设置文本格式、设置版式与背景等基础知识。

第 3 章：全面介绍编排格式，包括设置分栏、设置页眉与页脚、设置分页与分节、使用样式等基础知识。

第 4 章：全面介绍图文混排，包括使用图片、使用形状、使用 SmartArt 图形、使用艺术字等基础知识。

第 5 章：全面介绍文表混排，包括创建表格、设置表格格式、处理表格数据等基础知识。

第 6 章：全面介绍 Excel 2016 基础操作，包括操作工作簿、操作工作表、管理工作表等基础知识。

第 7 章：全面介绍美化工作表，包括美化数据、设置对齐格式、美化边框、设置填充颜色、设置样式等基础知识。

第 8 章：全面介绍公式与函数，包括使用公式、使用函数、审核工作表等基础知识。

第 9 章：全面介绍使用图表，包括创建图表、编辑图表、设置图表格式、设置图表布局与样式等基础知识。

第 10 章：全面介绍分析数据，包括排序与筛选数据、分类汇总数据、使用数据透视表、使用高级分析工具等基础知识。

第 11 章：全面介绍高级应用，包括共享工作簿、链接工作表、使用宏等基础知识。

第 12 章：全面介绍 PowerPoint 2016 基础操作，包括操作演示文稿、文本操作、操作幻灯片等基础知识。

第 13 章：全面介绍编辑 PowerPoint，包括设置母版、设置版式与主题、插入对象等基础知识。

第 14 章：全面介绍展示与分析数据，包括使用表格、美化表格、设置数据格式、使用图表、设置图表格式等基础知识。

第 15 章：全面介绍设置动画与交互效果，包括设置文字效果、设置图表效果、自定义动画路径、设置切换效果、添加音频文件等基础知识。

第 16 章：全面介绍放映与输出，包括串联幻灯片、放映幻灯片、审阅幻灯片、发送和发布演示文稿等基础知识。

2．本书主要特色

- 系统全面。本书提供了 30 多个应用案例，通过实例分析、设计过程讲解 Office 2016 的应用知识，涵盖了 Office 2016 中的各个模板和功能。
- 课堂练习。本书各章都安排了课堂练习，全部围绕实例讲解相关内容，灵活生动地展示了 Office 2016 各模板的功能。课堂练习体现本书实例的丰富性，方便读者组织学习。每章后面还提供了思考与练习，用来测试读者对本章内容的掌握程度。
- 全程图解。各章内容全部采用图解方式，图像均做了大量的裁切、拼合、加工，信息丰富，效果精美，阅读体验轻松，上手容易。

3．本书使用对象

本书 Office 2016 的基础知识入手，全面介绍了 Office 2016 面向应用的知识体系。本书适合高职高专院校学生学习使用，也可作为计算机办公应用用户深入学习 Office 2016 的培训和参考资料。

参与本书编写的人员除了封面署名人员之外，还有于伟伟、王翠敏、张慧、夏丽华、谢金玲、张振、卢旭、王修红、扈亚臣、程博文、方芳、房红、孙佳星、张彬、张书艳、王志超、张莹等人。由于水平有限，疏漏之处在所难免，欢迎读者朋友登录清华大学出版社网站 www.tup.com.cn 与我们联系，帮助我们改进提高。

编　者

目　　录

第 1 章

Office 2016 概述

Office 2016 是微软公司推出的最新版本的 Office 系列软件，它包括 Word、Excel、PowerPoint、Access 和 Outlook 等组件，不仅窗口界面比旧版本界面更美观大方，给人以赏心悦目的感觉，而且功能设计也比旧版本更加完善，更能提高工作效率。本章通过学习 Office 2016 的特色及其新功能，来了解该办公软件的使用方法。

本章学习目的：

- Office 发展历程
- Office 组件介绍
- Office 2016 版本介绍
- Office 2016 新增功能
- Office 2016 协作应用

1.1 Office 简介

Office 是微软公司为 Windows 和 Apple Macintosh 操作系统开发的办公软件套装。Microsoft Office 套装中最常用的组件包括 Word、Excel、PowerPoint 等，其目前最新版本为 Office 2016。在本小节中，将详细介绍 Office 的发展历程和主要组件。

1.1.1 Office 发展历程

Microsoft Office 最早出现于 20 世纪 90 年代，当时为一个推广名称，主要是指一些以前曾被单独发售的软件的合集。最初的 Office 版本只包含 Word、Excel 和 PowerPoint 组件，随着版本的不断升级，Office 逐渐整合了一些应用程序，并共享一些应用程序的特效。例如，Office 中的拼写和语法检查、OLE 数据整合，以及微软中的 Microsoft VBA

脚本语言等。

1. 早期版本

Microsoft 使用早期的 Apple 雏形开发了 Word 1.0，并于 1984 年发布于最初的 Mac 中，所以早期的 Microsoft Office 程序根源于 Mac。随后，微软公司于 1997 年 5 月 12 日发布了 Office 97 中文版，该版本为集办公应用和网络技术于一体的产品，体现了用户之间的协作办公的功能。另外，Office 97 版本的设计目标主要体现在可用性和集成度、通信和协作能力、扩展 Office 价值功能等方面。

2. Office 2003 版本

随后，微软公司于 2003 年 9 月 17 日发布了 Office 2003 版，该版本是 Office 系列中第一个使用 Windows XP 接口的图标和配色的版本。由于该版本只能在基于 Windows NT 架构的操作系统上运行，所以不支持 Windows 98 和 Windows Me 操作系统。Office 2003 版本可以帮助用户更好地进行沟通、创建和共享文档，并且为所有应用组件提供了扩展功能。例如，在 Word 2003 中扩展了 XML 支持、合并和标记新增，以及阅读增强等扩展功能。另外，微软公司为了重新定制 Office 品牌形象，重新设计了新的标志，该标志使用了 Windows XP 接口的图标和配色，是新一代 Office 产品标志的重大突破，如图 1-1 所示。

图 1-1 Office 标志

Office 2003 版本在为所有应用组件提供了扩展功能的同时，新增加了 InfoPath 和 OneNote 组件。Office 2003 所包含的版本及组件如表 1-1 所示。

表 1-1 Office 2003 版本及组件

版　本	组　件
企业专用版	Word、Excel、Outlook、PowerPoint、Publisher、Access、InfoPath 等
专业版	Word、Excel、Outlook、PowerPoint、Publisher、Access、InfoPath 等
小型企业版	Word、Excel、Outlook、PowerPoint、Publisher 等
标准版	Word、Excel、Outlook、PowerPoint 等
学生教师版	Word、Excel、Outlook、PowerPoint 等
入门版	Word、Excel、Outlook、PowerPoint 等

3. Office 2007 版本

Office 2007 于 2006 年 11 月发布，该版本几乎包含了 Word、Excel、PowerPoint、Outlook、Publisher、OneNote、Groove、Access、InfoPath 等所有的组件，Office 2007 采

用了 Ribbons 在内的全新用户界面元素，其窗口界面相对于旧版本的界面更美观大方，给人以赏心悦目的感觉。另外，Office 2007 被称为 Office System，反映了该版本包含服务器的事实。

Office 2007 几乎包括了目前应用的所有的 Office 组件，并取消了 Frontpage，取而代之的是作为网站编辑系统的 Microsoft SharePoint Web Designer。Office 2007 各版本及所包含的组件如表 1-2 所示。

表 1-2 Office 2007 版本及组件

版　本	组　件
终极版	Excel、Outlook、PowerPoint、Word、Access、InfoPath、Publisher、OneNote、Groove、附加工具等
企业版	Excel、Outlook with BCM、PowerPoint、Word、Access、Publisher、OneNote、InfoPath、Groove、附加工具等
专业增强版	Excel、Outlook、PowerPoint、Word、Access、Publisher、InfoPath、附加工具等
专业版	Excel、Outlook、PowerPoint、Word、Access、Publisher、Outlook Business Contact Manager 等
小型企业版	Excel、Outlook、PowerPoint、Word、Publisher、Outlook Business Contact Manager 等
标准版	Excel、Outlook、PowerPoint、Word 等
家庭与学生版	Excel、PowerPoint、Word、OneNote 等
基本版	Excel、Outlook、Word 等

其中，附加工具包括 Enterprise Content Management、Electronic Forms，以及 Windows Rights Management Services capabilities。

4. Office 2010 版本

Office 2010 的公开测试版于 2009 年 11 月 19 日发布，并于 2010 年 5 月 12 日正式发布，其开发代号为 Office 14，为 Office 的第 12 个开发版本。Office 2010 包含了专业增强版、标准版、专业版、中小型企业版、家庭版和学生版、企业版 6 个版本，另外微软还推出了只包含 Word 和 Excel 组件的免费版。Office 2010 的界面简洁明快，标识被更改为全橙色，而不是之前的 4 种颜色。

另外，Office 2010 还采用了 Ribbon 新界面主题，相对于旧版本，新版本界面干净整洁、清晰明了。在功能上，Office 2010 为用户新增了截屏工具、背景移除工具、新的 SmartArt 模板、保护模式等功能。其中，Office 2010 所包含的版本及其组件如表 1-3 所示。

表 1-3 Office 2010 版本及组件

版　本	组　件
专业增强版	Word、Excel、Outlook、PowerPoint、OneNote、Access、InfoPath、Publisher、SharePoint Workspace、Office Web Apps 等
标准版	Word、Excel、Outlook、PowerPoint、OneNote、Publisher、Office Web Apps 等
专业版	Word、Excel、Outlook、PowerPoint、OneNote、Access、Publisher 等
中小型企业版	Word、Excel、Outlook、PowerPoint、OneNote、Access 等
家庭版和学生版	Word、Excel、PowerPoint、OneNote 等
企业版	Word、Excel、Outlook、PowerPoint、OneNote、Access、Publisher 等

5. Office 2013 版本

2013 年 1 月 29 日，微软推出了最新版本的 Office 2013，该版本可以应用于 Microsoft Windows 视图系统中。Microsoft Office 2013 除了延续了 Office 2010 的 Ribbon 菜单栏之外，还融入了 Metro 风格。新的 Metro 风格，在保持 Office 启动界面的颜色鲜艳的同时，还在界面操作中新增加了流畅的动画和平滑的过渡效果，为用户带来了不同以往的使用体验。

Office 2013 以简洁而全新的新外观问世，除了保留常用的功能之外还新增了操作界面和入门选择、共享和存储功能、Office 365、书签和搜索以及 PDF 等新功能。

Office 2013 的版本包括常用的 Office 家庭与学生版、Office 家庭与小企业版和 Office 2013 专业版三个版本，以及新增加的 Office 365 家庭高级版。其中，Office 2013 所包含的版本及其组件如表 1-4 所示。

表 1-4 Office 2013 版本及组件

版　本	组　件
Office 家庭学生版	包含了 Word、Excel、PowerPoint 和 OneNote，该版本仅限一台计算机使用，可以存储用户的档案和个人设定，拥有 7GB 的 SkyDrive 存储空间
Office 家庭与小企业版	包含了 Word、Excel、PowerPoint、OneNote 和 Outlook，仅限一台计算机使用，可以存储用户的档案和个人设定，拥有 7GB 的 SkyDrive 存储空间
Office 2013 专业版	包含了 Word、Excel、PowerPoint、OneNote、Outlook、Publisher 和 Access，仅限一台计算机使用，但具有商业使用权限。可以存储用户的档案和个人设定，拥有 7GB 的 SkyDrive 存储空间。该版本对用户端或客户的回应力更强，在 Outlook 中可以更快地获取用户所需要的项目，以及使用共同工具和在 SkyDrive 上共用文件
Office 365 家庭高级版	Office 365 家庭高级版结合了最新的 Office 应用程序及完整的云端 Office，最多可以在 5 台计算机或 Mac，以及 5 部智能手机上使用 Office，无论在家或外出，都可以从计算机、Mac 或其他特定装置中登录 Office。另外，Office 365 家庭高级版订阅者，可以在家庭成员的计算机、Mac、Windows 平板电脑或智能手机等装置上使用 Office，并且可以在 Office 的【文档账户】页面中管理家庭成员的安装情况；而额外的 20GB SkyDrive 存储空间，则可以随时存取笔记、相片或文档

1.1.2 Office 组件介绍

每代的 Office 都包括一个以上的版本，而每个版本又都包含了多个组件。在实际办公应用中，常用组件通常包括 Word、Excel 和 PowerPoint 等。

1. Word 组件

Microsoft Office Word 是 Office 应用程序中的文字处理组件，为 Office 套装中的主要组件之一。用户可运用 Word 提供的整套工具对文本进行编辑、排版、打印等工作，从而帮助用户制作出具有专业水准的文档。另外，Word 中丰富的审阅、批注与比较功能可以帮助用户快速收集和管理来自多种渠道的反馈信息，如图 1-2 所示。

2．Excel 组件

Microsoft Office Excel 是 Office 应用程序中的电子表格处理组件，也是应用较为广泛的办公组件之一，主要应用于各生产和管理领域，具有数据存储管理、数据处理、科学运算和图表演示等功能，如图 1-3 所示。

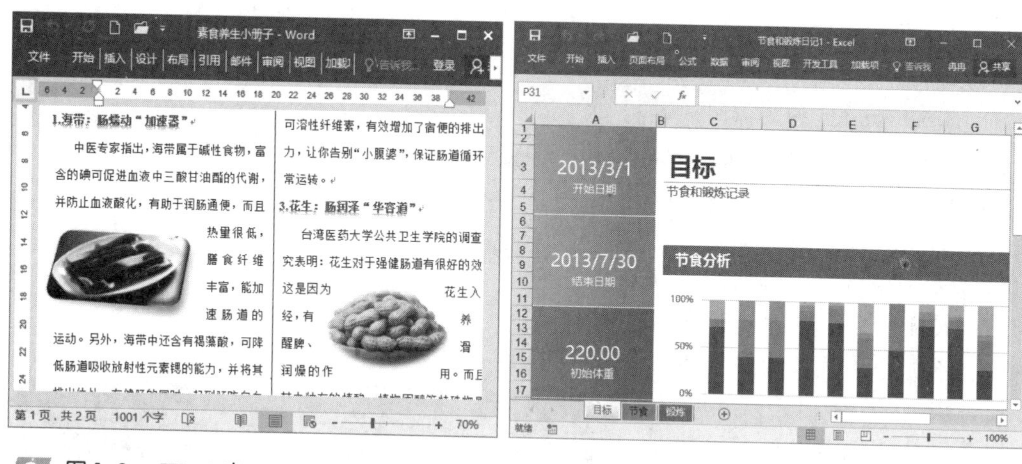

图 1–2　Word 窗口

图 1–3　Excel 窗口

3．PowerPoint 组件

Microsoft Office PowerPoint 是 Office 应用程序中的演示文稿组件，用户可运用 PowerPoint 提供的组综合功能，创建具有专业外观的演示文稿。PowerPoint 所制作出来的文件称为演示文稿，其格式后缀名为 ppt，还可以将演示文稿保存为图片、视频或 PDF 格式。另外，使用 PowerPoint 的优势在于不仅可以在投影仪或计算机上演示 PowerPoint 所制作的内容，而且还可以将 PowerPoint 内容打印出来，以便应用到更广泛的领域中，如图 1-4 所示。

图 1–4　PowerPoint 窗口

4．Outlook 组件

Microsoft Office Outlook 是 Office 应用程序中的一个桌面信息管理应用组件，提供全面的时间与信息管理功能。其中，利用即时搜索与待办事项栏等新增功能，可组织与随时查找所需信息。通过新增的日历共享功能、信息访问功能，可以帮助用户与朋友、同事或家人安全地共享存储在Outlook中的数据，如图1-5所示。

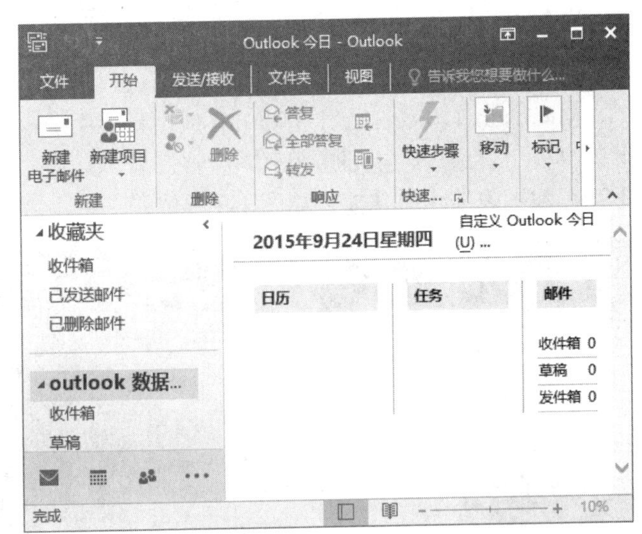

图1-5 Outlook窗口

5. Access组件

Microsoft Office Access是Office应用程序中一种关联式数据管理组件，它结合了Microsoft Jet Database Engine和图像用户界面两项特点，能够存储Access/Jet、Microsoft SQL Server、Oracle，以及任何ODBC兼容数据库资料。Access数据库像一个容器，可以把数据按照一定顺序存储起来，从而可以让原本复杂的操作变得方便、快捷，使得一些非专业人员也可以熟练地操作和应用数据库，如图1-6所示。

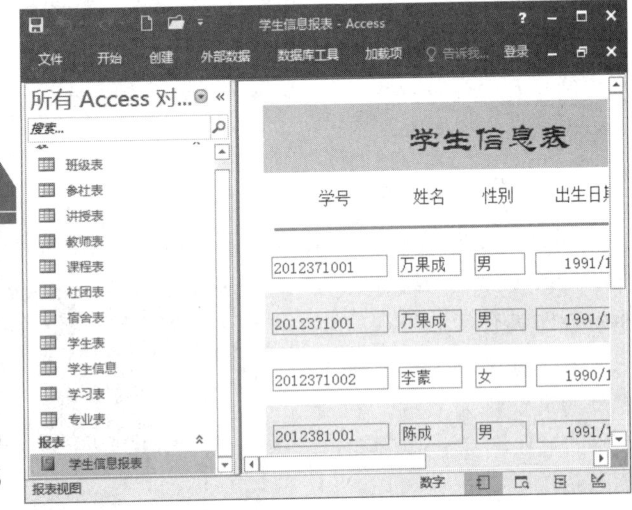

图1-6 Access窗口

1.2 Office 2016简介

Office 2016于2015年9月22日正式发布，它是一个庞大的办公软件集合，其中包括了Word、Excel、PowerPoint、OneNote、Outlook、Skype、Project、Visio以及Publisher等组件。Office 2016不仅可以配合Windows 10触控使用，而且还可以在云端和没有安装Office的计算机上使用，方便用户在任意位置随时访问或共享所存储的重要文档。

1.2.1 Office 2016版本介绍

Office 2016延续了Office 2013的Ribbon菜单栏中的Metro风格，既保持了Office启动界面的颜色鲜艳，又使整体界面趋于平面化，显得清新简洁。新一代的Office适用于移动端、云端和社交网络，被一些市场分析人士认为是微软关键业务品牌的全面升级。下面将详细介绍Office 2016的版本分类和软件对系统的要求。

1. Office 2016的安装环境

Office 2016属于最基本的办公套装软件，又需要兼容平板电脑和触摸设备，因此它对安装环境中的计算机硬件要求并不是很高，但是对操作系统则有一定的要求。其中，对 PC 安装的具体情况如表 1-5 所示。

表 1-5　Office 2016 的安装环境

安装环境	要求
处理器	1 千兆赫（GHz）或更快的 x86 或 x64 处理器，采用 SSE2 指令集
内存	1GB RAM（32 位）或 2GB RAM（64 位）
硬盘	3GB 可用磁盘空间
操作系统	Windows 7 或更高版本、Windows Server 2008 R2 或者 Windows Server 2012
显示要求	1280×800 分辨率
图形	图形硬件加速需要 DirectX 10 图形卡
多点触控	需要支持触控的设备才能使用任何多点触控功能，而新的触控功能已针对于 Windows 8 或更高版本的配合使用而进行优化

2. Office 2016 版本分类

新版的 Office 分为两类 7 个版本，分别为 Office 2016 类下的 Office 小型企业版 2016、Office 家庭和学生版 2016、Office 小型企业版 2016 for Mac、Office 家庭和学生版 for Mac 和 Office 专业版 2016，以及 Office 365 类下的 Office 365 个人版、Office 365 家庭版。其中，每个版本的主要特性及组件功能对比如表 1-6 所示。

表 1-6　Office 2016 版本及功能

版本	Office 365 个人版	Office 365 家庭版	Office 家庭和学生版 2016	Office 家庭和学生版 2016 for Mac	Office 小型企业版 2016	Office 小型企业版 2016 for Mac	Office 专业版 2016
设备	1 台	5 台	1 台 PC	1 台 Mac	1 台 PC	1 台 Mac	1 台 PC
适用于 Mac	●	●	○	●	○	●	○
适用于手机和平板	●	●	○	○	○	○	○
Word	●	●	●	●	●	●	●
Excel	●	●	●	●	●	●	●
PowerPoint	●	●	●	●	●	●	●
OneNote	●	●	●	●	●	●	●
Outlook	●	●	○	○	●	●	●
Publisher	●	●	○	○	○	○	●
Access	●	●	○	○	○	○	●
1TB 云存储	●	●	○	○	○	○	○
技术支持	●	●	○	○	○	○	○
保持更新	●	●	○	○	○	○	○

表注：○=无　●=有

1.2.2　Office 2016 新增功能

Office 2016 是微软 Office 办公套件中的又一个里程碑版本，该版本不仅更加注重用户之间的协作，而且还可以与 Window 10 完美匹配，从而增强了企业的安全性。除此之外，新版本还改进了分发模式，订阅用户可以不定期地更新软件以获取最新功能和改进。

除上述改进之外，Office 2016 还新增了以下功能。

1. 新增多彩新主题

Office 2016 版本中新增加了多彩的 Colorful 主题，更多色彩丰富的选择将加入其中，其风格与 Modern 应用类似。用户可通过执行【文件】|【选项】命令，在弹出的对话框中设置【Office 主题】选项，来选择所需要使用的彩色主题，如图 1-7 所示。

图 1-7 彩色主题

2. 第三方应用支持

Office 2016 增加了 Office Graph 社交功能，运用该功能，开发者可将自己的应用直接与 Office 数据建立连接，从而可以通过插件介入第三方数据。例如，可在 PowerPoint 当中导入和购买来自 PicHit 的照片。

3. Clippy 助手回归

在 Office 2016 中，微软增加了 Clippy 的升级版 Tell Me。Tell Me 是全新的 Office 助手，可以帮助用户快速查找或搜索一些帮助。例如，将图片添加至文档，或解决其他故障问题等。该功能如传统搜索栏一样，被当作一个选项放置于界面选项卡栏中，如图 1-8 所示。

图 1-8 Clippy 助手

4. 轻松共享

新版的 Office 在其各个组件的选项卡右侧新增了【共享】功能，只需执行该选项，并单击【保存到云】按钮，即可直接在文档中轻松共享，如图 1-9 所示。

除此之外，也可以使用Outlook中全新的现代化附件功能——从OneDrive中添加附件，自动配置权限，而无需离开Outlook。

5. 协同处理文档

在Office 2016版本中，可以利用Word、PowerPoint和OneNote中的协同创作功能，查看其他小组成员的编辑，而经过改善的版本历史让用户可以在编辑过程中回顾文档快照。

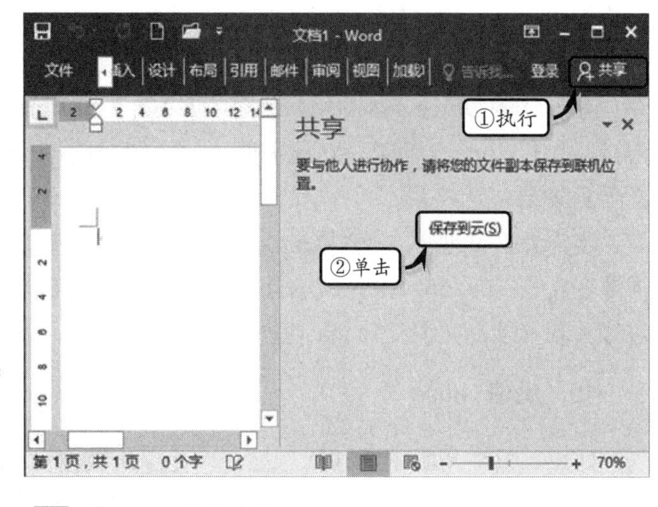

图 1-9 共享功能

而Office 365群组功能可以让团队时刻保持连接，目前该功能已成为Outlook 2016功能的一部分，并配有专门的iOS、Android和Windows Phone应用平台。除此之外，Office 365群组功能还允许用户轻松地创建公开或私密群组。这样一来，每个群组都具有共享的收件箱、日历、群组文件云存储空间，以及共享的OneNote笔记本的独特功能。

6. 跨设备使用

对于购买Office 365版本的用户来讲，可以从PC、Mac到Windows、Apple和Android手机及平板电脑的任何设备上审阅、编辑、分析和演示Office 2016文档，而不会受到跨设备的影响。而对于Android手机用户来讲，则可以通过特定的官方网站来下载最新版的Office 365版本。

7. 触控优化功能

Office 2016是一款为触控而优化的Office应用程序，可通过触控阅读、编辑、放大和导航，或者使用数字墨水写笔记或进行注解。而对于手机用户来讲，则可以将手机当成桌面设备来使用。此时，可以将手机投影到大屏幕上，用于创建编辑文档，或者在手机上用OneNote应用记笔记。

8. 完美契合Windows 10

微软最新推出的Windows 10系统可以完美兼容Office 2016版本，而且两者是目前工作中最好的搭配方案，可以协助用户解决工作中的一些紧急事情。除此之外，Windows 10上的移动应用程序支持触控、方便快速，并针对移动工作进行了相应的优化。

9. 新增Cortana功能

Office 2016将Cortana带到Office 365版本中，让整合了Office 365的Cortana帮助

用户完成任务。只需告诉 Word、Excel 或 PowerPoint 当前所需要进行的操作，而操作说明搜索功能便会引导至相关命令。

对于订购 Office 365 的用户来讲，可以在 App Store、Google Play 商店中下载 Cortana。但是，由于 Cortana 的某些功能需要访问系统功能，因此其他平台中的 Cortana 应用功能会受到限制。

当需要在其他平台使用 Cortana 时，则需要搭配 PC 应用 Phone Companion。也就是需要在安装 Windows 10 系统的计算机中下载安装 Phone Companion，并将其余任何手机进行关联，从而实现 Cortana 功能的应用。

10. 超值 Office

Office 365 新版中的订阅计划可以让用户根据具体使用情况，来选择最为适合的计划。例如，选择个人工作计划，或选择面向全家的一些特定计划等。另外，每位 Office 365 的订阅用户都可以免费获得来自经过微软培训的专家的技术支持，以帮助用户解决实际使用中的一些特殊问题。

除此之外，Office 365 还包含了适用于计算机和 Mac 的全新 Office 2016 应用程序，如 Word、Excel、PowerPoint、Outlook 和 OneNote。

11. 大容量的云存储空间

Office 2016 还为用户配备了 1TB OneDrive 云存储空间，用户可以通过 OneDrive 在任何设备上与朋友、家人、项目和文件时刻保持联系。此外，还可以帮助用户从一种设备切换到另一种设备中，并继续当前未完成的 Office 编辑操作，从而实现各设备之间的无缝衔接型的各种创建和编辑操作。

在 Office 2016 组件中，首先需要登录微软账户，然后通过执行【文件】|【另存为】命令，在展开的页面中选择【OneDrive-个人】选项，将当前文件保存到 OneDrive 中，如图 1-10 所示。

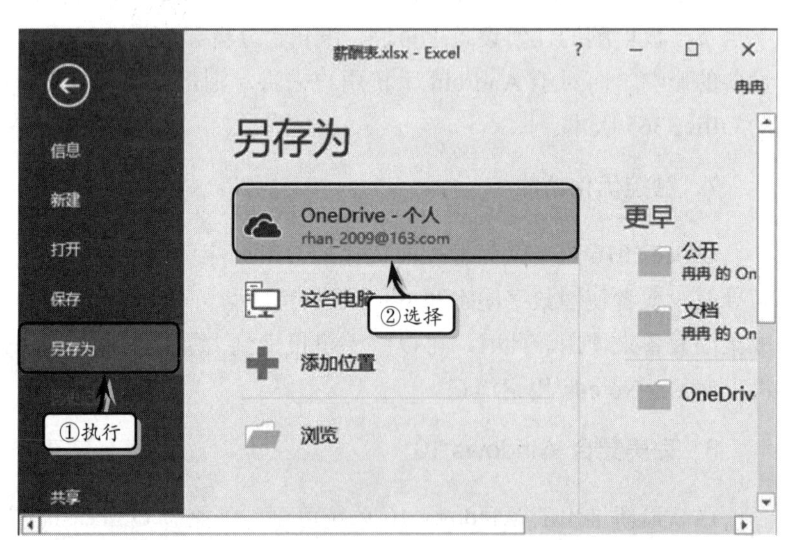

图 1-10 保存到云存储空间

除此之外，还可以通过执行【文件】|【打开】命令，选择【OneDrive-个人】选项，并选择具体打开位置，即可打开存储在 OneDrive 中的文件。

1.3 Office 2016 协作应用

在一般情况下，很少同时使用 Office 2016 套装中的多个组件进行协同工作。实际上，完全可以运用 Office 各组件协同工作，在提高工作效率的同时增加 Office 文件的美观性与实用性。

1.3.1 Word 与其他组件的协作

Word 是 Office 套装中最受欢迎的组件之一，也是各办公人员必备的工具之一。利用 Word 不仅可以创建精美的文档，而且还可以调用 Excel 中的图表、数据等元素。另外，Word 还可以与 PowerPoint 及 Outlook 进行协同工作。

1. Word 调用 Excel 图表

对于一般的数据，可以使用 Word 中自带的表格功能来实现。但是对于数据比较复杂而又具有分析性的数据，还是需要调用 Excel 中的图表来直观显示数据的类型与发展趋势。

在 Word 文档中执行【插入】|【表格】|【表格】|【Excel 电子表格】命令，在弹出的 Excel 表格中输入数据，并执行【插入】|【图表】|【插入柱形图或条形图】命令，选择【簇状柱形图】选项即可，如图 1-11 所示。

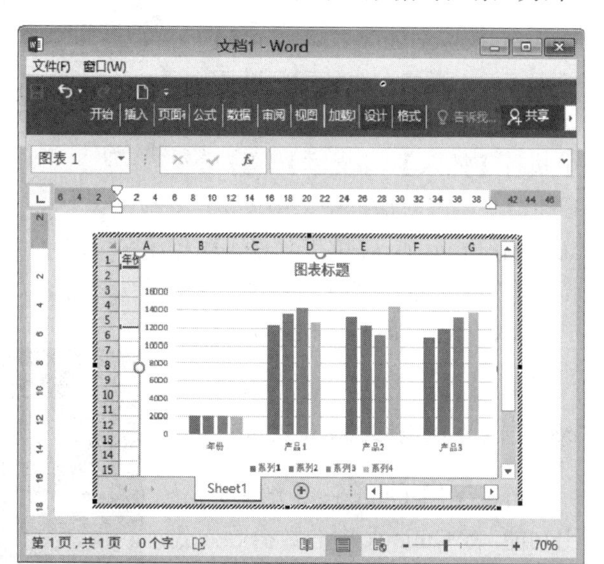

图 1-11 Word 调用 Excel 表格

2. Word 调用 Excel 数据

在 Word 中不仅可以调用 Excel 中的图表功能，而且还可以调用 Excel 中的数据。对于一般的数据，可以利用邮件合并的功能来实现，例如在 Word 中调用 Excel 中的数据打印名单的情况。但是当需要在一个页面中打印多项数据时，邮件合并的功能将无法满足上述要求，此时可以运用 Office 里的 VBA 来实现。

3. Excel 协同 Word

Office 系列软件的一大优点就是能够互相协同工作，不同的应用程序之间可以方便地进行内容交换。使用 Excel 中的插入对象功能，就可以很容易地在 Excel 中插入 Word 文档。

4. Word 协同 Outlook

在 Office 各组件中，可以使用 Word 与 Outlook 中的邮件合并功能，实现在批量发送邮件时根据收信人创建具有称呼的邮件。

1.3.2 Excel 与其他组件的协作

Excel 除了可以与 Word 组件协作应用之外，还可以与 PowerPoint 与 Outlook 组件进行协作应用。

1. Excel 与 PowerPoint 之间的协作

在 PowerPoint 中不仅可以插入 Excel 表格，而且还可以插入 Excel 工作表。在 PowerPoint 中执行【插入】|【文本】|【对象】命令，在对话框中选中【由文件创建】选项，并单击【浏览】按钮，在对话框中选择需要插入的 Excel 表格即可，如图 1-12 所示。

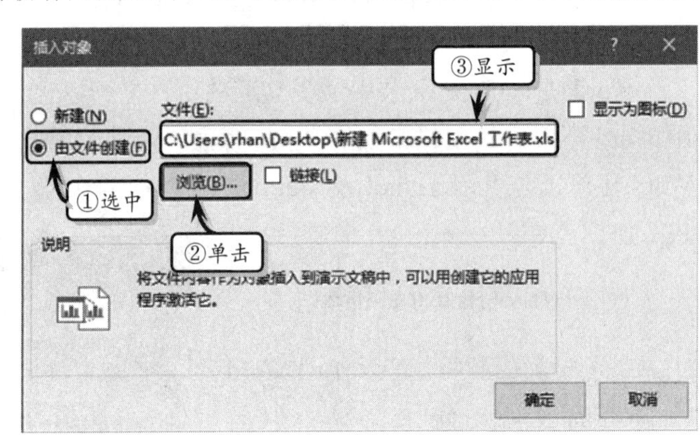

图 1-12 Excel 协作 PowerPoint

2. Excel 与 Outlook 之间的协作

可以运用 Outlook 中的导入/导出功能，将 Outlook 中的数据导入到 Excel 中，或将 Excel 中的数据导入到 Outlook 中。在 Outlook 中，执行【文件】|【打开和导出】命令，在展开的页面中选择【导入/导出】命令，按照提示步骤进行操作即可，如图 1-13 所示。

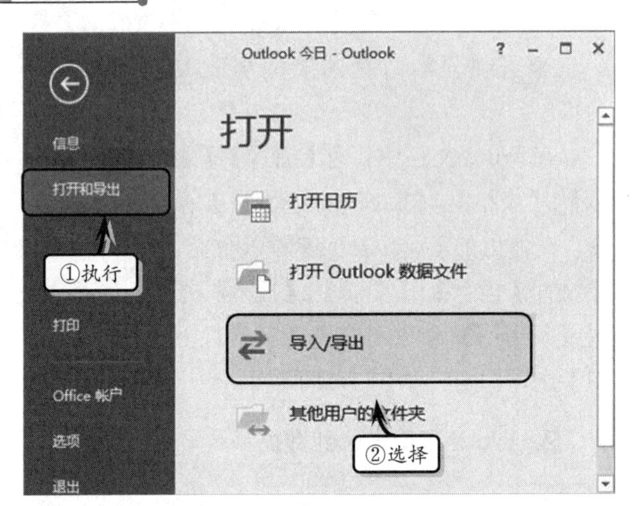

图 1-13 Excel 协作 Outlook

1.3.3 文件格式转换

在使用 Office 套装软件进行办公时，往往会遇到一些文件格式转换的问题。例如，将 Word 文档转换为 PDF 格式，或者将 PowerPoint 文件转换为 Word 文档格式等。在本小节中，将详细介绍一些常用文件格式的转换方法。

1. 转换为 PDF/XPS 格式

执行【文件】|【另存为】命令，在展开的页面中选择保存位置，单击【浏览】按钮。

然后，在弹出的【另存为】对话框中，将【保存类型】设置为 PDF 或“XPS 文档”，单击【保存】按钮，如图 1-14 所示。

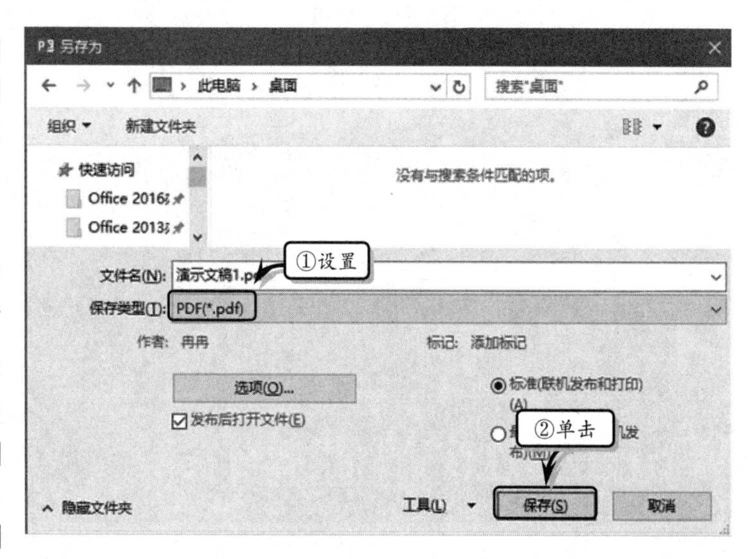

图 1-14 另存为 **PDF** 格式

2. PowerPoint 文件转换为 Word 文件

对于包含大量文本内容的 PowerPoint，则需要执行【文件】|【另存为】命令，单击【浏览】按钮。然后，在弹出的【另存为】对话框中，将【保存类型】设置为“大纲/RTF 文件”，单击【保存】按钮，将文件另存为 rtf 格式的文件，如图 1-15 所示。

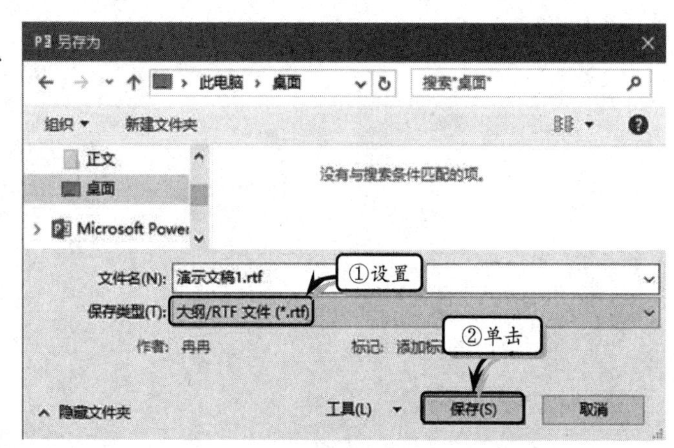

图 1-15 另存为大纲/**RTF** 文件

然后，使用 Word 组件打开保存的 RTF 文件，进行适当的编辑即可实现转换。

3. 低版本兼容高版本

对于 Office 文件格式的转换，新版的 Office 一般都可以轻松实现。但是，对于经常使用 PowerPoint 制作动画效果幻灯片的用户来讲，高版本和低版本之间的兼容问题是一件非常头疼的问题。

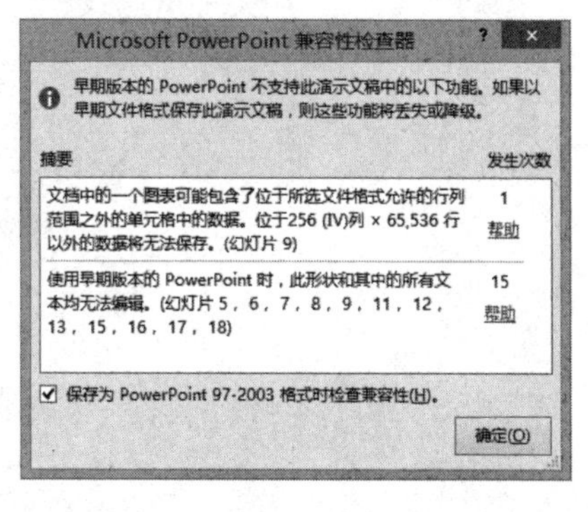

图 1-16 检查兼容性

对于追求高效率和高功能的用户来讲，可通过微软官方提供的兼容包来解决版本兼容的问题。不过，安装兼容包之后，仍有一些新版本中的动画效果无法显示。对于那些无法显示的动画效果，可执行【文件】|【信息】命令，单击【检查问题】下拉按钮，选择【检查兼容性】选项，在弹出的【Microsoft PowerPoint 兼容性检查器】对话框中查看具体兼容问题，并根据提示进行更改，如图 1-16 所示。

当微软官方发布的兼容包无法解决某些动画问题时，可以将 PowerPoint 2016 文件导出为 Flash 格式，并在 PowerPoint 2003 文件中插入这个 Flash。但是，这个方法将无法更改 PowerPoint 文件中的错误，除此之外还需要借助第三方软件进行操作。

第 2 章

Word 2016 基础操作

Word 2016 是 Office 2016 中的文字处理组件，也是计算机办公应用中使用最普及的软件之一。利用 Word 2016 可以创建纯文本、图表文本、表格文本等各种类型的文档，还可以使用字体、段落、版式等格式功能进行高级排版。本章主要介绍 Word 2016 的工作界面和文本操作，以及如何设置文本与段落格式。另外，用户还可以从本章学习设置版式的基础知识与技巧。

本章学习目的：

- Word 2016 界面介绍
- 文档的基础操作
- 设置字体格式
- 设置文本格式
- 设置段落格式
- 设置版式与背景

2.1 Word 2016 界面介绍

Word 2016 的窗口界面更具有美观性与实用性，不仅在界面颜色上提供了彩色、深灰色和白色等颜色，而且还取消了界面中的 Word 图标，使整体界面看起来更加简洁和实用。Word 2016 的整体界面图如图 2-1 所示。

窗口的最上方是由快速访问工具栏、当前工作表名称与窗口控制按钮组成的标题栏，下面是功能区，然后是文档编辑区。在本节中将详细介绍 Word 2016 界面的组成部分。

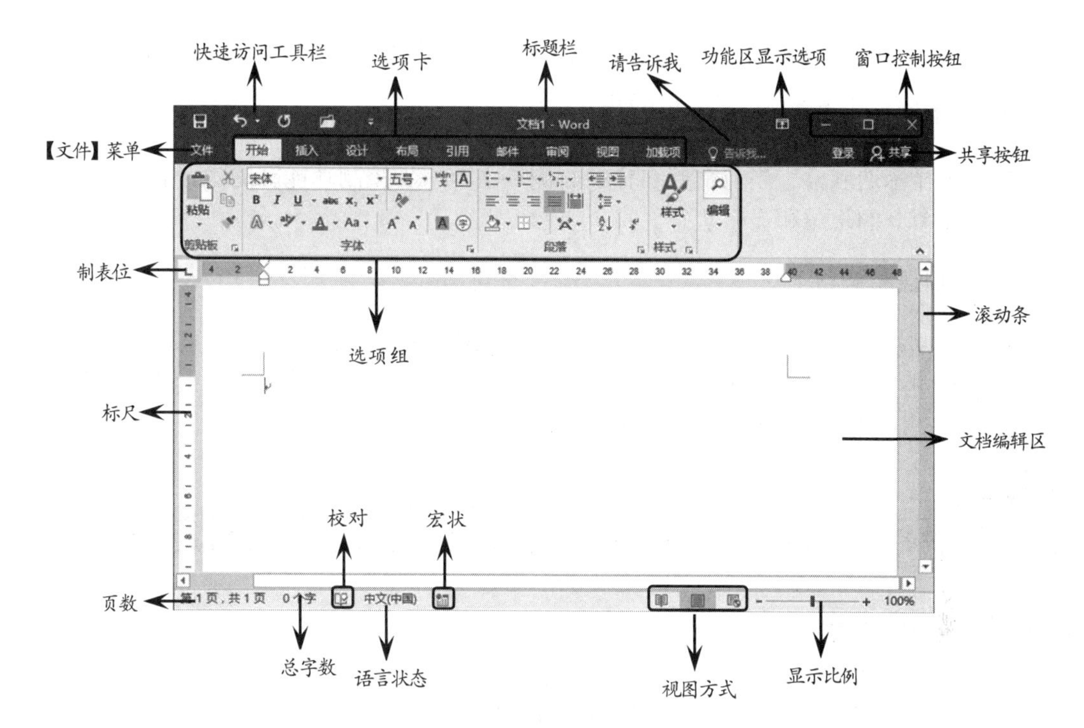

图 2-1 Word 界面

2.1.1 标题栏

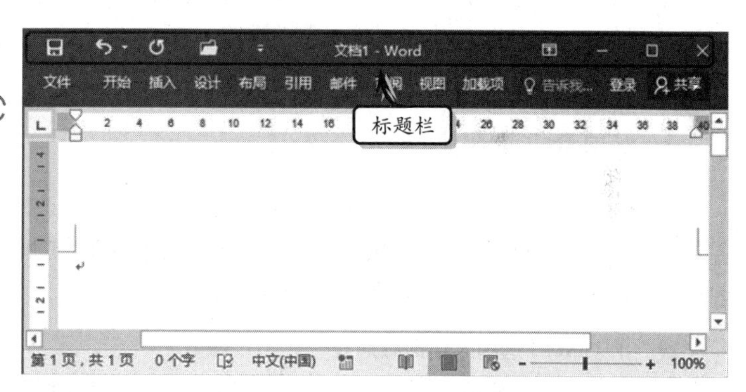

图 2-2 标题栏

标题栏位于窗口的最上方，由快速访问工具栏、当前文档名称、窗口控制按钮、功能显示选项组成。通过标题栏，不仅可以调整窗口大小、查看当前所编辑的文档名称，还可以进行新建、打开、保存等文档操作，如图 2-2 所示。

1. 快速访问工具栏

快速访问工具栏在默认情况下，位于标题栏的最左侧，是一个可自定义工具按钮的工具栏，主要放置一些常用的命令按钮。默认情况下，系统会放置【保存】、【撤销】与【重复】三个命令按钮。

单击旁边的下三角按钮，可添加或删除快速访问工具栏中的命令按钮。另外，用户还可以将快速工具栏放置于功能区的下方。

2. 当前文档名称

当前文档名称位于标题栏的中间，前面显示文档名称，后面显示文档格式。例如，名为“幻灯片”的 Word 文档，当前工作表名称将以“幻灯片-Word”的格式进行显示。

3．功能区显示选项

功能区显示选项位于当前文档名称的右侧，主要用于控制功能区的隐藏和显示，以及选项卡和命令的隐藏和显示状态。

4．窗口控制按钮

窗口控制按钮是由【最小化】、【最大化】、【关闭】按钮组成的，位于标题栏的最右侧。单击【最小化】按钮可将文档缩小到任务栏中，单击【最大化】按钮可将文档放大至满屏，单击【关闭】按钮可关闭当前 Word 文档。

技 巧

可以通过双击标题栏的方法来调整窗口的大小，或者通过双击 Word 图标的方法关闭文档。

2.1.2 功能区

Word 2016 中的功能区位于标题栏的下方，相当于 Word 2003 版本中的各项菜单。唯一不同的是功能区是通过选项卡与选项组来展示各级命令的，便于用户查找与使用。用户除了通过双击选项卡的方法展开或隐藏选项组之外，还可以通过访问键来操作功能区。

1．选项卡和选项组

在 Word 2016 中，选项卡替代了旧版本中的菜单，选项组则替代了旧版本菜单中的各级命令，用户直接单击选项组中的命令按钮便可以实现对文档的编辑操作。新旧版 Word 各选项卡与选项组的功能如表 2-1 所示。

表 2-1 Word 选项卡新旧版对比

选 项 卡	Word 2013 版选项组	Word 2016 版选项组
开始	包括【剪贴板】、【字体】、【段落】、【样式】、【编辑】选项组	包括【剪贴板】、【字体】、【段落】、【样式】、【编辑】选项组
插入	包括【页面】、【表格】、【插图】、【应用程序】、【链接】、【页眉和页脚】、【文本】、【符号】、【媒体】、【批注】等选项组	包括【页面】、【表格】、【插图】、【加载项】、【媒体】、【链接】、【批注】、【页眉和页脚】、【文本】、【符号】等选项组
设计	包括【文档格式】和【页面背景】选项组	包括【文档格式】和【页面背景】选项组
布局（页面布局）	包括【页面设置】、【稿纸】、【段落】、【排列】选项组	包括【页面设置】、【稿纸】、【段落】、【排列】选项组
引用	包括【目录】、【脚注】、【引文与书目】、【题注】、【索引】、【引文目录】选项组	包括【目录】、【脚注】、【引文与书目】、【题注】、【索引】、【引文目录】选项组
邮件	包括【创建】、【开始邮件合并】、【编写和插入域】、【预览结果】、【完成】选项组	包括【创建】、【开始邮件合并】、【编写和插入域】、【预览结果】、【完成】选项组

续表

选　项　卡	Word 2013 版选项组	Word 2016 版选项组
审阅	包括【校对】、【语言】、【中文简繁转换】、【批注】、【修订】、【更改】、【比较】、【保护】选项组	包括【校对】、【见解】、【语言】、【中文简繁转换】、【批注】、【修订】、【更改】、【比较】、【保护】选项组
视图	包括【视图】、【显示】、【显示比例】、【窗口】、【宏】选项组	包括【视图】、【显示】、【显示比例】、【窗口】、【宏】选项组
加载项	默认情况下只包括【菜单命令】选项组，可通过【Word 选项】对话框加载选项卡	默认情况下只包括【菜单命令】选项组，可通过【Word 选项】对话框加载选项卡
请告诉我	无	输入相应内容便可获得帮助，试用列表包括【添加批注】、【更改表格外观】、【编辑页眉】、【打印】和【共享我的文档】选项

2．访问键

Word 2016 为用户提供了访问键功能，在当前文档中按 Alt 键，即可显示选项卡访问键。按选项卡访问键进入选项卡之后，选项卡中的所有命令都将显示命令访问键。单击或再次按 Alt 键，将取消访问键，如图 2-3 所示。

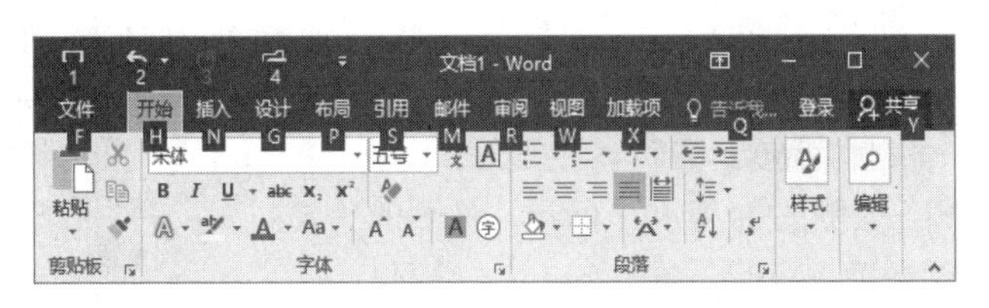

图 2-3　选项卡访问键

按 Alt 键显示选项卡访问键之后，按下选项卡对应的字母键，即可展开选项组，并显示选项组中所有命令的访问键，如图 2-4 所示。

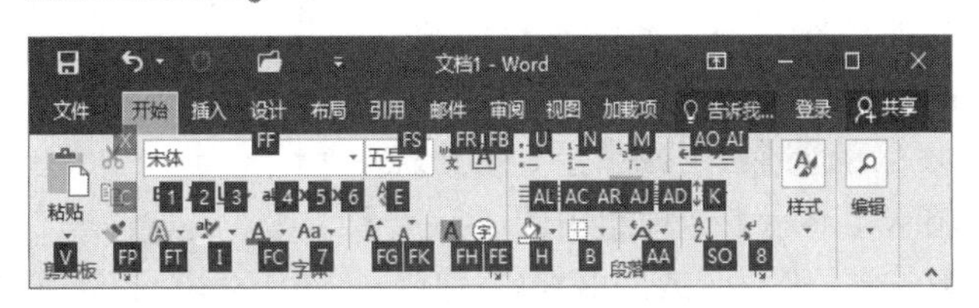

图 2-4　选项组访问键

2.1.3　编辑区

编辑区位于 Word 2016 窗口的中间位置，可以进行输入文本、插入表格、插入图片等操作，并对文档内容进行删除、移动、设置格式等编辑操作。编辑区主要分为制表位、滚动条、标尺、文档编辑区等内容。

1．制表位

制表位位于编辑区的左上角，主要用来定位数据的位置与对齐方式。执行【制表位】命令，可以转换制表位格式。Word 2016 中主要包括左对齐式、右对齐式、居中式、小数点对齐式、竖线对齐式等 7 种制表位格式，具体功能如表 2-2 所示。

表 2-2 制表位

图　　标	名　　称	功　　能
	左对齐式	设置文本的起始位置
	右对齐式	设置文本的右端位置
	居中式	设置文本的中间位置
	小数点对齐式	设置数字按小数点对齐
	竖线对齐式	不定位文本，只在制表位的位置插入一条竖线
	首行缩进	设置首行文本缩进
	悬挂缩进	设置第二行与后续行的文本位置

2. 滚动条

滚动条位于编辑区的右侧与底侧，右侧的称为垂直滚动条，底侧的称为水平滚动条。在编辑区中，可以拖动滚动条或单击上、下、左、右三角按钮来查看文档中的其他内容。

3. 标尺

标尺位于编辑区的上侧与左侧，上侧的称为水平标尺，左侧的称为垂直标尺。在 Word 中，标尺主要用于估算对象的编辑尺寸，例如通过标尺可以查看文档表格中的行间距与列间距。

可通过启用或禁止【视图】选项卡【显示】选项组中的【标尺】复选框，来显示或隐藏编辑区中的标尺元素，如图 2-5 所示。

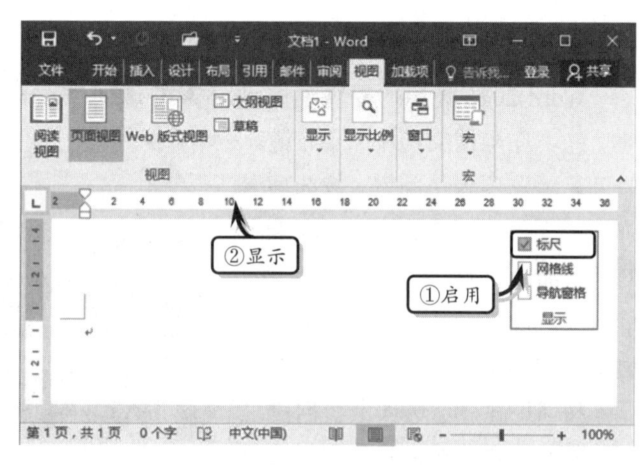

图 2-5 显示标尺

提　示

在普通视图下只能显示水平标尺，而在页视图下才可以同时显示水平和垂直标尺。

4. 文档编辑区

文档编辑区位于编辑区的中央，主要用来创建与编辑文档内容，例如输入文本、插入图片、编辑文本、设置图片格式等。

2.1.4 状态栏

状态栏位于窗口的最底端，用于显示当前文档窗口的状态信息，包括文档总页数、当前页的页号、插入点所在位置的行/列号等，还可以通过右侧的缩放比例来调整窗口的显示比例。

1. 页数

页数位于状态栏的最左侧，主要用来显示当前页数与文档的总页数。例如 第1页，共1页 表示文档的总页数为 1 页，当前页为第 1 页。

2. 字数

字数位于页数的左侧，用来显示文档的总字数。例如 10个字 表示文档包含 10 个字。

3. 编辑状态

编辑状态位于字数的左侧，用来显示当前文档的编辑情况。例如当输入正确的文本时，编辑状态则显示为【无校对错误】图标；当输入的文本出现错误或不符合规定时，编辑状态则显示为【发现校对错误，单击可更正】图标。

4. 视图

视图位于显示比例的右侧，主要用来切换文档视图。Word 2016 中简化了视图类型，从左至右依次显示为阅读视图、页面视图和 Web 版式视图三种。

5. 显示比例

显示比例位于状态栏的最右侧，主要用来调整视图的百分比，其调整范围为 10%～500%。除了可通过滑块来调整视频缩放百分比之外，还可以通过单击滑块右侧的【缩放级别】按钮 100%，在弹出的【显示比例】对话框中自定义显示比例，如图 2-6 所示。

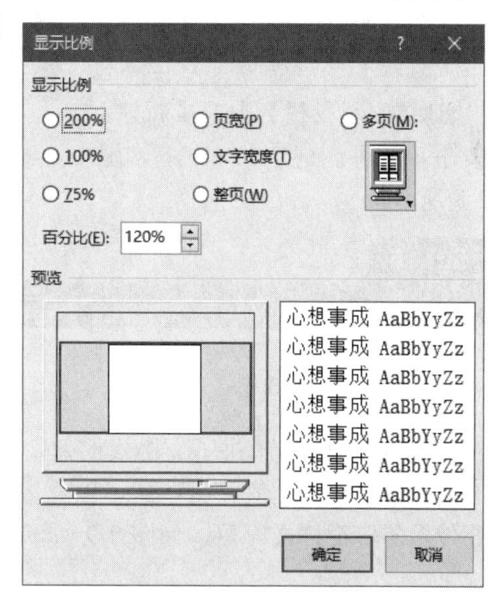

图 2-6 自定义显示比例

2.2 文档的基础操作

对 Word 2016 的工作界面有了一定的了解之后，便可以对文档进行简单的操作了。在本节中，主要讲解创建文档、输入文本及保存文档等基础操作。

2.2.1 创建文档

当启动 Word 2016 时，系统会呈现【新建】页面，便于用户根据需求创建空白或模板文档。除此之外，还可以执行【文件】|【新建】命令来呈现【新建】页面。

1. 创建空白文档

启用 Word 2016 组件，系统将自动进入【新建】页面，此时选择【空白文档】选项

即可。另外，执行【文件】|【新建】命令，在展开的【新建】页面中选择【空白文档】选项，即可创建一个空白文档，如图 2-7 所示。

也可以通过【快速访问工具栏】中的【新建】命令，来创建空白文档。对于初次使用 Word 2016 的用户来讲，需要单击【快速访问工具栏】右侧的下拉按钮，在其列表中选择【新建】选项，将【新建】命令添加到【快速访问工具栏】中。然后，直接单击【快速访问工具栏】中的【新建】按钮，即可创建空白文档，如图 2-8 所示。

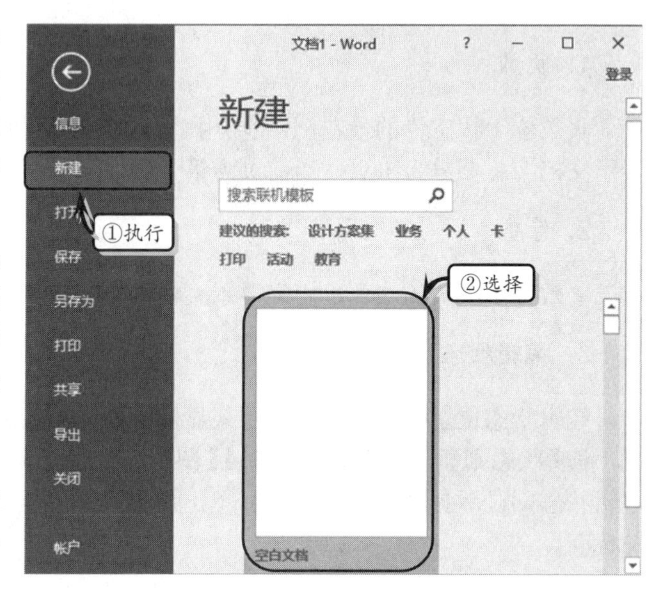

图 2-7 创建空白文档

提　示

在 Word 2016 中，用户也可以通过 Ctrl+N 快捷键来创建一个空白文档。

2. 创建模板文档

Word 2016 新改进了文档模板列表，执行【文件】|【新建】命令之后，系统只会在该页面中显示固定的模板样式，以及最近使用的模板演示文稿样式。在该页面中选择需要使用的模板样式即可，如图 2-9 所示。

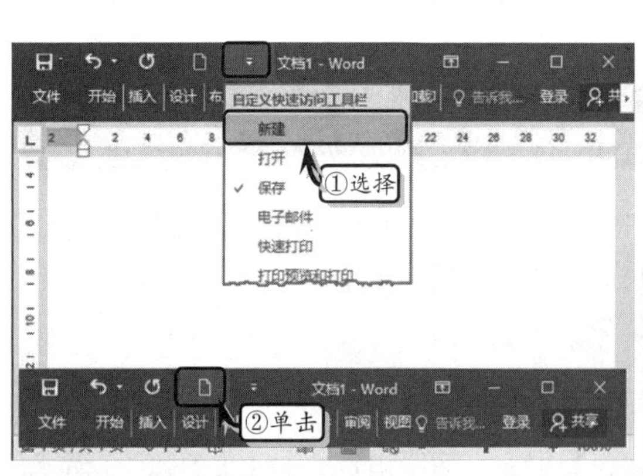

图 2-8 快速访问工具栏创建

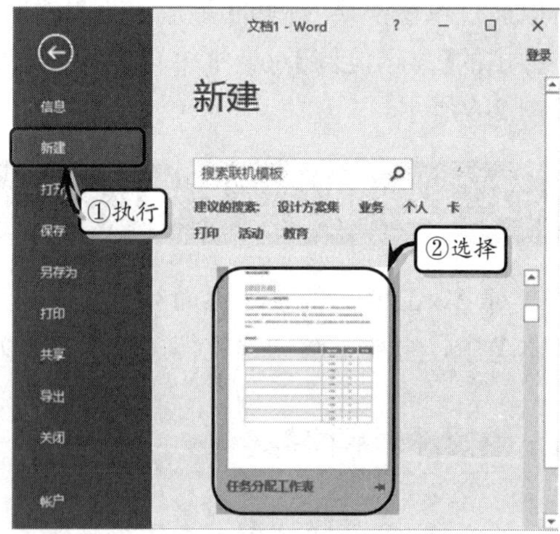

图 2-9 选择模板

技　巧

在新建模板列表中，单击模板名称后面的 按钮，即可将该模板固定在列表中，便于下次使用。

然后，在弹出的创建页面中预览模板文档内容，单击【创建】按钮即可，如图 2-10 所示。

除此之外，还可以通过下列方法来创建模板文档。

（1）按类别创建：此类型的模板主要根据内置的类别模板进行分类创建。在【新建】页面中，选择【建议的搜索】行中的任意一个类别。然后，在展开的类别中选择相应的模板文档即可。

（2）搜索模板：当需要创建某个具体类别的模板文档时，可以在【新建】页面中的【搜索】文本框中输入搜索内容，并单击【搜索】按钮。然后，在搜索后的列表中选择相应的模板文档即可。

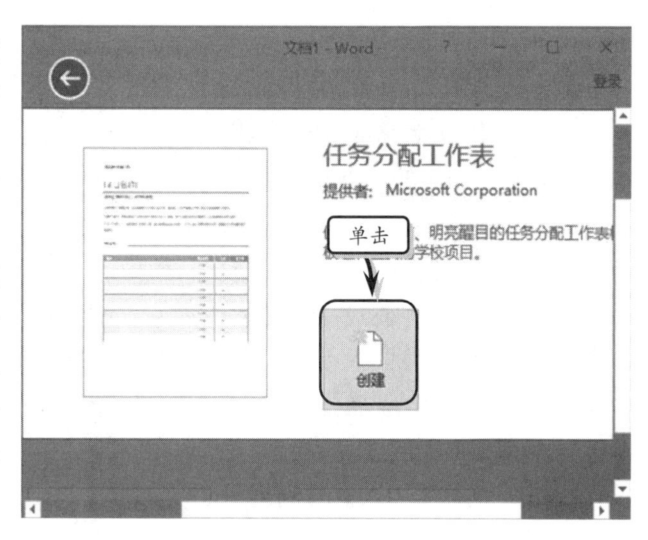

图 2-10 创建模板文档

2.2.2 输入文本

创建文档之后，便可以在文档中输入中英文、日期、数字等文本，以便对文档进行编辑与排版。同时利用 Word 中的【插入】选项卡，还可以满足用户对公式与特殊符号的输入需求。

1. 输入文字

在 Word 中的光标处，可以直接输入中英文、数字、符号、日期等文本。按 Enter 键可以直接进行下一行的输入，按空格键可以空出一个或几个字符后再继续输入。

2. 输入特殊符号

执行【插入】|【符号】|【符号】|【其他符号】命令，在弹出的【符号】对话框中激活【符号】选项卡，选择相应的符号，如图 2-11 所示。

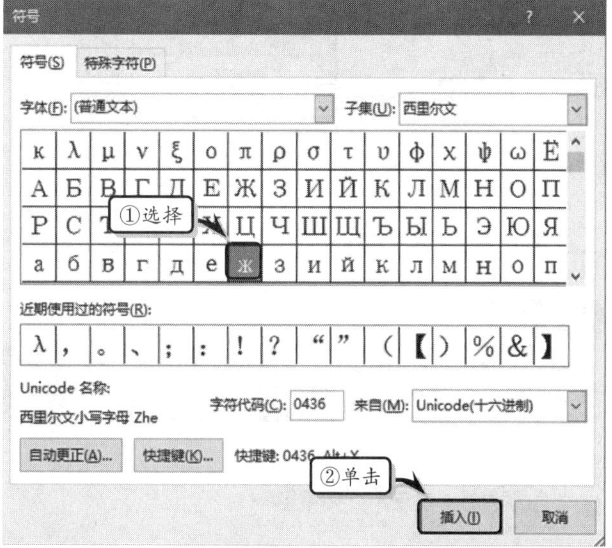

图 2-11 选择特殊符号

另外，在【符号】对话框中，激活【特殊字符】选项卡，选择相应的选项即可插入表示某种意义的特殊字符，如图 2-12 所示。

3. 输入公式

在制作论文文档或其他一些特殊文档时，往往需要输入数学公式加以说明与论证。Word 2016 为用户提供了二次公式、二项式定理、勾股定理等 9 种公式，执行【插入】|【符号】|【公式】命令，在打开的下拉列表中选择公式类别即可，如图 2-13 所示。

另外，执行【插入】|【符号】|【公式】|【插入新公式】命令，在插入的公式范围内输入公式字母。同时，在【公式】工具的【设计】选项卡中，设置公式中的符号和结构，如图 2-14 所示。

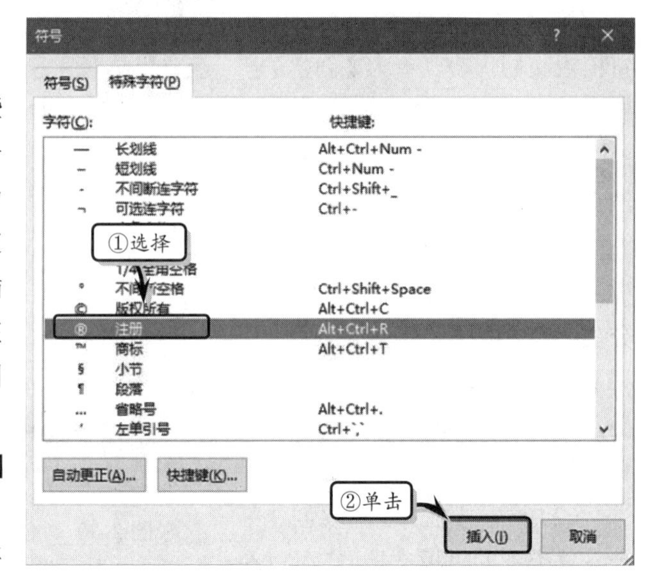

图 2-12 输入特殊字符

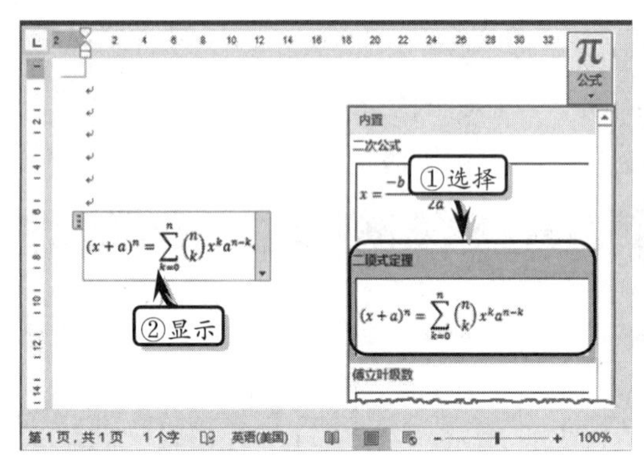

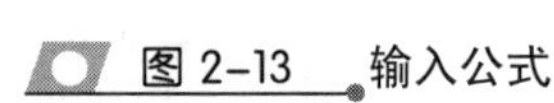
图 2-13 输入公式

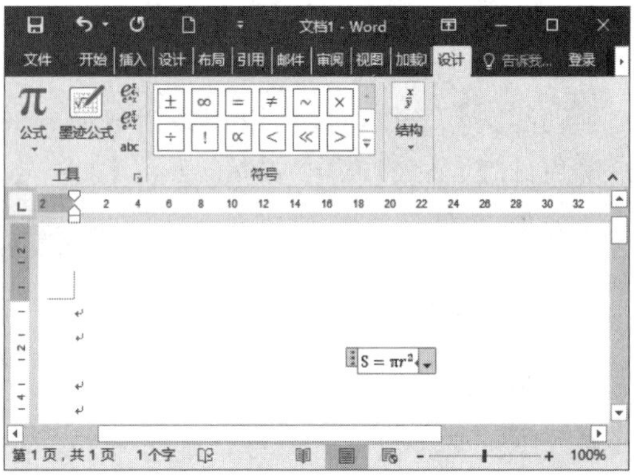

图 2-14 编辑公式

提 示

可以执行【插入】|【文本】|【对象】命令，在弹出的【对象】对话框中选择【Microsoft 公式 3.0】选项，在文档中插入公式对象。

2.2.3 保存文档

在编辑或处理文档时，为了保护劳动成果应该及时保存文档。保存文档主要通过执行【文件】|【保存】或【另存为】命令，保存新建文档、保存已经保存过的文档及保护文档。

1. 保存文档

对于新建文档来讲，执行【文件】|【保存】命令或单击【快速访问工具栏】中的【保存】按钮，即可展开【另存为】页面。该页面为 Word 2016 新增功能，主要用于显示文档的保存位置，在此选择【这台电脑】选项，并选择相应的保存位置，例如选择【桌面】选项，如图 2-15 所示。

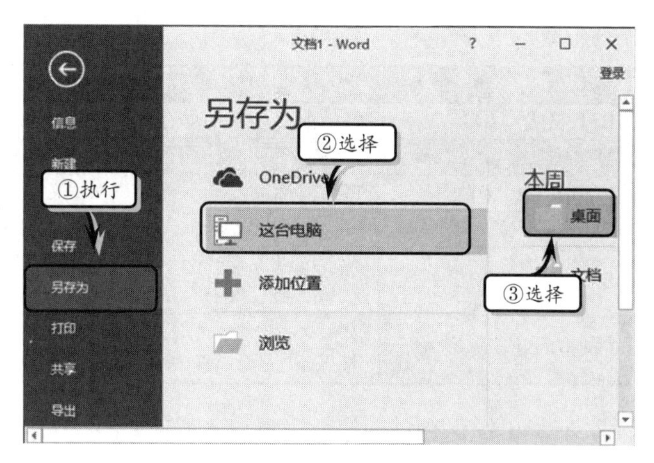

图 2-15 【另存为】列表

提 示

可以在【另存为】列表中选择【浏览】选项，自定义保存位置。

然后，在弹出的【另存为】对话框中设置保存位置、文件名和保存类型，单击【保存】按钮即可，如图 2-16 所示。

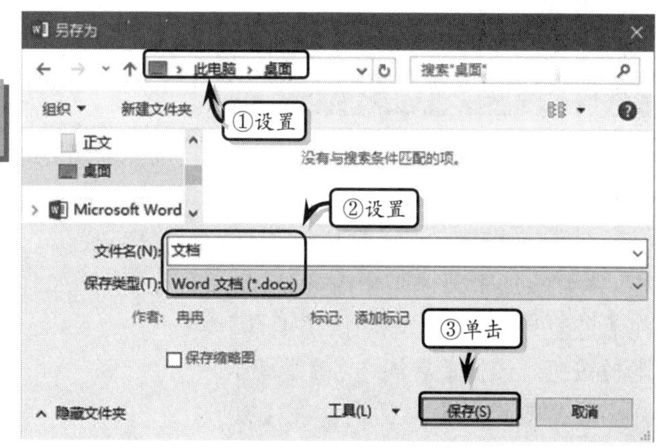

图 2-16 【另存为】对话框

其中，【保存类型】下拉列表中主要包含了表 2-3 所示的常用文件类型。

表 2-3 保存类型

类 型	功 能	后缀名
Word 文档	将当前活动文档以默认类型保存，其扩展名为.docx	*.docx
启用宏的 Word 文档	将当前活动文档保存为启用宏的 Word 文档	*.docm
Word 97-2003 文档	将当前活动文档保存为 97-2003 格式，即兼容模式	*.doc
Word 模板	将当前活动文档保存模板，扩展名为.dotx	*.dotx
启用宏的 Word 模板	将当前活动文档保存为启用宏的模板	*.dotm
Word 97-2003 模板	将当前活动文档保存为 Word 97-2003 模板	*.dot
PDF	表示保存一个由 Adobe Systems 开发的基于 PostScriptd 的电子文件格式，该格式保留了文档格式并允许共享文件	*.pfd
XPS 文档	表示保存为一种版面配置固定的新的电子文件格式，用于以文档的最终格式交换文档	*.xps
单个文件网页	将当前活动文档保存为单个网页文件	*.mht *.mhtml
网页	将当前活动文档保存为网页	*.htm *.html
筛选后的网页	将当前活动文档保存为筛选后的网页	*.htm *.html

续表

类　型	功　能	后缀名
RTF 格式	将当前活动文档保存为多文本格式	*.rtf
纯文本	将当前活动文档保存为纯文本格式	*.txt
Word XML 文档	将当前活动文档保存为 XML 文档，即可扩展标识语言文档	*.xml
Word 2003 XML 文档	将当前活动文档保存为 2003 格式的 XML 文档	*.xml
Strict Open XML 文档	表示可以保存一个 Strict Open XML 类型的文档，可以帮助用户读取和写入 ISO8601 日期以解决 1900 年的闰年问题	*.docx
OpenDocument 文本	表示保存一个可以在使用 OpenDocument 演示文稿的应用程序中打开，还可以在 PowerPoint 2010 中打开.odp 格式的演示文稿	*.odt

对于已经保存过的文档，执行【文件】|【另存为】命令，即可将该文档以其他文件名保存为该文档的一个副本。

提　示

在 Office 2016 中，可以将文件保存到 OneDive 和其他位置。

2. 保护文档

对于一些具有保密性内容的文档，需要添加密码以防止内容外泄。在【另存为】对话框中单击【工具】下拉按钮，选择【常规选项】选项，弹出【常规选项】对话框。在【打开文件时的密码】文本框中输入密码，单击【确定】按钮。在弹出的【确认密码】对话框中输入密码，单击【确定】按钮即可添加文档密码，如图 2-17 所示。

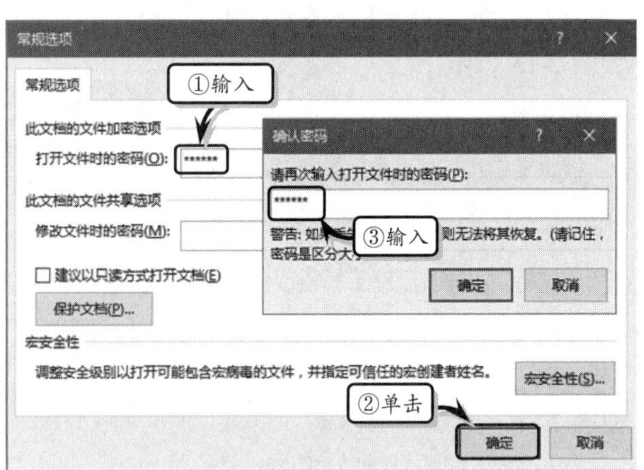

图 2-17　添加密码

提　示

也可以通过执行【文件】|【信息】命令，单击【保护文档】下拉按钮，在其下拉列表中选择【用密码进行加密】选项来为文档添加密码。

2.3　设置文本格式

输入完文本之后，为了使整体文档更具有美观性与整齐性，需要设置文本的字体格式与段落格式。例如，设置文本的字体、字号、字形与效果等格式，设置段落的对齐方式、段间距与行间距、符号与编号等格式。

2.3.1　设置字体格式

在所有的 Word 文档中，都需要根据文档性质设置文本的字体格式。可以在【开始】选项卡中的【字体】选项组中设置文本的字体、字形、字号与效果等格式。

1. 设置字体

在文档中选择需要设置字体格式的文本，可以通过【字体】选项组或右击【微型工具栏】来设置文本的字体格式，如图 2-18 所示。

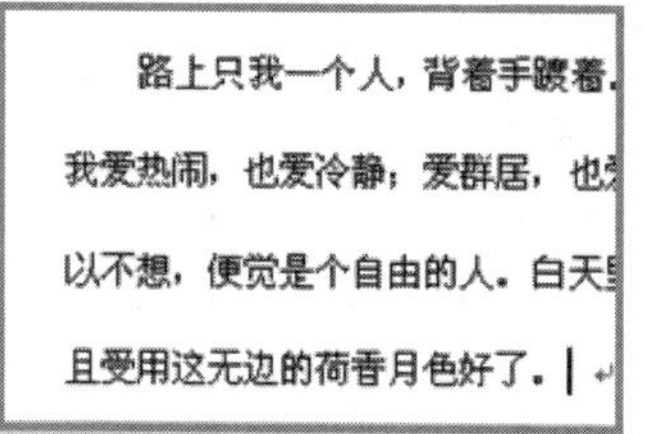

（a）宋体

（b）华文行楷

（c）华文琥珀

（d）黑体

图 2-18 设置字体

2. 设置字号

可启用【字体】选项组中的【字号】命令来设置文字的大小，Word 2016 中主要包括“号”与“磅”两种度量单位。其中“号”单位的数值越小，“磅”单位的数值就越大。字号度量单位的具体说明如表 2-4 所示。

表 2-4 字号度量单位

字号	磅	字号	磅	字号	磅	字号	磅
初号	42	二号	22	四号	14	六号	7.5
小初	36	小二	18	小四	12	小六	6.5
一号	26	三号	16	五号	10.5	七号	5.5
小一	24	小三	15	小五	9	八号	5

选择需要设置的文本内容，执行【开始】|【字体】|【字号】命令，在其列表中选择一个选项即可，如图 2-19 所示。

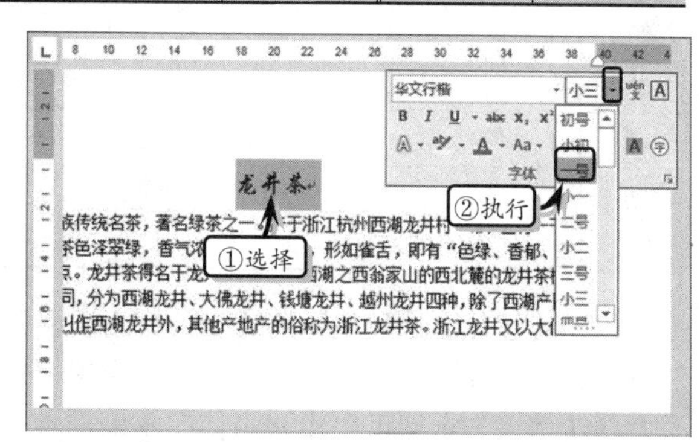

图 2-19 设置字号

另外，还可以通过对话框法和浮动工具栏法来设置文本的字体格式。

（1）对话框法：在【开始】选项卡【字体】选项组中，单击【对话框启动器】按钮，在弹出的【字体】对话框中设置【字号】选项即可。

（2）浮动工具栏法：选择要设置的字符，在弹出的【浮动工具栏】中单击【字号】下拉按钮，选择所需选项即可。

3. 设置字形和效果

在Word中可以利用一些字体格式改变文字的形状，主要包括加粗、下划线、删除线、阳文等格式。执行【开始】选项卡【字体】选项组中的各项命令，可以设置文本的字形。选择文本内容，执行【开始】|【字体】|【加粗】命令，设置文本的加粗字体效果，如图2-20所示。

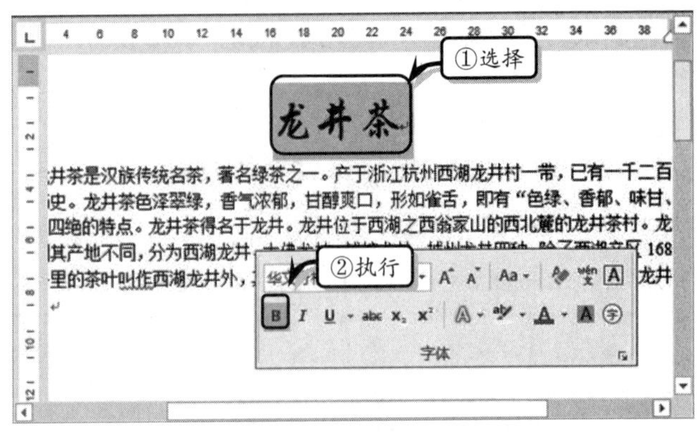

图2-20 设置字形

在【字体】选项组中，调整字形的各命令名称及功能如表2-5所示。

表2-5 字形命令及功能

图标	名　称	快捷键	说　明
A^	增大字体	Ctrl+>	增加字体的大小
A˅	减小字体	Ctrl+<	减小字体的大小
Aa ▾	更改大小写		
	清除所有格式	——	更改大小写
wén文	拼音指南	——	添加文字的拼音
A	字符边框	——	添加文字的边框
B	加粗	Ctrl+B	文字加粗
I	倾斜	Ctrl+I	将文字倾斜
U ▾	下划线	Ctrl+U	文字加下划线
abc	删除线	——	给文字添加删除线
x_2	下标	Ctrl+=	将文字设置为下标
x^2	上标	Ctrl+Shift+=	将文字设置为上标
ab ▾	以不同的颜色突出显示文本	——	不同颜色突出文本显示
A ▾	字体颜色	——	更字体颜色效果
A	字符底纹	——	添加文字的底纹效果
字	带圈字符	——	将文字添加圈
A ▾	文本效果和版式	——	为文本添加围观效果

单击【字体】选项组中的【对话框启动器】按钮，弹出【字体】对话框，如图2-21所示。在【字体】对话框中，不仅可以设置字体、字形与字号，而且还可以在【所有文字】与【效果】选项组中设置字体的效果。

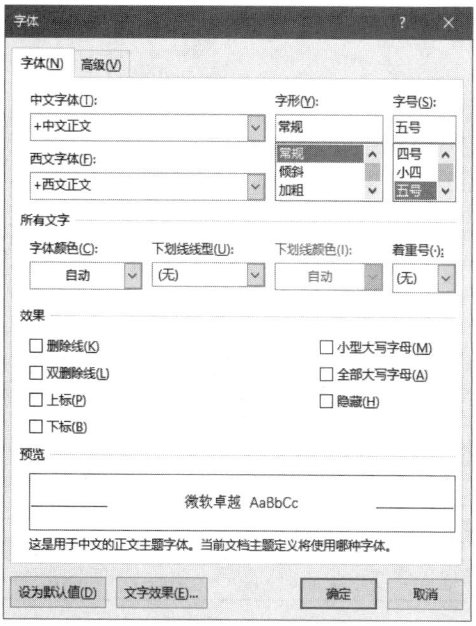

字体　?　×

字体(N)　高级(V)

中文字体(T):　+中文正文
字形(Y):　常规　常规　倾斜　加粗
字号(S):　五号　四号　小四　五号
西文字体(F):　+西文正文

所有文字
字体颜色(C):　自动
下划线线型(U):　(无)
下划线颜色(I):　自动
着重号(·):　(无)

效果
☐ 删除线(K)
☐ 双删除线(L)
☐ 上标(P)
☐ 下标(B)
☐ 小型大写字母(M)
☐ 全部大写字母(A)
☐ 隐藏(H)

预览
微软卓越 AaBbCc
这是用于中文的正文主题字体。当前文档主题定义将使用哪种字体。

设为默认值(D)　文字效果(E)...　确定　取消

图 2-21　设置字体效果

在【字体】对话框中的【所有文字】选项组中，主要可以设置文字颜色、下划线线型、下划线颜色与着重号 4 种格式，例如可以将【文字颜色】设置为蓝色、将【下划线线型】设置为【字下加线】、将【下划线颜色】设置为红色、将【着重号】设置为“．”。在【效果】选项组中，主要可以设置文字的删除线、阴影、空心等效果，具体效果的功能与示例如表 2-6 所示。

表 2-6　字体效果

效果名称	效果功能	效果示例
删除线	在文字中间添加一条横线	~~Word 2013~~
双删除线	在文字中间添加两条横线	~~Word 2013~~
上标	缩小并提高文字	Word 2013
下标	缩小并降低文字	Word 2013
小型大写字母	缩小文字并将文字变成大写字母	WORD 2013
全部大写字母	将文字全部变成大写字母	WORD 2013
隐藏	对指定的文字进行隐藏，使其不可见	

4．设置字符间距

在【字体】对话框中激活【高级】选项卡，在此主要可以设置文字的缩放、间距以及文字位置等，如图 2-22 所示。

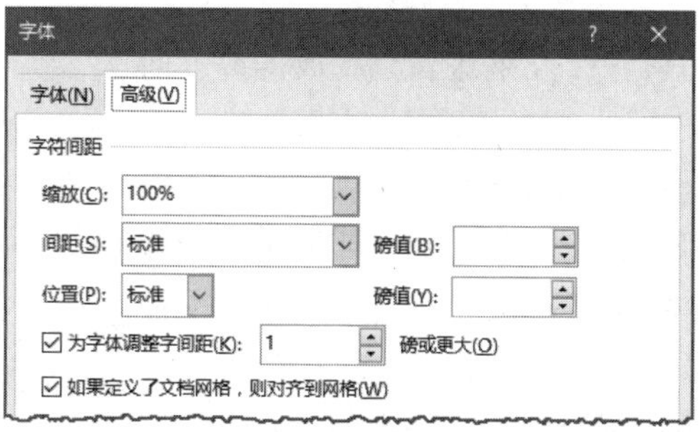

字体　?　×

字体(N)　高级(V)

字符间距
缩放(C):　100%
间距(S):　标准　磅值(B):
位置(P):　标准　磅值(Y):
☑ 为字体调整字间距(K):　1　磅或更大(O)
☑ 如果定义了文档网格，则对齐到网格(W)

图 2-22　设置字符间距

2.3.2　设置段落格式

设置完字体格式之后，还需要设置段落

格式。段落格式是指以段落为单位，设置段落的对齐方式、段间距、行间距与段落符号及编号。

1. 设置对齐方式

Word 2016 为用户提供了左对齐、居中、右对齐、两端对齐与分散对齐 5 种对齐方式。执行【开始】选项卡【段落】选项组中的命令，可以直接设置段落的对齐方式。各对齐方式的说明如表 2-7 所示。

表 2-7 对齐方式

按钮	名 称	功 能	快捷键
	左对齐	将文字左对齐	Ctrl+L
	居中	将文字居中对齐	Ctrl+E
	右对齐	将文字右对齐	Ctrl+R
	两端对齐	将文字左右两端同时对齐，并根据需要增加字间距	Ctrl+J
	分散对齐	使段落两端同时对齐，并根据需要增加字符间距	Ctrl+Shift+J

另外，选择文本或段落，在【开始】选项卡【段落】选项组中，单击【对话框启动器】按钮，在弹出的【段落】对话框的【缩进和间距】选项卡中，单击【对齐方式】下拉按钮，在下拉列表中选择一个选项，如图 2-23 所示。

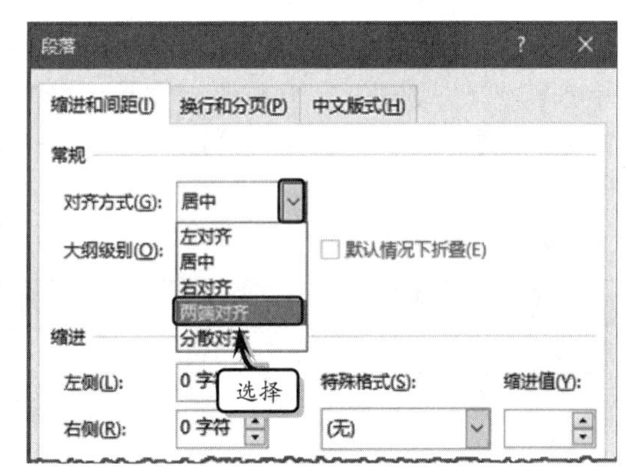

图 2-23 对齐方式

2. 设置段落缩进

段落缩进是在相对于左右页边距的情况下，将段落向内缩进。设置段落缩进主要包括标尺法与【段落】对话框两种方法，其具体内容如下所述。

1）【标尺】法

水平标尺上主要包括【首行缩进】、【悬挂缩进】、【左缩进】与【右缩进】4 个按钮。其中，首行缩进表示只缩进段落中的第一行，悬挂缩进表示缩进除第一行之外的其他行，左缩进表示将段落整体向左缩进一定的距离，右缩进表示将段落整体向右缩进一定的距离。例如，将光标移动到需要缩进的段落中，拖动标尺中的【首行缩进】按钮缩进首行，同时拖动标尺中的【悬挂缩进】按钮，如图 2-24 所示。

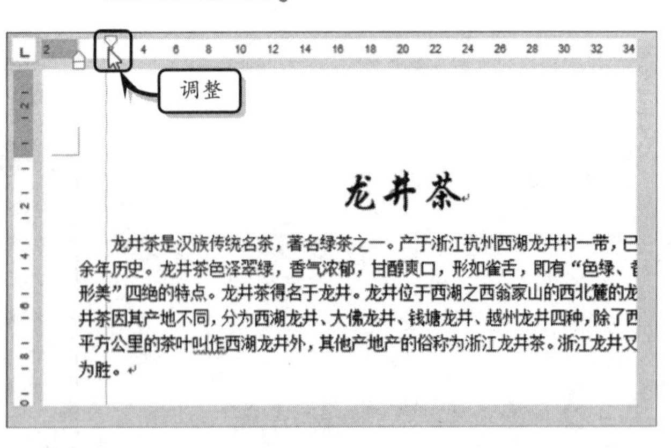

图 2-24 标尺法缩进段落

2）【段落】对话框

在【开始】选项卡【段落】选项组中单击【对话框启动器】按钮，弹出【段落】对话框。在【缩进】选项组中，用户可以按照特殊格式设置首行缩进与悬挂缩进。例如，在【特殊格式】下拉列表中选择【首行缩进】选项，并在旁边的【缩进值】微调框中设置缩进值。同时，也可以按照自定义左侧与右侧的方法设置段落的整体缩进。例如，在【左侧】与【右侧】微调框中设置缩进值，如图 2-25 所示。另外，选中【对称缩进】复选框时，【左侧】与【右侧】微调框将变为【内侧】与【外侧】微调框，两者的作用大同小异。

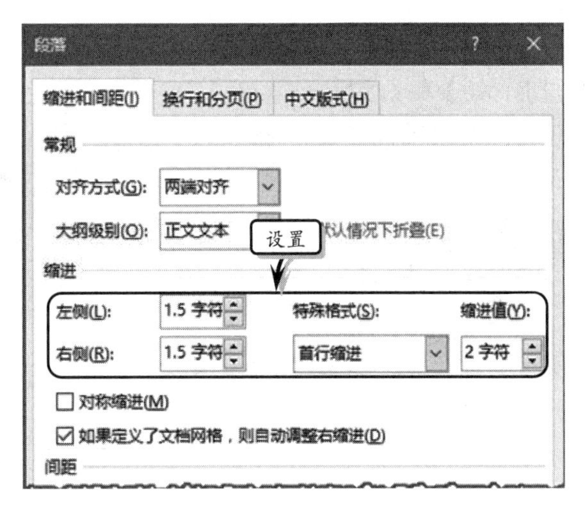

图 2-25 设置缩进参数

3. 设置段间距与行间距

段间距是指段与段之间的距离，行间距是指行与行之间的距离。在【段落】对话框的【间距】选项组中，可以设置段间距与行间距，如图 2-26 所示。

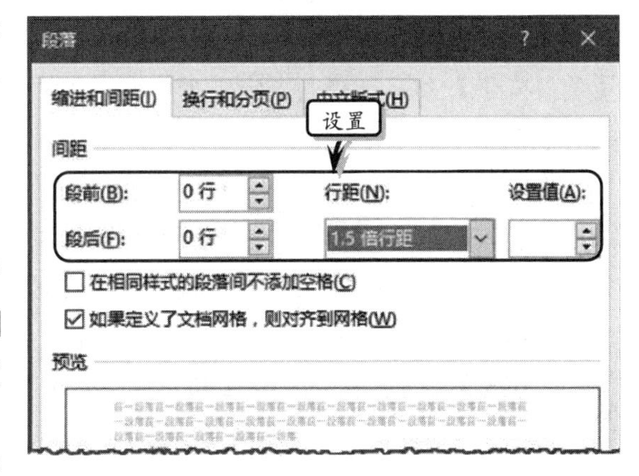

图 2-26 设置段间距与行间距

其中，段间距与行间距的具体设置方法如下所述。

（1）段间距：段间距包括段前与段后两个距离，在【段前】微调框中设置该段距离上段的行数，在【段后】微调框中设置该段距离下段的行数。

（2）行间距：【段落】对话框中的【行距】下拉列表主要包括单倍行距、1.5 倍行距、2 倍行距、最小值、固定值、多倍行距 6 种格式。可单击【行距】下三角按钮，在下拉列表中选择需要设置的格式。另外，还可以在【设置值】微调框中自定义行间距。

除此之外，选择段落或行，执行【开始】|【段落】|【行和段落间距】命令，在其列表中选择一个选项，即可调整行距和段落间距，如图 2-27 所示。

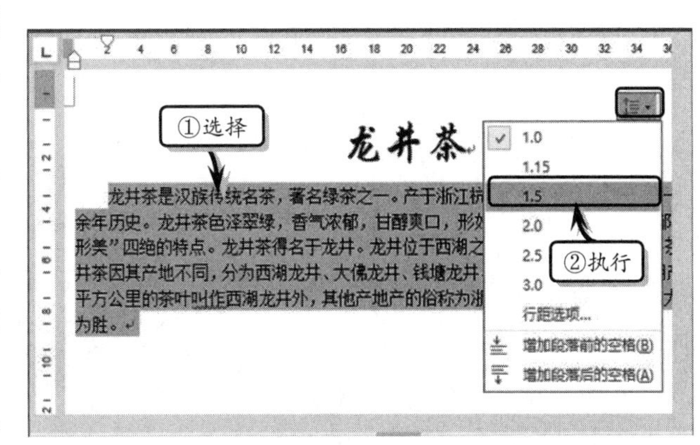

图 2-27 命令法设置

另外，还可以通过执行【增加段前间距】和【增加段后间距】来设置增加段前间距和增加段后间距等。

提　示

使用 Ctrl+1 快捷键，可设置单倍行距；使用 Ctrl+2 快捷键，可设置双倍行距；使用 Ctrl+5 快捷键，可设置 1.5 倍行距。

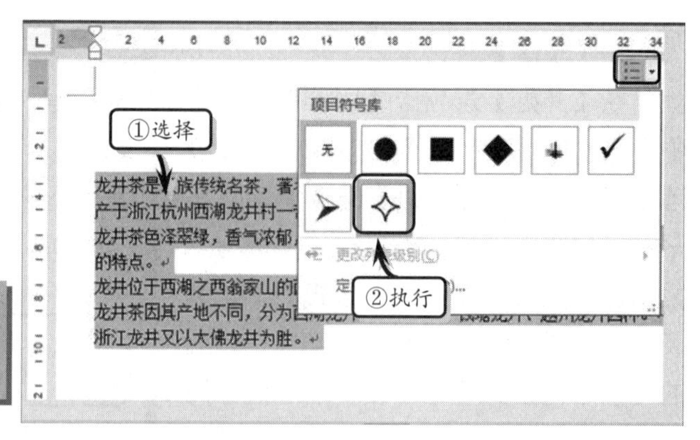

图 2-28　添加项目符号

4. 设置项目符号

创建文档并输入文本之后，为了使文档具有层次性，需要为文档设置项目符号，从而突出或强调文档中的重点。选择文本或段落，执行【开始】|【段落】|【项目符号】命令，在列表中选择相应的选项即可，如图 2-28 所示。

另外，执行【项目符号】|【定义新项目符号】命令，在弹出的【定义新项目符号】对话框中可以设置项目符号的样式，如图 2-29 所示。在该对话框中，通过单击【符号】按钮可在【符号】对话框中设置符号样式；单击【图片】按钮可在【图片项目符号】对话框中设置符号的图片样式；单击【字体】按钮可在【字体】对话框中设置符号的字体格式。最后单击【对齐方式】下拉按钮，在列表中选择【左对齐】、【居中】或【右对齐】选项即可。

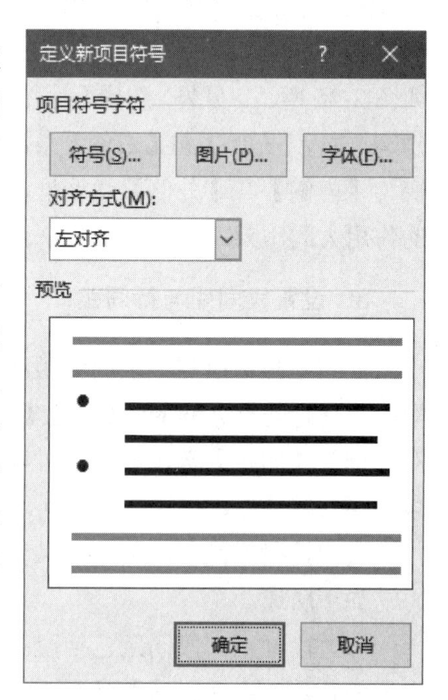

图 2-29　自定义项目符号

5. 设置项目编号

在 Word 中，可以运用编号功能为文本创建编号列表。选择文本或段落，执行【开始】|【段落】|【编号】命令，在其下拉列表中选择相应的选项即可，如图 2-30 所示。

另外，执行【编号】|【定义新编号格式】命令，在弹出的【定义新编号格式】对话框中设置编号样式与对齐方式，如图 2-31 所示。

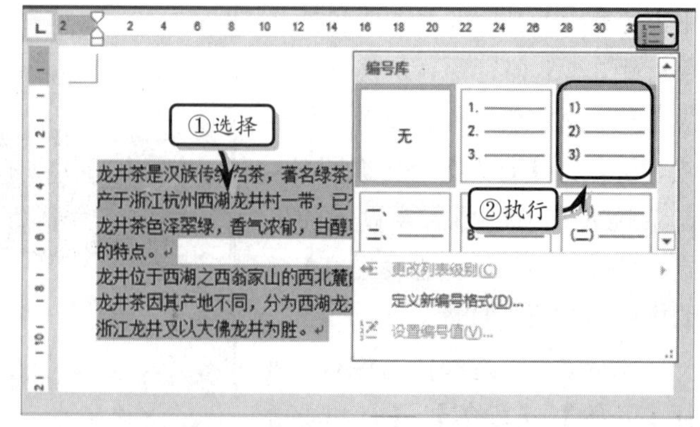

图 2-30　添加项目编号

例如，单击【编号样式】下拉按钮，选择一种样式并单击【字体】按钮，在弹出的【字体】对话框中设置字体格式。然后单击【对齐方式】下拉按钮，在列表中选择【左对齐】、【居中】或【右对齐】选项即可。

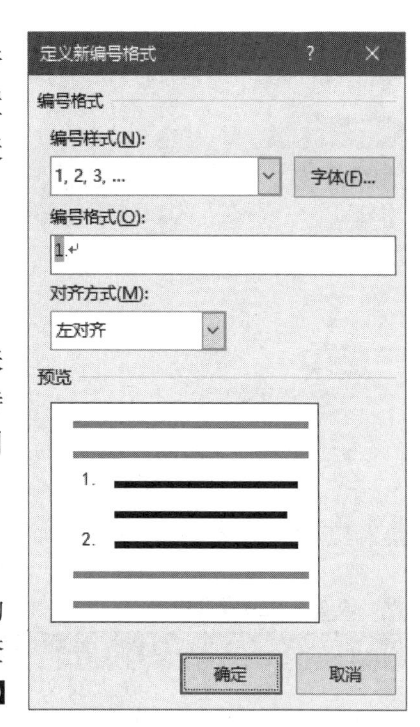

图 2-31 自定义编号

2.3.3 查找与替换

对于长篇或包含多处相同及共同文本的文档来讲，修改某个单词或修改具有共同性的文本时显得特别麻烦。为了解决用户的使用问题，Word 2016 为用户提供了查找与替换文本的功能。

1. 查找与替换文本

执行【开始】|【编辑】|【替换】命令，在弹出的【查找和替换】对话框中激活【查找】选项卡。在【查找内容】文本框中输入查找内容，单击【查找下一处】按钮即可，如图 2-32 所示。

在【替换】选项卡中的【查找内容】与【替换为】文本框中分别输入查找文本与替换文本，单击【替换】或【全部替换】按钮即可，如图 2-33 所示。

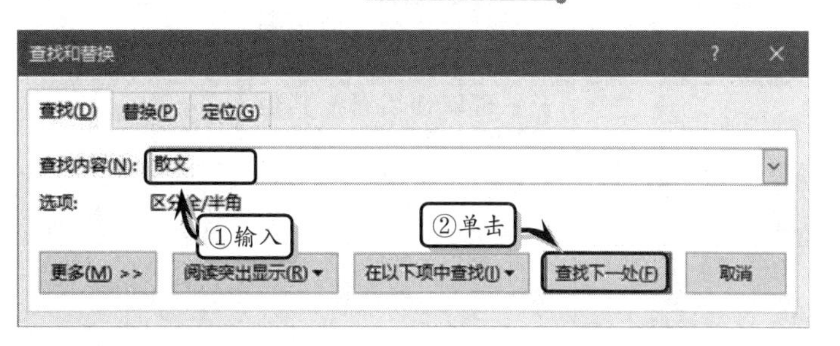

图 2-32 查找文本

2. 搜索选项

在【查找和替换】对话框中单击【更多】按钮，即可展开【搜索选项】选项组，在此可以设置查找条件、搜索范围等内容，如图 2-34 所示。

单击【搜索】下拉按钮，在打开的下拉列表中选择【向上】选项即可从光标处开始搜索到文档的开头，选择【向下】选项即可从光标处搜索到文章的结尾，选择【全部】选项即可搜索整个文档。同时，还可以利用取消选中或选中复选框的方法来设置搜索条件。【搜索选项】选项组中选项的具体功能如表 2-8 所示。

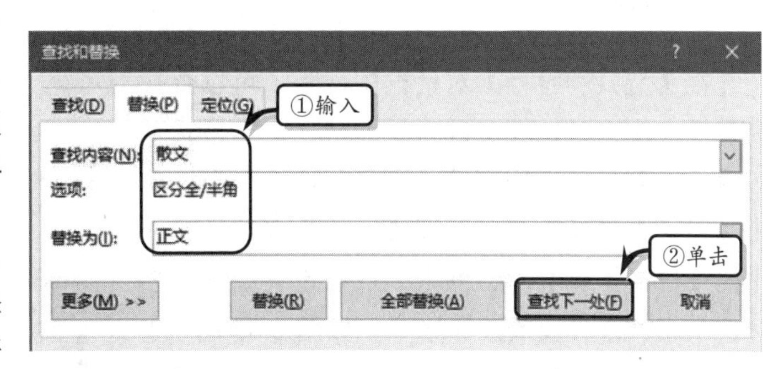

图 2-33 替换文本

图 2-34　搜索选项

表 2-8　搜索选项

名　称	功　能	名　称	功　能
区分大小写	表示在查找文本时将区分大小写，例如查找 A 时，a 不在搜索范围内	区分前缀	表示查找时将区分文本中单词的前缀
全字匹配	表示只查找符合全部条件的英文单词	区分后缀	表示查找时将区分文本中单词的后缀
使用通配符	表示可以使用匹配其他字符的字符	区分全/半角	表示在查找时将区分英文单词的全角或半角字符
同音（英文）	表示可以查找发音一致的单词	忽略标点符号	表示在查找的过程中将忽略文档中的标点符号
查找单词的所有形式（英文）	表示查找英文时，不会受到英文形式的干扰	忽略空格	表示在查找时，不会受到空格的影响

3. 查找与替换格式

在【查找和替换】对话框中，除了可以查找和替换文本之外，还可以查找和替换文本格式。在【替换】选项卡底部的【替换】选项组中，单击【格式】下拉按钮，选择【字体】选项。在弹出的【替换字体】对话框中，可以设置文本的字体、字形、字号及效果等格式，如图 2-35 所示。

然后在【查找内容】与【替换为】文本框中输入文本，单击【全部替换】或【替换】按钮即可。在【替换】选项组中，除了可以设置字体格式之外，还可以设置段落、制表位、语言、图文框、样式和突出显示格式。

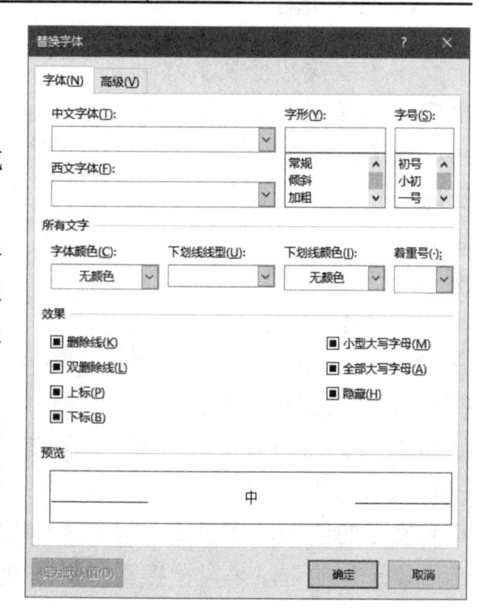

图 2-35　设置字体格式

2.4 设置版式与背景

版式主要是设置文本为纵横混排、合并字符或双行合一等格式；而背景是图像或景象的组成部分，是衬托主体事物的景物。在 Word 2016 中主要是设置背景颜色、水印与稿子等格式，使文档更具特色与趣味标识性。

2.4.1 设置中文版式

中文版式主要用来定义中文与混合文字的版式。例如，将文档中的字符合并为上下两排，将文档中的两行文本以一行的格式进行显示等。执行【开始】|【段落】|【中文版式】命令，选择相应的选项即可设置中文版式。

1. 设置纵横混排

纵横混排是将被选中的文本以竖排的方式显示，而未被选中的文本则保持横排显示。执行【段落】|【中文版式】|【纵横混排】命令，弹出【纵横混排】对话框。在对话框中选中【适应行宽】复选框，将使文本按照行宽的尺寸进行显示。反之，则以字符本身的尺寸进行显示，如图 2-36 所示。

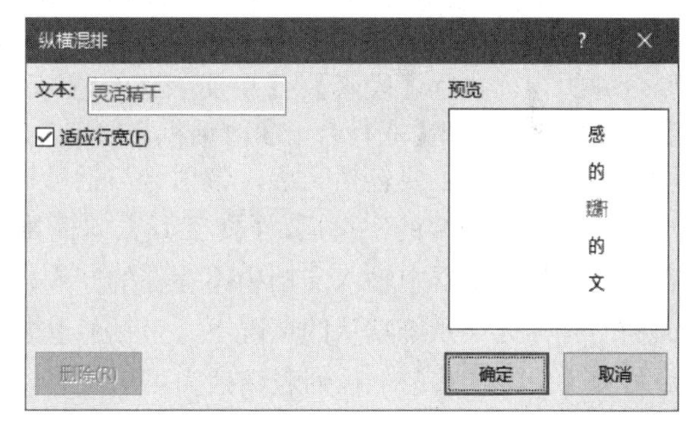

图 2-36 纵横混排文本

另外，设置纵横混排效果之后，选择纵横混排的文本，执行【段落】|【中文版式】|【纵横混排】命令，在弹出的【纵横混排】对话框中，单击【删除】按钮，即可删除纵横混排功能。

2. 设置合并字符

合并字符是将选中的字符按照上下两排的方式进行显示，显示所占据的位置以一行的高度为基准。

选择需要合并字符的文本，执行【开始】|【段落】|【中文版式】|【合并字符】命令，在弹出的【合并字符】对话框中，设置合并的文字、字体与字号等选项即可，如图 2-37 所示。

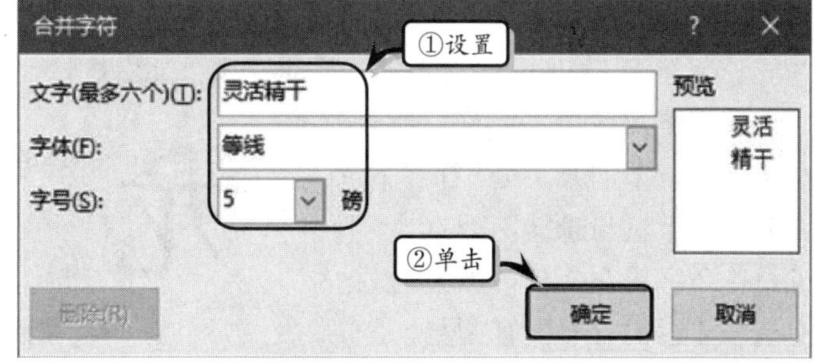

图 2-37 合并字符

（1）文字：Word 2016 规定只能合并 6 个以内的字符，在文档中选中需要合并的字符后，【文字】文本框将会自动显示选中的文字。另外，还可以在【文字】文本框中输入文档中不存在的文本，新输入的文本以合并字符的格式显示在文档的光标处。

（2）字体：在【字体】下拉列表中可以设置合并字符的字体格式。例如，将字体设置为【黑体】、【楷体】等字体格式。

（3）字号：对话框中的字号主要以磅为单位进行显示，单击【字号】下拉按钮，在列表中选择需要设置的字号即可。设置完字号之后，可以在右侧的【预览】列表框中查看设置效果。

（4）【删除】按钮：【删除】按钮位于对话框的左下角，在第一次设置【合并字符】格式时该按钮显示为灰色，表示不可用。当第二次设置相同字符的【合并字符】格式时，此按钮显示为可用状态，单击【删除】按钮即可取消文本的【合并字符】格式。

3. 设置双行合一

双行合一是将文档中的两行文本合并为一行，并以一行的格式进行显示。在文档中选择需要合并的行，执行【段落】|【中文版式】|【双行合一】命令，弹出【双行合一】对话框，如图 2-38 所示。该对话框主要包括文字、带括号与括号样式选项。

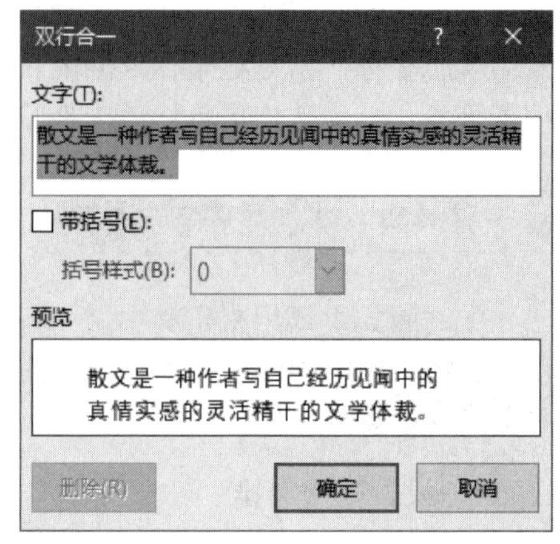

图 2-38 【双行合一】对话框

选中需要合并的字符后，【文字】文本框将会自动显示选中的文字。另外，还可以在【文字】文本框中输入文档中不存在的文本，新输入的文本以合并字符的格式显示在文档的光标处。系统默认的情况下【带括号】复选框为取消选中状态，选中此复选框之后将使【括号样式】下拉列表转换为可用状态。其中，括号样式主要包括( )、[ ]、<>与{}4 种样式。

4. 突出显示文本

突出显示文本，即以不同的颜色来显示文本，从而使文字看上去好像用荧光笔做了标记一样。执行【开始】|【字体】|【以不同颜色突出显示文本】命令，在列表中选择颜色。当鼠标变成✍形状时，拖动鼠标即可。另外，也可以先选择文本，然后单击【以不同颜色突出显示文本】按钮。

5. 首字下沉

首字下沉是加大字符，主要用在文档或章节的开头处。首字下沉主要分为下沉与悬挂两种方式，下沉是首个字符在文档中加大，占据文档中 4 行的首要位置；悬挂是首个字符悬挂在文档的左侧部分，不占据文档中的位置。执行【插入】|【文本】|【首字下沉】命令，选择【下沉】或【悬挂】选项即可，如图 2-39 所示。

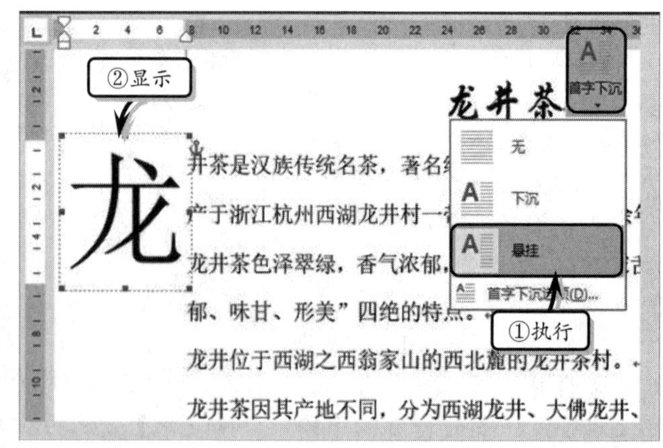

图 2-39 首字下沉

提 示

也可以执行【插入】|【文本】|【首字下沉】|【无】命令，取消首字下沉。

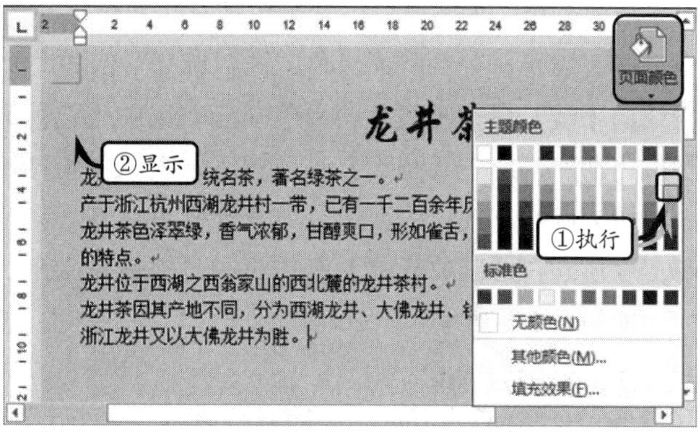

图 2-40 设置背景颜色

2.4.2 设置填充背景

在文档中不仅可以设置纯色背景，还可以设置多样式的填充效果，例如渐变填充、图案填充、纹理填充等效果。

1. 纯色填充

在 Word 2016 中默认的背景色是白色，可执行【设计】|【页面背景】|【页面颜色】命令，在其列表中选择一种背景颜色，来设置文档的背景格式。例如，可以将背景颜色设置为橙色，如图 2-40 所示。

另外，还可以执行【页面颜色】|【其他颜色】命令，在【颜色】对话框中设置自定义颜色，如图 2-41 所示。

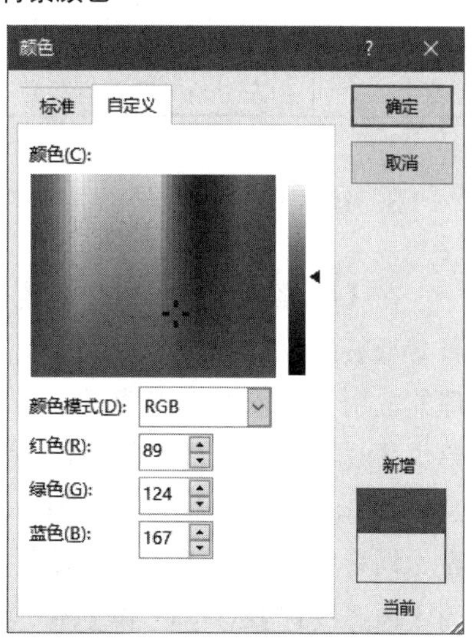

图 2-41 自定义背景颜色

在【颜色】对话框中的【自定义】选项卡中，可以设置 RGB 与 HSL 颜色模式。

（1）RGB 颜色模式：主要基于红色、蓝色与绿色三种颜色，利用混合原理组合新的颜色。在【颜色模式】下拉列表中选择 RGB 选项后，单击【颜色】列表框中的颜色，然后在【红色】、【绿色】与【蓝色】微调框中设置颜色值即可。

（2）HSL 颜色模式：主要基于色调、饱和度与亮度三种效果来调整颜色。在【颜色模式】下拉列表中选择 HSL 选项后，单击【颜色】列表框中的颜色，然后在【色调】、【饱和度】与【亮度】微调框中设置数值即可。其中，各数值的取值范围为 0～255。

2. 渐变填充

渐变是颜色的一种过渡现象，是一种颜色向一种或多种颜色过渡的填充效果。执行【设计】|【页面背景】|【页面颜色】|【填充效果】命令，弹出【填充效果】对话框。在【渐变】选项卡中设置渐变颜色与底纹样式即可，如图 2-42 所示。

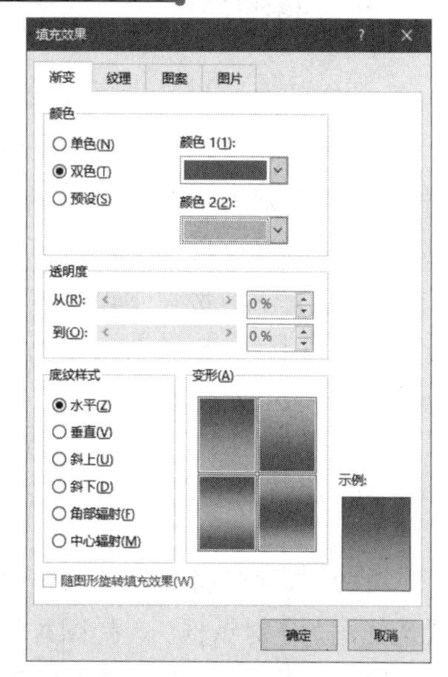

图 2-42 渐变填充

（1）颜色：主要可以设置单色填充、双色填充与多色填充效果。其中，选中【单色】单选按钮表示一种颜色向黑色或白色渐变。例如，滑块向【深】滑动时颜色向黑色渐变，滑块向【浅】滑动时颜色向白色渐变。选中【双色】单选按钮则表示一种颜色向另外一种颜色渐变，选中【预设】单选按钮则表示使用 Word 2016 自带的 24 种渐变颜色。

（2）底纹样式：主要通过改变渐变填充的方向来改变颜色填充的格式，也就是一种渐变变形。在【底纹样式】选项组中可以设置水平、垂直、中心辐射等渐变格式，其具体功能如表 2-9 所示。

表 2-9 底纹样式

名　　称	功　　能	名　　称	功　　能
水平	由上向下渐变填充	斜下	由右上角向左下角渐变填充
垂直	由左向右渐变填充	角部辐射	由某个角度向外渐变填充
斜上	由左上角向右下角渐变填充	中心辐射	由中心向外渐变填充

3. 纹理填充

在【纹理】选项卡中，系统内置了鱼类化石、纸袋、画布等几十种纹理图案。通过对纹理的应用，可以在文档背景中实现纹理效果。单击【纹理】列表框中的纹理类型即可，如图 2-43 所示。另外，还可以使用自定义纹理来填充文档背景。单击【其他纹理】按钮，在弹出的【选择纹理】对话框中选择一种纹理即可。

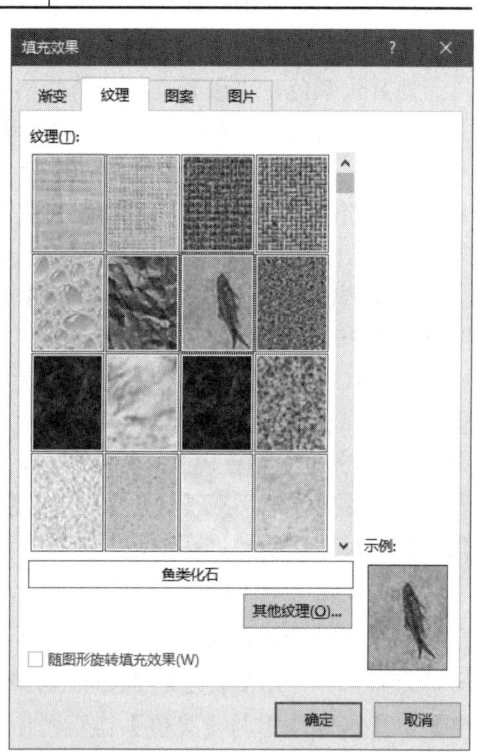

图 2-43 纹理填充

4. 图案填充

图案填充效果是由点、线或图形组合而成的一种填充效果。Word 2016 为用户提供了 48 种图案填充效果，如图 2-44 所示。在【图案】列表框中选择某种图案后，可以单击【前景】与【背景】下拉按钮来设置图案的前景与背景颜色。其中，前景表示图案的颜色，背景则表示图案下方的背景颜色。

5. 图片填充

图片填充是将图片以填充的效果显示在文档背景中，单击【选择图片】按钮，弹出【选择图片】对话框。选择图片位置，同时选择图片，单击【插入】按钮，即可返回到【填充效果】对话框，单击【确定】按钮即可，如图 2-45 所示。

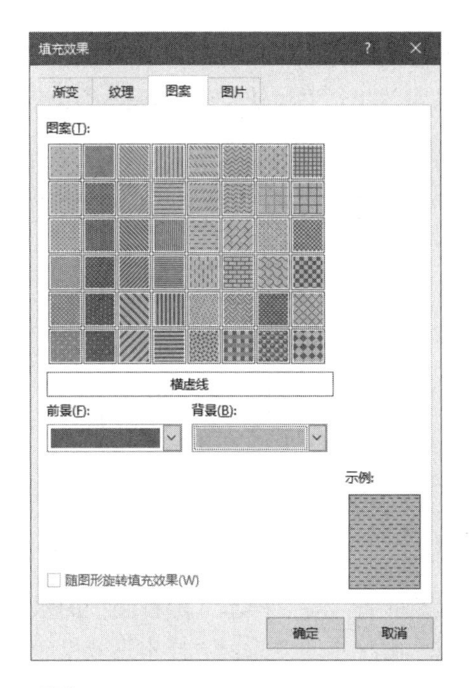

图 2-44 图案填充

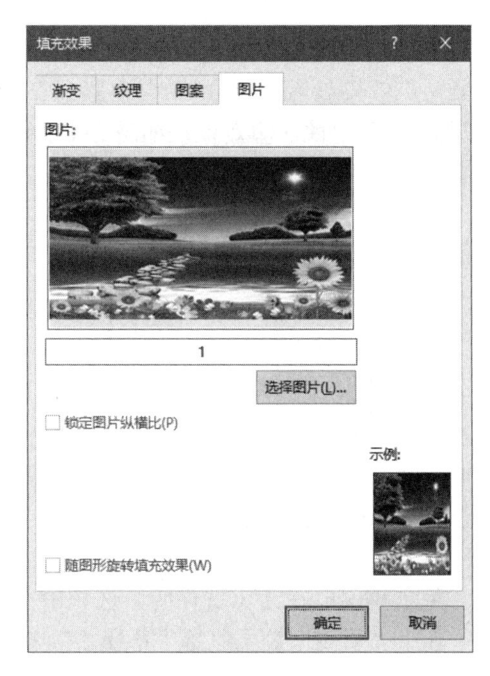

图 2-45 图片填充

2.4.3 设置水印效果

水印是位于文档背景中的一种文本或图片。添加水印之后，可以在页面视图、全屏阅读视图下或在打印的文档中看见水印。执行【设计】|【页面背景】|【水印】命令，可以通过系统自带样式或自定义样式的方法来设置水印效果。

1. 自带样式

Word 2016 中自带了机密、紧急与免责声明 3 种类型共 12 种水印样式，用户可根据文档内容设置不同的水印效果。

（1）机密：在【机密】选项中主要包括“机密”与“严禁复制”两种类型的水印效果，其中“机密”效果包括“机密 1”与“机密 2”两种水印效果，“严禁复制”效果包括“严禁复制 1”与“严禁复制 2”两种水印效果，如图 2-46 所示。

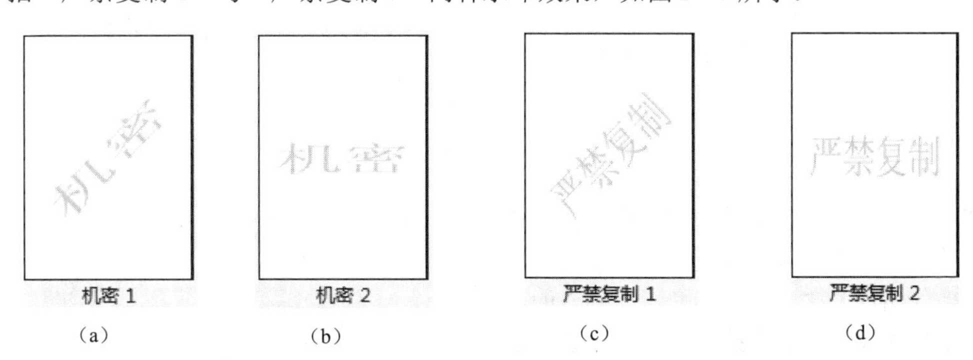

图 2-46 “机密”水印效果

（2）紧急：在【紧急】选项中主要包括“紧急”与“尽快”两种类型的水印效果，其中“紧急”效果包括“紧急 1”与“紧急 2”两种水印效果，“尽快”效果包括“尽快 1”与“尽快 2”两种水印效果，如图 2-47 所示。

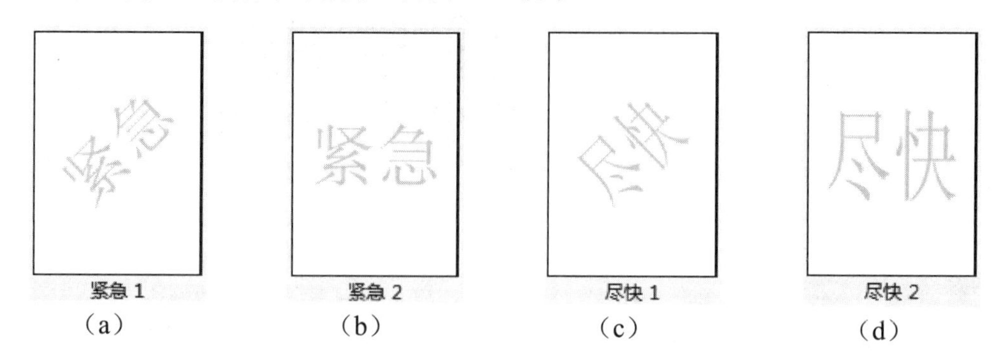

图 2-47 “紧急”水印效果

（3）免责声明：在【免责声明】选项中主要包括“草稿”与“样本”两种类型的水印效果，其中“草稿”效果包括“草稿 1”与“草稿 2”两种水印效果，“样本”效果包括“样本 1”与“样本 2”两种水印效果，如图 2-48 所示。

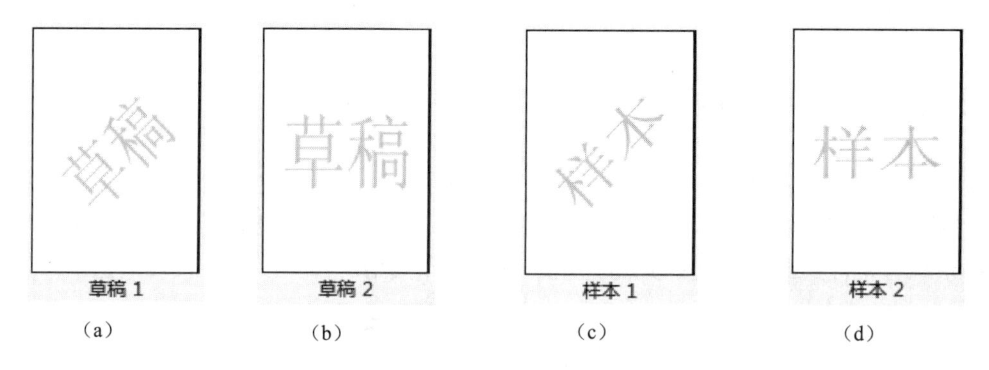

图 2-48 “免责声明”水印效果

2. 自定义水印效果

在 Word 2016 中除了使用自带水印效果之外，还可以自定义水印效果。执行【水印】|【自定义水印】命令，弹出【水印】对话框，如图 2-49 所示。在该对话框中主要可以设置无水印、图片水印与文字水印三种水印效果。其中，无水印即在文档中不显示水印效果。

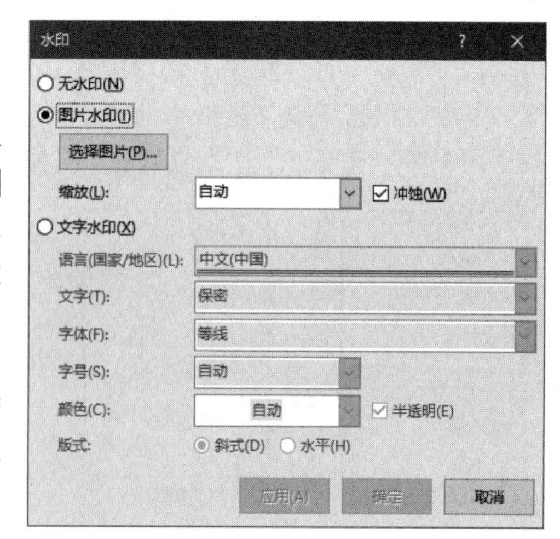

图 2-49 【水印】对话框

（1）图片水印：选中【图片水印】单选按钮，在选项组中单击【选择图片】按钮，在弹出的【插入图片】对话框中选择需要插入的图片。然后单击【缩放】下拉按钮，在列表中选择缩放比例。最后选中【冲蚀】复选框，淡化图片避免图片影响正文。其最终效果如图 2-50 所示。

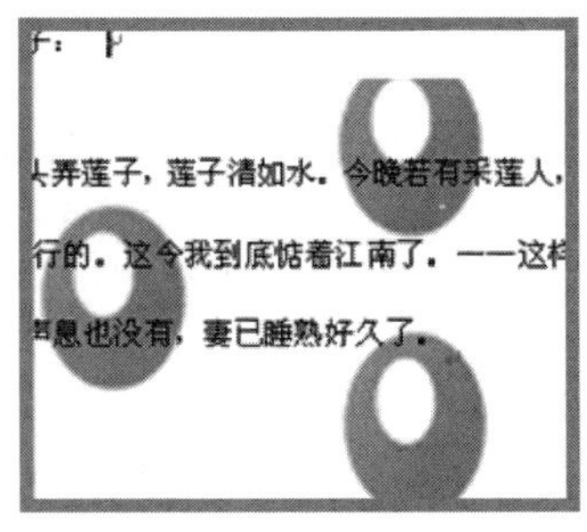

(a) 设置【缩放】效果　(b) 设置【冲蚀】效果

图 2-50 图片水印

(2) 文字水印：选中【文字水印】单选按钮，在选项组中可以设置语言、文字、字体、字号、颜色与版式，另外还可以通过【半透明】复选框设置文字水印的透明状态。例如，将【文字】设置为“中国北京”，将【字体】设置为“华文彩云”，将【颜色】设置为“茶色”，如图 2-51 所示。

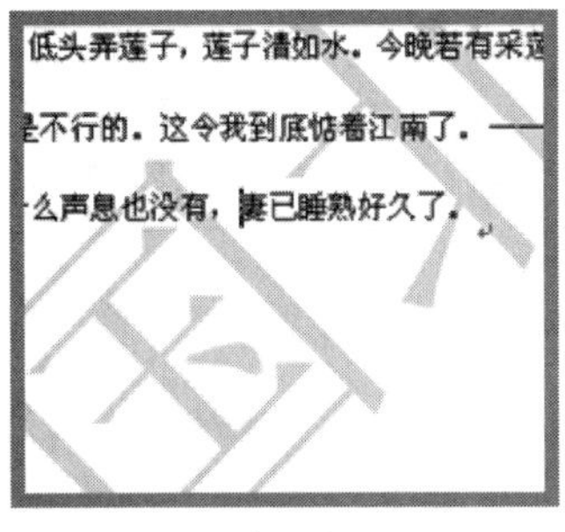

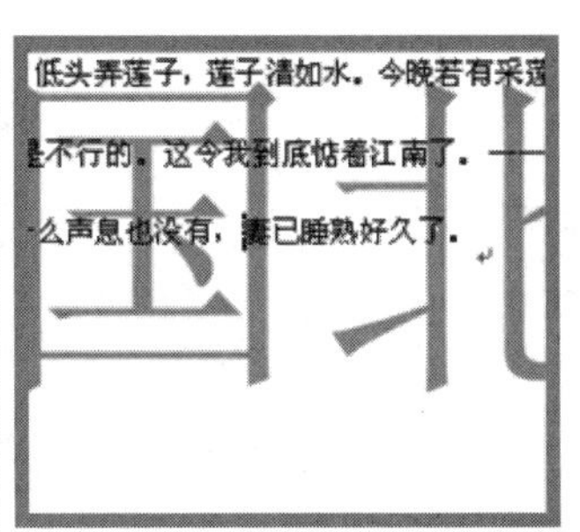

(a) 默认效果　(b) 设置【颜色】与【版式】效果

图 2-51 文字水印

2.5 课堂练习：课文【济南的冬天】

在日常生活或工作中，往往需要利用 Word 来制作工作报告、经典课文、散文诗歌等文档。下面便利用 Word 来制作课文【济南的冬天】，如图 2-52 所示。在本练习中，主要运用字体格式、段落格式等功能来制作课文。

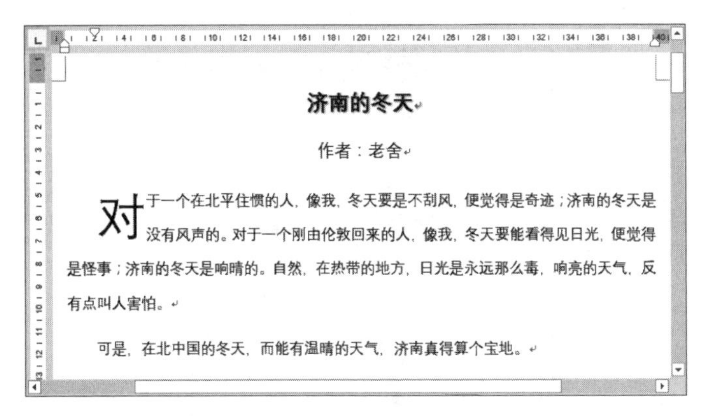

图 2-52 课文【济南的冬天】

操作步骤

1 设置标题文本格式。新建空白文档，输入课文的标题、作者与内容。选择标题文本“济南的冬天”，执行【开始】|【段落】|【居中】

按钮，如图 2-53 所示。

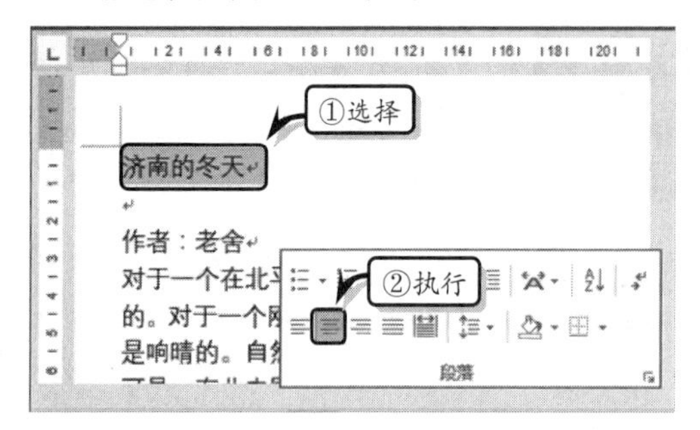

图 2-53 设置对齐方式

2 执行【开始】|【字体】|【字号】|【小三】命令，同时执行【加粗】命令，如图 2-54 所示。

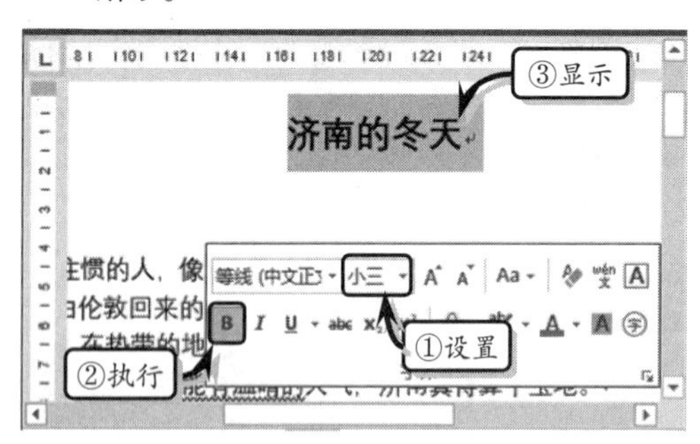

图 2-54 设置字体效果

3 设置作者文本格式。选择文本“作者：老舍”，执行【开始】|【段落】|【居中】命令，并执行【字体】|【字号】|【小四】命令，如图 2-55 所示。

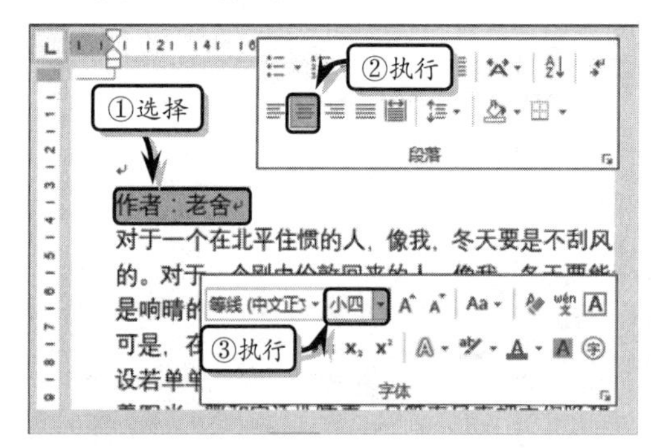

图 2-55 设置“作者”文本格式

4 设置正文文本格式。选择全部正文，单击【段落】选项组中的【对话框启动器】按钮，设置【特殊格式】下拉按钮，选择【首行缩进】选项，将【磅值】设置为【2 字符】，如图 2-56 所示。

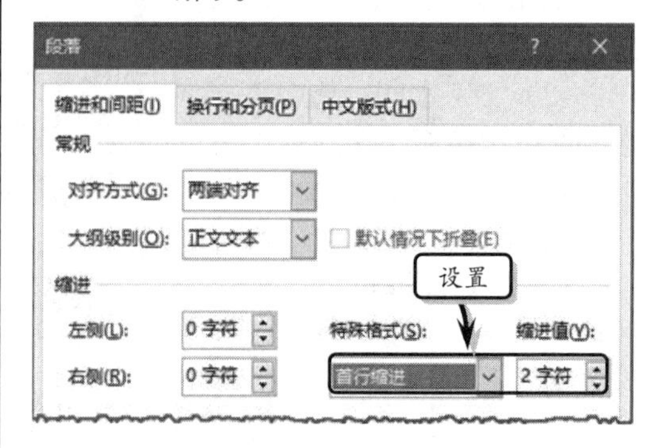

图 2-56 设置段落缩进

5 单击【行距】下拉按钮，选择【1.5 倍行距】选项。将【段前】与【段后】都设置为【0.5 行】，单击【确定】按钮，如图 2-57 所示。

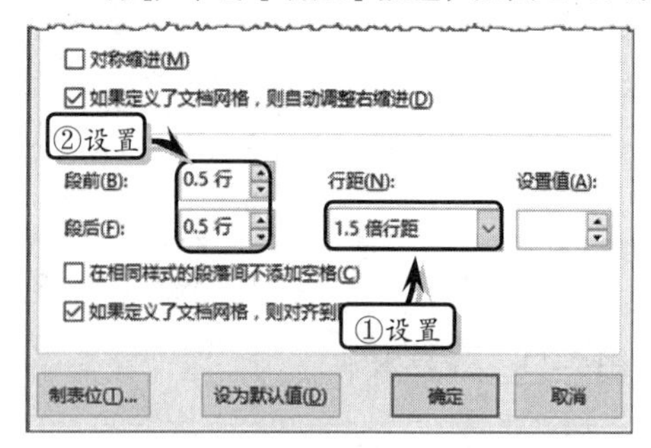

图 2-57 设置段间距与行间距

6 设置标题文本效果。选择标题，单击【字体】选项组中的【对话框启动器】按钮。单击【文字效果】按钮，激活【文本效果】选项卡，展开【阴影】选项组，并设置【预设】选项，如图 2-58 所示。

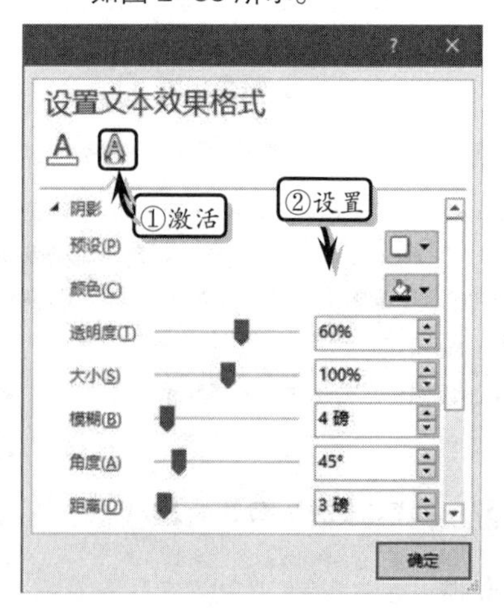

图 2-58 设置阴影效果

7 设置首字下沉。将光标置于第一段中，执行【插入】|【文本】|【首字下沉】|【下沉】命令，如图 2-59 所示。

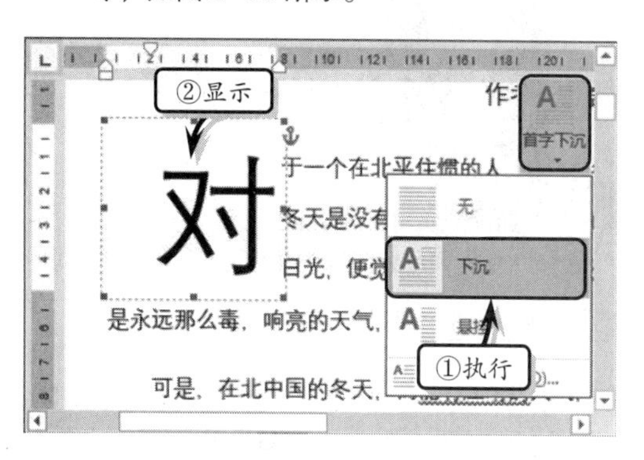

图 2-59 设置首字下沉

8 执行【插入】|【文本】|【首字下沉】|【首字下沉选项】命令，将【下沉行数】设置为2，单击【确定】按钮，如图 2-60 所示。

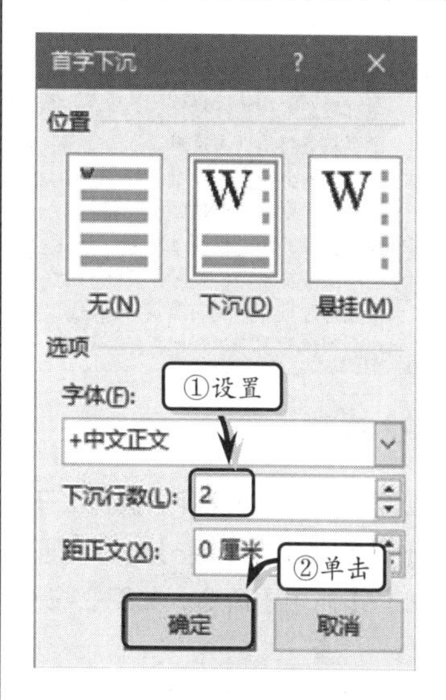

图 2-60 设置首字下沉行数

2.6 课堂练习：学生请假制度

学校为了确保学生在校期间的正常学习、生活，为了进一步加强对学生的管理，强化安全教育，需要制定学生请假制度。在本练习中，将运用插入项目符号和行间距等功能，制作一份学生请假制度，如图 2-61 所示。

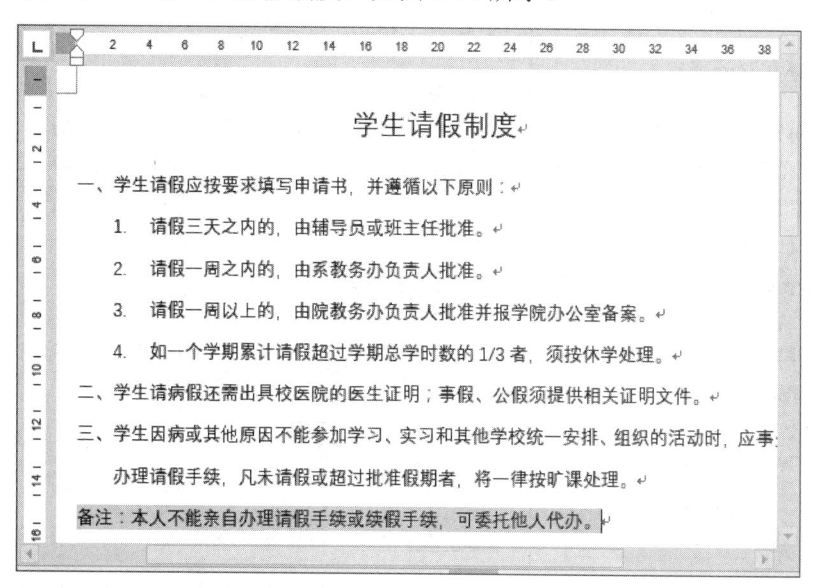

学生请假制度

一、学生请假应按要求填写申请书，并遵循以下原则：

1. 请假三天之内的，由辅导员或班主任批准。
2. 请假一周之内的，由系教务办负责人批准。
3. 请假一周以上的，由院教务办负责人批准并报学院办公室备案。
4. 如一个学期累计请假超过学期总学时数的 1/3 者，须按休学处理。

二、学生请病假还需出具校医院的医生证明；事假、公假须提供相关证明文件。

三、学生因病或其他原因不能参加学习、实习和其他学校统一安排、组织的活动时，应事先办理请假手续，凡未请假或超过批准假期者，将一律按旷课处理。

备注：本人不能亲自办理请假手续或续假手续，可委托他人代办。

图 2-61 学生请假制度

操作步骤

1 输入基础内容。新建空白文档，输入学生请假制度的具体内容，如图 2-62 所示。

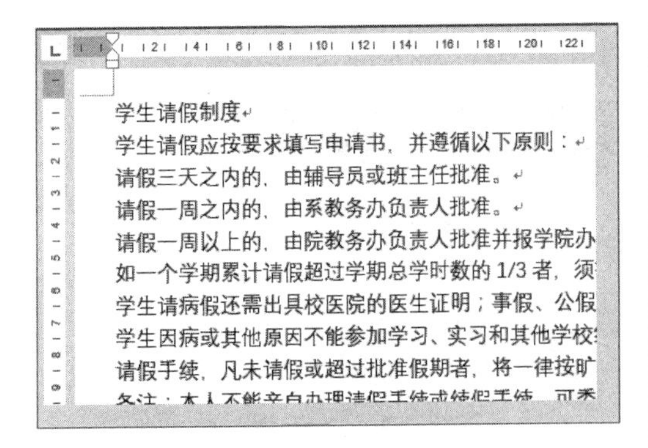

图 2-62 输入内容

2 设置标题文本。选择第一行文字，执行【开始】|【字体】|【字号】|【三号】命令，同时执行【段落】|【居中】命令，如图 2-63 所示。

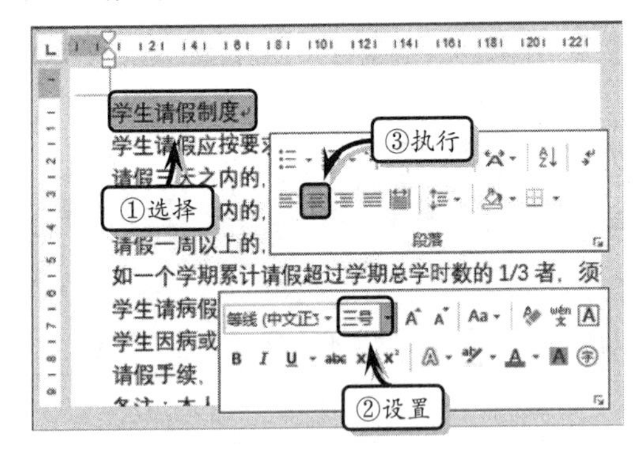

图 2-63 设置字体和对齐格式

3 单击【段落】选项组中的【对话框启动器】按钮，在弹出的【段落】对话框中将【段后】设置为 0.5 行，如图 2-64 所示。

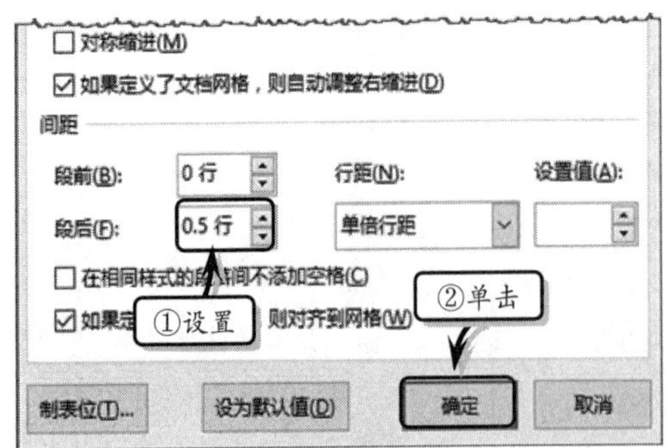

图 2-64 设置段间距

4 设置正文文本。选择第 2~9 行文字，执行【开始】|【段落】|【编号】命令，选择一种编号样式，如图 2-65 所示。

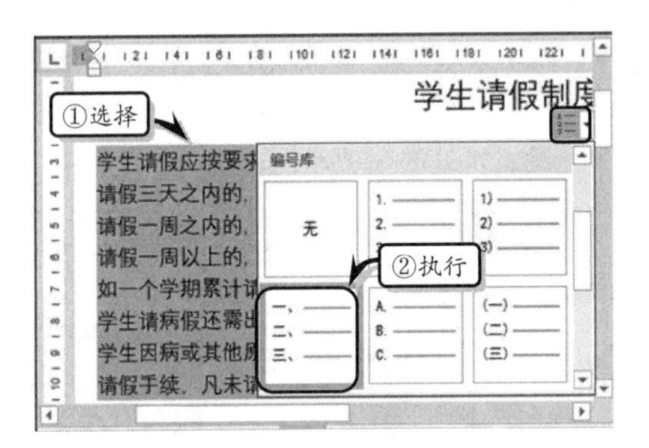

图 2-65 添加编号

5 选择第 3~6 行文字，执行【开始】|【字体】|【清除格式】命令，清除编号格式，如图 2-66 所示。

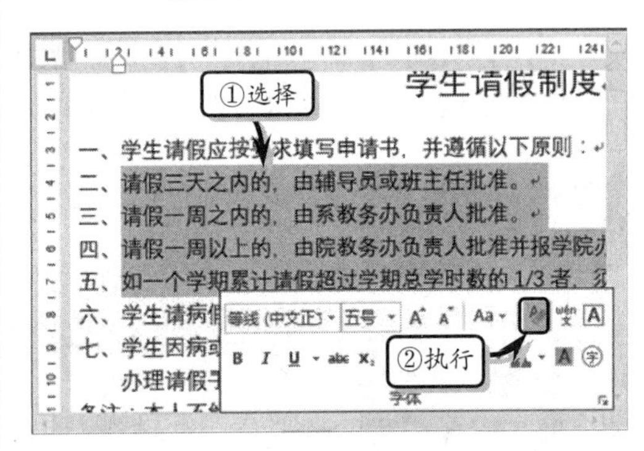

图 2-66 清除格式

6 同时，执行【开始】|【段落】|【编号】命令，选择一种编号样式，如图 2-67 所示。

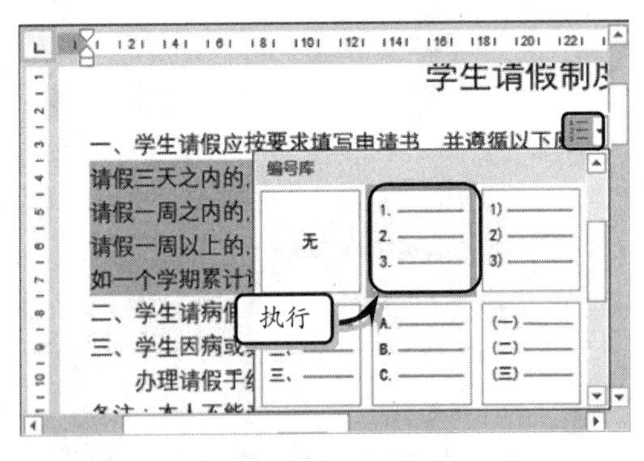

图 2-67 重新添加编号

7 单击【段落】选项组中的【对话框启动器】按钮，将【缩进】选项组中的【左侧】设置为 2 字符，单击【确定】按钮，如图 2-68 所示。

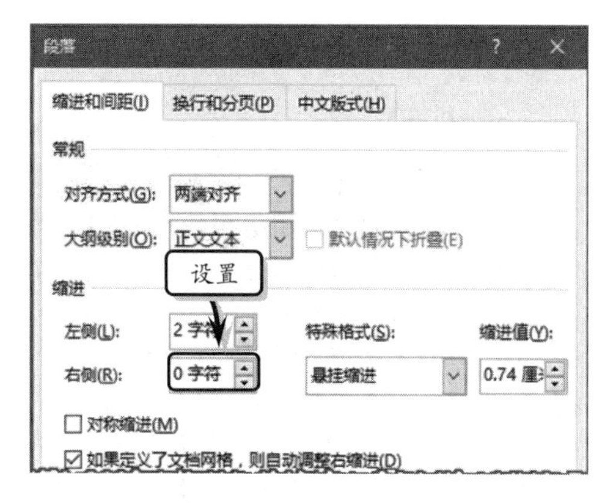

图 2-68 设置缩进量

8 选择最后一行，执行【开始】|【字体】|【字符底纹】命令，为文本添加底纹，如图 2-69 所示。

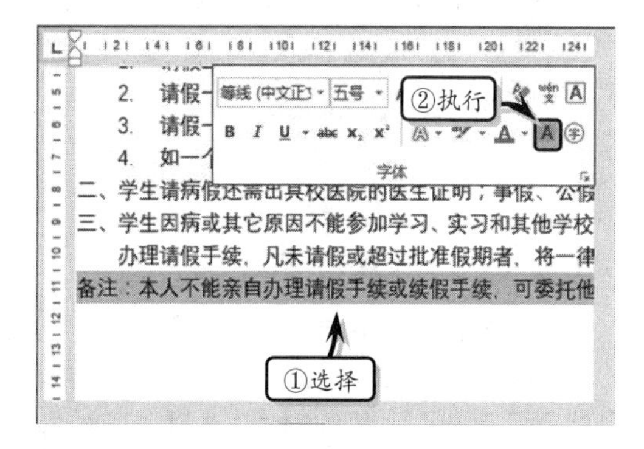

图 2-69 添加字符底纹

9 选择所有的正文，单击【段落】选项组中的【对话框启动器】按钮，单击【行距】下拉按钮，选择【1.5 倍行距】选项，如图 2-70 所示。

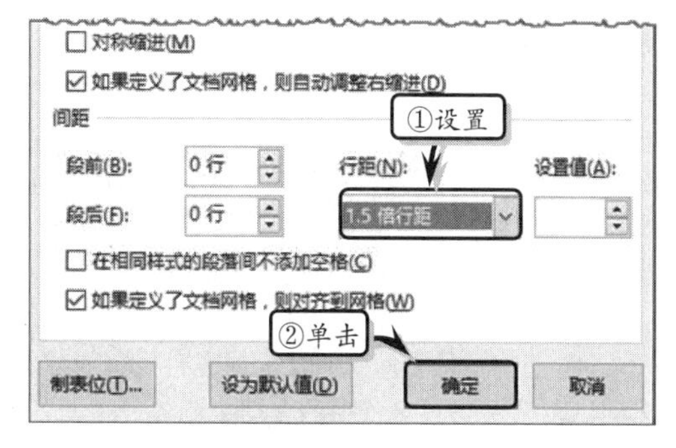

图 2-70 设置行距

2.7 思考与练习

一、填空题

1. 在 Word 2016 中，标题栏主要包括当前工作表名称、窗口控制按钮、________与________。

2. Word 2016 为用户提供了二次公式、二项式定理、勾股定理等 9 种公式。用户需要在______选项卡中的______中插入公式。

3. 在利用查找和替换功能时，不仅可以替换文档中的文本，而且还可以替换文档中的______。

4. 在缩放字体间距时，最大可以缩放到______%。

5. 首字下沉又分为______与______两种样式。

6. 在 Word 2016 中，按______键可以打开访问键。

7. Word 2016 中主要包括左对齐、右对齐、居中式、______、______等 7 种制表位格式。

8. 显示比例位于状态栏的最右侧，主要用来调整视图的百分比，其调整范围为______。

9. 在文档还可以设置多样式的填充效果，主要包括______、______、______、______4 种效果。

二、选择题

1. 在设置图片水印时，选中【冲蚀】复选框表示______。

A．淡化图片

B．改变图片颜色

C．改变图片透明度

D．强化图片

2．中文版式中的合并字符功能最多能合并______个字符。

A．5　　　　B．6

C．8　　　　D．2

3．在 Word 2016 中不仅可以添加项目编号与行号，而且还可以添加______。

A．段编号　　　　B．图片编号

C．文本编号　　　　D．章编号

4．在创建模板时选择【根据现有内容新建】选项，表示根据______中的文档来创建一个新的文档。

A．本地计算机磁盘

B．运行中的文档

C．Word 模板

D．当前模板文件

5．保护文档是在【工具】下拉列表中选择______并输入打开密码。

A．【常规选项】

B．【属性】

C．【保存选项】

D．【Web 选项】

6．在 Word 2016 中，用户可以撤销或恢复______项操作，并且还可以重复任意次数的操作。

A．1000　　　　B．100

C．10　　　　D．200

7．Word 2016 中主要包括“号”与“磅”两种度量单位。其中“号”单位的数值______，“磅”单位的数值就越大。

A．越大　　　　B．越小

C．升序　　　　D．降序

8．Word 2016 自带了机密、紧急与______3 种类型共 12 种水印样式，用户可根据文档内容设置不同的水印效果。

A．免责声明　　　　B．严禁复制

C．样本　　　　D．尽快

三、问答题

1．简述设置字体格式的内容。

2．简述设置水印的操作步骤。

3．简述设置段落缩进的方法。

四、上机练习

1．设置字体格式

该练习将根据 Word 2016 中的【字体】选项组来设置文本的字体格式与效果，如图 2-71 所示。首先在文档中输入并选择文本，在【开始】选项卡的【字体】选项组中，将文本格式设置为【加粗】，将【字号】设置为【四号】，将【字体】设置为【楷体】。然后单击【字体】选项组中的【对话框启动器】按钮，在【字体】对话框中设置文本的【阴影】效果。最后执行【插入】|【文本】|【首字下沉】|【下沉】命令。

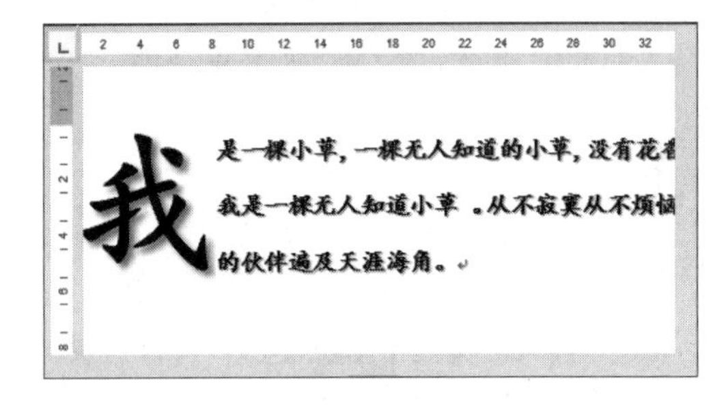

图 2-71　设置字体格式

2．设置符号与编号

该练习将为文档中的文本设置符号与编号，如图 2-72 所示。首先执行【布局】|【页面设置】|【行号】|【连续】命令，为每行添加行编号。然后，执行【开始】|【段落】|【项目符号】命令，选择一种符号样式即可。

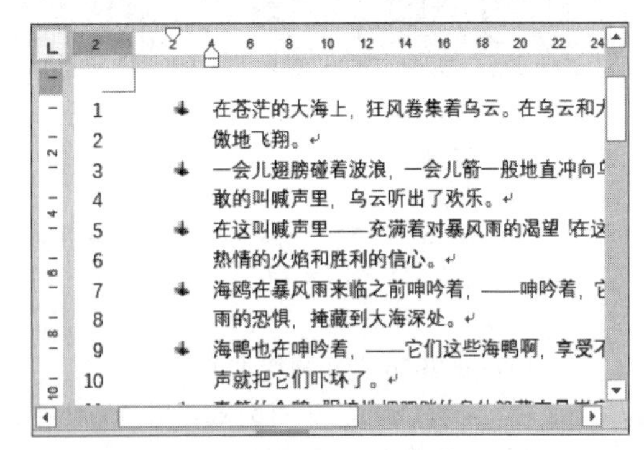

图 2-72　设置符号与编号

第3章

编排格式

版面是文档的灵魂，而排版文档则是制作一份优美文档的“重头戏”，它直接影响了版面的美观性和视觉传达效果。在对 Word 文档进行排版时，可以通过设置文档的分页、分节、插入分栏等格式，来提高文档版式的灵活性，并通过设置页眉/页脚等格式来增加文档的美观性。在本章中，主要介绍分页、分节、页眉/页脚与分栏的设置，以及使用样式、目录与索引等编排格式的相关知识。

本章学习目的：

- 设置分页
- 设置分栏
- 设置分节
- 使用样式
- 设置页眉与页脚
- 页面设置

3.1 设置分栏

Word 中的分栏功能可以调整文档的布局，从而使文档更具有灵活性。例如，利用分栏功能可以将文档设置为两栏、三栏、四栏等格式，并根据文档布局的要求控制栏间距与栏宽。同时，利用分栏功能还可以将文档设置为包含一栏、两栏与三栏布局的混排效果。

3.1.1 使用默认选项

设置分栏在一般的情况下可以利用系统固定的设置，执行【布局】|【页面设置】|

【分栏】命令，在列表中选择【一栏】、【两栏】、【三栏】、【偏左】与【偏右】5 种选项中的一种即可，如图 3-1 所示。其中，两栏与三栏表示将文档竖排平分为两排与三排；偏左表示将文档竖排划分，左侧的内容比右侧的内容少；偏右与偏左相反，表示将文档竖排划分但是右侧的内容比左侧的内容少。

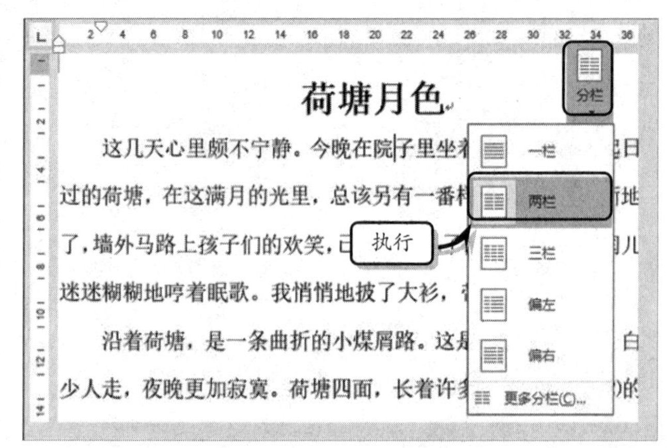

图 3-1 选项卡设置分栏

3.1.2 自定义分栏

当系统自带的自动分栏功能无法满足用户需求时，则可以使用自定义分栏功能，自定义栏数、栏宽、间距和分隔线。

执行【布局】|【页面设置】|【分栏】|【更多分栏】命令，在弹出的【分栏】对话框中可以设置栏数、栏宽、分隔线等，如图 3-2 所示。

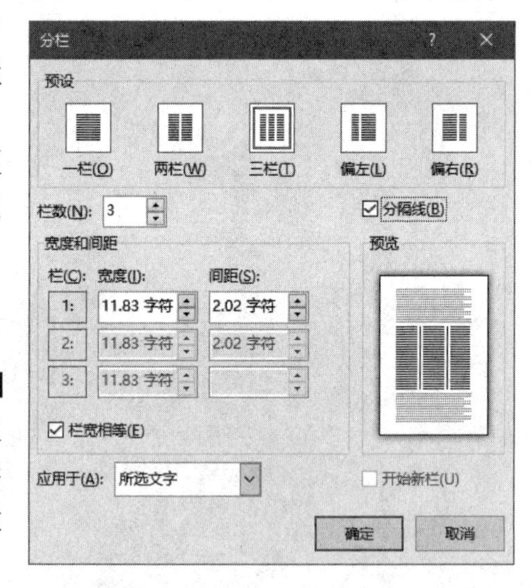

图 3-2 【分栏】对话框

1．设置栏数

仔细观察会发现在【分栏】对话框的【预设】选项组中，最多只能将文档设置为三栏。可以通过单击【分栏】对话框中的【栏数】微调按钮将文档设置为 1～12 个分栏。例如，在【栏数】微调框中输入 4，即可将文档设置为 4 栏。

2．设置分隔线

设置分隔线是在栏与栏之间添加一条竖线，用于区分栏与栏之间的界限，从而使版式具有整洁性。选中【栏数】微调框右侧的【分隔线】复选框即可，在【预览】列表中可以查看设置效果。

3．设置栏宽

默认情况下系统会平分栏宽（除左、右栏之外），也就是设置的两栏、三栏、4 栏等各栏之间的栏宽是相等的。也可以根据版式需求设置不同的栏宽，即在【分栏】对话框中取消选中【栏宽相等】复选框，在【宽度】微调框中设置栏宽即可。例如，在“三栏”的状态下，可将第一栏与第二栏的【宽度】设置为 10。

提 示

值得注意的是在设置栏宽时间距值会跟随栏宽值的变动而改变，无需单独设置间距值。

4. 控制分栏范围

控制分栏主要是运用【分栏】对话框中的【应用于】选项来设置文档的格局。其中，利用【应用于】下拉列表中的选项可将分栏设置为【整篇文档】、【插入点之后】、【本节】与【所选文字】等格式，如图 3-3 所示。

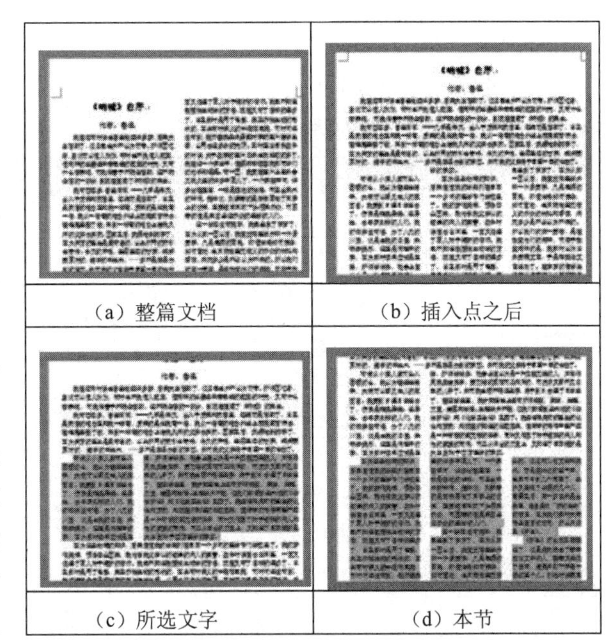

（a）整篇文档　（b）插入点之后

（c）所选文字　（d）本节

图 3-3　分栏范围

（1）整篇文档：选择该选项表示将分栏应用于整个文档。

（2）插入点之后：选择该选项表示将分栏应用于光标之后的文本。这时【开始新栏】复选框将变成可用状态。选中该复选框，即可将光标之后的文本以新的一节在新的一页中显示。例如，将插入点之后的文本设置为【三栏】格式。

（3）所选文字：选择文档中的某段文本时，在【应用于】下拉列表中将会显示【所选文字】选项，即表示将分栏应用于所选文字中。例如，选择该选项并单击【预设】选项组中的【两栏】按钮，单击【确定】按钮即将选择的文字设置为两栏。

（4）本节：为选择文本设置完分栏之后，选择其他段落的文本时，【应用于】下拉列表中会显示【本节】选项，即表示将分栏应用于本节之中。值得注意的是为所选文字设置完分栏之后，普通文档即被划分为两小节——被选文字为一节，剩余的文字为另一节。当用户设置剩余文字小节的分栏时，即表示设置所有剩余文字的分栏。

3.2　设置页眉与页脚

页眉与页脚分别位于页面的顶部与底部，是每个页面的顶部、底部和两侧页边距中的区域。在页眉与页脚中，主要可以设置文档页码、日期、公司名称、作者姓名、公司徽标等内容。

3.2.1　插入页眉与页脚

执行【插入】|【页眉和页脚】|【页眉】命令，在列表中选择相应的选项即可为文档插入页眉。同样，执行【页脚】命令，在列表中选择相应的选项即可为文档插入页脚，如图 3-4 所示。

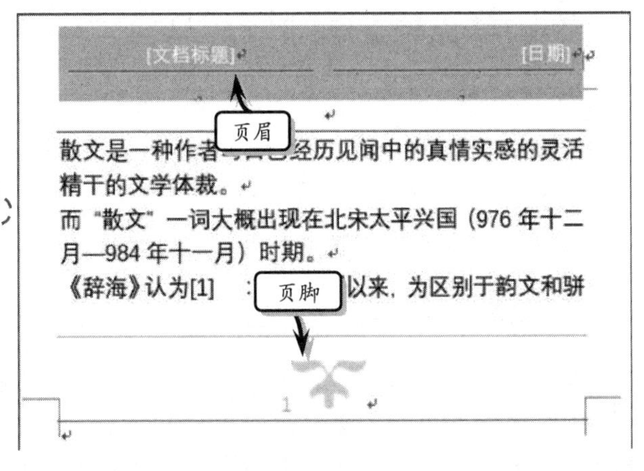

图 3-4　插入页眉与页脚

Word 为用户提供了空白、边线型、怀旧、积分等 20 种页眉和页脚样式。每种样式的具体功能如表 3-1 所示。

表 3-1 页眉和页脚样式

页眉样式	功能
空白	无页眉
空白（三栏）	设置左对齐、右对齐与居中对齐的空白页眉
奥斯汀	设置页眉和简单页面边框
边线型	设置具有竖直强调线的文档标题
花丝	设置标题和作者名称
怀旧	设置双色调着色块上的文档标题和日期
积分	设置具有文档标题的带阴影页眉
离子（浅色）	设置右对齐页码，留出空间需填充的左对齐和居中对齐内容
离子（深色）	设置带页码的强调标签
母版型	设置右对齐的文档标题
平面（偶数页）	设置几何图形上的页码，与页面外侧角对齐，适用于书籍版式文档的偶数页
平面（奇数页）	设置几何图形上的页码，与页面外侧角对齐，适用于书籍版式文档的奇数页
切片 1	设置普通右对齐页码
切片 2	设置页码和切片强调图形
丝状	设置右对齐的作者姓名和日期，具有居中对齐的文档标题
网格	设置在相反边距上具有文档标题和日期的简单页眉
镶边	设置具有使用反向文本的文档标题的醒目色带
信号灯	设置两行上居中对齐的名称和文档标题
运动型（偶数页）	设置页码位于强调框中的文档标题，适用于书籍版式文档的偶数页
运动型（奇数页）	设置页码位于强调框中的章节标题，适用于书籍版式文档的奇数页

3.2.2 编辑页眉与页脚

插入完页眉与页脚之后，还需要根据实际情况自定义页眉与页脚，即更改页眉与页脚的样式、更改显示内容及删除页眉与页脚等。

1. 更改样式

更改页眉与页脚的样式与插入页眉和页脚的操作一致，可以在【插入】选项卡或在【页面和页脚工具】中的【设计】选项卡中启用【页眉和页脚】选项组中的【页眉】或【页脚】命令，在列表中选择需要更改的样式即可。

2. 更改显示内容

插入页眉与页脚之后，还需要根据文档内容更改或输入标题名称等。执行【插入】|【页眉与页脚】|【页眉】|【编辑页眉】命令，更改页眉内容即可，如图 3-5 所示。同样，执行【页脚】命令，选择【编辑页脚】选项即可更改页脚内容。

提 示

也可以通过双击页眉或页脚来激活页眉或页脚，从而实现更改页眉或页脚内容的操作。另外，也可以右击页眉或页脚，选择【编辑页眉】或【编辑页脚】选项。

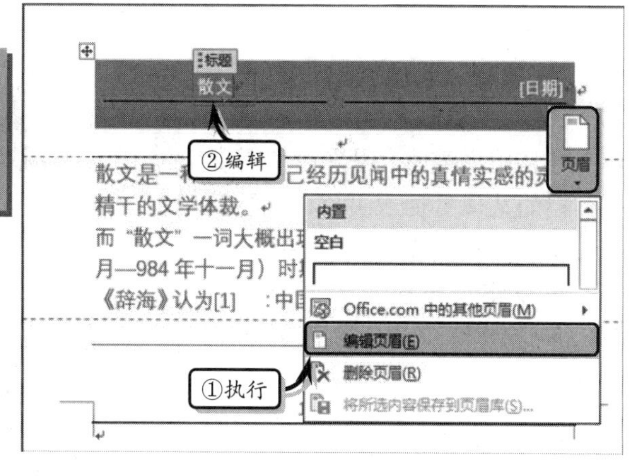

图 3-5 编辑页眉

3. 删除页眉与页脚

执行【插入】|【页眉与页脚】|【页眉】|【删除页眉】命令，即可删除页眉。同样，执行【页脚】|【删除页脚】命令即可删除页脚。

3.2.3 插入对象

为了使页眉与页脚更具美观性与实用性，需要为其插入日期和时间、图片等对象。同时，通过【设计】选项卡，还可以设置日期和时间的显示样式与语言状态，以及图片的显示样式。

1. 插入日期和时间

在文档中将光标放置于需要插入日期和时间的页眉或页脚中，执行【页眉和页脚工具】|【设计】|【插入】|【日期和时间】命令，弹出【日期和时间】对话框。在【可用格式】列表框中选择一种样式即可，如图 3-6 所示。

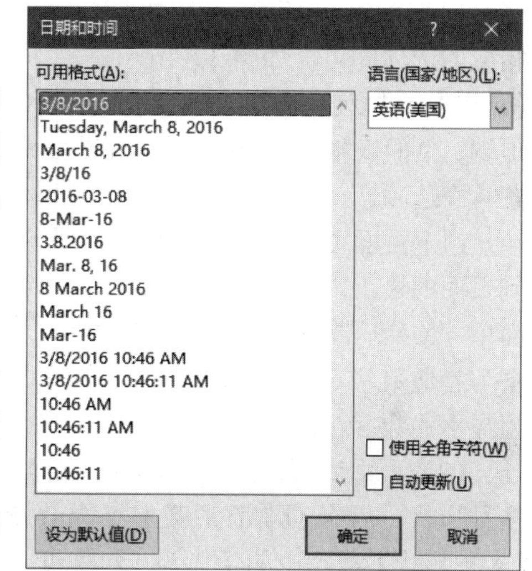

图 3-6 【日期和时间】对话框

2. 插入图片

执行【页眉和页脚工具】|【设计】|【插入】|【图片】命令，在弹出的【插入图片】对话框中选择需要插入的图片即可。插入图片之后，可以在【图片工具】中的【格式】选项卡中设置图片的样式。执行【图片样式】选项组中的【其他】命令，在列表中选择一种样式即可，如图 3-7 所示。

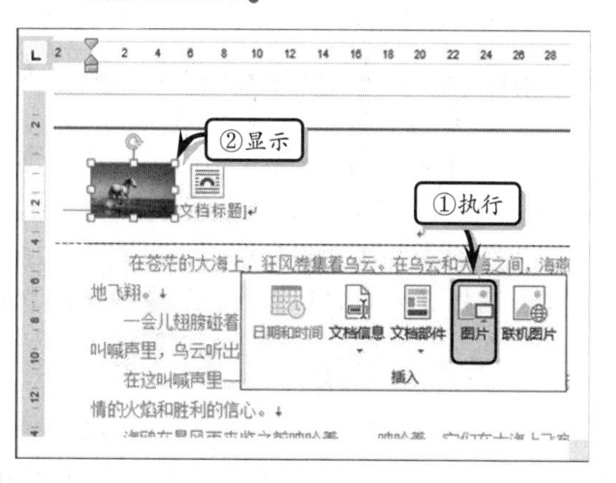

图 3-7 插入图片

提 示

在【页眉和页脚】选项组中，执行【页眉】或【页脚】命令，选择【删除页眉】或【删除页脚】选项，即可删除页眉或页脚。

3.2.4 插入页码

在使用文档时，用户往往需要在文档的某位置插入页码，以便查看与显示文档当前的页数。在Word中，可以将页码插入到页眉与页脚、页边距与当前位置等不同的位置。

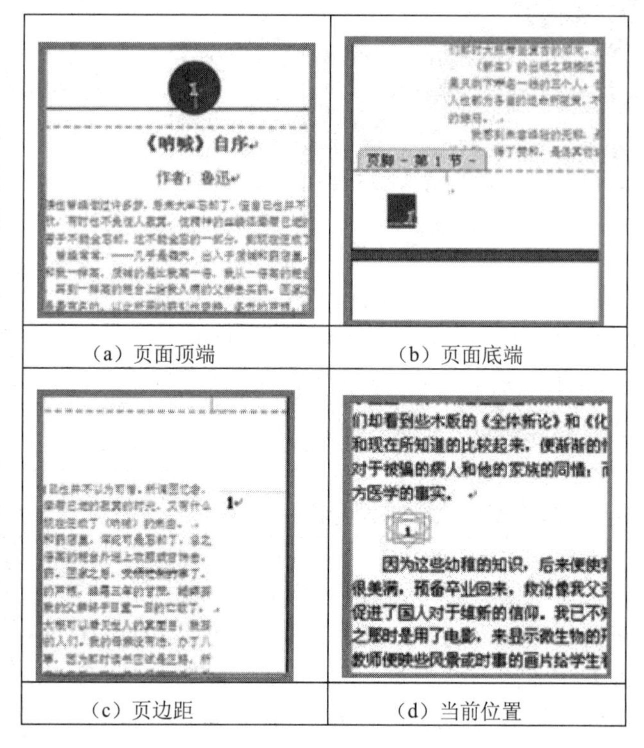

图 3-8 插入页码

1. 设置页码位置

执行【插入】|【页眉和页脚】|【页码】命令，在下拉列表中选择相应的选项即可，如图 3-8 所示。【页码】下拉列表中主要包括页面顶端、页面底端、页边距与当前位置 4 个选项。

（1）页面顶端：是将页码插入到页面的最上端。其中，主要包括简单、X/Y、带有多种形状、第 X 页与普通数字 5 类共 25 种格式。例如，在【页面顶端】选项中，选择 X/Y 类型中的【加粗显示的数字 1】样式。

（2）页面底端：是将页码插入到页面的最下端。其中，主要包括简单、X/Y、带有多种形状、第 X 页与普通数字 5 类共 58 种格式。例如，在【页面底端】选项中，选择【多种形状】类型中的【箭头 1】样式。

（3）页边距：是将页码插入到页边距中。其中，主要包括带有多种形状、第 X 页与普通数字 3 类共 14 种格式。例如，在【页边距】选项中，选择【多种形状】类型中的【箭头（左侧）】样式。

（4）当前位置：是将页码插入到光标处。其中，主要包括简单、X/Y、纯文本、带有多种形状、第 X 页与普通数字 6 类共 17 种格式。例如，在【当前位置】选项中，选择【纯文本】类型中的【颚化符】样式。

2. 设置页码格式

插入页码之后，用户可以根据文档内容、格式、布局等因素设置页码的格式。执行【插入】|【页码】|【设置页码格式】命令，在弹出的【页码格式】对话框中可以设置编号格式、包含章节号与页码编号，如图 3-9 所示。

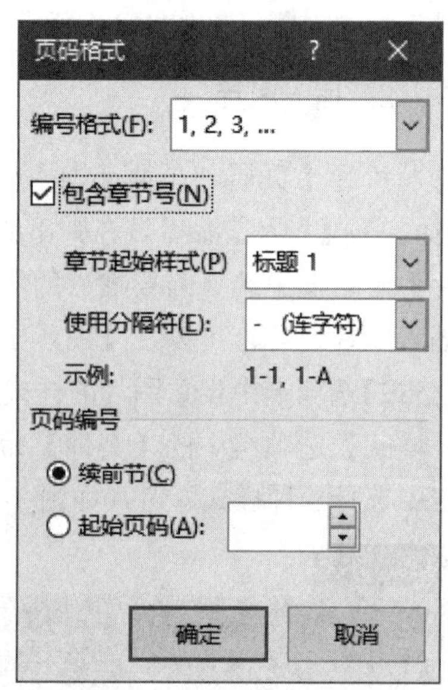

图 3-9 【页码格式】对话框

（1）编号格式：单击【编号格式】下拉按钮，在列表中选择样式即可。【编号格式】列表中主要包括数字、字母、英文数字与汉字数字等类型的序号。

（2）包含章节号：选中【包含章节号】复选框可使其选项组变成可用状态。单击【章节起始样式】下拉按钮，在列表中选择标题 1～标题 9 中的样式；单击【使用分隔符】下拉按钮，在列表中选择一种分隔符样式即可。使用【包含章节号】复选框时，需要在题注与页码中包含章节号。

（3）页码编号：选中【续前节】单选按钮，即当前页中的页码数值按照前页中的页码数值进行排列。选中【起始页码】单选按钮，即当前页中的页码以某个数值为基准进行单纯排列。

3.3 设置分页与分节

在文档中，系统默认以页为单位对文档进行分页，只有当内容填满一整页时 Word 才会自动分页。当然，用户也可以利用 Word 中的分页与分节功能，在文档中强制分页与分节。

3.3.1 设置分页

分页功能属于人工强制分页，即在需要分页的位置插入一个分页符，将一页中的内容分布在两页中。如果想在文档中插入手动分页符来实现分页效果，可以使用【页面设置】与【页面】选项组进行设置。

1. 使用【页面】选项组

首先将光标放置于需要分页的位置，然后执行【插入】|【页面】|【分页】命令，就会在光标处为文档分页，如图 3-10 所示。

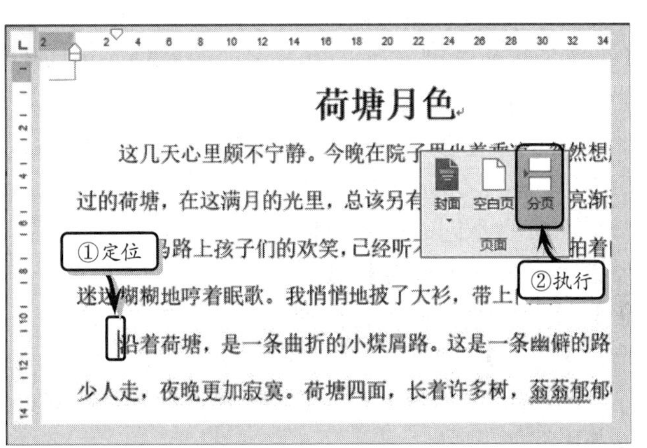

图 3-10 【页面】选项组分页

技 巧

可通过 Ctrl+Enter 快捷键在文档中的光标处插入分页符。

2. 使用【页面设置】选项组

首先将光标放置于需要分页的位置，然后执行【布局】|【页面设置】|【分隔符】|【分页符】命令，即可在文档中的光标处插入一个分页符，如图 3-11 所示。

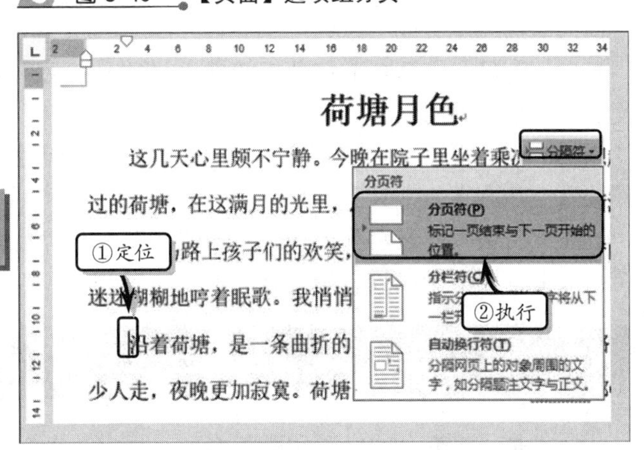

图 3-11 插入分页符

在【分隔符】下拉列表中，除了利用【分页符】选项进行分页之外，还可以利用【分栏符】与【自动换行符】选项对文档进行分页。

（1）分栏符：选择该选项可使文档中的文字以光标为分界线，光标之后的文档将从下一栏开始显示。

（2）自动换行符：选择该选项可使文档中的文字以光标为基准进行分行，如图 3-12 所示。同时，该选项也可以分隔网页上对象周围的文字，如分隔题注文字与正文。

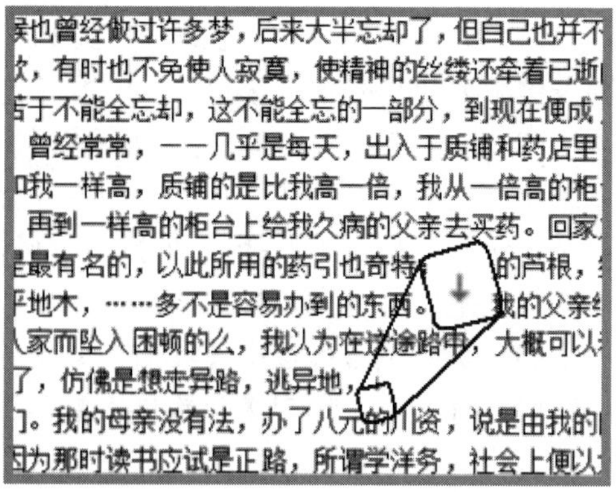

图 3-12　自动换行

3.3.2　设置分节

在文档中，节与节之间的分界线是一条双虚线，该双虚线被称为“分节符”。用户可以利用 Word 中的分节功能为同一文档设置不同的页面格式。例如，将各个段落按照不同的栏数进行设置，或者将各个页面按照不同的纸张方向进行设置等。执行【布局】|【页面设置】|【分隔符】命令，在列表中选择【连续】选项即可，如图 3-13 所示。

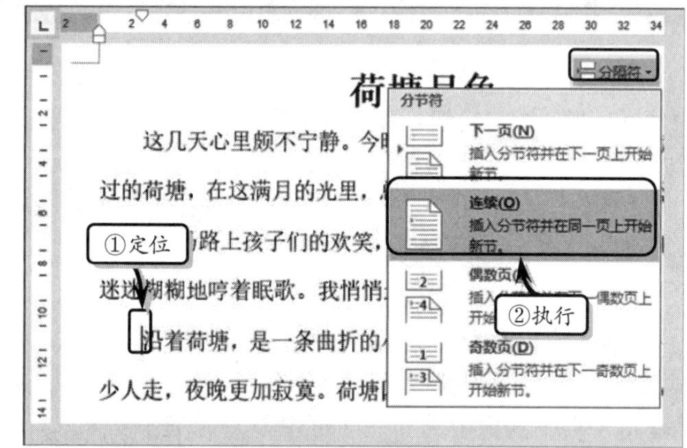

图 3-13　文档分节

【分隔符】列表主要包括下一页、连续、偶数页与奇数页 4 种类型。每种类型的功能与用法如下所述。

（1）下一页：表示分节符之后的文本在下一页以新节的方式进行显示。该选项适用于前后文联系不大的文本。

（2）连续：表示分节符之后的文本与前一节文本处于同一页中。该选项适用于前后文联系比较大的文本。

（3）偶数页：表示分节符之后的文本在下一偶数页上进行显示，如果该分节符处于偶数页上，则下一奇数页为空页。

（4）奇数页：表示分节符之后的文本在下一奇数页上进行显示，如果该分节符处于奇数页上，则下一偶数页为空页。

3.4　使用样式

样式是一组命名的字符和段落格式，规定了文档中的字、词、句、段与章等文本元素的格式。在 Word 文档中使用样式不仅可以减少重复性操作，而且还可以快速地格式化文档，确保文本格式的一致性。

3.4.1 新建样式

在 Word 中，用户可以根据工作需求与习惯创建新样式。执行【开始】|【样式】|【对话框启动器】命令，在弹出的【样式】窗格中单击【新建样式】按钮，弹出【根据格式设置创建新样式】对话框，如图 3-14 所示。

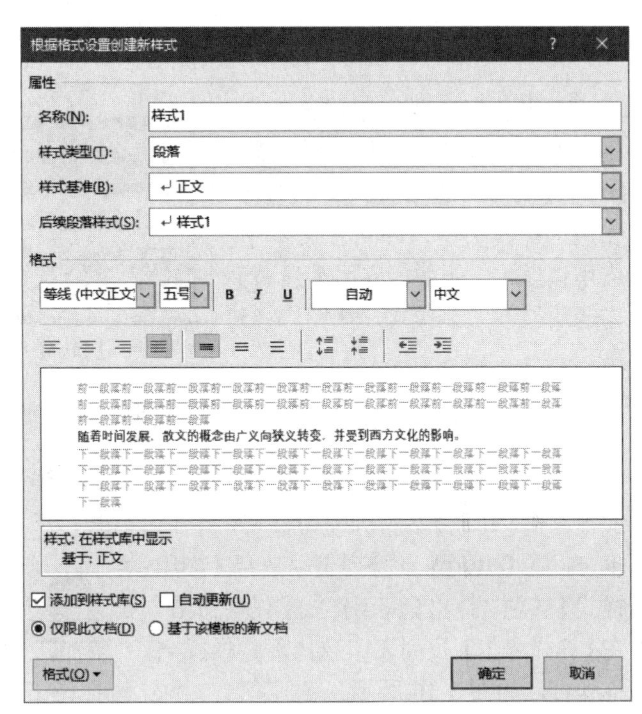

图 3-14 【根据格式设置创建新样式】对话框

1. 属性

在【属性】选项组中，主要设置样式的名称、类型、基准等一些基本属性。

（1）名称：输入文本用于对新样式的命名。

（2）样式类型：主要用于选择【段落】、【字符】、【表格】、【列表】与【链接段落和字符】类型。

（3）样式基准：主要用于设置正文、段落、标题等元素的样式标准。

（4）后续段落样式：主要用于设置后续段落的样式。

2. 格式

在【格式】选项组中，主要设置样式的字体格式、段落格式、应用范围与快捷键等。

（1）字体格式：主要用于设置样式的字体、字号、效果、颜色与语言等字体格式。

（2）段落格式：主要用于设置样式的段落对齐方式、行。

（3）添加到样式库：选中该复选框表示将新建样式添加到快速样式库中。

（4）自动更新：选中该复选框表示将自动更新新建样式与修改后的样式。

（5）单选按钮：选中【仅限此文档】单选按钮，表示新建样式只使用于当前文档。选中【基于该模板的新文档】单选按钮，表示新建样式可以在此模板的新文档中使用。

（6）格式：单击该按钮，可以在相应的对话框中设置样式的字体、段落、制表位、边框、快捷键等格式。

3.4.2 应用样式

创建新样式之后，用户便可以将新样式应用到文档中了。另外，用户还可以应用 Word 自带的标题样式、正文样式等内置样式。

1. 应用内置样式

首先选择需要应用样式的文本，然后执行【开始】|【样式】|【其他】命令，在下拉列表中选择相应的样式类型，即可在文本中应用该样式。例如，应用【强调】与【明显参考】样式，如图 3-15 所示。

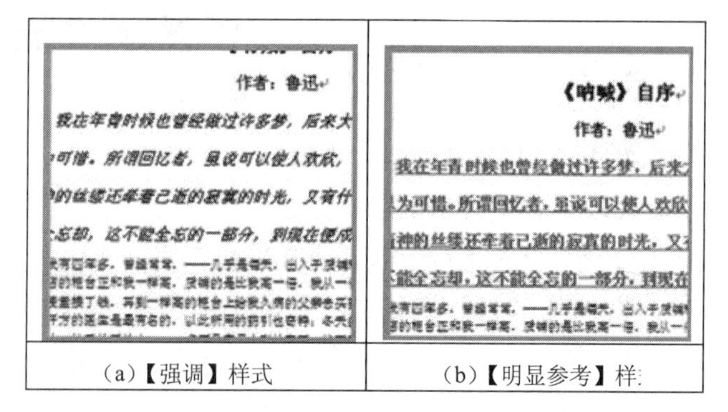

(a)【强调】样式　(b)【明显参考】样

图 3-15　应用内置样式

2. 应用新建样式

应用新建样式时，可以像应用内置样式那样在【其他】下拉列表中选择。另外，也可以在【其他】下拉列表中选择【应用样式】选项，弹出【应用样式】任务窗格。在【样式名】下拉列表中选择新建样式名称即可，如图 3-16 所示。

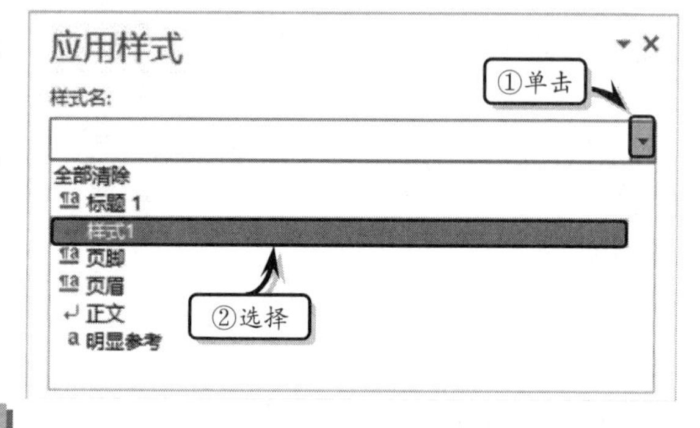

图 3-16　应用新建样式

提　示

在【应用样式】任务窗格中的【样式名】下拉列表框中输入新的样式名称后，【重新应用】按钮将会变成【新建】按钮。

3.4.3　应用样式集

Word 2016 中新增加了【文档格式】功能，该功能类似于旧版本中的【更改样式】功能，主要包括主题、样式集、颜色和字体等功能。

1. 设置主题样式

执行【设计】|【文档格式】|【主题】命令，在其级联菜单中选择一个选项，即可设置当前文档的主题样式，如图 3-17 所示。

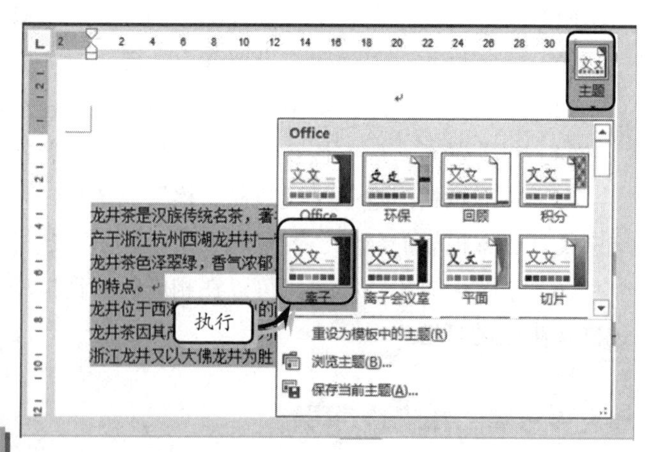

图 3-17　应用主题样式

提　示

设置完主题效果后，可通过执行【主题】|【保存当前主题】命令保存自定义主题。

2．设置主题字体和颜色

执行【设计】|【文档格式】|【字体】命令，在其级联菜单中选择一个选项，即可设置当前文档的主题字体，如图 3-18 所示。

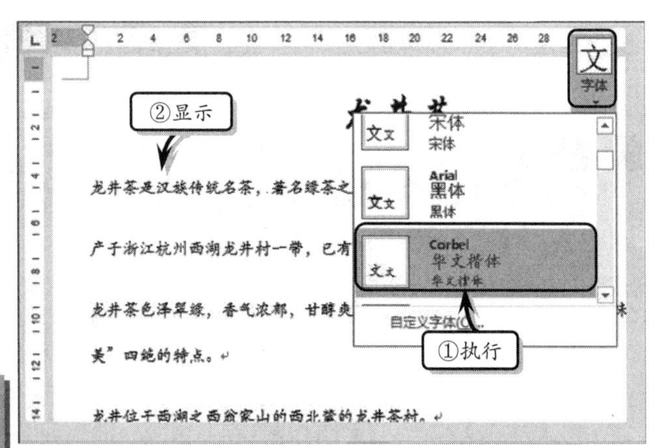

图 3-18 设置主题字体

> **提 示**
>
> 也可以执行【设计】|【文档格式】|【字体】|【自定义字体】命令，自定义主题的字体样式。

用同样的方法，执行【设计】|【文档格式】|【颜色】命令，在其级联菜单中选择一个选项，即可设置当前文档的主题颜色。

3．设置主题效果

执行【设计】|【文档格式】|【效果】命令，在其级联菜单中选择一个选项，即可设置当前文档的主题效果，如图 3-19 所示。

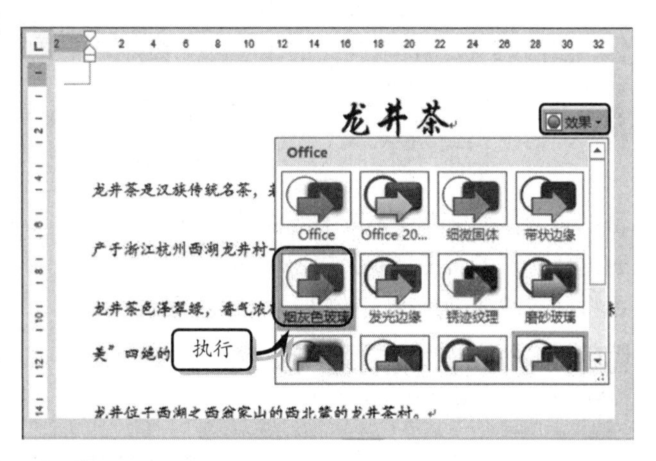

图 3-19 设置主题效果

4．应用样式

执行【设计】|【文档格式】|【样式集】命令，在其级联菜单中选择一个选项，即可为当前文档应用相应的样式，如图 3-20 所示。

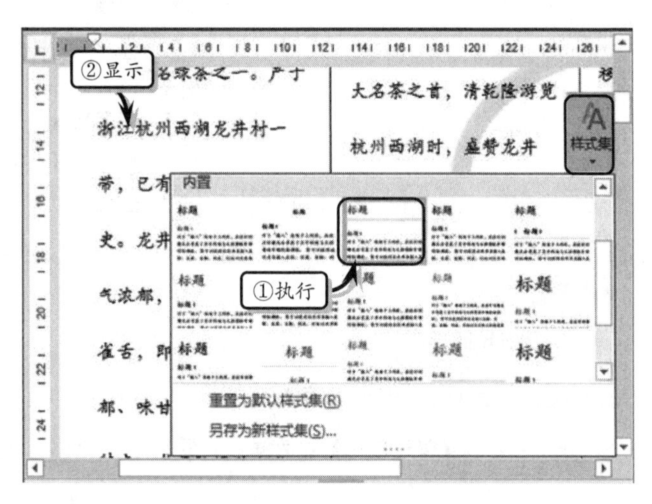

图 3-20 应用样式集

3.4.4 编辑样式

在应用样式时，用户常常需要对已应用的样式进行更改与删除，以便符合文档内容与工作的需求。

1．修改样式

选择需要更改的样式，右击执行【修改】命令，在弹出的【修改样式】对话框中修改样式的各项参数。值得注意的是，【修改样式】对话框与创建样式中的【根据格式设置创建新样式】对话框内容一样，如图 3-21 所示。

提　示

在【应用样式】任务窗格中选择样式，单击【修改】按钮，也可弹出【修改样式】对话框。

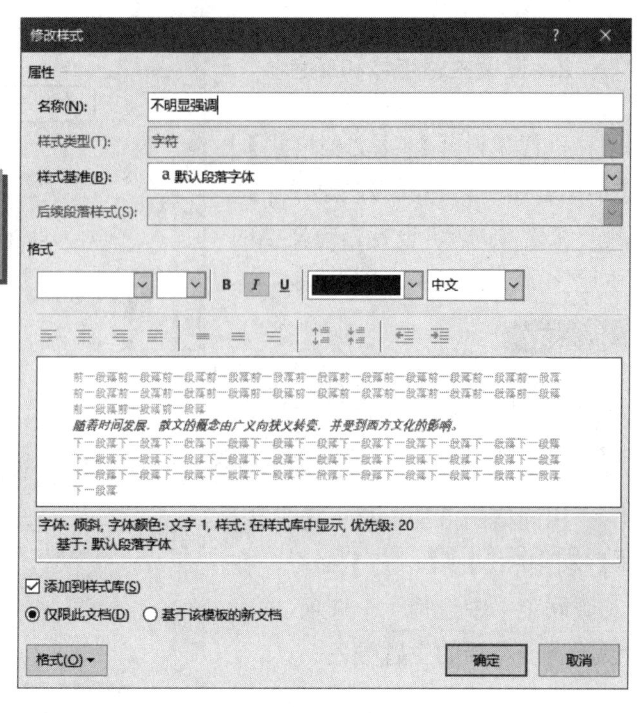

图 3-21　【修改样式】对话框

2. 共享样式

在【开始】选项卡【样式】选项组中，单击【对话框启动器】按钮。在【样式】任务窗格中，单击【管理样式】按钮，在弹出的【管理样式】对话框中单击【导入/导出】按钮，如图 3-22 所示。

然后，在弹出的【管理器】对话框中，选择左边列表框中所需传递的样式，单击【复制】按钮，即可将样式共享到当前文档中，如图 3-23 所示。

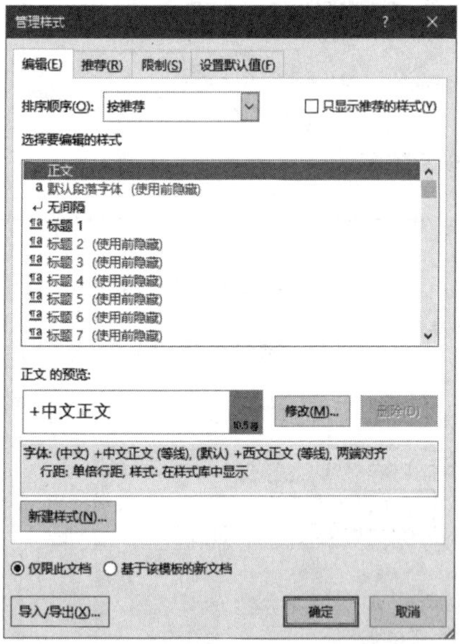

图 3-22　【管理样式】对话框

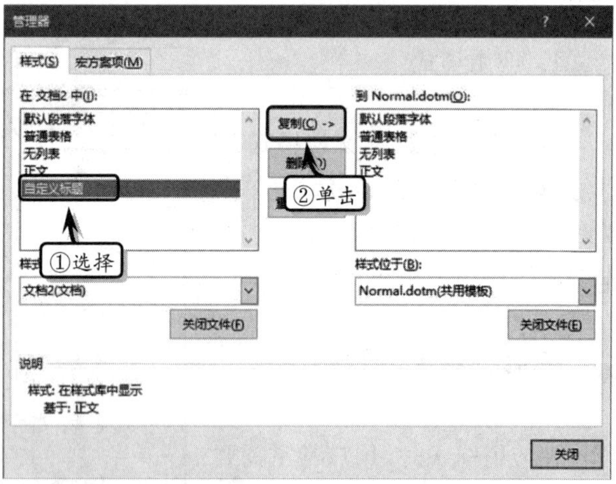

图 3-23　复制样式

3.5　页面设置

页面设置是指在文档打印之前，对文档进行的页面版式、页边距、文档网格等格式的设置。由于页面设置直接影响文档的打印效果，所以在打印文档时用户可以根据要求在【布局】选项卡中的【页面设置】选项组中随意更改页面布局。

3.5.1 设置页边距

页边距是文档中页面边缘与正文之间的距离，默认情况下顶端与底端的页边距数值为 2.54cm，左侧与右侧的页边距数值为 3.17cm。执行【布局】|【页面设置】|【页边距】命令，在下拉列表中选择相应的选项即可设置页边距，如图 3-24 所示。

另外，用户也可以执行【布局】|【页面设置】|【页边距】|【自定义边距】命令，在弹出的【页面设置】对话框中的【页边距】选项卡中全面地设置页边距效果，如图 3-25 所示。

图 3-24 设置页边距

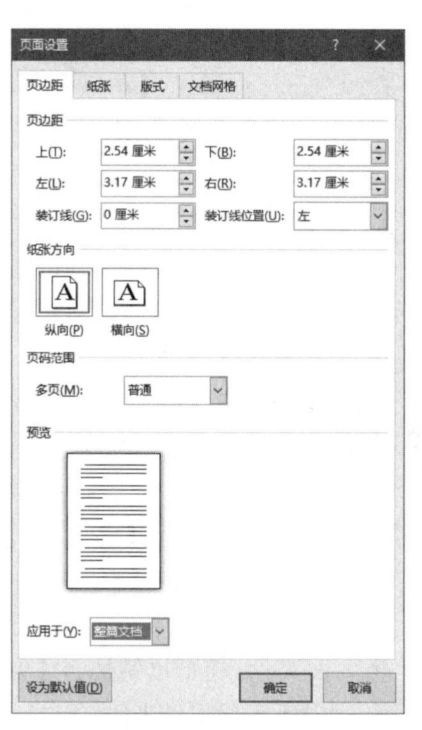

图 3-25 自定义页边距

（1）页边距：主要用于设置上、下、左、右页边距的数值。另外，如果需要将打印后的文档进行装订，还要设置装订线的位置与装订线距离页边距的距离。值得注意的是装订线的位置只能设置在页面的左侧或上方，如图 3-26 所示。

（a）左侧装订线　（b）上方装订线

图 3-26 设置装订线

（2）纸张方向：Word 默认纸张方向为纵向，用户可在【纸张方向】选项组中单击【纵向】或【横向】按钮来设置纸张方向，如图 3-27 所示。

（3）页码范围：用于设置页码的范围格式，主要包括对称页边距、拼页、书籍折页与反向书籍折页等范围格式，单击【多页】下拉按钮，即可选择相应的页码范围，如图 3-28 所示。

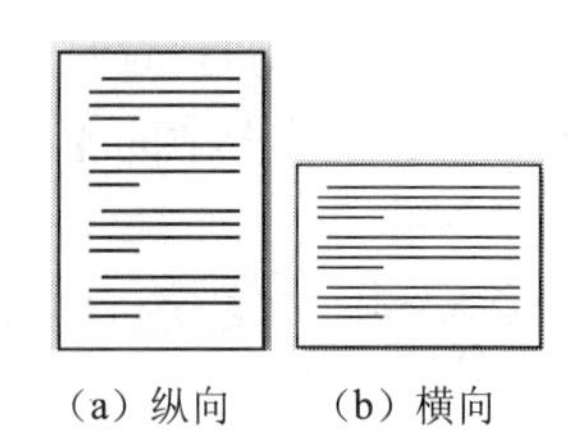

（a）纵向　（b）横向

图 3-27　设置纸张方向

（4）应用于：通过该选项可以选择页面设置参数所应用的对象，主要包括整篇文档、本节、插入点之后三种对象。值得注意的是，在书籍折页与反向书籍折页页码范围下，该选项将不可用。

3.5.2 设置纸张大小

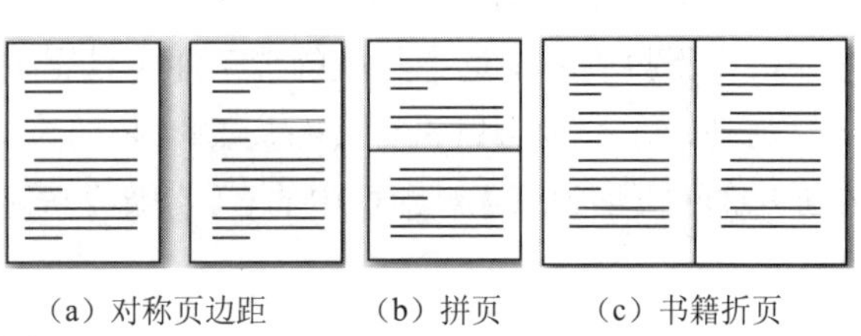

（a）对称页边距　（b）拼页　（c）书籍折页

图 3-28　设置页码范围

纸张大小主要是设置纸张的宽度与高度，默认情况下纸张的宽度是 21cm、高度是 29.7cm。通过执行【布局】|【页面设置】|【纸张大小】命令，在下拉列表中选择相应的选项即可设置纸张大小。另外，也可以执行【页面设置】|【纸张大小】|【其他页面大小】命令，在弹出的【页面设置】对话框中的【纸张】选项卡中设置纸张大小与纸张来源等，如图 3-29 所示。

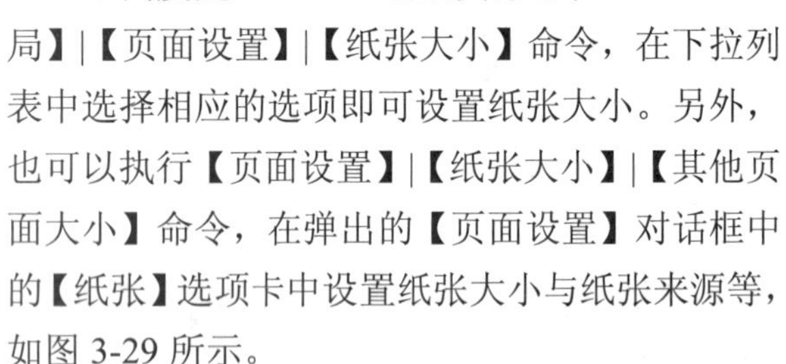

图 3-29　设置纸张大小

（1）纸张大小：可以设置纸张为 A4、A3、B5 等类型，同时还可在设置类型的基础上设置纸张的宽度值与高度值。

（2）纸张来源：主要用于设置【首页】与【其他页】纸张来源为【默认纸盒】与【自动选择】类型。

（3）预览：单击此按钮可以跳转到【Word 选项】对话框，主要用于设置纸张在打印时所包含的对象。例如，可以设置打印背景色、图片与文档属性等对象。

（4）应用于：通过该选项可以选择页面设置参数所应用的对象，主要包括整篇文档、本节、插入点之后三种对象。值得注意的是在书籍折页与反向书籍折页页码范围下，该选项将不可用。

3.5.3 设置页面版式

在【页面设置】对话框中，除了可以设置页边距与纸张大小之外，还可以在【版式】

选项卡中设置节的起始位置、页眉和页脚、对齐方式等格式，如图 3-30 所示。

（1）节：具有对文档进行分节的功能，在【节的起始位置】下拉列表中选择相应的选项即可。该列表主要包括【新建栏】、【新建页】、【偶数页】、【奇数页】与【接续本页】5 个选项。

（2）页眉和页脚：选中【奇偶页不同】复选框，可以在奇数页与偶数页上设置不同的页眉和页脚。选择【首页不同】复选框，可以将首页设置为空页眉状态。另外，可以在【距边界】列表中设置页眉与页脚的边界值。

（3）页面：主要用于设置页面的垂直对齐方式，可以设置为顶端对齐、居中、两端对齐、底端对齐 4 种对齐方式。

（4）行号：主要用于设置页面的起始编号、行号间隔与编号等格式。单击【行号】按钮，在弹出的【行号】对话框中选中【添加行号】复选框即可，如图 3-31 所示。

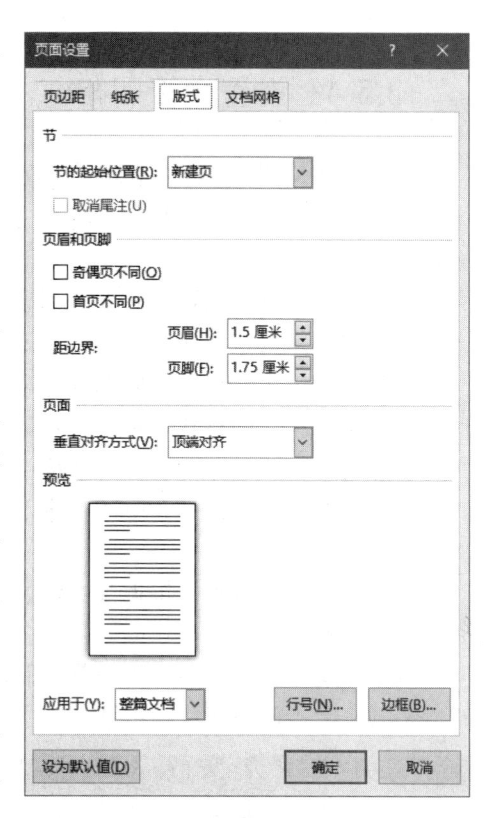

图 3-30 设置版式

（5）边框：主要用于设置页面的边框样式。单击【边框】按钮，在弹出的【边框和底纹】对话框中设置各项选项即可，如图 3-32 所示。

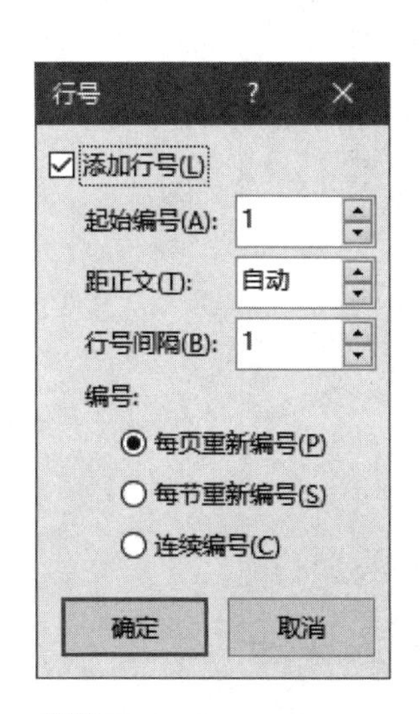

图 3-31 【行号】对话框

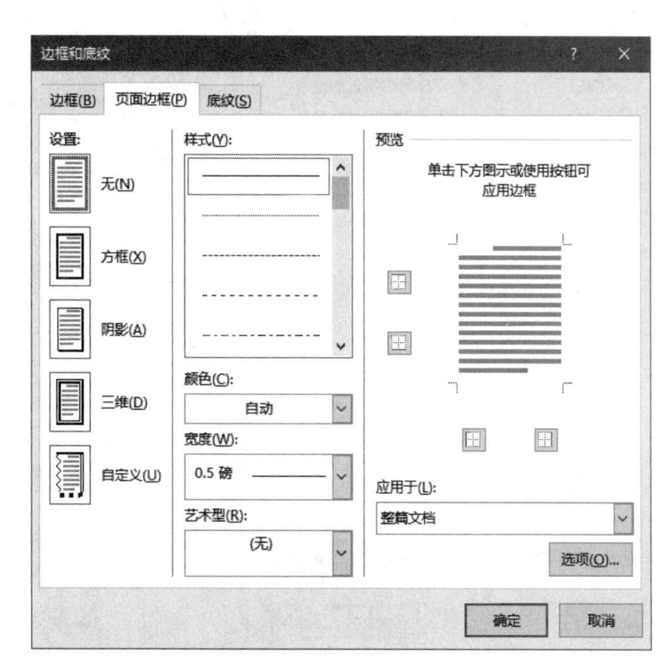

图 3-32 设置页面边框

3.5.4 设置文档网格

在 Word 中还可以利用【页面设置】对话框中的【文档网络】选项卡中的各项参数，来设置文档中文字的排列行数、排列方向、每行的字符数及行与字符之间的跨度值等格式，如图 3-33 所示。

（1）文字排列：通过【方向】列表可以将文字设置为水平方向与垂直方向，在【栏数】微调框中可以设置文字的分栏值。

（2）网格：主要根据不同的选项来设置字符数与行数。当选中【无网格】单选按钮时，需要使用默认的行数与字符数参数值；当选中【指定行和字符网格】单选按钮时，需要设置每行与每页及跨度的参数值；当选中【只指定行网络】单选按钮时，需要设置每页与跨度的参数值；当选中【文字对齐字符网格】单选按钮时，需要设置每行与每页的参数值。

（3）字符数与行数：根据【网格】选项来设置每行的行数与跨度值，以及每页的字符数与跨度值。

（4）绘图网格：主要用来设置绘制网格的对象对齐、网格设置、网格起点、显示网格等格式。单击此按钮，即可弹出【网格线和参考线】对话框，如图 3-34 所示。

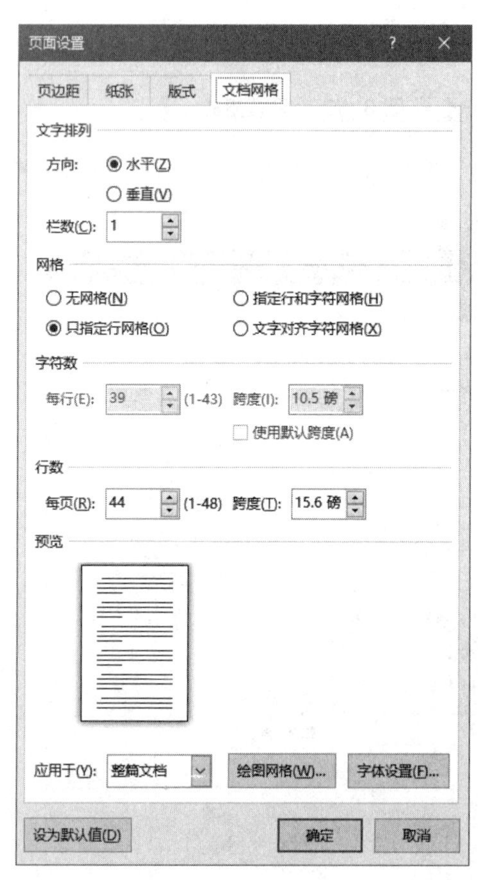

图 3-33 设置文档网格

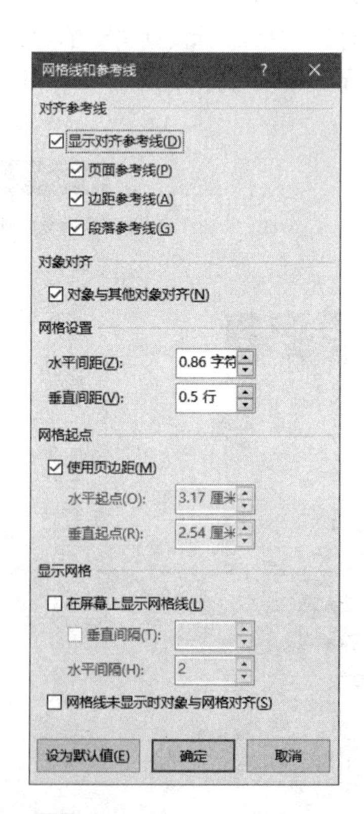

图 3-34 【网格线和参考线】对话框

（5）字体设置：主要用来设置字体格式与字符间距。

3.6 课堂练习：大学生辩论会方案

论辩会是一项侧重于人们言辞表达能力的比赛。大学生辩论会充分展现当代学生的精神风貌，体现大学生关注现实和未来、关心国家和人类前途的强烈责任感，反映大学生们丰富的知识底蕴和进取精神。在本练习中，将运用 Word 中的添加项目符号和编号，以及添加文档边框和背景等功能，来制作一份大学生辩论会方案，如图 3-35 所示。

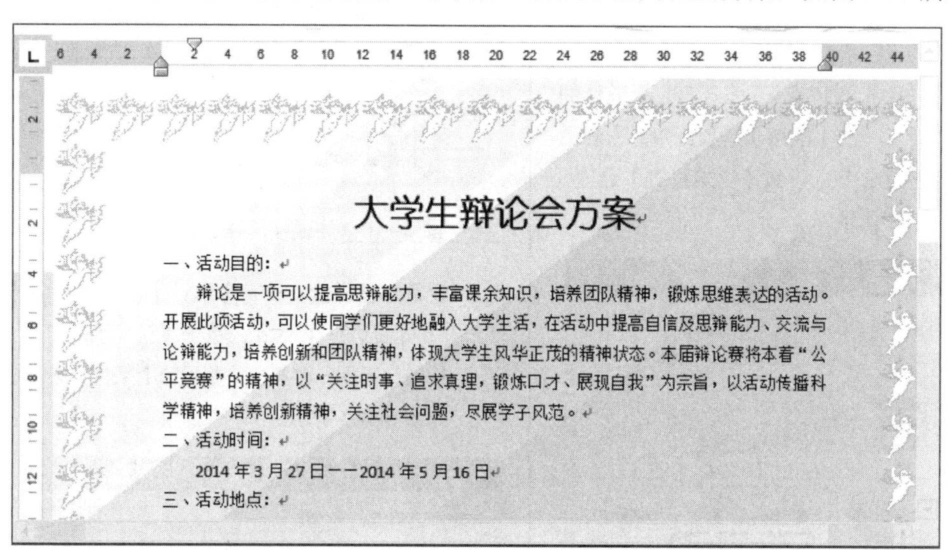

图 3-35 大学生辩论会方案

操作步骤

1 设置标题文本格式。新建空白文档，输入具体内容。选择标题文本，执行【开始】|【字体】|【字体】|【幼圆】命令，并执行【字号】|【二号】命令，如图 3-36 所示。

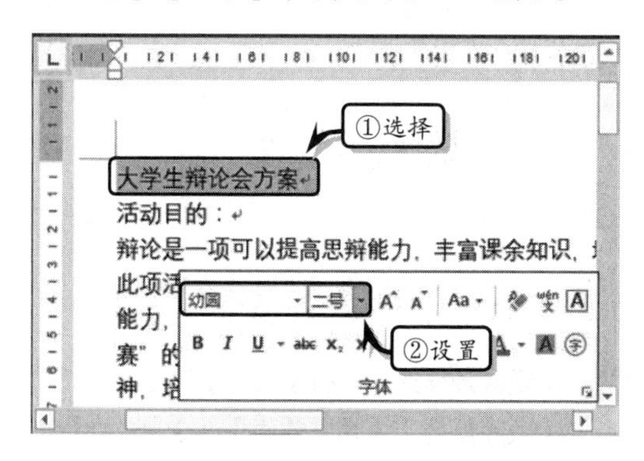

图 3-36 设置标题文本的字体格式

2 然后，执行【加粗】命令，并执行【开始】|【段落】|【居中】命令，如图 3-37 所示。

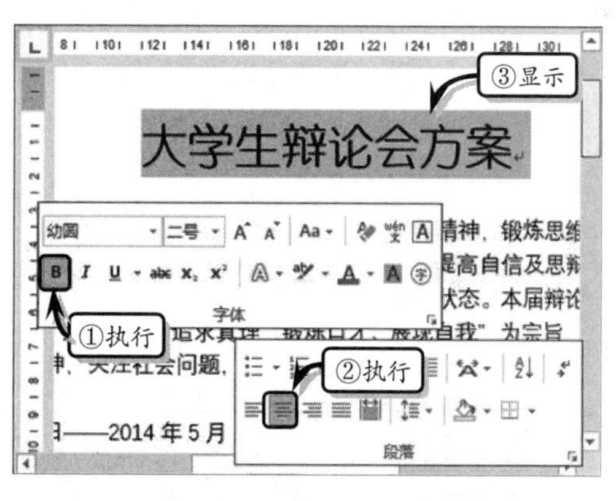

图 3-37 设置文本和对齐格式

3 单击【段落】选项组中的【对话框启动器】按钮，将【段前】和【段后】分别设置为【0.5 行】，如图 3-38 所示。

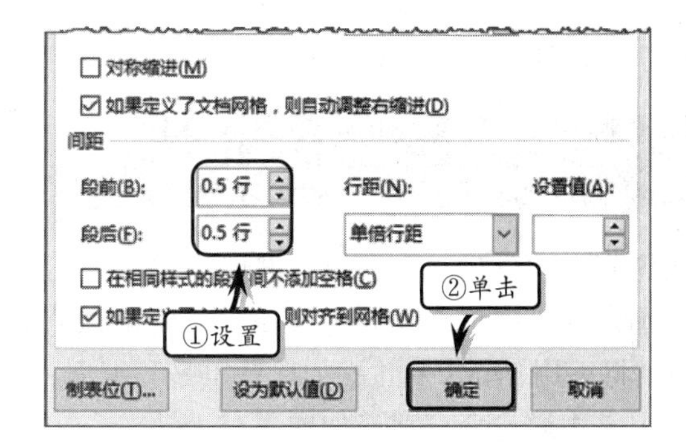

图 3-38 设置段间距

4 设置缩进。选择除第一、三、五、七段外的所有文字，单击【段落】选项组中的【对话框启动器】按钮，设置【特殊格式】选项，如图 3-39 所示。

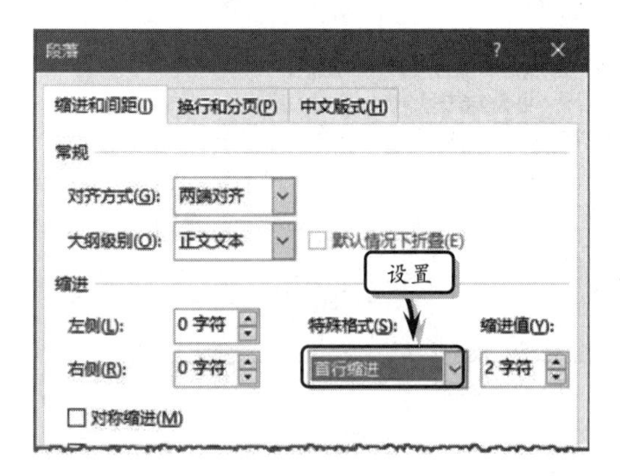

图 3-39 设置首行缩进

5 添加编号。选择第一、三、五、七段文字，执行【开始】|【段落】|【编号】命令，选择一种编号样式，如图 3-40 所示。使用同样的方法添加其他编号。

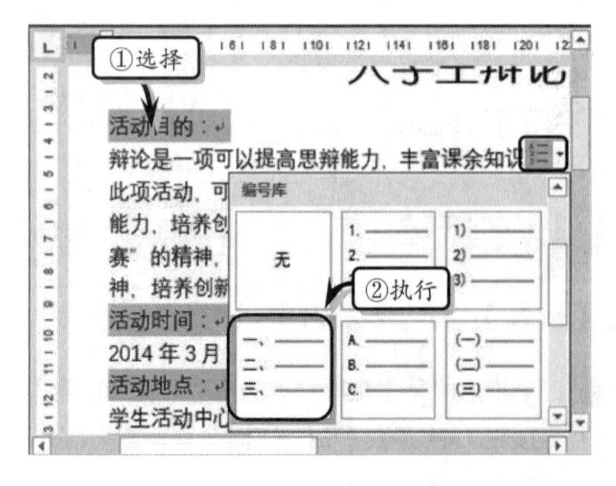

图 3-40 添加编号

6 设置间距。选择所有正文，执行【开始】|【段落】|【行和段落间距】|1.15 命令，如图 3-41 所示。

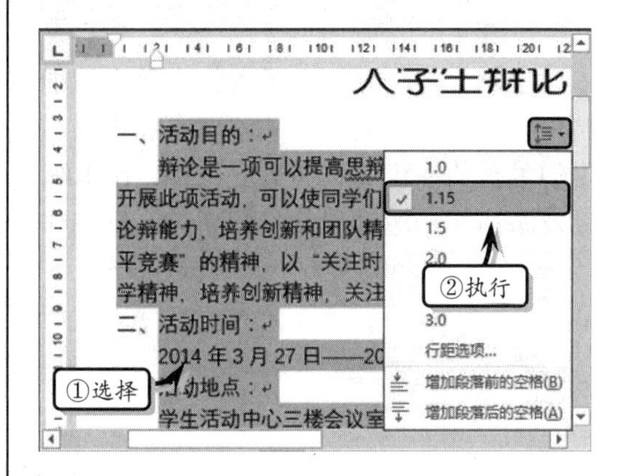

图 3-41 设置行和段落间距

7 设置边框样式。执行【设计】|【页面背景】|【页面边框】命令，单击【艺术型】下拉按钮，选择一种样式，并设置【颜色】选项，如图 3-42 所示。

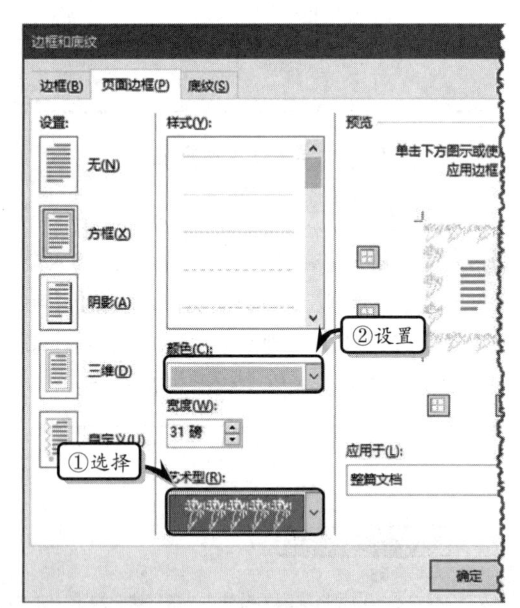

图 3-42 设置艺术型边框

8 设置背景样式。执行【设计】|【页面背景】|【页面颜色】|【填充效果】命令，选中【双色】选项，将【颜色 2】设置为【绿色，个性色 6，淡色 80%】，同时选中【斜上】选项，如图 3-43 所示。

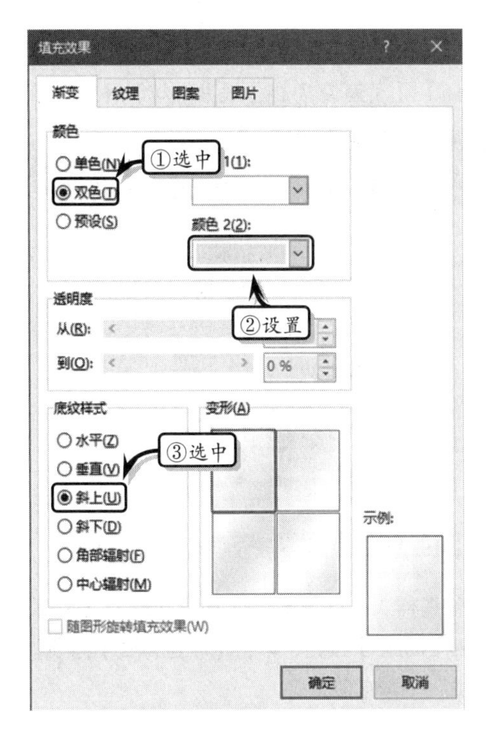

图 3-43 设置渐变背景

3.7 课堂练习：混合排版

在使用 Word 文档排版或编写文章时，往往需要将文档按照一定的样式排版成一栏、两栏或三栏，也就是一栏与多栏混合排版的情况。同时，根据文档内容的需要改变纸张方向，如图 3-44 所示。下面便通过《呐喊》一文来讲解混合排版的具体操作。

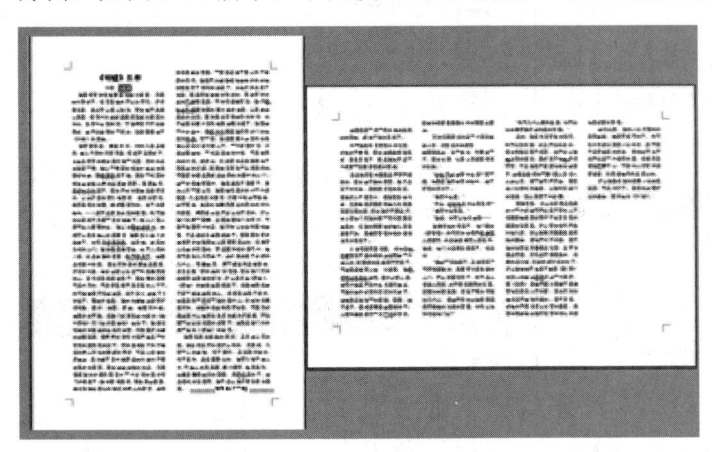

图 3-44 混合排版

操作步骤

1 分隔文本。输入文本内容，并设置文本的字体和段落格式。将光标放置于第一页的最后一段末尾处，执行【布局】|【页面设置】|【分隔符】|【连续】命令，如图 3-45 所示。

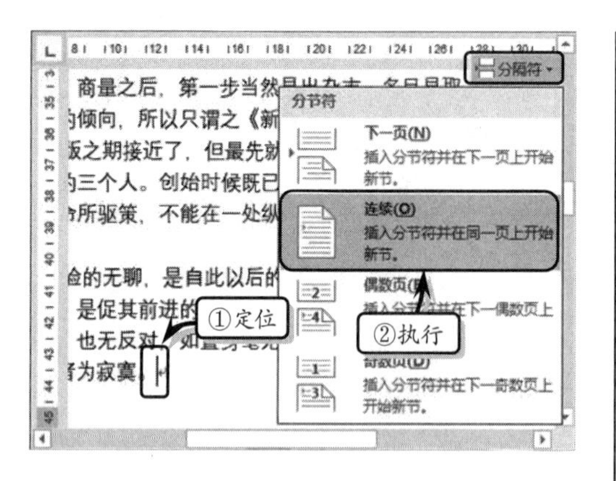

图 3–45 添加分隔符

2 设置分栏。将光标放置于第二段中，执行【布局】|【页面设置】|【分栏】|【更多分栏】命令。选择【两栏】选项，启用【分隔线】复选框，如图 3–46 所示。

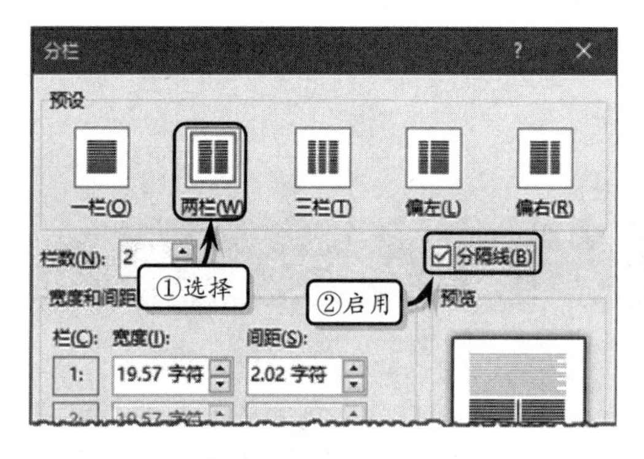

图 3–46 设置分栏

3 将光标放置于第二节中，在【分栏】对话框中将【列数】设置为 4，启用【分隔线】复选框，单击【确定】按钮，如图 3–47 所示。

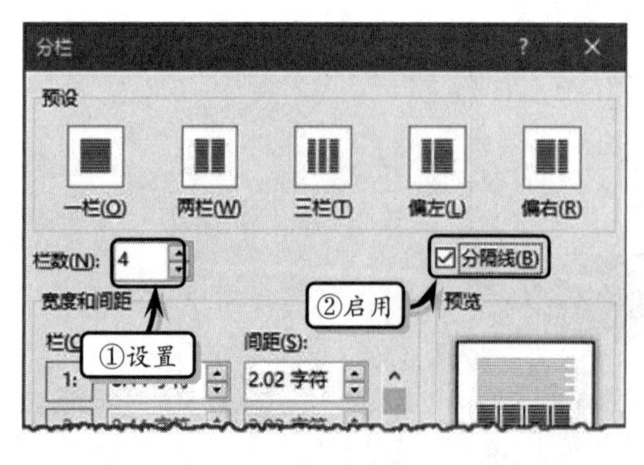

图 3–47 设置 4 栏分栏

4 设置纸张方向。为了便于查看文档内容，需要将第二节页面方向设置为横向。执行【布局】|【页面设置】|【纸张方向】|【横向】命令，如图 3–48 所示。

图 3–48 设置页面方向

5 新建样式。单击【开始】|【样式】|【对话框启动器】按钮，单击【新建样式】选项，如图 3–49 所示。

图 3–49 【样式】窗格

6 将【名称】设置为【作者样式】，将【样式类型】设置为【字符】，将【样式基准】设置为【(基本属性)】，如图 3–50 所示。

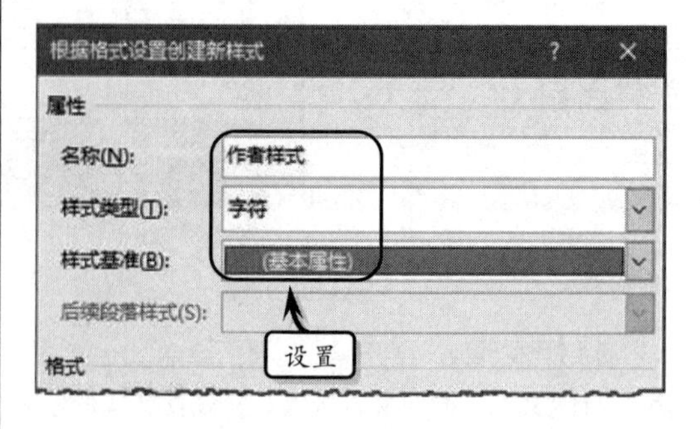

图 3–50 设置样式参数

7 单击【格式】下拉按钮，选择【边框】选项，单击【三维】按钮，并单击【确定】按钮，如图 3-51 所示。

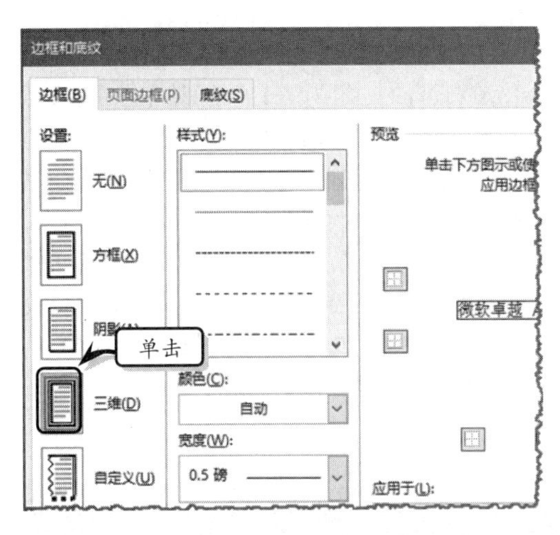

图 3-51 设置边框格式

8 应用样式。选择文本“鲁迅”，在【样式】选项组中的样式列表中选择【作者样式】选项即可，如图 3-52 所示。

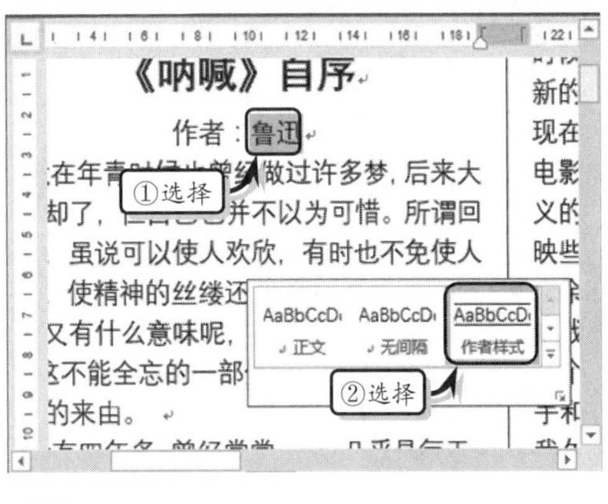

图 3-52 应用样式

3.8 思考与练习

一、填空题

1. 在 Word 中不仅可以将文档设置为两栏、三栏、四栏等格式，同时还可以在栏与栏之间添加分隔线，只需在________对话框中选中________复选框即可。

2. 页眉与页脚分别位于页面的顶部与底部，是每个页面的________中的区域。

3. 在文档中，节与节之间的分界线是一条双虚线，该双虚线被称为________。

4. 样式是一组命名的________，规定了文档中的字、词、句、段与章等文本元素的格式。

5. 在【开始】选项卡中的【样式】选项组中单击【对话框启动器】按钮，并单击【新建样式】按钮，在弹出的________对话框中设置样式格式。

6. 在【页面设置】对话框中的【页边距】选项卡中，可以设置普通、对称页边距、拼页、________与________5 种页码范围。

7. 可以在【页面设置】对话框中的________选项卡中，设置页面中节的起始位置、页眉和页脚、对齐方式等格式。

二、选择题

1. 在【页面设置】对话框中的【文档网络】选项卡中，当选择________选项时，只能设置每行与每页的参数值。

A.【无网格】

B.【只指定行网格】

C.【指定行与字符网格】

D.【文字对齐字符网格】

2. 在【分栏】对话框中设置【列数】时，其列数值范围为________。

A. 1～10　　B. 1～12

C. 1～15　　D. 1～20

3. 在设置【宽度】时，________值会随着【宽度】值的变化而改变。

A.【宽度】　　B.【列数】

C.【间距】　　D.【栏宽】

4. 更改页眉与页脚的显示内容时，除了执行【插入】|【页眉与页脚】|【页眉】|【编辑页眉】命令之外，还可以通过________方法来激活页眉与页脚，从而实现编辑页眉与页脚的操作。

A. 双击页眉或页脚

B. 按 F9 键

C. 单击页眉

D．右击页眉与页脚

5．可以通过执行【页面和页脚工具】|【插入】|【图片】命令为页眉或页脚插入图片，同时可以在________中的________选项卡中设置图片的样式。

A．【图片工具】

B．【页眉和页脚工具】

C．【格式】

D．【设计】

6．可以在文档的页面顶端、页面底端、________与当前位置插入页码。

A．页边距　　B．页眉

C．页脚　　D．文档中

三、问答题

1．简述插入页眉与页脚的操作步骤。

2．简述应用样式的方法。

3．如何设置文档网格格式？

四、上机练习

1．新建样式

在打开的文档中，在【开始】选项卡中的【样式】选项组中单击【对话框启动器】按钮，并单击【新建样式】按钮，弹出【根据格式设置创建新样式】对话框。将【名称】设置为【新建正文颜色】，将【样式类型】设置为【段落】，将【样式基准】设置为【正文】。单击【格式】下拉按钮，选择【字体】选项卡，选中【双删除线】复选框。最后单击【确定】按钮，如图3-53所示。

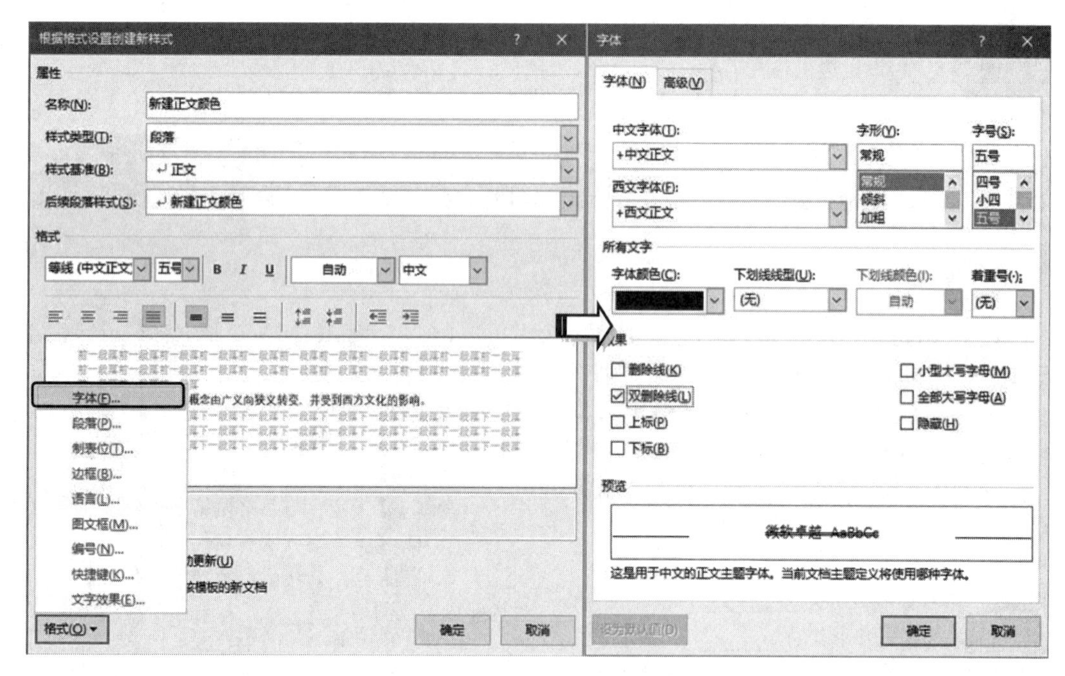

图3-53　新建样式

2．插入页眉

在打开的文档中，执行【插入】|【页眉和页脚】|【页眉】|【平面（偶数页）】命令，为文档插入页面。然后，执行【页眉和页脚工具】|【插入】|【图片】命令，在弹出的对话框中选择图片文件，单击【插入】按钮插入图片。最后，调整图片的显示位置，执行【图片工具】|【格式】|【图片样式】|【棱台透视】命令，设置图片的样式，如图3-54所示。

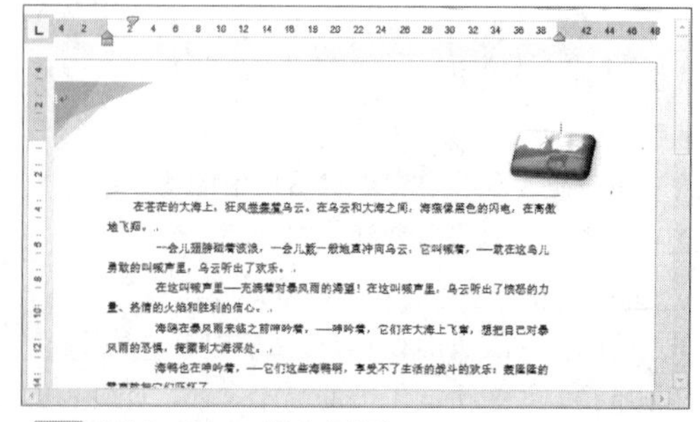

图3-54　插入页眉

第 4 章 图文混排

在 Word 中不仅可以实现分页、分节、插入页眉和页脚等排版功能，而且还可以实现图片、艺术字等美化图像的功能。该功能可以轻松设计出图文混排、丰富多彩的文档。例如，在文档中可以通过插入图片与艺术字，以及编辑图片与艺术字效果等操作，来实现图文混排的效果。本章将详细讲解在 Word 文档中使用图片、形状，以及艺术字与文本框的基础知识，使图片与文字完美地结合在文档中。

本章学习目的：

- 使用图片
- 使用形状
- 使用 SmartArt 图形
- 使用艺术字
- 使用文本框

4.1 使用图片

使用图片是利用 Word 中强大的图像功能，在文档中插入剪贴画、照片或图片，并通过 Word 中的【图片工具】命令设置图片的尺寸、样式、排列等效果。在一定程度上增加了文档的美观性，使文档变得更加丰富多彩。

4.1.1 插入图片

文档中插入的图片不仅可以来自网络、扫描仪或数码相机，而且还可以来自本屏幕截图中的图片。

1．插入本地图片

插入本地图片是插入本地计算机硬盘中保存的图片，以及链接到本地计算机中的照相机、U盘与移动硬盘等设备中的图片。执行【插入】|【插图】|【图片】命令，在弹出的【插入图片】对话框中选择图片位置与图片类型即可插入本地图片，如图4-1所示。

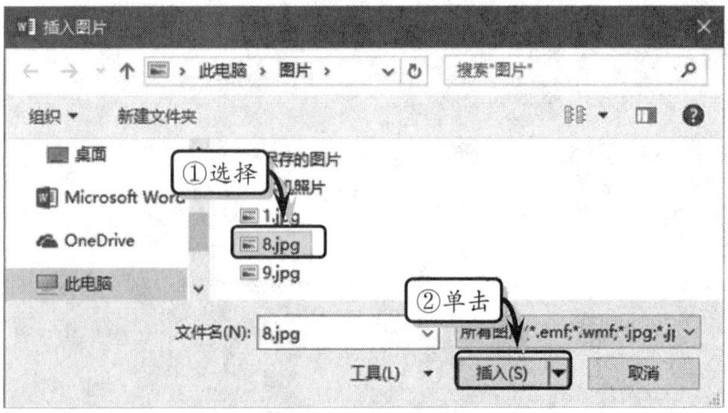

图4-1 【插入图片】对话框

提 示

在【插入图片】对话框中双击选中的图片文件，可快速插入图片。

2．插入联机图片

在Word中，除了插入本地图片之外，还可以插入网络中搜索的图片。执行【插入】|【插图】|【联机图片】命令，弹出【插入图片】对话框。在【必应图像搜索】文本框中输入搜索内容，单击【搜索】按钮搜索网络图片，如图4-2所示。

图4-2 输入搜索内容

提 示

在【插入图片】对话框中，还可以选择【OneDrive-个人】选项，插入用户保存在OneDrive中的图片。

然后在展开的搜索列表中，选择需要插入的图片，单击【插入】按钮，将图片插入到文档中，如图4-3所示。

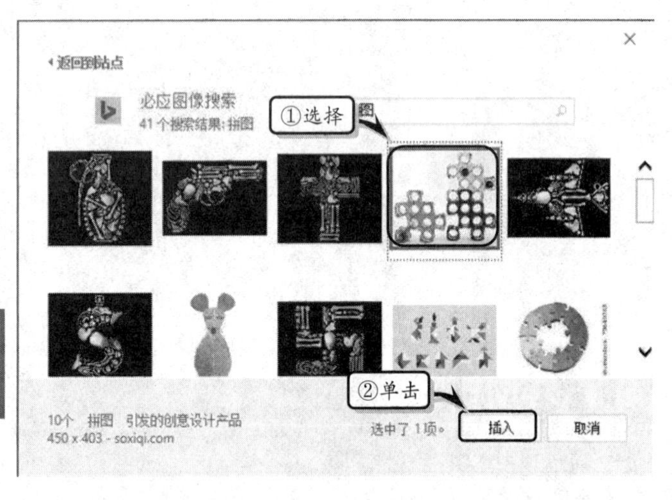

图4-3 插入图片

3．插入屏幕截图

执行【插入】|【插图】|【屏幕截图】命令，在其列表中选择【屏幕截图】选项。然后，拖动鼠标在屏幕中截取相应的区域，即可将截图插入的文档中，如图4-4所示。

提 示

在使用屏幕截图时，需要事先打开需要截取屏幕的软件或文件，否则系统只能截取当前窗口中的内容。

图 4-4 插入屏幕截图

4.1.2 调整图片尺寸

插入图片之后，需要根据文档布局调整图片的尺寸。可以通过拖动鼠标与输入数值来调整图片的大小，同时还可以根据尺寸剪裁图片。

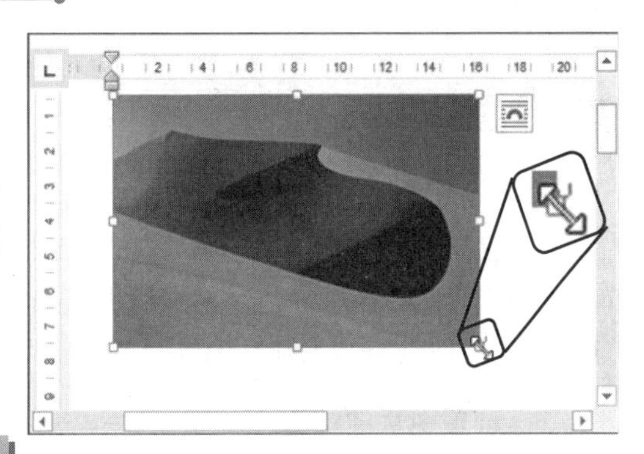

图 4-5 调整图片大小

1. 鼠标调整大小

选中图片，将光标移至图片四周的 8 个控制点处，当光标变为双向箭头↘、↕、↗或↔时，按住鼠标左键拖动图片控制点即可调整图片的大小，如图 4-5 所示。

技 巧

按住 Shift 键，拖动对角控制点↘时可以等比例缩放图片。按住 Ctrl 键拖动图片可以复制图片。

2. 输入数值调整大小

可通过在【格式】选项卡中的【大小】选项组中，输入【高度】与【宽度】值来调整图片的尺寸。另外，单击【大小】选项卡中的【对话框启动器】按钮，在弹出的【布局】对话框中的【大小】选项卡中输入【高度】与【宽度】值即可调整图片尺寸，如图 4-6 所示。

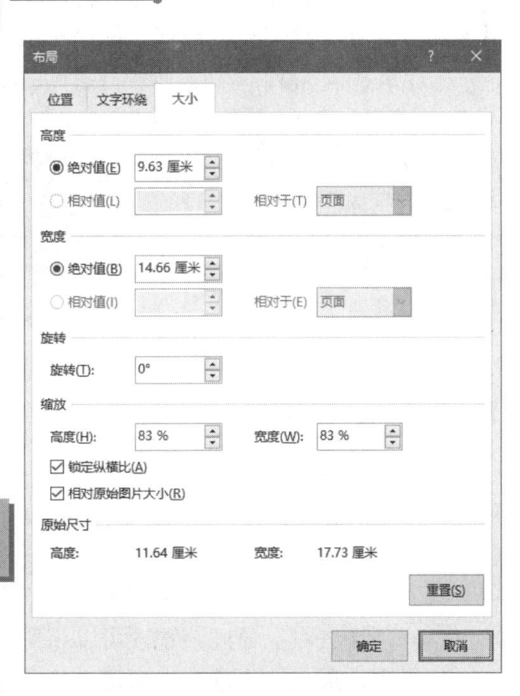

图 4-6 【大小】选项卡

提 示

在图片上右击展现【大小和位置】命令，即可弹出【大小】对话框。

3. 裁剪图片

裁剪图片即拖动鼠标删除图片的某个部分。选中需要剪裁的图片，执行【格式】|【大

小】|【裁剪】|【裁剪】命令，光标会变成“裁剪”形状，而图片周围会出现黑色的断续边框。将鼠标放置于尺寸控制点上拖动鼠标即可，如图4-7所示。

图 4-7 裁剪图片

提 示

在剪裁图片时，移动鼠标至图片的某角时鼠标会由形状变成直角形状。

另外，在剪裁图片时，还可以通过执行【格式】|【大小】|【裁剪】|【裁剪为形状】命令，在其列表中选择一种形状样式，将图片裁剪为所选形状，如图4-8所示。

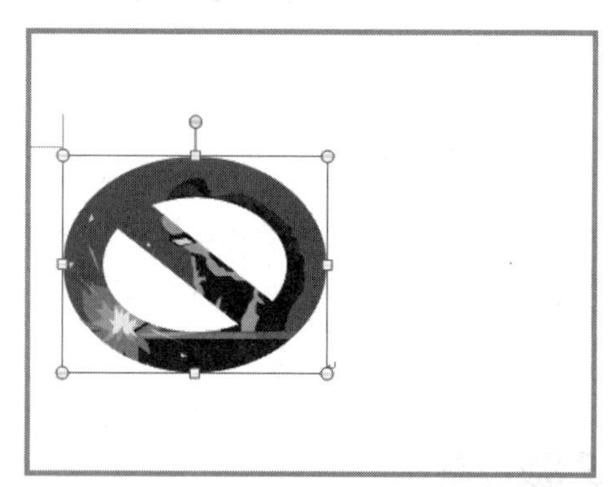

图 4-8 裁剪图片为形状

4.1.3 排列图片

插入图片之后，可以根据不同的文档内容与工作需求进行图片排列的操作，即更改图片的位置、设置图片的层次、设置文字环绕、设置对齐方式等，从而使图文混排更具条理性与美观性。

1. 设置图片的位置

选择该图片，执行【格式】|【排列】|【位置】命令，在下拉列表中选择不同的排列方式，如图4-9所示。

（a）嵌入文本行中

（b）中间居左

（c）中间居右

图 4-9 设置图片位置

在 Word 中，图片的位置排列方式主要有嵌入文本行中和文字环绕两类，其中文字环绕分为9种位置排列方式，具体情况如下所述。

（1）顶端居左：通过该选项可以将所选图片放置于文档顶端最左侧的位置。

（2）顶端居中：通过该选项可以将所选图片放置于文档顶端中间的位置。

（3）顶端居右：通过该选项可以将所选图片放置于文档顶端最右侧的位置。

（4）中间居左：通过该选项可以将所选图片放置于文档中部最左侧的位置。

（5）中间居中：通过该选项可以将所选图片放置于文档正中间的位置。

（6）中间居右：通过该选项可以将所选图片放置于文档中部最右侧的位置。

（7）底端居左：通过该选项可以将所选图片放置于文档底部最左侧的位置。

（8）底端居中：通过该选项可以将所选图片放置于文档底部中间的位置。

（9）底端居右：通过该选项可以将所选图片放置于文档底部最右侧的位置。

2. 设置环绕效果

选择图片，执行【格式】|【排列】|【自动换行】命令，在下拉列表中选择环绕方式即可，如图 4-10 所示。

（a）穿越型环绕

（b）浮于文字上方

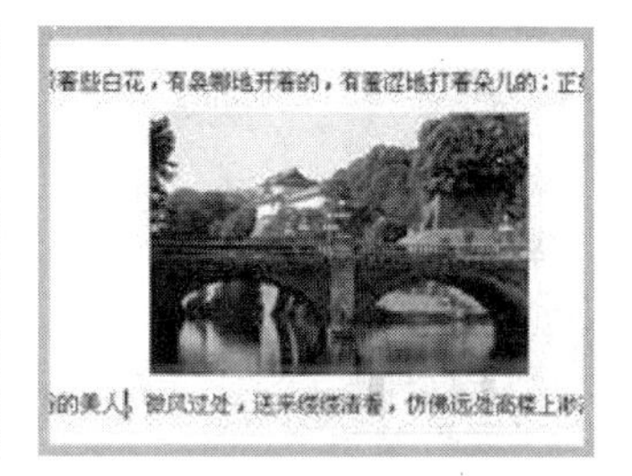

（c）上下型环绕

图 4-10　设置文字环绕

Word 提供了 7 种设置图片环绕文字的方式，具体情况如下所述。

（1）嵌入型：通过该选项可以将插入的图片当作一个字符插入到文档中。

（2）四周型环绕：通过该选项可以将图片插入到文字中间。

（3）紧密型环绕：通过该选项可以使图片效果类似四周型环绕，但文字可进入到图片空白处。

（4）衬于文字下方：通过该选项可以将图片插入到文字的下方，而不影响文字的显示。

（5）浮于文字上方：通过该选项可以将图片插入到文字上方。

（6）上下型环绕：通过该选项可以使图片在两行文字中间，旁边无字。

（7）穿越型环绕：通过该选项可以使图片效果类似四周型环绕，但文字可进入到图片空白处。

另外，执行【自动换行】|【编辑环绕顶点】命令，可编辑环绕的顶点。当启用该命令后，在图片四周显示红色虚线（环绕线）与图片四角出现的黑色实心正方形（环绕控制点），单击环绕线上的某位置并拖动鼠标或单击并拖动环绕控制点即可改变环绕形状，此时将在改变形状的位置中自动添加环绕控制点，如图 4-11 所示。

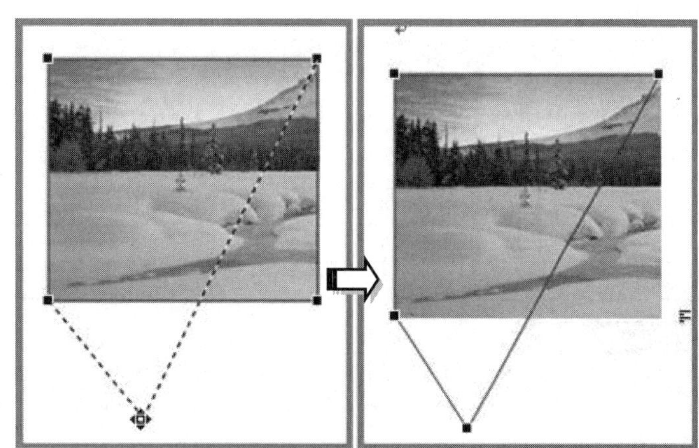

图 4-11　编辑环绕顶点

提　示

只有对图片使用【紧密型环绕】与【穿越型环绕】环绕方式时，才可以执行【文字环绕】|【编辑环绕顶点】命令，否则该命令处于不可用状态。

3. 设置图片的层次

当文档中存在多幅图片时，可启用【排列】选项组中的【上移一层】或【下移一层】命令来设置图片的叠放次序，即将所选图片设置为置于顶层、上移一层、下移一层、置于底层或衬于文字下方，如图 4-12 所示。

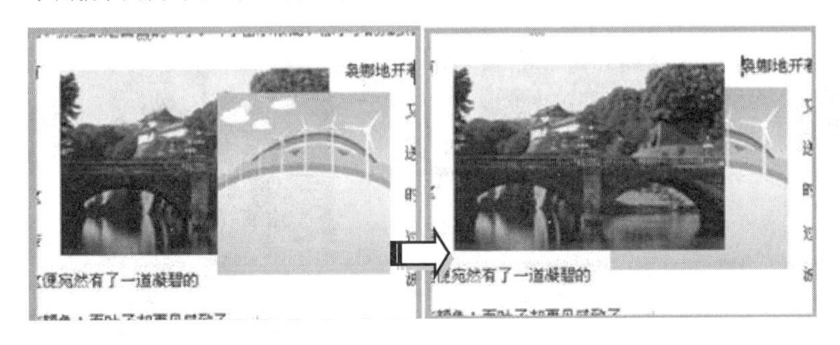

图 4-12 设置图片的层次

提　示

在设置图片的层次时，需要注意的是在默认的嵌入型环绕类型中无法调整图片的层次。

4. 设置对齐方式

图形的对齐是指在页面中精确地设置图形位置，主要作用是使多个图形在水平或者垂直方向上精确定位，执行【格式】|【排列】|【对齐】命令即可。

另外，在【对齐】命令中用户需要选择对齐的方式，主要包括按页面与边距对齐两种方式。例如启用【对齐页面】命令，则所有的对齐方式相对于页面行对齐；若启用【对齐边距】命令，则所有的对齐方式相对于页边距对齐。主要包含的对齐方式及其功能如表 4-1 所示。

表 4-1 对齐方式

按　钮	名　称	功　能
	左对齐	图片相对于页面（边距）左对齐
	左右居中	图片相对于页面（边距）水平方向上居中对齐
	右对齐	图片相对于页面（边距）右对齐
	顶端对齐	图片相对于页面（边距）顶端对齐
	上下居中	图片相对于页面（边距）垂直方向上居中对齐
	底端对齐	图片相对于页面（边距）底端对齐

提　示

在设置图片的对齐方式时，需要注意的是在默认的“嵌入型”环绕类型中无法调整图片的层次。

5. 旋转图片

旋转图片是根据度数将图形任意向左或者向右旋转，或者在水平方向或者在垂直方向

翻转图形。可通过执行【格式】|【排列】|【旋转】命令来改变图片的方向，如图 4-13 所示。

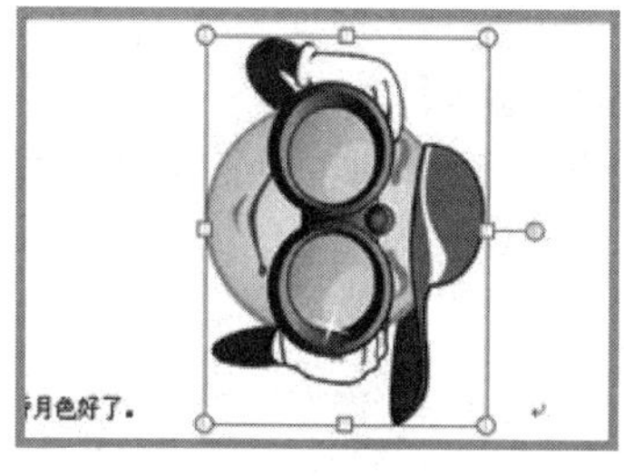

（a）向右旋转 90°

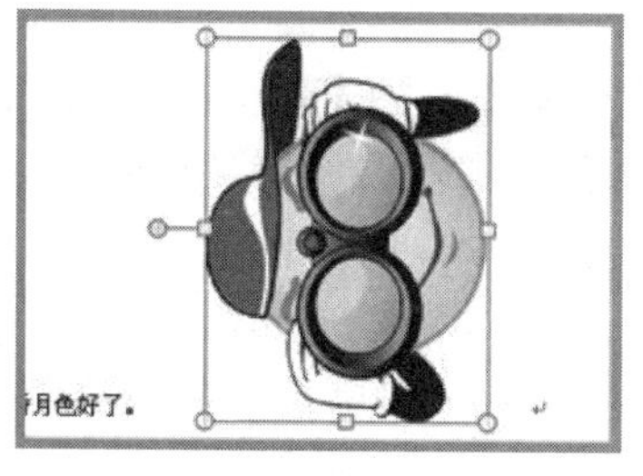

（b）向左旋转 90°

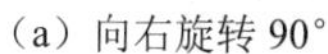
图 4-13　旋转图片

其中，【旋转】命令中主要包含 4 种旋转方式，其功能如表 4-2 所示。

表 4-2　旋转方式

按　钮	名　称	功　能
	向右旋转 90°	选择该选项，图片向右（顺时针）旋转 90°
	向左旋转 90°	选择该选项，图片向左（逆时针）旋转 90°
	垂直翻转	选择该选项，图片垂直方向旋转 180°
	水平翻转	选择该选项，图片水平方向旋转 180°

另外，执行【格式】|【排列】|【旋转】|【其他旋转选项】命令，可在弹出的【大小】对话框中根据具体需求在【旋转】微调框中输入图片旋转度数，对图片进行自由旋转，如图 4-14 所示。

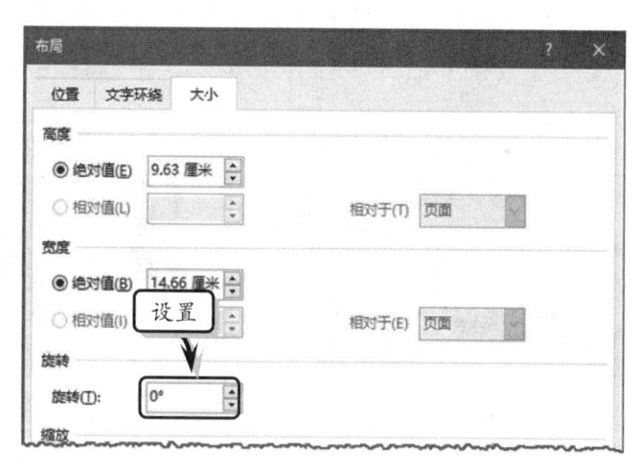

图 4-14　自由旋转

4.1.4　设置图片样式

Word 提供了 28 种内置样式，可以通过执行【格式】选项卡【图片样式】选项组中的各项命令，来设置图片的外观样式、图片的边框与效果。

1. 设置外观样式

选择需要设置的图片，在【格式】选项卡【图片样式】选项组中，单击【其他】下拉按钮，在其下拉列表中选择图片的外观样式即可，如图 4-15 所示。

（a）棱台形椭圆，黑色

（b）柔化边缘矩形

（c）棱台透视

图 4-15　设置外观样式

2. 设置图片边框

选择需要设置的图片，执行【格式】|【图片样式】|【图片边框】命令，在其列表中选择一种颜色，即可设置图片的边框颜色；同样旋转【粗细】选项，则可设置图片边框线条的粗细程度；选择【虚线】选项，则可设置图片边框线条的虚线类型，如图 4-16 所示。

（a）设置边框颜色

（b）设置边框粗细

（c）设置边框虚线

图 4-16 设置图片边框

3. 设置图片效果

设置图片效果是为图片添加阴影、棱台、发光等效果。执行【格式】|【图片样式】|【图片效果】命令，在其下拉列表中选择相符的效果即可，如图 4-17 所示。

（a）预设效果

（b）映像效果

（c）三维旋转效果

图 4-17 设置图片效果

【图片效果】下拉列表为用户提供了 7 种类型的效果，其具体功能如下所述。

（1）预设：主要包含无预设与预设类别中的 12 种内置的预设效果。

（2）阴影：主要包含无阴影、外部、内部和透视 4 类共 22 种效果。

（3）映像：主要包含无映像与映像变体中的 9 种内置的映像效果。

（4）发光：主要包含无发光与发光变体类型中的 24 种内置的发光效果。

（5）柔化边缘：主要包含无柔化边缘、1 磅、2.5 磅、5 磅、10 磅、25 磅与 50 磅 7 种效果。

（6）棱台：主要包含无棱台项和棱台项类型中的 12 种内置的棱台效果。

（7）三维旋转：主要包含无旋转、平行、透视和倾斜 4 种类型共 25 种旋转样式。

技 巧

可以通过右击图片执行【设置图片格式】命令，或通过单击【对话框启动器】按钮弹出【设置图片格式】对话框的方法来设置图片的效果。

4.2 使用形状

在 Word 中，不仅可以通过使用图片来改变文档的美观程度，同时也可以通过使用形状来适应文档内容的需求。例如，在文档中可以使用矩形、圆、箭头或线条等多个形状组合成一个完整的图形，用来说明文档内容中的流程、步骤等内容，从而使文档具有条理性与客观性。

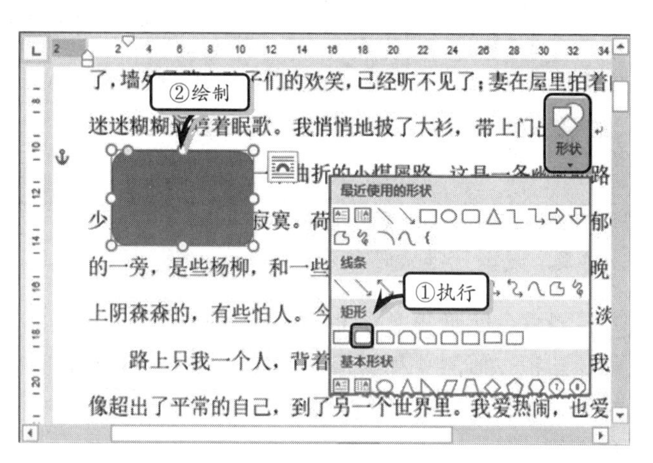

图 4-18 插入形状

4.2.1 插入形状

Word 为用户提供了线条、矩形、基本形状、箭头总汇、公式形状等 8 种形状类型，可以通过绘制不同的形状来达到美化文档的效果。执行【插入】|【插图】|【形状】命令，在下拉列表中选择相符的形状，此时光标将会变成“十”字形，拖动鼠标即可开始绘制相符的形状，释放鼠标即可停止绘制，如图 4-18 所示。

插入形状之后，右击执行【添加文字】命令，在形状中输入文本，并通过执行【开始】选项卡【字体】选项组中的各个命令，设置文字的字形、加粗或颜色等字体格式，如图 4-19 所示。

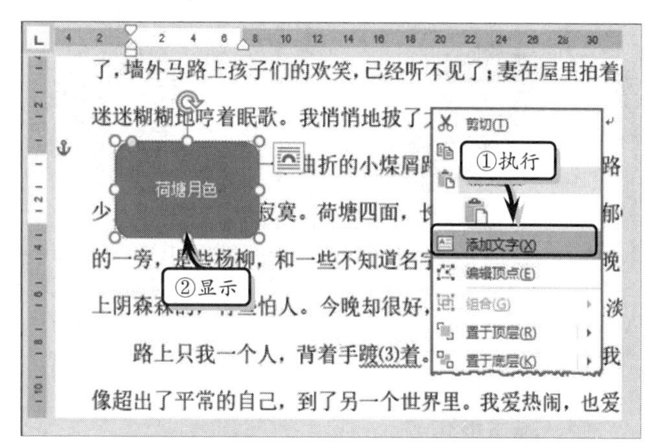

图 4-19 编辑文字

4.2.2 设置形状格式

插入形状后，用户便可以设置形状样式、阴影效果、三维效果以及组合多个形状，为形状添加文字等格式。其中，设置形状样式中的操作方法与设置图片样式的操作大体相同。在此主要介绍设置形状的阴影效果、三维效果等形状格式。

1. 设置阴影效果

在 Word 中，可以将形状的阴影效果设置为无阴影效果、外部阴影、透视阴影、内部阴影样式等效果。同时，用户还可以设置阴影与形状之间的距离。执行【格式】|【形状样式】|【形状效果】|【阴影】命令，在其列表中选择相符的阴影样式即可，如图 4-20 所示。

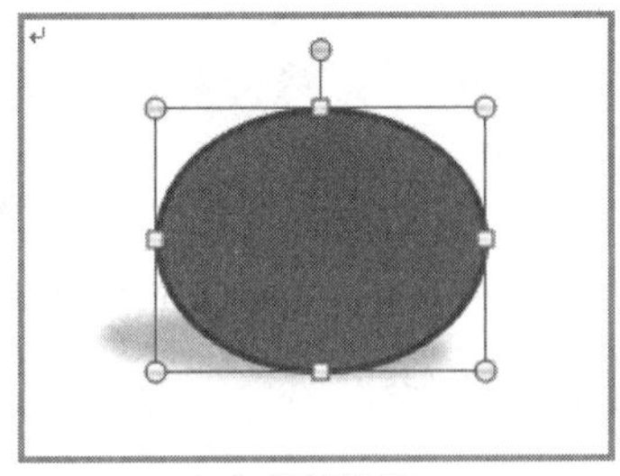

（a）透视效果

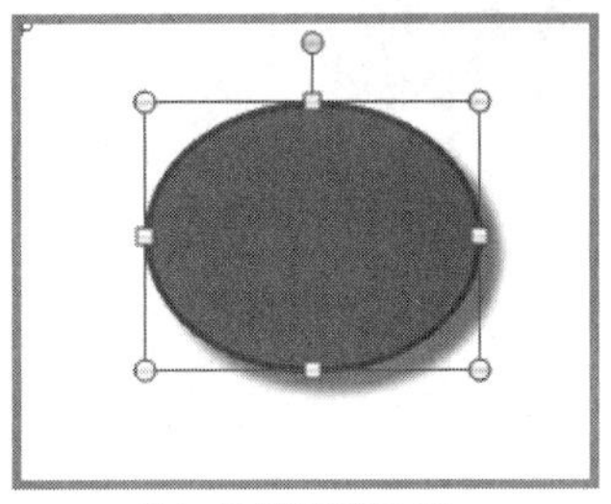

（b）外部阴影效果

图 4-20 设置阴影效果

提 示

执行【阴影】|【阴影选项】命令，可以在弹出的【设置形状格式】对话框中设置阴影参数。

2. 设置三维旋转效果

设置三维效果是使插入的平面形状具有三维的立体感。Word 中主要包括无旋转、平行、透视、倾斜 4 种类型。首先选择需要设置的形状，然后执行【格式】|【形状样式】|【形状效果】|【三维旋转】命令，在其下拉列表中选择相符的三维效果样式即可，如图 4-21 所示。

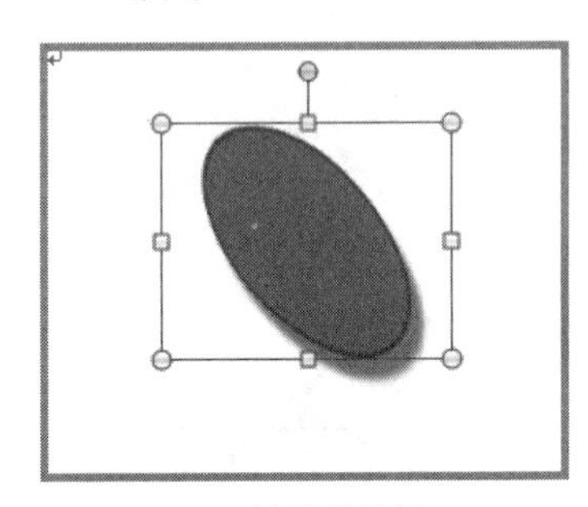

（a）平行旋转效果

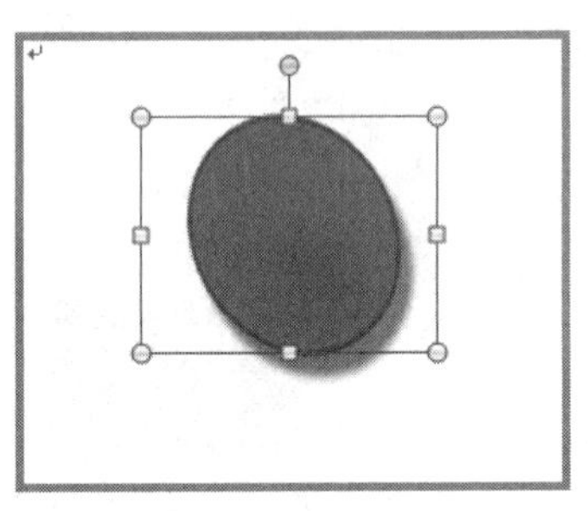

（b）透视旋转效果

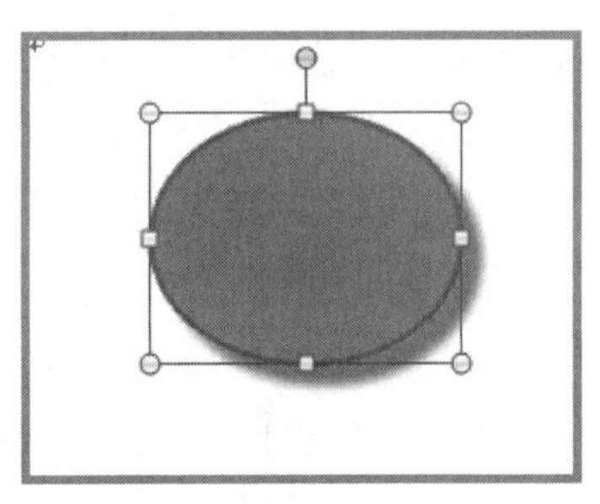

（c）倾斜旋转效果

图 4-21 设置三维旋转效果

3. 组合形状

在文档中通常会插入两个或多个形状，为了便于文档的排版，需要将多个形状组合在一起，使其变成一个形状。首先选择其中一个形状，在按住 Ctrl 键或 Shift 键的同时选择另外一个形状。执行【格式】|【排列】|【组合】命令，选择【组合】选项即可将两个形状组合在一起，如图 4-22 所示。同样，选择已组合的形状，执行【组合】|【取消组合】命令，即可取消形状的组合。

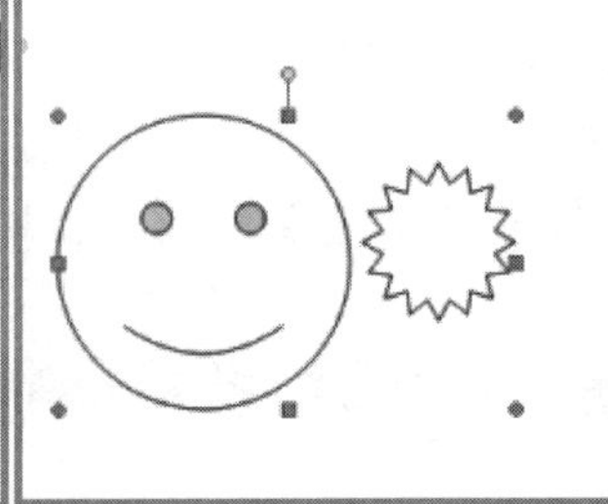

图 4-22 组合形状

4.3 使用 SmartArt 图形

SmartArt 图形是信息和观点的视觉表示形式，可以通过从多种不同布局中进行选择来创建 SmartArt 图形，从而快速、轻松、有效地传达信息。在使用 SmartArt 图形时，用户不必拘泥于一种图形样式，可以自由切换布局，图形中的样式、颜色、效果等格式将会自动带入到新布局中，直至用户找到满意的图形为止。

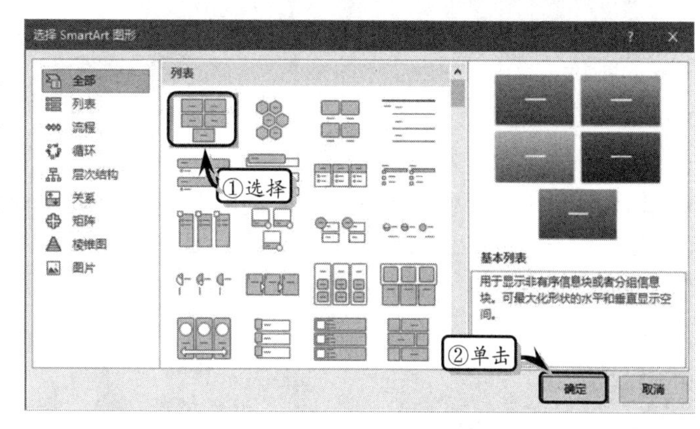

图 4-23 插入 SmartArt 图形

4.3.1 插入 SmartArt 图形

执行【插入】|【插图】|SmartArt 命令，在弹出的【选择 SmartArt 图形】对话框中选择符合的图形类型即可，如图 4-23 所示。

在 Word 中，用户创建的 SmartArt 类型主要包括表 4-3 中所示的类型。

表 4-3 SmartArt 图形类型

类　别	说　明
列表	显示无序信息
流程	在流程或时间线中显示步骤
循环	显示连续而可重复的流程
层次结构	显示树状列表关系
关系	对连接进行图解
矩阵	以矩形阵列的方式显示并列的 4 种元素
棱锥图	以金字塔的结构显示元素之间的比例关系
图片	允许用户为 SmartArt 插入图片背景

4.3.2 设置 SmartArt 图形

SmartArt 图形与图片一样，也可以为其设置样式、布局、艺术字样式等格式。同时，还可以进行更改 SmartArt 图形的方向、添加形状与文字等操作。通过设置 SmartArt 图形的格式可以使 SmartArt 更具有流畅性。

1．设置 SmartArt 样式

SmartArt 样式是不同格式选项的组合，主要包括文档的最佳匹配对象与三维两种类型共 14 种样式。执行【SmartArt 工具】|【设计】|【SmartArt 样式】|【其他】命令，在

下拉列表中选择符合的样式即可，如图 4-24 所示。

另外，在【SmartArt 样式】选项组中还可以设置 SmartArt 图形的颜色。其中，颜色类型主要包括主题颜色（主色）、彩色、个性色 1～个性色 6 八种颜色类型。执行【SmartArt 样式】|【更改颜色】命令，在下拉列表中选择符合的颜色即可，如图 4-25 所示。

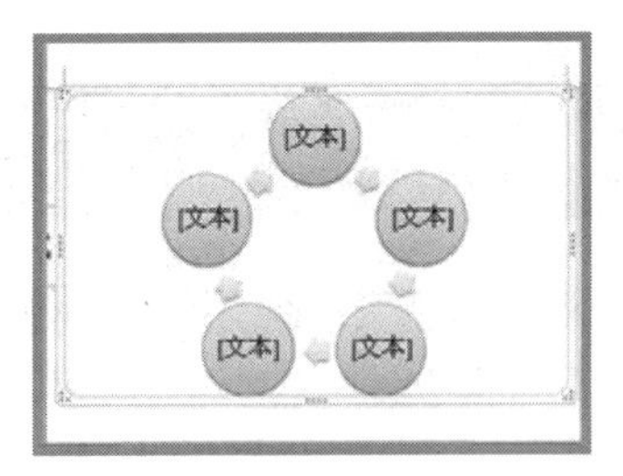

（a）细微效果

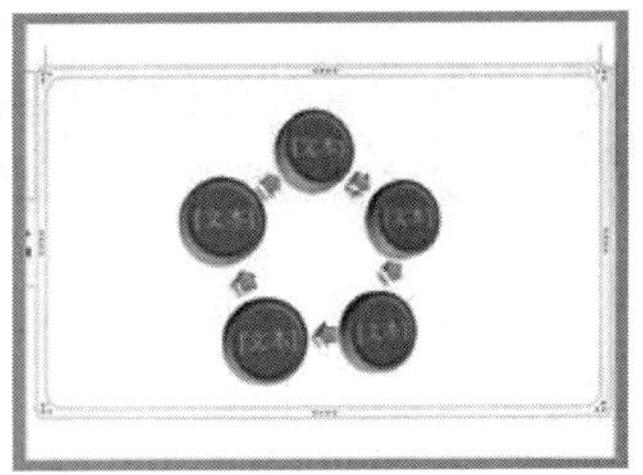

（b）日落场景

图 4-24 设置 SmartArt 样式

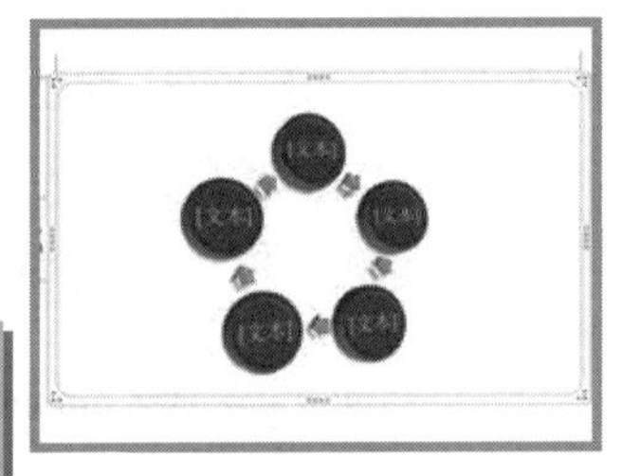

（a）深色 2 填充

（b）渐变循环，个性色 2

图 4-25 更改样式颜色

技 巧

执行【设计】|【重设】|【重设图形】命令，将使图形恢复到最初状态。

2. 设置布局

设置布局即更换 SmartArt 图形，当用户插入【循环】类型的 SmartArt 图形时，执行【SmartArt 工具】|【设计】|【布局】|【更改布局】命令，在下拉列表中将显示【循环】类型的所有图形，选择其中一种类型即可，如图 4-26 所示。

另外，可以执行【布局】|【更改布局】|【其他布局】命令，在弹出的【选择 SmartArt 图形】对话框中更改其他类型的布局。

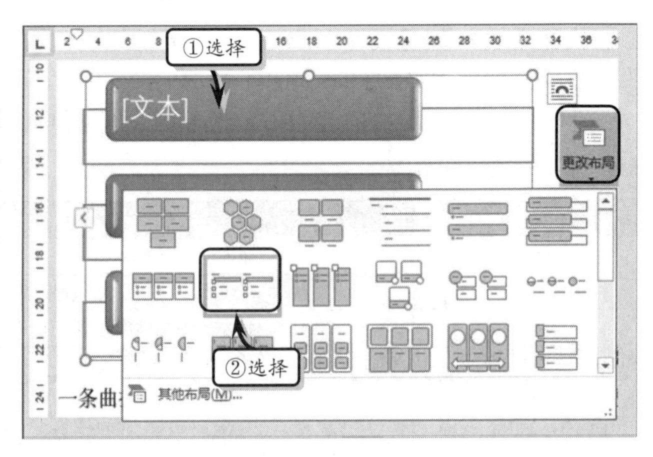

图 4-26 设置布局

3. 更改方向

更改方向即更改 SmartArt 图形的连接线方向，选择需要更改方向的 SmartArt 图形，执行【SmartArt 工具】|【设计】|【创建图形】|【从右向左】命令，即可更改 SmartArt 图形的方向，如图 4-27 所示。

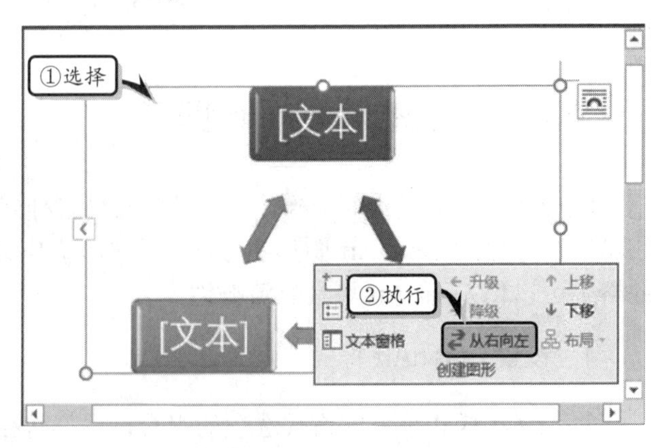

图 4-27 更改方向

4. 添加形状

在使用 SmartArt 图形时，还需要根据图形的具体内容从前面、后

面、上方或下方添加形状。另外，还可以为【层次结构】中的部分样式添加助理形状。选择需要添加形状的位置，执行【SmartArt 工具】|【设计】|【创建图形】|【添加形状】命令，在下拉列表中选择相符的选项即可，如图 4-28 所示。

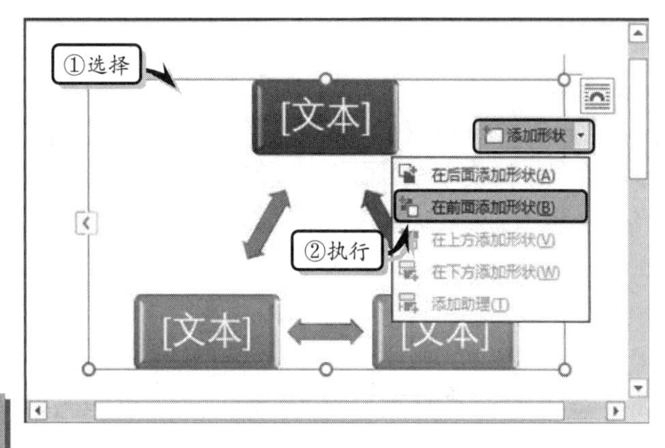

图 4-28 添加形状

提 示

当需要删除 SmartArt 图形中的形状时，选中某个形状，直接按 Delete 键即可。

5. 设置艺术字样式

为了使 SmartArt 图形更加美观，可以设置图形文字的字体效果。选择需要设置艺术字样式的图形，执行【SmartArt 工具】|【格式】|【艺术字样式】|【其他】命令，在下拉列表中选择相符的样式即可，如图 4-29 所示。

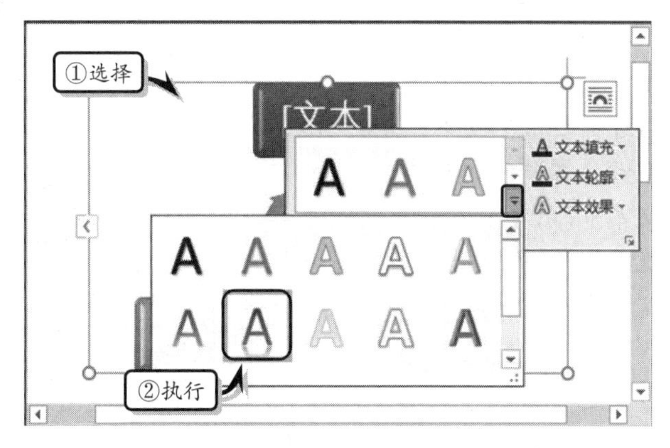

图 4-29 设置艺术字样式

4.4 使用文本框

文本框是一种存放文本或者图形的对象，不仅可以放置在页面的任何位置，而且还可以进行更改文字方向、设置文字环绕、创建文本框链接等一些特殊的处理。

4.4.1 添加文本框

在 Word 文档中不仅可以添加系统自带的 36 种内置文本框，并且还可以绘制横排或竖排的文本框。

1. 插入文本框

执行【插入】|【文本】|【文本框】命令，在下拉列表中选择相符的文本框样式即可，如图 4-30 所示。

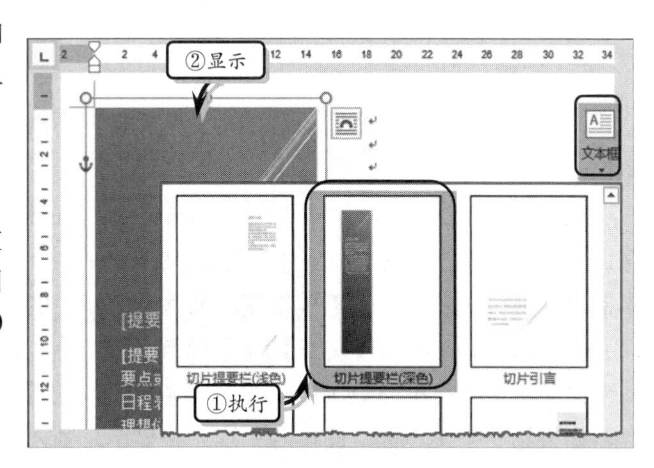

图 4-30 插入文本框

2. 绘制文本框

在 Word 中，可以根据文本框

中文本的排列方向，绘制横排文本框和竖排文本框。执行【插入】|【文本】|【文本框】|【绘制文本框】或【绘制竖排文本框】命令，此时光标变为“十”形状，拖动鼠标即可绘制横排或竖排的文本框，如图4-31所示。

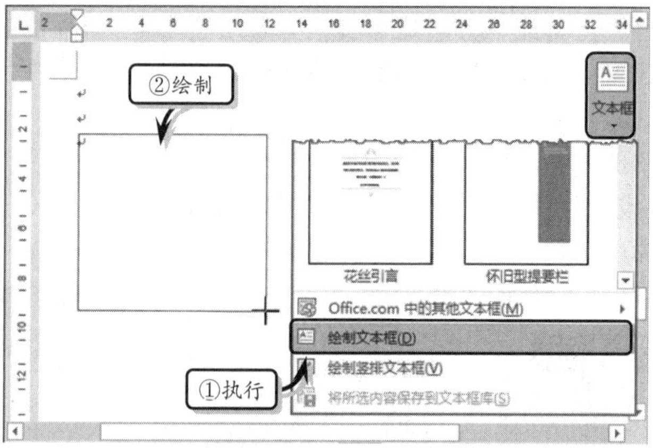

图 4-31　绘制文本框

4.4.2　编辑文本框

由于文本框是一个独立的文本编辑区，所以需要根据文本框的用途设置文本框中的文字方向，并且还需要根据文本框之间的关系，创建文本框之间的链接。通过编辑文本框，可使文本框的功能处于最优状态，从而帮助用户实现强大的文档格式的编排。

1. 设置文字方向

在使用内置文本框时，需要设置文字的方向为竖排或横排。选择需要设置文字方向的文本框，执行【绘图工具】|【格式】|【文本】|【文字方向】命令，即可将文本框中的文字方向由横排转换为竖排，如图4-32所示。

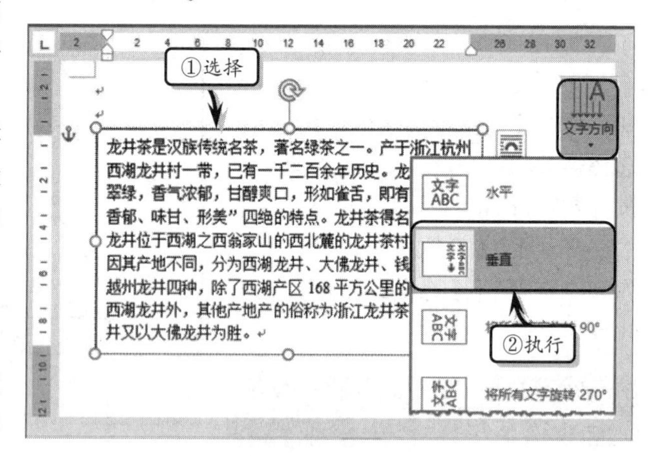

图 4-32　设置文字方向

提　示

可以在【形状填充】、【形状轮廓】和【更改形状】下拉列表中设置文本框的外观样式。

2. 链接文本框

为了充分利用版面空间，需要将文字安排在不同版面的文本框中，此时可以运用文本框的链接功能来实现上述要求。

在Word中最多可以建立32个文本框链接。在建立文本框之间的链接关系时，需要保证要链接的文本框是空的、所链接的文本框必须在同一个文档中，以及它未与其他文本框建立链接关系。在文档中绘制或插入两个以上的文本框，选择第一个文本框，执行【绘图工具】|【格式】|【文本】|【创建链接】命令，此时光标变成形状，单击第二个文本框即可，如图4-33所示。创建完文本框之间的链接之后，在第一个文本框中输入内容，如果第一个文本框中的内容无法完整显示，则内容会自动显示在链接的第二个文本框中。

创建完文本框之间的链接之后，在第一个文本框中输入内容，如果第一个文本框中的内容无法完整显示，则内容会自动显示在链接的第二个文本框中，如图 4-34 所示。

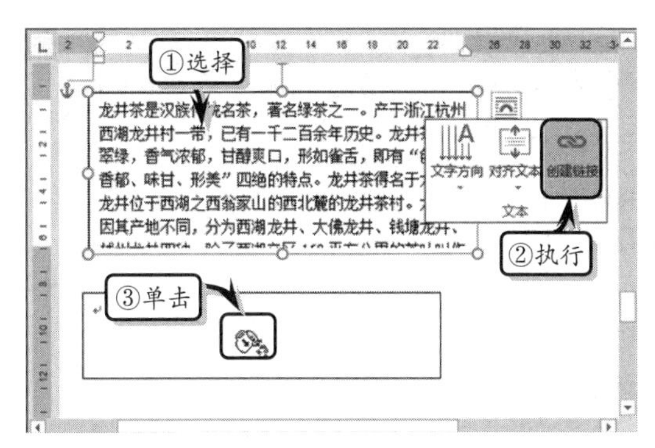

图 4-33 创建链接

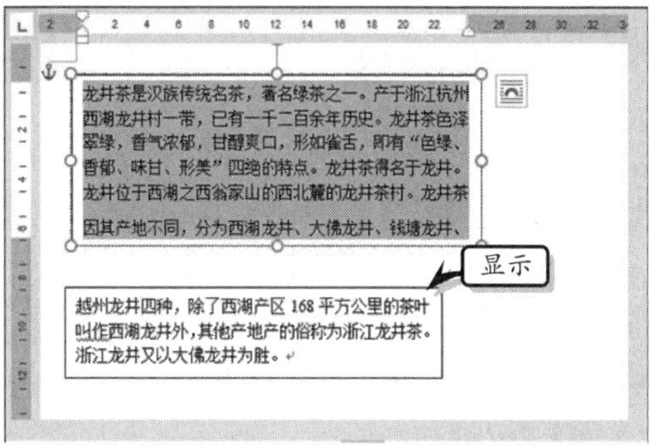

图 4-34 链接状态

提 示

创建链接之后，选择文本框，执行【格式】|【文本】|【断开链接】命令，即可断开文本框之间的链接。

4.5 使用艺术字

艺术字是一个文字样式库，不仅可以将艺术字添加到文档中以制作出装饰性效果，而且还可以将艺术字扭曲成各种各样的形状，以及将艺术字设置为阴影与三维效果的样式。

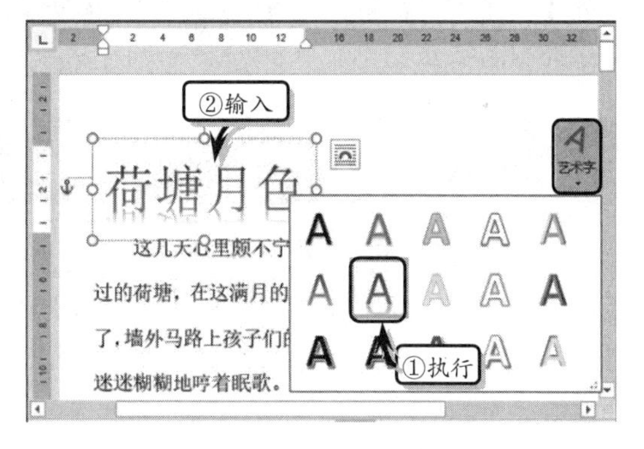

图 4-35 插入艺术字

4.5.1 插入艺术字

执行【插入】|【文本】|【艺术字】命令，选择相符的艺术字样式，输入文本并设置其字体格式，如图 4-35 所示。

插入艺术字之后，为适应整体文档的布局需求，还需要更改艺术字的文本方向。选择艺术字，执行【格式】|【文本】|【文字方向】命令，选择一种文字方向选项即可，如图 4-36 所示。

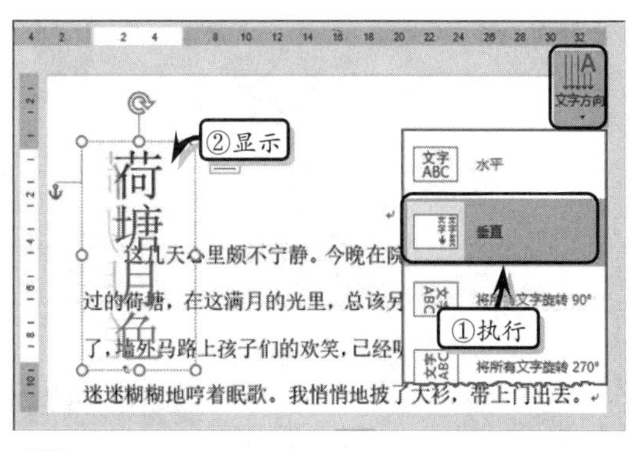

图 4-36 更改方向

4.5.2 设置艺术字格式

为了使艺术字更具有美观性，可以像

设置图片格式那样设置艺术字格式，即设置艺术字的样式、设置文字方向、间距等艺术字格式。

1. 设置快速样式

Word 一共为用户提供了 15 种艺术字样式。选择需要设置快速样式的艺术字，执行【绘图工具】|【格式】|【艺术字样式】|【其他】命令，在下拉列表中选择相符的艺术字样式即可，如图 4-37 所示。

图 4-37 设置快速样式

2. 设置转换效果

更改艺术字的转换效果，即将艺术字的整体形状更改为跟随路径或弯曲形状。其中，跟随路径形状主要包括上弯狐、下弯狐、圆与按钮 4 种形状，而弯曲形状主要包括左停止、倒 V 形等 36 种形状。执行【绘图工具】|【格式】|【艺术字样式】|【文本效果】|【转换】命令，在下拉列表中选择一种形状即可，如图 4-38 所示。

（a）倒 V 形

（b）右牛角形

图 4-38 设置转换效果

4.6 课堂练习：《荷塘月色》图文混排

为了使《荷塘月色》这篇文章更具美观性，需要对该篇文章进行图文混排，即实现图片、形状等对象与文字紧密结合在一个版面上的效果，如图 4-39 所示。在本练习中，将主要运用插入图片、添加水印等基础知识，来制作一篇图文并茂的 Word 文档。

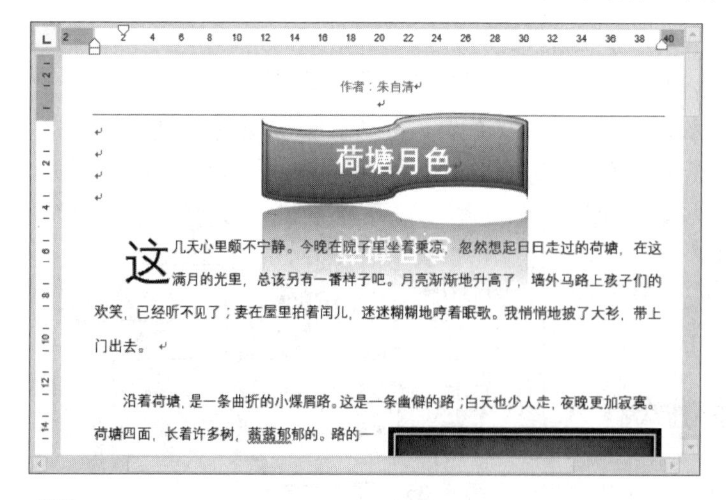

图 4-39 《荷塘月色》图文混排

操作步骤

1 制作正文内容。输入并选择所有正文，单击【段落】选项组中的【对话框启动器】按钮，如图 4-40 所示。

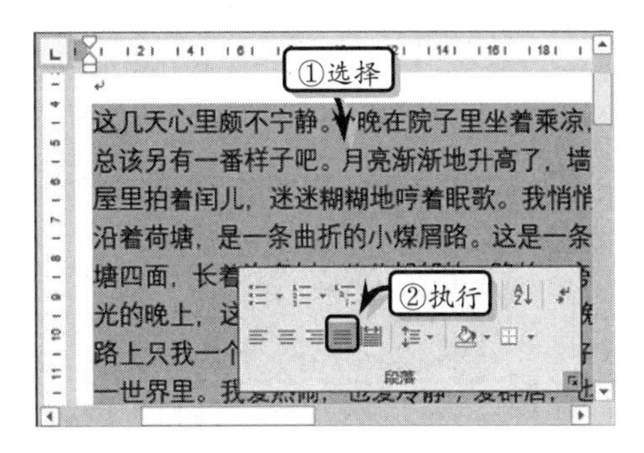

图 4-40 输入正文内容

2 在【缩进和间距】选项卡中，设置【特殊格式】、【段前】、【段后】和【行距】选项，如图 4-41 所示。

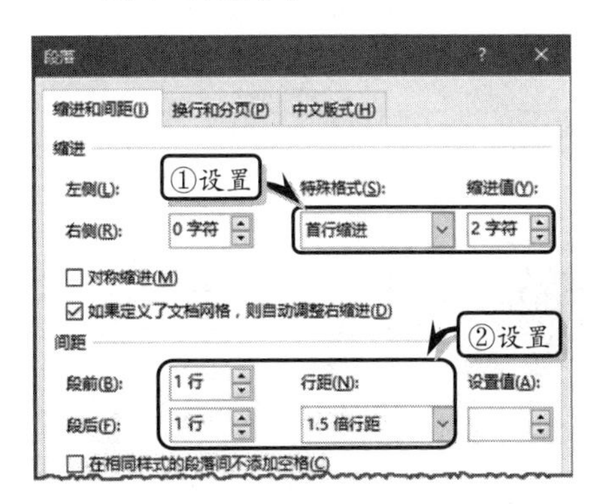

图 4-41 设置段落格式

3 将光标放置于第 1 个文本前，执行【插入】|【文本】|【首字下沉】|【下沉】命令，如图 4-42 所示。

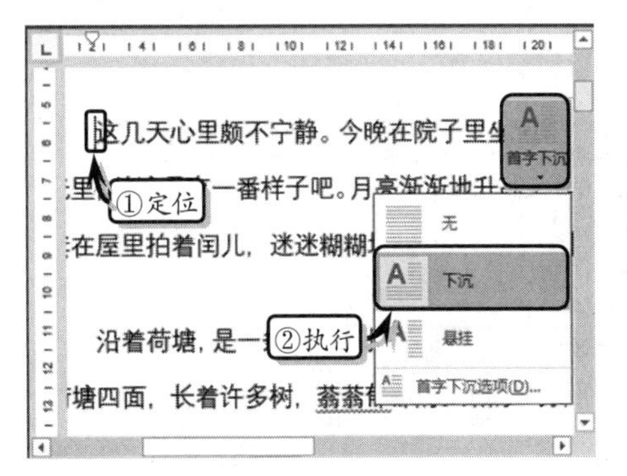

图 4-42 设置首字下沉

4 执行【文本】|【首字下沉】|【首字下沉选项】命令，设置下沉选项，如图 4-43 所示。

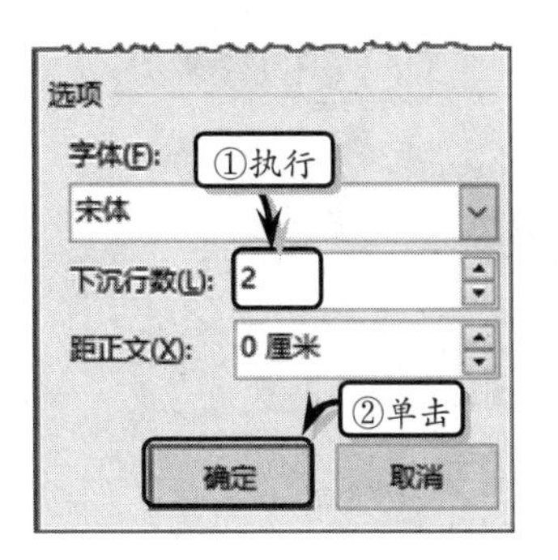

图 4-43 设置下沉选项

5 制作标题形状。执行【插入】|【插图】|【形状】|【流程图：资料带】命令，绘制该形状，如图 4-44 所示。

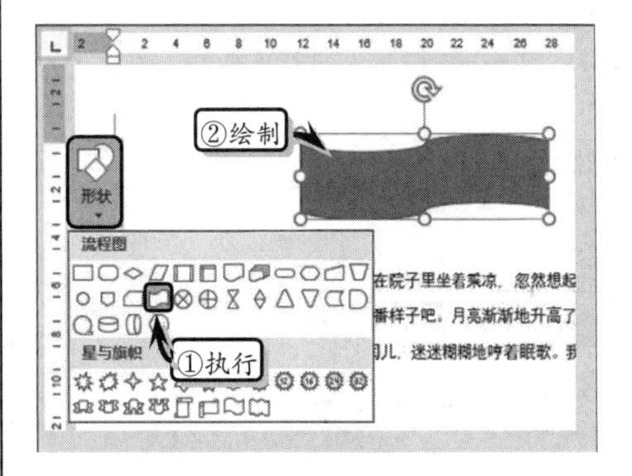

图 4-44 绘制形状

6 执行【格式】|【形状样式】|【形状填充】|【渐变】|【其他渐变】命令，设置渐变填充颜色，如图 4-45 所示。

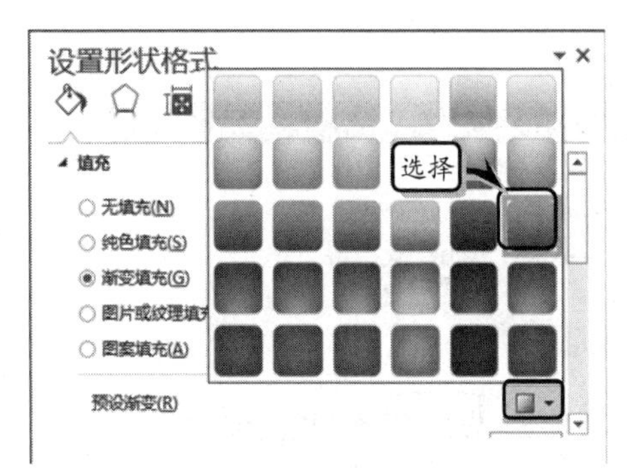

图 4-45 设置渐变填充

7 添加形状文本，选择形状并执行【格式】|【形状样式】|【形状效果】|【棱台】|【艺术装饰】命令，如图 4-46 所示。

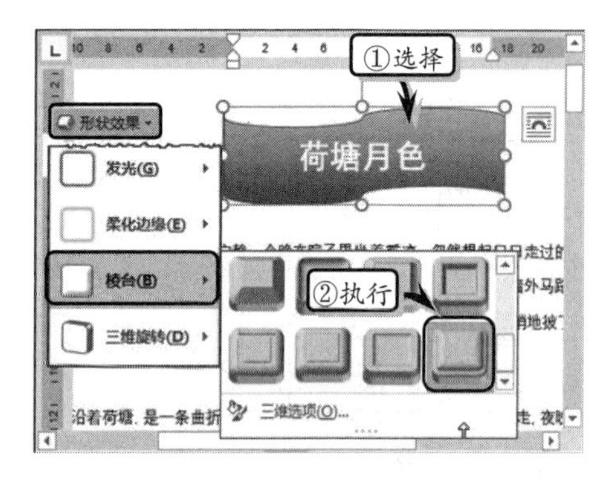

图 4-46 设置棱台效果

8 同时，执行【格式】|【形状样式】|【形状效果】|【映像】|【全映像，接触】命令，设置映像效果，如图 4-47 所示。

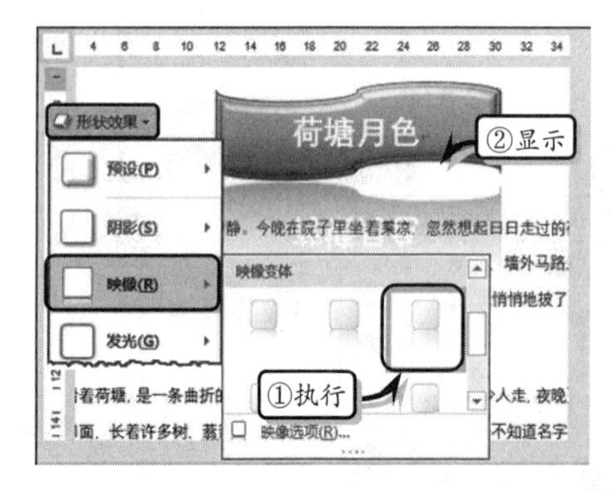

图 4-47 设置映像效果

9 插入图片。选择添加图片的位置，执行【插入】|【插图】|【图片】命令，选择图片，如图 4-48 所示。

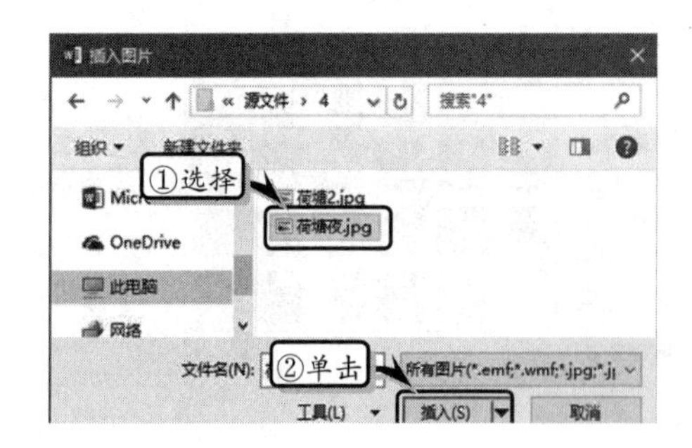

图 4-48 插入图片

10 设置图片样式。执行【格式】|【图片样式】|【复杂框架,黑色】命令，执行【排列】|【环绕文字】|【四周型】命令并调整图片位置，如图 4-49 所示。

图 4-49 设置图片格式

11 插入第 2 张图片，执行【格式】|【图片样式】|【金属椭圆】命令，将【图片形状】设置为【泪滴型】形状和【紧密型环绕】并调整其位置，如图 4-50 所示。

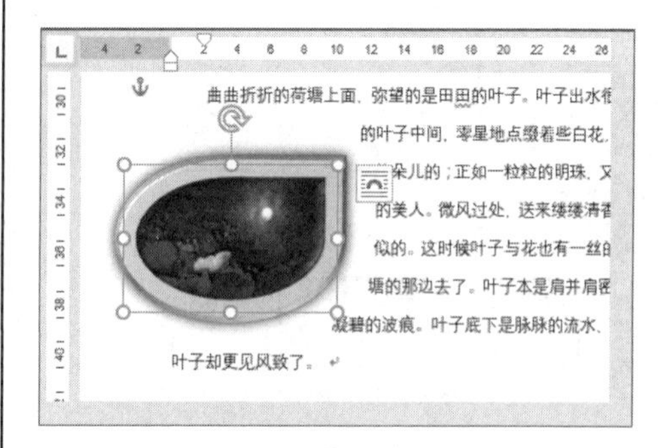

图 4-50 设置第 2 张图片

12 添加水印。执行【设计】|【页面背景】|【水印】|【自定义水印】命令，选中【图片水印】选项，选择图片并将【缩放】设置为 150%，如图 4-51 所示。

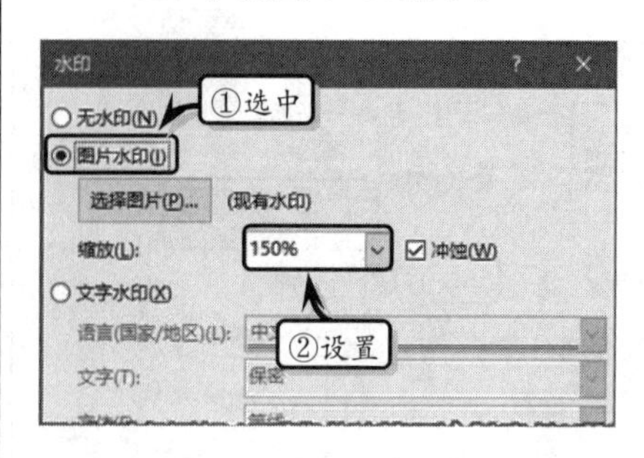

图 4-51 设置水印

13 设置页眉。执行【插入】|【页眉和页脚】|【页眉】|【空白】命令，输入文本“作者：朱自清”，如图 4-52 所示。

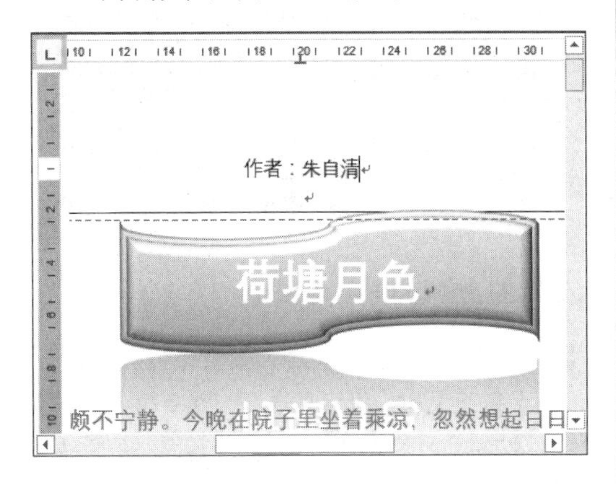

图 4-52 设置页眉

14 设置页脚。执行【插入】|【页眉和页脚】|【页脚】|【信号灯】命令，设置页脚，如图 4-53 所示。

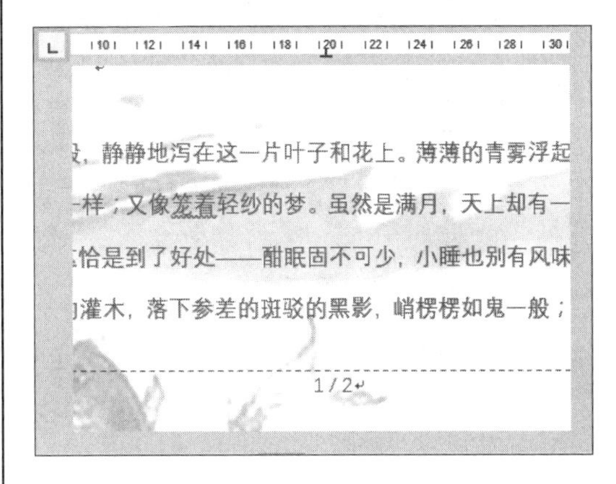

图 4-53 设置页脚

4.7 课堂练习：旅游简介

使用 Word 排版文章时，可以通过添加图片的方法，来增加文档的美观性与艺术效果。在本练习中，将通过插入并编辑图片与形状，来制作一篇关于“青海湖”景区旅游简介的文档，如图 4-54 所示。

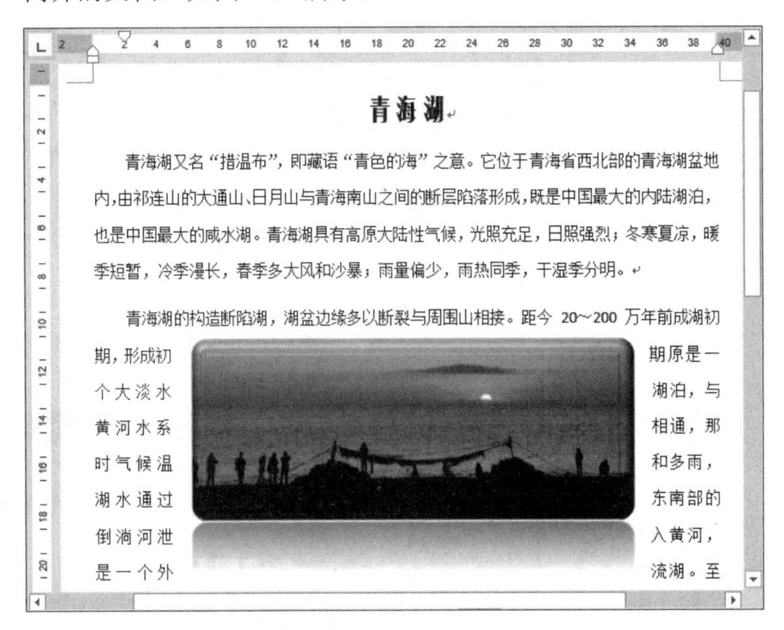

图 4-54 旅游简介

操作步骤

1 制作文本。在文档中，输入标题“青海湖”和正文，如图 4-55 所示。

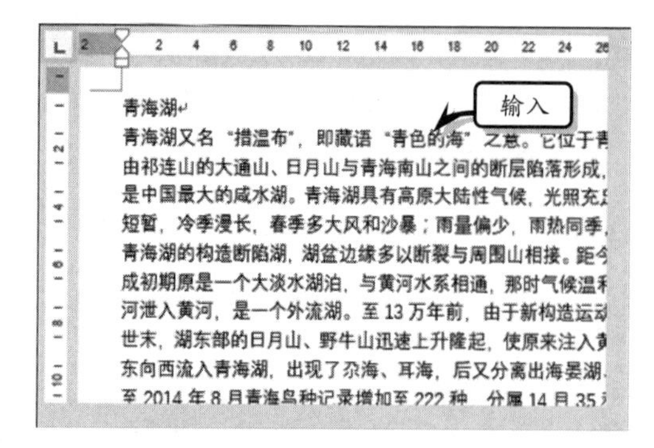

图 4-55 输入文本

2 选择标题文本，在【开始】选项卡【字体】选项组中设置文本的字体格式，如图 4-56 所示。

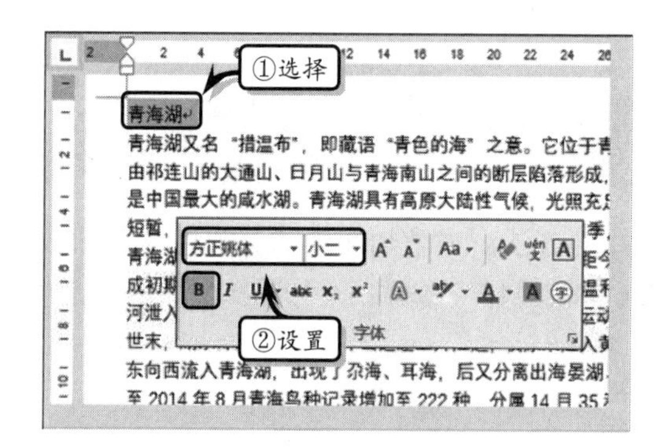

图 4-56 设置字体格式

3 同时，执行【开始】|【段落】|【居中】命令，设置文本的对齐方式，如图 4-57 所示。

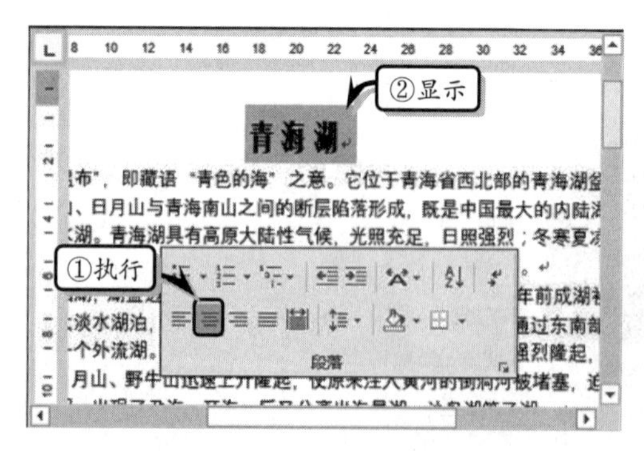

图 4-57 设置对齐方式

4 选择所有的正文，单击【段落】选项组中的【对话框启动器】按钮，如图 4-58 所示。

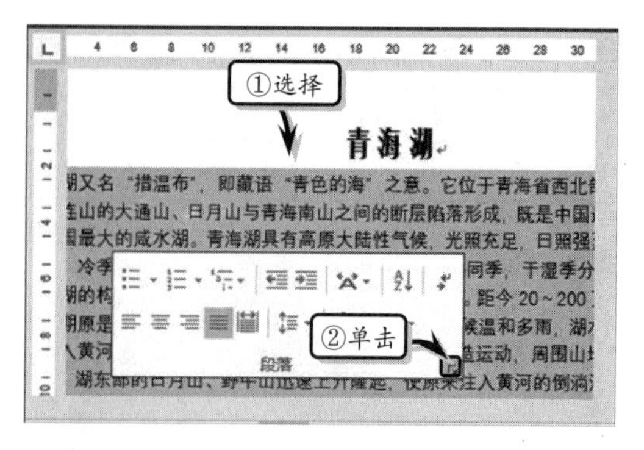

图 4-58 选择正文

5 在【段落】对话框中，设置【特殊格式】、【行距】和【段后】选项，并单击【确定】按钮，如图 4-59 所示。使用同样的方法设置标题文本的段间距。

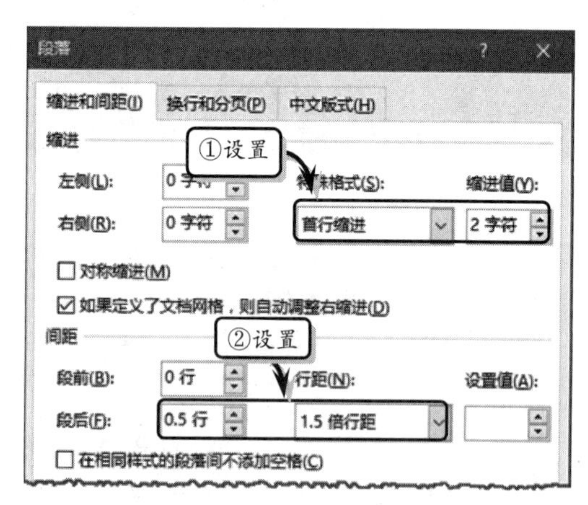

图 4-59 设置段落格式

6 插入图片。执行【插入】|【插图】|【图片】命令，选择图片文件，单击【插入】按钮，如图 4-60 所示。使用同样的方法插入其他图片。

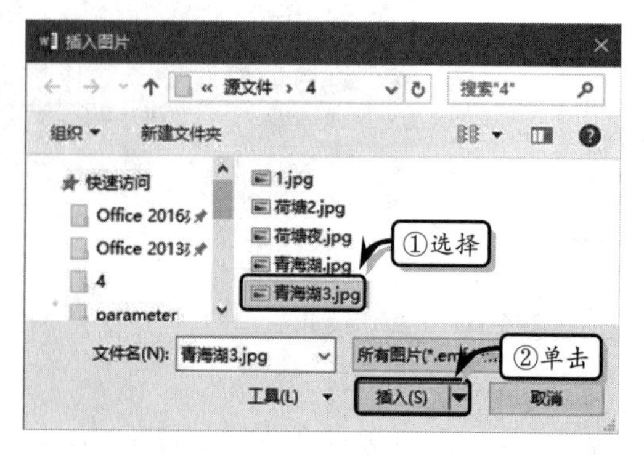

图 4-60 插入图片

7 调整图片。选择图片，将鼠标移至图片的右下角，拖动鼠标调整图片大小，如图 4-61 所示。

图 4-61 调整图片大小

8 选择图片，执行【格式】|【排列】|【环绕文字】|【穿越型环绕】命令，如图 4-62 所示。使用同样的方法调整其他图片。

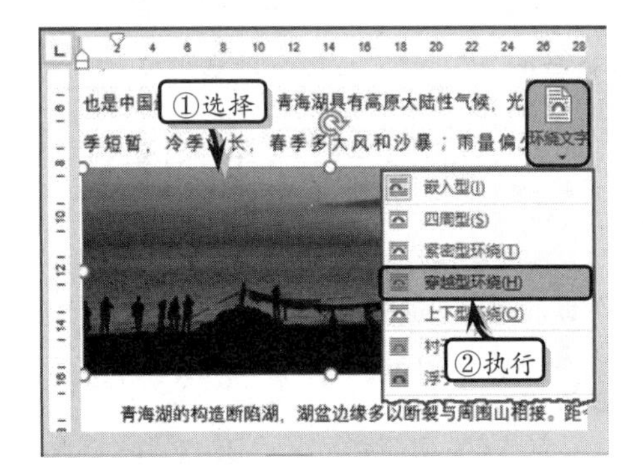

图 4-62 设置自动换行

9 设置图片样式。选择图片，执行【格式】|【图片样式】|【快速样式】|【映像圆角矩形】命令，如图 4-63 所示。

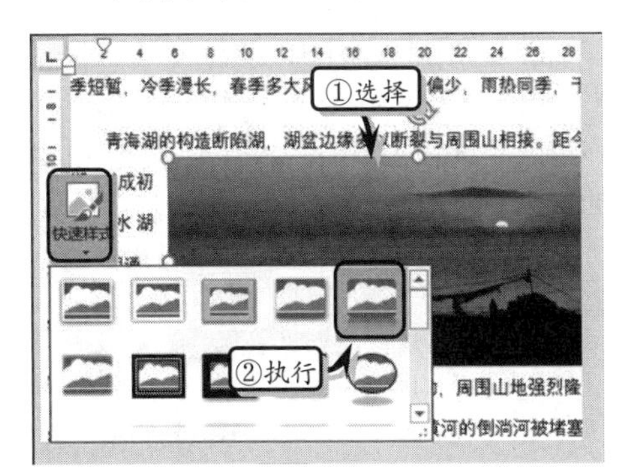

图 4-63 设置图片样式

10 执行【格式】|【图片样式】|【图片效果】|【棱台】|【草皮】命令，如图 4-64 所示。

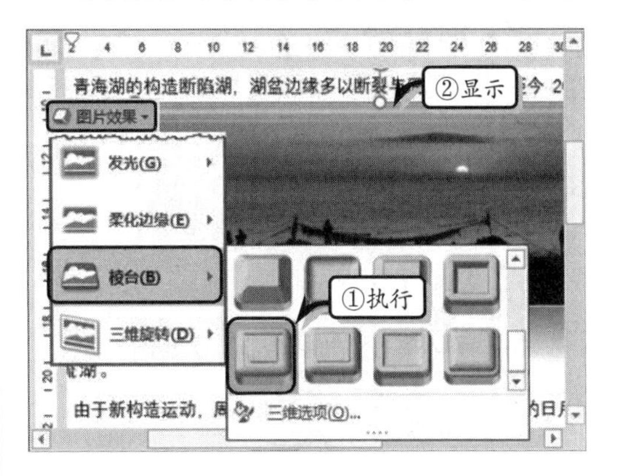

图 4-64 设置棱台效果

11 选择第 2 张图片，执行【格式】|【大小】|【裁剪】|【裁剪为形状】|【椭圆】命令，如图 4-65 所示。

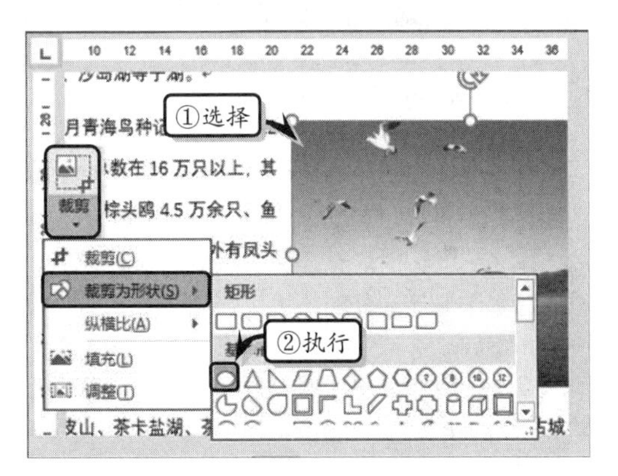

图 4-65 裁剪为形状

12 执行【格式】|【图片样式】|【图片效果】|【棱台】|【圆】命令，如图 4-66 所示。

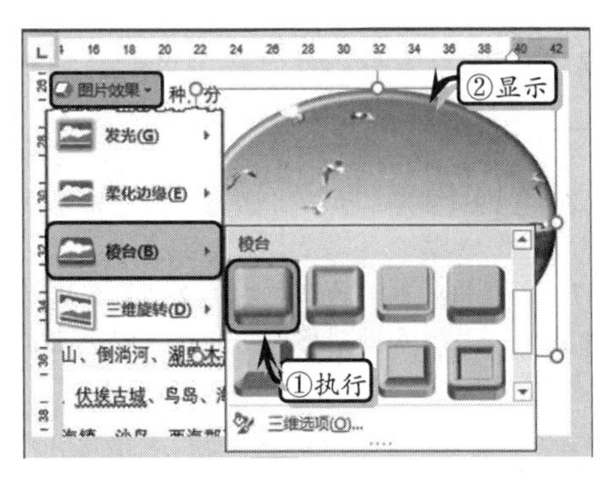

图 4-66 设置棱台效果

13 同时，执行【格式】|【图片样式】|【图片效果】|【三维旋转】|【极左极大透视】命令，如图4-67所示。

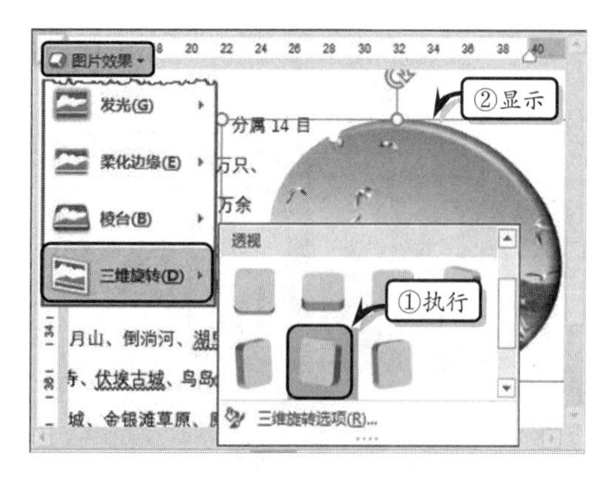

图 4-67 设置三维选择效果

14 最后，调整图片的显示位置，使文本充分环绕在图片周围，如图4-68所示。

图 4-68 调整图片位置

4.8 思考与练习

一、填空题

1. 在 Word 中插入图片，不仅可以插入本地图片，而且还可以插入________图片。

2. 在旋转图片时，除了可以向左、向右、垂直与水平旋转之外，还可以在________对话框中自由旋转。

3. 在 Word 中为用户提供了线条、基本形状、箭头总汇、________、标注、________等类型的形状。

4. 更改方向即更改 SmartArt 图形的连接线方向，用户可启用【设计】选项卡【创建图形】选项组中的________命令，来更改 SmartArt 图形的方向。

5. 在 Word 文档中不仅可以添加系统自带的 36 种内置文本框，并且还可以手动绘制________或________的文本框。

6. 在建立文本框之间的链接关系时，需要保证要链接的文本框________，并且所链接的文本框________，以及________。

7. 在【格式】选项卡中的【文字】选项组中，执行________命令时可以将文字方向更改为横向或竖向。

二、选择题

1. 在调整图片尺寸时，按住________键拖动对角控制点⤡可以等比例缩放图片。按住________键时可以复制图片。

A. Shift　　B. Alt
C. Ctrl　　D. Enter

2. 在设置图片的文字环绕时，可以将图片设置为嵌入型、四周型环绕、紧密型环绕、衬于文字下方、浮于文字上方、________与________7种环绕方式。

A. 上下型环绕　　B. 穿越型环绕
C. 左右型环绕　　D. 穿透型环绕

3. 在创建文本框之间的链接时，在第一个文本框中输入内容，如果第一个文本框中的内容无法完整显示时，则内容会________。

A. 在第一个文本框中中断
B. 自动显示在文本框之外
C. 自动显示在其他文本框中
D. 自动显示在链接的第二个文本框中

4. 在 Word 中最多可以创建________个文本框链接。

A. 30　　B. 32
C. 31　　D. 20

5. 在设置图片层次时，在________文字环绕方式下无法调整层次关系。

A. 四周型　　B. 紧密型
C. 嵌入型　　D. 上下型

6. 在使用 SmartArt 图形时，运用________

图形类型可以表示各部分与整体之间的关系。

A．列表　　B．流程

C．矩阵　　D．棱锥图

7．在设置 SmartArt 图形效果或样式时，如果用户不满意当前的设置，可以启用________命令快速恢复到原来的状态。

A．【布局】

B．【SmartArt 样式】

C．【重设图形】

D．【更改形状】

三、问答题

1．插入图片主要包括哪两种方法？简述主要操作步骤。

2．简述排列图片的操作内容。

3．简述组合形状的具体方法。

4．插入文本框主要包括哪两种方法，其操作内容与特点有何不同？

5．简述设置艺术字样式与格式的操作步骤。

四、上机练习

1．制作书签

在本练习中，将运用 Word 中的插入形状、图片功能来制作一个简单实用的书签。首先在文档中插入一张图片，将【图片样式】设置为【棱台矩形】，将【图片边框】设置为【粗细：3 磅】。然后在图片的右上角插入一个【流程图：联系】形状。在图片中插入一个【垂直文本框】形状。右击形状选择【设置形状格式】选项，将【透明度】设置为 100%。在【形状填充】列表中，将【形状边框】设置为【白色，背景 1，深色 50%】。最后在【垂直文本框】形状中插入艺术字，并调整艺术字的样式，如图 4-69 所示。

图 4-69　书签

2．制作艺术字标题

在本练习中，主要运用 Word 中的艺术字功能，将文章的标题更改为艺术字效果。首先，选择文章标题，执行【插入】|【艺术字】命令，选择艺术字样式。同时，输入艺术字文本并将【字号】设置为 40。然后，分别设置艺术字的【换行】、【阴影效果】和【三维效果】效果，如图 4-70 所示。

图 4-70　艺术字标题

第5章

文表混排

表格是编排文档数据信息的一种工具，它不仅具有严谨的结构，而且还具有简洁、清晰的逻辑效果。由于表格在文档处理中占据着重要的地位，所以 Word 为用户提供了强大的创建与编辑表格的功能，不仅可以帮助用户创建形式各异的表格，而且还可以对表格中的数据进行简单的计算与排序，并能够在文本信息与表格格式之间互相转换。本章主要介绍创建表格、设置表格格式、处理表格数据等基本知识。

本章学习目的：

- 创建表格
- 表格的基本操作
- 设置表格格式
- 处理表格数据

5.1 创建表格

表格是由表示水平行与垂直列的直线组成的单元格，创建表格即在文档中插入与绘制表格。Word 中主要包括插入表格、绘制表格、表格模板创建、插入 Excel 表格等多种创建表格的方法。

5.1.1 插入表格

插入表格即运用 Word 中的菜单或命令，按照固定的格式在文档中插入行列不等的表格。在此主要讲解【表格】命令法、【插入表格】命令法、插入 Excel 表格等 4 种插入表格的方法。

1.【表格】命令法

在文档中，将光标定位在需要插入表格的位置，执行【插入】|【表格】|【表格】命令，选择需要插入表格的行数或列数，单击即可，如图 5-1 所示。

提　示

在表格中输入文本与在文档中输入文本的方法一致，单击某个表格直接输入即可。

2.【插入表格】命令法

执行【插入】|【表格】|【插入表格】命令，弹出【插入表格】对话框，如图 5-2 所示。在对话框中设置【表格尺寸】与【"自动调整"操作】选项即可，每种选项的具体功能如表 5-1 所示。

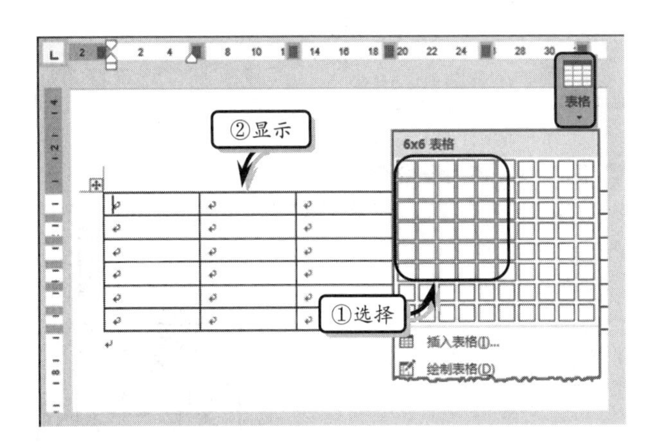

图 5-1　插入表格

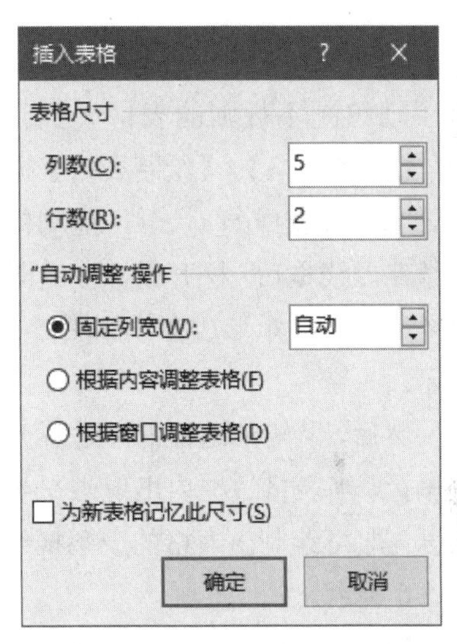

图 5-2　【插入表格】对话框

表 5-1　【插入表格】选项及功能

选　项		功　能
表格尺寸	行数	表示插入表格的行数
	列数	表示插入表格的列数
"自动调整"操作	固定列宽	为列宽指定一个固定值，按照指定的列宽创建表格
	根据内容调整表格	表格中的列宽会根据内容的增减而自动调整
	根据窗口调整表格	表格的宽度与正文区宽度一致，列宽等于正文区宽度除以列数
为新表格记忆此尺寸		选中该复选框，当前对话框中的各项设置将保存为新建表格的默认值

3. 插入 Excel 表格

Word 中不仅可以插入普通表格，而且还可以插入 Excel 表格。执行【插入】|【表格】|【Excel 电子表格】命令，即可在文档中插入一个 Excel 表格，如图 5-3 所示。

4. 使用表格模板

Word 为用户提供了表格式列表、带副标题 1、日历 1、双表等 9 种表格模板。为了更直观地显示模板效果，每个表格模板中都自带了表格数据。执行【表格】|【快速表格】命令，选择相符的表格样式即可，如图 5-4 所示。

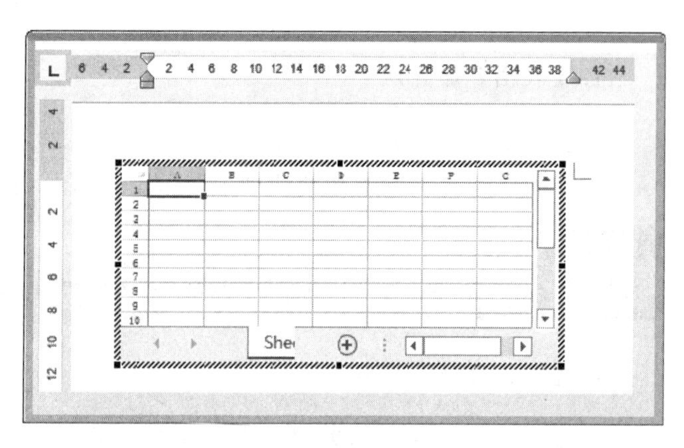

图 5-3　插入 Excel 表格

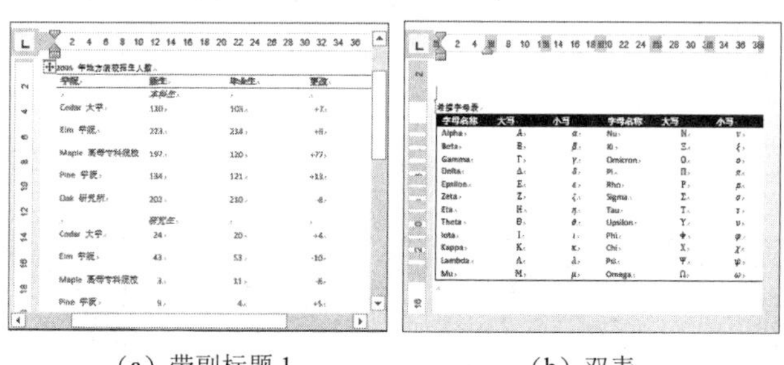

（a）带副标题 1　　（b）双表

图 5-4　使用表格模板

5.1.2　绘制表格

在 Word 中还可以运用铅笔工具手动绘制不规则的表格。执行【插入】|【表格】|【绘制表格】命令，当光标变成✐形状时，拖动鼠标绘制虚线框后，松开鼠标左键即可绘制表格的矩形边框，如图 5-5 所示。

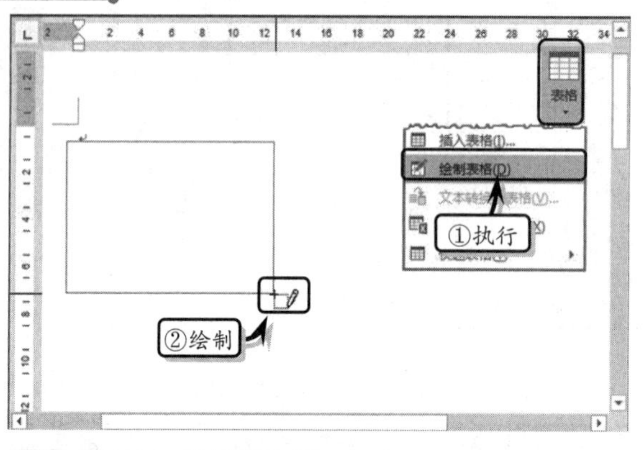

图 5-5　绘制外边框

然后，从矩形边框的左边界开始拖动鼠标，当表格边框内出现水平虚线后松开，即可绘制出表格的一条横线，如图 5-6 所示。

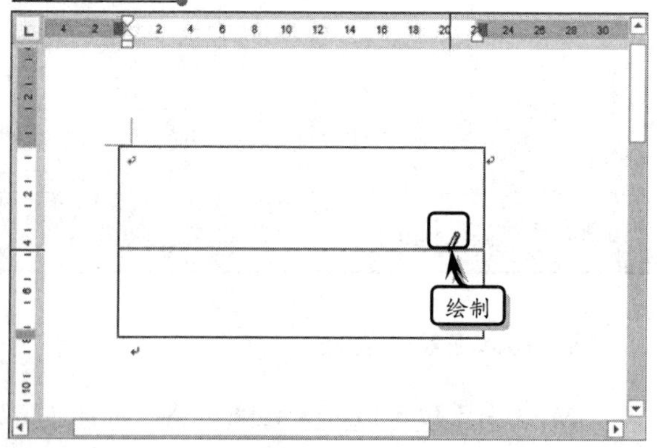

图 5-6　绘制内部框线

5.2　表格的基本操作

在使用表格制作高级数据之前，还需要掌握表格的基础操作，例如选择单元格、插入单元格、调整单元格的宽度与高度、合并拆分单元格等。

5.2.1　操作表格

使用表格的首要步骤便是操作表格，操作表格主要包括选择单元格、选择整行、选择整列、插入单元格、删除单元格等。

1. 选择表格

在操作单元格之前，首先需要选择要操作的表格对象，选择表格的具体方法如下所述。

（1）选择当前单元格：将光标移动到单元格左边界与第一个字符之间，当光标变成↗形状时，单击即可。

（2）选择后（前）一个单元格：按 Tab 或 Shift+Tab 键，可选择插入符所在的单元格后面或前面的单元格。

（3）选择一整行：移动光标到该行左边界的外侧，当光标变成↗形状时，单击即可。

（4）选择一整列：移动鼠标到该列顶端，待光标变成↓形状时，单击即可。

（5）选择多个单元格：单击要选择的第一个单元格，按住 Ctrl 键的同时单击需要选择的所有单元格即可。

（6）选择整个表格：单击表格左上角的⊞按钮即可。

2. 插入行或列

在表格中选择需要插入行或列的单元格，执行【表格工具】中【布局】选项卡【行和列】选项组中的命令，即可插入行或列。【行和列】选项组中的各项命令的功能如表 5-2 所示。

表 5-2 【行和列】命令

插入项	命令	功能
行	在上方插入	在所选单元格的上方插入一行
	在下方插入	在所选单元格的下方插入一行
列	在左侧插入	在所选单元格的左侧插入一列
	在右侧插入	在所选单元格的右侧插入一列

技 巧

在选择的单元格上右击，启用【插入】命令即可插入行或列。

3. 插入单元格

选择需要插入单元格的相邻单元格，在【表格工具】中【布局】选项卡的【行和列】选项组中，单击【表格插入单元格对话框启动器】按钮，在弹出的【插入单元格】对话框中选择相应的选项即可，如图 5-7 所示。该对话框中所包含的 4 个选项的具体内容如下所述。

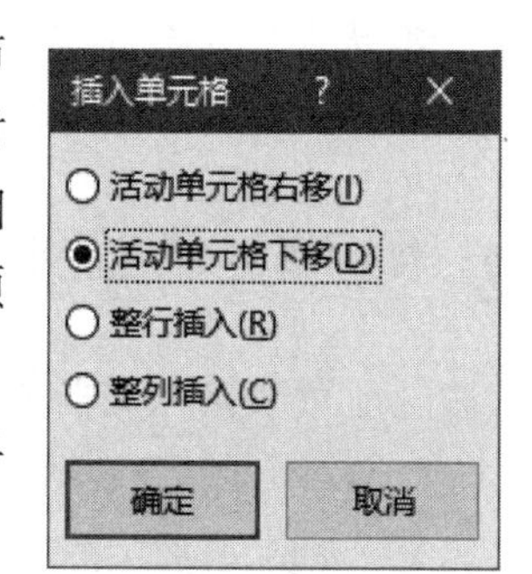

图 5-7 【插入单元格】对话框

（1）活动单元格右移：可在选择的单元格左侧插入一个单元格，且右侧的单元格右移。

（2）活动单元格下移：可在选择的单元格上方插入一个单元格，且下方的单元格下移。

（3）整行插入：可在选择的单元格的上方插入一行，且新插入的行位于所选行的上方。

（4）整列插入：可在选择的单元格的左侧插入一列，且新插入的列位于所选列的左侧。

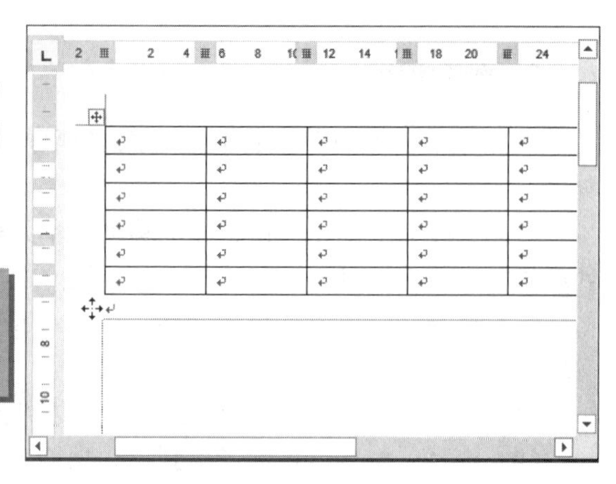

图 5-8 移动单元格

技 巧

在文档中，将光标定位在行尾处，按 Enter 键自动插入一行。同样，将光标定位在最后一行或最后一个单元格，按 Tab 键自动追加新行。

4．移动、复制单元格

移动鼠标到表格左上角的【表格标签】按钮⊞上，当光标变为四向箭头时，拖动鼠标即可移动表格，如图 5-8 所示。

复制单元格时只需单击【表格标签】按钮⊞，执行【开始】|【剪贴板】|【复制】命令。然后选择插入点，执行【剪贴板】|【粘贴】|【粘贴】命令，即可粘贴表格。

5．删除单元格

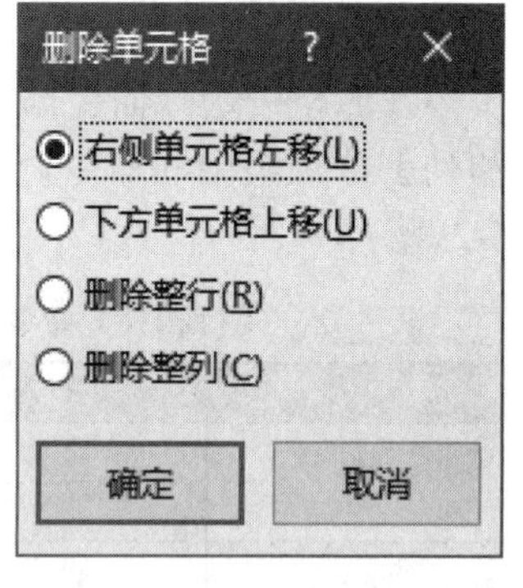

图 5-9 【删除单元格】对话框

插入单元格之后，用户还可以根据单元格的具体内容删除整个表格、行、列或单元格等。

选择需要删除的行或列，右击启用相应的命令即可删除行或列。另外，选择需要删除的单元格，右击执行【删除单元格】命令。在【删除单元格】对话框中选择相应的选项，单击【确定】按钮即可，如图 5-9 所示。

该对话框中包含如下 4 个选项。

（1）右侧单元格左移：删除所选单元格，剩余单元格左移。

（2）下方单元格上移：删除所选单元格，剩余单元格上移。

（3）删除整行：删除所选单元格所在的整行。

（4）删除整列：删除所选单元格所在的整列。

除此之外，选择需要删除的行、列、单元格或表格，执行【表格工具】|【布局】|【行和列】|【删除】命令，在其下拉列表中选择相应的命令即可。

5.2.2 调整表格

为了使表格与文档更加协调，也为了使表格更加美观，用户还需要调整表格的大小、列宽、行高。同时，还需要运用插入或绘制表格的方法来绘制斜线表头。

1．调整表格大小

移动光标到表格的右下角，当光标变成双向箭头↘时，拖动鼠标即可调整表格大小，如图 5-10 所示。

另外，将光标定位到表格中，执行【表格工具】|【布局】|【表】|【属性】命令，弹出【表格属性】对话框，通过【指定宽度】选项来调整表格大小，如图 5-11 所示。

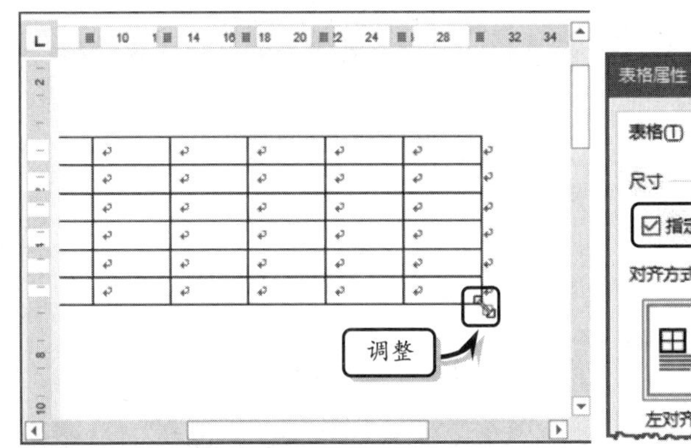

图 5-10 鼠标调整大小

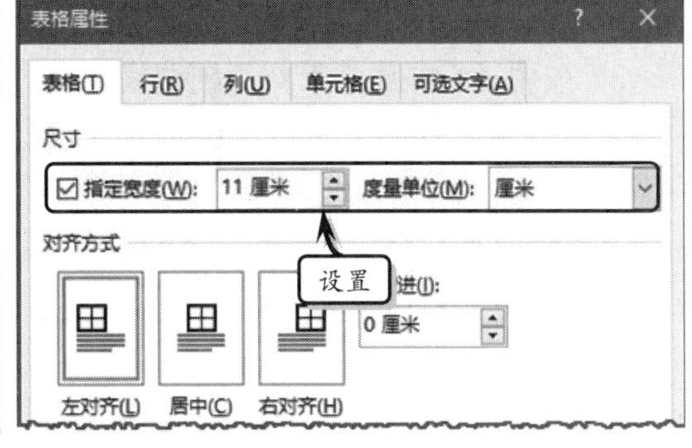

图 5-11 调整表格尺寸

提 示

通过右击表格执行【表格属性】命令，或执行【布局】|【单元格大小】|【对话框启动器】命令，在【表格属性】对话框中调整单元格大小。

除此之外，执行【表格工具】|【布局】|【单元格大小】|【自动调整】命令，选择相应的选项即可，如图 5-12 所示。【自动调整】命令中主要包含根据内容自动调整表格、根据窗口自动调整表格与固定列宽三个选项。

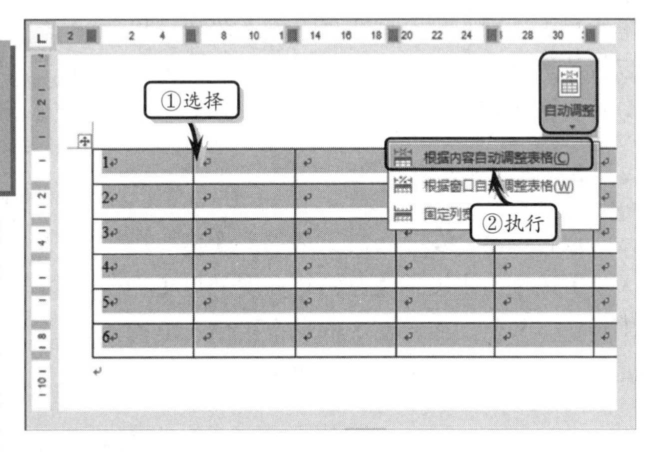

图 5-12 【自动调整】选项

提 示

也可以在表格上右击，执行【自动调整】命令来调整表格大小。

2. 调整行高和列宽

调整完表格的整体大小之后，还需要调整表格的行高与列宽。在表格中不同的行或列具有不同的高度与宽度，可通过鼠标或【表格属性】对话框来调整行高与列宽。

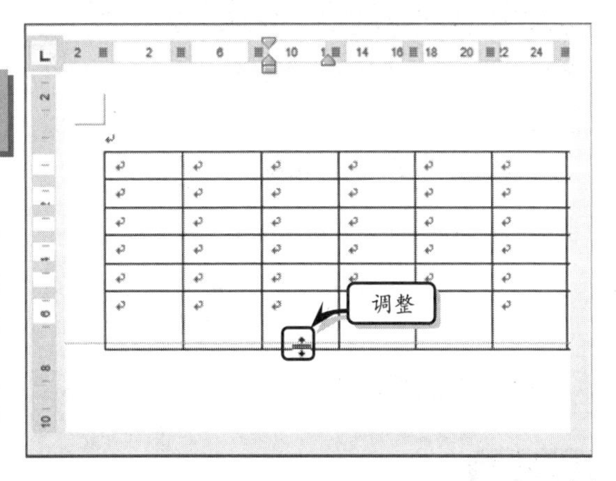

图 5-13 运用边框线调整

1）使用鼠标调整

移动光标到行高线与列宽的边框线上，当光标变成÷或+||+形状时，拖动鼠标即可调整行高与列宽，如图 5-13 所示。

同样，移动光标到【水平标尺】栏或【垂直标尺】栏上，拖动标尺栏中的【调整表格行】或【移动表格列】滑块，也可以调整表格的行高或列宽，如图 5-14 所示。

2）使用【表格属性】对话框调整

选择需要调整的行，执行【表格工具】|【布局】|【表】|【表格属性】命令。在弹出的【表格属性】对话框中激活【行】选项卡，调整【尺寸】与【选项】选项组中的选项即可，如图 5-15 所示。

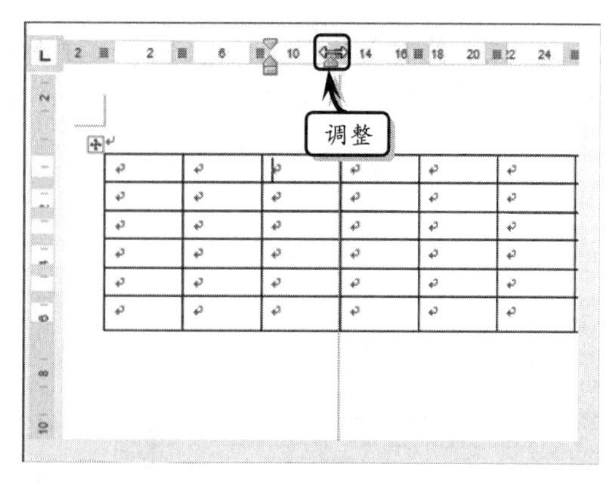

图 5-14 运用滑块调整

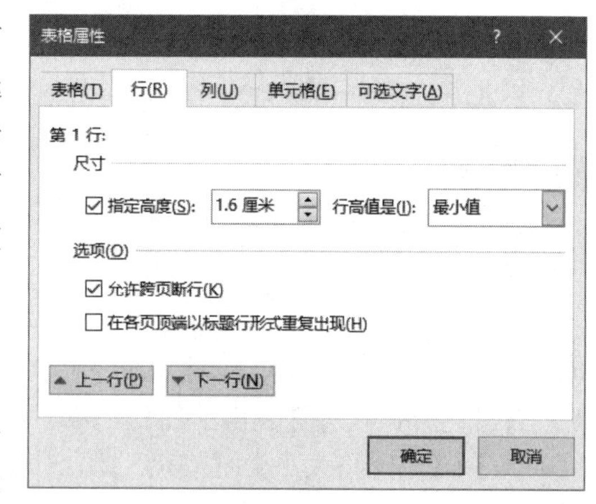

图 5-15 调整行高

选择需要调整的列，在【表格属性】对话框中选择【列】选项卡，调整【字号】选项组中的选项即可，如图 5-16 所示。在对话框中单击【前一列】或【后一列】按钮，可以快速选择前一列或后一列单元格，避免重复打开该对话框。

3. 调整单元格大小

选择表格，在【布局】选项卡【单元格大小】选项组中设置【表格行高度】与【表格列宽度】值，或在文本框中直接输入数值即可调整单元格的大小，如图 5-17 所示。

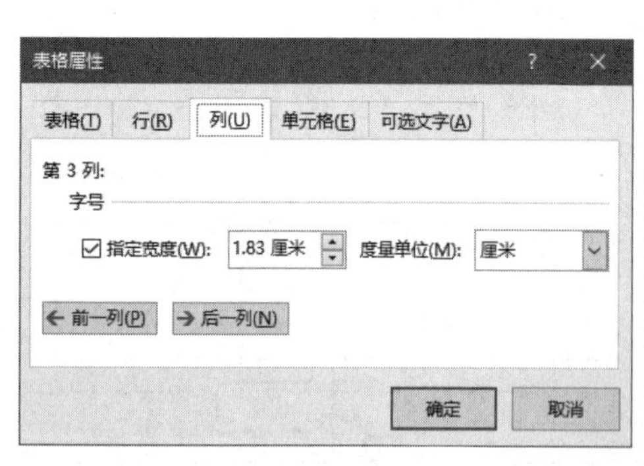

图 5-16 调整列宽

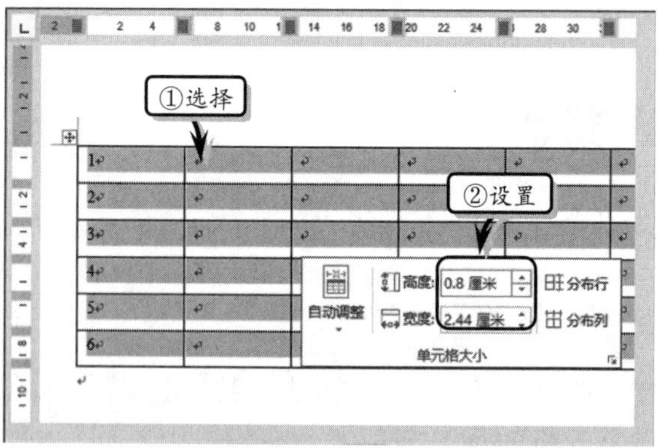

图 5-17 设置高度和宽度值

提 示

在【单元格大小】选项组中，执行【分布行】或【分布列】命令，则可以实现平均分布所选区域中的各行或各列。

另外，可以单击【布局】选项卡【单元格大小】选项组中的【对话框启动器】按钮，在弹出的【表格属性】对话框中激活【单元格】选项卡，设置【字号】选项组中的选项即可，如图 5-18 所示。

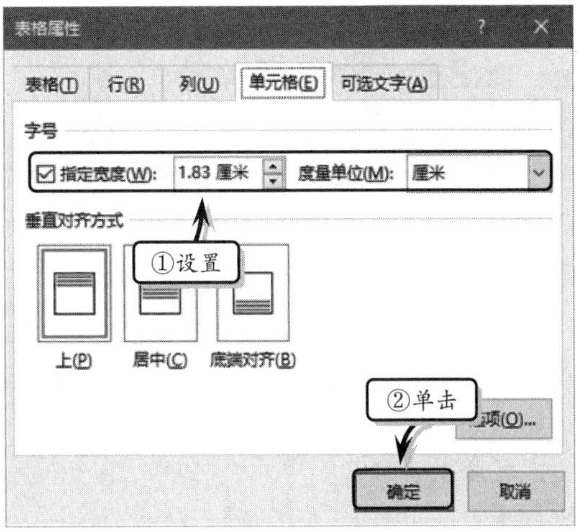

提 示

在【度量单位】下拉列表中选择【厘米】选项，则按厘米调整单元格宽度，选择【百分比】选项，则按原宽度的百分比来调整。

图 5-18 调整单元格的大小

4. 制作斜线表头

当表格中含有多个项目时，为了清晰地显示行与列的字段信息，需要在表格中绘制斜线表头。

1）插入斜线表头

当需要在表格中绘制一条斜线时，可以执行【插入】|【形状】命令，选择【线条】类型中的【直线】形状，拖动鼠标在表格中绘制斜线。然后根据斜线位置与行高调整文本位置，如图 5-19 所示。

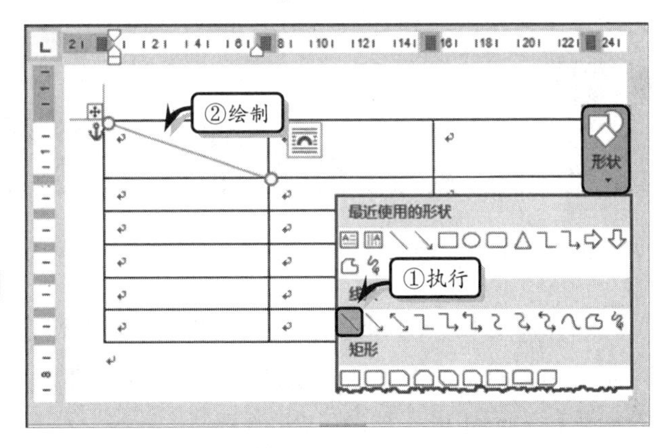

图 5-19 插入斜线表头

2）绘制斜线表头

可以执行【插入】|【表格】|【表格】|【绘制表格】命令，在表格中绘制斜线，如图 5-20 所示。

另外，还可以执行【表格工具】|【设计】|【边框】|【边框】|【绘制表格】命令。当鼠标变成✎形状时，将鼠标移至单元格内部，拖动鼠标绘制斜线，完成后松开鼠标左键即可，如图 5-21 所示。

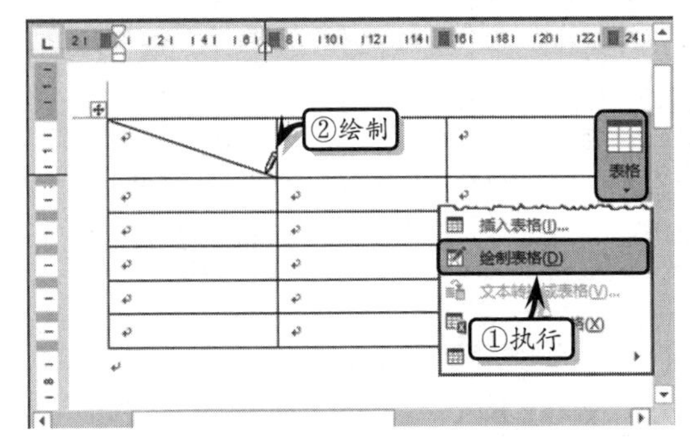

图 5-20 绘制斜线表头

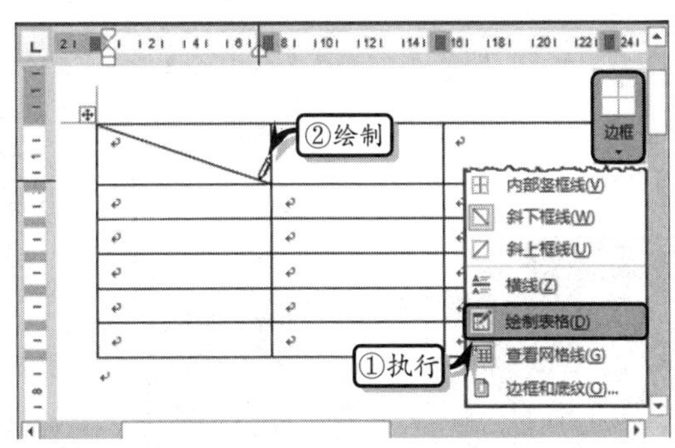

图 5-21 插入斜线

5.2.3 合并与拆分

合并与拆分主要包括合并与拆分单元格与表格，即将一个单元格分为两个或多个单元格与表格，或将多个单元格合并在一起。

1. 合并单元格

选择需要合并的单元格区域，执行【表格工具】|【布局】|【合并】|【合并单元格】命令，即可将所选单元格区域合并为一个单元格，如图 5-22 所示。

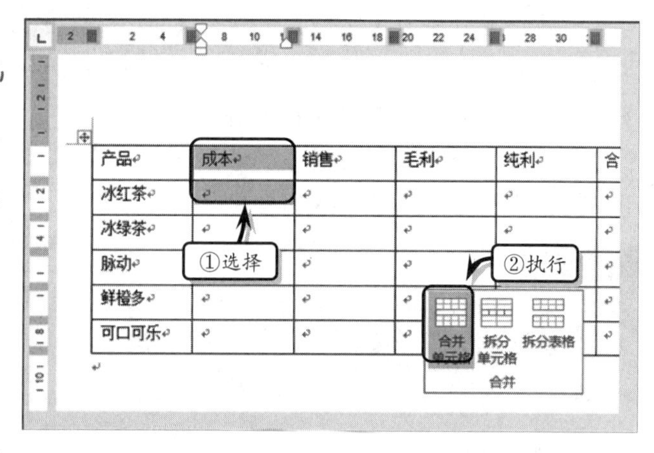

图 5-22 合并单元格

技 巧

在需要合并的单元格区域上右击，执行【合并单元格】命令，即可合并单元格区域。

2. 拆分单元格

选择需要拆分的单元格，执行【表格工具】|【布局】|【合并】|【拆分单元格】命令，在弹出的【拆分单元格】对话框中设置拆分的行数和列数即可，如图 5-23 所示。

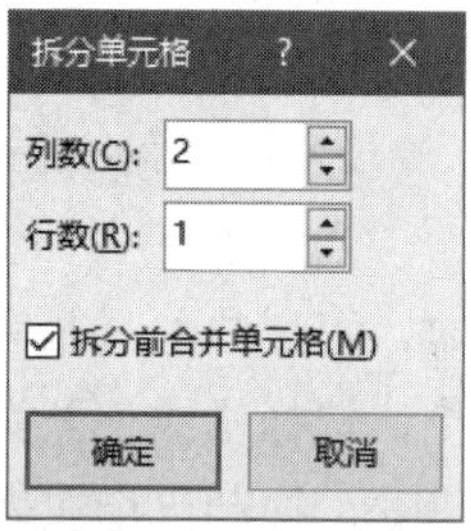

拆分单元格
列数(C): 2
行数(R): 1
拆分前合并单元格(M)
确定 取消

图 5-23 拆分单元格

其中，在【拆分单元格】对话框中选中【拆分前合并单元格】复选框，表示在拆分单元格之前应先合并该单元格区域，然后再进行拆分。

3. 拆分表格

拆分表格是指将一个表格从指定的位置拆分成两个或多个表格。将光标定位在需要拆分的表格位置，执行【表格工具】|【布局】|【合并】|【拆分表格】命令即可，如图 5-24 所示。

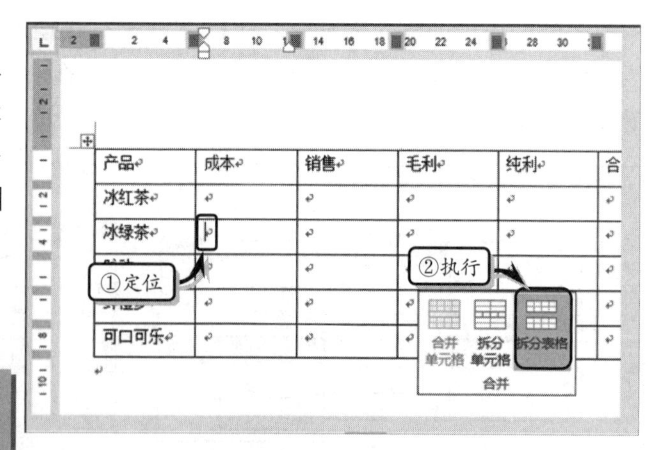

图 5-24 拆分表格

技 巧

将光标定位在单元格，按 Ctrl+Shift+Enter 快捷键可以快速拆分表格。同样，合并表格时只需要按 Delete 键删除空白行即可。

5.3 设置表格格式

设置表格格式是运用 Word 中的【表格工具】选项卡中的各项命令，来调整表格的对齐方式、文字环绕方式、边框样式、表格样式等美观效果，从而增强表格的视觉效果，使表格看起来更加美观。

5.3.1 应用样式

样式是包含颜色、文字颜色、格式等一些组合的集合，Word 一共提供了 99 种内置表格样式。用户可根据实际情况应用快速样式或自定义表格样式，来设置表格的外观样式。

1. 应用快速样式

在文档中选择需要应用样式的表格，执行【表格工具】|【设计】|【表格样式】|【其他】命令，在下拉列表中选择相符的外观样式即可，如图 5-25 所示。

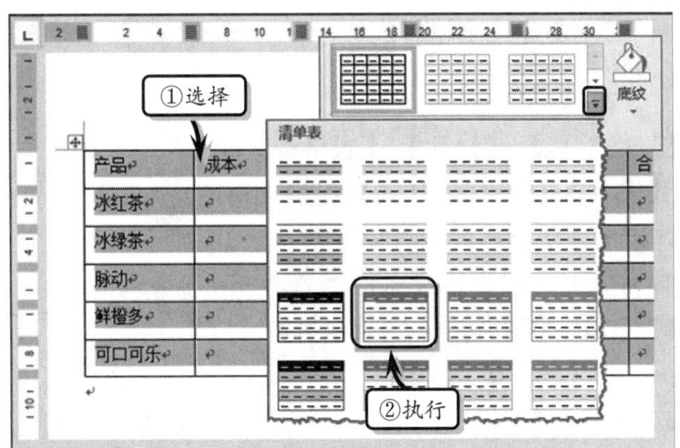

图 5-25 应用快速样式

提 示

应用表格样式之后，执行【表格样式】|【其他】|【清除】命令，即可清除表格样式。

2. 修改样式外观

应用表格样式之后，用户还可以在原有样式的基础上修改表格样式的标题行、汇总行等内容。选择应用快速样式的表格，执行【设计】选项卡【表格样式选项】选项组中的各个选项即可，如图 5-26 所示。

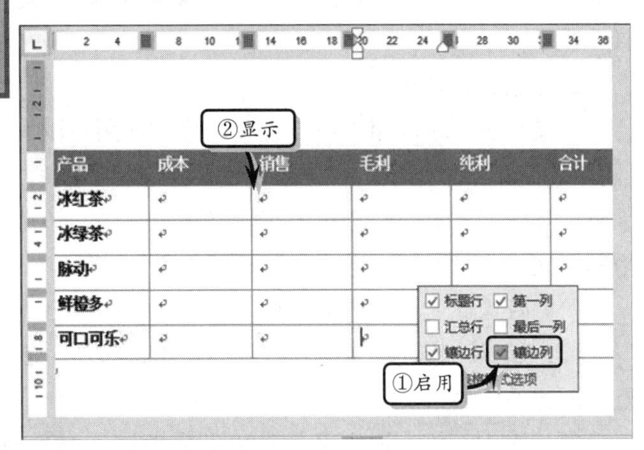

图 5-26 修改样式外观

【表格样式选项】选项组中的各个选项的功能如下所述。

（1）标题行：选中该复选框，在表格的第一行中将显示特殊格式。

（2）汇总行：选中该复选框，在表格的最后一行中将显示特殊格式。

（3）镶边行：选中该复选框，在表格中将显示镶边行，并且该行上的偶数行与奇数行各不相同，使表格更具可读性。

（4）第一列：选中该复选框，在表格的第一列中将显示特殊格式。

（5）最后一列：选中该复选框，在表格的最后一列中将显示特殊格式。

（6）镶边列：选中该复选框，在表格中将显示镶边行，并且该行上的偶数列与奇数列各不相同，使表格更具有可读性。

3. 自定义表格样式

在 Word 中，用户可以通过执行【表格工具】|【设计】|【表格样式】|【其他】|【新建表样式】选项，在弹出的【根据格式设置创建新样式】对话框中设置表格样式的属性与格式，如图 5-27 所示。

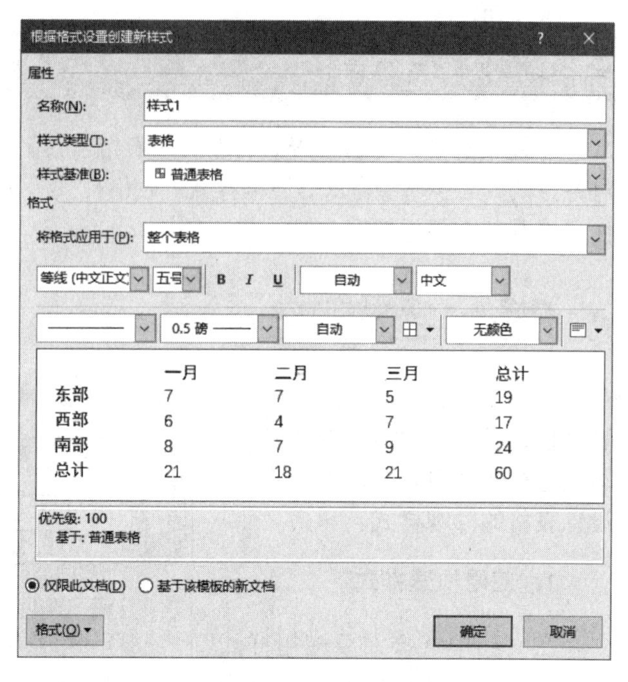

图 5-27 自定义表格样式

1）【属性】选项组

【属性】选项组中主要包括【名称】、【样式类型】与【样式基准】三个选项。其中，【名称】文本框主要用于输入创建样式的名称，【样式类型】选项主要用于设置段落、字符、链接段落、表格与列表 5 种类型，【样式基准】选项主要用于设置与创建样式相似的样式基准。

2）【格式】选项组

在【格式】选项组中可以设置表格的应用范围、表格中的字体格式等参数。其中，【将格式应用于】选项主要用于设置新建表格样式所应用的范围，【格式】选项主要用于设置字体、字号、字体颜色等字体格式。另外，该选项组还包含仅限此文档、基于该模板的新文档与格式三个选项，其功能如下所述。

（1）仅限此文档：选中该单选按钮，表格新创建的样式只能应用于当前的文档。

（2）基于该模板的新文档：选中该单选按钮，表格新创建的样式可以应用于当前以及新创建的文档中。

（3）格式：单击该按钮，可以设置表格的边框、底纹、属性、字体等格式。

5.3.2 设置边框和底纹

表格边框是表格中的横竖线条，底纹是显示表格中的背景颜色与图案。在 Word 中用户可以通过设置表格边框的线条类型与颜色，以及设置表格底纹颜色的方法，来增强表格的美观性与可视性。

1．设置边框

Word 共为用户提供了 12 种边框样式。选择需要添加边框的单元格，执行【表格工具】|【设计】|【边框】|【边框】命令，选择相符的样式即可，如图 5-28 所示。

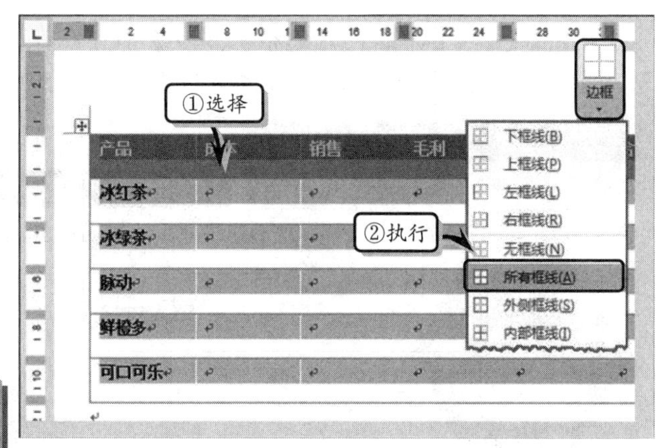

图 5-28　添加边框

提　示

在【边框】列表中启用两次相同的命令，将使表格恢复到原来状态。

另外，执行【边框】|【边框和底纹】命令，在【边框和底纹】对话框中的【边框】选项卡中可以设置边框的样式、颜色、宽度等参数，如图 5-29 所示。

图 5-29　自定义边框

【边框】选项卡中各选项的功能与设置如下所述。

（1）设置：主要用来设置表格的边框样式。

（2）样式：主要用来设置表格边框的线条样式。

（3）颜色：主要用来设置边框的线条颜色，选择【其他颜色】选项，可弹出【颜色】对话框。

（4）宽度：主要用来设置边框线条的宽度，该选项会随着【样式】的改变而改变。

（5）预览：主要用来预览设置边框的整体样式，同时还可以增减边框中的单个线条。

（6）应用于：主要用来限制边框的应用范围，包括表格、文字、段落与单元格等范围。

（7）选项：单击该按钮，可以在【边框和底纹选项】对话框中设置距离正文的间距。

2．设置底纹

选择需要添加底纹的表格，执行【表格工具】|【设计】|【表格样式】|【底纹】命令，在下拉列表中选择一种底纹颜色即可。其中，执行【底纹】|【无颜色】命令，可以取消表格中的底纹颜色；而执行【其他颜色】命令，可以在弹出的对话框中设置具体的底纹颜色，如图 5-30 所示。

另外，执行【边框】|【边框和底纹】命令，在【边框和底纹】对话框中的【底纹】选项卡中可以设置边框的填充与图案参数，如图 5-31 所示。

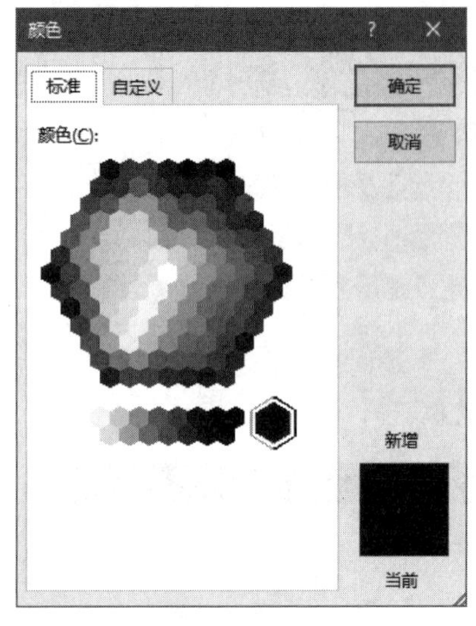

图 5-30 添加底纹

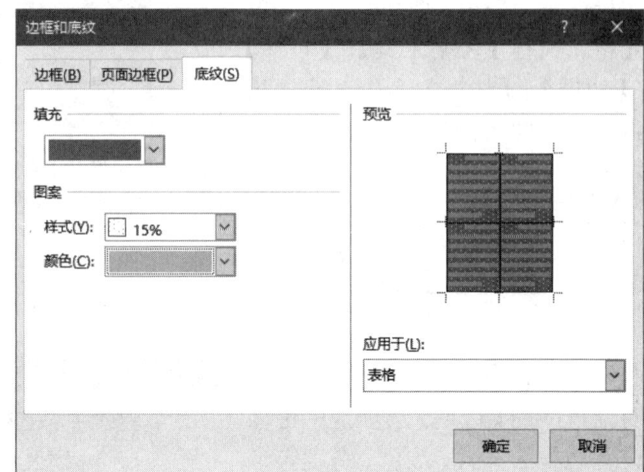

图 5-31 设置底纹

5.3.3 设置对齐方式

默认情况下，单元格中的文本的对齐方式为底端左对齐，可以执行【布局】选项卡【对齐方式】选项组中的各个命令来设置文本的对齐方式、文字方向以及表格的单元格间距。

1. 对齐表格

选择需要对齐的表格，执行【表格工具】|【布局】|【对齐方式】|【对齐】命令即可。该选项卡中共包含 9 种对齐方式，其功能如表 5-3 所示。

表 5-3 对齐方式

按　钮	对 齐 方 式	功　能
	靠上两端对齐	将文字靠单元格左上角对齐
	靠上居中对齐	文字居中，并靠单元格顶部对齐
	靠上右对齐	文字靠单元格右上角对齐
	中部两端对齐	文字垂直居中，并靠单元格左侧对齐
	水平居中	文字在单元格内水平和垂直都居中
	中部右对齐	文字垂直居中，并靠单元格右侧对齐
	靠下两端对齐	文字靠单元格左下角对齐
	靠下居中对齐	文字居中，并靠单元格底部对齐
	靠下右对齐	文字靠单元格右下角对齐

另外，用户还可以通过表格属性来设置表格的对齐方式。选择需要对齐的表格，右

击表格执行【表格属性】命令。在弹出的【表格属性】对话框中的【对齐方式】选项组中选择对齐方式即可，如图 5-32 所示。

图 5-32 设置表格对齐

2. 更改文字方向

默认状态下，表格中的文本都是横向排列的。选择需要更改文字方向的表格或单元格，执行【表格工具】|【布局】|【对齐方式】|【文字方向】命令，即可改变整个表格或某个单元格中的文字方向，如图 5-33 所示。

另外，用户还可以通过对话框来更改文字的方向。选择需要调整文字方向的单元格，右击执行【文字方向】命令。在弹出的【文字方向-表格单元格】对话框中设置不同效果的文字方向，如图 5-34 所示。

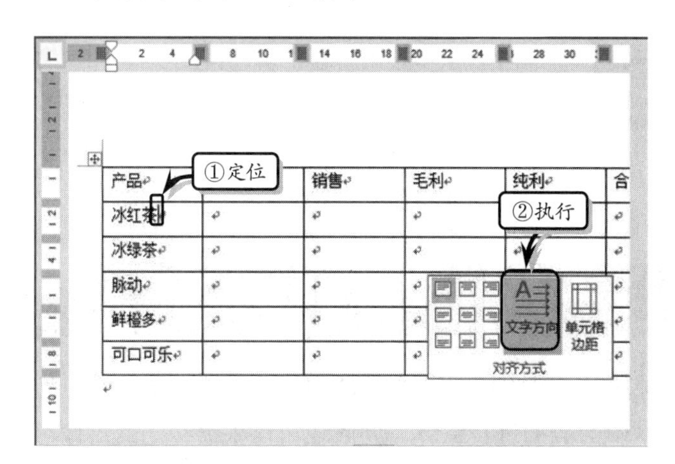

图 5-33 更改文字方向

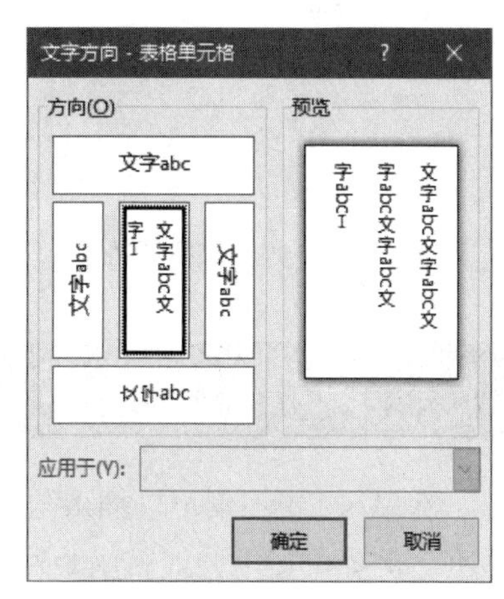

图 5-34 设置文字方向

3. 设置单元格边距

边距是指单元格中文本与单元格边框之间的距离，间距是指单元格之间的距离。执行【表格工具】|【布局】|【对齐方式】|【单元格边距】命令，在弹出的【表格选项】对话框中设置【默认单元格边距】与【默认单元格间距】参数，如图 5-35 所示。

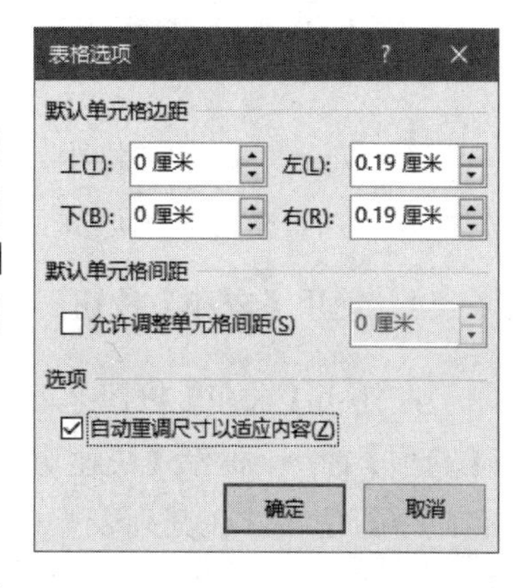

图 5-35 设置单元格边距

4. 设置文字环绕

在实际工作中可以使用 Word 提供的文字环绕功能，增加文档中的表格与文字的合理性。选择需要设置文字环

绕的表格，执行【表格工具】|【布局】|【表】|【属性】命令。在弹出的【表格属性】对话框中的【文字环绕】选项组中设置文字环绕，如图 5-36 所示。

【文字环绕】选项组中主要包括【无】与【环绕】两个选项。当选择【环绕】选项时，右侧的【定位】按钮变成可用状态。单击该按钮，可在弹出的【表格定位】对话框中设置水平、垂直及边距等格式，如图 5-37 所示。

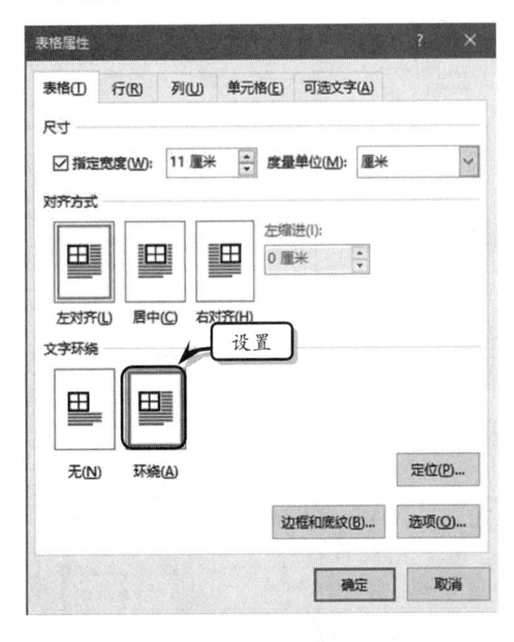

图 5-36 设置文字环绕

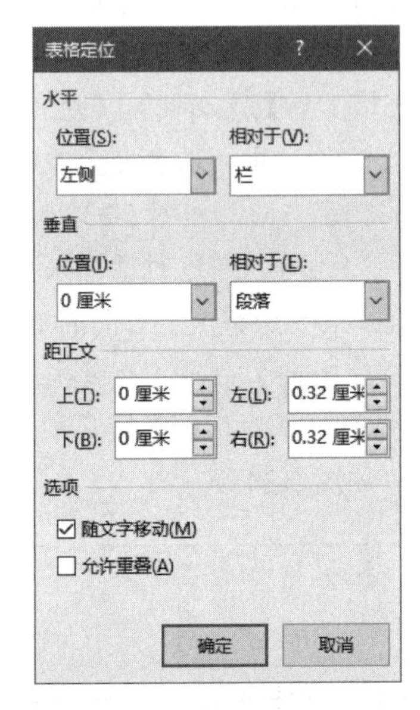

图 5-37 【表格定位】对话框

5.4 处理表格数据

在 Word 中不仅可以插入与绘制表格，而且还可以像 Excel 那样处理表格中的数值型数据。例如，运用公式、函数对表格中的数据进行运算，同时还可以根据一定的规律对表格中的数据进行排序，以及进行表格与文本之间的转换。

5.4.1 计算数据

在 Word 文档的表格中，可以运用【求和】按钮与【公式】对话框对数据进行加、减、乘、除、求总和等运算。

1. 使用【求和】按钮

在使用【求和】按钮之前，需要在【快速访问工具栏】中添加该按钮。执行【文件】|【选项】命令，激活【快速访问工具栏】选项卡，将【从下列位置选择命令】设置为【所有命令】选项，在其列表框中选择【求和】选项，单击【添加】按钮即可，如图 5-38 所示。

在表格中选择需要插入求和结果的单元格，单击【快速访问工具栏】中的【求和】按钮即可显示数据和，如图 5-39 所示。

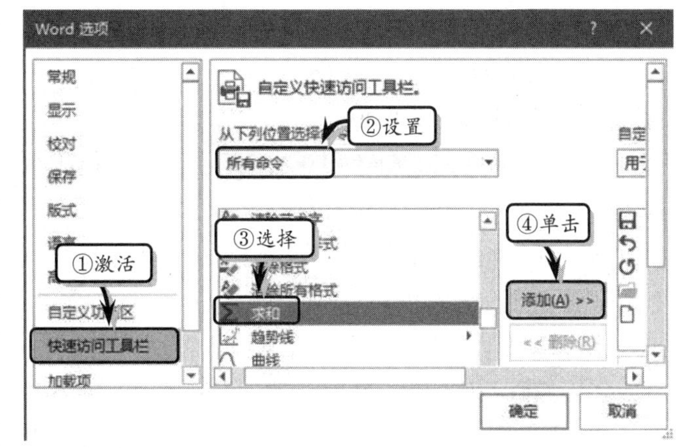

图 5-38 添加【求和】按钮

其中，【求和】按钮计算表格数据的规则如下所述。

（1）列的底端：当光标定位在表格中某一列的底端时，计算单元格上方的数据。

（2）行的右侧：当光标定位在表格中某一行的右侧时，计算单元格左侧的数据。

（3）单元格区域右下角：当光标定位的位置上方与左侧都有数据时，计算单元格上方的数据。

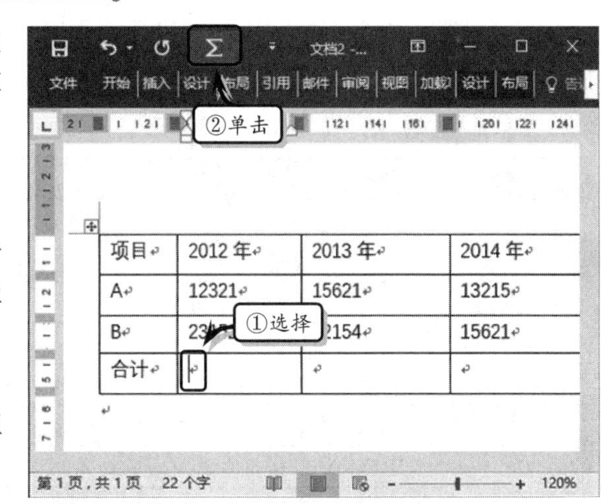

图 5-39 数据求和

2. 使用【公式】对话框

选择需要计算数据的单元格，执行【布局】|【数据】|【公式】命令，在弹出的【公式】对话框中设置各选项即可，如图 5-40 所示。

【公式】对话框中主要包含以下三个选项。

1）公式

在【公式】文本框中，不仅可以输入计算数据的公式，而且还可以输入表示单元格名称的标识。例如，可以通过输入 left（左边数据）、right（右边数据）、above（上边数据）和 below（下边数据）来指定数据的计算方向。其中，left（左边数据）的公式表示为“=SUM(LEFT)”。

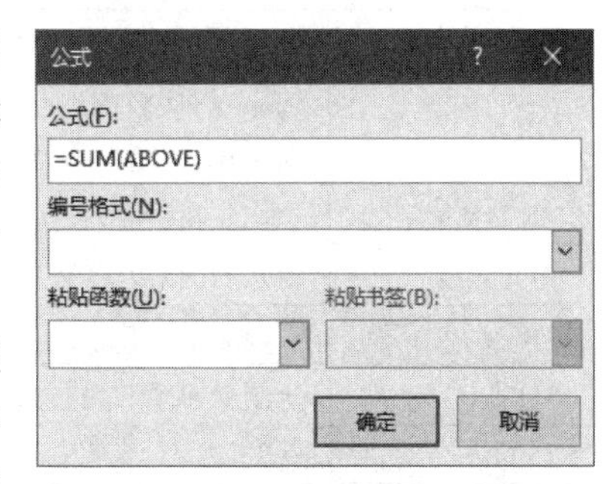

图 5-40 【公式】对话框

另外，由于 Word 2013 中的表格排列方式与 Excel 2007 中的表格排列方式一致，即列标从左到右分布并用字母 A、B、C、D 等来表示，而行标从上到下分布并用数字 1、2、3、4 等来表示，如表 5-4 所示。所以【公式】文本框中还可以输入含有单元格标识的公式来计算求和数据。例如，输入公式为“=SUM(B2:B4)”。

2）编号格式

在【编号格式】下拉列表中可以设置计算结果内容中的格式。下拉列表中包含的格式以符号表示，其具体内容如下所述。

（1）#,##0：表示预留数字位置，确定小数的数字显示位置，与 0 相同。

（2）#,##0.00：表示预留数字位置，与 0 相同，只显示有意义的数字，而不显示无意义的 0，其小数位为两位。

（3）￥#,##0.00;(￥#,##0.00)：表示将显示结果数字以货币类型显示，其小数位为两位。

（4）0：表示预留数字位置，确定小数的数字显示位置，按小数点右边的 0 的个数对数字进行四舍五入处理。

（5）%0：表示以百分比形式显示，无小数位。

（6）0.00：表示预留数字位置，其小数位为两位。

（7）0.00%：表示以百分比形式显示，其小数位为两位。

3）粘贴函数

在【粘贴函数】下拉列表中可以选择不同的函数来计算表格中的数据，其详细内容如表 5-4 所示。

表 5-4　函数

函　数	说　明
ABS	数字或算式的绝对值（无论该值实际上是正还是负，均取正值）
AND	如果所有参数值均为逻辑真（TRUE），则返回逻辑 1，反之返回逻辑 0
AVERAGE	求出相应数字的平均值
COUNT	统计指定数据的个数
DEFINED	判断指定单元格是否存在。存在返回 1，反之返回 0
FALSE	返回 0（零）
IF	IF（条件，条件真时反应的结果，条件假时反应的结果）
INT	INT(x)对值或算式结果取整
MAX	取一组数中的最大值
MIN	取一组数中的最小值
OR	如果 x 和 y 中的任意一个或两个的值为 true，那么 OR(x,y)逻辑表达式取值为 1；如果两者的值都为 false，那么 OR(x,y)取值为 0（零）
PRODUCT	一组值的乘积。例如，函数{ = PRODUCT (1,3,7,9) }，返回的值为 189
ROUND	ROUND(x,y)将数值 x 舍入到由 y 指定的小数位数，x 可以是数字或算式的结果
SIGN	SIGN(x)如果 x 是正数，那么取值为 1；如果 x 是负数，那么取值为–1
SUM	一组数或算式的总和
TRUE	返回 1

5.4.2 排序数据

在 Word 中，用户可以按照一定的规律对表格中的数据进行排序。选择需要排序的表格，执行【表格工具】|【布局】|【数据】|【排序】命令，在弹出的【排序】对话框中设置各选项即可，如图 5-41 所示。

在【排序】对话框中设置各选项的详细参数如下所述。

(1) 关键字：主要包含【主要关键字】、【次要关键字】和【第三关键字】三种类型。在排序过程中，首先需要按照【主要关键字】进行排序，当出现相同内容时需要按照【次要关键字】进行排序，同样则按照【第三关键字】进行排序。

(2) 类型：选择该选项，可以选择笔画、数字、拼音或者日期 4 种排序类型。

(3) 使用：选择该选项，可以将排序应用到每个段落上。

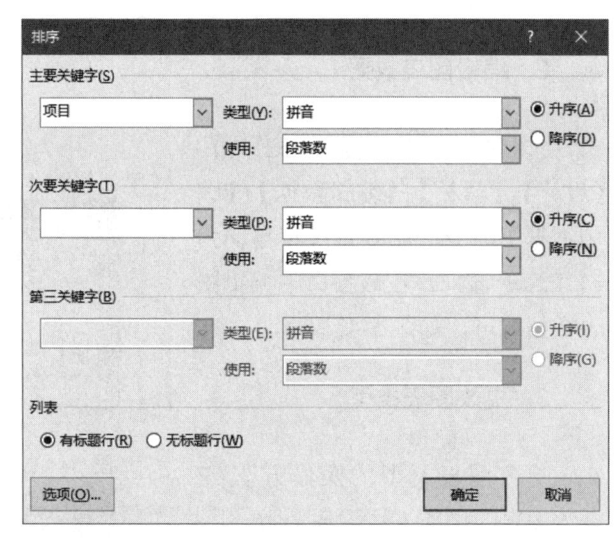

图 5-41 设置数据排序

(4) 排序方式：主要包括【升序】与【降序】两种方式。

(5) 列表：选中【有标题行】单选按钮时，表示在关键字的列表中显示字段的名称。选中【无标题行】单选按钮时，表示在关键字的列表中以列 1、列 2、列 3…表示字段列。

(6) 选项：单击该按钮，可以设置排序的分隔符、排序选项与排序语言。

5.4.3 使用图表

在 Word 中，虽然表格可以更直观地显示与计算数据，但是却无法详细地分析数据的变化趋势。为了更好地分析数据，需要根据表格中的数据创建数据图表，以便将复杂的数据信息以图形的方式展示。

1. 插入图表

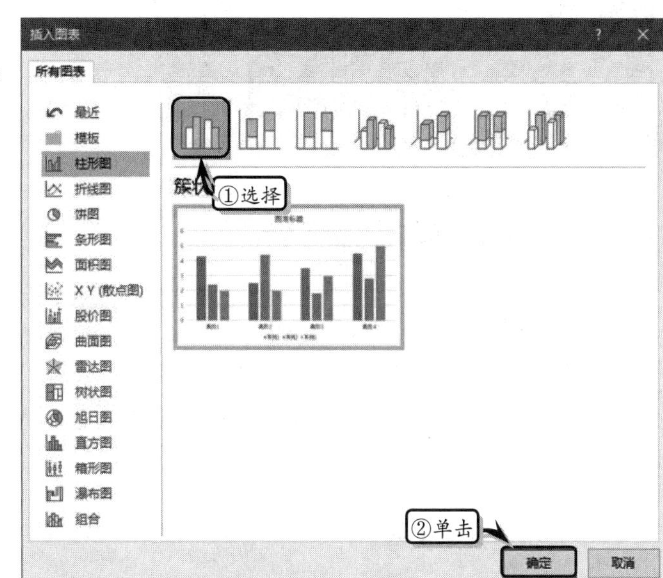

图 5-42 插入图表

选择需要插入图表的位置，执行【插入】|【插图】|【图表】命令，在弹出的【插入图表】对话框中选择图表类型，如图 5-42 所示。最后在弹出的 Excel 工作表中编辑图表数据即可。

提 示

插入图表之后，可以在【设计】、【格式】与【布局】选项卡中设置图表的格式，其具体操作方法将在后面的 Excel 2016 章节中讲解。

2. 编辑图表数据

选择图表，执行【图表工具】|【设计】|【数据】|【编辑数据】|【编辑数据】命令，此时系统将自动弹出 Excel 窗口，在该窗口中编辑图表数据即可，如图 5-43 所示。

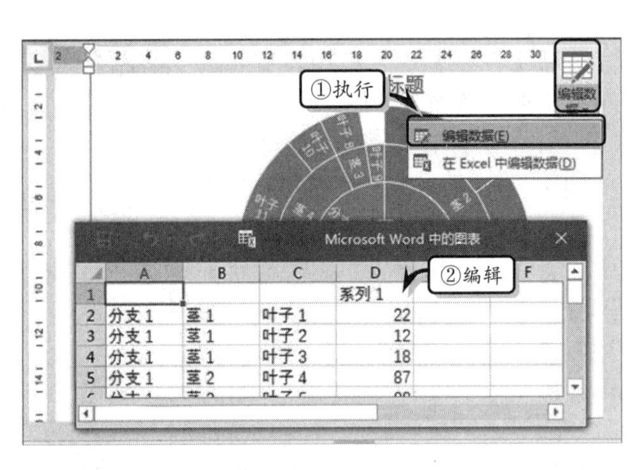

图 5-43　编辑图表数据

3. 更改图表类型

更改图表类型的操作方法与插入图表的操作方法大体一致，用户可以直接执行【图表工具】|【设计】|【类型】|【更改图表类型】命令，在弹出的【更改图表类型】对话框中选择需要更改的图表类型即可，如图 5-44 所示。

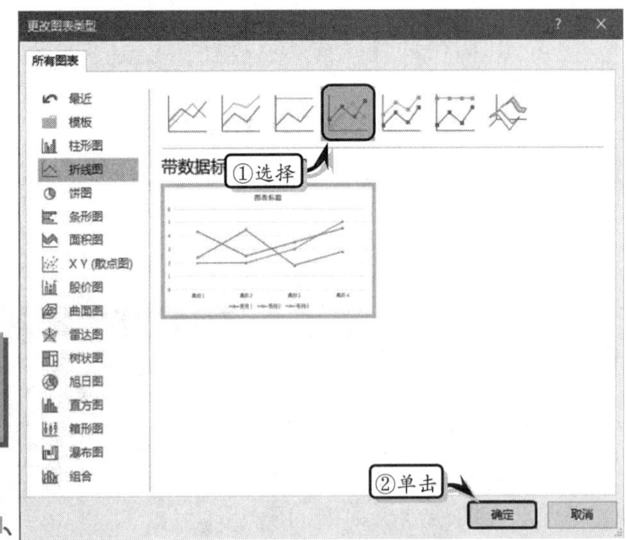

图 5-44　更改图表类型

提　示

在图表上右击并执行【更改图表类型】命令，在弹出的【更改图表类型】对话框中选择图表类型即可。

5.4.4　表格与文本互转

Word 为用户提供了文本与表格的转换功能，不仅可以将文本直接转换成表格的形式，而且还可以通过使用分隔符标识文字分隔位置的方法，来将表格转换成文本。

1. 表格转换为文本

选择需要转换的表格，执行【表格工具】|【布局】|【数据】|【转换为文本】命令，在弹出的【表格转换成文本】对话框中选择相应的选项即可，如图 5-45 所示。

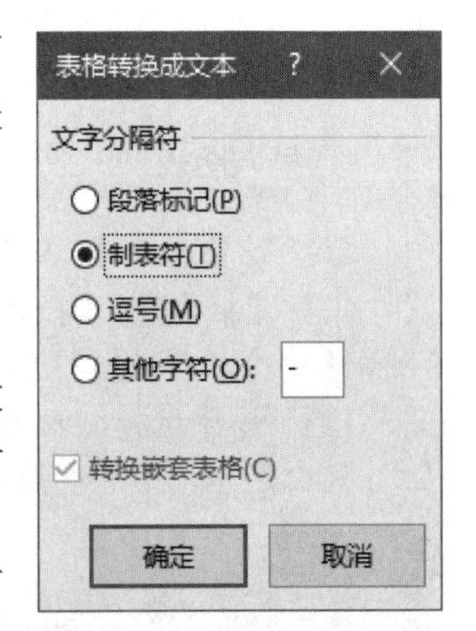

图 5-45　【表格转换成文本】对话框

【表格转换成文本】对话框中的各个选项的功能如下所述。

（1）段落标记：表示可以将每个单元格的内容转换成一

个文本段落。

（2）制表符：表示可以将每个单元格的内容转换成以制表符分隔的文本，并且每行单元格的内容都将转换为一个文本段落。

（3）逗号：表示可以将每个单元格的内容转换成以逗号分隔的文本，并且每行单元格的内容都将转换为一个文本段落。

（4）其他字符：表示可以在对应的文本框中输入用作分隔符的半角字符，并且每个单元格的内容都将转换为以文本分隔符隔开的文本，每行单元格的内容都将转换为一个文本段落。

2. 文字转换为表格

选择要转换成表格的文本段落，执行【插入】|【表格】|【表格】|【文本转换成表格】命令，在弹出的【将文字转换成表格】对话框中设置各选项即可，如图 5-46 所示。

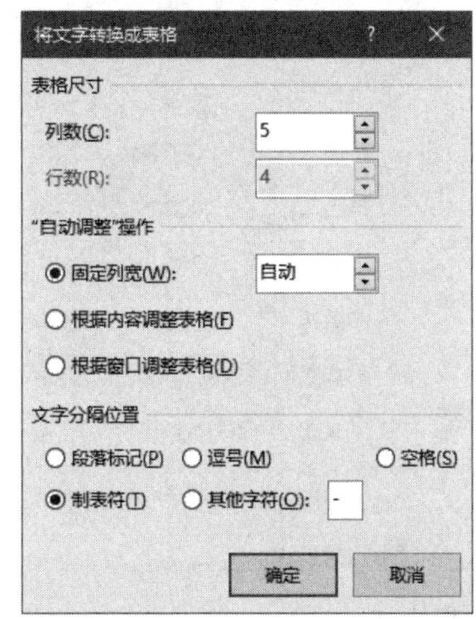

图 5-46 【将文字转换成表格】对话框

【将文字转换成表格】对话框中的各个选项的功能如表 5-5 所示。

表 5-5 【将文字转换成表格】对话框中的选项及其功能

选项组	选项	说明
表格尺寸	列数	表示文本转换成表的列数
	行数	表示文本转换成表的行数，根据所选文本的段落决定。默认情况下不可调整
“自动调整”操作	固定列宽	表示指定转换后表格的列宽
	根据内容调整表格	表示将自动调节以文字内容为主的表格，使表格的栏宽和行高达到最佳配置
	根据窗口调整表格	表示表格内容将会同文档窗口宽度具有相同的跨度
文字分隔位置	该选项组主要用来设置文本之间所使用的分隔符，一般在转换表格之前，需要在文本之间使用统一的分隔符	

5.5 课堂练习：销售业绩统计表

销售业绩统计表主要用于统计某时间内企业产品的销量情况，在本练习中将运用插入与绘制表格的功能，来制作一份独特的销售业绩统计表。同时，为了便于分析销售数据，比较各销售人员的销售能力，还需要运用 Word 中的计算功能，显示统计表中的小计、合计、百分比等数据，如图 5-47 所示。

销售业绩统计表							
业务员 / 产品	小孙		小赵		小刘		合计
	金额	百分比	金额	百分比	金额	百分比	
产品一	30000	0.29	34000	0.33	38000	0.37	**102000**
产品二	40000	0.29	50000	0.36	48000	0.35	**138000**
产品三	23000	0.25	30000	0.32	40000	0.43	**93000**
产品四	56000	0.34	60000	0.36	50000	0.3	**166000**
产品五	55000	0.34	60000	0.37	47000	0.29	**162000**
产品六	12000	0.16	33000	0.45	28000	0.38	**73000**
小计	**216000**		**267000**		**251000**		**734000**

图 5-47 销售业绩统计表

操作步骤

1 插入表格。执行【插入】|【表格】|【插入表格】命令，插入一个 8 列 8 行的表格，如图 5-48 所示。

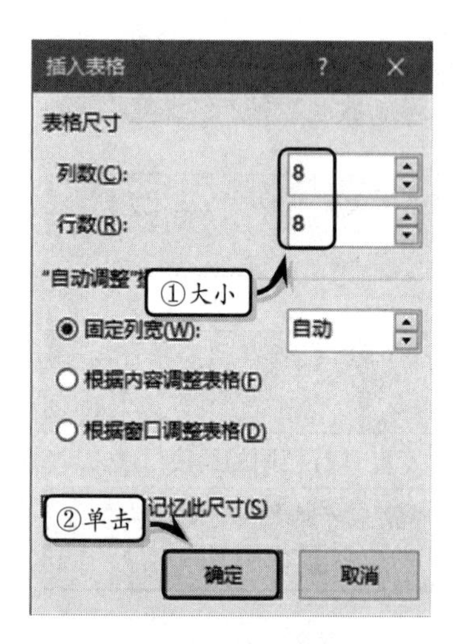

图 5-48 插入表格

2 调整表格大小。选择表格，在【布局】选项卡【单元格大小】选项组中，将【高度】调整为“0.8 厘米”。然后将第 1 行高度调整为“1.6 厘米”，将列宽度调整为“3 厘米”，如图 5-49 所示。

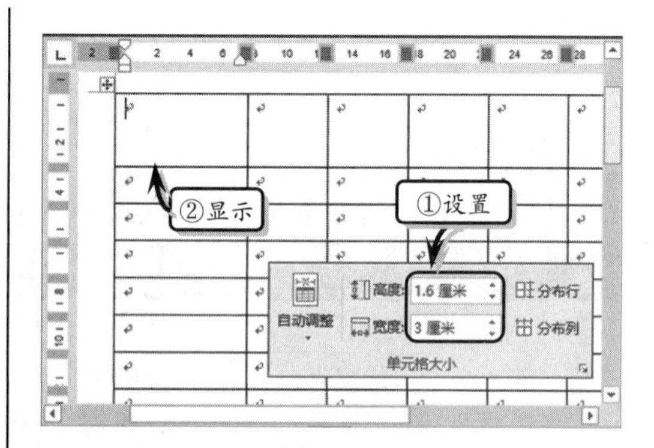

图 5-49 设置表格大小

3 绘制表格。执行【设计】|【边框】|【边框】|【绘制表格】命令，在第一个单元格中绘制一条斜线，如图 5-50 所示。

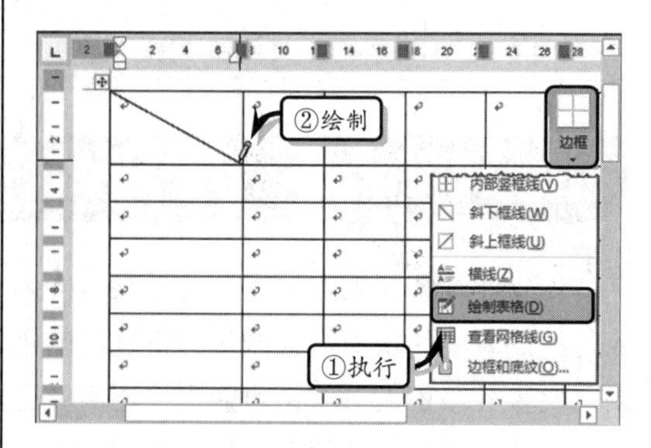

图 5-50 绘制斜线表头

4 执行【插入】|【表格】|【绘制表格】命令，在第 1 行中的第 2~7 个单元格中绘制一条直线，如图 5-51 所示。

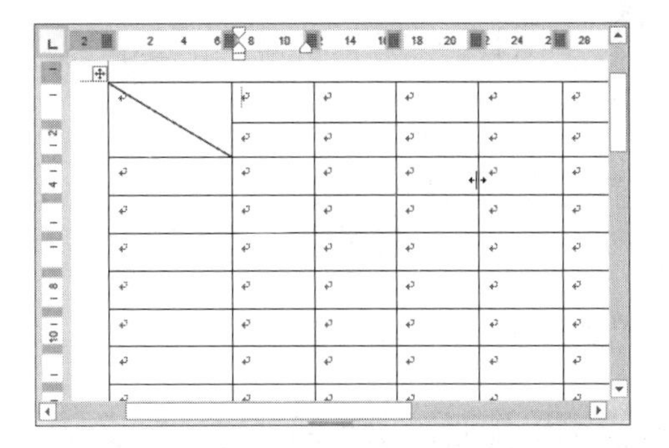

图 5-51 绘制直线

5 合并单元格。选择第 1 行中的第 2 个与第 3 个单元格，执行【布局】|【合并】|【合并单元格】命令，如图 5-52 所示。使用同样的方法合并其他单元格。

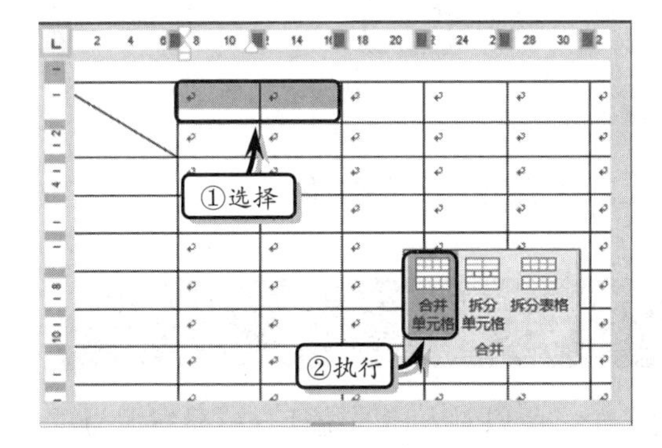

图 5-52 合并单元格

6 输入表格数据，将光标移到第一个单元格中，按 Enter 键增加一行空白行，绘制表格并设置其高度，如图 5-53 所示。

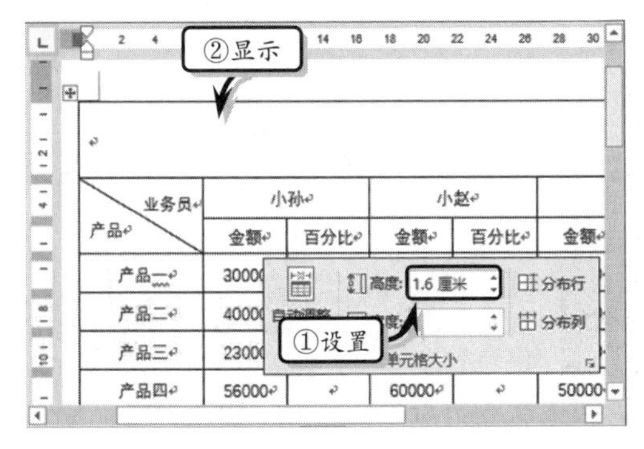

图 5-53 绘制新行

7 设置表格对齐格式和表格样式，并在【表格样式选项】选项组中启用【汇总行】、【标题行】和【最后一列】复选框，如图 5-54 所示。

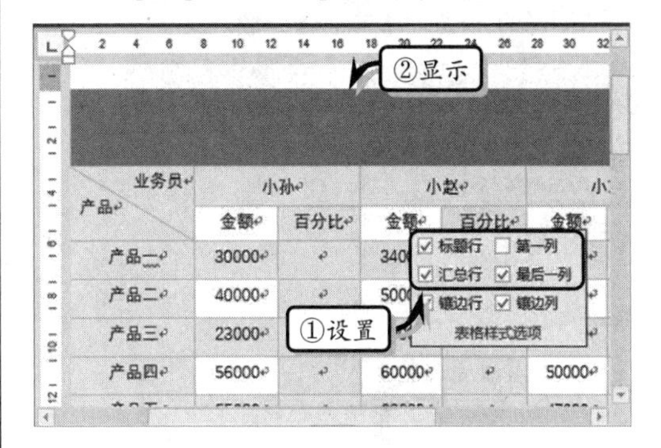

图 5-54 设置表格格式

8 制作表格标题。执行【插入】|【文本】|【艺术字】|【渐变填充-金色，着色 4，轮廓-着色 4】命令，输入文本并设置文本的字体格式，如图 5-55 所示。

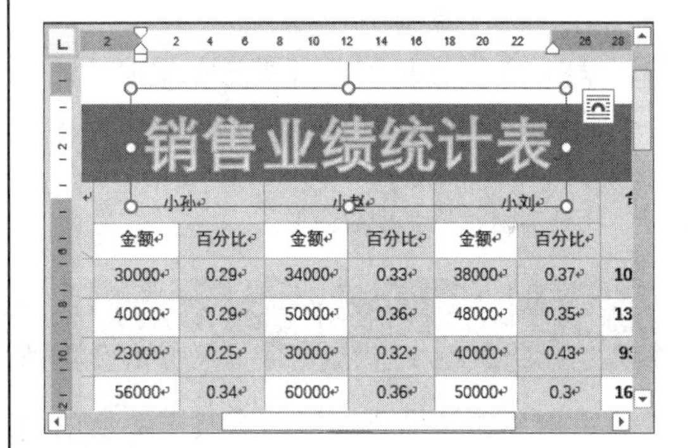

图 5-55 插入艺术字

9 选择艺术字，执行【格式】|【艺术字样式】|【文本效果】|【转换】|【上弯弧】命令，如图 5-56 所示。

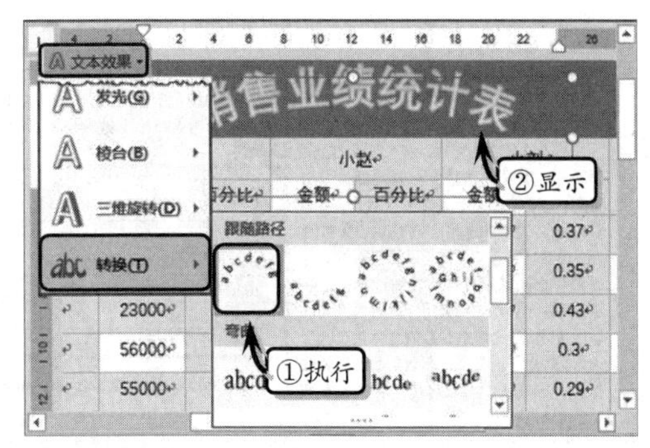

图 5-56 设置艺术字的效果

10 计算金额。选择“产品一”对应的“合计”单元格，执行【布局】|【数据】|【公式】命令，输入计算公式，如图 5-57 所示。用同样的方法计算其他合计额。

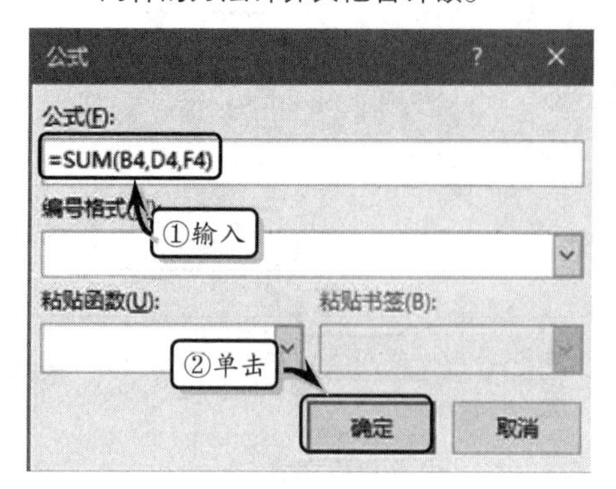

图 5-57 计算合计金额

11 选择“小孙”下的“百分比”对应的单元格，执行【布局】|【数据】|【公式】命令。输入“=B4/H4”，如图 5-58 所示。使用同样的方法计算其他百分比金额。

12 选择最后一行中的第二个单元格，单击【快速访问工具栏】上的【求和】按钮，计算业务员的销售总金额，如图 5-59 所示。利用上述方法计算其他总金额。

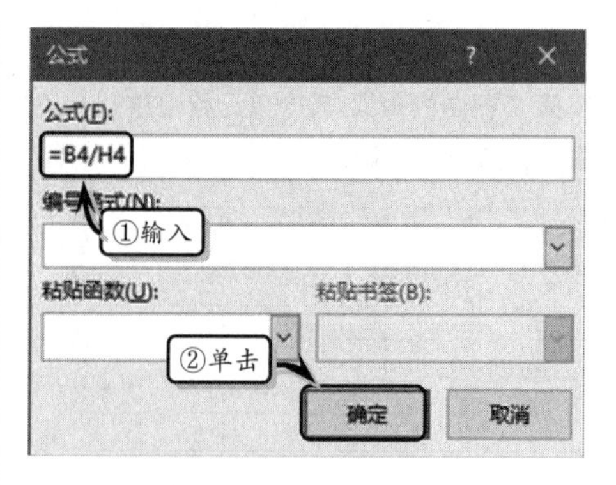

图 5-58 计算百分百金额

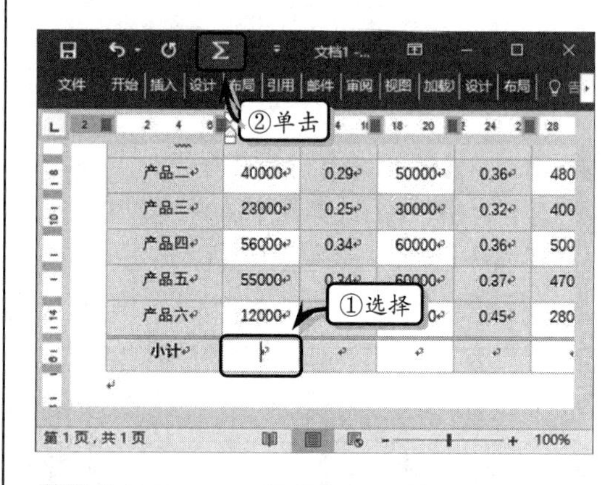

图 5-59 计算总金额

5.6 课堂练习：“人口问题”之文表混排

人口问题是当今世界各国共同关注的问题之一，所以对人口的统计分析显得尤为重要。下面通过运用创建表格和插入图表等功能，并将插入的表格和图表与文档内容设置相应的环绕方式，来制作一篇文表混排的文档，如图 5-60 所示。

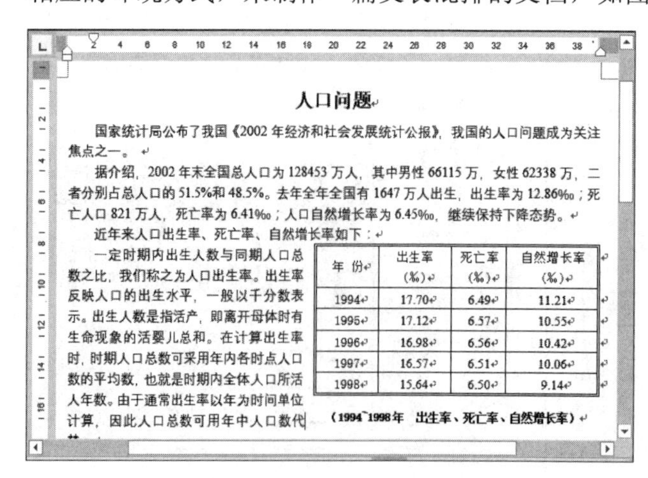

人口问题

国家统计局公布了我国《2002 年经济和社会发展统计公报》，我国的人口问题成为关注焦点之一。

据介绍，2002 年末全国总人口为 128453 万人，其中男性 66115 万，女性 62338 万，二者分别占总人口的 51.5%和 48.5%。去年全年全国有 1647 万人出生，出生率为 12.86‰；死亡人口 821 万人，死亡率为 6.41‰；人口自然增长率为 6.45‰，继续保持下降态势。

近年来人口出生率、死亡率、自然增长率如下：

一定时期内出生人数与同期人口总数之比，我们称之为人口出生率。出生率反映人口的出生水平，一般以千分数表示。出生人数是指活产，即离开母体时有生命现象的活婴儿总和。在计算出生率时，时期人口总数可采用年内各时点人口数的平均数，也就是时期内全体人口所活人年数。由于通常出生率以年为时间单位计算，因此人口总数可用年中人口数代

年 份	出生率（‰）	死亡率（‰）	自然增长率（‰）
1994	17.70	6.49	11.21
1995	17.12	6.57	10.55
1996	16.98	6.56	10.42
1997	16.57	6.51	10.06
1998	15.64	6.50	9.14

（1994~1998年 出生率、死亡率、自然增长率）

图 5-60 “人口问题”之文表混排

操作步骤

1 制作正文内容。新建文档，在文档中输入正文内容，并设置标题和正文的字体和段落格式，如图 5-61 所示。

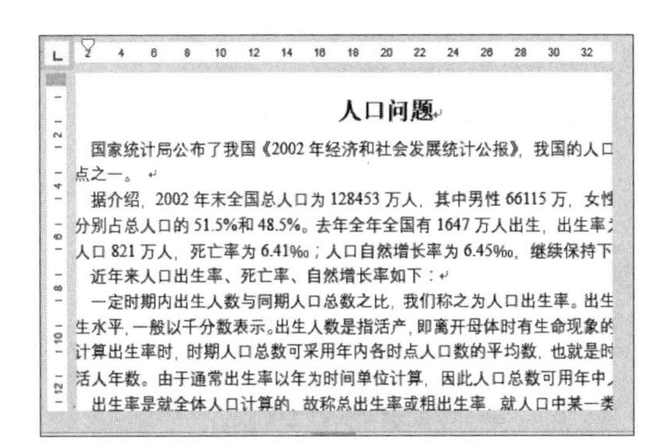

图 5-61 制作正文

2 插入表格。将光标定位在第 3 段的末尾处，执行【插入】|【表格】|【表格】|【插入表格】命令，插入一个 6 行 4 列的表格，如图 5-62 所示。

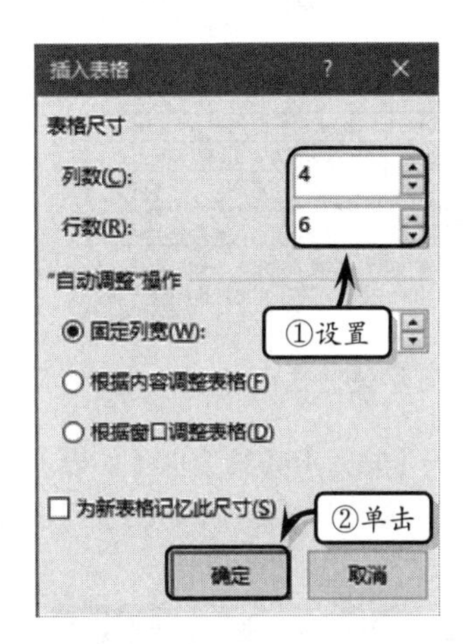

图 5-62 插入表格

3 设置表格属性。输入基础数据，选择表格，执行【布局】|【对齐方式】|【水平居中】命令，设置表格的对齐方式，如图 5-63 所示。

4 右击表格，执行【表格属性】命令，选择【右对齐】和【环绕】选项，如图 5-64 所示。

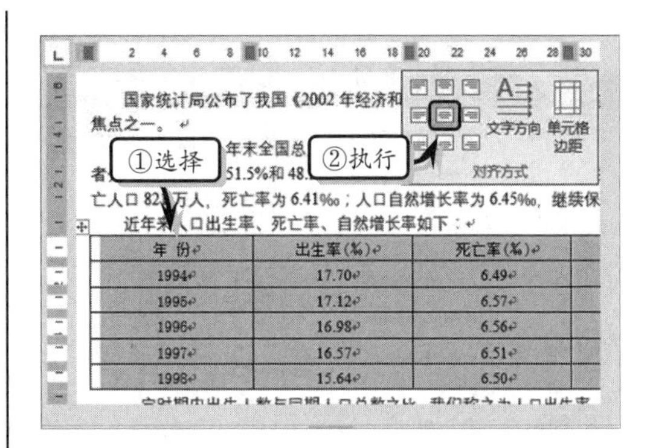

图 5-63 设置对齐方式

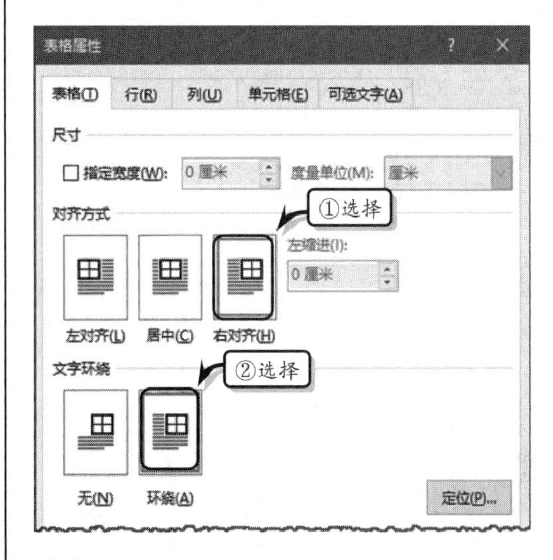

图 5-64 设置表格属性

5 设置表格边框。调整表格的大小，选择表格，执行【设计】|【边框】|【边框】|【边框和底纹】命令，如图 5-65 所示。

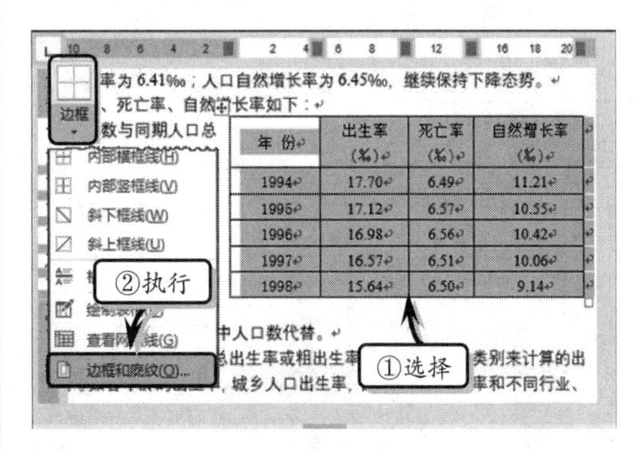

图 5-65 调整表格大小

6 在弹出的对话框中选择【自定义】选项，设置线条样式和显示位置，如图 5–66 所示。

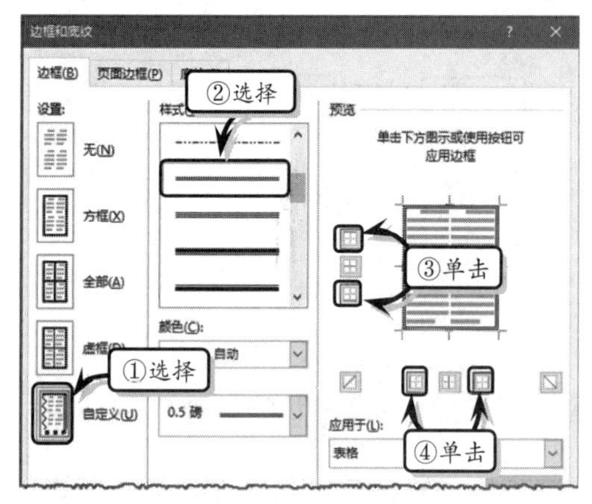

图 5–66 自定义边框样式

7 绘制文本框。执行【插入】|【文本】|【文本框】|【绘制文本框】命令，在表格下方绘制文本框，并输入文本，如图 5–67 所示。

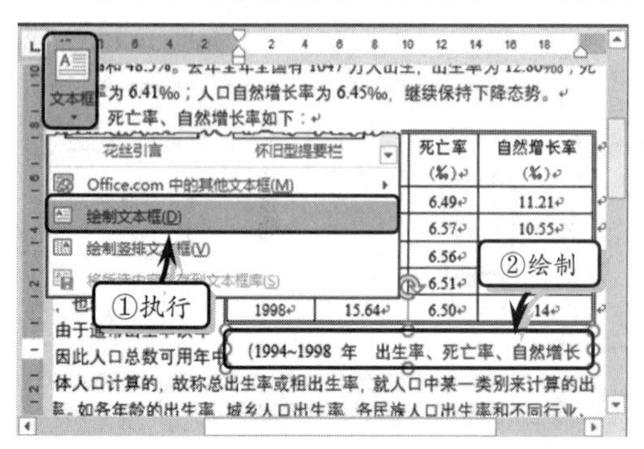

图 5–67 绘制文本框

8 设置文本框格式。选择文本框，执行【格式】|【形状样式】|【形状轮廓】|【无轮廓】命令，如图 5–68 所示。

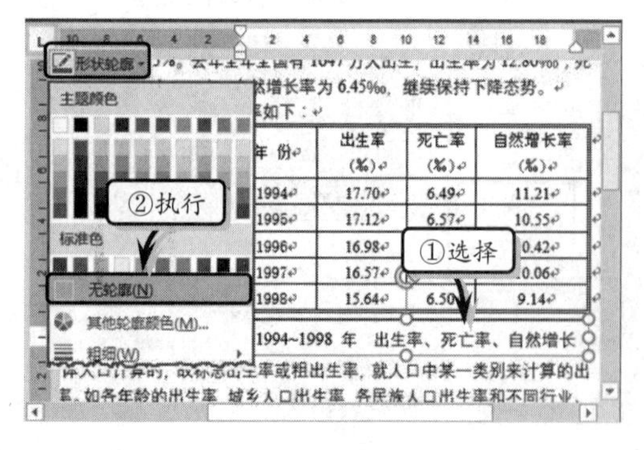

图 5–68 设置轮廓样式

9 右击文本框执行【其他布局选项】命令，激活【文字环绕】选项卡，选择【四周型】选项，如图 5–69 所示。

图 5–69 设置环绕方式

10 设置文本格式。选择文本框，执行【开始】|【字体】|【字号】|【小五】命令，同时执行【加粗】命令，设置文本的字体格式，如图 5–70 所示。

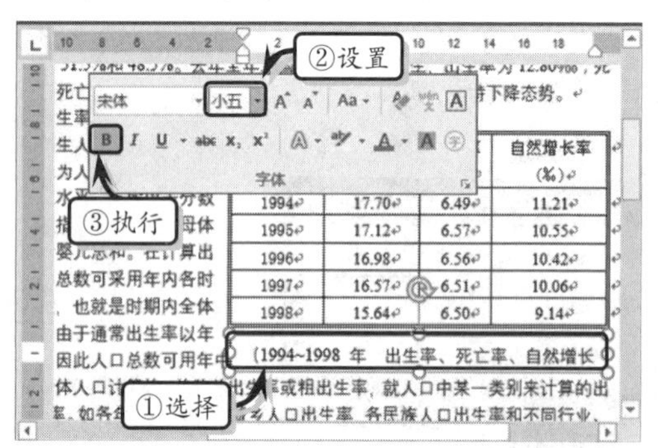

图 5–70 设置字体格式

11 插入图表。执行【插入】|【插图】|【图表】命令，选择【簇状柱形图】选项，如图 5–71 所示。

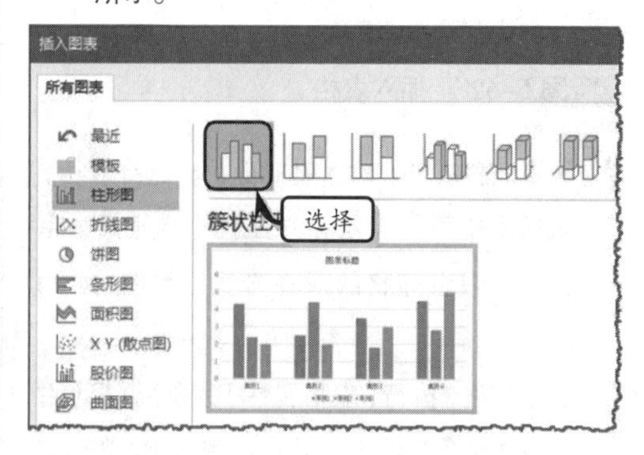

图 5–71 插入表格

12 在 Excel 电子表格窗口中输入数据信息。然后关闭电子表格窗口，并调整图表大小，如图 5-72 所示。

Microsoft Word 中的图表

	A	B	C	D	E
1	年份	出生率	死亡率	自然增长率	
2	1999	14.64	6.46	8.18	
3	2000	14.03	6.45	7.58	
4	2001	13.38	6.43	6.95	
5	2002	12.86	6.41	6.45	
6	2003	12.41	6.4	6.01	
7					
8					
9					

图 5-72 调整图表

13 设置环绕方式。选择图表，执行【格式】|【排列】|【环绕文字】|【四周型】命令，并调整图表的大小和位置，如图 5-73 所示。

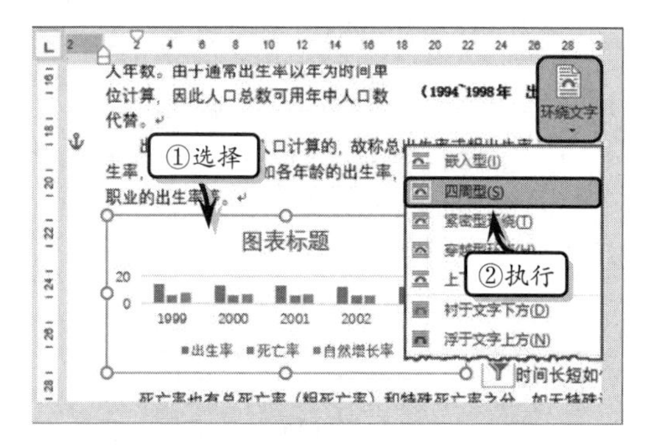

图 5-73 设置环绕方式

14 设置图表布局。执行【设计】|【图表布局】|【快速布局】|【布局 11】命令，设置图表的布局，如图 5-74 所示。

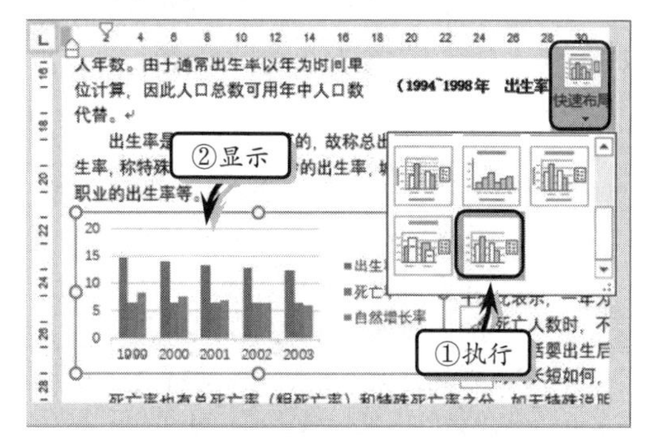

图 5-74 设置图表布局

15 设置数据系列格式。选择数据系列，执行【格式】|【形状样式】|【形状效果】|【棱台】|【圆】命令。使用同样的方法设置其他数据系列的形状样式，如图 5-75 所示。

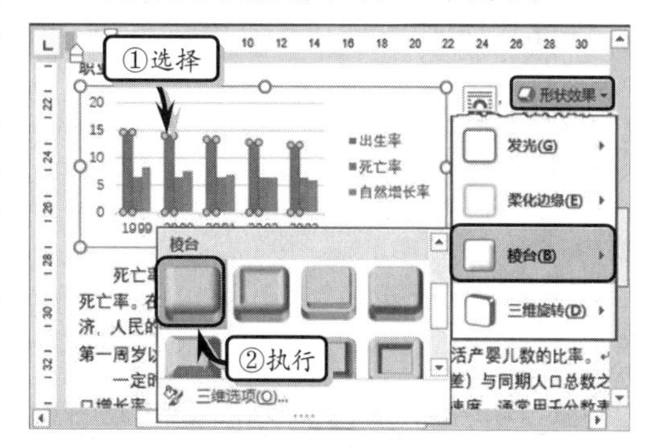

图 5-75 设置数据系列形状效果

16 设置主题颜色。执行【设计】|【文档格式】|【颜色】|Office 2007-2010 命令，设置文档的主题颜色，如图 5-76 所示。

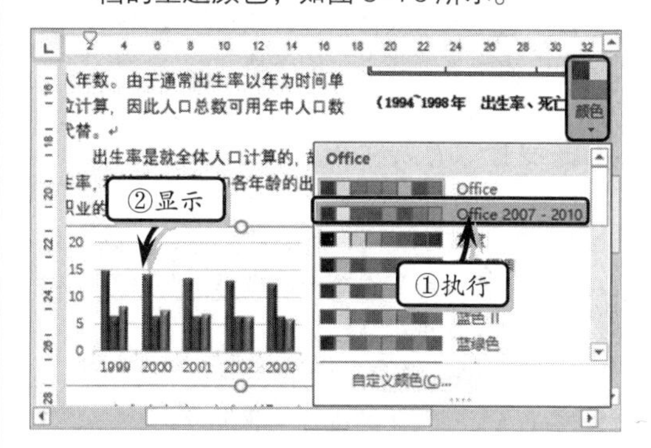

图 5-76 设置主题颜色

17 添加说明文本框。执行【插入】|【文本】|【文本框】|【绘制文本框】命令，在图表下方绘制一个横排文本框并输入说明文本，如图 5-77 所示。

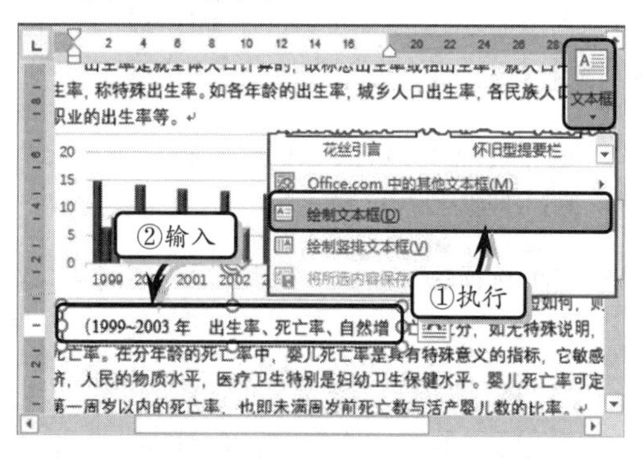

图 5-77 绘制文本框

18 选择表格下方的文本框，执行【开始】|【剪贴板】|【格式刷】命令。然后单击图表下方的文本框，快速设置文本和文本框格式，如图 5-78 所示。

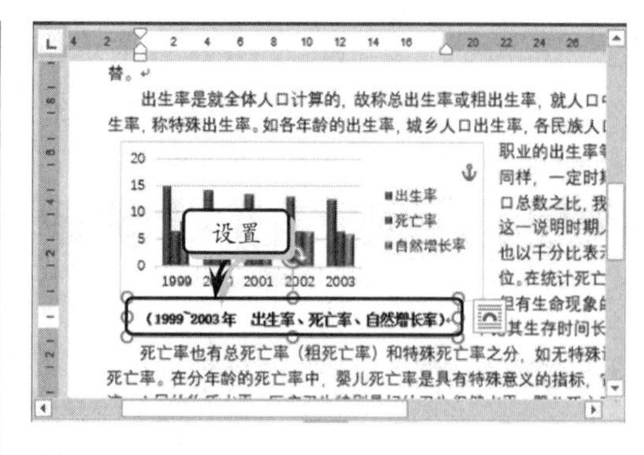

图 5-78 应用格式

5.7 思考与练习

一、填空题

1．在 Word 中插入表格时，除了利用【表格】命令快速插入表格之外，还可以在________对话框中插入多行与多列的表格。

2. 在表格中，可以按住________或________键，选择插入符所在单元格前面或后面的单元格。

3．调整表格大小、行高或列宽时，除了可以在【单元格大小】选项组中调整之外，还可以在________对话框中调整。

4．在 Word 中可以无限制地拆分单元格，可使用________快捷键进行快速拆分。

5．在【表格属性】对话框中的【文字环绕】选项组中，可以将表格设置为【无】或【环绕】两种环绕类型之一。当选择________选项时，右侧的【定位】按钮变成可用状态。

6．在计算数据时，Word 中的【求和】按钮需要在________对话框中添加。

7．在 Word 中，可以执行【布局】选项卡【数据】选项组中的________命令，来计算表格中的数据。

8．将表格转换为文本时，对话框中的【段落标记】选项表示________。

二、选择题

1．在 Word 中使用表格时，将光标定位在行尾处，按________键便可以自动插入新行。

A．Tab　　B．Ctrl

C．Alt　　D．Enter

2．在【插入表格】对话框中，选中【为新表格记忆此尺寸】复选框时，表示________。

A．在当前表格中应用该尺寸

B．保存为新建表格的默认值

C．保存当前对话框中的设置

D．只适合在当前表格中应用

3．在 Word 文档中，将光标放置在表格的________中，按 Enter 键便可以在表格上方插入文本行。

A．第一个单元格

B．第一行任意位置

C．第一列任意位置

D．最后一个单元格

4．在调整表格大小时，可以启用【单元格大小】选项组中的________与________命令，实现平均分布所选区域中的各行与各列。

A.【分布行】　　B.【平分行】

C.【平分列】　　D.【分布列】

5．Word 中提供了 98 种内置表格样式，可以通过【表格样式选项】选项卡来修改样式。其中【镶边列】表示________。

A．在选择的列中显示特殊格式

B．在表格中显示镶边行，并且该行上的偶数行与奇数行各不相同

C．在表格中显示镶边行，并且该行上的偶数列与奇数列各不相同

D．在选择的列中显示特殊格式

6．在 Word 中使用表格时，还可以利用公式与函数计算表格中的数据。其中，粘贴函数中的 AVERAGE 函数表示________。

A．计算平均值

B．计算数据的个数

C．返回绝对值

D．计算乘积

三、问答题

1．在 Word 中不仅可以使用表格，而且还可以插入图表，下面简述修改图表数据的操作方法。

2. 简述设置表格页边距与间距的操作步骤。

3．如何在表格中应用内置样式？

4．简述拆分表格与拆分单元格的区别。

四、上机练习

1．创建数据图表

在本练习中，将利用图表功能制作一个数据图表，如图 5-79 所示。首先执行【插入】|【插图】|【图表】命令，插入一个簇状柱形图。然后在弹出的 Excel 表格中编辑图表数据。最后执行【图表工具】|【设计】|【图表样式】|【其他】命令，设计图表样式。

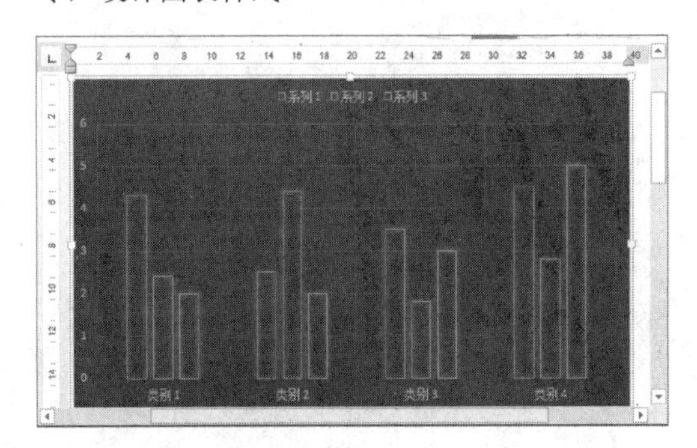

图 5-79 数据图表

2．创建嵌套表格

在本练习中，将利用绘制与插入表格功能制作一个嵌套表格，如图 5-80 所示。首先，执行【插入】|【表格】|【绘制表格】命令，绘制一个带边框的表格。然后，将光标放于绘制的表格中，执行【插入】|【表格】|【插入表格】命令，插入一个 4 行 5 列的表格，拖动表格调整其位置。最后，执行【表格工具】|【设计】|【表样式】|【其他】命令，设置嵌套表格样式即可。

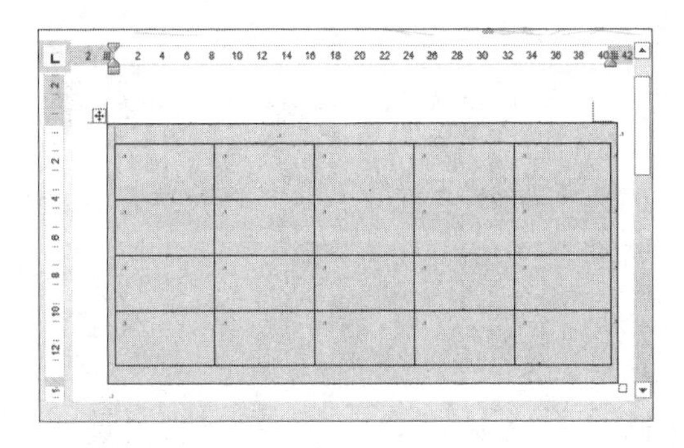

图 5-80 嵌套表格

第 6 章

Excel 2016 基础操作

Excel 2016 是微软公司开发的 Office 系列办公软件中的一个组件，它是一个电子表格软件，集数据统计、报表分析及图形分析三大基本功能于一身。由于具有强大的数据运算功能与丰富而实用的图形功能，所以被广泛应用于财务、金融、经济、审计和统计等众多领域。本章将从认识 Excel 的操作界面入手，循序渐进地向用户介绍创建、打开、保存以及操作工作簿的方法，使用户轻松地学习并掌握 Excel 工作簿的应用基础。

本章学习目的：

- Excel 2016 界面介绍
- 操作工作簿
- 编辑单元格
- 编辑工作表
- 管理工作表

6.1 Excel 2016 界面介绍

相对于上一版本，Excel 2016 突出了对高性能计算机的支持，并结合时下流行的云计算理念，增强了与互联网的结合。在使用 Excel 2016 处理数据之前，还需要先了解一下 Excel 2016 的工作界面以及常用术语。

6.1.1 Excel 2016 工作界面

Excel 2016 继续沿用了 Ribbon 菜单栏，主要由标题栏、工具选项卡栏、功能区、编辑栏、工作区和状态栏 6 个部分组成。在工作区中，提供了水平和垂直两个标题栏以显示单元格的行标题和列标题，如图 6-1 所示。

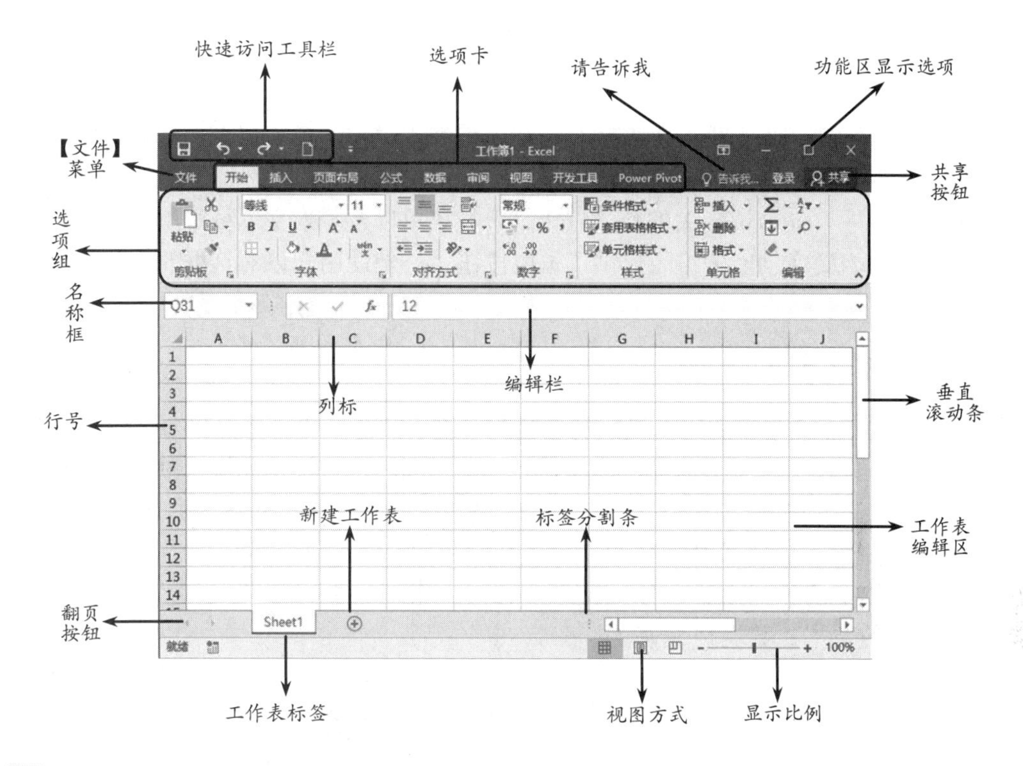

图 6-1 Excel 2016 工作界面

通过图 6-1，已大概了解 Excel 2016 的界面组成，下面详细介绍具体部件的用途和含义。

1. 标题栏

标题栏由快速访问工具栏、文档名称栏、功能区显示选项和窗口管理按钮 4 部分组成。

快速访问工具栏是 Excel 提供的一组可自定义的工具按钮，可单击【自定义快速访问工具栏】按钮，执行【其他命令】命令，将 Excel 中的各种预置功能或自定义宏添加到快速访问工具栏中。

2. 选项卡

选项卡栏是一组重要的按钮栏，它提供了多种按钮，单击该栏中的按钮后，即可切换功能区，应用 Excel 中的各种工具，如图 6-2 所示。

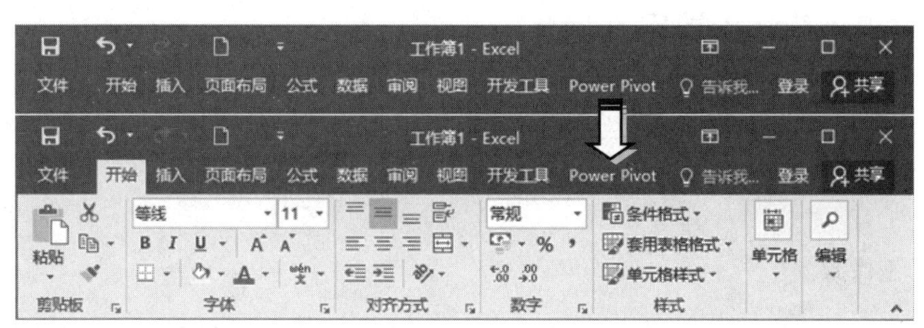

图 6-2 选项卡

3. 选项组

选项组集成了 Excel 中绝大多数的功能。根据用户在选项卡栏中选择的内容，功能区可显示各种相应的功能。

在功能区中，相似或相关的功能按钮、下拉菜单以及输入文本框等组件以组的方式显示。一些可自定义功能的组还提供了扩展按钮，辅助用户以对话框的方式设置详细的属性。

4. 编辑栏工具栏

编辑栏是 Excel 独有的工具栏，其包括两个组成部分，即名称框和编辑栏。

在名称框中，显示了当前用户选择单元格的标题。可直接在此输入单元格的标题，快速转入到该单元格中。

编辑栏的作用是显示对应名称框的单元格中的原始内容，包括单元格中的文本、数据以及基本公式等。单击编辑栏左侧的【插入函数】按钮，可快速插入 Excel 公式和函数，并设置函数的参数，如图 6-3 所示。

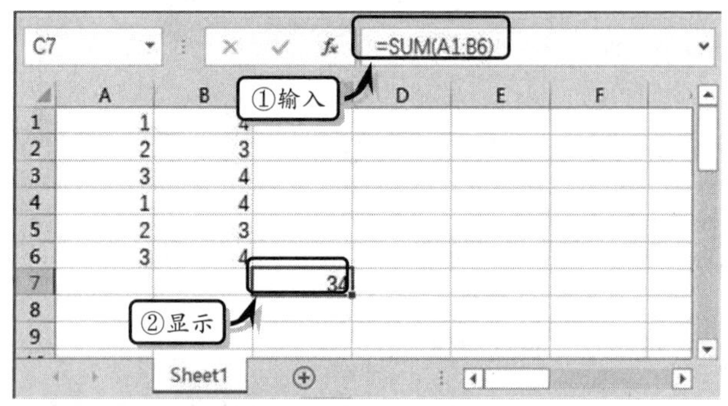

图 6-3 编辑栏

5. 工作区

工作区是 Excel 最主要的窗格，其中包含了【全选】按钮、水平标题栏、垂直标题栏、工作窗格、工作表标签栏以及水平滚动条和垂直滚动条等。

单击【全选】按钮，可选中工作表中的所有单元格。单击水平标题栏或垂直标题栏中的某一个标题，可选择该标题范围内的所有单元格。

6. 状态栏

状态栏可显示当前选择内容的状态，并切换 Excel 的视图、缩放比例等。在状态栏的自定义区域内右击，并在弹出的菜单中选择相应的选项。当选中若干单元格后，自定义区域内就会显示相应的属性。

6.1.2 Excel 常用术语

由于同一个工作簿中可以包含多个工作表，而每个工作表中又可以管理多种类型的信息，所以，为了方便学习 Excel 的基础知识，首先需要介绍 Excel 中的一些常用术语。

1. 工作簿

当创建工作簿时，系统会自动显示名为“工作簿 1”的电子表格。新版本的 Excel 默认情况下每个工作簿中只包括名称为 Sheet1 的一个工作表，而工作簿的扩展名为.xlsx。

可通过执行【文件】|【选项】命令，在弹出的对话框中设置工作表的默认数量。

2. 工作表

工作表又称为电子表格，主要用来存储与处理数据。工作表由单元格组成，每个单元格中可以存储文字、数字、公式等数据。每张工作表都具有一个工作表名称，默认的工作表名称均为 Sheet 加数字。例如，Sheet1 工作表即表示该工作簿中的第 1 个工作表。可以通过单击工作表标签的方法，在工作表之间进行快速切换。

3. 单元格

单元格是 Excel 中的最小单位，主要由交叉的行与列组成，其名称（单元格地址）是通过行号与列标来显示的，Excel 的每一张工作表由 1 000 000 行、16 000 列组成。例如，【名称框】中的单元格名称显示为 B2，表示该单元格中的行号为 2、列标为 B。

在 Excel 中，活动单元格将以加粗的黑色边框显示。当同时选择两个或者多个单元格时，这组单元格被称为单元格区域。单元格区域中的单元格可以是相邻的，也可以是彼此分离的。

6.2 操作工作簿

在对 Excel 文件进行编辑操作之前，需要掌握创建工作簿的各种方法。另外，为了更好地保护工作簿中的数据，需要对新创建或新编辑的工作簿进行手动保存或自动保存。下面详细介绍 Excel 工作簿的创建、保存、打开与关闭的操作方法与技巧。

6.2.1 创建工作簿

在 Excel 2016 中，不仅可以创建空白工作簿，而且还可以根据使用需求创建 Excel 内置的模板工作簿。

1. 创建空白工作簿

启用 Excel 2016 组件，系统将自动进入【新建】页面，此时选择【空白工作簿】选项即可。另外，执行【文件】|【新建】命令，在展开的【新建】页面中单击【空白工作簿】选项，即可创建空白工作簿，如图 6-4 所示。

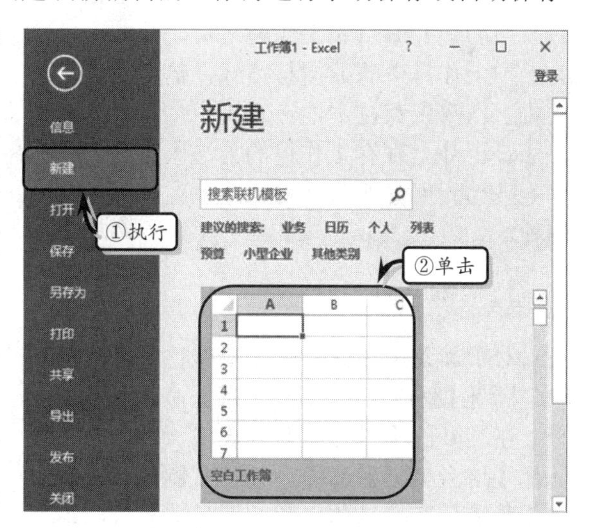

图 6-4 创建空白工作簿

而对于初次使用 Excel 2016 的用户来讲，需要单击【快速访问工具栏】右侧的下拉按钮，在其列表中选择【新建】选项，将【新建】命令添加到【快速访问工具栏】中。然后，直接单击【快速访问工具栏】中的【新建】按钮，即可创建空白工作簿，如图 6-5 所示。

技 巧

也可以使用 Ctrl+N 快捷键，快速创建空白工作簿。

2．创建模板工作簿

执行【文件】|【新建】命令之后，系统只会在该页面中显示固定的模板样式，以及最近使用的模板样式。在该页面中，选择需要使用的模板样式，如图 6-6 所示。

然后，在弹出的创建页面中预览模板文档内容，单击【创建】按钮即可，如图 6-7 所示。

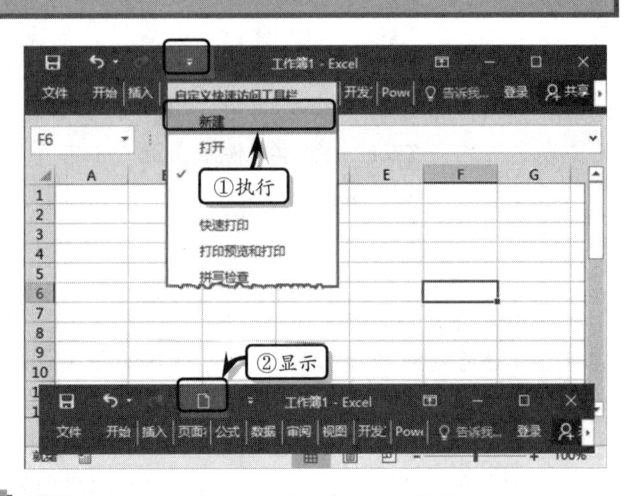

图 6–5 快速工具栏创建空白工作簿

提 示

在【新建】页面中的【搜索】文本框中输入所需搜索的模板名称，单击【搜索】按钮，可快速查找所需创建的模板工作簿。

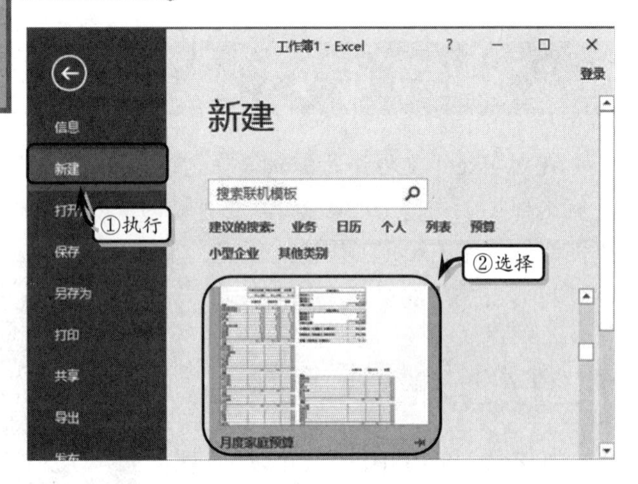

图 6–6 选择模板类型

6.2.2 保存工作簿

当创建并编辑完工作簿之后，为保护工作簿中的数据与格式，需要将工作簿保存在本地计算机中。在 Excel 中，保存工作簿的方法大体可分为手动保存与自动保存两种。

1．手动保存

对于新建工作簿，则需要执行【文件】|【保存】或【另存为】命令，在展开的【另存为】列表中，选择【这台电脑】选项，并在右侧选择所需保存的具体位置，例如选择【文档】选项，如图 6-8 所示。

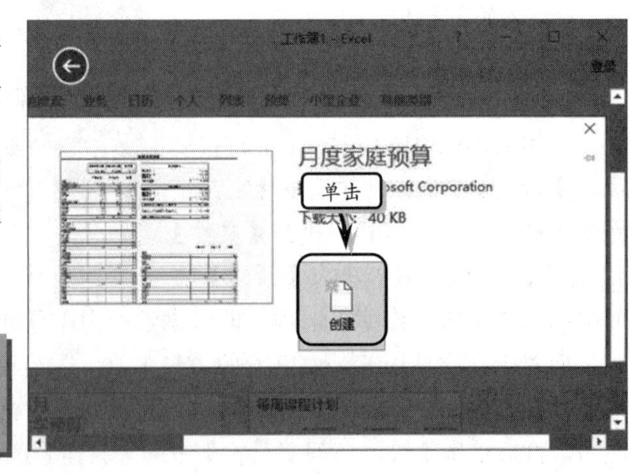

图 6–7 创建模板工作簿

技 巧

在【另存为】页面中直接选择【浏览】选项，可在弹出的【另存为】对话框中，自定义保存位置。

然后，在弹出的【另存为】对

话框中选择保存位置，设置保存名称和类型，单击【保存】按钮即可，如图 6-9 所示。

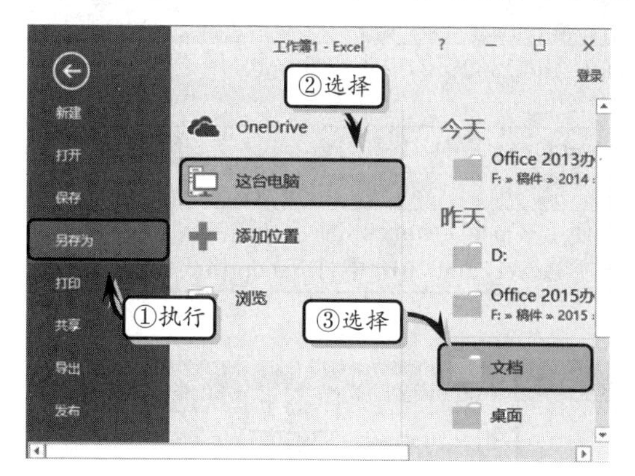

图 6-8 选择保存位置

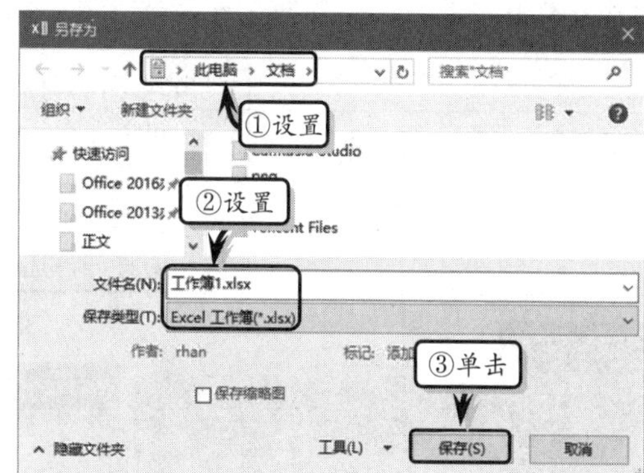

图 6-9 保存工作簿

对于已保存过的演示文稿，直接单击【快速访问工具栏】中的【保存】按钮，直接保存演示文稿即可。

其中，【保存类型】下拉列表中的各文件类型及其功能如表 6-1 所示。

表 6-1 文件类型及功能

类　型	功　能
Excel 工作簿	表示将工作簿保存为默认的文件格式
Excel 启用宏的工作簿	表示将工作簿保存为基于 XML 且启用宏的文件格式
Excel 二进制工作簿	表示将工作簿保存为优化的二进制文件格式，提高加载和保存速度
Excel 97-2003 工作簿	表示保存一个与 Excel 97-2003 完全兼容的工作簿副本
XML 数据	表示将工作簿保存为可扩展标识语言文件类型
单个文件网页	表示将工作簿保存为单个网页
网页	表示将工作簿保存为网页
Excel 模板	表示将工作簿保存为 Excel 模板类型
Excel 启用宏的模板	表示将工作簿保存为基于 XML 且启用宏的模板格式
Excel 97-2003 模板	表示保存为 Excel 97-2003 模板类型
文本文件（制表符分隔）	表示将工作簿保存为文本文件
Unicode 文本	表示将工作簿保存为 Unicode 字符集文件
XML 电子表格 2003	表示保存为可扩展标识语言 2003 电子表格的文件格式
Microsoft Excel 5.0/95 工作簿	表示将工作簿保存为 5.0/95 版本的工作簿
CSV（逗号分隔）	表示将工作簿保存为以逗号分隔的文件
带格式文本文件（空格分隔）	表示将工作簿保存为带格式的文本文件
DIF（数据交换格式）	表示将工作簿保存为数据交换格式文件
SYLK（符号链接）	表示将工作簿保存为以符号链接的文件
Excel 加载宏	表示保存为 Excel 插件
Excel 97-2003 加载宏	表示保存一个与 Excel 97-2003 兼容的工作簿插件
PDF	表示保存一个由 Adobe Systems 开发的基于 PostScriptd 的电子文件格式，该格式保留了文档格式并允许共享文件

续表

类　型	功　能
XPS 文档	表示保存为一种版面配置固定的新的电子文件格式，用于以文档的最终格式交换文档
Strict Open XML 电子表格	表示可以保存一个 Strict Open XML 类型的电子表格，可以帮助用户读取和写入 ISO8601 日期以解决 1900 年的闰年问题
OpenDocument 电子表格	表示保存一个可以在使用 OpenDocument 演示文稿的演示文稿应用程序中打开，还可以在 PowerPoint 2010 中打开.odp 格式的演示文稿

技　巧

也可以使用 Ctrl+S 快捷键或 F12 键打开【另存为】对话框。

2. 自动保存

在使用 Excel 2016 时，往往会遇到计算机故障或意外断电的情况。此时，便需要设置工作簿的自动保存与自动恢复功能。执行【文件】|【选项】命令，在弹出的对话框中激活【保存】选项卡，在右侧的【保存工作簿】选项组中进行相应的设置即可，例如保存格式、自动恢复时间以及默认的文件位置等，如图 6-10 所示。

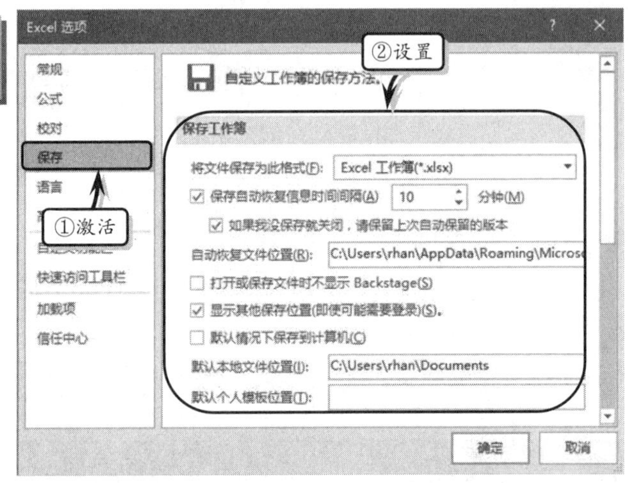

图 6-10　设置自动保存

6.2.3 保护工作簿

保护工作簿是通过为工作簿加密的方法来达到保护工作簿数据的目的。在【另存为】对话框中单击【工具】下拉按钮，在下拉列表中选择【常规选项】选项。然后，在弹出的【常规选项】对话框中的【打开权限密码】与【修改权限密码】文本框中输入密码。单击【确定】按钮，在弹出的【确认密码】对话框中重新输入密码，单击【确定】按钮，重新输入修改权限密码即可，如图 6-11 所示。

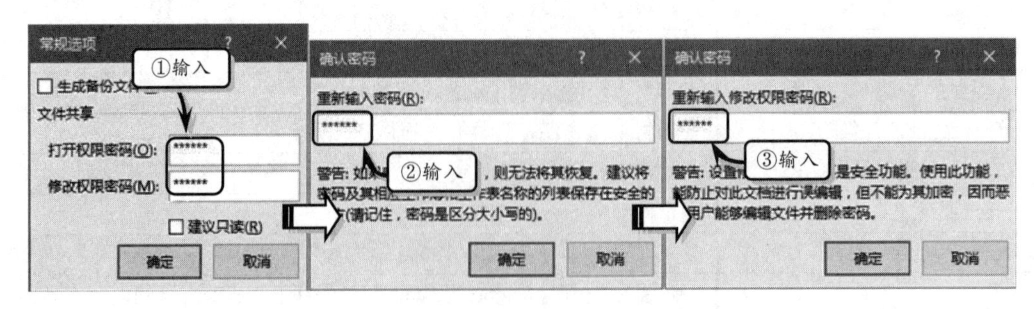

图 6-11　保护工作簿

6.3 操作工作表

在制作 Excel 电子表格时，为了使工作表更具有完善性、协调性与合理性，需要编辑工作簿。即进行调整工作表的行高与列宽、复制与移动单元格、拆分与合并单元格，以及填充数据与冻结窗格等操作。

6.3.1 输入数据

创建一个空白工作簿之后，便可以在工作表中输入文本、数值、日期、时间等数据了。另外，还可以利用 Excel 中的数据有效性功能限制数据的输入。

1. 输入文本

输入文本，即在单元格中输入以字母开头的字符串或汉字等数据。在输入文本时，可以在单元格中直接输入文本，或在【编辑栏】中输入文本。其中，在单元格中直接输入文本时，首先需要选择单元格，使其成为活动单元格，然后再输入文本，并按 Enter 键。另外，在【编辑栏】中输入文本时，首先需要选择单元格，然后将光标置于【编辑栏】中并输入文本，按 Enter 键或单击【输入】按钮✓即可，如图 6-12 所示。

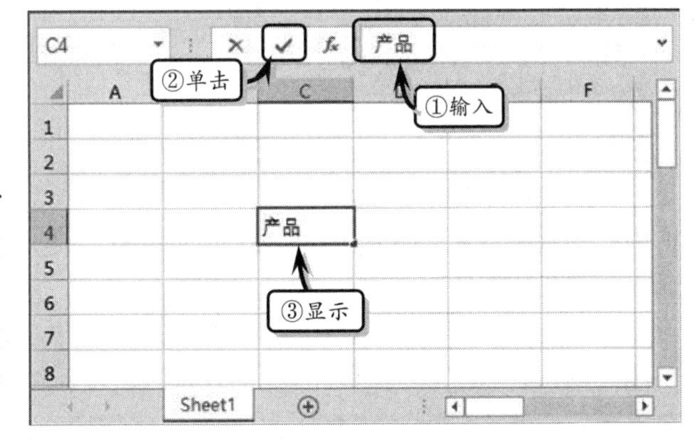

图 6-12 输入文本

输入文本之后，可以通过按钮或快捷键完成或取消文本的输入，具体情况如下所述。

（1）Enter 键：可以确认输入内容，并将光标转移到下一个活动单元格中。

（2）Tab 键：可以确认输入内容，并将光标转移到右侧的活动单元格中。

（3）Esc 键：取消文本输入。

（4）Back Space 键：取消输入的文本。

（5）Delete 键：删除输入的文本。

（6）【取消】按钮✕：取消文本的输入。

提 示

在 Excel 中输入文本时，系统会自动将文本进行左对齐。

2. 输入数字

Excel 中的数字主要包括整数、小数、货币或百分号等类型。系统会根据数据类型自动将数据进行右对齐，而当数字的长度超过单元格的宽度时，系统将自动使用科学计数法来表示输入的数字，如图6-13所示。

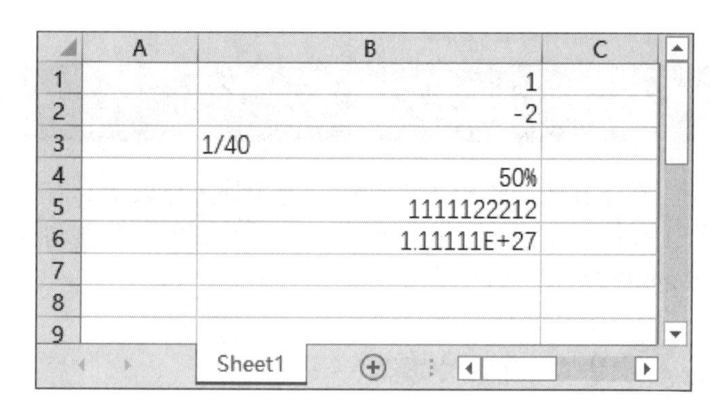

图 6-13 输入数字

每种数据类型的输入方法如下所述。

（1）输入正数：直接在单元格中输入数字即可，无须添加“+”号。

（2）输入负数：在数字前面添加“-”号或直接输入带括号的数字。例如，输入“(100)”则表示输入–100。

（3）输入分数：由于Excel中的日期格式与分数格式一致，所以在输入分母小于12的分数时，需要在分子前面添加数字0。例如，输入“1/10”时应先输入数字0，然后输入一个空格，再输入分数1/10即可。

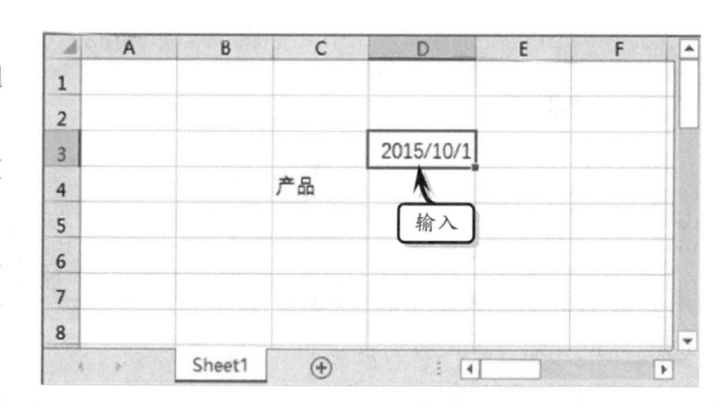

图 6-14 输入日期和时间

（4）输入百分数：直接在单元格中输入数字，然后在数字后面输入百分号“%”即可。

（5）输入小数：直接在指定的位置中输入小数点即可。

（6）输入长数字：当输入的数字过长时，单元格中的数字将以科学计数法显示，并且会自动将单元格的列宽调整到11位数字（包含小数点和指数符号E）。

（7）输入文本格式的数字：是将数字作为文本来输入，首先需要输入一个英文状态的单引号“'”，然后再输入数字。其中，单引号表示其后的数字按文本格式输入，一般情况下该方法适用于输入身份证号码。

3. 输入日期和时间

在输入时间时，时、分、秒之间需要用冒号“:”隔开。例如，输入9点时，首先输入数字9，然后输入冒号“:”(9:00)。在输入日期时，年、月、日之间需要用反斜杠“/”或连字符“-”隔开。例如，输入2009/7/1或者2009-6-1，如图6-14所示。

用户在输入时间和日期时，需要注意以下几点。

（1）日期和时间的数字格式：Excel会自动将时间和日期按照数字类型进行处理。其中，日期按序列数进行保存，表示当前日期距离1900年1月1日之间的天数；而时间按0~1之间的小数进行保存，如0.25表示上午6点、0.5表示中午12点等。由于时间和日期都是数字，因此可以利用函数与公式进行各种运算。

（2）输入12小时制的日期和时间：在输入12小时制的日期和时间时，可以在时间后面添加一个空格，并输入表示上午的AM与表示下午的PM字符串，否则Excel将自动以24小时制来显示输入的时间。

（3）同时输入日期和时间：在一个单元格中同时输入日期和时间时，需要在日期和时间之间用空格隔开，例如 2009-6-1 14：30。

技 巧

可以使用 Ctrl+；快捷键输入当前日期，使用 Ctrl+Shift+；快捷键输入当前时间。

6.3.2 编辑单元格

编辑单元格是制作 Excel 电子表格的基础，不仅可以运用自动填充功能实现数据的快速输入，而且还可以运用移动与复制功能完善工作表中的数据。

1．选择单元格

在编辑单元格之前，首先应选择该单元格。选择单元格可分为选择单元格或单元格区域。其中，单元格区域表示两个或两个以上的单元格，每个区域可以是某行或某列的单元格，或者是任意行或列的组合的矩形区域。选择单元格可以分为以下几种操作。

（1）选择单元格：在工作表中移动鼠标，当光标变成空心十字形状✚时单击即可。此时，该单元格的边框将以黑色粗线进行标识。

（2）选择连续的单元格区域：首先选择需要选择的单元格区域中的第一个单元格，然后拖动鼠标即可。此时，该单元格区域的背景将以蓝色显示。

（3）选择不连续的单元格区域：首先选择第一个单元格，然后按住 Ctrl 键逐一选择其他单元格即可。

（4）选择整行：将鼠标置于需要选择行的行号上，当光标变成向右的箭头➡时，单击即可。另外，用户选择一行后，按住 Ctrl 键依次选择其他行号，即可选择不连续的整行。

（5）选择整列：选择整列与选择整行的操作方法大同小异，也是将鼠标置于需要选择列的列标上，当光标变成向下的箭头⬇时，单击即可。同样，选择一列后，按住 Ctrl 键依次选择其他列标，即可选择不连续的整列。

（6）选择整个工作表：直接单击工作表左上角行号与列标相交处的【全部选定】按钮◢即可，或者按 Ctrl＋A 快捷键选择整个工作表。

2．插入单元格

执行【开始】|【单元格】|【插入】|【插入单元格】命令，或者按 Ctrl+Shift+=键。在弹出的【插入】对话框中选择相应的选项即可，如图 6-15 所示。

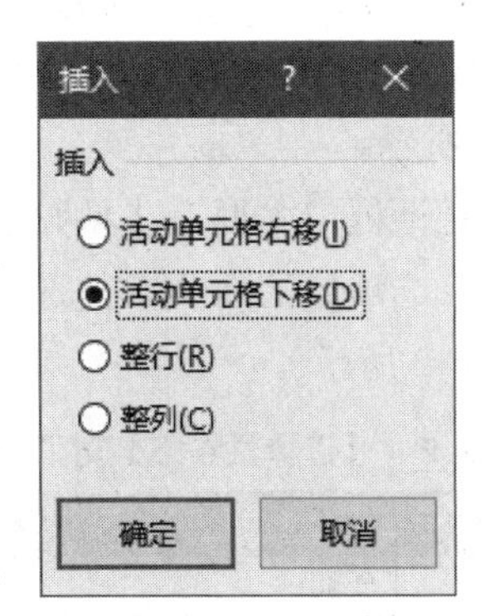

图 6-15 【插入】对话框

对话框中各选项的功能如下所述。

（1）活动单元格右移：表示插入单元格时，其右侧的其他单元格依次向右移动。

（2）活动单元格下移：表示插入单元格时，其下方的其他单元格依次向下移动。

（3）整行：表示在所选择的单元格上方插入一行。

（4）整列：表示在所选择的单元格前面插入一列。

提 示

执行【开始】|【单元格】|【删除】命令，在弹出的【删除】对话框中即可删除单元格。【删除】对话框中的选项与【插入】对话框中的选项一致。

3. 移动与复制单元格

移动单元格是将单元格中的数据移动到其他单元格中，原数据不能保留在原单元格中。复制单元格是将单元格中的数据复制到其他单元格中，原数据将继续保留在原单元格中。移动或复制单元格时，单元格中的格式也将被一起移动或复制。在移动与复制单元格数据时，可以通过拖动鼠标法或剪贴板法来完成。

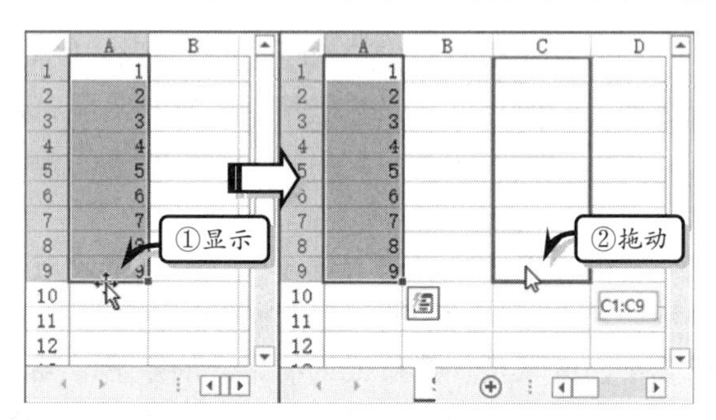

图 6-16 鼠标法复制单元格

1）鼠标法

移动单元格时，首先选择需要移动的单元格，然后将鼠标置于单元格的边缘上，当光标变成四向箭头形状时，拖动鼠标即可，如图 6-16 所示。

2）剪贴板法

剪贴板法是执行【开始】|【剪贴板】选项组中的各项命令。首先选择需要移动或复制的单元格，分别执行【剪切】命令或者【复制】命令来剪切或者复制单元格。然后选择目标单元格，执行【粘贴】下拉列表中相应的命令即可。

另外，还可以进行选择性粘贴。执行【开始】|【剪贴板】|【粘贴】|【选择性粘贴】命令，在弹出的【选择性粘贴】对话框中选择需要粘贴的选项即可，如图 6-17 所示。

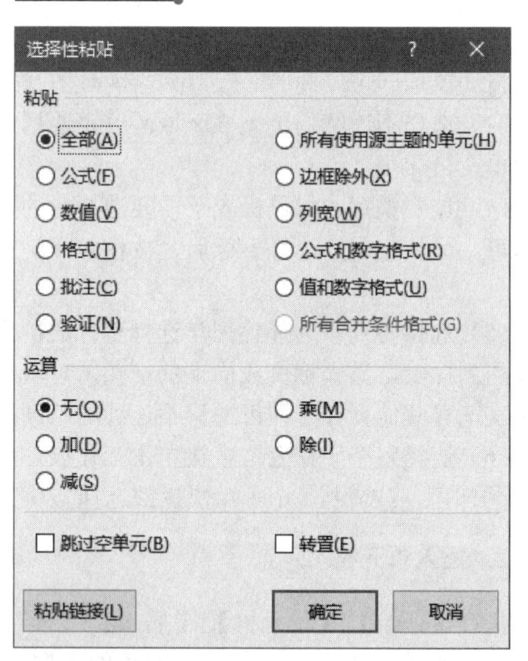

图 6-17 【选择性粘贴】对话框

该对话框中主要有【粘贴】和【运算】两个选项组的内容，其选项具体功能如表 6-2 所示。

表 6-2 【选择性粘贴】对话框中的选项及其功能

选项组	选项	功能
粘贴	全部	粘贴单元格中的所有内容和格式
	公式	仅粘贴单元格中的公式
	数值	仅粘贴在单元格中显示的数据值

续表

选项组	选项	功能
粘贴	格式	仅粘贴单元格格式
	批注	仅粘贴附加到单元格中的批注
	验证	仅粘贴单元格中的数据有效性验证规则
	所有使用源主题的单元	粘贴使用复制数据应用的文档主题格式的所有单元格内容
	边框除外	粘贴应用到单元格中的所有单元格内容和格式，边框除外
	列宽	仅粘贴某列或某个列区域的宽度
	公式和数字格式	仅粘贴单元格中的公式和所有数字格式选项
	值和数字格式	仅粘贴单元格中的值和所有数字格式选项
	所有合并条件格式	仅粘贴单元格中的合并条件格式
运算	无	指定没有数学运算要应用到所复制的数据
	加	指定要将所复制的数据与目标单元格或单元格区域中的数据相加
	减	指定要从目标单元格或单元格区域中的数据中减去所复制的数据
	乘	指定所复制的数据乘以目标单元格或单元格区域中的数据
	除	指定所复制的数据除以目标单元格或单元格区域中的数据
跳过空单元		表示当复制区域中有空单元格时，可避免替换粘贴区域中的值
转置		可将所复制数据的列变成行，将行变成列
粘贴链接		表示只粘贴单元格中的链接

6.3.3 编辑工作表

编辑工作表是根据字符串的长短和字号的大小来调整工作表的行高与列宽。另外，也可以根据编辑的需要，设置数据的填充效果以及显示比例。

1. 调整行高

选择需要更改行高的单元格或单元格区域，执行【开始】|【单元格】|【格式】|【行高】命令。在弹出的【行高】对话框中输入行高值即可，如图 6-18 所示。

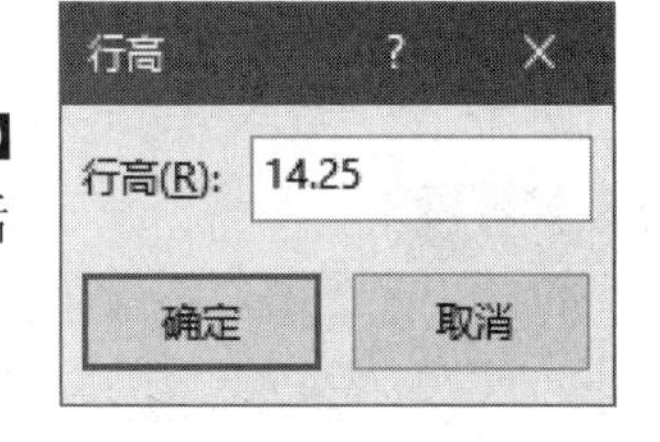

图 6-18 设置行高

提 示

在行号处右击选择【行高】选项，也可以打开【行高】对话框。

也可以通过拖动鼠标的方法调整行高。即将鼠标置于要调整行高的行号处，当光标变成单竖线双向箭头╪时，拖动鼠标即可。同时，双击即可自动调整该行的行高。

另外，可以根据单元格中的内容自动调整行高。执行【开始】|【单元格】|【格式】命令，选择【自动调整行高】选项即可。

2. 调整列宽

调整列宽的方法与调整行高的方法大体一致。选择需要调整列宽的单元格或单元格

区域后，执行【开始】|【单元格】|【格式】|【列宽】命令，在弹出的【列宽】对话框中输入列宽值即可，如图 6-19 所示。

也可以将鼠标置于列标处，当光标变成单竖线双向箭头✛时，拖动鼠标或双击即可。另外，执行【开始】|【单元格】|【格式】|【自动调整列宽】命令，可根据单元格内容自动调整列宽。

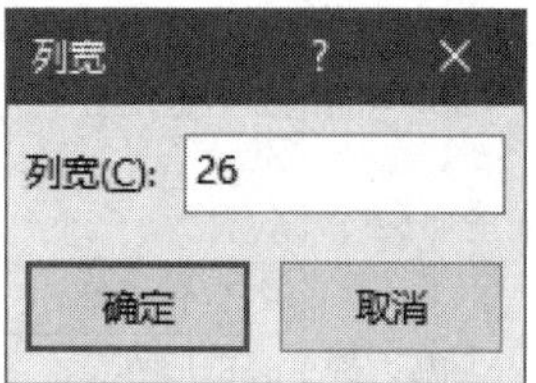

图 6-19 调整列宽

3. 填充数据

为了提高录入数据的速度与准确性，可以利用 Excel 提供的自动填充功能实现数据的快速录入。

1）填充柄填充

填充柄是位于选定区域右下角的黑色小方块。在编辑工作表时，当整行或整列需要输入相同的数据时，可以利用填充柄来填充相邻单元格中的数据。使用填充柄，可以复制没有规律性的数据，并且可以向下、向上、向左、向右填充数据。

将鼠标置于该单元格的填充柄上，当光标变成实心十字形状✚时，拖动鼠标至要填充的单元格区域即可，如图 6-20 所示。

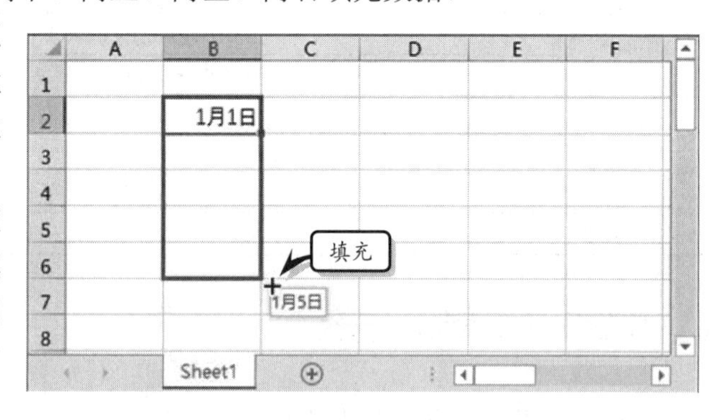

图 6-20 填充柄填充

利用填充柄填充数据后，在单元格的右下角会出现【自动填充选项】下拉按钮，在该下拉列表中可以选择相应的选项，其中各选项的功能如下所述。

（1）复制单元格：选择该选项表示复制单元格中的全部内容，包括单元格数据以及格式等。

（2）仅填充格式：选择该选项表示只填充单元格的格式。

（3）不带格式填充：选择该选项表示只填充单元格中的数据，不复制单元格的格式。

提　示

【自动填充选项】下拉列表中的选项，会因为填充方式不同而自动更改。例如，当快速填充数据时，其显示的填充选项将会显示【填充序列】和【快速填充】选项。

2）【填充】命令填充

在 Excel 中不仅可以利用填充柄实现自动填充，还可以利用【填充】命令实现多方位填充。选择需要填充的单元格或单元格区域，执行【开始】|【编辑】|【填充】命令，在下拉列表中选择相应的选项即可。

【填充】下拉列表中的各选项功能如下所述。

（1）向下：选择该选项表示向下填充数据。

（2）向右：选择该选项表示向右填充数据。

（3）向上：选择该选项表示向上填充数据。

（4）向左：选择该选项表示向左填充数据。

（5）成组工作表：选择该选项可以在不同的工作表中填充数据。

（6）系列：选择该选项可以在弹出的【序列】对话框中控制填充的序列类型。该对话框中的各选项及其功能如表 6-3 所示。

（7）两端对齐：选择该选项可以在单元格内容过长时进行换行，以便重排单元格中的内容。

表 6-3 【序列】对话框中的选项及其功能

类 型	选 项	功 能
系列产生在	行	将数据序列填充到行
	列	将数据序列填充到列
类型	等差序列	使每个单元格中的值按照添加“步长值”而计算出的序列
	等比序列	按照“步长值”依次与每个单元格值相乘而计算出的序列
	日期	按照“步长值”以递增方式填充数据值的序列
	自动填充	获得在拖动填充柄产生相同结果的序列
预测趋势		利用单元格区域顶端或左侧中存在的数值计算步长值，并根据这些数值产生一条最佳拟合直线（对于等差级数序列），或一条最佳拟合指数曲线（对于等比级数序列）
步长值		从目前值或默认值到下一个值之间的差，可正可负，正步长值表示递增，负步长值表示递减，默认下的步长值是 1
终止值		在该文本框中可以输入序列的终止值

提 示

选择【系列】命令中的【预测趋势】选项时，步长值与终止值将不可用。另外，当单元格中的数据为数据或公式时，【两端对齐】选项也不可用。

6.4 管理工作表

每个工作簿默认为一个工作表，用户可以根据工作习惯与需求添加或删除工作表。另外，用户还可以隐藏已存储数据的工作簿，以防止数据被偷窥。本节主要介绍选择工作表、插入工作表以及显示与隐藏工作表等操作。

6.4.1 选择工作表

在工作簿中进行某项操作时，首先应该选择相应的工作表，使其变为活动工作表，然后才可以编辑工作表中的数据。选择工作表时，可以选择一个工作表，也可以同时选择多个工作表。

1. 选择单个工作表

在工作簿中直接单击工作表标签即可选定一个工作表。另外，还可以通过右击标签滚动按钮来选择工作表。

2. 选择多个工作表

选择多个工作表即使用“工作组”法，选择相邻的或不相邻的工作表。

（1）选定相邻的工作表：首先选择第一个工作表后按住 Shift 键，然后选择最后一个工作表即可。此时，在工作表的标题上将显示“工作组”字样，如图 6-21 所示。

（2）选定不相邻的工作表：选择第一个工作表标签后按住 Ctrl 键，同时单击需要选择的工作表标签即可。

（3）选定全部的工作表：右击工作表标签，选择【选定全部工作表】选项即可。

图 6-21　选择相邻的工作表

6.4.2　更改表数量

在工作簿中，可以通过插入与删除的方法来更改工作表的数量。另外，还可以通过【Excel 选项】对话框更改默认的工作表数量。

1．插入工作表

在工作簿中，可以运用按钮、命令与快捷键等方法来插入新的工作表。

（1）按钮插入：直接单击工作表标签右侧的【新工作表】按钮即可。

（2）命令插入：执行【开始】|【单元格】|【插入工作表】命令即可。

（3）右击插入：右击活动的工作表标签执行【插入】命令，在弹出的【插入】对话框中的【常用】选项卡中选择【工作表】选项即可，如图 6-22 所示。

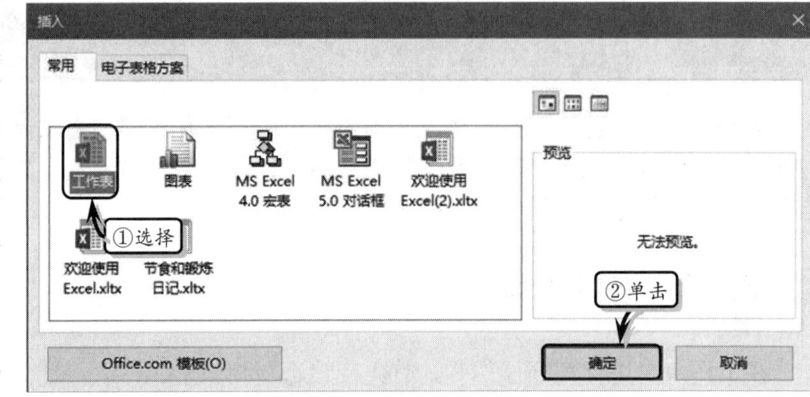

图 6-22　插入工作表

（4）快捷键插入：选择工作表标签，按 F4 键即可在其工作表前插入一个新工作表。

提　示

在使用快捷键插入工作表时，需要注意此方法必须在插入一次工作表的操作基础上才可使用。

2．删除工作表

选择要删除的工作表，执行【开始】|【单元格】|【删除】|【删除工作表】命令，

即可删除所选的工作表。另外，在需要删除的工作表标签上右击，执行【删除】命令即可。

3．更改默认数量

执行【文件】|【选项】命令，在弹出的【Excel 选项】对话框中激活【常规】选项卡，更改【新建工作簿时】选项组中的【包含的工作表数】选项的值即可，如图 6-23 所示。

另外，还可以在功能区空白处右击，执行【自定义快速访问工具栏】选项，在弹出的【Excel 选项】对话框中激活【常规】选项卡，在该选项卡中设置工作表的个数。

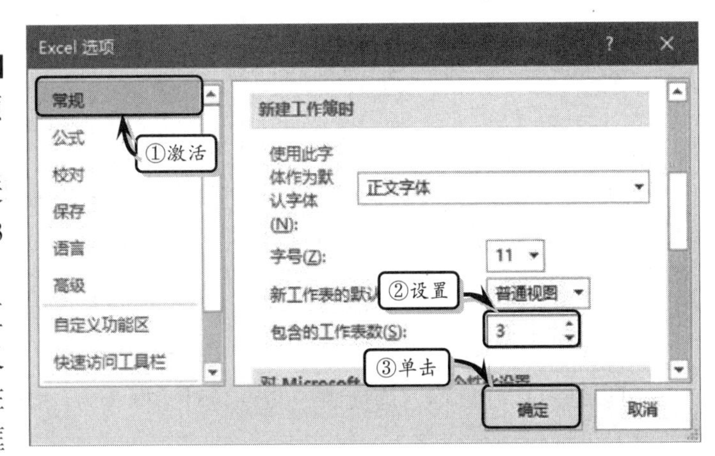

图 6-23 更改默认数量

6.4.3 隐藏与恢复工作表

在使用 Excel 表格处理数据时，为了保护工作表中的数据，也为了避免对固定数据操作失误，可以对其进行隐藏与恢复。

1．隐藏工作表

隐藏工作表主要包含对工作表中的行、列及工作表的隐藏。

（1）隐藏行：选择要隐藏的行所在的某个单元格，执行【开始】|【单元格】|【格式】|【隐藏和取消隐藏】或【隐藏行】命令即可。

（2）隐藏列：选择要隐藏的列所在的某个单元格，执行【开始】|【单元格】|【格式】|【隐藏和取消隐藏】或【隐藏列】命令即可。

（3）隐藏工作表：选择要隐藏的工作表，执行【开始】|【单元格】|【格式】|【隐藏和取消隐藏】或【隐藏工作表】命令即可。

2．恢复工作表

隐藏行、列、工作表后，若需要显示行、列或工作表的内容，可以对其进行恢复操作。

（1）取消隐藏行：首先按 Ctrl+A 快捷键选择整个工作表。然后执行【开始】|【单元格】|【格式】|【隐藏和取消隐藏】|【取消隐藏行】命令即可。

（2）取消隐藏列：首先按 Ctrl+A 快捷键选择整个工作表。然后执行【开始】|【单元格】|【格式】|【隐藏和取消隐藏】|【取消隐藏列】命令即可。

（3）取消隐藏工作表：执行【开始】|【单元格】|【格式】|【隐藏和取消隐藏】|【取消隐藏工作表】命令，在弹出的【取消隐藏】对话框中选择需要取消的工作表名称即可，如图 6-24 所示。

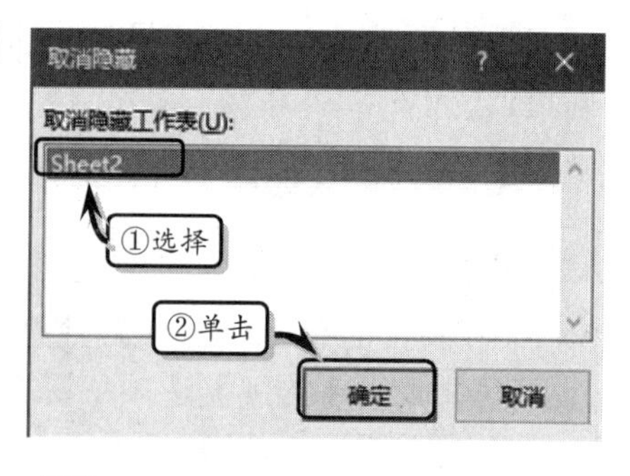

图 6-24 取消隐藏工作表

6.4.4 移动与复制工作表

在 Excel 中，不仅可以通过移动工作表来改变工作表的顺序，而且还可以通过复制工作表的方法建立工作表副本，以便可以保留原有数据，使其不被破坏。

1. 移动工作表

可以通过拖动鼠标、选项组、命令与对话框等方法来移动工作表。

1）鼠标移动工作表

单击需要移动的工作表标签，将该工作表标签拖动至需要放置的工作表标签后，松开鼠标即可。

2）启用命令移动工作表

右击工作表标签，执行【移动或复制工作表】命令，在弹出的【移动或复制工作表】对话框中的【下列选定工作表之前】下拉列表中选择相应的选项即可。另外，在【将选定工作表移至工作簿】下拉列表中，选择另外的工作簿即可在不同的工作表之间进行移动，如图 6-25 所示。

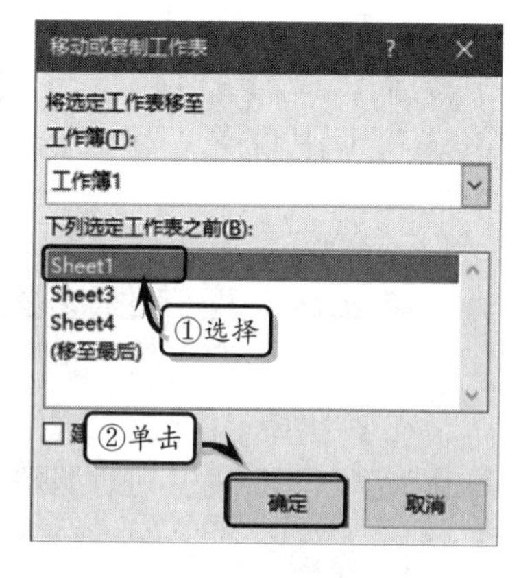

图 6-25 移动工作表

3）选项组移动工作表

选择需要移动的工作表标签，执行【开始】|【单元格】|【格式】|【移动或复制工作表】命令，在弹出的【移动或复制工作表】对话框中选择相符的选项即可。

4）对话框移动工作表

首先，执行【视图】|【窗口】|【全部重排】命令，在弹出的【重排窗口】对话框中选择相符的选项，单击【确定】按钮。然后，选择“商品销售表”中的工作表标签 Sheet2，拖动至“工作簿 1”中松开鼠标即可，如图 6-26 所示。

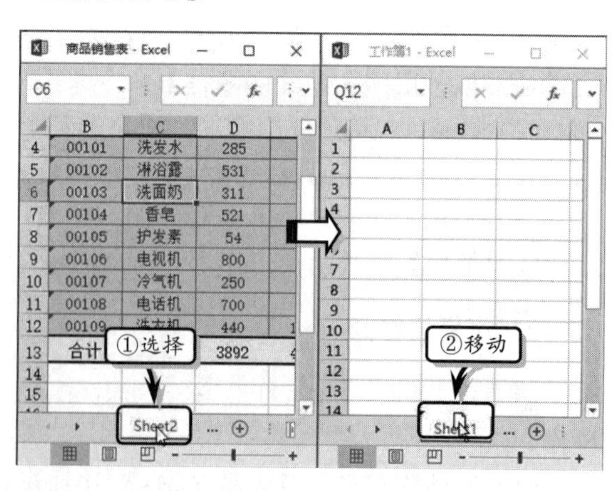

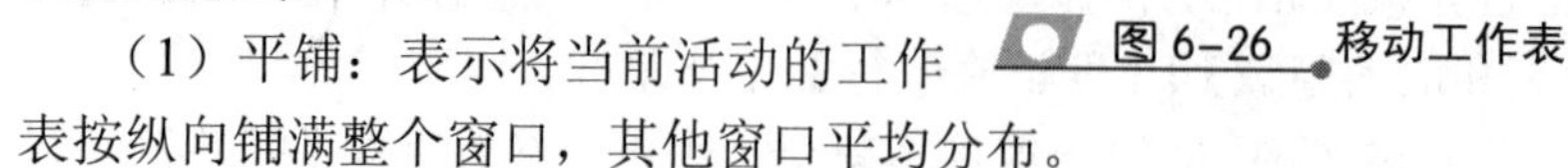

图 6-26 移动工作表

【重排窗口】对话框中提供了 4 种窗口排列方式。

（1）平铺：表示将当前活动的工作表按纵向铺满整个窗口，其他窗口平均分布。

（2）水平并排：表示将所有打开的工作簿窗口按水平方式并排排列。

（3）垂直并排：表示将所有打开的工作簿窗口按垂直方式并排排列。

（4）层叠：表示将所有打开的工作簿窗口按层叠排列。

2. 复制工作表

复制工作表与对话框移动工作表的显示名称一样，在复制后的工作表的名称中添加一个带括号的编号。例如，原工作表名为 Sheet1，第一次复制该工作表后的名称为 Sheet1(2)，第二次复制该工作表后的名称为 Sheet1(3)，以此类推。操作方法与移动工作表的操作方法基本相同。

（1）鼠标复制：选择需要复制的工作表标签按住 Ctrl 键，同时将工作表标签拖动至需要放置的工作表标签之后，松开鼠标即可。

（2）命令复制：右击工作表标签执行【移动或复制工作表】命令，在弹出的【移动或复制工作表】对话框中选择相符的选项后，启用【建立副本】复选框即可。

（3）选项组复制：执行【开始】|【单元格】|【格式】|【移动或复制工作表】命令，在弹出的【移动或复制工作表】对话框中选择相符的选项后，选中【建立副本】复选框即可。

（4）对话框复制：重排窗口后按住 Ctrl 键，同时在不同窗口间拖动工作表标签即可。

6.5 课堂练习：航班时刻表

在实际工作中，使用 Excel 来制作各种交通工具时刻表，是非常方便的。下面通过运用设置数字和时间格式，以及对单元格进行对齐方式的设置等知识，来制作一份航班时刻表，如图 6-27 所示。

	B	C	D	E	F	G
1	北京至广州航班时刻表					
2	航班号	机型	起飞时间	到港时间	起始日期	截止日期
3	CA1351	JET	7:45:00	10:50:00	2014年1月4日	2014年1月23日
4	HU7803	767	8:45:00	11:40:00	2014年12月13日	2014年3月24日
5	CA1321	777	8:45:00	11:50:00	2014年1月2日	2014年1月25日
6	CZ3196	757	8:45:00	11:55:00	2014年12月13日	2014年3月24日
7	CZ3162	319	9:55:00	13:00:00	2014年12月14日	2014年3月24日
8	CA1315	772	11:25:00	14:20:00	2014年1月2日	2014年1月23日
9	CZ3102	777	11:55:00	15:05:00	2014年10月29日	2014年1月1日
10	CZ346	77B	12:55:00	16:05:00	2014年12月30日	2014年3月25日
11	CZ3106	JET	14:00:00	17:05:00	2014年10月31日	2014年1月1日
12	CA1327	320	14:10:00	17:15:00	2014年12月6日	2014年3月24日
13	HU7801	767	14:55:00	17:45:00	2014年12月14日	2014年3月24日

Sheet1

图 6-27 航班时刻表

操作步骤

1 设置行高。单击【全选】按钮，选择整个工作表，右击行标签执行【行高】命令，设置工作表的行高，如图 6-28 所示。

2 制作标题。选择单元格区域 B1:G1，执行【开始】|【对齐方式】|【合并后居中】命令，如图 6-29 所示。

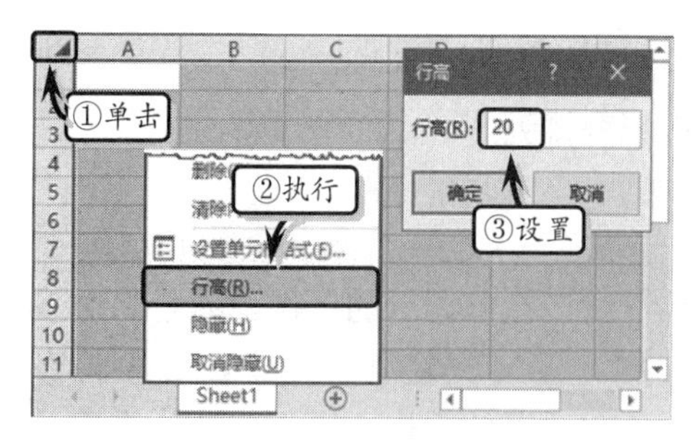

图 6-28 设置行高

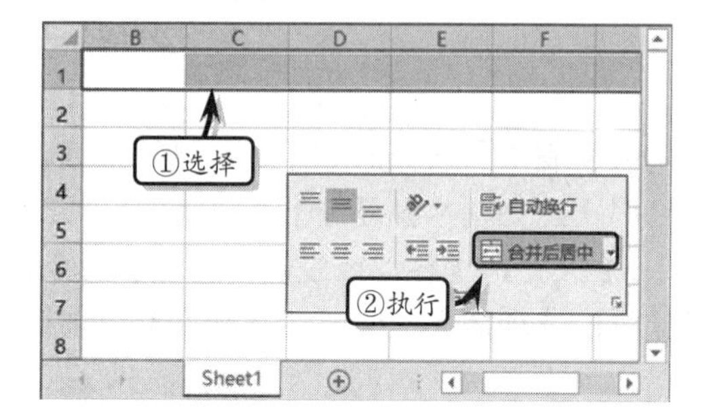

图 6-29 合并单元格区域

3 在合并后的单元格中输入标题文本，执行【开始】|【字号】|14 命令，同时执行【加粗】命令，如图 6-30 所示。

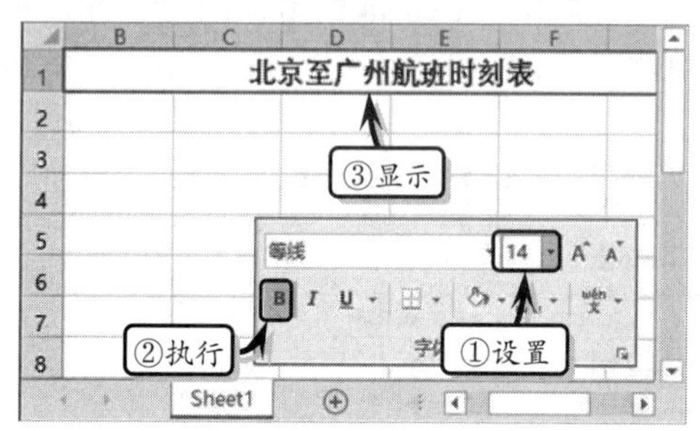

图 6-30 设置标题

4 将鼠标移至第 1 行行标签分隔处，当鼠标变成“十”字形状时，拖动鼠标调整行高，如图 6-31 所示。

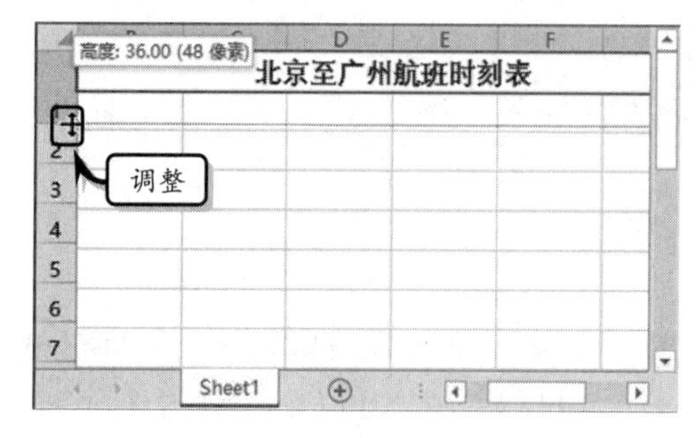

图 6-31 调整单行行高

5 设置数据格式。输入基础数据，选择单元格区域 D3:E13，执行【开始】|【数字】|【数字格式】|【时间】命令，如图 6-32 所示。

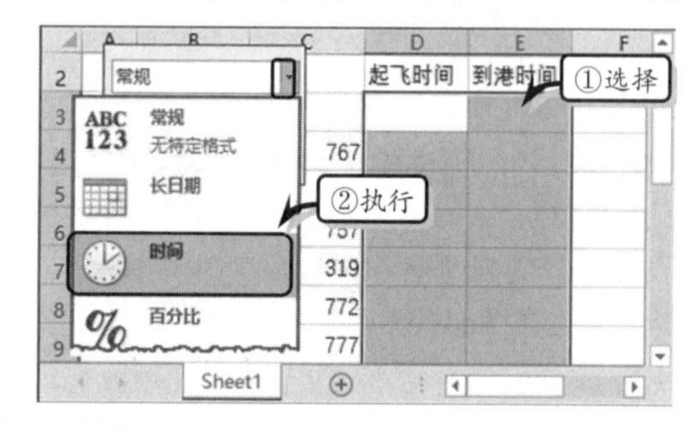

图 6-32 设置时间格式

6 选择单元格区域 F3:G13，执行【开始】|【数字】|【数字格式】|【长日期】命令，如图 6-33 所示。

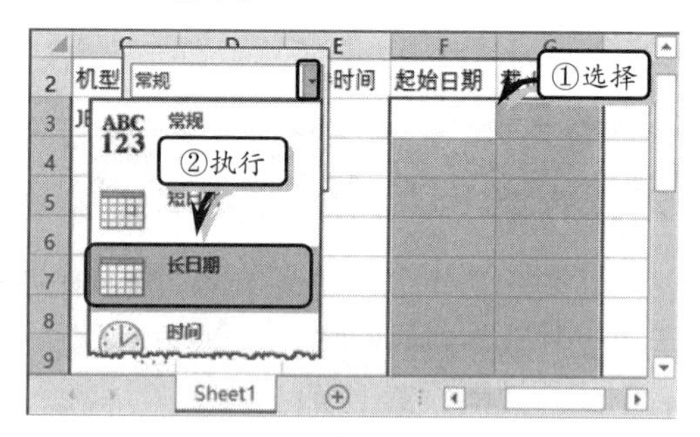

图 6-33 设置长日期格式

7 美化表格。输入时间和日期数据，选择单元格区域 B2:G13，执行【开始】|【字体】|【字体】|【隶书】命令，同时执行【字号】|12 命令，如图 6-34 所示。

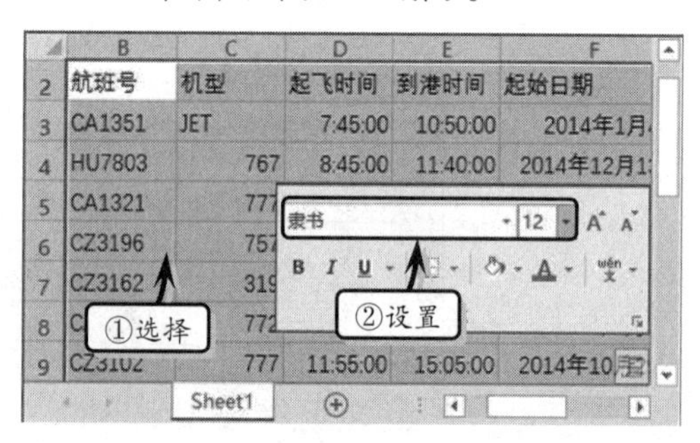

图 6-34 设置字体格式

8 然后，执行【开始】|【边框】|【所有框线】命令，以及【对齐方式】|【居中】命令，如图 6-35 所示。

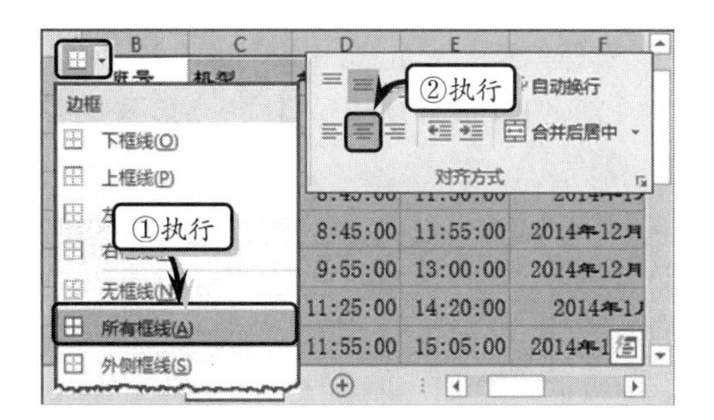

图 6-35 设置边框格式

6.6 课堂练习：学生成绩表

学生成绩表是统计学生考试成绩的一种表格。通过学生成绩表，可以反映出学生的学习情况，以及方便老师查阅学生的成绩，及时针对学生做出合理的教学方案。下面介绍学生成绩表的具体实现步骤，如图 6-36 所示。

期末成绩表					
学号	姓名	语文	数学	外语	总分
060001	陈东东	80	88	87	255
060002	吴艳晓	98	75	87	260
060003	何小飞	80	98	88	266
060004	李兵	89	76	86	251
060005	苏永刚	89	87	85	261
060006	范琳	87	88	85	260
060007	毛静波	87	87	86	260
060008	杨丹	85	86	86	257
060009	杨芳	82	80	87	249
060010	刘占	78	85	90	253

图 6-36 学生成绩表

操作步骤

1 输入文本信息。选择单元格 B1，输入文字“期末成绩表”，按 Enter 键完成输入，如图 6-37 所示。

	A	B	C	D	E
1		期末成绩表			

图 6-37 输入标题文本

2 在表格中输入列标题、学生姓名和各科考试成绩，如图 6-38 所示。

	B	C	D	E	F
1	期末成绩表				
2	学号	姓名	语文	数学	外语
3		陈东东	80	88	87
4		吴艳晓	98	75	87
5		何小飞	80	98	88
6		李兵	89	76	86
7		苏永刚	89	87	85
8		范琳	87	88	85
9		毛静波	87	87	86
10		杨丹	85	86	86
11		杨芳	82	80	87

图 6-38 输入基础数据

3 输入以 0 开头的数据。选择单元格 B3，在编辑栏中先输入英文状态下的“'”符号，然后继续输入数字“060001”，如图 6-39 所示。

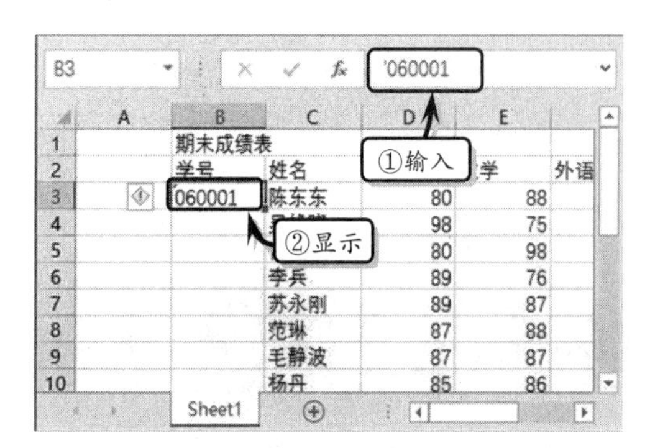

图 6-39 输入以零开头的数据

4 选择单元格 B3，将鼠标移至单元格右下角，当鼠标变成“十”字形状时，拖动鼠标向下填充到单元格 B12 中，如图 6-40 所示。

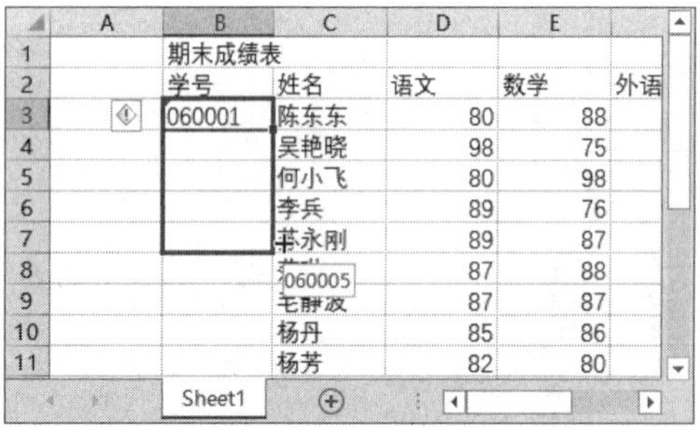

图 6-40 填充数据

5 输入计算公式。选择单元格 G3，在【编辑栏】中输入公式“=D3+E3+F3”，单击【编辑栏】左侧的【输入】按钮，完成公式的输入，如图 6-41 所示。

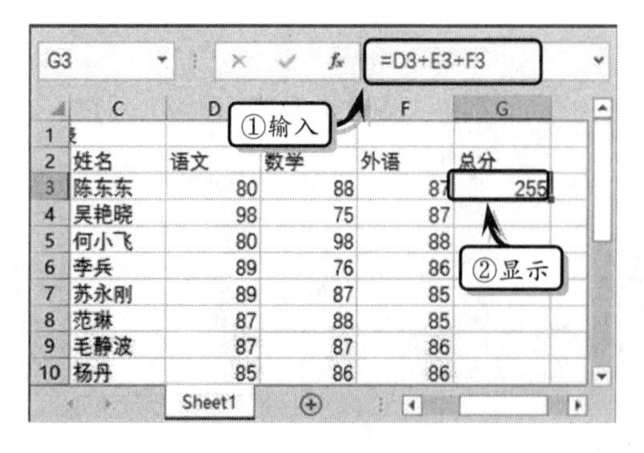

图 6-41 计算数据

6 选择单元格区域 G3:G12，执行【开始】|【编辑】|【填充】|【向下】命令，如图 6-42 所示。

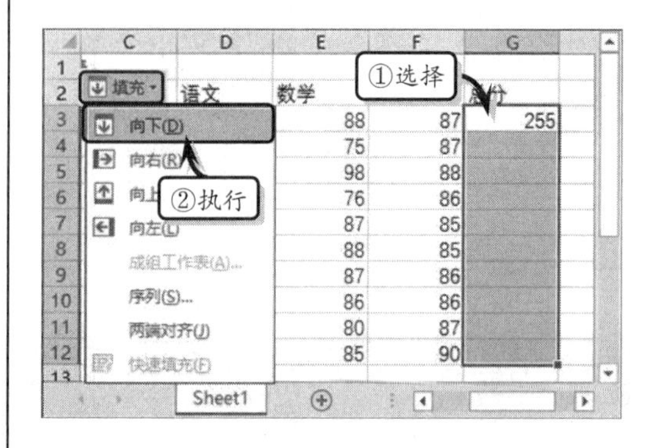

图 6-42 填充公式

7 设置文本格式。选择单元格 B1，执行【开始】|【字体】|【字体】|【华文行楷】命令，同时执行【字号】|20 命令，如图 6-43 所示。

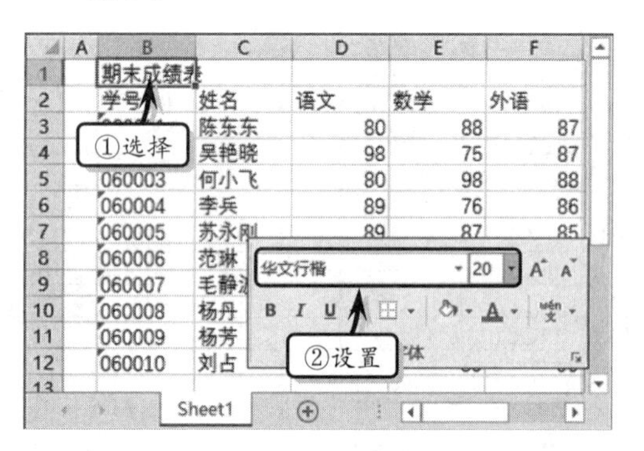

图 6-43 设置标题文本格式

8 选择单元格区域 B2:G2，执行【开始】|【字体】|【加粗】命令，如图 6-44 所示。

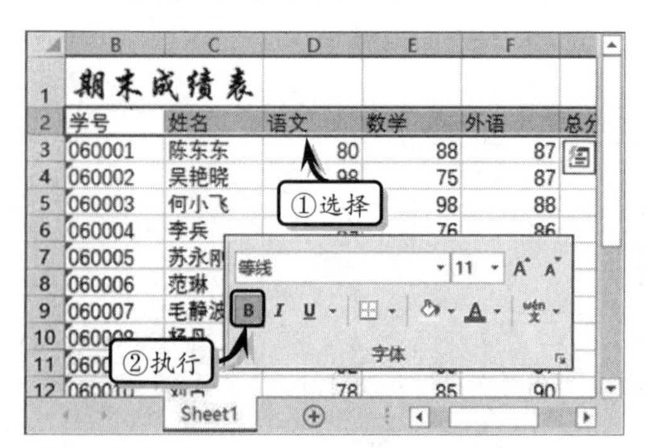

图 6-44 设置列标题字体格式

9 合并单元格区域。选择单元格区域 B1:G1，执行【开始】|【对齐方式】|【合并后居中】命令，如图 6-45 所示。

图 6-45 合并单元格

10 设置对齐方式。选择单元格区域 B2:G12，执行【开始】|【对齐方式】|【居中】命令，如图 6-46 所示。

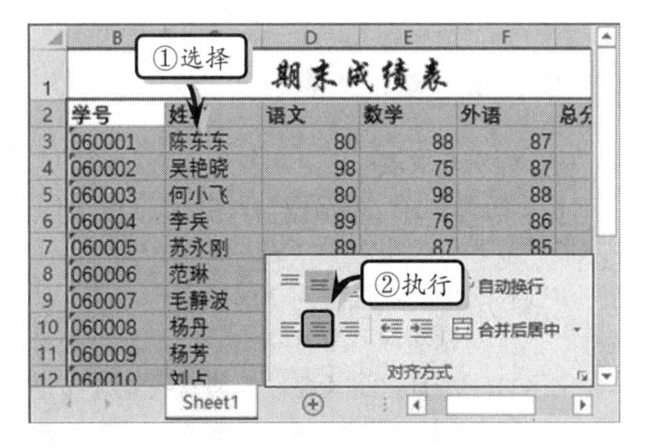

图 6-46 设置居中对齐格式

11 设置边框格式。选择单元格区域 B2:G12，执行【开始】|【字体】|【边框】|【所有框线】命令，如图 6-47 所示。

图 6-47 设置边框格式

12 设置行高。选择第 1 行，将鼠标移至行标签分隔处，当鼠标变成“十”字形状时，拖动鼠标调整该行的行高，如图 6-48 所示。

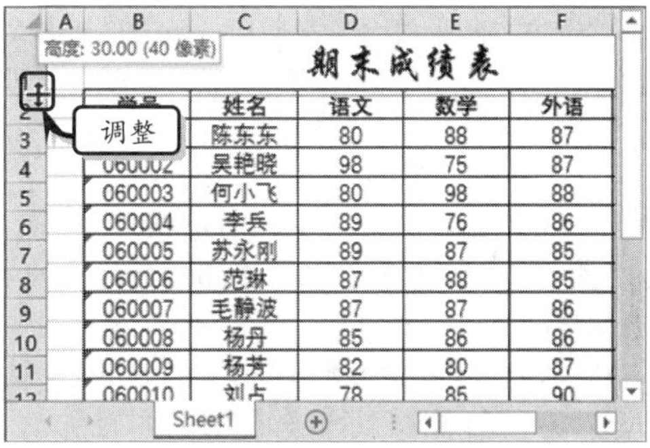

图 6-48 调整行高

6.7 思考与练习

一、填空题

1．Excel 中的名称框主要用于定义或显示________。

2．单元格是 Excel 中的最小单位，主要是由________组成的，其名称（单元格地址）通过行号与列标来显示。

3. 在创建空白工作簿时，可以使用________快捷键进行快速创建。

4．Excel 具有自动保存功能，用户需要在________对话框中设置自动保存功能。

5．在 Excel 中输入文本时，系统会自动将文本进行_____对齐。

6．在 Excel 中输入负数时，除了运用“-”符号来表示负数之外，还可以利用_____符号来表示负数。

7．在输入时间时，时、分、秒之间需要用_____隔开。在输入日期时，年、月、日之间需要用_____或用_____隔开。

8．填充柄是________，将鼠标置于该单元格的填充柄上，当光标变成实心十字形状✚时，拖动鼠标即可填充数据。

二、选择题

1. 在单元格中输入公式时，【填充】命令中的________选项将不可用。

A.【系列】　　　　B.【两端对齐】

C.【成组工作表】　　D.【向上】

2. 在 Excel 中使用________键可以选择相邻的工作表，使用________键可以选择不相邻的工作表。

A. Shift　　　　B. Alt

C. Ctrl　　　　D. Enter

3. 工作表的视图模式主要包括普通、页面布局与________三种。

A. 缩略图　　　　B. 文档结构图

C. 分页预览　　　D. 全屏显示

4. 可以使用________快捷键或________键，快速打开【另存为】对话框。

A. F4　　　　B. F12

C. Ctrl+S　　　D. Alt+S

5. 在 Excel 中输入分数时，由于日期格式与分数格式一致，所以在输入分数时需要在分子前添加________。

A. “–” 号　　　B. “/” 号

C. 0　　　　　D. 00

6. 在输入 12 小时制的日期和时间时，可以在时间后面添加一个________，并输入表示上午的 AM 与表示下午的 PM 字符串，否则 Excel 将自动以 24 小时制来显示输入的时间。

A. 表示时间的 “:”

B. 表示分隔的 “-”

C. 空格

D. 任意符号

三、问答题

1. 创建工作簿可以分为哪几种方法？简述每种方法的操作步骤。

2. 简述填充数据的方法。

3. 简述隐藏与恢复工作表的作用与步骤。

四、上机练习

1. 运用【成组工作表】选项填充数据

在本练习中，主要运用【填充】命令中的【成组工作表】选项来填充数据，如图 6-49 所示。首先单击【新工作表】按钮，插入两个工作表，并在工作表标签为 Sheet1 的工作表中的 A1 单元格中输入“奥运”，执行【开始】|【字体】|【加粗】命令。然后选择工作表标签 Sheet1 后按住 Ctrl 键，同时选择 Sheet2 与 Sheet3。此时，在工作表标题上将显示“工作组”字样。最后，执行【开始】|【编辑】|【填充】|【成组工作表】命令，在弹出的【填充成组工作表】对话框中选中【全部】单选按钮即可。

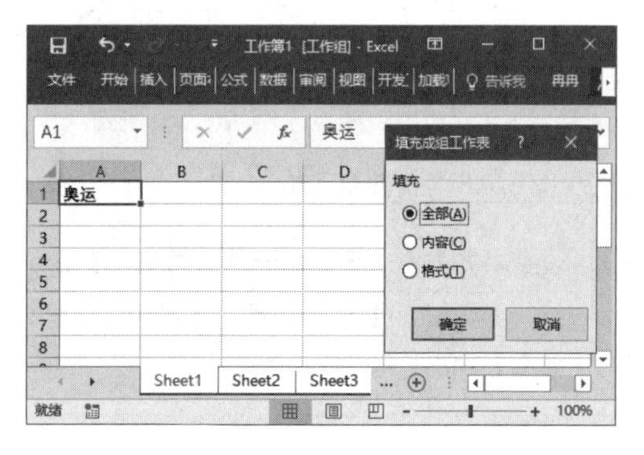

图 6-49 填充数据

2. 火车车次表

在本练习中，主要运用输入数据、自动填充等功能来制作一份火车车次表，如图 6-50 所示。首先将工作表的行高设置为 20，运用自动填充功能输入车次与站次以及其他相关数据。然后合并单元格区域 A1:J1，将【字体】格式设置为【加粗】，将【字号】设置为 14，并输入“火车车次表”。最后，选择单元格区域 A2:J14，执行【开始】|【对齐方式】|【居中】命令即可。

火车车次表

车次	站次	站名	到达时间	开车时间	运行时间	里程	硬座	硬卧上/下
2071/2074	1	北京西	始发站	22:43	0分	0	0	0/0
2071/2075	2	霸州	23:38	23:44	55分	92	14	60/68
2071/2076	3	任丘	0:19	0:23	1小时36分	147	21	67/75
2071/2077	4	衡水	1:45	1:52	3小时2分	274	37	83/91
2071/2078	5	临清	3:01	3:24	4小时18分	380	48	94/102
2071/2079	6	聊城	3:57	4:07	5小时14分	426	55	103/110
2071/2080	7	梁山	4:53	4:55	6小时10分	502	64	121/128
2071/2081	8	郓城	5:11	5:13	6小时28分	526	67	125/134
2071/2082	9	菏泽	5:53	6:08	7小时10分	582	73	136/146

图 6-50 火车车次表

第 7 章

美化工作表

Excel 提供了一系列的格式集，通过该格式集可以设置数据与单元格的格式，从而使工作表的外观更加美观、整洁与合理。例如，可以利用条件格式来设置单元格的样式，使工作表具有统一的风格。另外，还可以通过设置边框与填充颜色以及应用样式等，使工作表具有清晰的版面与优美的视觉效果。在本章中，主要讲解美化工作表中的数据、边框、底纹等基础知识与操作技巧。

本章学习目的：

- 美化数据
- 美化边框
- 设置填充颜色
- 设置对齐格式
- 设置样式

7.1 美化数据

美化数据即设置数据的格式，又称为格式化数据。Excel 提供了文本、数字、日期等多种数字显示格式，默认情况下的数据显示格式为常规格式。可以运用 Excel 中自带的数据格式，根据不同的数据类型来美化数据。

7.1.1 美化文本

美化文本即设置单元格中的文本格式，主要包括设置字体、字号、效果格式等内容。通过美化文本，不仅可以突出工作表中的特殊数据，而且还可以使工作表的版面更加美观。

1. 选项组法

Excel 工作表中默认的【字体】类型为【宋体】，默认的【字号】为 11。此时，选择需要更改字体的单元格或单元格区域，执行【开始】选项卡【字体】选项组中的各种命令即可。

（1）设置字体格式：单击【字体】下拉按钮，在下拉列表中选择相应的选项即可。

（2）设置字号格式：单击【字号】下拉按钮，在下拉列表中选择相应的选项即可。

（3）设置字形格式：单击【加粗】按钮 B、【倾斜】按钮 I、【下划线】按钮 U 即可。

（4）设置颜色格式：单击【字体颜色】下拉按钮 A，在【主题颜色】或【标准色】选项组中选择相应的颜色即可。另外，还可以执行【其他颜色】命令，在【颜色】对话框中选择相应的颜色，如图 7-1 所示。

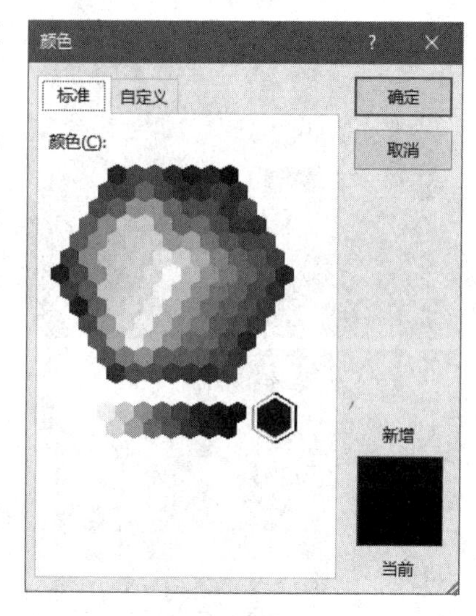

图 7-1 【颜色】对话框

该对话框主要包括【标准】与【自定义】两个选项卡。在【标准】选项卡中，可以选择任意一种色块作为字体颜色。除此之外，还可以在【自定义】选项卡中的【颜色模式】下拉列表中设置 RGB 颜色或 HSL 颜色模式，如图 7-2 所示。

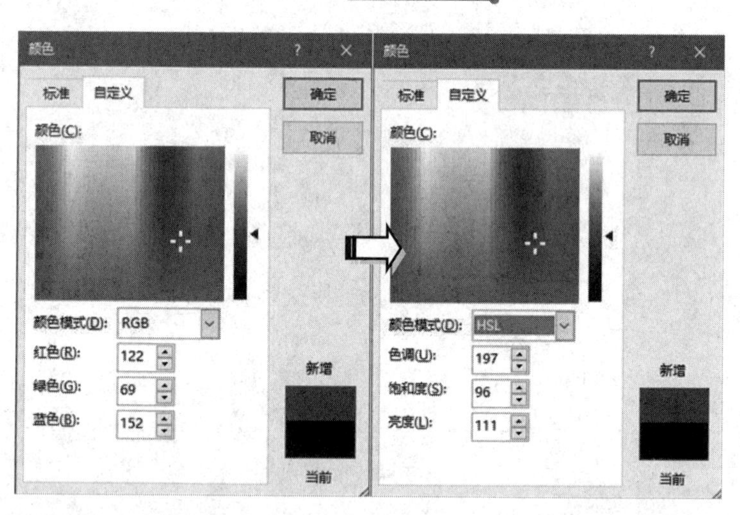

图 7-2 自定义颜色

【自定义】选项卡中的两种颜色模式的功能如下所述。

（1）RGB 颜色模式：该模式主要由红、绿、蓝三种基色共 256 种颜色组成，每种基色的度量值介于 0～255 之间。可以通过直接单击【红色】、【绿色】和【蓝色】微调按钮，或在微调框中直接输入颜色值的方法来设置字体颜色。

（2）HSL 颜色模式：主要基于色调、饱和度与亮度三种效果来调整颜色。在【色调】、【饱和度】与【亮度】微调框中设置数值即可。其中，各数值的取值范围为 0～255。

2. 对话框法

还可以利用对话框来设置字体格式。在【开始】选项卡中，单击【字体】选项组中的【对话框启动器】按钮，在弹出的【设置单元格格式】对话框中的【字体】选项卡中设置各选项即可，如图 7-3 所示。

该对话框主要包括下列各选项。

（1）字体：用来设置文本的字体格式。

（2）字形：用来设置文本的字形格式，相对于【字体】选项组多了【加粗 倾斜】格式。

（3）字号：用来设置字号格式。

（4）下划线：用来设置字形中的下划线格式，包括无、单下划线、双下划线、会计用单下划线、会计用双下划线 5 种类型。

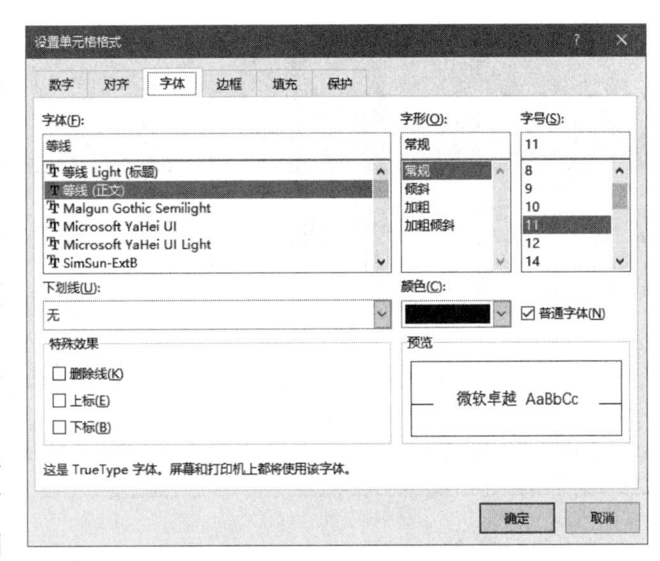

图 7-3 设置字体格式

（5）颜色：用来设置文字颜色格式，包括主题颜色、标准色与其他颜色。

（6）特殊效果：用来设置字体的删除线、上标与下标三种特殊效果。

（7）普通字体：选中该复选框时，会将字体格式恢复到原始状态。

技 巧

在设置字体格式时，也可以直接使用 Ctrl+B 快捷键设置加粗格式，使用 Ctrl+I 快捷键设置倾斜格式，使用 Ctrl+U 快捷键设置下划线格式。

7.1.2 美化数字

在使用 Excel 制作电子表格时，最经常使用的数据便是日期、时间、百分比、分数等数字数据。下面便通过选项组与对话框来讲解美化数字的操作方法与技巧。

1. 选项组法

选择需要美化数字的单元格或单元格区域，执行【开始】选项卡【数字】选项组中的各种命令即可，其中各种命令的按钮与功能如表 7-1 所示。

表 7-1 【数字】选项组命令及其功能

按 钮	命 令	功 能
←.0 .00	增加小数位数	启用此命令，数据增加一个小数位
.00 →.0	减少小数位数	启用此命令，数据减少一个小数位
,	千位分隔符	启用此命令，每个千位间显示一个逗号
	会计数字格式	启用此命令，数据前显示使用的货币符号
%	百分比样式	启用此命令，在数据后显示使用百分比形式

另外，可以执行【开始】|【数字】|【数字格式】命令，在下拉列表中选择相应的格式即可。其中，【数字格式】命令中的各种图标名称与示例如表 7-2 所示。

表 7-2 【数字格式】命令

图　标	选　项	示　例
ABC 123	常规	无特定格式，如 ABC
12	数字	12345.00
	货币	￥12345.00
	会计专用	￥12345.00
	短日期	2009-7-15
	长日期	2009 年 8 月 15 日
	时间	10:30:52
%	百分比	15%
½	分数	1/2、1/3、4/4
10^2	科学计数	0.19e+04
ABC	文本	奥运

2．对话框法

选择需要美化数字的单元格或单元格区域，在【开始】选项卡【数字】选项组中单击【对话框启动器】按钮，在弹出的【设置单元格格式】对话框中的【分类】列表框中选择相应的选项即可，如图 7-4 所示。

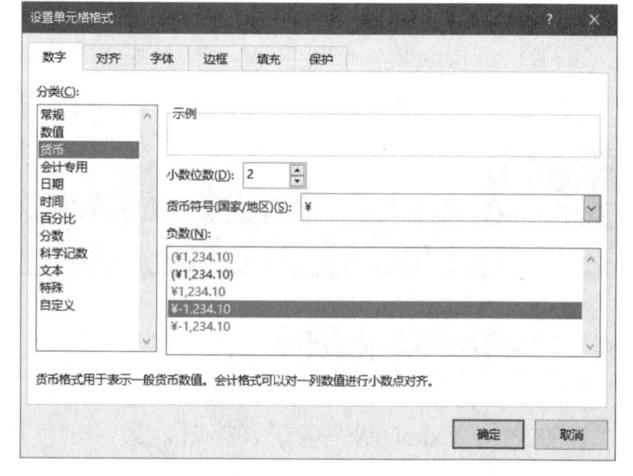

图 7-4 设置数字格式

该对话框主要包括分类与示例两部分内容。

1）分类

该部分主要为用户提供了数值、货币、日期等 12 种格式，每种格式的功能如下所述。

（1）常规：不包含任何数字格式。

（2）数值：适用于千位分隔符、小数位数以及不可以指定负数的一般数字的显示及方式。

（3）货币：适用于货币符号、小数位数以及不可以指定负数的一般货币值的显示方式。

（4）会计专用：与货币一样，但小数或货币符号是对齐的。

（5）日期与时间：将日期与时间序列数值显示为日期值。

（6）百分比：将单元格乘以 100 并为其添加百分号，可以设置小数点的位置。

（7）分数：以分数显示数值中的小数，并且可以设置分母的位数。

（8）科学记数：以科学记数法显示数字，并且可以设置小数点位置。

（9）文本：在文本单元格格式中，将数字作为文本处理。

（10）特殊：用来在列表或数字数据中显示邮政编码、电话号码、中文大写数字和中文小写数字。

（11）自定义：用于创建自定义的数字格式，该选项中包含了 12 种数字符号。用户在自定义数字格式之前，需要了解每种数字符号的具体含义，如表 7-3 所示。

表 7-3　数字符号含义

符　号	含　义
G/通用格式	以常规格式显示数字
0	预留数字位置，确定小数的数字显示位置，按小数点右边的 0 的个数对数字进行四舍五入处理，如果数字位数少于格式中的 0 的个数则将显示无意义的 0
#	预留数字位数，与 0 相同，只显示有意义的数字，而不显示无意义的 0
?	预留数字位置，与 0 相同，但它允许插入空格来对齐数字位，且除去无意义的 0
.	小数点，标记小数点的位置
%	百分比，所显示的结果是数字乘以 100 并添加%符号
,	千位分隔符，标记出千位、百万位等位置
_（下划线）	对齐，留出等于下一个字符的宽度，对齐封闭在括号内的负数，并使小数点保持对齐
：￥-()	字符，可以直接被显示的字符
/	分数分隔符，指示分数
“”	文本标记符，引号内引述的是文本
*	填充标记，用星号后的字符填满单元格剩余部分
@	格式化代码，标识出输入文字显示的位置
[颜色]	颜色标记，用标记出的颜色显示字符
h	代表小时，以数字显示
d	代表日，以数字显示
m	代表分，以数字显示
s	代表秒，以数字显示

2）示例

该部分中的显示选项是随着分类的改变而改变的，在选择不同的分类时，在示例部分可以设置小数位数、货币符号、类型、区域设置与负数等选项。

7.2　设置对齐格式

对齐格式是指单元格中的内容相对于单元格上下左右边框的位置及文字方向等样式。工作表中默认的文本对齐方式为左对齐，数字对齐方式为右对齐。为了使工作表更加整齐与美观，需要设置单元格的对齐方式。

7.2.1　设置文本对齐格式

设置文本对齐格式，一是以单元格为基础设置文本的顶端对齐、底端对齐等对齐方式，二是以方向为基础设置文本的水平对齐与垂直对齐格式。

1. 以单元格为基础

选择要设置的对齐的单元格或单元格区域，执行【开始】选项卡【对齐方式】选项组中相应的命令即可。其中各个命令的功能如表 7-4 所示。

表 7-4 对齐命令

按　钮	命　令	功　能
	顶端对齐	沿单元格顶端对齐文本
	垂直居中	以单元格中上下居中的样式对齐文本
	底端对齐	沿单元格底端对齐文本
	文本左对齐	将文本左对齐
	居中	将文本居中对齐
	文本右对齐	将文本右对齐

2. 以方向为基础

在【开始】选项卡【对齐方式】选项组中单击【对话框启动器】按钮，在弹出的【设置单元格格式】对话框中的【对齐】选项卡中设置文本的对齐方式，如图 7-5 所示。

【对齐】选项卡主要包含两种文本对齐方式。

（1）水平对齐：在该选项中可以设置文本的常规、靠左（缩进）、居中、靠右（缩进）、填充、两端对齐、跨列居中和分散对齐（缩进）8 种水平对齐方式。

（2）垂直对齐：在该选项中可以设置靠上、居中、靠下、两端对齐与分散对齐 5 种垂直对齐的方式。

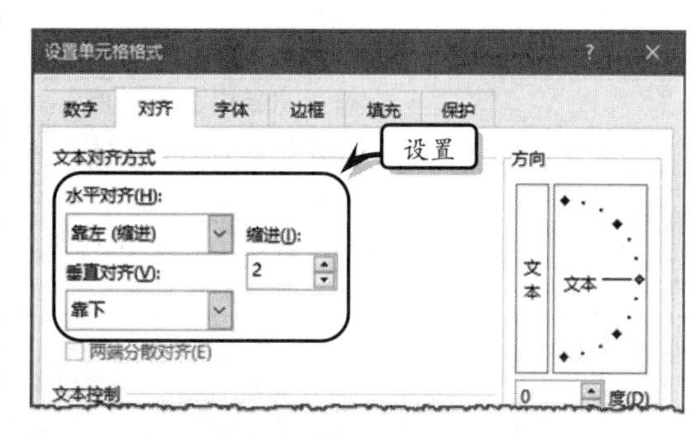

图 7-5 设置文本对齐

7.2.2 设置文字方向

默认情况下工作表中的文字以水平方向，从左到右进行显示。用户可利用选项组与对话框的方法，来改变文字的方向。

1. 选项组法

选择需要设置文字方向的单元格或单元格区域，执行【开始】|【对齐方式】|【方向】命令，在下拉列表中选择相应的选项即可。在【方向】命令中，主要包括 5 种文字方向，其选项名称与功能如表 7-5 所示。

表 7-5 方向命令

按　钮	选　项	功　能
	逆时针角度	单元格中的文本逆时针旋转
	顺时针角度	单元格中的文本顺时针旋转
	竖排文字	单元格中的文本垂直排列
	向上旋转文字	单元格中的文本向上旋转
	向下旋转文字	单元格中的文本向下旋转

2. 对话框法

在【开始】选项卡【对齐方式】选项组中单击【对话框启动器】按钮，在弹出的

【设置单元格格式】对话框中的【对齐】选项卡中设置文本方向，如图7-6所示。

在该对话框中，可以通过方向与文字方向来设置文本方向。

（1）方向：在该选项中，可以直接单击方向栏中的图标设置文本的方向，也可以输入文本旋转的度数。

（2）文字方向：在该选项中，可以将文字方向设置为根据内容、总是从左到右、总是从右到左的方式来显示。

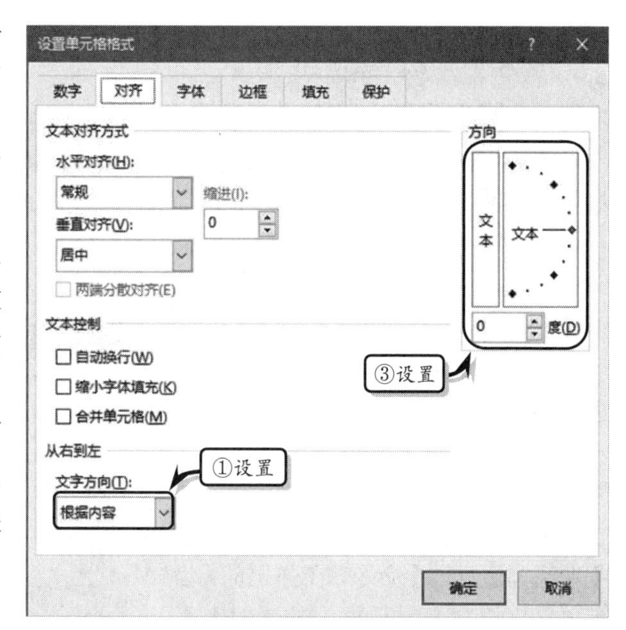

图7-6 设置文字方向

7.2.3 合并单元格

在Excel中，可以将两个或者多个相邻的单元格合并成为一个跨多行或者多列的大单元格，并使其中的数据以居中的格式进行显示。选择需要合并的单元格区域，执行【开始】|【对齐方式】|【合并后居中】命令，在下拉列表中选择相应的选项即可，如图7-7所示。

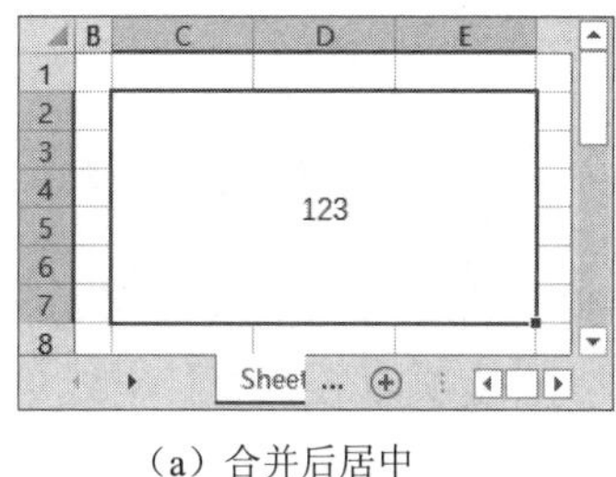

（a）合并后居中

（b）跨越合并

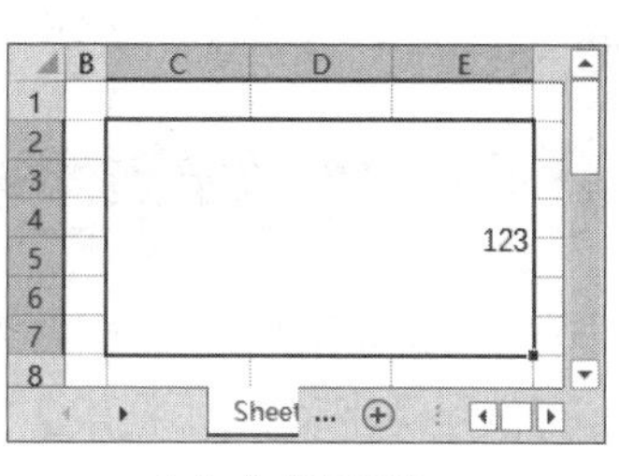

（c）合并单元格

图7-7 合并单元格

【合并后居中】下拉列表中的各选项的作用如下所示。

（1）合并后居中：将单元格区域合并为一个大单元格，并将单元格数据居中显示。

（2）跨越合并：用于横向合并多行单元格区域。

（3）合并单元格：仅合并所选单元格区域，不能使单元格数据居中显示。

（4）取消单元格合并：可以将合并的单元格重新拆分成多个单元格，但是不能拆分没有合并过的单元格。

提 示

在合并单元格时，第二次启用【合并】命令后单元格将恢复到合并前的状态。

7.2.4 设置缩进量

缩进量是指单元格边框与文字之间的距离，执行【开始】|【对齐方式】|【减少缩进量】与【增加缩进量】命令即可。两种缩进方式的功能如下所述。

（1）减少缩进量：执行【减少缩进量】命令，或使用 Ctrl+Alt+Shift+Tab 快捷键，即可减小边框与单元格文字间的边距。

（2）增加缩进量：执行【增加缩进量】命令，或使用 Ctrl+Alt+Tab 快捷键，即可增大边框与单元格文字间的边距。

另外，执行【开始】|【对齐方式】|【对话框启动器】命令，在弹出的【设置单元格格式】对话框中的【对齐】选项卡中直接输入缩进值，也可更改文本的缩进量，如图 7-8 所示。

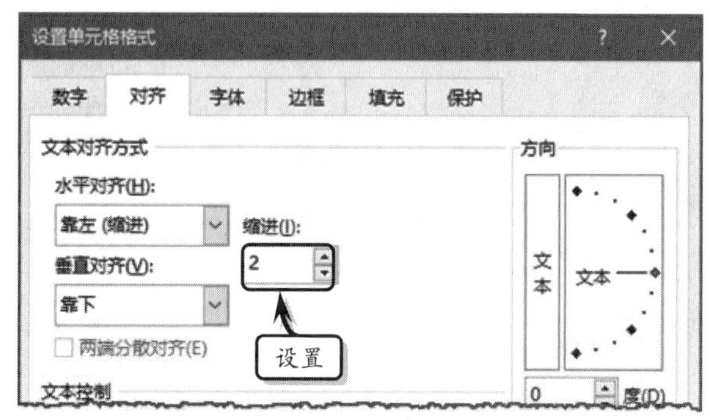

图 7-8 设置缩进量

7.3 美化边框

Excel 中默认的表格边框为网格线，无法显示在打印页面中。为了增加表格的视觉效果，也为了使打印出来的表格具有整洁度，需要美化表格边框。

7.3.1 设置边框样式

Excel 为用户提供了 13 种边框样式，选择要添加边框的单元格或单元格区域，执行【开始】|【字体】|【框线】命令，在下拉列表中选择相应的选项即可。每种框线的功能如表 7-6 所示。

表 7-6 【框线】选项及其功能

按　钮	选　项	功　能
	下框线	为单元格或单元格区域添加下框线
	上框线	为单元格或单元格区域添加上框线
	左框线	为单元格或单元格区域添加左框线
	右框线	为单元格或单元格区域添加右框线
	无框线	清除单元格或单元格区域的边框样式
田	所有框线	为单元格或单元格区域添加所有框线
	外侧框线	为单元格或单元格区域添加外部框线
	粗外侧框线	为单元格或单元格区域添加较粗的外部框线
	双底框线	为单元格或单元格区域添加双线条的底部框线
	粗下框线	为单元格或单元格区域添加较粗的底部框线

续表

按　钮	选　项	功　能
	上下框线	为单元格或单元格区域添加上框线和下框线
	上框线和粗下框线	为单元格或单元格区域添加上框线和较粗的下框线
	上框线和双下框线	为单元格或单元格区域添加上框线和双下框线

另外，也可以执行【边框】|【绘制边框】命令，手动绘制边框以及设置边框的颜色与线条。该命令主要包括以下选项。

（1）绘制边框：选择该选项，当光标变成形状时，单击单元格网格线即可为单元格添加边框。

（2）绘制边框网格：选择该选项，当光标变成形状时，单击单元格区域即可为单元格添加网格。

（3）擦除边框：选择该选项，当光标变成形状时，单击要擦除边框的单元格，即可清除该单元格的边框。

（4）线条颜色：选择该选项，可以设置边框线条的颜色，主要包括主题颜色、标准色与其他颜色。

（5）线型：选择该选项，可以设置边框线条的类型。

提　示

执行【边框】|【其他边框】命令，可以在【设置单元格格式】对话框中设置边框的详细格式。

7.3.2　自定义边框

自定义边框其实就是利用【设置单元格格式】对话框中的【边框】选项卡中的选项，来设置边框的详细样式。选择单元格或单元格区域，在【开始】选项【字体】选项组中单击【对话框启动器】按钮，在弹出的【设置单元格格式】对话框中选择【边框】选项卡，如图 7-9 所示。

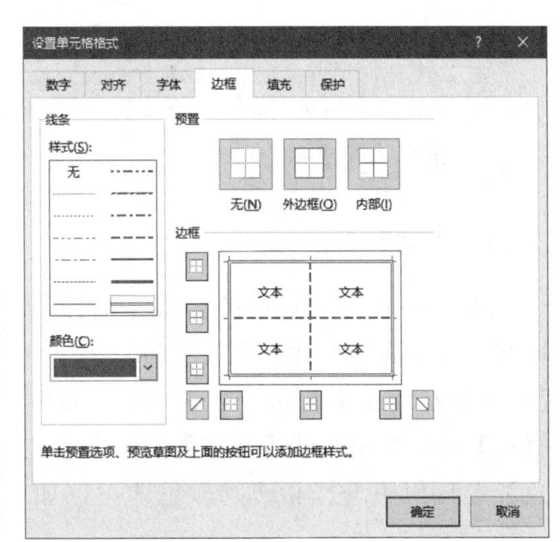

图 7-9　【边框】选项卡

该选项卡主要包含以下几种选项。

（1）线条：主要用来设置线条的样式与颜色，【样式】列表中提供了 14 种线条样式，选择相应的选项即可。同时，可以在【颜色】下拉列表中，设置线条的主题颜色、标准色与其他颜色。

（2）预置：主要用来设置单元格的边框类型，包含【无】、【外边框】和【内部】三个选项。其中【外边框】选项可以为所选的单元格区域添加外部边框。【内部】选项可为所选单元格区域添加内部框线。【无】选项可以帮助用户删除边框。

（3）边框：主要按位置设置边框样式，包含上框线、中间框线、下框线和斜线框线等 8 个边框样式。

7.4 设置填充颜色

为了区分工作表中的数据类型，也为了美化工作表，需要利用 Excel 中的填充颜色功能，将工作表的背景色设置为纯色与渐变效果。

7.4.1 设置纯色填充

默认情况下工作表的背景色为无填充颜色，即默认的白色。可以根据工作表中的数据类型及工作需要，为单元格添加背景颜色。

1. 命令法

选择要添加填充颜色的单元格或者单元格区域，执行【开始】|【字体】|【填充颜色】命令，在【主题颜色】和【标准色】选项中选择相应的颜色即可，如图 7-10 所示。

另外，也可以执行【填充颜色】|【其他颜色】命令，在弹出的【颜色】对话框中自定义颜色，如图 7-11 所示。

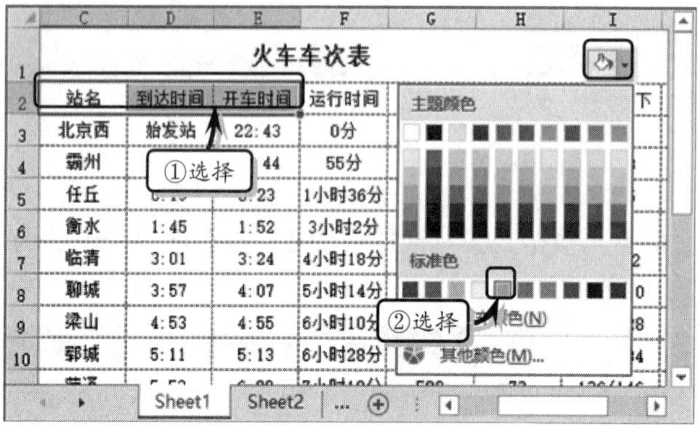

图 7-10 填充颜色

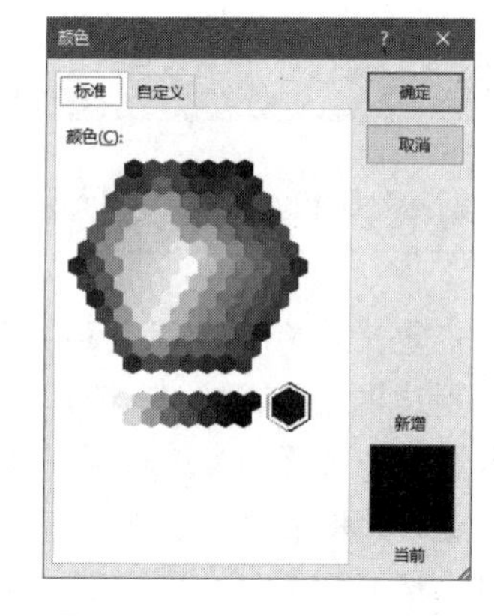

图 7-11 自定义填充颜色

2. 对话框法

选择要添加填充颜色的单元格或者单元格区域，在【开始】选项卡【字体】选项组中单击【对话框启动器】按钮，在弹出的【设置单元格格式】对话框中激活【填充】选项卡。在【背景色】选项组中选择相应的颜色即可，如图 7-12 所示。

另外，也可以单击【其他颜色】按钮，在弹出的【颜色】对话框中自定义填充颜色。

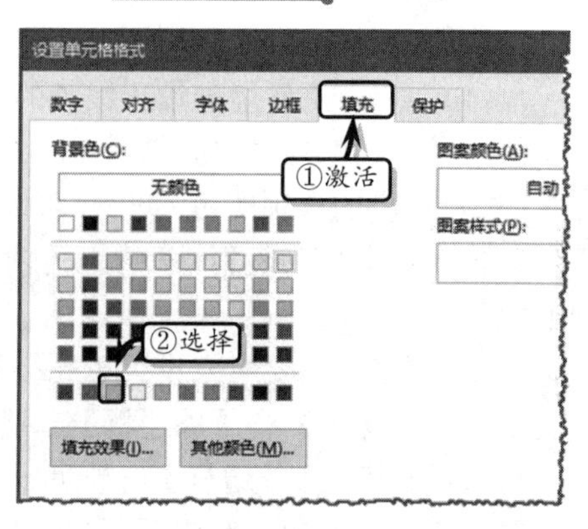

图 7-12 设置填充颜色

技 巧

在工作区域中右击执行【设置单元格格式】命令，可以在弹出的【设置单元格格式】对话框中设置填充颜色。

7.4.2 设置渐变填充

渐变填充即渐变颜色，是一种过渡现象，是由一种颜色向一种或多种颜色过渡的填充效果。选择单元格或单元格区域，在【设置单元格格式】对话框中的【填充】选项卡中单击【填充效果】按钮，在弹出的【填充效果】对话框中设置各选项即可，如图 7-13 所示。

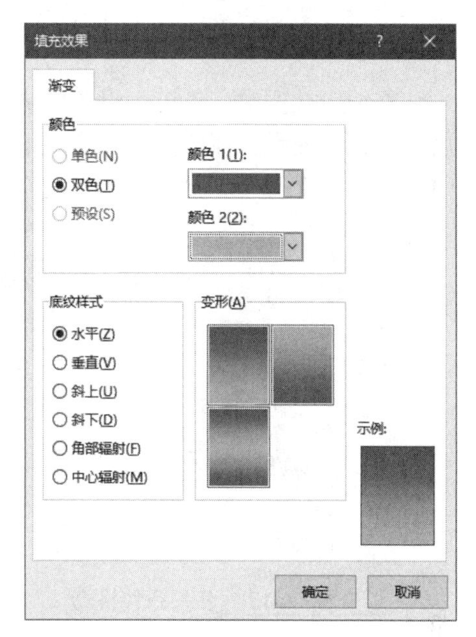

图 7-13 设置渐变效果

Excel 只提供了【双色】类型的渐变效果，在该选项组中分别设置【颜色 1】和【颜色 2】选项中的颜色，并在【底纹样式】选项组中选择相应的选项，在【变形】选项组中选择相应的变形方式即可。其中，【底纹样式】选项组中的各种填充效果分别如下所述。

（1）水平：渐变颜色由上向下渐变填充。

（2）垂直：由左向右渐变填充。

（3）斜上：由左上角向右下角渐变填充。

（4）斜下：由右上角向左下角渐变填充。

（5）角部辐射：由某个角度向外渐变填充。

（6）中心辐射：由中心向外渐变填充。

7.4.3 设置图案填充

在 Excel 中不仅可以设置纯色与渐变填充，还可以设置图案填充，Excel 内置了 18 种图案样式，以供用户设置填充图案的样式与颜色。

选择需要填充图案的单元格或单元格区域，在【设置单元格格式】对话框中激活【填充】选项卡，单击【背景色】选项组中的【图案颜色】按钮，在列表中选择相应的颜色即可。同时，单击【图案样式】按钮，在列表中选择相应的图案样式即可，如图 7-14 所示。

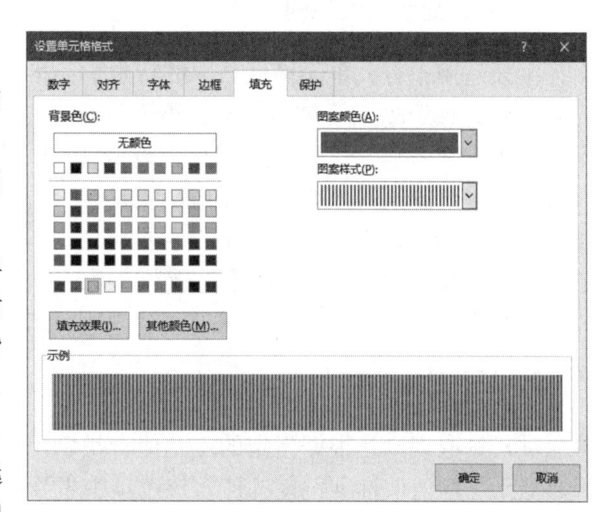

图 7-14 设置图案填充

7.5 设置样式

在编辑工作表时，可以运用 Excel 提供的样式功能，快速设置工作表的数字格式、对齐方式、字体字号、颜色、边框、图案等格式，从而使表格具有美观与醒目的独特特征。

7.5.1 使用条件格式

在编辑数据时，可以运用条件格式功能，按指定的条件筛选工作表中的数据，并利用颜色突出显示所筛选的数据。选择需要筛选数据的单元格区域，执行【开始】|【样式】|【条件格式】命令，选择相应的选项，如图 7-15 所示。

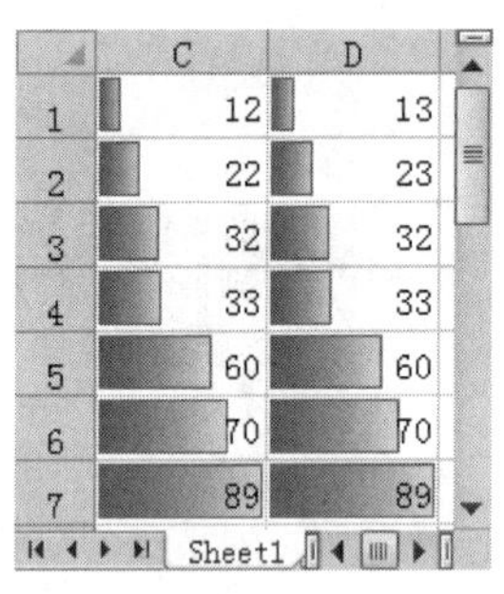

（a）数据条格式

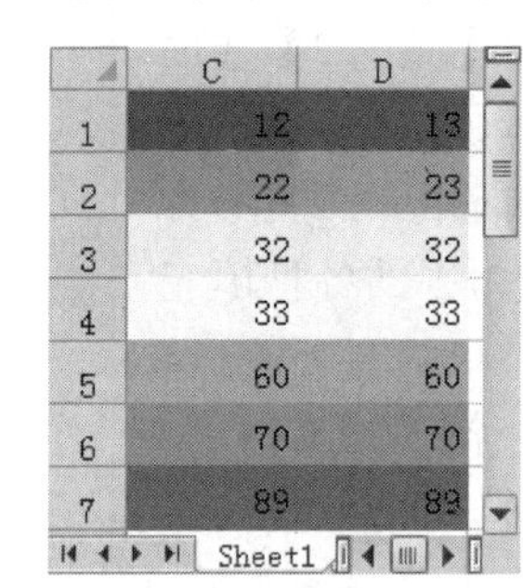

（b）色阶格式

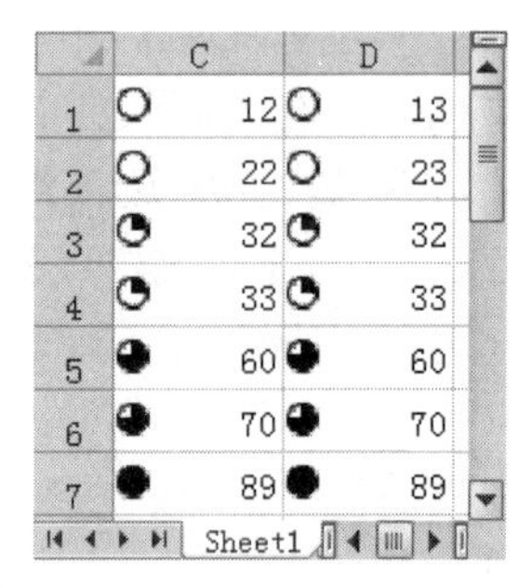

（c）图标集格式

图 7-15 使用条件格式

【条件格式】命令主要包括下列条件格式选项。

1. 突出显示条件规则

主要适用于查找单元格区域中的特定单元格，基于比较运算符来设置这些特定的单元格格式。该选项主要包括大于、小于、介于、等于、文本包含、发生日期与重复值 7 种规则。当选择某种规则时，系统会自动弹出相应的对话框，在该对话框中设置指定值的单元格背景色。例如，选择【大于】选项，如图 7-16 所示。

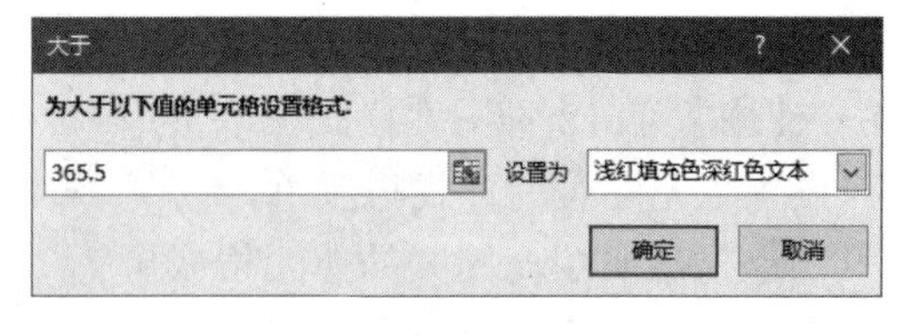

图 7-16 设置【大于】规则

2. 项目选取规则

项目选取规则是根据指定的截止值查找单元格区域中的最高值或最低值，或查找高于、低于平均值或标准偏差的值。该选项中主要包括前 10 项、前 10%项、最后 10 项、最后 10%项、高于平均值与低于平均值 6 种规则。当选择某种规则时，系统会自动弹出相应的对话框，在该对话框中主要设置指定值的单元格背景色。例如，选择【前 10 项】选项，如图 7-17 所示。

3．数据条

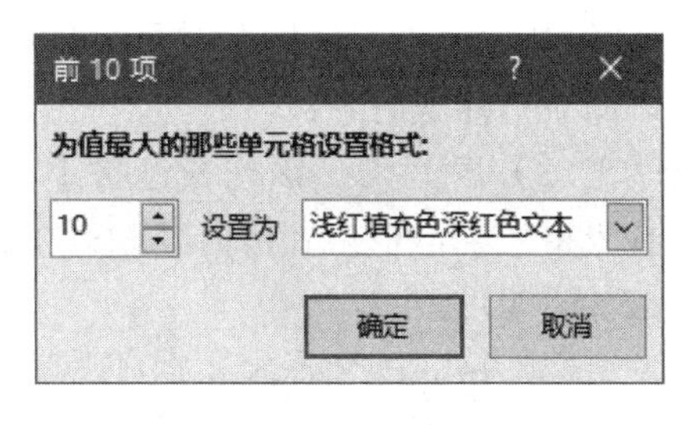

图 7-17 设置【前 10 项】规则

数据条可以帮助用户查看某个单元格相对于其他单元格中的值，数据条的长度代表单元格中值的大小，值越大数据条就越长。该选项主要包括渐变填充和实心填充中的蓝色数据条、绿色数据条、红色数据条、橙色数据条、浅蓝色数据条与紫色数据条 6 种样式。

4．色阶

色阶作为一种直观的指示，可以帮助用户了解数据的分布与变化情况，可分为双色刻度与三色刻度。其中双色刻度表示使用两种颜色的渐变帮助用户比较数据，颜色表示数值的高低。而三色刻度表示使用三种颜色的渐变帮助用户比较数据，颜色表示数值的高、中、低。

5．图标集

图标集可以对数据进行注释，并可以按阈值将数据分为 3～5 个类别。每个图标代表一个值的范围。例如，在三向箭头图标中，绿色的上箭头代表较高值，黄色的横向箭头代表中间值，红色的下箭头代表较低值。

提　示

执行【条件格式】|【清除规则】命令，即可清除单元格或工作表中的所有条件格式。

7.5.2　套用表格格式

利用套用表格格式的功能，可以帮助用户达到快速设置表格格式的目的。套用表格格式时，不仅可以应用预定义的表格格式，而且还可以创建新的表格格式。

1．应用表格格式

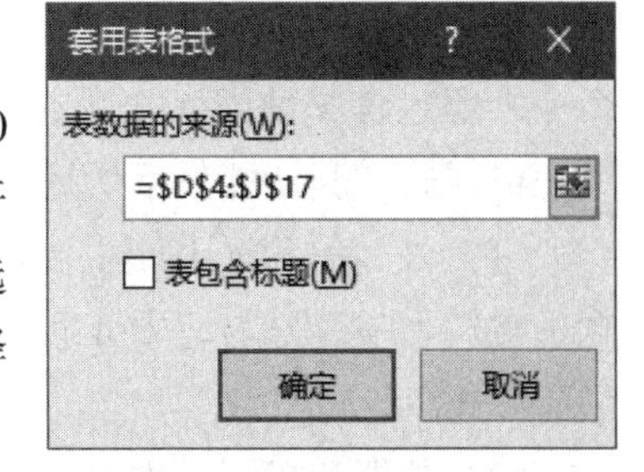

图 7-18 选择数据来源

Excel 提供了浅色、中等深浅与深色三种类型共 60 种表格格式。选择需要套用格式的单元格区域，执行【开始】|【样式】|【套用表格格式】命令，在下拉列表中选择相应的格式，在弹出的【套用表格式】对话框中选择数据来源即可，如图 7-18 所示。

2．新建表格样式

执行【开始】|【样式】|【套用表格格式】|【新建表样式】命令，在弹出的【新建表样式】对话框中设置各选项即可，如图 7-19 所示。

该对话框主要包括如下选项。

（1）名称：在该文本框中可以输入新表格样式的名称。

（2）表元素：该列表包含了 13 种表格元素，根据表格内容选择相应的元素即可。

（3）格式：选择表元素之后，单击该按钮，可以在弹出的【设置单元格格式】对话框中设置该元素格式。

（4）清除：设置元素格式之后，单击该按钮可以清除所设置的元素格式。

（5）设置为此文档的默认表格样式：选中该复选框，可以在当前工作簿中使用新表样式作为默认的表样式。但是，自定义的表样式只存储在当前工作簿中，不能用于其他工作簿。

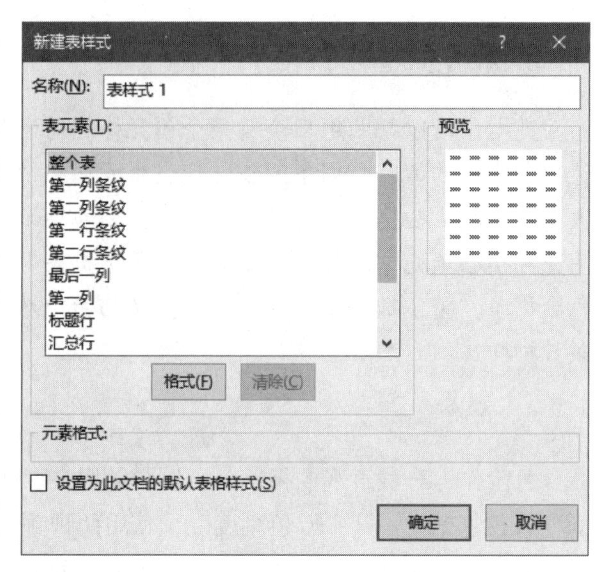

图 7-19 【新建表样式】对话框

7.5.3 应用单元格样式

样式是单元格格式选项的集合，可以一次应用多种格式，在应用时需要保证单元格格式的一致性。单元格样式与套用表格格式一样，既可以应用预定义的单元格样式，又可以创建新的单元格样式。

1. 应用样式

选择需要应用样式的单元格或者单元格区域后，执行【开始】|【样式】|【单元格样式】命令，在下拉列表中选择相应的样式即可，如图 7-20 所示。

默认状态下，【单元格样式】命令主要包含 5 种类型的预定义单元格样式，其功能如下所述。

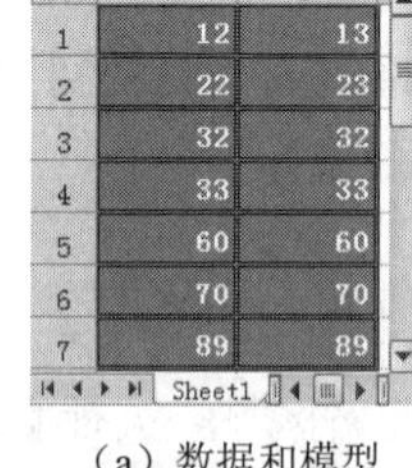

（a）数据和模型

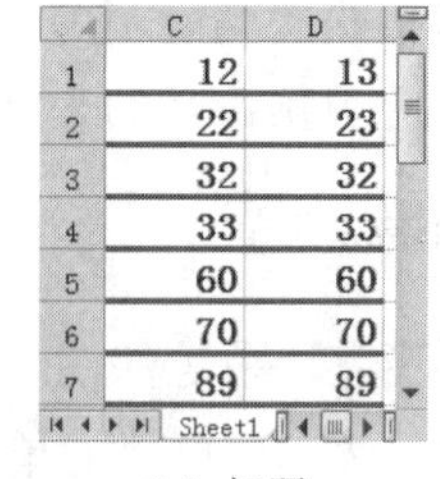

（b）标题

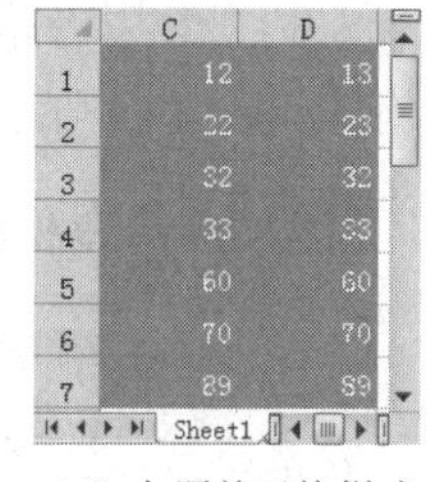

（c）主题单元格样式

图 7-20 应用样式

（1）好、差和适中：主要包含了常规、差、好与适中 4 种类型的样式。

（2）数据和模型：主要包含了计算、检查单元格、警告文本等 8 种数据样式。

（3）标题：主要包含了标题、标题 1、汇总等 6 种类型的标题样式。

（4）主题单元格样式：主要包含了 20%强调文字颜色 1、20%强调文字颜色 2 等 24 种样式。

（5）数字格式：主要包含了百分比、货币、千位分隔等 5 种类型的数字格式。

提 示

如果以前创建过样式，只需要执行【样式】|【单元格样式】|【自定义】命令即可应用该样式。

2. 创建样式

选择设置好格式的单元格或单元格区域，执行【样式】|【单元格样式】|【新建单元格样式】命令，在弹出的【样式】对话框中设置各选项即可，如图 7-21 所示。

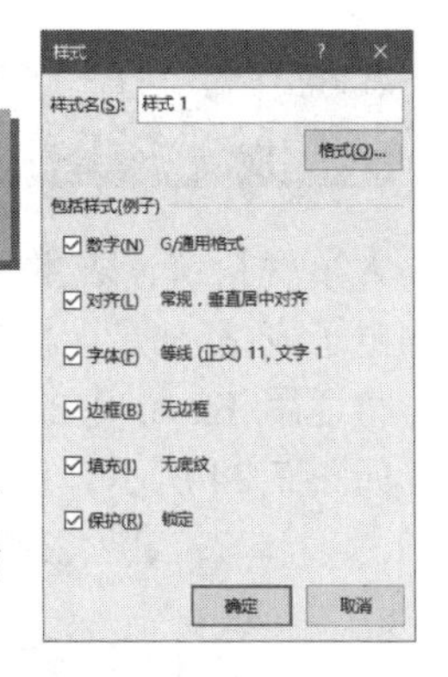

图 7-21 新建样式

该对话框中所包含的各选项如表 7-7 所示。

表 7-7 【样式】选项及功能

选 项		功 能
样式名		在样式名文本框中，可以输入创建样式的名称
格式		单击该按钮，可以在弹出的【设置单元格格式】对话框中设置样式的格式
包括样式	数字	显示单元格中数字的格式
	对齐	显示单元格中文本的对齐方式
	字体	显示单元格中文本的字体格式
	边框	显示单元格或单元格区域的边框样式
	填充	显示单元格或单元格区域的填充效果
	保护	显示工作表是锁定状态还是隐藏状态

3. 合并样式

合并样式就是指将其他工作簿中的单元格样式，复制到另外一个工作簿中。首先同时打开两个工作簿，并在第 1 个工作簿中创建一个新样式。然后在第 2 个工作簿中执行【开始】|【样式】|【单元格样式】|【合并样式】命令，在弹出的【合并样式】对话框中选择合并样式来源即可，如图 7-22 所示。

合并样式必须在两个或两个以上的工作簿中进行，合并后的样式会显示在合并工作簿中的【单元格样式】命令中的【自定义】选项中，如图 7-23 所示。

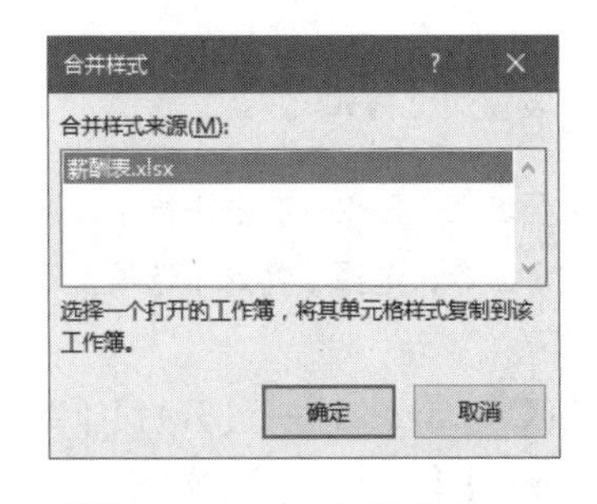

图 7-22 合并样式

图 7-23 合并后的样式

提 示

可以通过右击样式执行【删除】命令的方法来删除样式。

7.6 课堂练习：人事资料统计表

人事资料统计表主要用来统计员工的姓名、性别、出生年月日、学历等一些基础信息的电子表格，便于人事职员快速、准确地查询与了解每位员工的具体情况。在本练习中，将运用 Excel 中的美化数据、对齐格式、美化边框等功能来制作一份人事资料统计表，如图 7-24 所示。

人 事 资 料 统 计 表

员工编号	姓名	性别	身份证号码	出生年	出生日	籍 贯	学历
000001	金鑫	男	100000197912280002	1979	12-28	山东潍坊	本科
000002	刘能	女	100000197802280002	1978	02-28	河南安阳	硕士
000003	赵四	男	100000193412090001	1934	12-09	四川成都	专科
000004	沉香	男	100000198001280001	1980	01-28	重庆	博士
000005	孙伟	男	100000197709020001	1977	09-02	天津	本科
000006	孙佳	女	100000197612040002	1976	12-04	沈阳	本科
000007	付红	男	100000198603140001	1986	03-14	北京	专科
000008	孙伟	男	100000196802260001	1968	02-26	江苏淮安	硕士
000009	钱云	男	100000197906080001	1979	06-08	山东济宁	硕士

图 7-24 人事资料统计表

操作步骤

1 制作标题。设置工作表的行高，合并单元格区域 B1:I1，输入标题文本并设置文本的字体格式，如图 7-25 所示。

图 7-25 制作表格标题

2 制作数据区域。输入列标题，选择单元格区域 B2:I22，执行【开始】|【对齐方式】|【居中】命令，如图 7-26 所示。

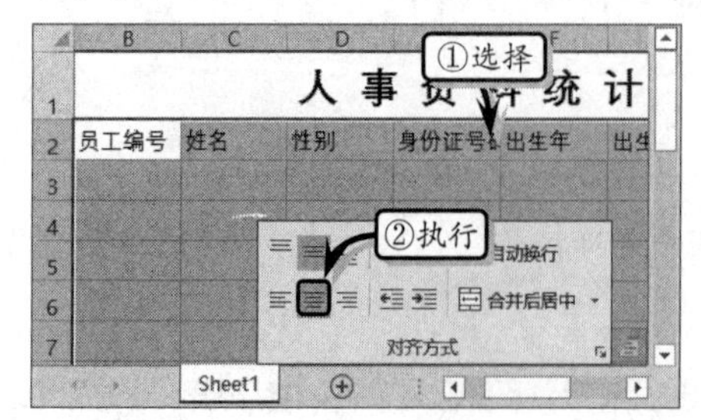

图 7-26 设置对齐格式

3 然后，执行【开始】|【字体】|【边框】|【所有框线】命令，如图 7-27 所示。

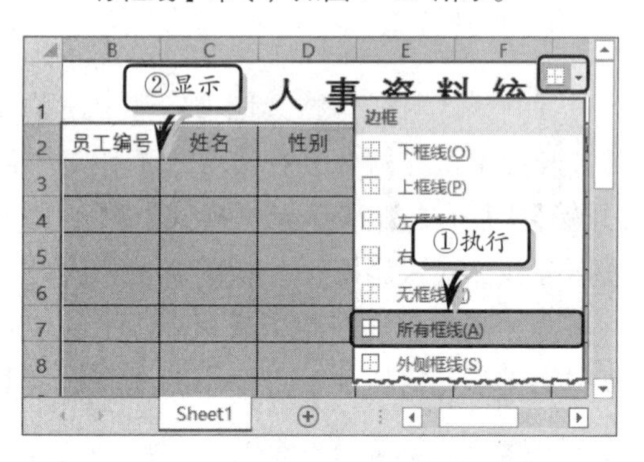

图 7-27 设置边框格式

4 选择单元格区域 B3:B22，右击执行【设置单元格格式】命令，选择【特殊】选项，如图 7-28 所示。

5 选择单元格区域 E3:E22，执行【开始】|【数字】|【数字格式】|【文本】命令，如图 7-29 所示。

6 选择单元格区域 F3:G22，执行【开始】|【数字】|【数字格式】|【短日期】命令，如图 7-30 所示。

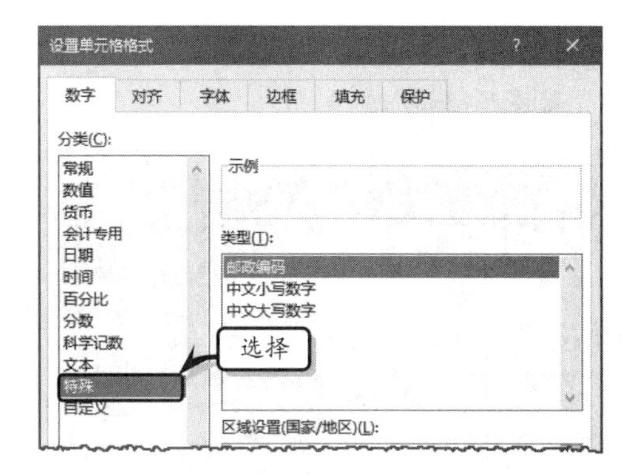

图 7-28 设置特殊数字格式

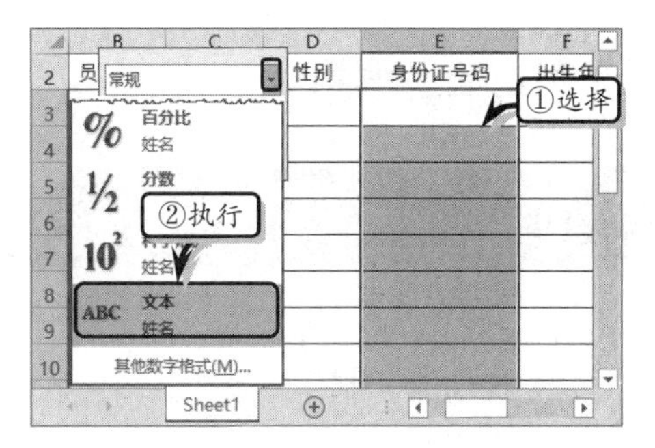

图 7-29 设置文本数字格式

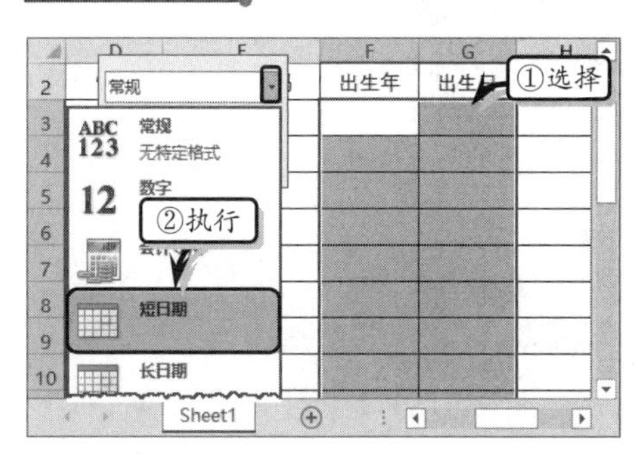

图 7-30 设置日期数字格式

7 在表格中输入基础数据，选择单元格 F3，在编辑栏中输入计算公式，按 Enter 键返回出生年，如图 7-31 所示。

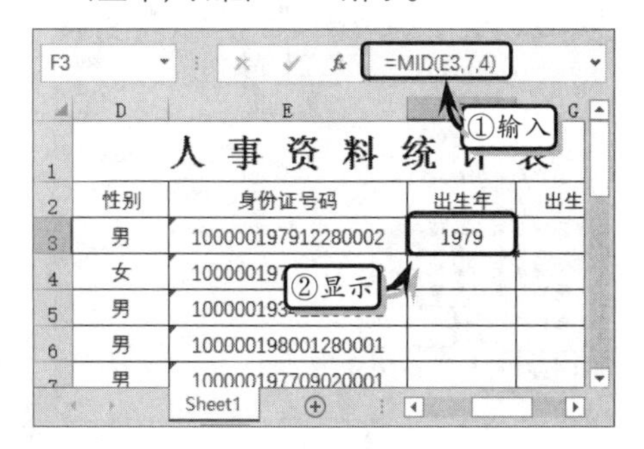

图 7-31 计算出生年

8 选择单元格 G3，在编辑栏中输入计算公式，按 Enter 键返回出生日期，如图 7-32 所示。

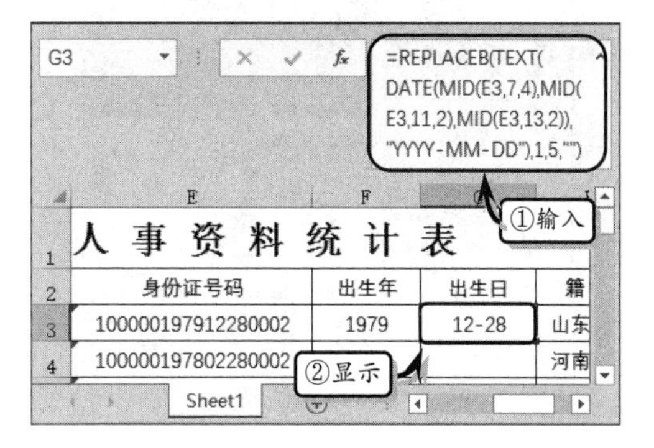

图 7-32 计算出生日

9 选择单元格区域 F3:G22，执行【开始】|【编辑】|【填充】|【向下】命令，向下填充公式，如图 7-33 所示。

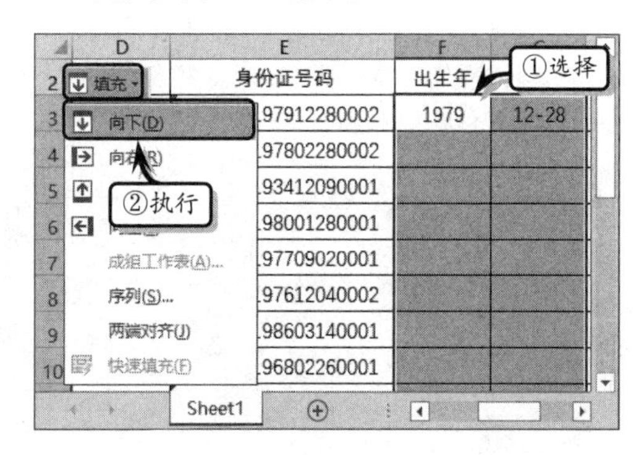

图 7-33 填充公式

10 选择单元格区域 B2:I22，执行【开始】|【样式】|【套用表格格式】|【表样式中等深浅 14】命令，如图 7-34 所示。

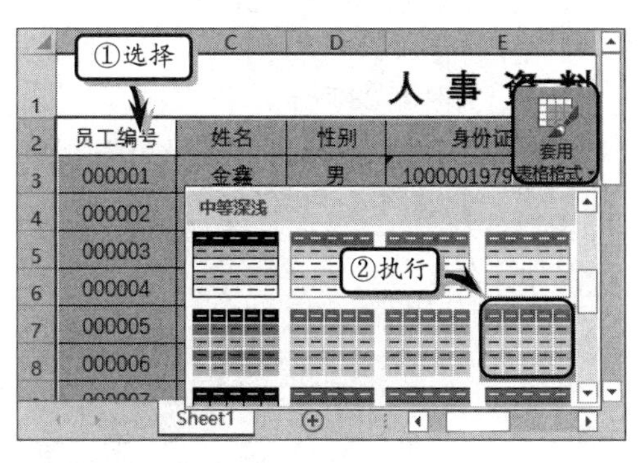

图 7-34 套用表格格式

11 在弹出的【套用表格格式】对话框中保持默

认区域，单击【确定】按钮，如图 7–35 所示。

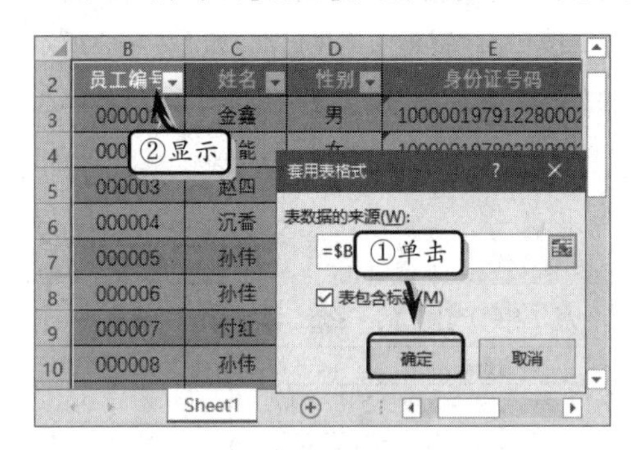

图 7–35 设置表格区域

12 执行【表格工具】|【设计】|【工具】|【转换为区域】命令，将表格转换为普通区域，如图 7–36 所示。

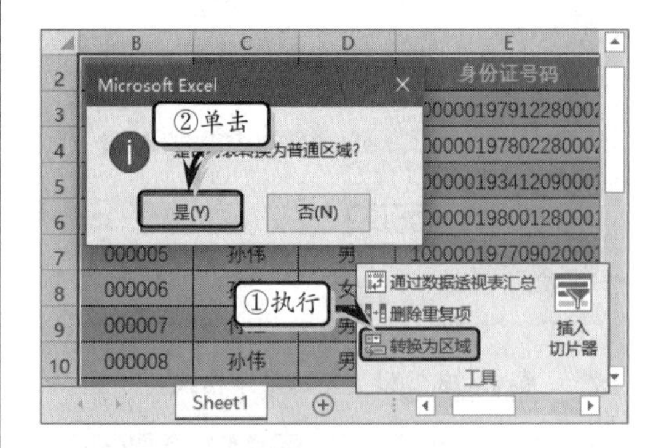

图 7–36 转换为区域

7.7 课堂练习：个人收支表

Excel 不仅可应用于企业办公用途，还可在个人日常生活中管理个人财务状况，包括处理个人支出、统计收入等。本练习将使用 Excel 的公式功能，制作一个个人日常收支表，统计个人的上月结余以及本月支出的各种项目，如图 7-37 所示。

个人收支记录表								
编号	收支项目	金额	编号	收支项目	金额	编号	收支项目	金额
001	上月结余	¥45,239.00	013	理发	¥-20.00	025	卫生费	¥-120.00
002	本月工资	¥9,539.20	014	买CD	¥-150.00	026	买床罩	¥-600.00
003	购房按揭	¥-2,500.00	015	电费	¥-160.00	027	维修防盗网	¥-450.00
004	看电影	¥-200.00	016	水费	¥-60.00	028	换节能灯	¥-40.00
005	买书	¥-349.50	017	燃气费	¥-59.00	029		
006	日常开销	¥-1,130.20	018	电话费	¥-39.00	030		
007	油耗	¥-315.00	019	买速溶咖啡	¥-49.00	031		
008	洗车	¥-220.00	020	买茶叶	¥-90.00	032		
009	手机费	¥-119.20	021	买电池	¥-20.00	033		
010	宽带费	¥-120.00	022	停车费	¥-300.00	034		
011	电脑维修费	¥-60.00	023	物业费	¥-600.00	余额	¥46,497.30	
012	下馆子	¥-390.00	024	修水龙头	¥-120.00			

图 7–37 个人收支表

操作步骤

1 制作表格标题。选择单元格区域 B2:J3，执行【开始】|【对齐方式】|【合并后居中】命令，如图 7–38 所示。

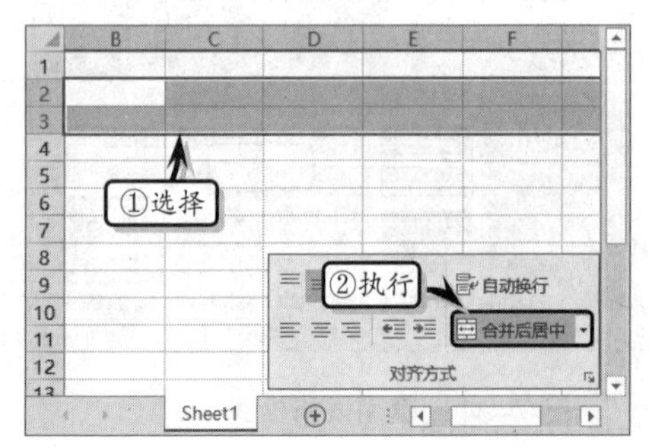

图 7–38 合并单元格区域

2 右击合并后的单元格，执行【设置单元格格式】命令，在【填充】选项卡中单击【填充效果】按钮，如图 7–39 所示。

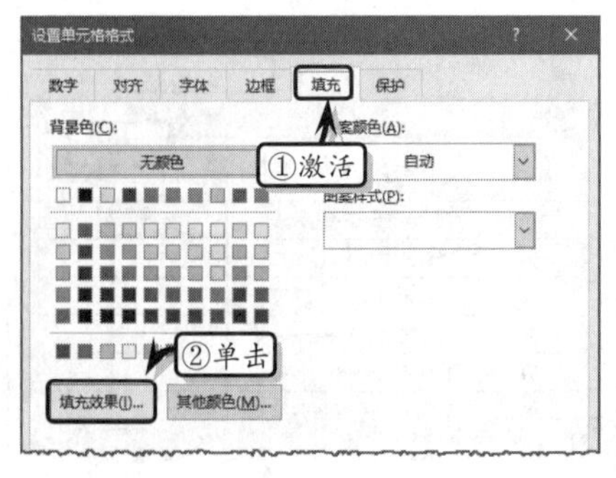

图 7–39 【填充】选项卡

3 在【填充效果】对话框中，选中【双色】选项，设置【颜色 1】、【颜色 2】和【底纹样式】选项，如图 7-40 所示。

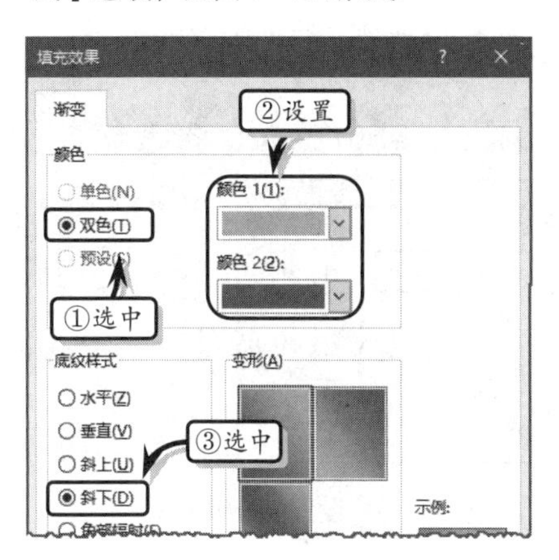

图 7-40 设置填充效果

4 在合并后的单元格中输入标题文本，并在【开始】选项卡【字体】选项组中设置文本的字体格式，如图 7-41 所示。

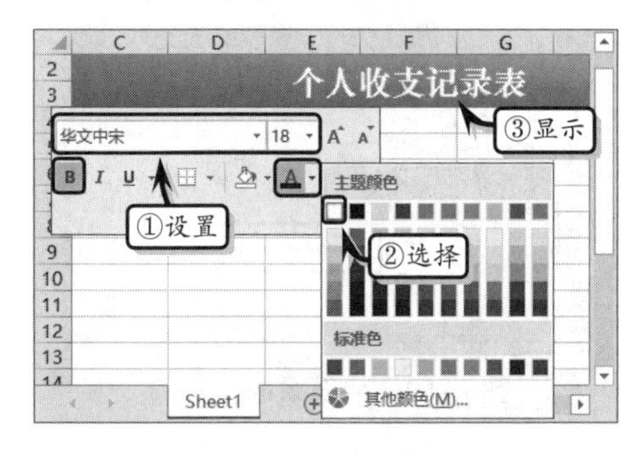

图 7-41 设置标题文本

5 制作列标题。选择单元格区域 B4:J4，执行【开始】|【字体】|【填充颜色】|【绿色，个性色 6，深色 25%】命令，如图 7-42 所示。

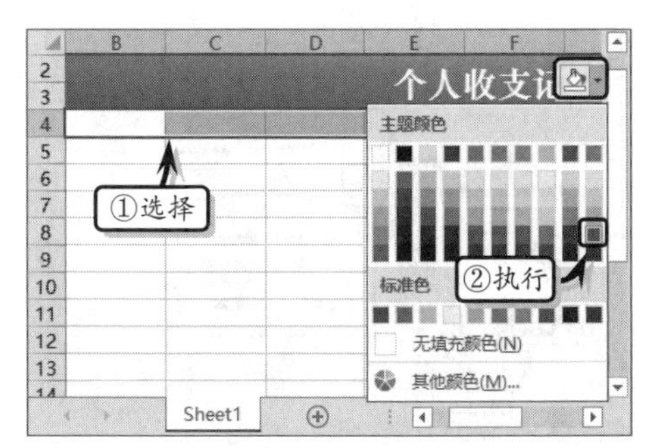

图 7-42 设置填充颜色

6 在单元格 B4:J4 中输入列标题文本，并在【开始】选项卡【字体】选项组中设置文本的字体格式，如图 7-43 所示。

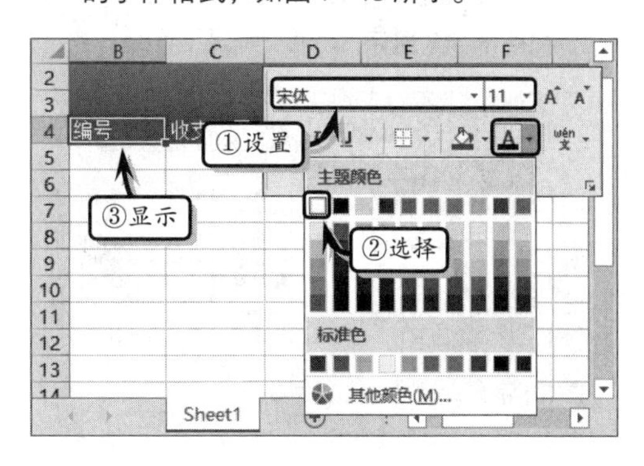

图 7-43 制作列标题

7 制作表格数据。合并相应的单元格区域并输入基础数据。选择单元格区域 B5:B16、E5:E16 和 H5:H14，右击执行【设置单元格格式】命令，如图 7-44 所示。

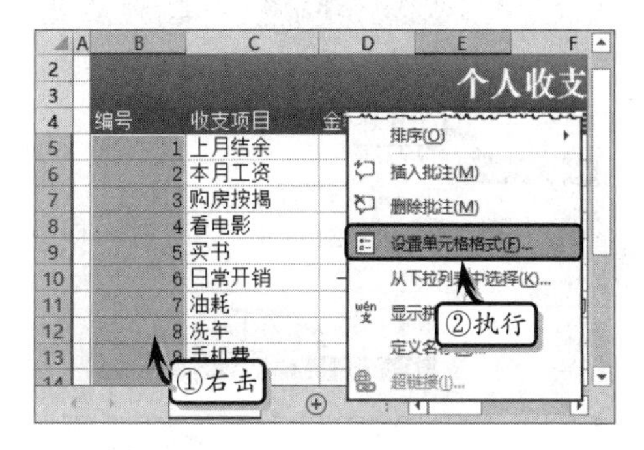

图 7-44 选择单元格区域

8 激活【数字】选项卡，选择【特殊】选项，在【类型】文本框中选择【邮政编码】选项，如图 7-45 所示。

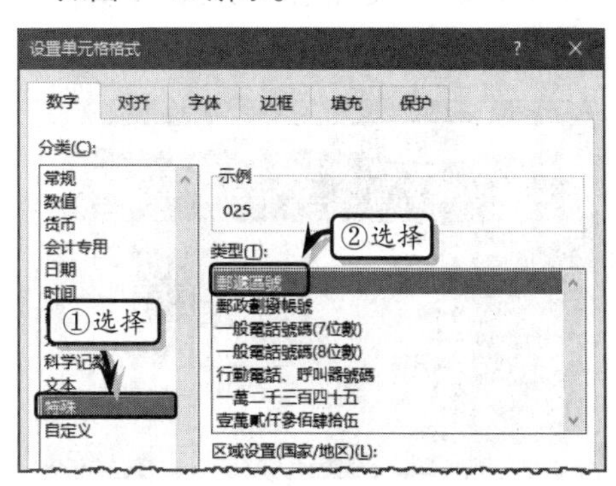

图 7-45 设置特殊数字格式

9 同时选择单元格区域 B5:B16、E5:E16 和 H5:H16，执行【开始】|【字体】|【填充颜色】|【绿色，个性色 6，淡色 40%】命令，如图 7-46 所示。

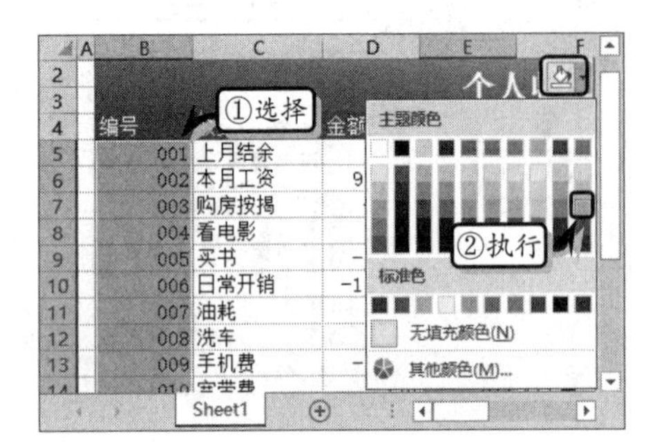

图 7-46 设置填充颜色

10 选择包含金额数据的所有单元格，右击执行【设置单元格格式】命令，选择【货币】选项，并设置负数样式，如图 7-47 所示。

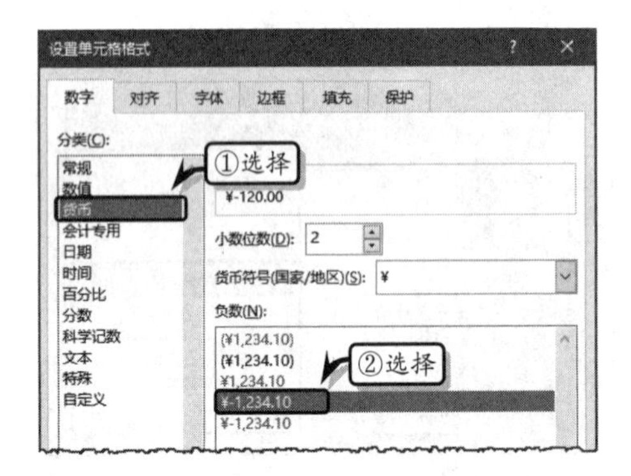

图 7-47 设置货币数字格式

11 选择列标题及表示所有编号的单元格，执行【开始】|【对齐方式】|【居中】命令，如图 7-48 所示。使用同样的方法设置其他单元格的对齐格式。

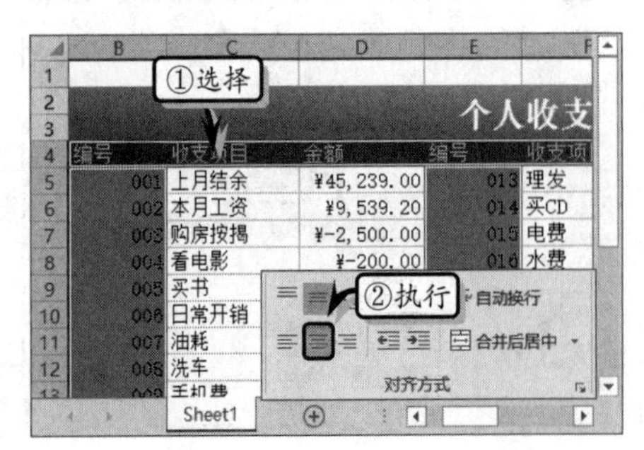

图 7-48 设置对齐格式

12 选择单元格区域 C6:D6，执行【开始】|【字体】|【填充颜色】|【绿色，个性色 6，淡色 80%】命令，如图 7-49 所示。使用同样的方法设置其他单元格区域的填充颜色。

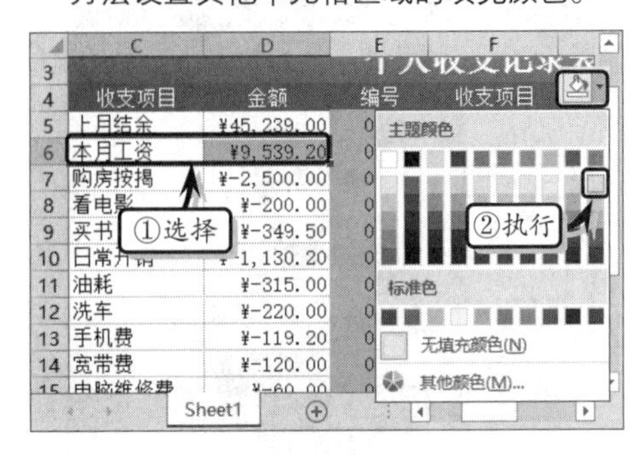

图 7-49 设置填充颜色

13 **计算数据**。选择单元格 I15，在编辑栏中输入计算公式，按 Enter 键返回余额值，如图 7-50 所示。

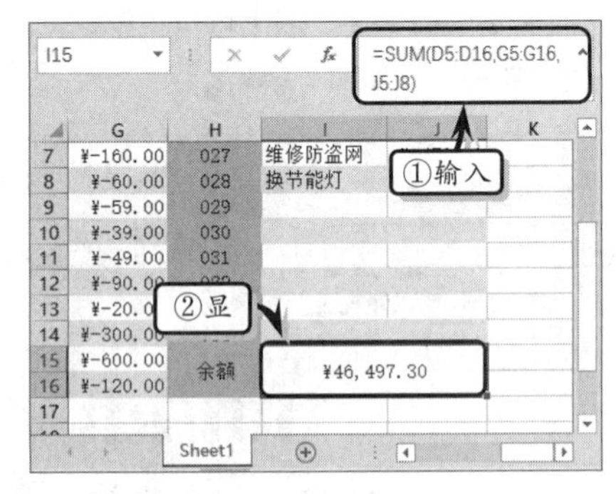

图 7-50 计算余额

14 设置边框格式。选择所有单元格，右击执行【设置单元格格式】命令，激活【边框】选项卡，设置边框颜色和样式，如图 7-51 所示。

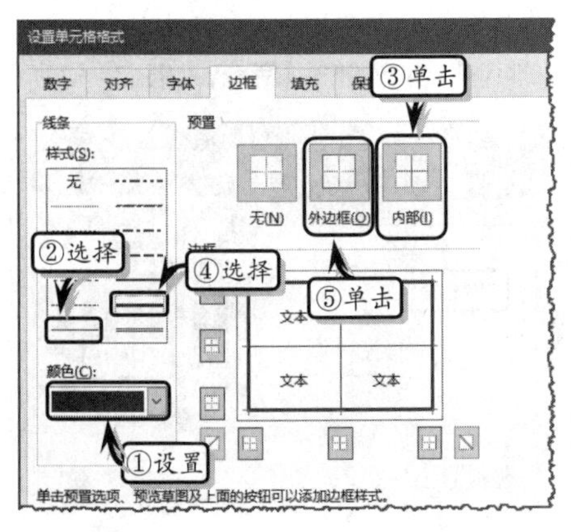

图 7-51 自定义边框样式

7.8 思考与练习

一、填空题

1．在美化文本时，除了运用【字体】选项组中的各项命令以及【设置单元格格式】对话框设置之外，还可以运用________进行快速设置。

2．在设置字体格式时，也可以直接使用__________快捷键设置加粗格式，使用__________快捷键设置倾斜格式，使用__________快捷键设置下划线格式。

3．在【设置单元格格式】对话框中的【对齐】选项卡中，可以将文字方向设置为根据内容、总是从左到右与__________三种方向。

4．合并单元格中的跨越合并表示________。

5．在为工作表填充渐变颜色时，如果需要将渐变颜色由某个角度向外渐变填充，需要选择【底纹样式】选项组中的__________选项。

6．色阶作为一种直观的指示，可以帮助用户了解数据的分布与变化情况，分为__________与__________。

7．合并样式必须在__________以上的工作簿中进行，合并后的样式会显示在合并工作簿中的【单元格样式】命令中的__________选项中。

8．在应用样式后，可以通过启用【开始】选项卡【样式】选项组中的【单元格样式】命令中的__________选项进行清除。

二、选择题

1．在美化数字时，【设置单元格格式】对话框中的数字符号“0”表示__________。

A．数字　　B．小数

C．预留数字位置　　D．预留位置

2．缩进量是指单元格边框与文字之间的距离，其减少缩进量的快捷键为__________。

A．Ctrl+Alt+Shift+Tab

B．Ctrl+Alt+Tab

C．Ctrl+Shift+Tab

D．Alt+Shift+Tab

3．在【颜色】对话框中的【自定义】选项卡中，主要包括 RGB 颜色模式与__________颜色模式。

A．HSB　　B．LAB

C．CMYK　　D．HSL

4．在【设置单元格格式】对话框中的【对齐】选项卡中，可以设置文本的水平对齐与__________对齐。

A．顶端　　B．底端

C．垂直　　D．居中

5．项目选取规则是根据指定的截止值查找单元格区域中的最高值或最低值，或查找高于、低于平均值或__________。

A．标准值　　B．标准偏差的值

C．标准差值　　D．总值

6．数据条可以帮助用户查看某个单元格相对于其他单元格中的值，数据条的长度代表__________。

A．单元格中数值的类型

B．单元格中数值的位数

C．单元格中数值的格式

D．单元格中数值的大小

7．Excel 为用户提供了 13 种边框样式，其中“粗匣框线”表示__________。

A．为单元格或单元格区域添加较粗的外部框线

B．为单元格或单元格区域添加较粗的内部框线

C．为单元格或单元格区域添加上框线和较粗的下框线

D．为单元格或单元格区域添加较粗的底部框线

三、问答题

1．简述设置边框样式的操作步骤。

2．条件格式包含哪几种选项？简述每种选项的功能。

3．什么是渐变填充颜色？如何在工作表中应用渐变填充颜色？

4．在工作表中如何改变文字方向？

四、上机练习

1．制作来客登记表

在本练习中，将利用 Excel 中的美化与样式

功能来制作一份来客登记表，如图 7-52 所示。首先需要调整工作表的行高，并在工作表中输入来客登记表的标题与数据。选择“日期”列下的单元格区域，在【设置单元格格式】对话框中将日期类型设置为“2001 年 3 月 14 日”。然后选择单元格区域 A2:G2，执行【样式】|【单元格样式】|【强调文字颜色 2】命令。同时选择单元格区域 A3:G7，执行【单元格样式】|【注释】命令。最后选择单元格区域 A2:G7，执行【对齐方式】|【居中】命令。同时执行【字体】|【框线】|【所有框线】命令。

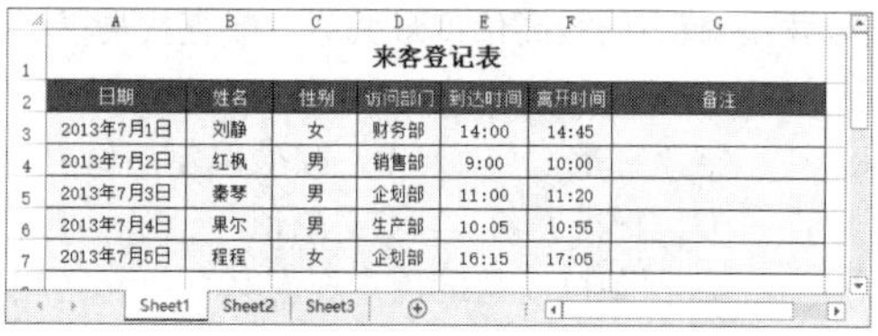

来客登记表

日期	姓名	性别	访问部门	到达时间	离开时间	备注
2013年7月1日	刘静	女	财务部	14:00	14:45	
2013年7月2日	红枫	男	销售部	9:00	10:00	
2013年7月3日	秦琴	男	企划部	11:00	11:20	
2013年7月4日	果尔	男	生产部	10:05	10:55	
2013年7月5日	程程	女	企划部	16:15	17:05	

图 7-52 来客登记表

2. 制作立体表格

在本练习中，将利用练习 1 中的“来客登记表”来制作一个立体表格，如图 7-53 所示。首先右击 B 列执行【插入】命令，插入新列。选择单元格区域 B2:H7，在【设置单元格格式】对话框中的【边框】选项卡中，选择【预置】选项组中的【无】选项，同时选择【内部】选项。然后，选择单元格区域 B2:H2，将背景色更改为【茶色，背景 2，深色 50%】，在【设置单元格格式】对话框中将文字方向更改为–45°。执行【插入】|【形状】|【直线】命令，在表格四周绘制直线。最后选择所有形状，执行【格式】|【形状样式】|【形状轮廓】命令，将【粗细】设置为【1.5 磅】，将【虚线】设置为【方点】。

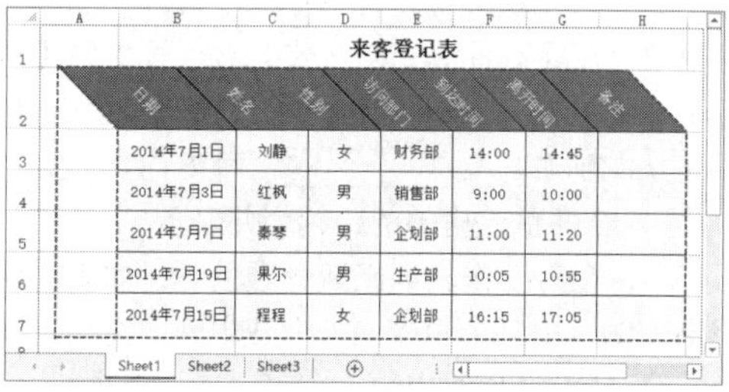

来客登记表

日期	姓名	性别	访问部门	到达时间	离开时间	备注
2014年7月1日	刘静	女	财务部	14:00	14:45	
2014年7月3日	红枫	男	销售部	9:00	10:00	
2014年7月7日	秦琴	男	企划部	11:00	11:20	
2014年7月19日	果尔	男	生产部	10:05	10:55	
2014年7月15日	程程	女	企划部	16:15	17:05	

图 7-53 立体表格

第 8 章

公式与函数

Excel 不仅可以创建及美化电子表格，而且还可以利用公式与函数计算数据。公式与函数是使用数学运算符来处理其他单元格或本单元格中的文本与数值，单元格中的数据可以自由更新而不会影响到公式与函数的设置，从而充分体现了 Excel 的动态特征。本章主要介绍在 Excel 工作表中计算数据的方法与技巧，希望通过本章的学习，可以使用户了解并掌握 Excel 所提供的强大的数据计算功能。

本章学习目的：

- 使用公式
- 输入函数
- 求和计算
- 使用名称
- 审核工作表

8.1 使用公式

公式是一个等式，是一个包含了数据与运算符的数学方程式，它主要包含了各种运算符、常量、函数以及单元格引用等元素。利用公式可以对工作表中的数值进行加、减、乘、除等各种运算，在输入公式时必须以“=”开始，否则 Excel 会按照数据进行处理。

8.1.1 使用运算符

运算符是公式中的基本元素，主要由加、减、乘、除以及比较运算符等符号组成。通过运算符，可以将公式中的元素按照一定的规律进行特定类型的运算。

1. 运算符的种类

公式中的运算符主要包括以下几种运算符。

（1）算术运算符：用于完成基本的数字运算，包括加、减、乘、除、百分号等运算符。

（2）比较运算符：用于比较两个数值，并产生逻辑值 TRUE 或者 FALSE，若条件相符，则产生逻辑真值 TRUE；若条件不符，则产生逻辑假值 FALSE（0）。

（3）文本运算符：使用连接符“&”来表示，功能是将两个文本连接成一个文本。在同一个公式中，可以使用多个“&”符号将数据连接在一起。

（4）引用运算符：运用该类型的运算符可以产生一个包括两个区域的引用。

各种类型运算符的含义与示例如表 8-1 所示。

表 8-1　运算符含义与示例

运　算　符	含　　义	示　　例
	算术运算符	
+（加号）	加法运算	1+4
–（减号）	减法运算	67–4
*（星号）	乘法运算	4*4
/（斜杠）	除法运算	6/2
%（百分号）	百分比	20%
^（脱字号）	幂运算	2^2
	比较运算符	
=（等号）	相等	A1=10
<（小于号）	小于	5<6
>（大于号）	大于	2>1
>=（大于等于号）	大于等于	A2>=3
<=（小于等于号）	小于等于	A7<=12
<>（小于等于号）	小于等于	3<>15
	文本运算符	
&（与符）	文本与文本连接	=“奥运”&“北京”
&（与符）	单元格与文本连接	=A5&“中国”
&（与符）	单元格与单元格连接	=A3&B3
	引用运算符	
：（冒号）	区域运算符	对包括在两个引用之间的所有单元格的引用
，（逗号）	联合运算符	将多个引用合并为一个引用
（空格）	交叉运算符	对两个引用共有的单元格的引用

2. 运算符的优先级

优先级是公式的运算顺序，如果公式中同时用到多个运算符，Excel 将按照一定的顺序进行运算。对于不同优先级的运算，将会按照从高到低的顺序进行计算；对于相同优先级的运算，将按照从左到右的顺序进行计算。各种运算符的优先级如表 8-2 所示。

表 8-2 运算符的优先级

运算符（从高到低）	说　明	运算符（从高到低）	说　明
：（冒号）	区域运算符	^（幂运算符）	乘幂
（空格）	联合运算符	*（乘号）和 /（除号）	乘法与除法运算
，（逗号）	交叉运算符	+（加号）和–（减号）	加法与减法
–（负号）	负号（负数）	&（文本连接符）	连接两个字符串
%（百分比号）	数字百分比	=、<、>、<=、>=、<>	比较运算符

提　示

可以通过使用括号将公式中的运算符括起来的方法，来改变公式的运算顺序。

8.1.2 创建公式

可以根据工作表中的数据创建公式，即在单元格或【编辑栏】中输入公式。另外，还可将公式直接显示在单元格中。

1. 输入公式

双击单元格，将光标放置于单元格中。首先在单元格中输入“=”号，然后在“=”号后面输入公式的其他元素，按 Enter 键即可。另外，也可以直接在【编辑栏】中输入公式，单击【输入】按钮即可，如图 8-1 所示。

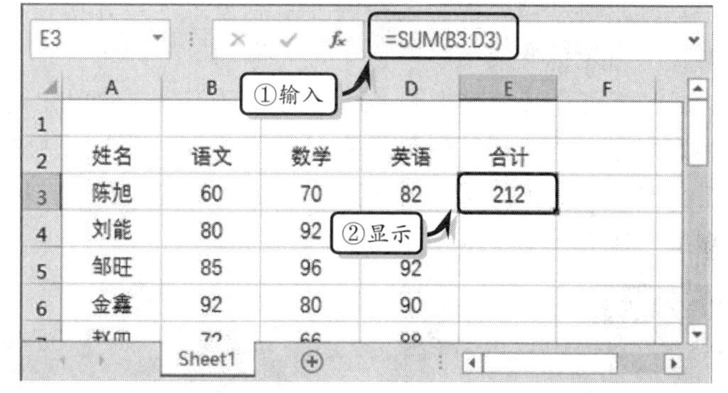

图 8-1 输入公式

2. 显示公式

在单元格输入公式后，将自动显示计算结果。可以通过执行【公式】|【公式审核】|【显示公式】命令，来显示单元格中的公式。再次执行【显示公式】命令，将会在单元格中显示计算结果，如图 8-2 所示。

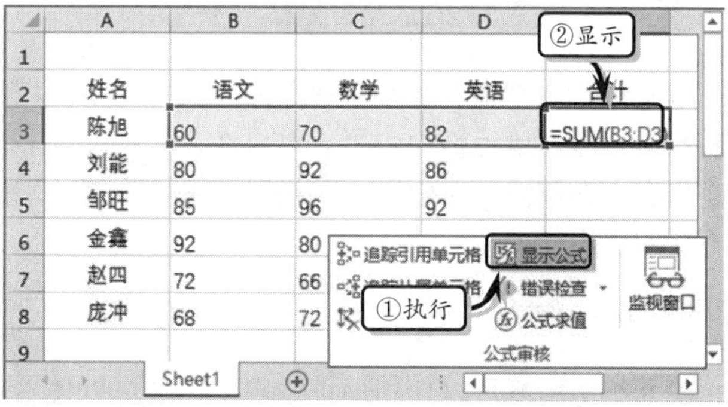

图 8-2 显示公式

技　巧

可以使用 Ctrl+`快捷键快速显示公式，再次使用该快捷键可以显示计算结果。

8.1.3 编辑公式

在输入公式之后，可以像编辑单元格中的数据一样编辑公式，例如修改公式、复制与移动公式等。

1. 修改公式

选择含有公式的单元格，在【编辑栏】中直接修改即可。另外，也可以双击含有公式的单元格，使单元格处于可编辑状态，此时公式会直接显示在单元格中，直接对其进行修改即可，如图 8-3 所示。

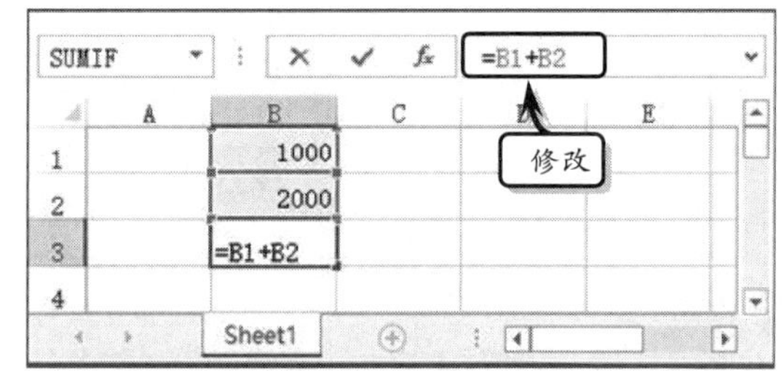

图 8-3 修改公式

2. 复制公式

当在多个单元格中使用相同公式时，可以通过复制公式的方法实现快速输入。复制公式主要包括下列几种方法。

（1）自动填充柄：选择需要复制公式的单元格，移动光标至该单元格右下角的填充柄上，当光标变成十字形状✚时，拖动鼠标即可。

（2）利用【剪贴板】：选择需要复制公式的单元格，执行【开始】|【剪贴板】|【复制】命令。选择目标单元格，执行【剪贴板】|【粘贴】|【公式】命令即可。

（3）使用快捷键：选择需要复制公式的单元格，按 Ctrl+C 快捷键复制公式，选择目标单元格后按 Ctrl+V 快捷键粘贴公式即可。

提 示

在复制公式时，单元格引用将根据引用类型而改变。但是在移动公式时，单元格引用将不会发生变化。

8.1.4 单元格引用

单元格引用是指对工作表中单元格或单元格区域的引用，以获取公式中所使用的数值或数据。通过单元格的引用，可以在公式中使用多个单元格中的数值，也可以使用不同工作表中的数值。在引用单元格时，可以根据所求的结果值使用相对引用、绝对引用等不同的引用样式。

1. 引用样式

单元格引用既可以使用地址来表示，又可以使用单元格名称来表示。使用地址表示的单元格引用主要包括 A1 与 R1C1 引用样式。

1）A1 引用样式

A1 引用样式被称为默认引用样式，该样式引用字母标识列（从 A 到 XFD，共 16 384 列），引用数字标识行（1～1 048 576）。引用时先写列字母再写行数字，其引用的含义如

表 8-3 所示。

表 8-3 A1 引用样式

引　用	含　义
A2	列 A 和行 2 交叉处的单元格
A1:A20	在列 A 和行 1～行 20 之间的单元格区域
B5:E5	在行 5 和列 B～列 E 之间的单元格区域
15:15	行 15 中的全部单元格
15:20	行 15～行 20 之间的全部单元格
A:A	列 A 中的全部单元格
A:J	列 A～列 J 之间的全部单元格
B10:C20	列 B～列 C 和行 10～行 20 之间的单元格区域

2）R1C1 引用样式

R1C1 样式中的 R 代表 Row，表示行的意思；C 代表 Column，表示列的意思。在引用样式中，使用 R 加行数字与 C 加列数字来表示单元格的位置，其引用的含义如表 8-4 所示。

表 8-4 R1C1 引用样式

引　用	含　义
R[-2]C	对在所选单元格的同一列、上面两行的单元格的相对引用
R[1]C[1]	对在所选单元格上面一行、右侧一列的单元格的相对引用
R2C2	对在工作表的第二行、第二列的单元格的绝对引用
R[-1]	对活动单元格整个上一行单元格区域的相对引用
R	对当前行的绝对引用

2. 相对单元格引用

相对引用方式所引用的对象不是具体的某一个固定单元格，而是与当前输入公式的单元格具有相对应的位置。

例如，在 E3 的单元格中输入公式，使用 C3 和 D3 的标记进行引用。此时，将 E3 单元格中的公式复制到 E4 单元格时，该引用将被自动转换为 C4 和 D4，如图 8-4 所示。

另外，相对单元格区域引用表示由该区域左上角单元格相对引用和右下角单元格相对引用组成，中间用冒号隔开。

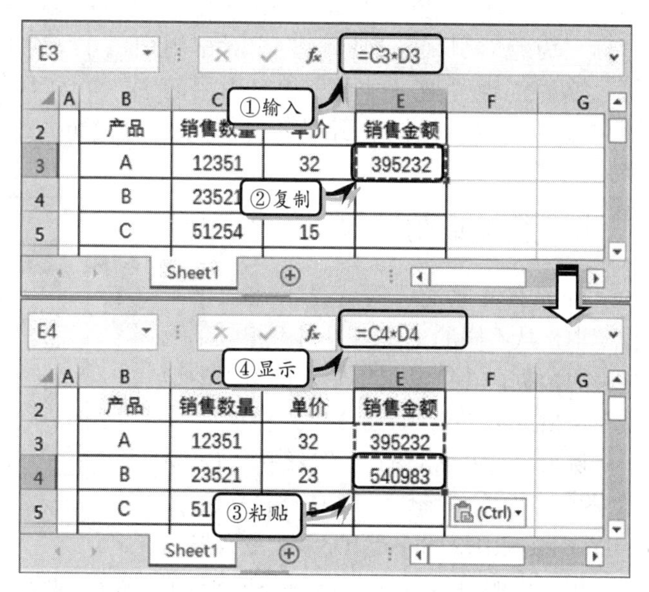

图 8-4 相对单元格引用

3. 绝对单元格引用

绝对引用方式与相对引用方式的区别在于，使用绝对引用方式引用某个单元格之后，如复制该引用并粘贴到其他单元格，被引用单元格不变。

在使用绝对引用时，需要在引用的行标记和列标记之前添加一个美元符号“$”。例如，在引用A1单元格时，使用相对引用方式时可直接输入“A1”标记，而使用绝对引用方式时，则需要输入“$A$1”。

以绝对引用方式编写的公式，在进行自动填充时，公式中的引用不会随当前单元格的变化而改变。例如，在单元格E3中输入计算公式，则无论将公式复制到任何位置，最终计算的结果都和源单元格的结果完全相同，如图8-5所示。

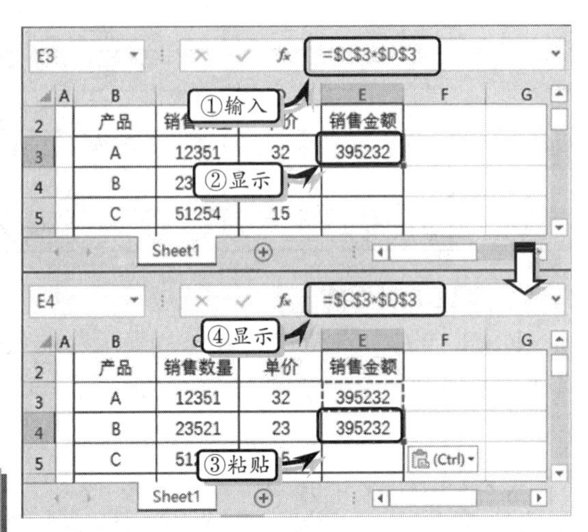

图8-5 绝对单元格引用

技 巧

可以将光标定位在公式中需要绝对引用的单元格，按F4键便可以自动添加绝对引用符号“$”。另外，可以通过再次按F4键，来调整引用行或列，以及取消绝对引用。

4. 混合单元格引用

在引用单元格时，不仅可以使用绝对引用与相对引用，还可以同时使用两种引用方式。例如，设置某个单元格引用中的行标记为绝对引用、列标记为相对引用等。这种混合了绝对引用与相对引用的引用方式就被称作混合引用，如图8-6所示。

E3 =C$3*$D3

	B	C	D	E
2	产品	销售数量	单价	销售金额
3	A	12351	32	395232
4	B	23521	23	
5	C	51254	15	
6	D	21521	20	
7	E	31241	18	

图8-6 混合单元格引用

5. 三维地址引用

所谓三维地址引用就是指在一个工作簿中，从不同的工作表中引用相应单元格中的数据。在三维引用中，被引用的地址表现格式为“工作表名!:单元格地址”。

例如，选择Sheet1工作表中的F3单元格，在【编辑】栏中输入公式“=D3+Sheet2!D2+Sheet3!D3”，表示将当前工作表中的数值与Sheet2和Sheet3工作表中的数值相加，如图8-7所示。

F3 =D3+Sheet2!D2+Sheet3!D3

	B	C	D	E	F
2	产品	销售数量	单价	销售金额	
3	A	12351	32	395232	62
4	B	23521	23		
5	C	51254	15		
6	D	21521	20		
7	E	31241	18		
8	F	15684	36		

图8-7 三维地址引用

8.2 使用函数

函数是系统预定义的特殊公式，它使用参数按照特定的顺序或结构进行计算。其中，参数规定了函数的运算对象、顺序或结构等，是函数中最复杂的组成部分。Excel 提供了几百个预定义函数，通过这些函数可以对某个区域内的数值进行一系列运算，例如分析存款利息、确定贷款的支付额、计算三角函数、计算平均值、排序显示等。

8.2.1 输入函数

函数是由函数名称与参数组成的一种语法，该语法以函数的名称开始，在函数名之后是左括号，右括号代表着该函数的结束，在两括号之间的是使用逗号分隔的函数参数。在 Excel 中，可以通过直接输入、【插入函数】对话框与【函数库】选项组三种方法输入函数。

1. 直接输入

如果非常熟悉函数的语法，可以在单元格或【编辑栏】中直接输入函数。

（1）单元格输入：双击该单元格，首先输入等号“=”，然后直接输入函数名与参数，按 Enter 键即可。

（2）【编辑栏】输入：选择单元格，在【编辑栏】中直接输入“=”，然后输入函数名与参数，单击【输入】按钮即可。

技 巧

在【编辑栏】中输入函数时，当输入“=”后在【名称框】中将显示函数名称，单击该下拉按钮，在下拉列表中选择函数即可。

2. 使用【插入函数】对话框

对于复杂的函数，可以执行【公式】|【函数库】|【插入函数】命令，在弹出的【插入函数】对话框中选择函数，如图 8-8 所示。

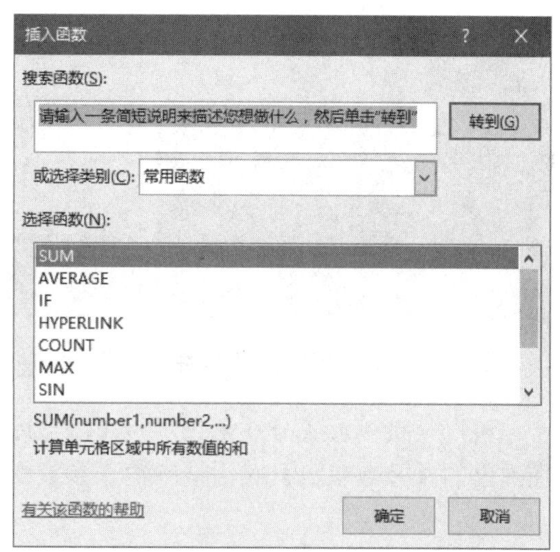

图 8-8 【插入函数】对话框

在该对话框中，单击【或选择类别】下拉按钮，可以在下拉列表中选择函数类别。Excel 2016 提供的函数类别如表 8-5 所示。

表 8-5 函数类别

函数类别	说　明	函　数
财务函数	用于各种财务运算	DB、DDB、FV 等函数
日期与时间函数	用于分析与处理日期与时间值	DAY、NOW、YEAR 等函数
数学与三角函数	用于各种数学计算	ABS、SUM、SING 等函数

续表

函数类别	说明	函数
统计函数	对数据区域进行统计分析	MAX、MIN、SMALL 函数
查找与引用函数	对指定的单元格、单元格区域返回各项信息或运算	ROW、AREAS、HLOOKUP 等函数
数据库函数	用于分析与处理数据清单中的数据	DMAX、DMIN、DSUM 等函数
文本函数	用于在公式中处理文字串	LEN、REPT、TEXT 等函数
逻辑函数	用于进行真假值判断或复合检验	IF、OR、TRUE 等函数
信息函数	用于确定保存在单元格中的数据类型	INFO、ISEVEN、ISNA 等函数
工程函数	对数值进行各种工程上的运算与分析	IMABS、IMLN、IMSUM 等函数
多维数据集函数	分析外部数据源中的多维数据集	CUBEMEMBER 等函数
兼容性	用于存储一些与 Excel 2007 兼容的函数	FINV、COVAR、RANK 等函数
Web 函数	用于获取 URL 编码或 Web 中的数据	ENCODEURL、FILTERXML 等函数
用户定义函数	该类型的函数是与加载项一起安装的用户定义的函数	CALL、EUROCONVERT 等函数

在【插入函数】对话框中的【选择函数】列表中选择相应的函数，单击【确定】按钮，在弹出的【函数参数】对话框中输入参数或单击【选择数据】按钮选择参数，如图 8-9 所示。

提 示

在【插入函数】对话框中，可以在【搜索函数】文本框中输入函数类别，单击【转到】按钮即可在【选择函数】列表中选择函数。

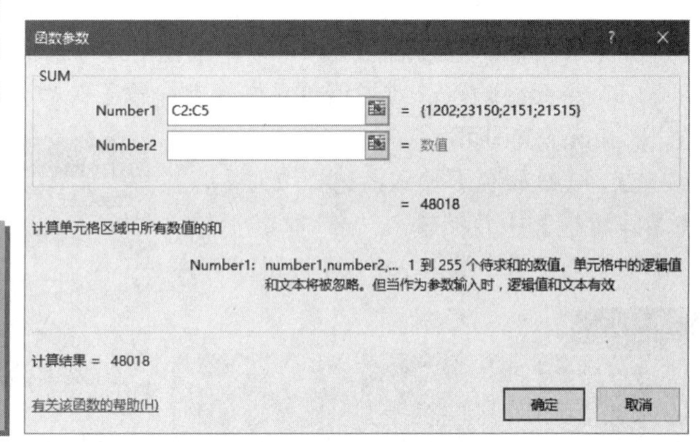

图 8-9 输入参数

3. 使用【函数库】选项组

可以直接执行【公式】选项卡【函数库】选项组中的各类命令，选择相应的函数，在弹出的【函数参数】对话框中输入参数即可。

8.2.2 常用函数

在日常工作中经常会使用一些固定函数进行数据计算，从而简化数据，例如求和函数 SUM、平均数函数 AVERAGE、求最大值函数 MAX、求最小值函数 MIN 等。在使用常用函数时，只需在【插入函数】对话框中单击【选择类别】下拉按钮，选择【常用函数】选项即可。在工作中经常使用的函数如表 8-6 所示。

表 8-6 常用函数

函数	格式	功能
SUM()	=SUM（number1,number2,...）	返回单元格区域中所有数字的和

续表

函　数	格　式	功　能
AVERAGE()	=AVERAGE（number1,number2,…）	返回所有参数的平均数
IF()	=IF（logical_tset,value_if_true,value_if_false）	执行真假值判断，根据对指定条件进行逻辑评价的真假，而返回不同的结果
COUNT()	=COUNT（value1，value2…）	计算参数表中的参数和包含数字参数的单元格个数
MAX()	=MAX（number1，number2，…）	返回一组参数的最大值，忽略逻辑值及文本字符
SUMIF()	=SUMIF（range，criteria，sum_range）	根据指定条件对若干单元格求和
PMT()	=PMT（rate，nper，fv，type）	返回在固定利率下，投资或贷款的等额分期偿还额
STDEV()	=STDEV（number1，number2…）	估算基于给定样本的标准方差
SIN()	=SIN（number）	返回给定角度的正弦

8.2.3 求和计算

在工作中，经常会用到求和函数进行数据的求和计算。Excel 不仅提供了快捷的自动求和函数，而且还提供了条件求和与数组求和函数。

1. 自动求和

执行【开始】|【编辑】|【自动求和】命令，在列表中选择【求和】选项，Excel 将自动对活动单元格上方或左侧的数据进行求和计算。

另外，也可以执行【公式】|【函数库】|【自动求和】命令，在列表中选择【求和】选项，如图 8-10 所示。

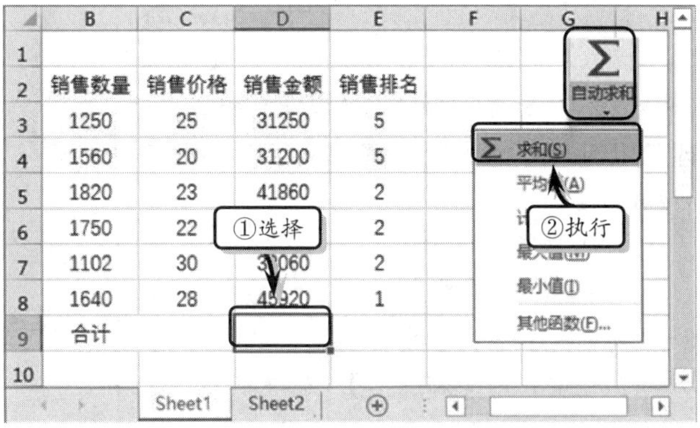

图 8-10 自动求和

提 示

在自动求和时，系统会自动以虚线显示求和区域。可以拖动鼠标扩大或缩小求和区域。

2. 条件求和

条件求和是根据指定的一个或多个条件对单元格区域进行求和计算。

选择需要进行条件求和的单元格区域，执行【公式】|【函数库】|【插入函数】命令。选择【数学和三角函数】类别中的 SUMIF 函数，在弹出的【函数参数】对话框中设置各项函数即可，如图 8-11 所示。

【函数参数】对话框中的各参数含义如下所述。

（1）Range：需要进行计算的单元格区域。

（2）Criteria：以数字、表达式或文本定义的条件。

（3）Sum_range：用于求和计算的实际单元格，如果省略将使用 range 参数中所设置的单元格。

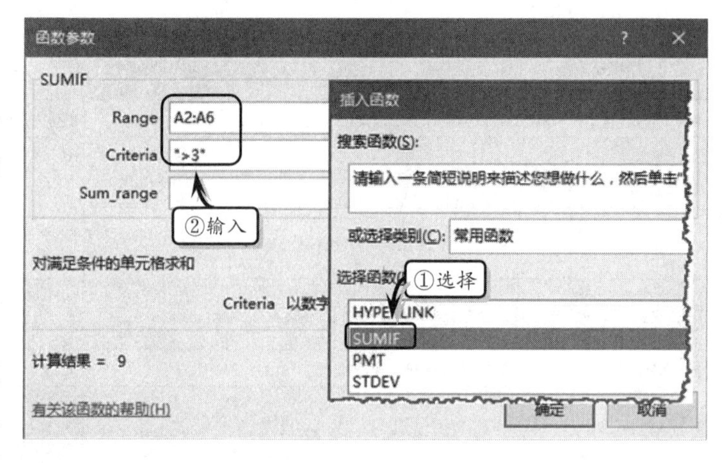

图 8–11　条件求和

3. 数组求和

数组公式是对一组或多组数值执行多重计算，返回一个或多个结果。数组公式区别于普通公式的标志为大括号“{}”，需要在输入数组公式后按 Ctrl+Shift+ Enter 快捷键结束公式的输入时显示大括号“{}”。在进行数组求和时，主要可分为计算单个结果与计算多个结果两种方式。

1）计算单个结果

此类数组公式通过用一个数组公式代替多个公式的方式来简化工作表中的公式。例如，选择放置数组公式的单元格，在【编辑栏】中输入“=SUM（A2:A4*B2:B4*C2:C4）”，按 Ctrl+Shift+Enter 快捷键确认输入，如图 8-12 所示。

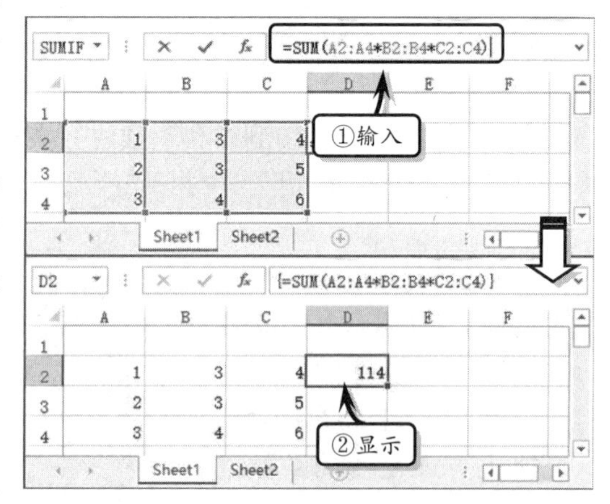

图 8–12　计算单个结果

2）计算多个结果

一些工作表函数会返回多组数值，或将一组值作为一个参数。例如，选择单元格区域 D2:D4，在【编辑栏】中输入“=SUM（A2:A4*B2:B4*C2:C4）”，按 Ctrl+Shift+Enter 快捷键确认输入，如图 8-13 所示。

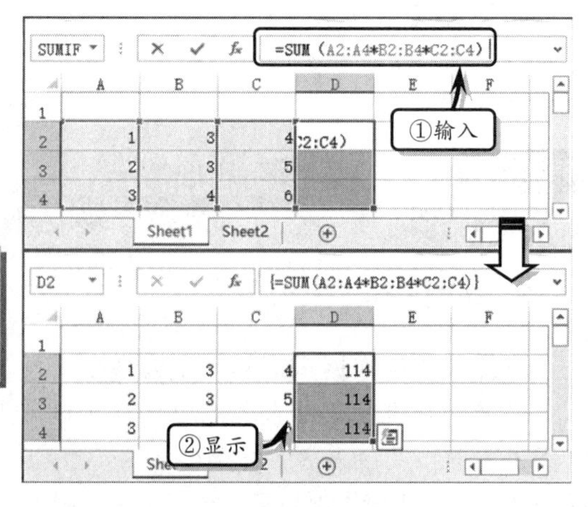

图 8–13　计算多个结果

提　示

在计算多个结果时，不能在单元格区域中删除或更改数组值的一部分，只能删除或更改所有的数组值。

8.2.4　使用名称

名称是显示在【名称框】中的标识，可以在公式中通过使用名称来引用单元格。不仅在操作单元格时可以通过直接引用名称来指定单元格范围，而且还可以使用行列标志与内容来指定单元格名称。

1. 创建名称

选择需要定义名称的单元格或单元格区域，执行【公式】|【定义的名称】|【定义名称】命令，在列表中选择【定义名称】选项。在弹出的【新建名称】对话框中设置各项选项即可，如图 8-14 所示。

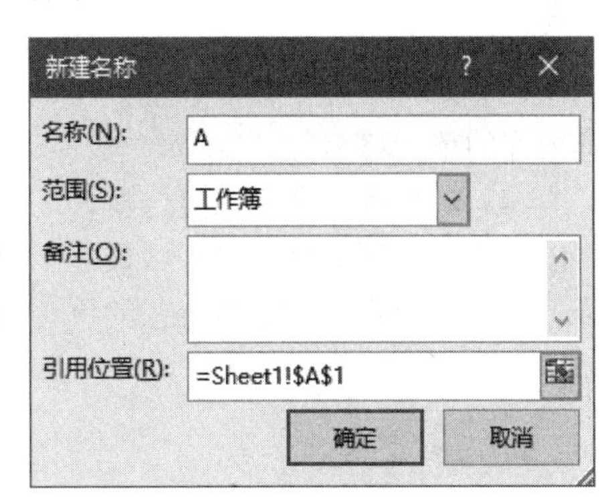

图 8-14 【新建名称】对话框

该对话框主要包括下列选项。

（1）名称：输入新建地址的名称。

（2）范围：选择新建名称的使用范围，包括工作簿、Sheet1、Sheet2 与 Sheet3。

（3）备注：对新建名称的描述性说明。

（4）引用位置：显示新建名称的单元格区域，可以在单元格中先选择单元格区域再新建名称，也可以单击该选项中的【选择数据】按钮来设置引用位置。

提 示

也可以执行【定义名称】|【名称管理器】命令，在弹出的对话框中选择【新建】选项即可弹出【新建名称】对话框。

另外，还可以使用行列标志与所选内容创建名称。选择需要创建名称的单元格或单元格区域，执行【定义的名称】|【定义名称】命令，弹出【新建名称】对话框，在【名称】文本框中输入表示列标的字母或输入表示行号的数字即可，如图 8-15 所示。

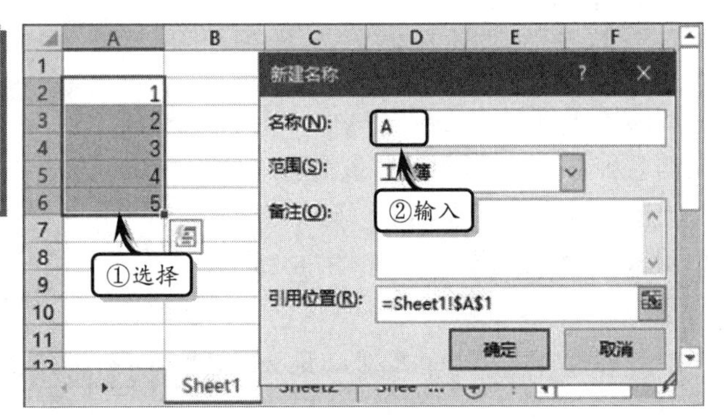

图 8-15 行列标注创建名称

提 示

在【新建名称】对话框中的【名称】文本框中输入名称时，第一个字符必须以字母或下划线“_”开始。

除此之外，还可以根据所选内容创建名称。选择需要创建名称的单元格区域，执行【定义的名称】|【根据所选内容创建】命令。在弹出的【以选定区域创建名称】对话框中设置各选项即可，如图 8-16 所示。

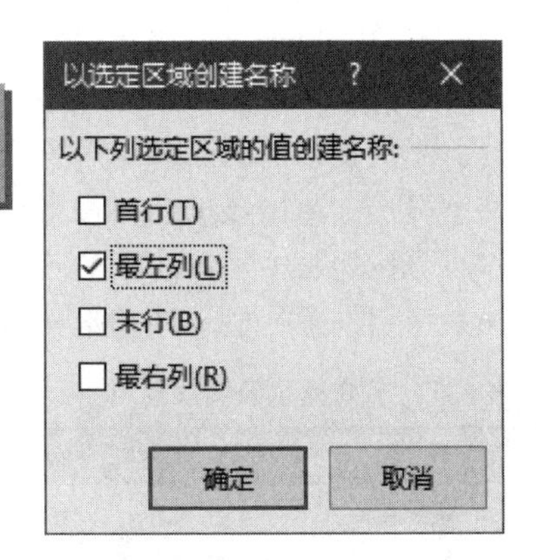

图 8-16 根据所选内容创建名称

该对话框中的各选项的具体功能如下所述。

（1）首行：选中该复选框，将以工作表中第一行的内容来定义其所在的单元格。

（2）最左列：选中该复选框，将以工作表中所选单元格区域最左边一列中的内容来定义其所在的单元格名称。

（3）末行：选中该复选框，将以工作表中所选单元格区域最后一行中的内容来定义其所在的单元格名称。

（4）最右列：选中该复选框，将以工作表中所选单元格区域最右边一列中的内容来定义其所在的单元格名称。

2. 应用名称

首先选择单元格或单元格区域来定义名称，然后在单元格中输入公式时执行【定义的名称】|【用于公式】命令，在下拉列表中选择定义名称即可，如图 8-17 所示。

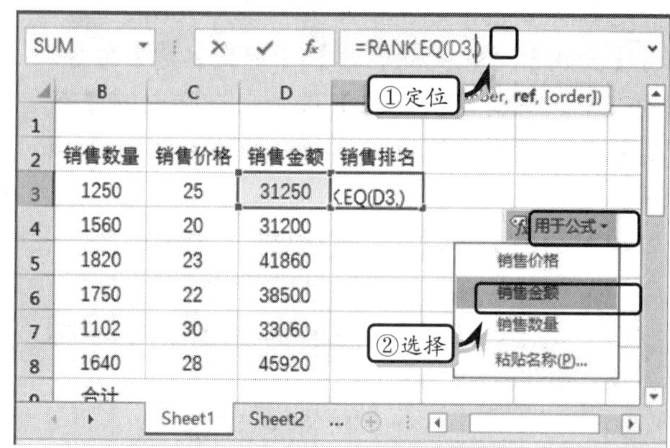

图 8-17 应用名称

3. 管理名称

可以使用管理名称功能来删除或编辑所创建的名称。执行【定义的名称】|【名称管理器】命令，在弹出的【名称管理器】对话框中删除或编辑名称即可，如图 8-18 所示。

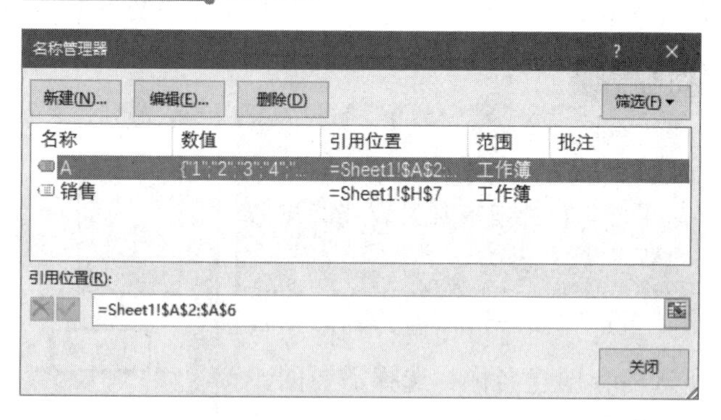

图 8-18 管理名称

该对话框中的各选项功能如下所述。

（1）新建：单击该按钮，可以在弹出的【新建名称】对话框中新建单元格或单元格区域的名称。

（2）编辑：单击该按钮，可在弹出的【编辑名称】对话框中修改选中的名称。

（3）删除：单击该按钮，可删除选中的名称。

（4）列表框：在该列表中，显示了定义的所有单元格或单元格区域定义名称的名称、数值、引用位置、范围及备注内容。

（5）筛选：单击该按钮，在下拉列表中选择相应的选项，即可在列表框中显示指定的名称。下拉列表中的各选项及其功能如表 8-7 所示。

（6）引用位置：显示选择定义名称的引用表与单元格。

表 8-7 筛选选项及其功能

选　　项	功　　能
清除筛选	清除定义名称中的筛选
名称扩展到工作表范围	显示工作表中的定义的名称
名称扩展到工作簿范围	显示工作簿中定义的名称

续表

选　项	功　能
有错误的名称	显示定义的有错误的名称
没有错误的名称	显示定义的没有错误的名称
定义的名称	显示定义的所有名称
表名称	显示定义的工作表的名称

8.3 审核工作表

在使用公式或函数计算数据时，由于引用与表达式的复杂性，偶尔会在运行公式时无法显示结果，并且在单元格中出现相应的错误信息。此时，可以运用 Excel 中的审核功能，来查找发生错误的单元格并予以修正。

8.3.1 显示错误信息

在输入公式时，特别是输入复杂与嵌套函数时，往往因为参数的错误或括号与符号的多少而引发错误信息。处理工作表中的错误信息，是审核工作表的一部分工作。通过所显示的错误信息，可以帮助用户查找可能发生的原因，从而获得解决方法。Excel 中常见的错误信息与解决方法如下所述。

（1）######：当单元格中的数值或公式太长而超出了单元格宽度时，或使用负日期或时间时，将会产生该错误信息。用户可通过调整列宽的方法解决该错误信息。

（2）#DIV/O！：当公式被 0（零）除时，会产生该错误信息。可以通过在没有数值的单元格中输入#N/A，使公式在引用这些单元格时不进行数值计算并返回#N/A 的方法来解决该错误信息。

（3）#NAME?：当在公式中使用了 Microsoft Excel 不能识别的文本时，会产生该错误信息。可以通过更正文本的拼写、在公式中插入函数名称或添加工作表中未被列出的名称的方法，来解决该错误信息。

（4）#NULL！：当试图为两个并不相交的区域指定交叉点时，会产生该错误信息。可以通过使用联合运算符“，”（逗号）来引用两个不相交区域的方法，来解决该错误信息。

（5）#NUM！：当公式或函数中某些数字有问题时，将产生该错误信息。可以通过检查数字是否超出限定区域，并确认函数中使用的参数类型是否正确的方法，来解决该错误信息。

（6）#REF！：当单元格引用无效时，将产生该错误信息。可以通过更改公式，或在删除或粘贴单元格内容后，单击【撤销】按钮恢复工作表中单元格内容的方法，来解决该错误信息。

（7）#VALUE！：当使用错误的参数或运算对象类型时，或当自动更改公式功能不能更改公式时，将产生该错误信息。可以通过确认公式或函数所需的参数或运算符是否正确，并确认公式引用的单元格中所包含的均为有效数值的方法，来解决该错误信息。

8.3.2 使用审核工具

使用审核工具不仅可以检查公式与单元格之间的相互关系并指出错误，而且还可以跟踪选定单元格中的引用、所包含的相关公式与错误。

1. 审核工具按钮

执行【公式】选项卡【公式审核】选项组中的各项命令，可以检查与指出工作表中的公式和单元格之间的相互关系与错误。各项按钮与功能如表 8-8 所示。

表 8-8 【公式审核】命令

按钮	名称	功能
	追踪引用单元格	追踪引用单元格，并在工作表上显示追踪箭头，表明追踪的结果
	追踪从属单元格	追踪从属单元格（包含引用其他单元格的公式），并在工作表上显示追踪箭头，表明追踪的结果
	移去箭头	删除工作表上的所有追踪箭头
	显示公式	显示工作表中的所有公式
	错误检查	检查公式中的常见错误
	公式求值	启动【公式求值】对话框，对公式每个部分单独求值以调试公式

2. 查找与公式相关的单元格

在解决公式中的错误信息时，可以通过查找与公式相关的单元格，来查看该公式引用的单元格信息。选择包含公式的单元格，执行【公式】|【公式审核】|【追踪引用单元格】命令，系统将会自动在工作表中以蓝色的追踪箭头与边框指明公式中所引用的单元格，如图 8-19 所示。

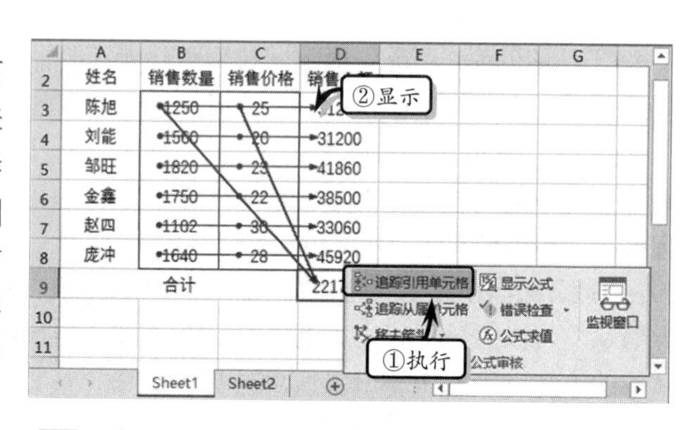

图 8-19 显示引用单元格

另外，选择包含数据的单元格，执行【追踪从属单元格】命令。此时，系统会以蓝色箭头指明该单元格被哪个单元格中的公式所引用，如图 8-20 所示。

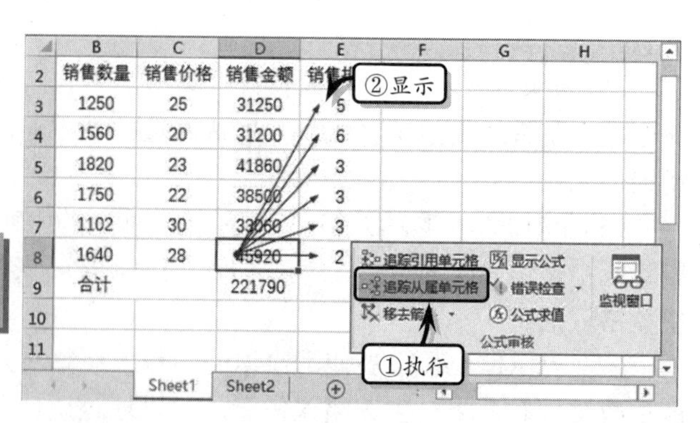

图 8-20 显示公式引用

提 示

可以执行【公式审核】|【移去箭头】命令来取消追踪箭头。

3. 查找错误源

当包含公式的单元格中显示错

误信息时，可以执行【公式】|【公式审核】|【错误检查】命令，查找该错误信息发生的原因。选择含有错误信息的单元格，执行【公式审核】|【错误检查】|【追踪错误】命令。此时，系统在工作表中会指出该公式中引用的所有单元格。其中，红色箭头表示导致错误公式的单元格，蓝色箭头表示包含错误数据的单元格。

另外，当执行【错误检查】|【错误检查】命令时，系统会检查工作表中是否含有错误。当工作表中含有错误时，系统会自动弹出【错误检查】对话框，在对话框中将显示公式错误的原因，如图 8-21 所示。

该对话框中的各选项的功能如下所述。

（1）关于此错误的帮助：单击该按钮，将会弹出【Excel 帮助】对话框。

（2）显示计算步骤：单击该按钮，将在弹出的【公式求值】对话框中显示错误位置，如图 8-22 所示。

（3）忽略错误：单击该按钮，将忽略单元格中公式的错误信息。

（4）在编辑栏中编辑：单击该按钮，光标会自动转换到【编辑栏】文本框中。

（5）选项：单击该按钮，可以在弹出的【Excel 选项】对话框中设置公式显示选项。

（6）上一个：单击该按钮，将自动切换到相对于该错误的上一个错误中。

（7）下一个：单击该按钮，将自动切换到相对于该错误的下一个错误中。

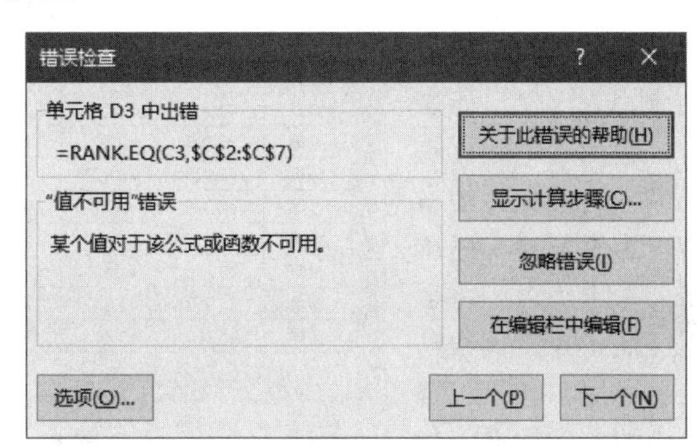

图 8-21 【错误检查】对话框

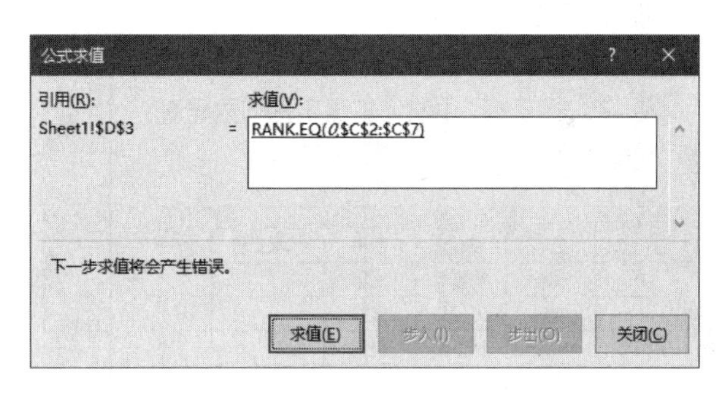

图 8-22 【公式求值】对话框

4. 监视数据

监视数据功能是 Excel 的新增功能。使用监视器窗口，可以帮助用户监视工作簿中的任何区域中的数据。选择需要监视的单元格，执行【公式】|【公式审核】|【监视窗口】命令。在弹出的【监视窗口】对话框中单击【添加监视】按钮，在弹出的【添加监视点】对话框中选择要监视的单元格区域即可，如图 8-23 所示。

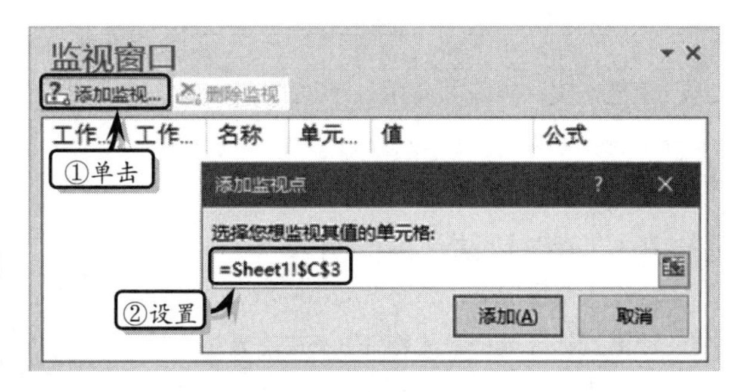

图 8-23 添加监视区域

提 示

在【监视窗口】对话框中选择单元格，单击【删除监视】按钮，即可删除已添加的监视单元格。

8.4 课堂练习：员工工资表

员工工资表是企业每月统计员工工资总额与应付工资额的电子表格，利用该表可以体现员工一个月内的出勤、销售、税金等情况。但是在每月月初制作员工工资表时，输入各种数据是工作人员最头疼的事情。为了解决上述难题，在本练习中将运用 Excel 中的函数功能，引用与计算工资表中的各项数据，如图 8-24 所示。

( )月员工工资表							
职务	基本工资	提成额	住房基金	特殊补助	应扣出勤	工资总额	应扣劳保额
主管	¥6,000	¥0	¥500	¥0	¥167	¥5,333	¥300
经理	¥7,300	¥0	¥400	¥100	¥0	¥7,000	¥300
经理	¥6,700	¥3,000	¥300	¥100	¥600	¥8,900	¥300
职员	¥4,900	¥3,500	¥300	¥100	¥67	¥8,133	¥300
经理	¥7,000	¥500	¥300	¥100	¥630	¥6,670	¥300
经理	¥7,300	¥1,250	¥500	¥100	¥0	¥8,150	¥300
主管	¥5,770	¥1,400	¥300	¥100	¥250	¥6,720	¥300
职员	¥4,910	¥1,600	¥300	¥0	¥0	¥6,210	¥300
经理	¥5,760	¥1,400	¥300	¥100	¥0	¥6,960	¥300

图 8-24 员工工资表

操作步骤

1 制作基础表格。制作员工工资表相关基础表格，在"工资表"中制作工资表基础数据表，如图 8-25 所示。

工牌号	姓名	部门	职务	基本工资
001	张宏	销售部	主管	
002	李旺	工程部	经理	
003	刘欣	销售部	经理	
004	王琴	销售部	职员	
005	李红	餐饮部	经理	
006	王义	客房部	经理	
007	柳红	餐饮部	主管	
008	张燕	客房部	职员	

图 8-25 制作基础表格

2 在【工资表】表格中的单元格区域 O1:Q11 中输入个税标准，如图 8-26 所示。

3 计算数据。选择单元格 E3，在单元格中输入计算公式，按 Enter 键返回基本工资，如图 8-27 所示。

4 选择单元格 F3，在单元格中输入计算公式，按 Enter 键返回提成额，如图 8-28 所示。

个税标准			
最低	最高	税率	速算扣除数
0	1500	3%	0
1500	4500	10%	105
4500	9000	20%	555
9000	35000	25%	1005
35000	55000	30%	2755
55000	80000	35%	5505
80000		45%	13505

图 8-26 制作辅助列表

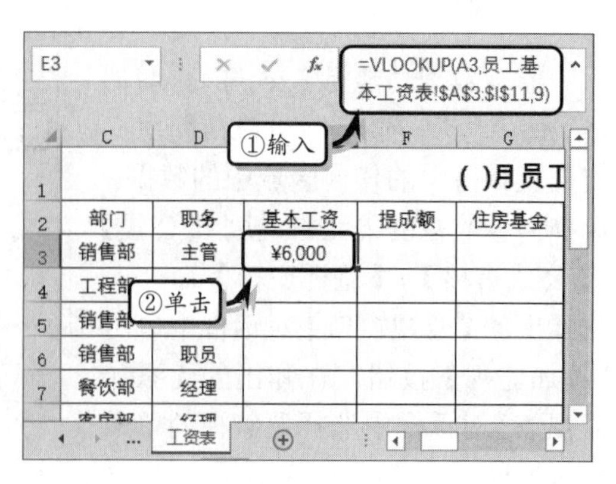

图 8-27 计算基本工资额

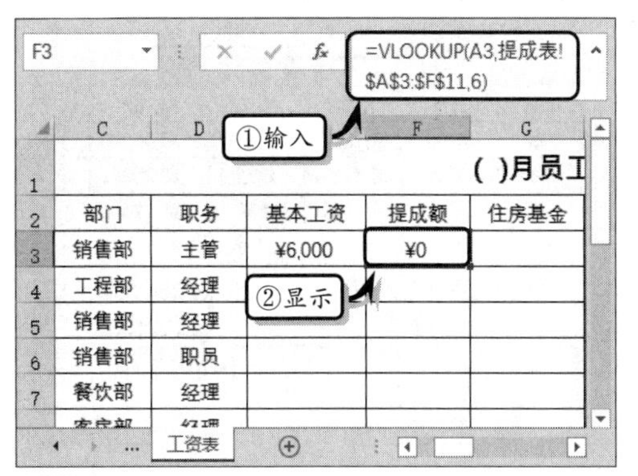

图 8-28 引用提成额

5 选择单元格 G3，在单元格中输入计算公式，按 Enter 键返回住房基金，如图 8-29 所示。

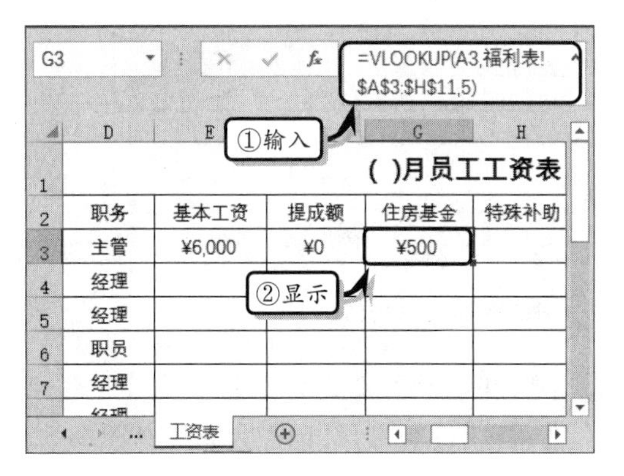

图 8-29 引用住房基金

6 选择单元格 H3，在单元格中输入计算公式，按 Enter 键返回特殊补助，如图 8-30 所示。

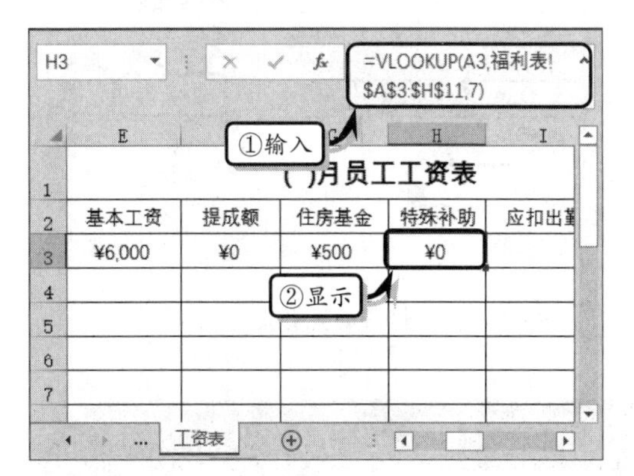

图 8-30 引用特殊补助

7 选择单元格 I3，在单元格中输入计算公式，按 Enter 键返回应扣出勤，如图 8-31 所示。

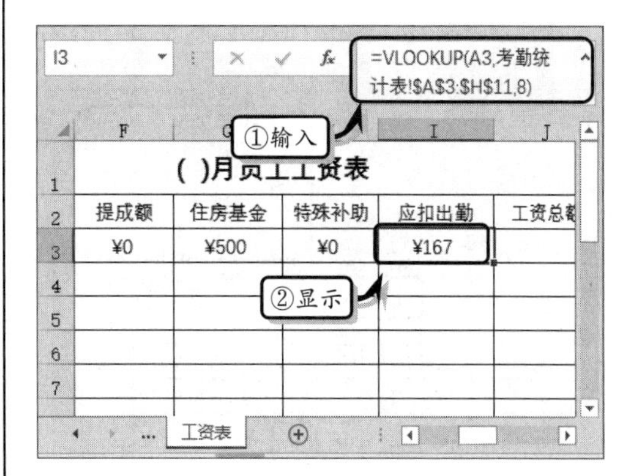

图 8-31 引用应扣出勤

8 选择单元格 J3，在单元格中输入计算公式，按 Enter 键返回工资总额，如图 8-32 所示。

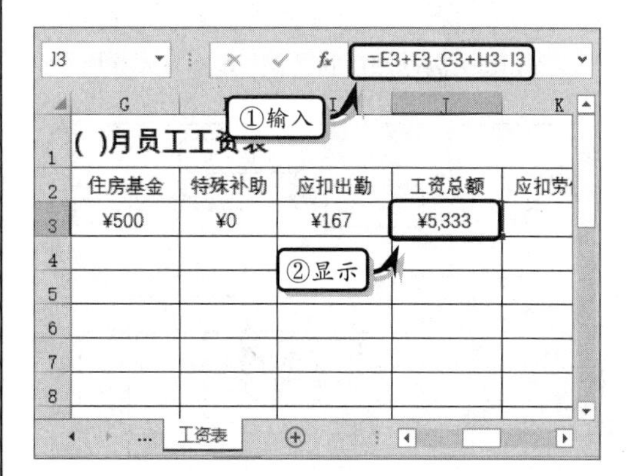

图 8-32 计算工资总额

9 选择单元格 K3，在单元格中输入计算公式，按 Enter 键返回应扣劳保额，如图 8-33 所示。

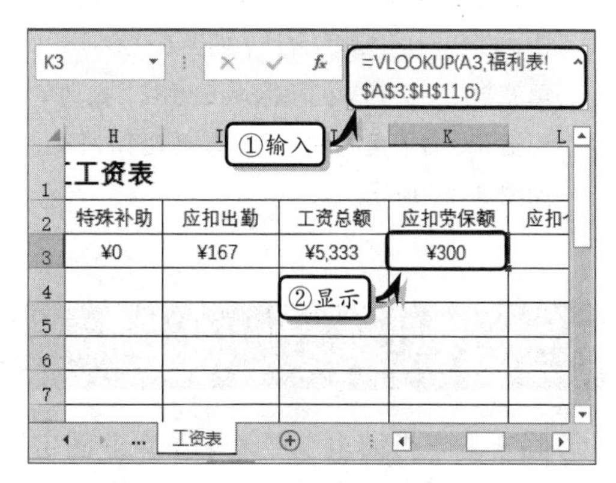

图 8-33 引用应扣劳保额

10 选择单元格 L3，在单元格中输入计算公式，按 Enter 键返回应扣个税，如图 8-34 所示。

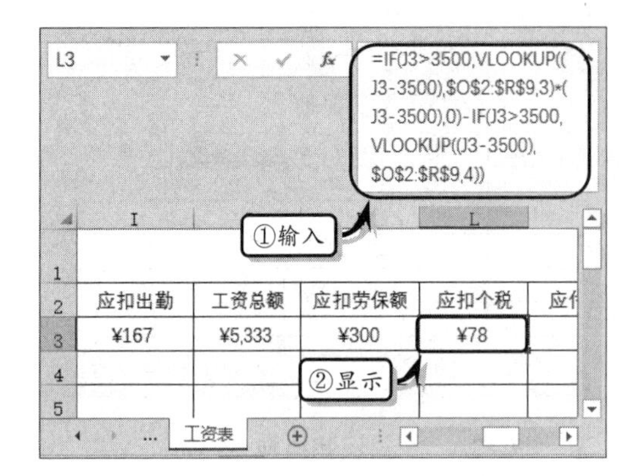

图 8-34 计算应扣个税

11 选择单元格 M3，在单元格中输入计算公式，按 Enter 键返回应付工资，如图 8-35 所示。

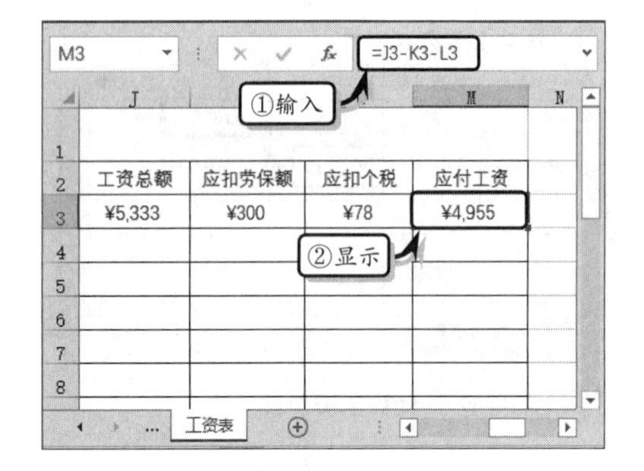

图 8-35 计算应付工资

12 选择单元格 E12，在单元格中输入计算公式，按 Enter 键返回合计，如图 8-36 所示。

13 填充数据。选择单元格区域 E3:M3，拖动单元格 M3 右下角的填充柄至单元格 M11 处，如图 8-37 所示。

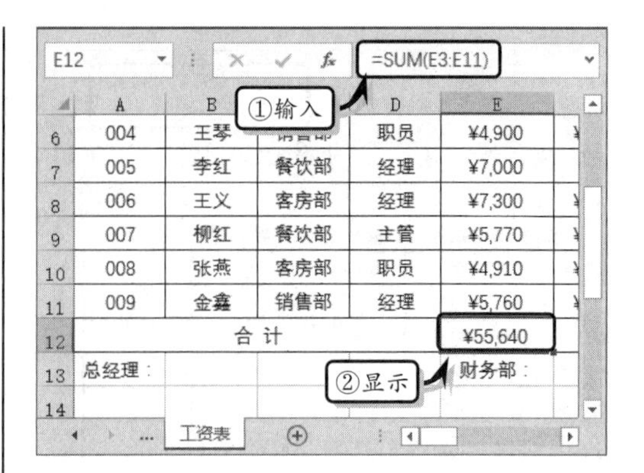

图 8-36 填充公式

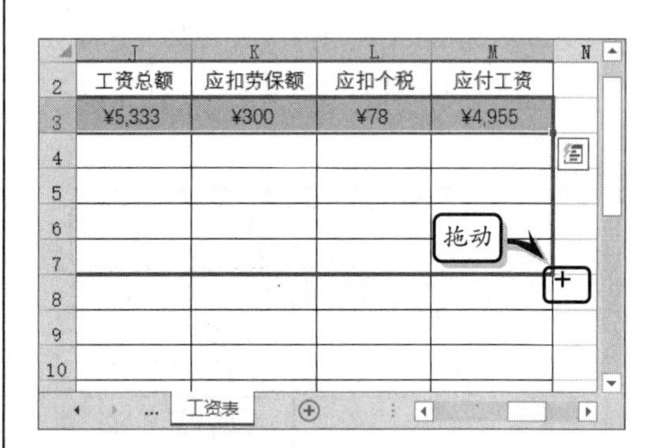

图 8-37 计算合计额

14 选择单元格区域 E12:M12，执行【开始】|【编辑】|【填充】|【向右】命令，如图 8-38 所示。

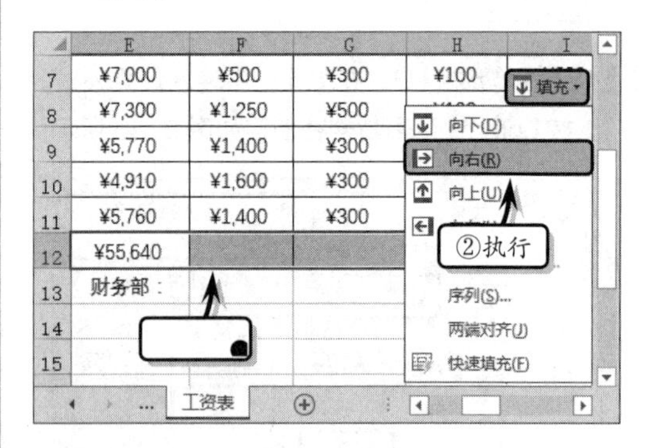

图 8-38 向右填充数据

8.5 课堂练习：固定资产查询卡

固定资产折旧表主要表现了企业固定资产的使用及折旧信息，为了实现快速查询功能，在本练习中将根据固定资产折旧表与函数功能，来制作固定资产查询卡，如图 8-39 所示。

B	C	D	E	F	G
固定资产查询卡					
资产编号	001	资产名称	空调		
启用日期	2014年1月2日	折旧方法	平均年限法		
使用状况	在用	可使用年限	5		
资产原值	20000	已使用年限	2		
残值率	0.05	净残值	1000	已计提月数	26
已计提累计折旧额	8233.333333	剩余计提折旧额	10766.67	剩余使用月数	34

固定资产折旧表　固定资产查询卡

图 8-39　固定资产查询卡

操作步骤

1 制作基础数据表。新建工作表，重命名工作表，在工作表中输入基础数据并设置其对齐格式，如图 8-40 所示。

B	C	D
资产编号		资产名称
启用日期		折旧方法
使用状况		可使用年限
资产原值		已使用年限
残值率		净残值
已计提累计折旧额		剩余计提折旧额

Sheet1

图 8-40　设置基础数据

2 合并单元格区域 B1:G1，输入标题文本并设置文本的字体格式，如图 8-41 所示。

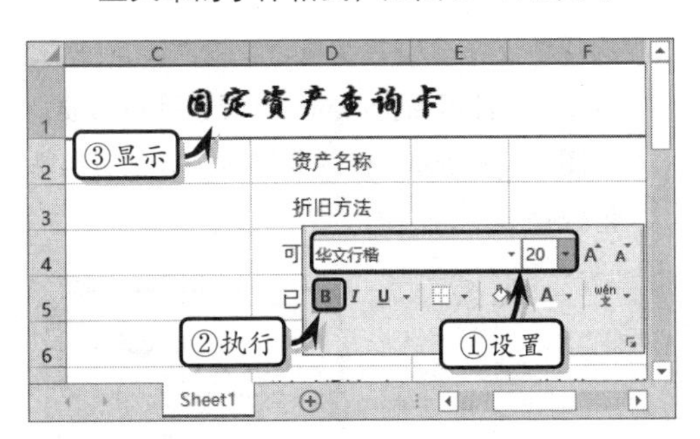

图 8-41　制作标题

3 选择单元格区域 B2:G7，右击执行【设置单元格格式】命令，在【边框】选项卡中设置表格的内部与外部边框样式，如图 8-42 所示。

4 选择单元格区域 B2:G7，执行【开始】|【字体】|【填充颜色】命令，在其列表中选择一种色块，如图 8-43 所示。

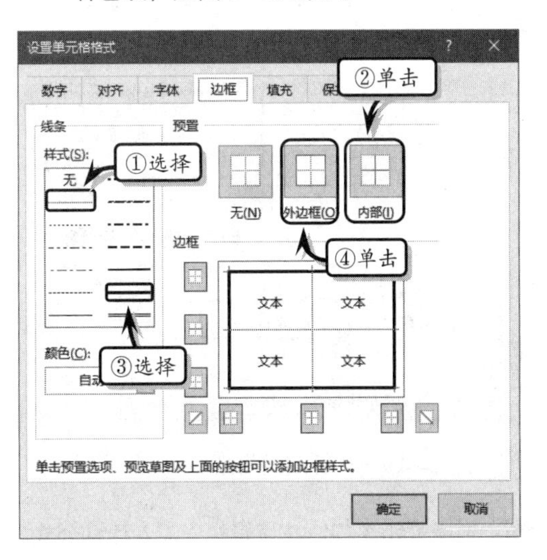

图 8-42　设置边框格式

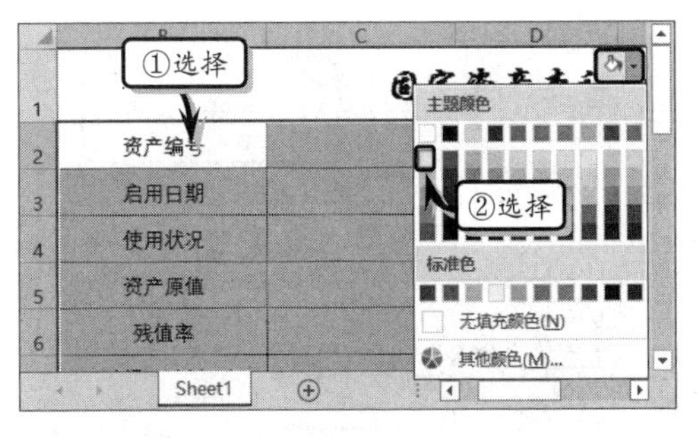

图 8-43　设置背景颜色

5 右击单元格 C2，执行【设置单元格格式】命令。选择【自定义】选项，并在【类型】

文本框中输入自定义代码，如图 8-44 所示。

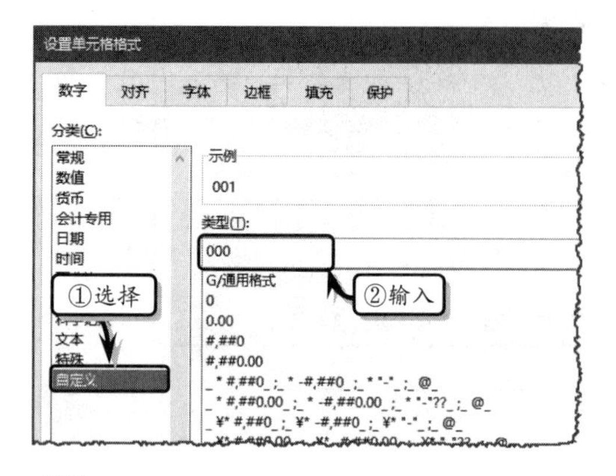

图 8-44 自定义数据格式

6 计算数据。选择单元格 C3，在编辑栏中输入计算公式，按 Enter 键返回资产的启用日期，如图 8-45 所示。

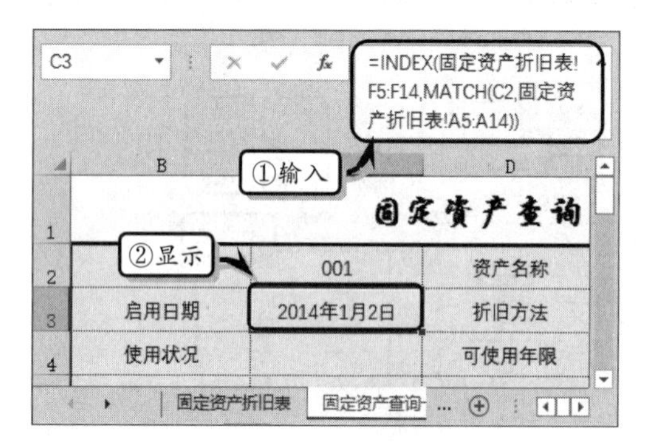

图 8-45 计算启用日期

7 选择单元格 C4，在编辑栏中输入计算公式，按 Enter 键返回资产的使用状况，如图 8-46 所示。

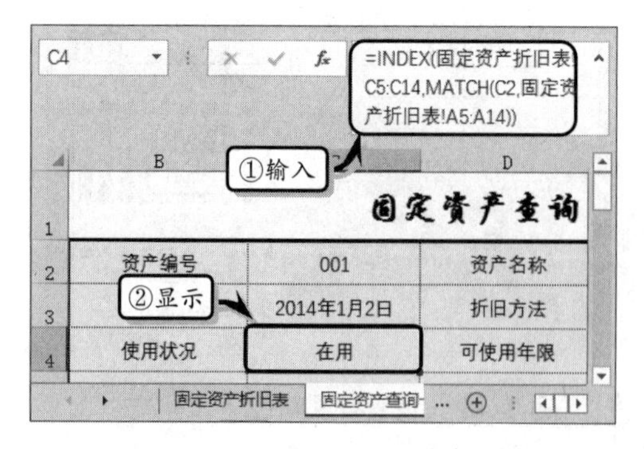

图 8-46 计算使用状况

8 选择单元格 C5，在编辑栏中输入计算公式，按 Enter 键返回资产的原值，如图 8-47 所示。

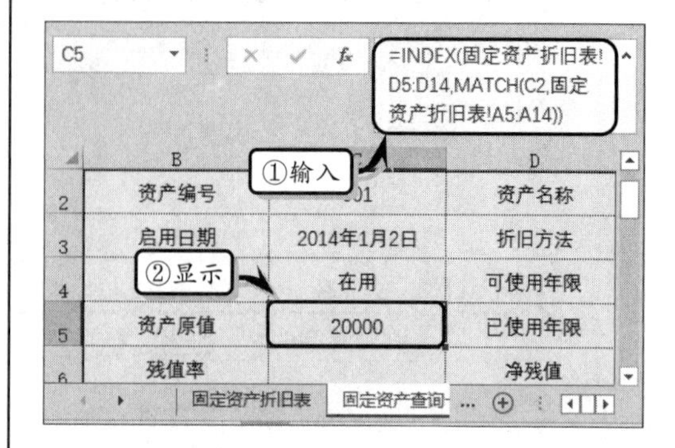

图 8-47 计算资产原值

9 选择单元格 C6，在编辑栏中输入计算公式，按 Enter 键返回资产的残值率，如图 8-48 所示。

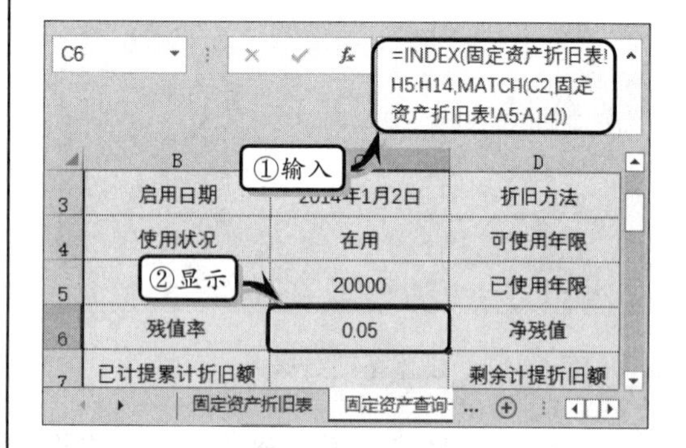

图 8-48 计算残值率

10 选择单元格 C7，在编辑栏中输入计算公式，按 Enter 键返回资产的已计提累计折旧额，如图 8-49 所示。使用同样方法分别引用其他数据。

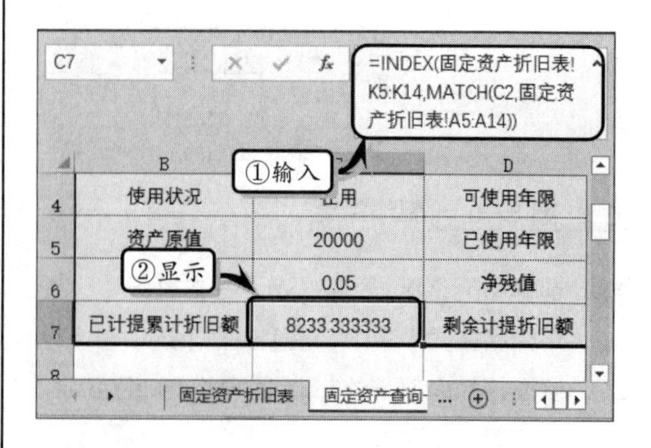

图 8-49 计算已计提累计折旧额

11 选择单元格 E6，在编辑栏中输入计算公式，按 Enter 键返回资产的净残值，如图 8-50 所示。

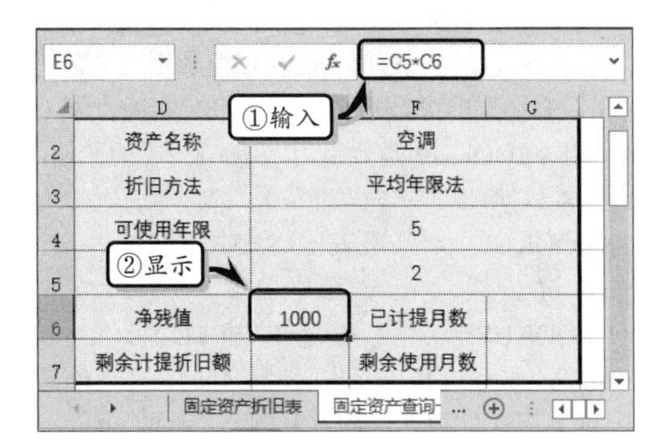

图 8-50 计算净残值

12 选择单元格 G6，在编辑栏中输入计算公式，按 Enter 键返回资产的已计提月数，如图 8-51 所示。

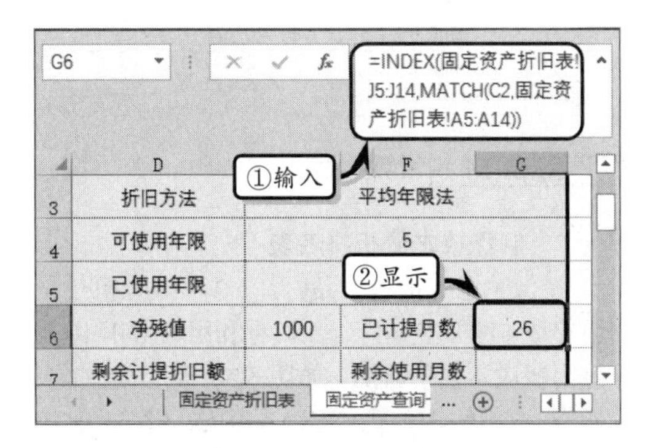

图 8-51 计算已计提月数

13 选择单元格 E7，在编辑栏中输入计算公式，按 Enter 键返回资产的剩余计提折旧额，如图 8-52 所示。

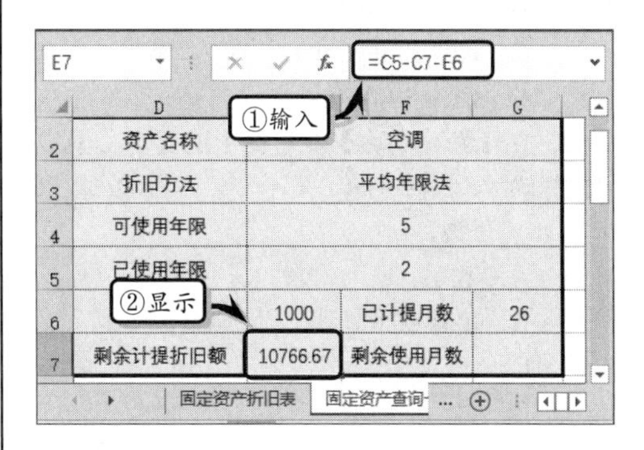

图 8-52 计算剩余计提折旧额

14 选择单元格 G7，在编辑栏中输入计算公式，按 Enter 键返回资产的剩余使用月数，如图 8-53 所示。

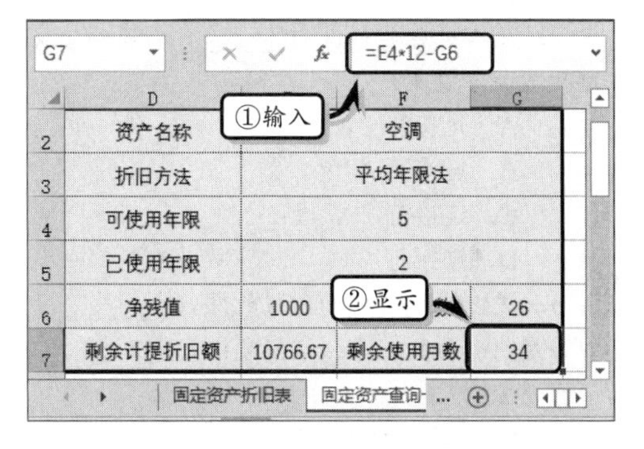

图 8-53 计算剩余使用月数

8.6 思考与练习

一、填空题

1. 公式是一个等式，是一个包含了数据与运算符的数学方程式，在输入公式时必须以__________开始。

2. 公式中的运算符主要包括算术运算符、比较运算符、_____运算符与______运算符。

3. 可以通过__________方法，来改变公式的运算顺序。

4. 可以使用__________快捷键快速显示或隐藏公式。

5. 在 Excel 中使用地址表示的单元格引用样式包括__________与 R1C1 引用样式。

6. 绝对引用是指引用一个或几个特定位置的单元格，会在相对引用的列字母与行数字前分别加一个__________符号。

7. 在【编辑栏】中输入“=”时，在__________中将会显示函数名称。

8. 在 Excel 中运用“数学与三角函数”函数类别中的__________时，可以基于一个条件求和。

二、选择题

1. 数组公式是对一组或多组数值执行多重

计算，在输入数组公式后按__________快捷键结束公式的输入。

A．Ctrl+Shift+Tab

B．Ctrl+Alt+Enter

C．Alt+Shift+Enter

D．Ctrl+Shift+Enter

2．在【新建名称】对话框中的【名称】文本框中输入名称时，第一个字符必须以__________开头。

A．数字

B．字母或下划线

C．=

D．{}

3．当含有公式的单元格中出现“#DIV/O!”时，表示__________。

A．表示公式被零（0）除

B．表示单元格引用无效

C．表示无法识别

D．表示使用错误的参数

4．文本运算符是使用__________将两个文本连接成一个文本。

A．连接符“&”

B．连接符“*”

C．连接符“^”

D．连接符“+”

5．优先级是公式的运算顺序，__________运算符是所有运算符中级别最高的。

A.：（冒号）

B.，（逗号）

C．%（百分号）

D．^（乘幂）

6．在复制公式时，单元格引用将根据引用类型而改变；但是在移动公式时，单元格的应用将__________。

A．保持不变

B．根据引用类型改变

C．根据单元格位置改变

D．根据数据改变

三、问答题

1．简述运算符的种类与优先级。

2．单元格引用主要包括哪几种类型，每种类型具有什么功能？

3．什么是基于多个条件求和？

4．简述创建名称的具体操作。

四、上机练习

1．制作试算平衡表

财务人员在记账时，往往需要利用“试算平衡表”来检查财务数据中的错误。在本练习中，将运用 VLOOKUP 函数引用“总账表”中的数据，如图 8-54 所示。首先在单元格 C4 中输入公式“=VLOOKUP(A4,总账表!$A$3:$F$22,4,1)”，按 Enter 键。然后在单元格 D4 中输入公式“=VLOOKUP(A4,总账表!$A$3:$F$22,5,1)”，按 Enter 键。最后选择单元格区域 C4:D4，拖动单元格 D4 右下角的填充柄向下复制公式。

	A	B	C	D	E
1	试算平衡表				
2	科目代码	科目名称	本期发生额		备注
3			借方	贷方	
4	1001	现金	200	500	
5	1002	银行存款	100	300	
6	1009	其他货币资金	0	0	
7	1111	短期投资	0	0	
8	1112	应收票据	0	0	

总账表　试算平衡…

图 8-54　试算平衡表

2．制作成本分析排名表

在做生意或销售产品时，往往需要分析产品的销售成本率。在本练习中，将利用 RANK 函数计算销售成本率的排名，如图 8-55 所示。首先在单元格 F3 中输入公式“=RANK(E3, E3:E10)”。然后将光标放置于公式中的“E3”前面，按 F4 键添加绝对应用符号。同时将光标放置于“E10”前面，按 F4 键添加绝对应用符号。最后拖动单元格 F3 右下角的填充柄，向下复制公式。

	A	B	C	D	E	F
1	成本分析表					
2	名称	销售成本	销售收入	销售毛利	销售成本率	排名
3	乐百氏矿泉水	20000.00	30000.00	10000.00	67%	6
4	乐百氏纯净水	35000.00	45000.00	10000.00	78%	1
5	娃哈哈矿泉水	12000.00	20000.00	8000.00	60%	8
6	娃哈哈纯净水	10000.00	16000.00	6000.00	63%	7
7	雀巢矿泉水	32000.00	45000.00	13000.00	71%	5
8	雀巢纯净水	30000.00	41000.00	11000.00	73%	3
9	燕京矿泉水	37000.00	52000.00	15000.00	71%	4
10	燕京纯净水	35000.00	47000.00	12000.00	74%	2

Sheet1

图 8-55　成本分析排名表

第 9 章

使用图表

Excel 具有强大的数据整理和分析功能，而图表则是众多分析工具中最为常用的工具之一，它可以图形化数据，能够清楚地体现数据之间的各种相对关系。除此之外，运用 Excel 中内置的一些图表辅助功能，还可以帮助用户轻松地创建具有专业水准的图表，更加直观地将工作表中的数据表现出来，从而使数据层次分明、条理清楚、易于理解。在本章中，将详细介绍图表的创建、编辑与美化等基础知识。

本章学习目的：

- 认识图表
- 创建图表
- 编辑图表
- 设置图表格式
- 设置图表样式
- 设置图表布局

9.1 创建图表

创建图表是将单元格区域中的数据以图表的形式进行显示，从而可以更直观地分析表格数据。由于 Excel 为用户提供多种图表类型，所以在应用图表之前需要先了解图表的种类及元素，以便帮助用户根据不同的数据类型应用不同的图表类型。

9.1.1 认识图表

图表主要由图表区域及区域中的图表对象组成，其对象主要包括标题、图例、垂直

（值）轴、水平（类别）轴、数据系列等对象。在图表中，每个数据点都与工作表中的单元格数据相对应，而图例则显示了图表数据的种类与对应的颜色。图表的各个组成元素如图 9-1 所示。

Excel提供了15种图表类型，每种图表类型又包含了若干个子类型，每种图表类型的功能与子类型如表 9-1 所示。

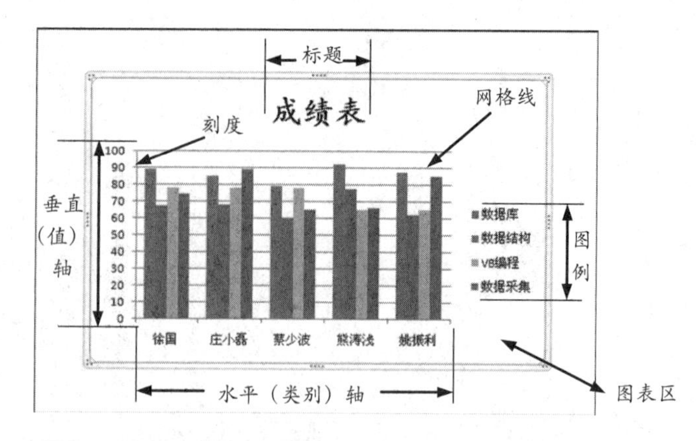

图 9-1 图表组成元素

表 9-1 图表类型

类　型	功　能	子　类　型
柱形图	Excel 默认的图表类型，以长条显示数据点的值，适用于比较或显示数据之间的差异	簇状柱形图、堆积柱形图、三维簇状柱形图、三维柱形图等
折线图	可以将同一系列的数据在图表中表示成点并用直线连接起来，适用于显示某段时间内数据的变化及变化趋势	折线图、带数据标记的折线图、三维折线图等
条形图	类似于柱形图，主要强调各个数据项之间的差别情况，适用于比较或显示数据之间的差异	簇状条形图、堆积条形图、三维簇状条形图、三维堆积条形图等
饼图	可以将一个圆面划分为若干个扇形面，每个扇面代表一项数据值，适用于显示各项的大小与各项总和比例的数值	饼图、三维饼图、复合饼图、复合条饼图、圆环图等
XY（散点图）	用于比较几个数据系列中的数值，或者将两组数值显示为 XY 坐标系中的一个系列	散点图、带平滑线和数据标记的散点图、气泡图、三维气泡图等
面积图	将每一系列数据用直线连接起来，并将每条线以下的区域用不同颜色填充。面积图强调数量随时间而变化的程度，还可以引起人们对总值趋势的注意	面积图、堆积面积图、百分比堆积面积图、三维面积图、三维堆积面积图、百分比三维堆积面积图等
雷达图	由一个中心向四周辐射出多条数值坐标轴，每个分类都拥有自己的数值坐标轴，并由折线将同一系列中的值连接起来	雷达图、带数据标记的雷达图、填充雷达图等
曲面图	类似于拓扑图形，常用于寻找两组数据之间的最佳组合	三维曲面图、三维曲面图（框架图）、曲面图、曲面图（俯视框架图）等
股价图	常用来描绘股价走势，也可以用于处理其他数据	盘高-盘低-收盘图、开盘-盘高-盘低-收盘图、成交量-盘高-盘低-收盘图等 4 种类型
树状图	使用树状图可以比较层级结构不同级别的值，以及可以以矩形显示层次结构级别中的比例，一般适用于按层次结构组织并具有较少类别的数据	树状图

类　型	功　能	子 类 型
旭日图	使用旭日图可以比较层级结构不同级别的值，以及可以以环形显示层次结构级别中的比例，一般适用于按层次结构组织并具有较多类别的数据	旭日图
直方图	直方图用于显示按储料箱显示划分的数据的分布形态；而排列图则用于显示每个因素占总计值的相对比例，用于显示数据中最重要的因素	直方图、排列图
箱形图	箱形图用于显示一组数据中的变体，适用于多个以某种关系互相关联的数据集	箱形图
瀑布图	瀑布图显示一系列正值和负值的累积影响，一般适用于具有流出和流出数据类型的财务数据	瀑布图
组合	以两种不同的图表类型显示数据的一种新型图表	簇状柱形图-折线图、簇状柱形图-次坐标轴上的折线图、堆积面积图-簇状柱形图、自定义组合等

9.1.2　新建图表

在 Excel 中，可以通过【图表】选项组与【插入图表】对话框两种方法，根据表格数据类型建立相应类型的图表。

1．使用【图表】选项组

选择需要创建图表的单元格区域，执行【插入】选项卡【图表】选项组中的命令，在下拉列表中选择相应的图表样式即可，如图 9-2 所示。

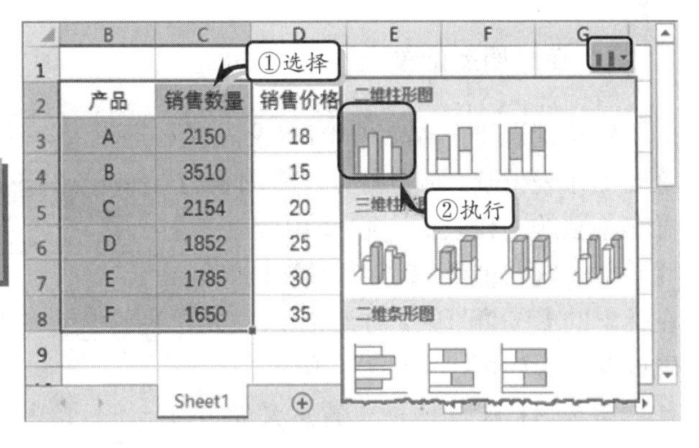

图 9-2　新建图表

技　巧

如果想建立基于默认图表类型的图表，可以使用 Alt+F1 快捷键建立嵌入式图表，或使用 F11 键建立图表工作表。

2．使用【插入图表】对话框

选择需要创建图表的单元格区域，执行【插入】|【图表】|【推荐的图表】命令，在弹出的【插入图表】对话框中选择相应图表类型即可，如图 9-3 所示。

该对话框中，主要包括【推荐的图表】和【所有图表】两个选项卡，其具体功能如下所述。

（1）推荐的图表：该选项卡中为系统根据所选数据推荐的最佳图表类型，并在每种图表类型下方配上图表说明文字，以供用户选择。

（2）所有图表：该选项卡类似于旧版本中的【插入图表】对话框，列出了 Excel 中可以使用的全部图表类型，以及用户最近使用的图表类型和模板图表。

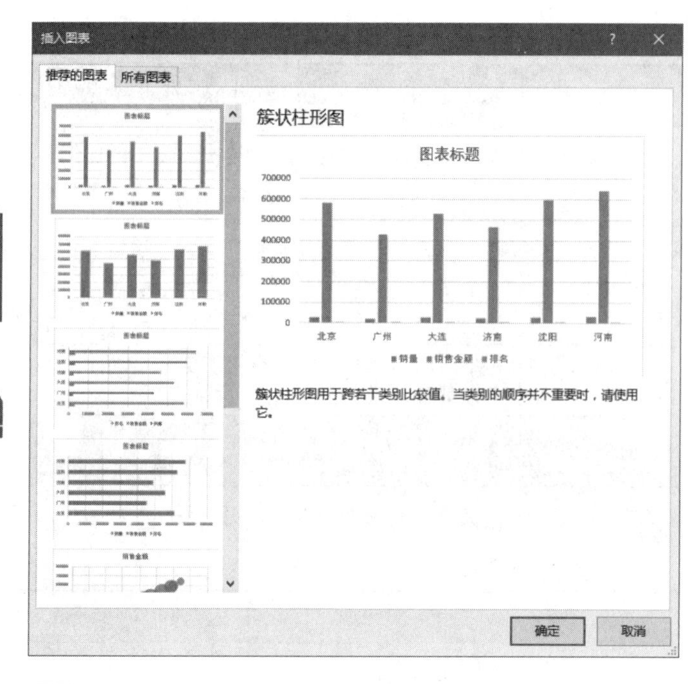

图 9-3 【插入图表】对话框

提 示

在【图表】选项组中单击【对话框启动器】按钮，即可打开【插入图表】对话框。

9.2 编辑图表

创建完图表之后，为了使图表具有美观的效果，需要对图表进行编辑操作，例如调整图表大小、添加图表数据、为图表添加数据标签元素等操作。

9.2.1 调整图表

编辑图表的首要操作便是根据工作表的内容与整体布局，调整图表的位置及大小。编辑图表之前，必须通过单击图表区域或单击工作簿底部的图表标签以激活该图表与图表工作表。

1. 调整图表位置

默认情况下，Excel 中的图表为嵌入式图表，不仅可以在同一个工作簿中调整图表放置的工作表位置，而且还可以将图表放置在单独的工作表中。执行【图表工具】|【设计】|【位置】|【移动图表】命令，在弹出的【移动图表】对话框中选择图表放置位置即可，如图 9-4 所示。

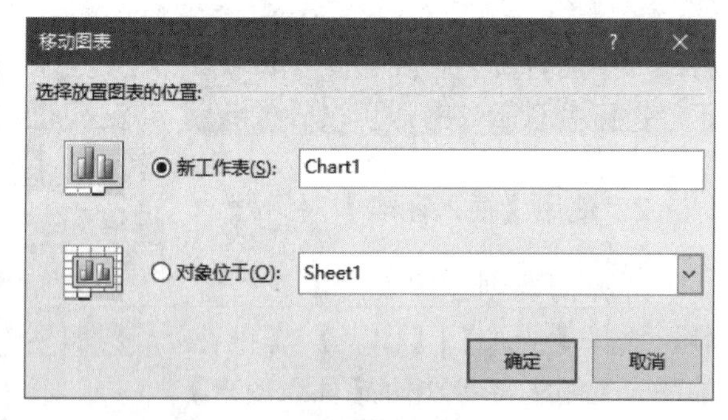

图 9-4 【移动图表】对话框

该对话框中的两种位置意义如下。

(1) 新工作表：将图表单独放置于新工作表中，从而创建一个图表工作表。

(2) 对象位于：将图表插入到当前工作簿中的任意工作表中。

提 示

还可以右击图表执行【移动图表】命令，在弹出的【移动图表】对话框中设置图表位置。

2. 调整图表大小

调整图表的大小主要包括以下三种方法。

（1）使用【大小】选项组：选择图表，在【格式】选项卡【大小】选项组中的【形状高度】与【形状宽度】文本框中，分别输入调整数值即可。

（2）使用【大小和属性】对话框：在【格式】选项卡【大小】选项组中单击【对话框启动器】按钮，在弹出的窗格中设置【高度】与【宽度】选项值即可，如图 9-5 所示。

（3）手动调整：选择图表，将鼠标置于图表区的边界中的“控制点”上，当光标变成双向箭头时，拖动鼠标即可调整大小，如图 9-6 所示。

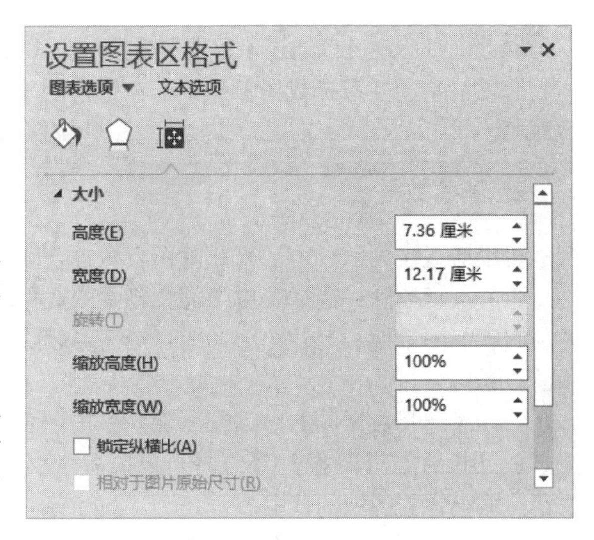

图 9-5 【大小和属性】对话框

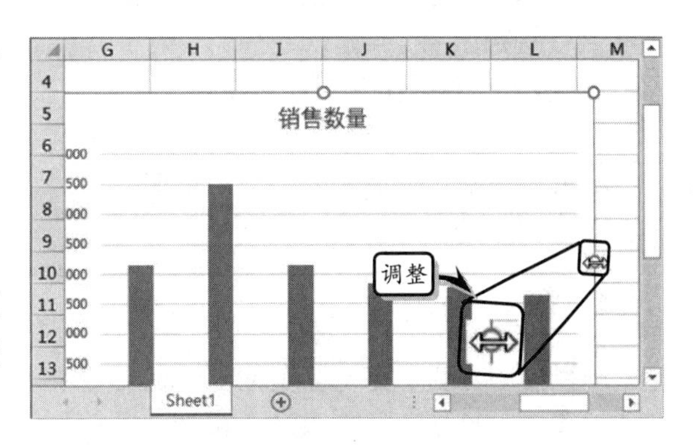

图 9-6 手动调整图表

9.2.2 编辑图表数据

创建图表之后，往往会由于某种原因编辑图表数据，即添加或删除图表数据。

1. 添加数据

选择图表，在工作表中将自动以蓝色的边框显示图表中的数据区域。将光标置于数据区域右下角，拖动鼠标增加数据区域即可，如图 9-7 所示。

除了通过工作表添加数据之外，还可以通过【选择数据源】对话框来添加图表数据。即右击图表执行【选择数据】命令，在弹出的【选择数据源】对话框中单击【图表数据区域】文本框后面的【折叠】按钮，重新选择数据区域，单击【展开】按钮即可，如图 9-8 所示。

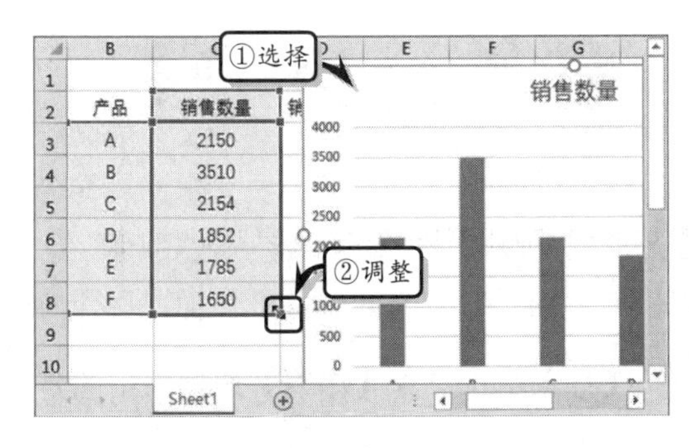

图 9-7 工作表添加数据

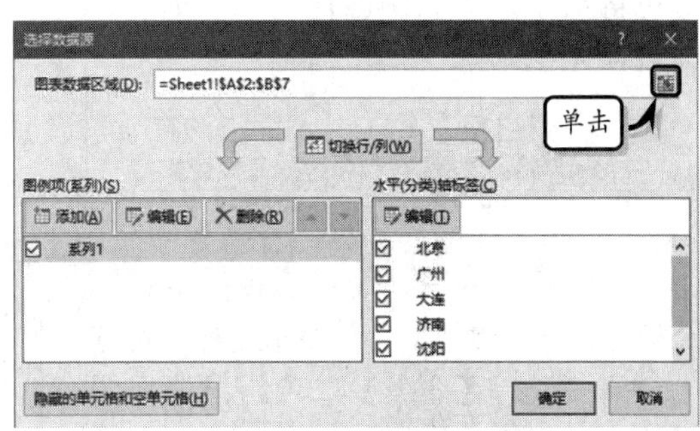

图 9-8 【选择数据源】对话框

除此之外，还可以通过【数据】选项组来添加图表数据。即启用【设计】选项卡【数据】选项组中的【选择数据】命令，在弹出的【选择数据源】对话框中重新选择数据区域即可。

2. 删除数据

可以通过下列三种方法来删除图表数据。

（1）按键删除：选择表格中需要删除的数据区域，按 Delete 键，即可同时删除工作表与图表中的数据。另外，选择图表中需要删除的数据系列，按 Delete 键即可删除图表中的数据。

（2）【选择数据源】对话框删除：右击图表执行【选择数据】命令，或执行【图表工具】|【设计】|【数据】|【选择数据】命令，单击【选择数据源】对话框中的【折叠】按钮，缩小数据区域的范围即可。

（3）鼠标删除：选择图表，则工作表中的数据将自动被选中，将鼠标置于被选定数据的右下角，向上拖动，就可减少数据区域的范围，即删除图表中的数据。

9.2.3 编辑图表文字

编辑图表文字是更改图表中的标题文字，另外还可以切换水平轴与图例元素中的显示文字。

1. 更改标题文字

选择标题文字，将光标定位于标题文字中，按 Delete 键删除原有标题文本并输入替换文本即可。另外，还可以右击标题执行【编辑文字】命令，按 Delete 键删除原有标题文本并输入替换文本，如图 9-9 所示。

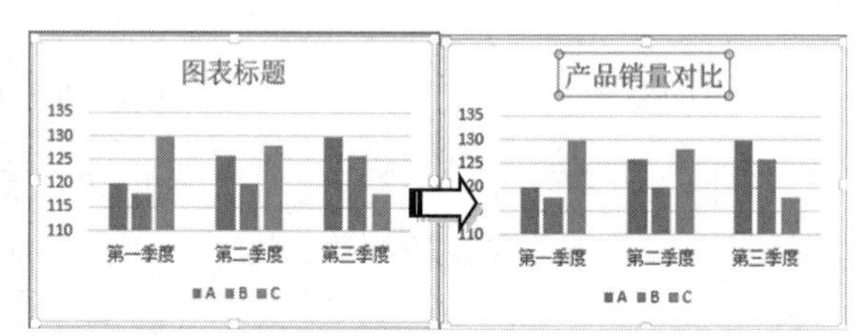

图 9-9　更改标题文字

2. 切换图例与水平轴文字

选择图表，执行【图表工具】|【设计】|【数据】|【切换行/列】命令，即可将水平轴与图例进行切换，如图 9-10 所示。

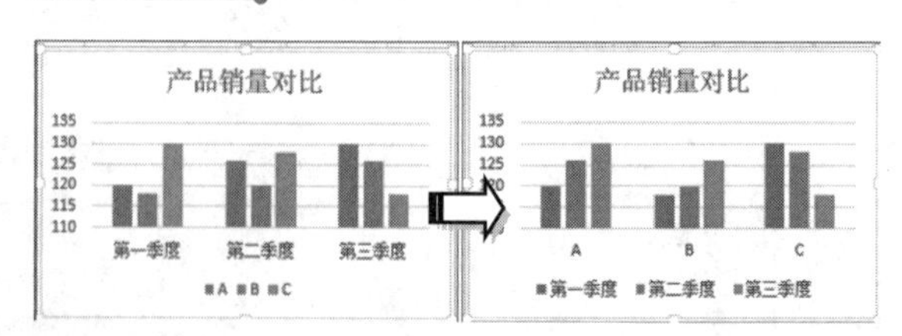

图 9-10　切换图例与水平轴文字

9.2.4 更改图表类型

创建图表之后，便可以根据数据类型更改图表类型。更改图表类型的方法如下所示。

（1）通过【图表】选项组：选择图表，执行【插入】选项卡【图表】选项组中的各项图表类型即可。

（2）通过【类型】选项组：选择图表，执行【图表工具】|【设计】|【类型】|【更

改图表类型】命令，在弹出的【更改图表类型】对话框中选择相应的图表类型即可。

（3）通过快捷菜单：选择图表，右击执行【更改图表类型】命令，在弹出的【更改图表类型】对话框中选择相应的图表类型即可。

9.3 设置图表格式

设置图表格式是设置标题、图例、坐标轴、数据系列等图表元素的格式，主要设置每种元素中的填充颜色、边框颜色、边框样式、阴影等美化效果，从而达到美化图表的目的。

9.3.1 设置图表区格式

右击图表区域，执行【设置图表区格式】命令。在弹出的【设置图表区格式】窗格中设置各选项即可，如图 9-11 所示。

该窗格中【图表选项】中的【填充线条】和【效果】选项卡，可以设置图表区的填充颜色、边框样式，以及阴影、发光和三维格式等效果。设置方法与说明如下所述。

图 9-11 【设置图表区格式】窗格

1. 设置填充效果

展开【线条填充】选项卡中的【填充】选项组，可以设置图表区的纯色填充、渐变填充、图片或纹理填充等填充效果，其具体情况如表 9-2 所示。

表 9-2 填充选项

选　项	子 选 项	说　明
无填充		不设置填充效果
纯色填充	颜色	设置一种填充颜色
纯色填充	透明度	设置填充颜色透明状态
渐变填充	预设渐变	系统内置的渐变效果，共包含 30 种渐变类型
渐变填充	类型	表示颜色渐变的类型，包括线性、射线、矩形与路径
渐变填充	方向	表示颜色渐变的方向，包括线性对角、线性向下、线性向左等 8 种方向
渐变填充	角度	表示渐变颜色的角度，其值介于 1°～360°之间
渐变填充	渐变光圈	可以设置渐变光圈的结束位置、颜色、透明度和亮度
图片或纹理填充	纹理	用来设置纹理类型，一共包括 25 种纹理样式
图片或纹理填充	插入自	可以插入来自文件、剪贴板与联机中的图片
图片或纹理填充	将图片平铺为纹理	表示纹理的显示类型，选择该选项则显示【平铺选项】，禁用该选项则显示【伸展选项】
图片或纹理填充	伸展选项	主要用来设置纹理的偏移量
图片或纹理填充	平铺选项	主要用来设置纹理的偏移量、对齐方式与镜像类型
图片或纹理填充	透明度	用来设置纹理填充的透明状态

续表

选　项	子 选 项	说　明
图案填充	图案	系统内置的图案类型，共包含 5%和浅色竖线等 48 种样式
	前景	用于设置图案样式的前景颜色
	背景	用于设置图案样式的背景颜色
自动		选中该选项，表示图表区的填充颜色将使用系统安排的颜色

2. 设置边框效果

展开【线条填充】选项卡中的【边框】选项组，可以设置图表区边框颜色和边框样式。其中，边框颜色主要包括实线、渐变线和自动三种效果，如图 9-12 所示。

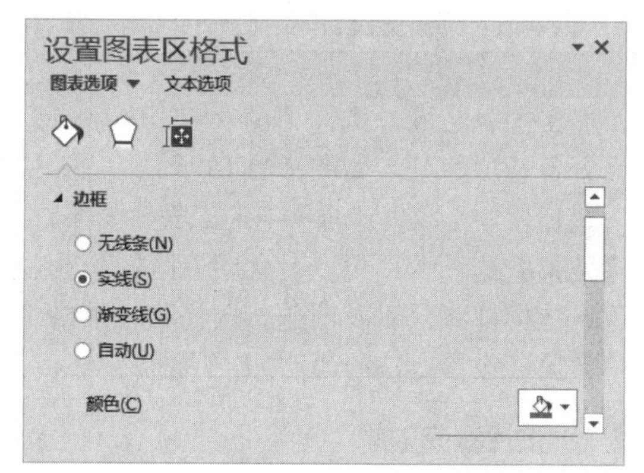

图 9-12　设置边框颜色

而边框样式主要用于设置边框的宽度、复合类型、短划线类型、端点类型等样式，如图 9-13 所示。

边框样式所需设置的具体选项如下所述。

（1）宽度：在微调框中输入数值，可以设置线条边框的宽度。

（2）复合类型：用来设置复合线条的类型，包括单线、双线、由粗到细等 5 种类型。

（3）短划线类型：用来设置短划线线条的类型，包括方点、圆点、短划线等 8 种类型。

（4）端点类型：用来设置短划线的端点类型，包括正方形、圆形与平面三种类型。

（5）联接类型：用来设置线条的连接类型，包括圆形、棱台与斜接三种类型。

（6）圆角：选中该复选框，线条将以圆角显示，否则以直角显示。

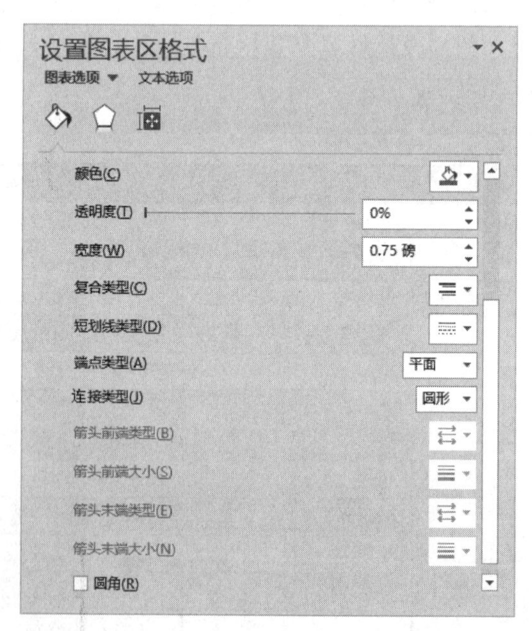

图 9-13　设置边框样式

3. 设置阴影效果

在【设置图表区格式】窗口中，激活【图表选项】中的【效果】选项卡。展开【阴影】选项组，可以设置图表区的阴影效果，如图 9-14 所示。

【阴影】选项组中的【预设】选项为系统内置的阴影效果，包括内部、外部和透视三种类型 23 种样式。【颜色】选项主要用来设置阴影的颜色，包括主题颜色、标准色和其他颜色三种颜色类型。而【透明度】、【大小】、【模糊】、【角度】与【距离】选项，会随着【预设】选项的改变而改变。当然，用户也可以拖动滑块或在微调框中输入数值来单独调整某种选项的具体数值。

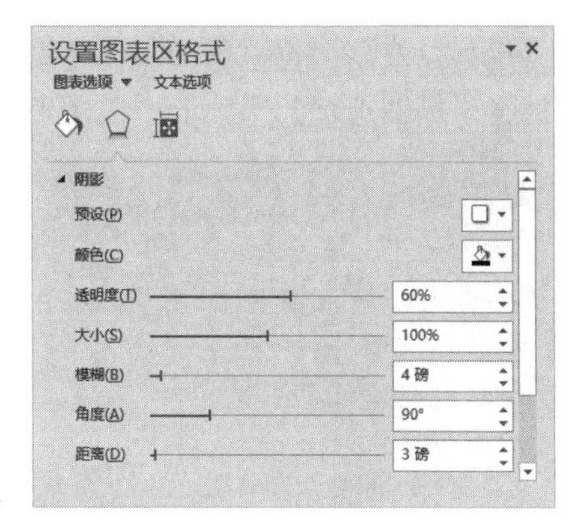

图 9-14 设置阴影效果

4. 设置三维格式

在【设置图表区格式】窗口中，激活【图表选项】中的【效果】选项卡。展开【三维格式】选项组，可以设置图表区的三维效果，如图 9-15 所示。

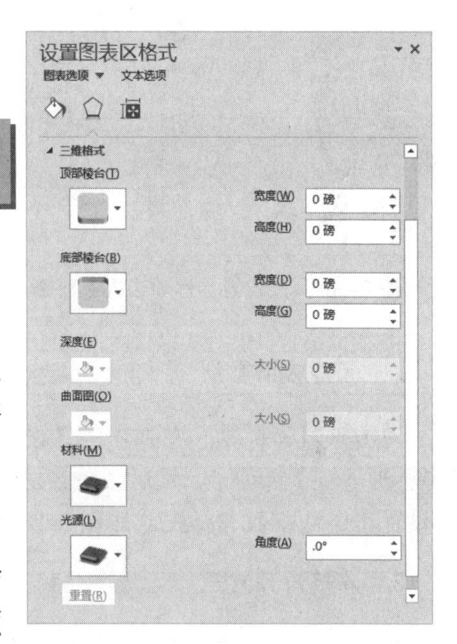

图 9-15 设置三维格式

提 示

设置绘图区格式与设置图表区格式的操作方法与内容一致，在此不做详细讲解。

9.3.2 设置坐标轴格式

坐标轴是表示图表数据类别的坐标线，可以在【设置坐标轴格式】窗格中设置坐标轴的数字类别与对齐方式。

1. 调整坐标轴选项

双击水平坐标轴，在【设置坐标轴格式】窗格激活【坐标轴选项】中的【坐标轴选项】选项卡，展开【坐标轴选项】选项组，设置各选项，如图 9-16 所示。

其中，【坐标轴选项】选项组中主要包括表 9-3 中的各选项。

表 9-2 坐标轴选项

选　项	子　选　项	说　明
坐标轴类型	根据数据自动选择	选中该单选按钮将根据数据类型设置坐标轴类型
	文本坐标轴	选中该单选按钮表示使用文本类型的坐标轴
	日期坐标轴	选中该单选按钮表示使用日期类型的坐标轴
纵坐标轴交叉	自动	设置图表中数据系列与纵坐标轴之间的距离为默认值
	分类编号	自定义数据系列与纵坐标轴之间的距离
	最大分类	设置数据系列与纵坐标轴之间的距离为最大显示
坐标轴位置	在刻度线上	表示其位置位于刻度线上
	刻度线之间	表示其位置位于刻度线之间
逆序类别		选中该复选框，坐标轴中的标签顺序将按逆序进行排列

另外，双击垂直坐标轴，在【设置坐标轴格式】任务窗格中，激活【坐标轴选项】下的【坐标轴选项】选项卡。在【坐标轴选项】选项组中设置各选项，如图 9-17 所示。

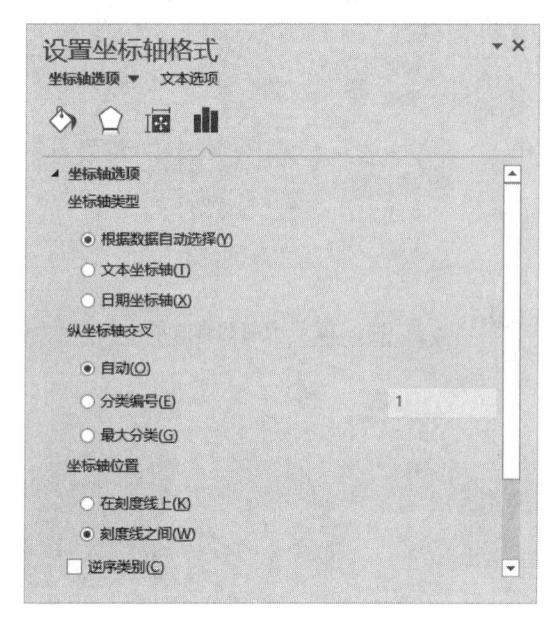

图 9-16 【设置坐标轴格式】窗格

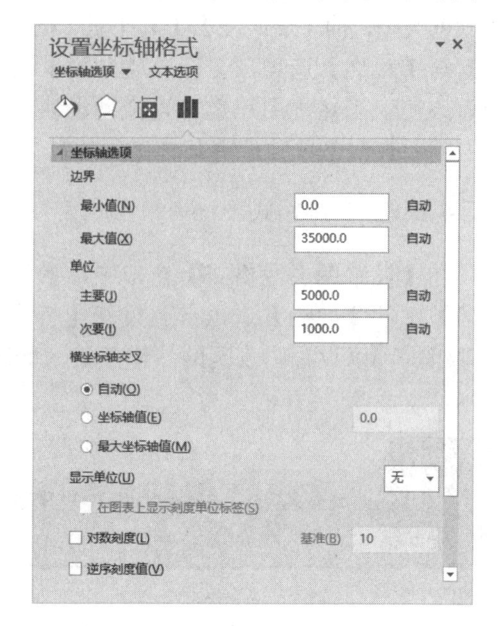

图 9-17 设置坐标轴选项

2. 调整数字类别

双击垂直坐标轴，在弹出的【设置坐标轴格式】窗格中，激活【坐标轴选项】中的【坐标轴选项】选项卡。然后，在【数字】选项组中的【类别】列表框中选择相应的选项，并设置其小数位数与样式，如图 9-18 所示。

3. 调整对齐方式

在【设置坐标轴格式】窗格中，激活【坐标轴选项】中的【大小属性】选项卡。在【对齐方式】选项组中，设置垂直对齐方式、文字方向与自定义角度，如图 9-19 所示。

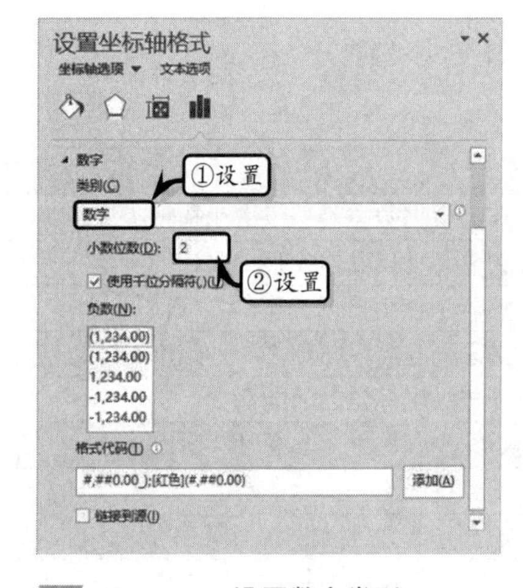

图 9-18 设置数字类别

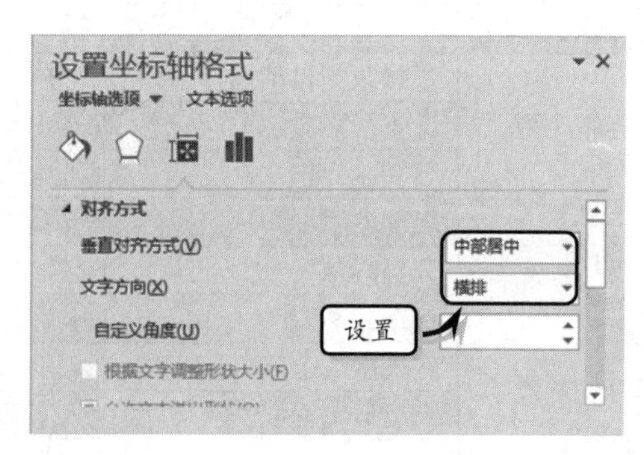

图 9-19 设置对齐方式

9.3.3 设置数据系列格式

数据系列是图表中的重要元素之一，可以通过设置数据系列的形状、填充、边框颜色和样式、阴影以及三维格式等效果，达到美化数据系列的目的。

1. 更改形状

选择图表中的数据系列，右击执行【设置数据系列格式】命令，在弹出的【设置数据系列格式】窗格中激活【系列选项】选项卡，并选中一种柱体形状。然后，调整【系列间距】和【分类间距】值，如图 9-20 所示。

提 示

在【系列选项】选项卡中，其形状的样式会随着图表类型的改变而改变。

2. 设置线条颜色

激活【填充与线条】选项卡，在该选项卡中可以设置数据系列的填充颜色，包括纯色填充、渐变填充、图片或纹理填充、图案填充等，如图 9-21 所示。

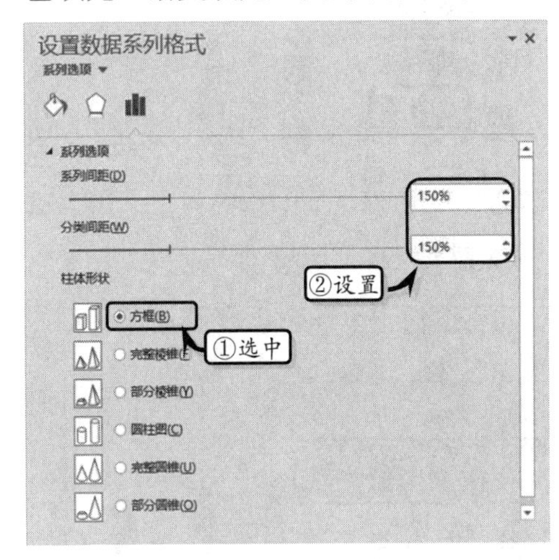

图 9-20 更改形状

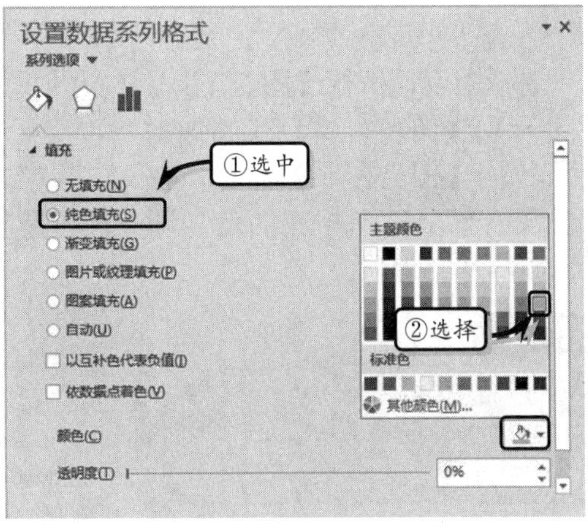

图 9-21 设置线条颜色

9.4 设置图表布局与样式

图表布局直接影响到图表的整体效果，可以根据工作习惯设置图表的布局。例如，添加图表坐标轴、数据系列、添加趋势线等图表元素。另外，还可以通过更改图表样式，达到美化图表的目的。

9.4.1 设置图表布局

可以使用 Excel 提供的内置图表布局样式来设置图表布局。当然，还可以通过手动设置来调整图表元素的显示方式。

1. 使用预定义图表布局

Excel 提供了多种预定义布局，可以执行【图表工具】|【设计】|【图表布局】|【快速布局】命令，在下拉列表中选择相应的布局，如图 9-22 所示。

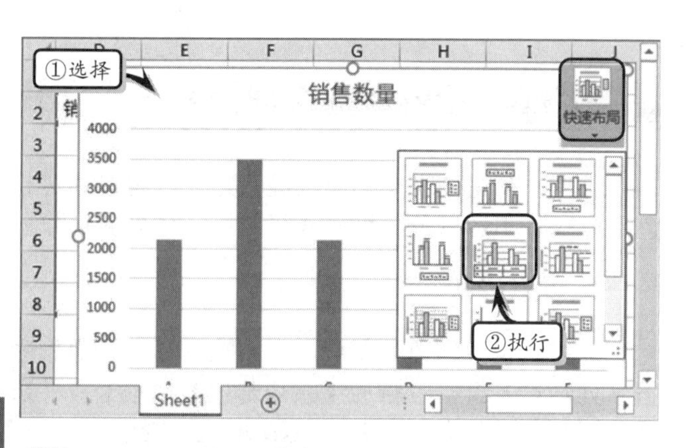

图 9-22 设置图表布局

提 示

需要注意，图表布局样式会随着图表类型的改变而改变。

2. 自定义图表布局

当预定义布局无法满足需要时，可以手动调整图表中各元素的位置。手动调整即是使用【添加图表元素】命令来设置各元素为显示或隐藏状态。

1）设置图表标题

选择图表，执行【图表工具】|【设计】|【图表布局】|【添加图表元素】|【图表标题】命令，在其级联菜单中选择相应的选项即可，如图 9-23 所示。

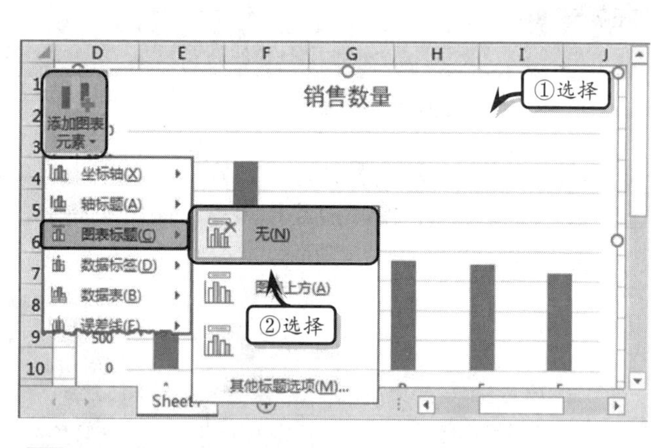

图 9-23 设置图表标题

提 示

【居中覆盖】选项表示在不调整图表大小的基础上，将标题以居中的方式覆盖在图表上。

2）设置数据表

选择图表，执行【图表工具】|【设计】|【图表布局】|【添加图表元素】|【数据表】命令，在其级联菜单中选择相应的选项即可，如图 9-24 所示。

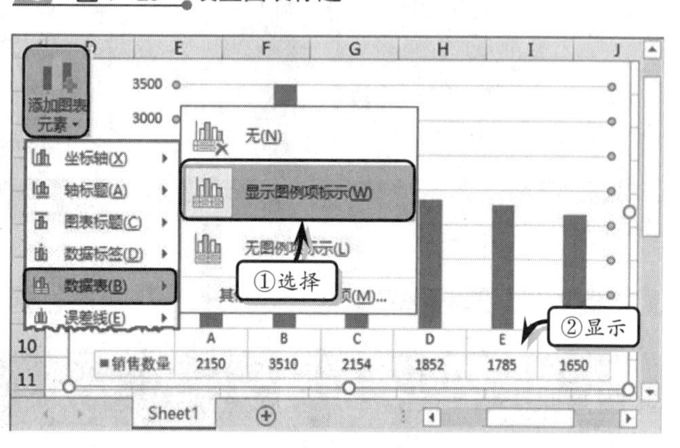

图 9-24 设置数据表

3）设置数据标签

选择图表，执行【图表工具】|【设计】|【图表布局】|【添加图表元素】|【数据标签】命令，在其级联菜单中选择相应的选项即可，如图 9-25 所示。

3. 添加趋势线和误差线

为了达到预测数据的功能，需要在图表中添加趋势线与误差线。其中，趋势线主要用来显示各系列中数据的发展趋势。而误差线主要用来显示图表中每个数据点或数据标记的潜在误差值，每个数据点可以显示一个误差线。

1）添加趋势线

选择数据系列，执行【图表工具】|【设计】|【图表布局】|【添加图表元素】|【趋势线】命令，在其级联菜单中选择相应的趋势线类型即可，如图 9-26 所示。

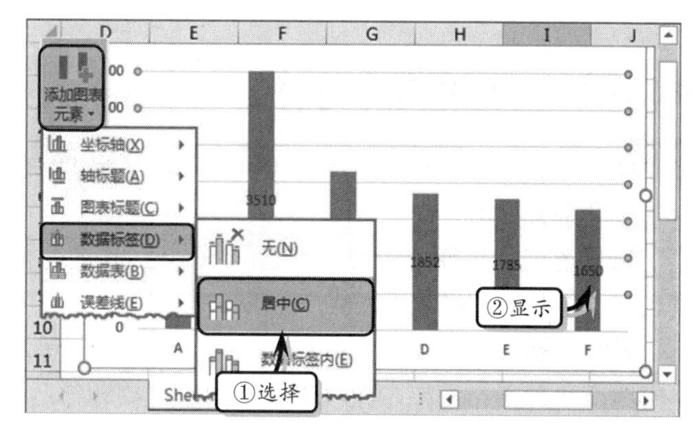

图 9-25　设置数据标签

其中，各种类型的趋势线选项功能如下所述。

（1）线性：为选择的数据系列添加线性趋势线。

（2）指数：为选择的数据系列添加指数趋势线。

（3）线性预测：为选择的数据系列添加两个周期预测的线性趋势线。

（4）移动平均：为选择的数据系列添加双周期移动平均趋势线。

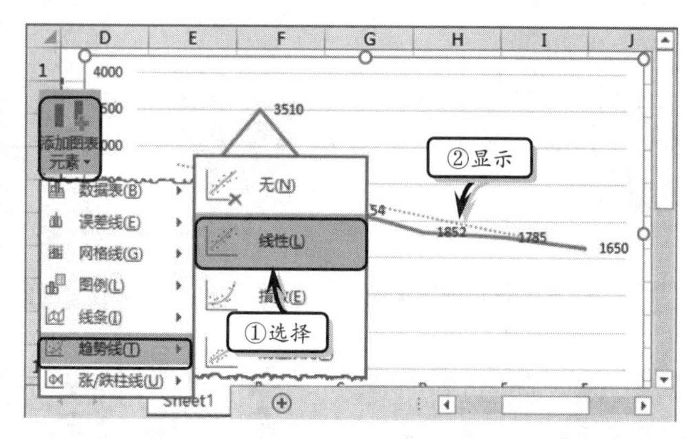

图 9-26　添加趋势线

提　示

需要注意，不能在三维图表、堆积型图表、雷达图、饼图与圆环图中添加趋势线。

2）添加误差线

选择图表，执行【图表工具】|【设计】|【图表布局】|【添加图表元素】|【误差线】命令，在其级联菜单中选择相应的误差线类型即可，如图 9-27 所示。

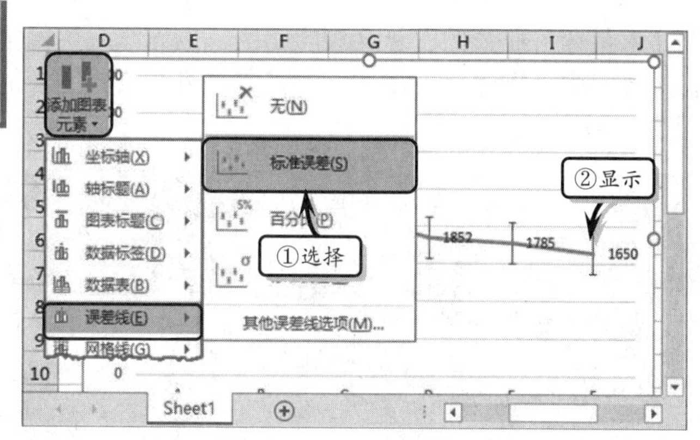

图 9-27　添加误差线

各种类型的误差线选项功能如下所述。

（1）标准误差：显示使用标准误差的所选图表的误差线。

（2）百分比：显示包含 5%值的所选图表的误差线

（3）标准偏差：显示包含 1 个标准偏差的所选图表的误差线。

提　示

可以通过执行【误差线】|【无】选项，或选择误差线后按 Delete 键的方法来删除误差线。

9.4.2 设置图表样式

图表样式主要包括图表中对象区域的颜色属性。Excel 也内置了一些图表样式，允许快速对其进行应用。

选择图表，执行【图表工具】|【设计】|【图表样式】|【快速样式】命令，在下拉列表中选择相应的样式即可，如图 9-28 所示。

另外，执行【图表工具】|【设计】|【图表样式】|【更改颜色】命令，在其级联菜单中选择一种颜色类型，即可更改图表的主题颜色，如图 9-29 所示。

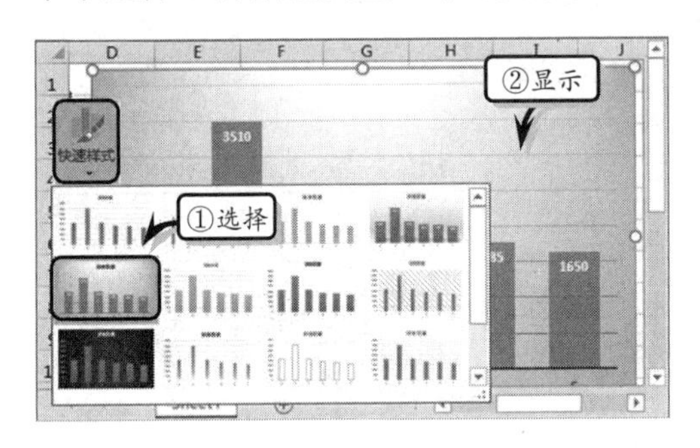

图 9-28 设置图表样式

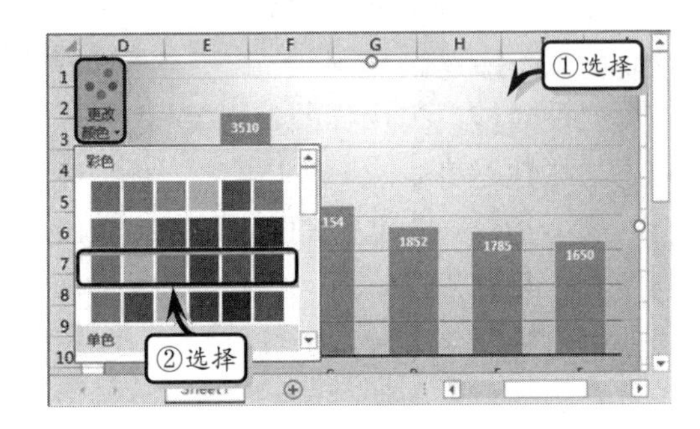

图 9-29 设置图表颜色

9.5 课堂练习：销售业绩图表

虽然可以运用 Excel 中的表格处理功能来统计销售业绩数据，但却无法直观地分析销售人员销售业绩额占总金额的比例，也无法观察每位销售人员销售数据的变化趋势。在本练习中，将运用 Excel 中的插入图表与格式图表的功能来制作一份销售业绩图表，如图 9-30 所示。

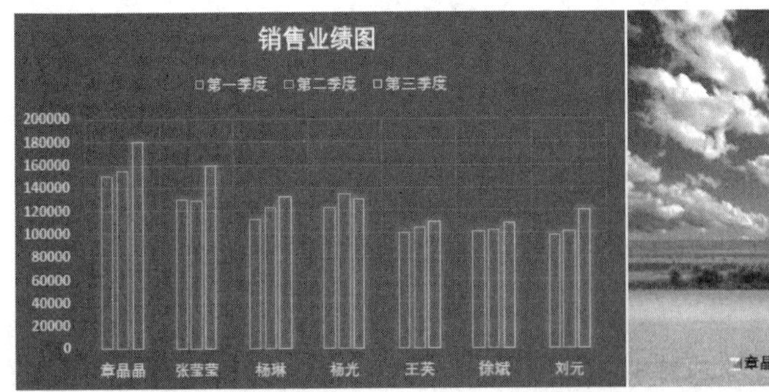

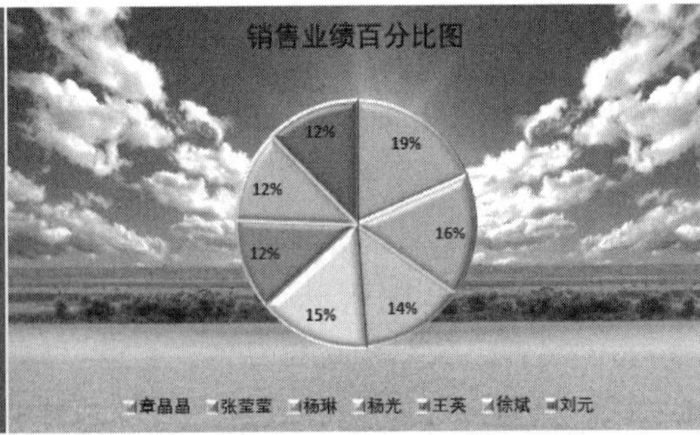

图 9-30 销售业绩图表

操作步骤

1 制作基础数据表。设置工作表的行高，合并单元格区域 B1:H1，输入文本并设置其字体格式，如图 9-31 所示。

2 输入列标题，选择单元格区域 B3:B9，右击执行【设置单元格格式】命令，如图 9-32 所示。

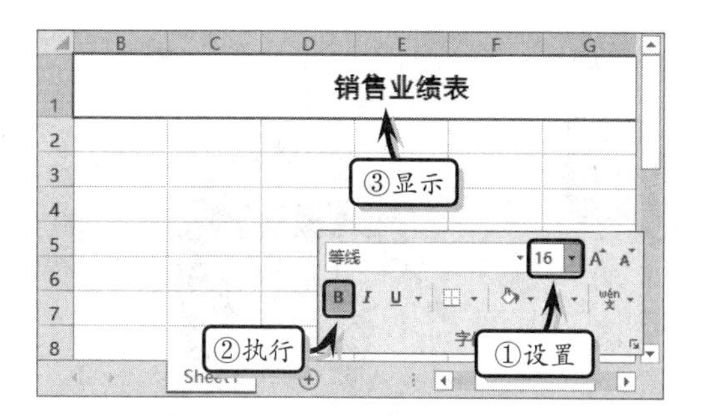

图 9-31　制作表格标题

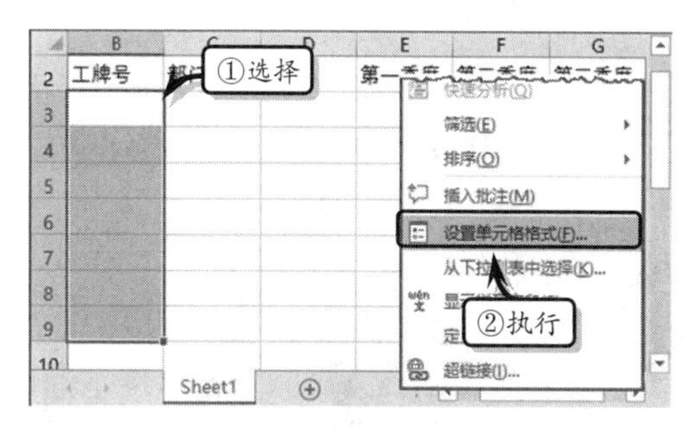

图 9-32　选择单元格区域

3 激活【数字】选项卡，选择【自定义】选项，在【类型】文本框中输入自定义代码，如图 9-33 所示。

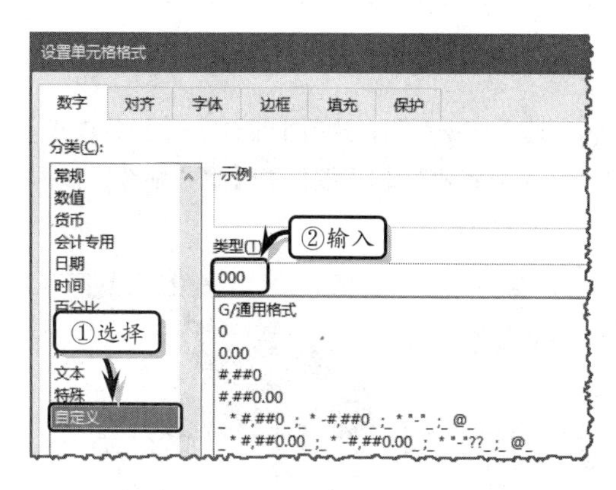

图 9-33　自定义数字格式

4 输入基础数据，选择单元格 H3，在编辑栏中输入计算公式，按 Enter 键返回合计额，如图 9-34 所示。使用同样的方法计算其他合计。

5 选择单元格区域 B2:H9，执行【开始】|【对齐方式】|【居中】命令，如图 9-35 所示。

6 同时，右击执行【设置单元格格式】命令，激活【边框】选项卡，自定义边框样式，如图 9-36 所示。

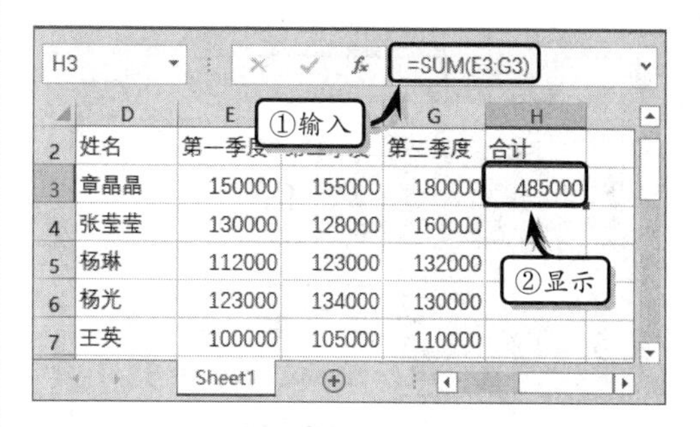

图 9-34　计算合计额

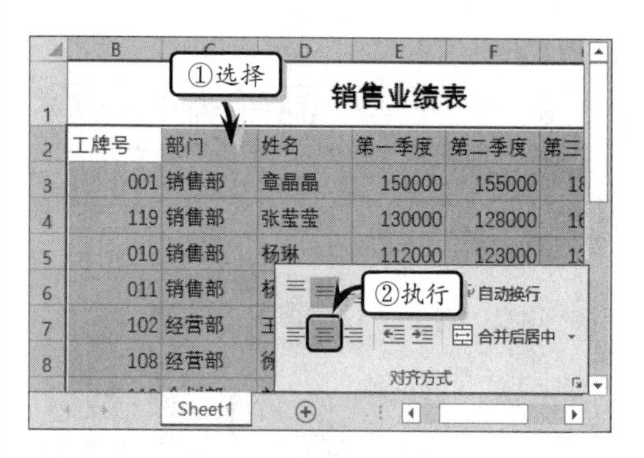

图 9-35　设置对齐格式

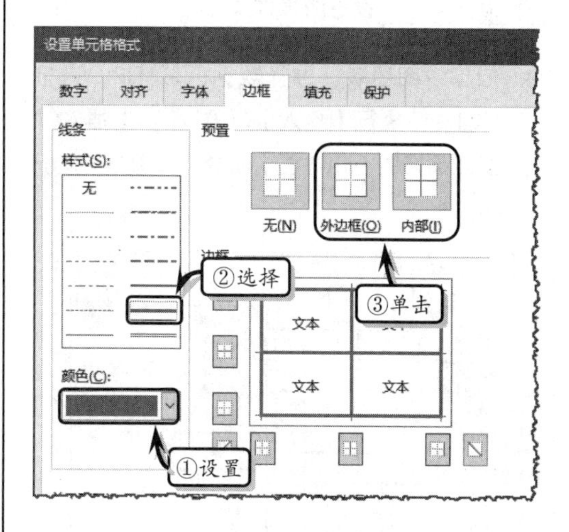

图 9-36　自定义边框样式

7 制作柱形图图表。选择单元格区域 D2:G9，执行【插入】|【图表】|【插入柱形图或条形图】|【簇状柱形图】命令，如图 9-37 所示。

8 执行【设计】|【图表样式】|【快速样式】|

【样式 12】命令，并修改图表标题，如图 9-38 所示。

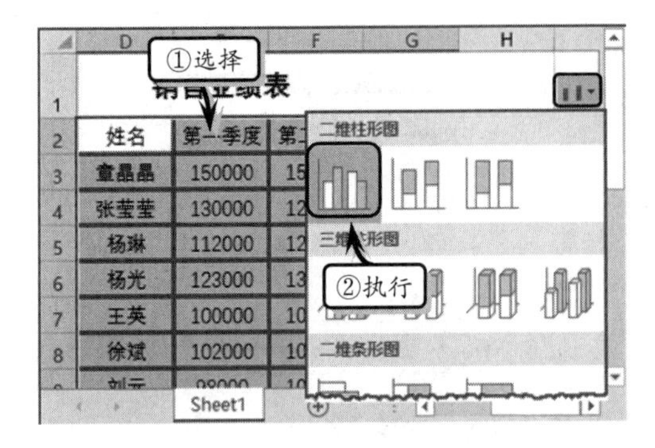

图 9-37　插入图表

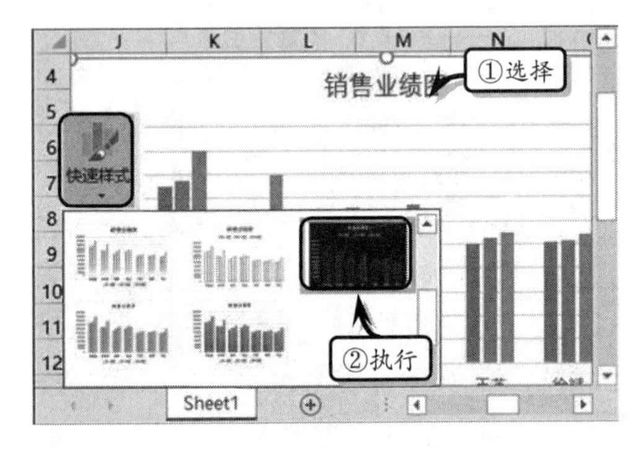

图 9-38　设置图表样式

9 制作饼图图表。选择数据区域 D2:D9 与 H2:H9，执行【插入】|【图表】|【插入饼图或圆环图】|【饼图】命令，如图 9-39 所示。

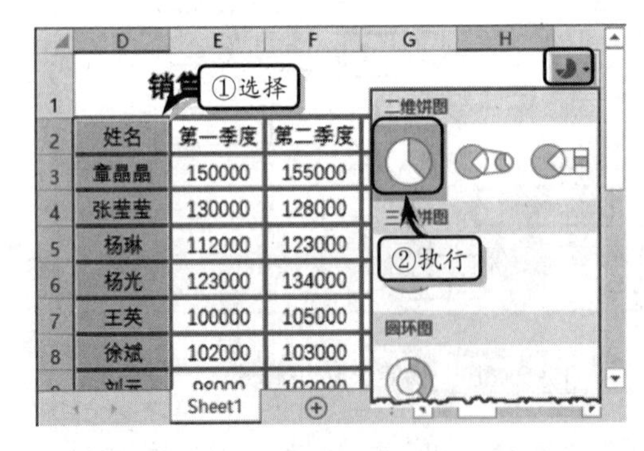

图 9-39　插入饼图

10 执行【设计】|【图表布局】|【快速布局】|【布局 6】命令，并修改图表标题，如图 9-40 所示。

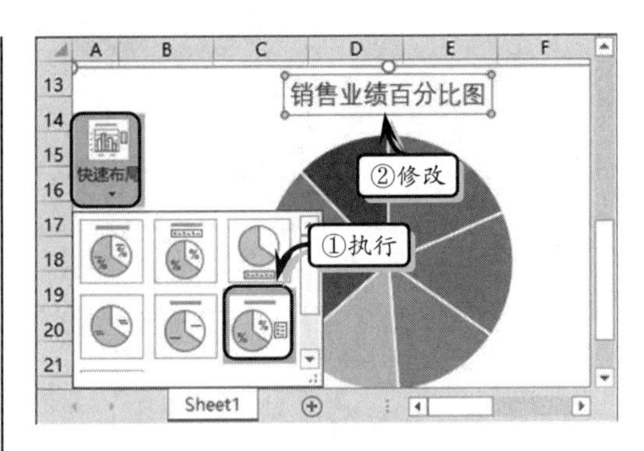

图 9-40　设置图表布局

11 执行【设计】|【图表布局】|【添加图表元素】|【图例】|【底部】命令，设置图例的显示位置，如图 9-41 所示。

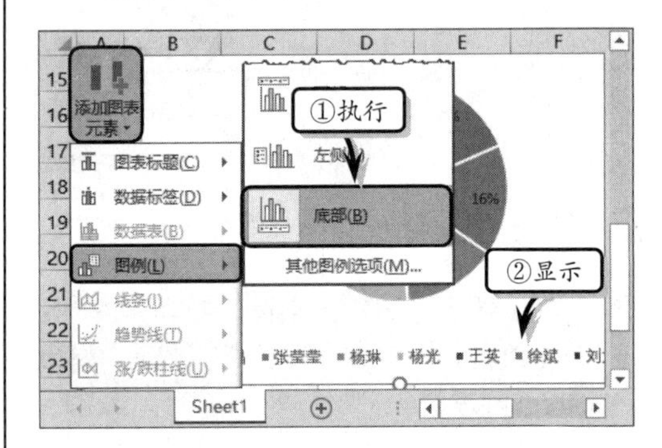

图 9-41　设置图例的显示位置

12 选择数据系列，执行【格式】|【形状样式】|【形状效果】|【棱台】|【圆】命令，如图 9-42 所示。

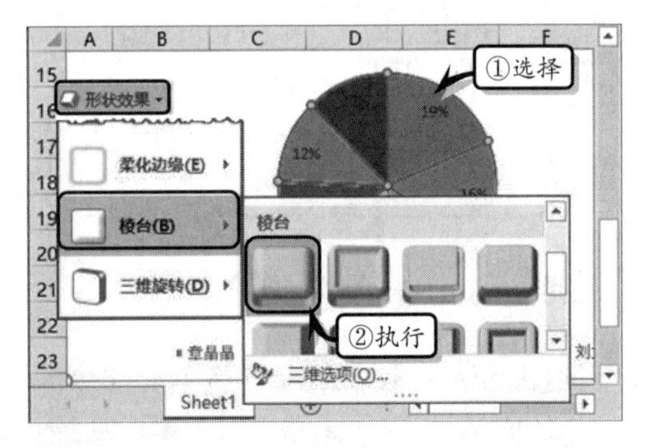

图 9-42　设置数据系列的棱台效果

13 选择图表区，执行【格式】|【形状样式】|【形状填充】|【图片】命令，选择【来自文件】选项，如图 9-43 所示。

图 9-43 搜索图片

14 在弹出的【插入图片】对话框中选择相应的图片，单击【插入】按钮，如图 9-44 所示。

图 9-44 设置图片背景

9.6 课堂练习：应收账款分析图表

应收账款是企业在销售产品、材料等业务时对客户所发生的债权。在实际工作中，可以使用 Excel 中的图表功能，通过制作应收账款分析图表，来控制与发现应收账款中所存在的微小问题。在本练习中，将通过制作一份应收账款分析图表，来详细介绍图表的制作和美化方法和技巧，如图 9-45 所示。

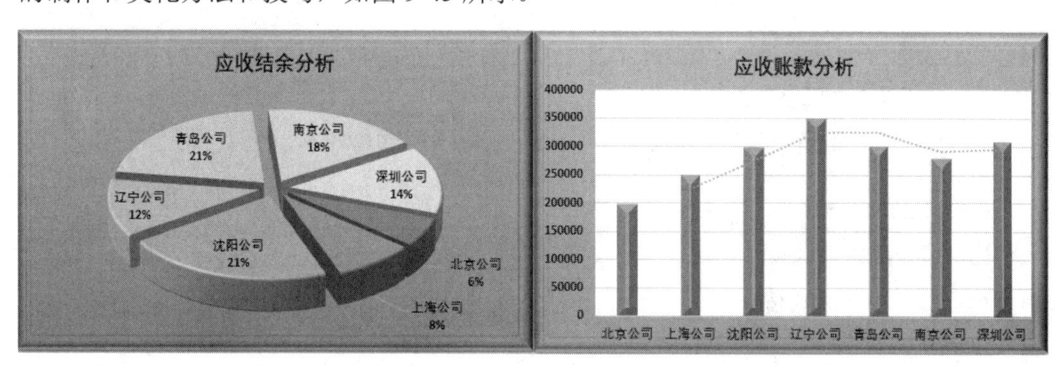

图 9-45 应收账款分析图表

操作步骤

1 制作基础数据。合并单元格区域 A1:G1，输入标题文本，并设置文本的字体格式，如图 9-46 所示。

2 在表格中输入基础数据，并设置数据区域的对齐和边框格式，如图 9-47 所示。

3 选择单元格 B2，在【编辑】栏中输入计算公式，按 Enter 键返回当前日期，如图 9-48 所示。

4 选择单元格 F4，在【编辑】栏中输入计算公式，按 Enter 键返回结余值，如图 9-49 所示。使用同样的方法分别计算其他结余值。

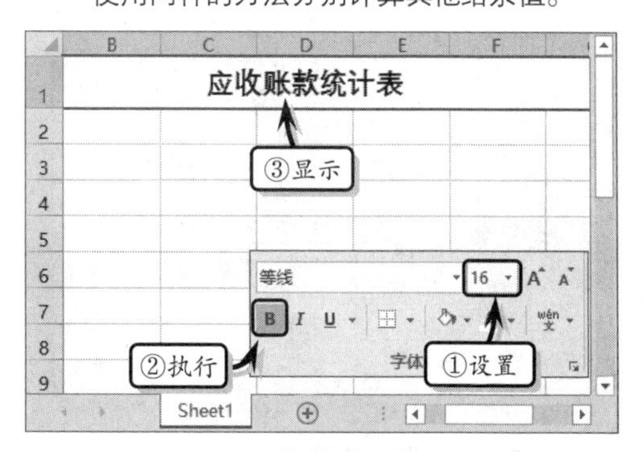

图 9-46 制作表格标题

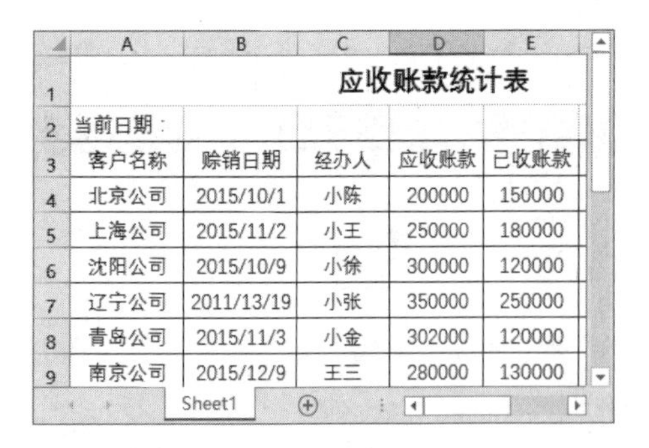

	A	B	C	D	E
1			应收账款统计表		
2	当前日期：				
3	客户名称	赊销日期	经办人	应收账款	已收账款
4	北京公司	2015/10/1	小陈	200000	150000
5	上海公司	2015/11/2	小王	250000	180000
6	沈阳公司	2015/10/9	小徐	300000	120000
7	辽宁公司	2011/13/19	小张	350000	250000
8	青岛公司	2015/11/3	小金	302000	120000
9	南京公司	2015/12/9	王三	280000	130000

图 9-47 输入基础数据

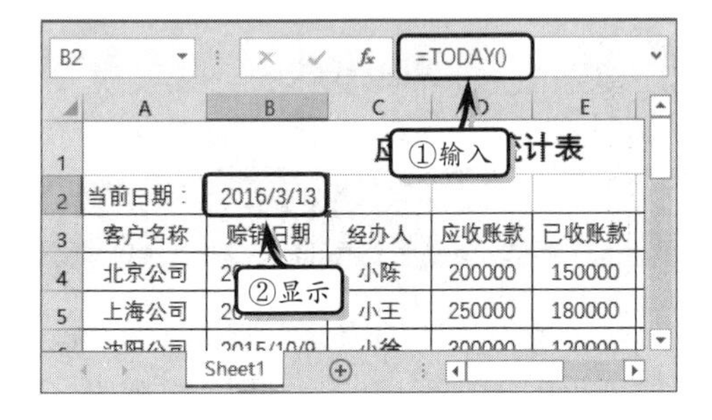

图 9-48 计算当前日期

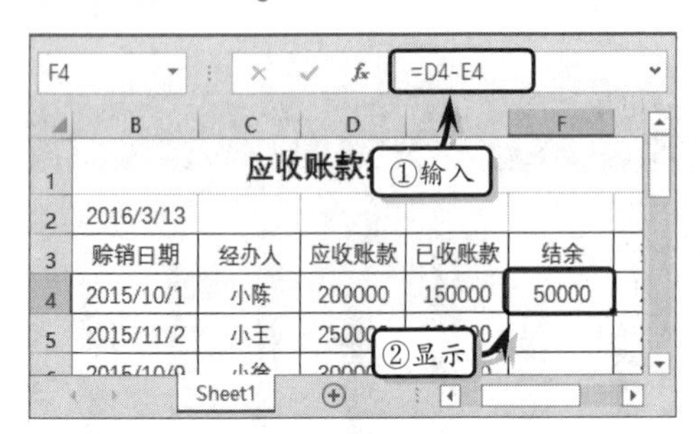

图 9-49 计算结余值

5 制作柱形分析图。同时选择单元格区域 A3:A10 和 D3:D10，执行【插入】|【插图】|【插入柱形图或条形图】|【簇状柱形图】命令，如图 9-50 所示。

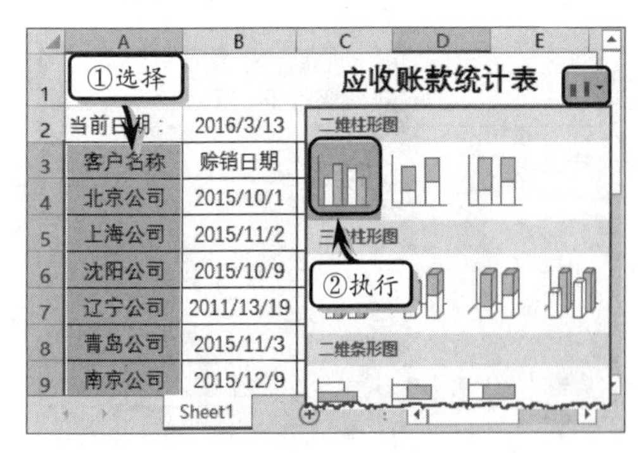

图 9-50 插入柱形图

6 选择图表，执行【格式】|【形状样式】|【其他】|【强烈效果-绿色，强调颜色 6】命令，设置绘图区的形状样式，如图 9-51 所示。

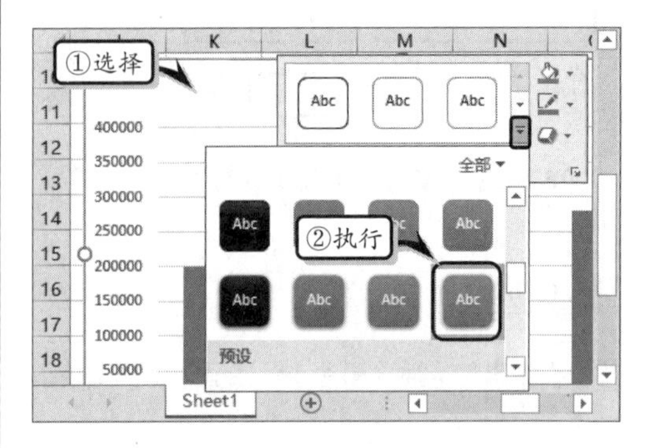

图 9-51 设置形状样式

7 选择绘图区，执行【格式】|【形状样式】|【形状填充】|【白色，背景 1】命令，如图 9-52 所示。

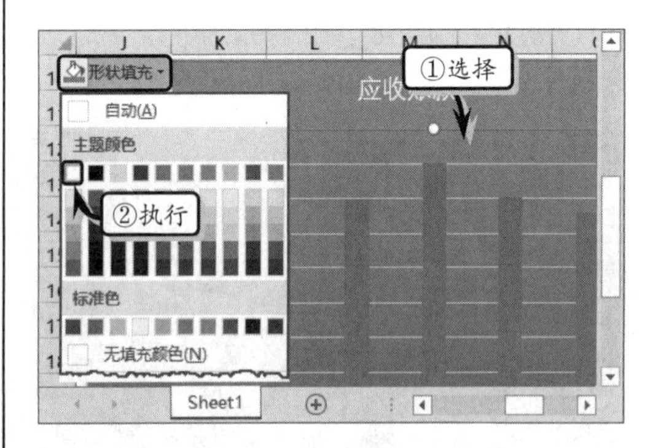

图 9-52 设置绘图区填充色

8 选择数据系列，执行【格式】|【形状样式】|【形状效果】|【棱台】|【角度】命令，如图 9-53 所示。

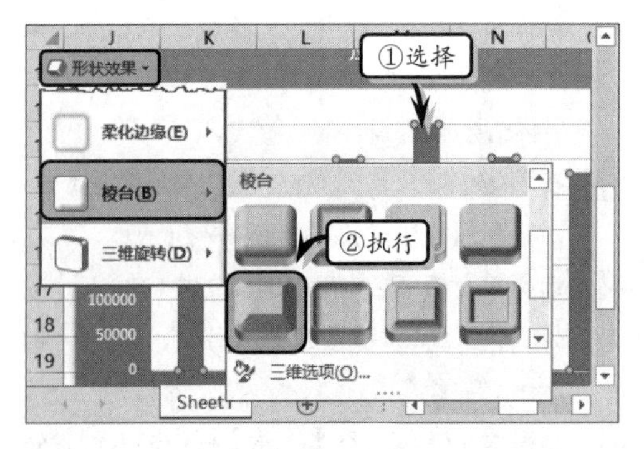

图 9-53 设置数据系列形状效果

9 选择图表，执行【格式】|【形状样式】|【形状效果】|【棱台】|【草皮】命令，如图 9–54 所示。

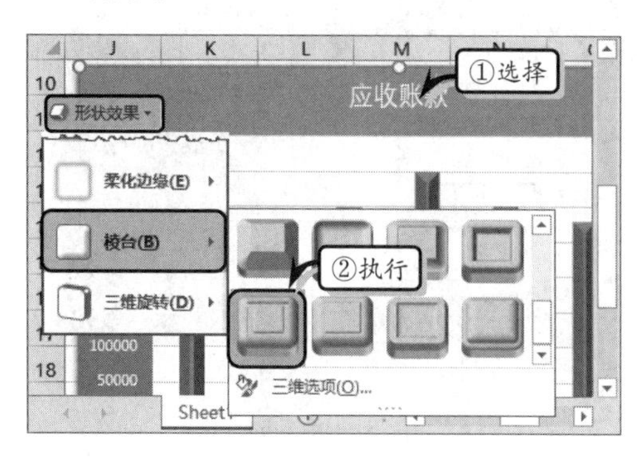

图 9–54 设置图表形状效果

10 更改图表标题，选择图表，执行【开始】|【字体】|【字体颜色】|【黑色，文字 1】命令，同时执行【加粗】命令，如图 9–55 所示。

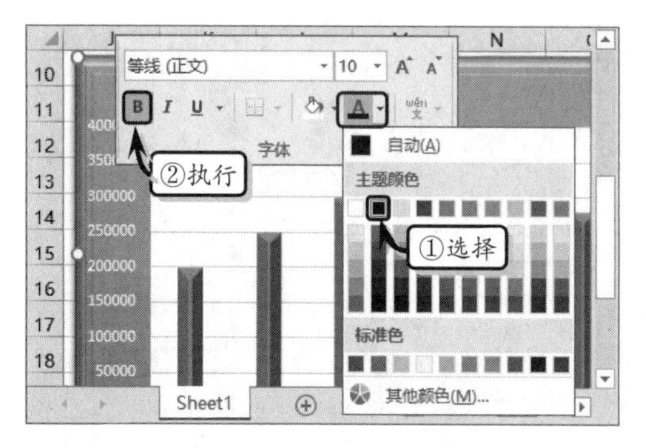

图 9–55 设置图表字体格式

11 执行【设计】|【图表布局】|【添加图表元素】|【趋势线】|【移动平均】命令，如图 9–56 所示。

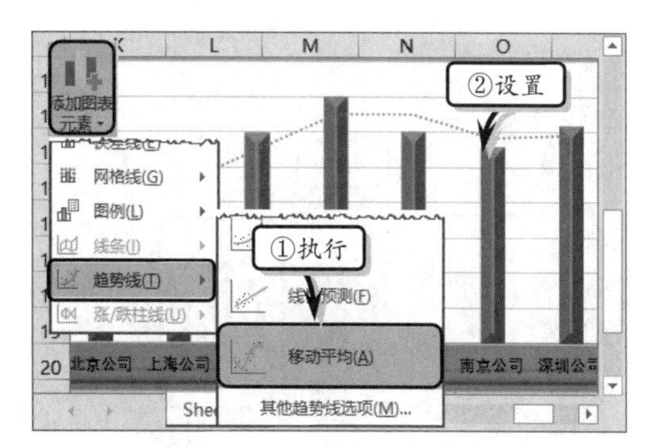

图 9–56 添加趋势线

12 制作饼图分析图。同时选择单元格区域 A3:A10 和 F3:F10，执行【插入】|【插图】|【插入饼图或圆环图】|【三维饼图】命令，如图 9–57 所示。

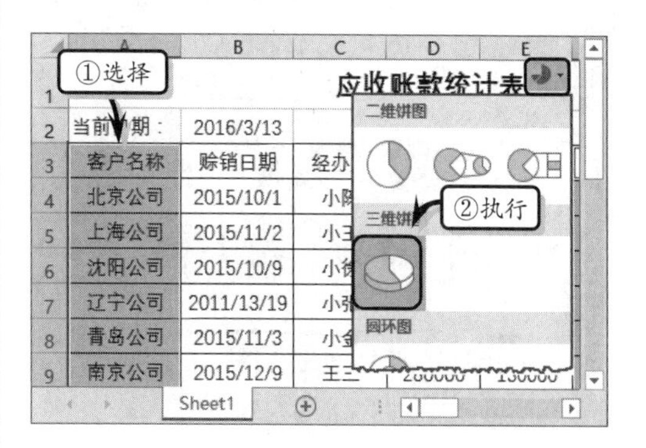

图 9–57 插入饼图

13 执行【设计】|【图表布局】|【快速布局】|【布局 1】命令，设置图表的布局样式，如图 9–58 所示。

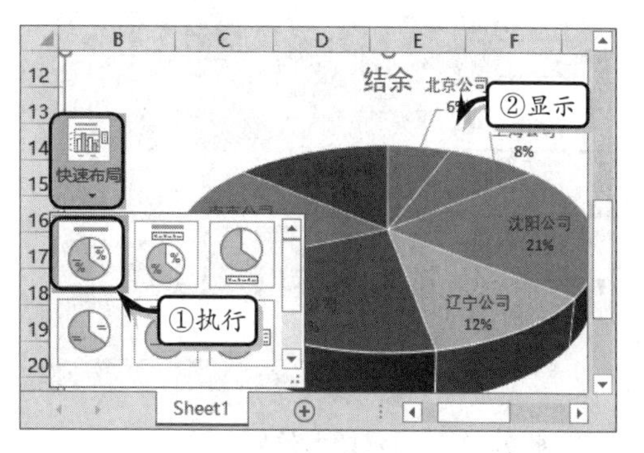

图 9–58 设置图表布局

14 执行【设计】|【图表样式】|【更改颜色】|【颜色 8】命令，设置图表的显示颜色，如图 9–59 所示。

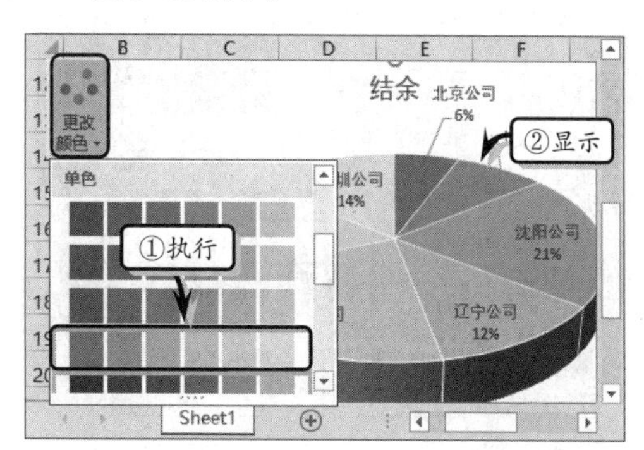

图 9–59 更改图表颜色

15 选择图表，执行【格式】|【形状样式】|【其他】|【强烈效果-橙色，强调颜色 2】命令，如图 9-60 所示。

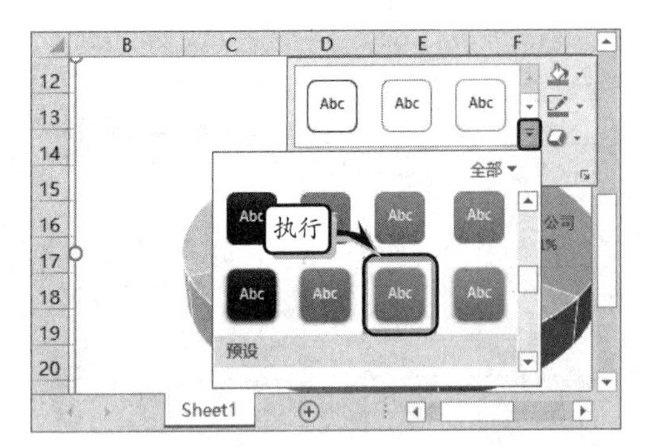

图 9-60 设置形状样式

16 执行【格式】|【形状样式】|【形状效果】|【棱台】|【草皮】命令，设置其棱台效果，如图 9-61 所示。

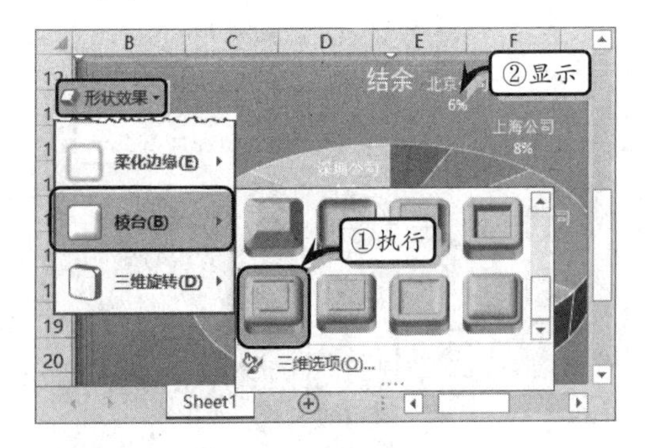

图 9-61 设置棱台效果

17 更改图表标题文本，选择整个图表，在【开始】选项卡【字体】选项组中设置其字体格式，如图 9-62 所示。

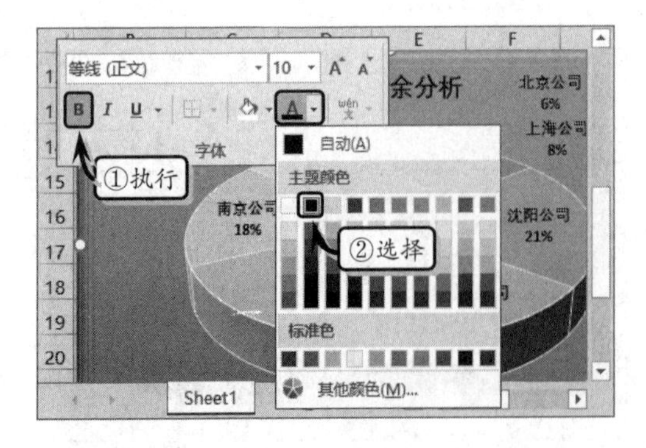

图 9-62 设置字体格式

18 选择数据系列，右击执行【设置数据系列格式】命令，如图 9-63 所示。

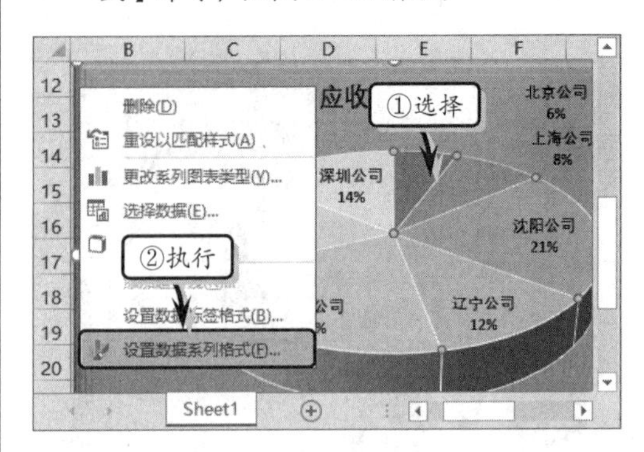

图 9-63 选择数据系列

19 在弹出的【设置数据系列格式】任务窗格中，将【第一扇区起始角度】设置为 109° ，将【饼图分离程度】设置为 10%，如图 9-64 所示。

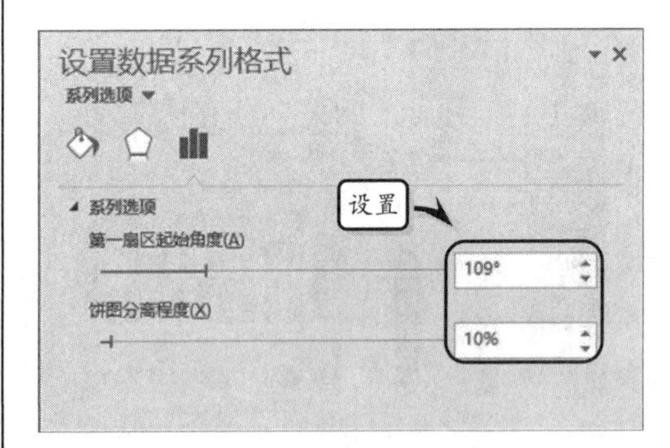

图 9-64 设置数据系列格式

20 激活【效果】选项卡，展开【三维格式】选项组，设置顶部棱台和底部棱台的各项参数，如图 9-65 所示。

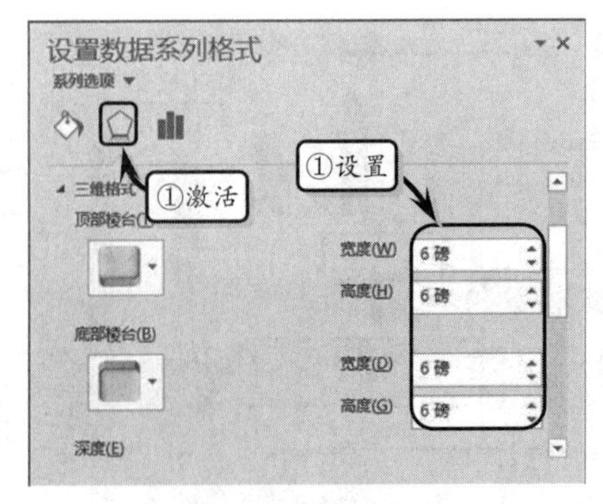

图 9-65 设置三维格式

21 选择图表中的绘图区，右击执行【设置绘图区格式】命令，如图 9-66 所示。

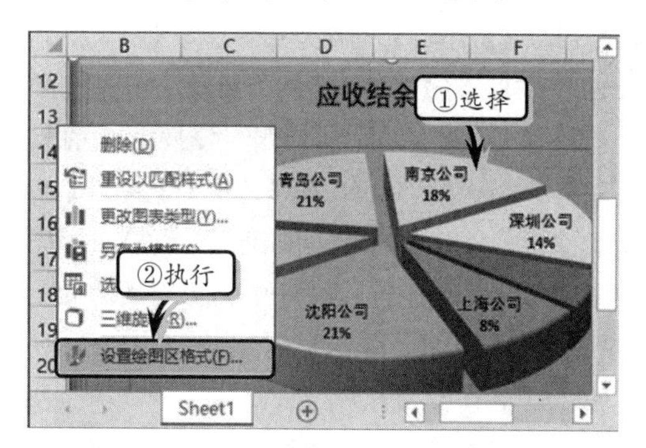

图 9-66 选择绘图区

22 在弹出的【设置数据系列格式】任务窗格中，激活【效果】选项卡，展开【三维旋转】选项组，设置各项参数，如图 9-67 所示。

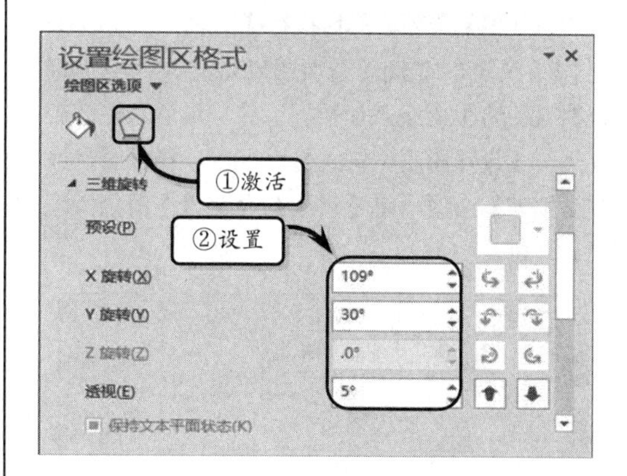

图 9-67 设置三维旋转参数

9.7 思考与练习

一、填空题

1. Excel 提供了 15 种标准的图表类型，其中折线图主要包括折线图、________折线图与________折线图。

2. 在创建图表时，可以使用________快捷键快速创建嵌入式图表。

3. 在设置图表元素的三维旋转时，X 轴的旋转范围为________，Y 轴的旋转范围为________。

4. 在设置图表布局时，布局选项会随________而改变。

5. 趋势线主要用来________；而误差线主要用来显示________，每个数据点可以显示一个误差线。

6. 可以通过选择【误差线】命令中的________选项，或按________键来删除误差线。

7. Excel 提供了多种预定义样式，可以在________命令中应用快速样式。

二、选择题

1. 图表主要由图表区域及区域中的图表对象组成，其对象主要包括标题、图例、垂直（值）轴、水平（分类）轴、________等对象。

A. 数据系列　　B. 数字
C. 格式　　D. 文本

2. ________图表类型主要适用于显示某时间段内的数据变化趋势。

A. 柱形图　　B. 折线图
C. 饼图　　D. 雷达图

3. 可以通过________快捷键，快速创建图表工作表。

A. F1　　B. Ctrl+F1
C. F11　　D. Ctrl+F11

4. 在设置图表区格式时，主要设置图表区的填充效果、边框效果、阴影效果与________。

A. 对齐方式　　B. 线型
C. 三维格式　　D. 数字

5. 在添加误差线时，三维图表、堆积型图表、雷达图、饼图与________图表中不能添加误差线。

A. 柱形图　　B. 折线图
C. 圆环图　　D. 条形图

三、问答题

1. 建立图表的方法有哪几种？
2. 简述图表位置的种类与调整方法。
3. 简述设置图表标题格式的操作步骤。

四、上机练习

1. 制作成本分析图表

在本练习中，将利用前面章节中的“成本分析表”中的数据，来制作一份销售成本率图表，

如图 9-68 所示。首先选择区域 A2:10 与 E2:E10，执行【图表】|【折线图】命令，选择【带数据标记的折线图】选项。然后执行【图表工具】|【设计】|【图表布局】|【添加图表元素】|【数据标签】|【上方】命令添加数据标签。最后右击图表区执行【设置图表区格式】命令，选择【图片或纹理填充】选项，将【纹理】设置为【白色大理石】即可。

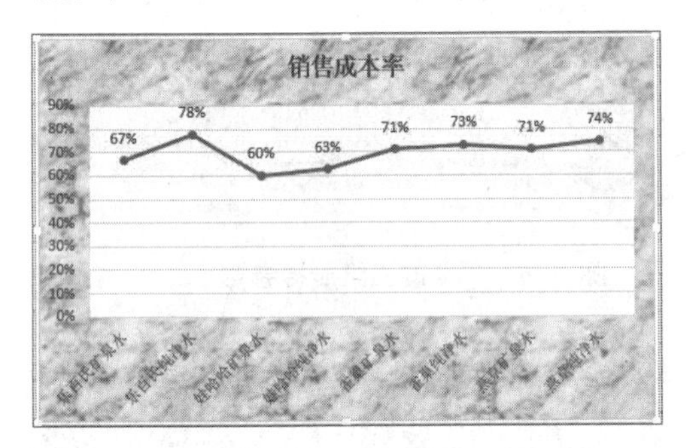

图 9-68 成本分析图表

2. 制作学习安排图表

在本练习中，将运用插入图表与格式化图表的功能来制作一份学习安排图表，如图 9-69 所示。首先制作学习安排表并插入【堆积条形图】图表，右击“时间”轴执行【设置坐标轴格式】命令，将【最小值】设置为 0.33，将【最大值】设置为 0.78，将【主要】设置为 0.1，并分别设置坐标轴的其他选项。然后，设置“图表区”的渐变颜色，并将“背景墙”的【纹理】设置为【水滴】。最后，分别选择“开始时间”与“结束时间”数据系列，在【设置数据系列格式】对话框中将【填充】设置为【无】。同时，为图表添加数据标签。

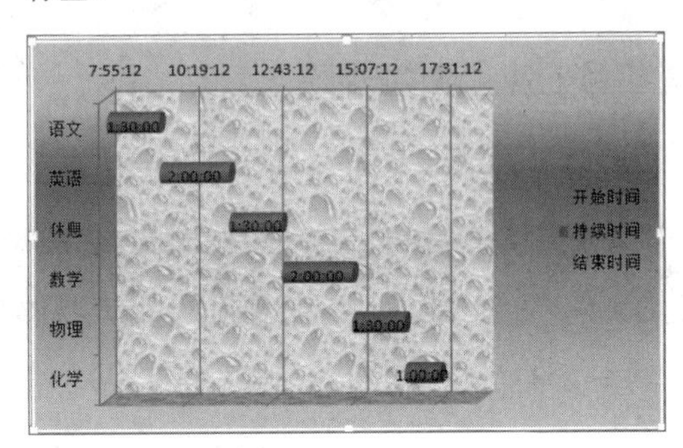

图 9-69 学习安排图表

第 10 章

分析数据

Excel 最实用、最强大的功能既不是函数与公式功能，也不是图表功能，而是分析数据的功能。利用排序、分类汇总、数据透视表等简单分析功能，可以帮助用户快速整理与分析表格中的数据，及时发现与掌握数据的发展规律与变化趋势。除此之外，用户还可以利用单变量求解、规划求解等高级分析功能来预测数据的发展趋势，从而为用户调整管理与销售决策提供可靠的数据依据。通过本章的学习，希望用户能够轻松地掌握分析数据的方法与技巧。

本章学习目的：

- 排序数据
- 筛选数据
- 分类汇总数据
- 使用数据透视表
- 使用高级分析工具

10.1 排序与筛选数据

Excel 具有强大的排序与筛选功能，排序是将工作表中的数据按照一定的规律进行显示，而筛选则只在工作表中显示符合一个或多个条件的数据。通过排序与筛选，可以直观地显示工作表中的有效数据。

10.1.1 排序数据

在 Excel 中可以使用默认的排序命令，对文本、数字、时间、日期等数据进行排序。另外，也可以根据排序需要对数据进行自定义排序。

1. 升序排序

升序是对单元格区域中的数据按照从小到大的顺序排列，其最小值置于列的顶端。在工作表中选择需要进行排序的单元格区域，执行【数据】|【排序和筛选】|【升序】命令即可，如图 10-1 所示。

Excel 中具有默认的排序顺序，在按照升序排序数据时将使用下列排序次序。

（1）文本：按汉字拼音的首字母进行排列。当第一个汉字相同时，则按第二个汉字拼音的首字母排列。

（2）数据：从最小的负数到最大的正数进行排序。

（3）日期：从最早的日期到最晚的日期进行排序。

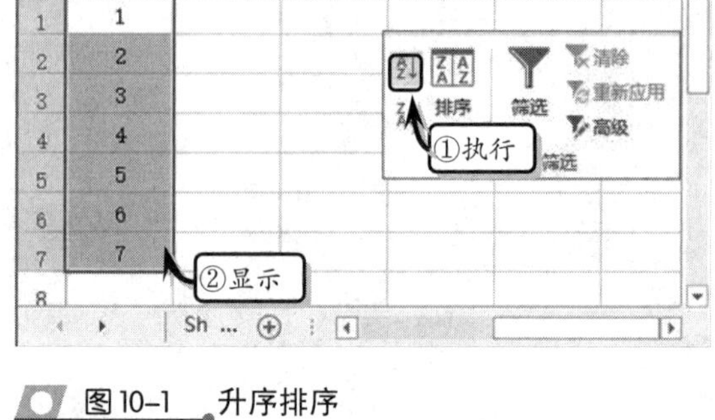

图 10-1 升序排序

（4）逻辑：在逻辑值中，FALSE 排在 TRUE 之前。

（5）错误：所有错误值的优先级相同。

（6）空白单元格：无论是按升序还是按降序排序，空白单元格总是放在最后。

2. 降序排序

降序是对单元格区域中的数据按照从大到小的顺序排列，其最大值置于列的顶端。选择单元格区域，执行【数据】|【排序和筛选】|【降序】命令即可，如图 10-2 所示。

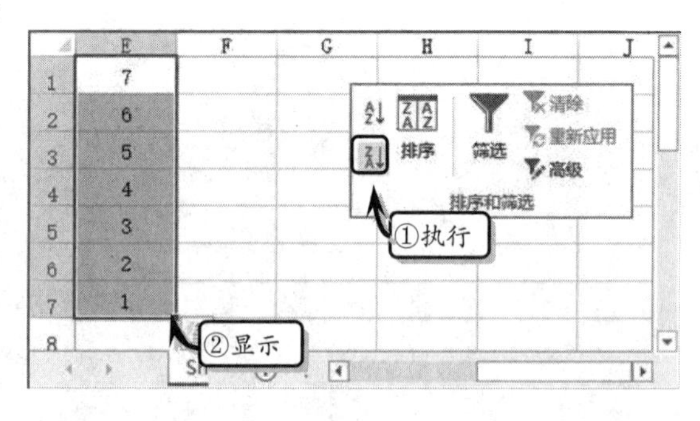

图 10-2 降序排序

3. 自定义排序

用户可以根据工作需求进行自定义排序，选择数据区域，执行【数据】|【排序和筛选】|【排序】命令，在弹出的【排序】对话框中设置排序关键字，如图 10-3 所示。

该对话框主要包括下列选项。

（1）列：用来设置主要关键字与次要关键字的名称，即选择同一个工作区域中的多个数据名称。

（2）排序依据：用来设置数据名称的排序类型，包括数值、单元格颜色、字体颜色与单元格图标。

（3）次序：用来设置数据的排序方法，包括升序、降序与自定义序列。

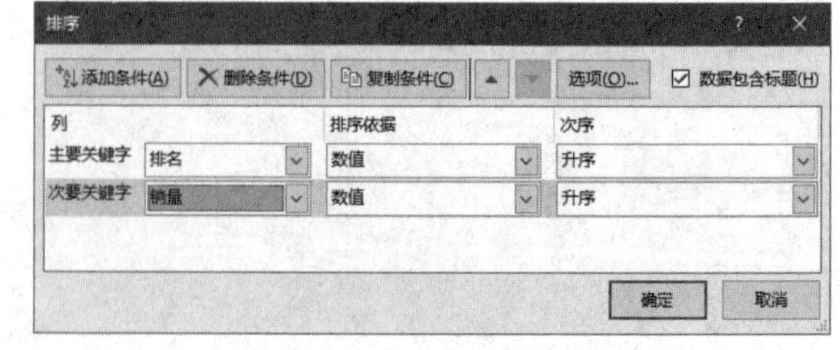

图 10-3 【排序】对话框

（4）添加条件：单击该按钮，可在主要关键字下方添加次要关键字条件，选择排序依据与顺序即可。

（5）删除条件：单击该按钮，可删除选中的排序条件。

（6）复制条件：单击该按钮，可复制当前的关键字条件。

（7）选项：单击该按钮，可在弹出的【排序选项】对话框中设置排序方法与排序方向，如图 10-4 所示。

（8）数据包含标题：选中该复选框，即可包含或取消数据区域中的列标题。

提 示

还可以通过执行【开始】|【编辑】|【排序和筛选】下拉列表中的命令，对数据进行升序或降序排列。

4．设置排序序列类型

在【排序】对话框中，单击【次序】下拉按钮，在其下拉列表中选择【自定义序列】选项。在弹出的【自定义序列】对话框中，选择【新序列】选项，在【输入序列】文本框中输入新序列文本，单击【添加】按钮即可自定义序列的新类别，如图 10-5 所示。

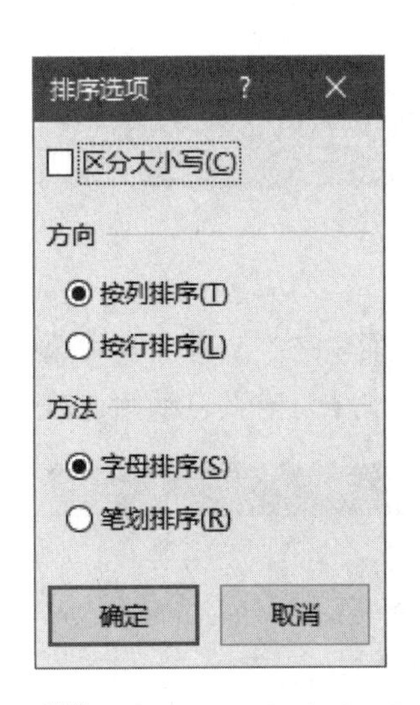

图 10-4 【排序选项】对话框

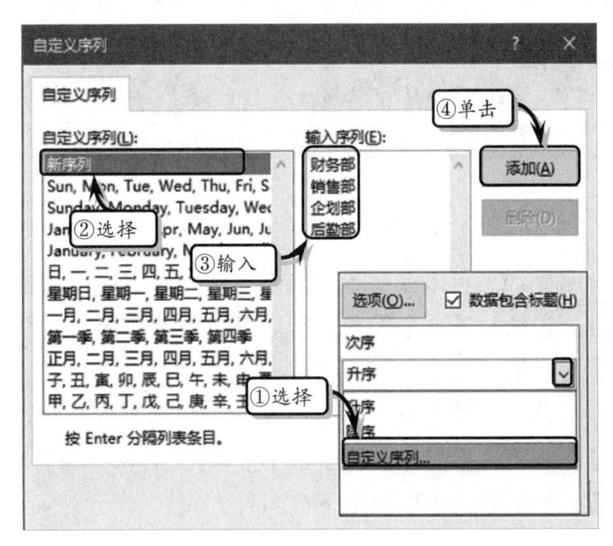

图 10-5 自定义序列

10.1.2 筛选数据

筛选数据是从无序且庞大的数据清单中找出符合指定条件的数据，并删除无用的数据，从而快速、准确地查找与显示有用数据。在 Excel 中，可以使用自动筛选或高级筛选功能来处理数据表中复杂的数据。

1．自动筛选

自动筛选是一种简单快速的条件筛选，使用自动筛选可以按列表值、按格式或者按条件进行筛选。执行【数据】|【排序和筛选】|【筛选】命令，即可在所选单元格中显示

【筛选】按钮，可以单击该按钮，在下拉列表中选择【筛选】选项。

(1)筛选文本：在列标题行中单击包含字母或文本(数据名称或数据类型)字段的下拉按钮，在【文本筛选】列表中禁用或启用某项数据名称即可，如图 10-6 所示。

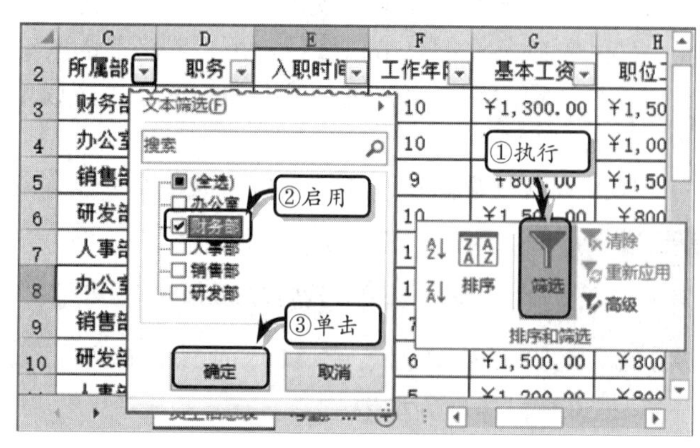

图 10-6 筛选文本

(2)筛选数字：筛选数字与筛选文本的方法基本相同，单击包含数据字段的下拉按钮，在【数字筛选】列表中禁用或启用某项数据名称即可。

(3)筛选日期或时间：单击包含日期或者时间字段的下拉按钮，在【日期筛选】或【时间筛选】列表中禁用或启用某项数据名称即可。

提　示

可以通过 Ctrl+Shift+L 组合键或启用【开始】选项卡【编辑】选项组中的【排序与筛选】命令，选择【筛选】选项的方法来自动筛选数据。

2. 自定义自动筛选

另外，还可以在文本字段下拉列表中启用【文本筛选】级联菜单中的 7 种文本筛选条件。当执行【文本筛选】级联菜单中的命令时，系统会自动弹出【自定义自动筛选方式】对话框，如图 10-7 所示。

在该对话框中最多可以设置两个筛选条件，可以自定义等于、不等于、大于、小于等 12 种筛选条件。设置条件的方式主要包括下列两种方式。

(1) 与：同时需要满足两个条件。

(2) 或：需要满足两个条件中的一个条件。

同时，还可以通过下列两种通配符实现模糊查找。

(3) ？（问号）：任何单字符。

(4) *（星号）：任何数量字符。

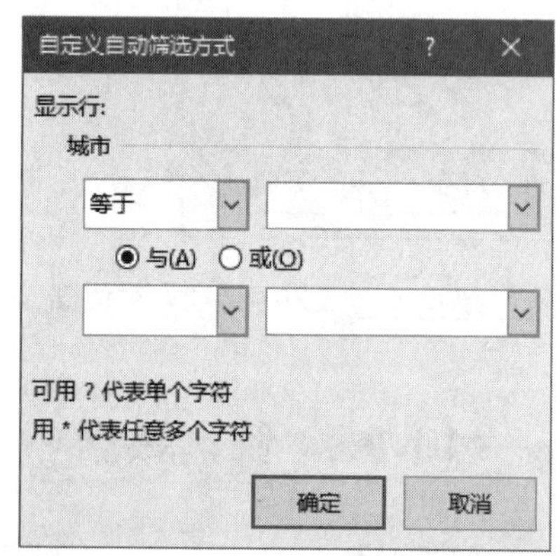

图 10-7 自定义自动筛选

3. 高级筛选

在实际应用中，可以使用高级筛选功能按指定条件来筛选数据。

首先，需要先制作筛选条件。在工作表第一行中插入 3 行空白行，在第一行中输入字段名称，该字段名称与需要筛选区域中数据的字段名称一致。在第二行中，根据字段名称设置不同的筛选条件，如图 10-8 所示。

提　示

在制作条件格式时，如果在同一行中输入多个筛选条件，则筛选的结果必须同时满足多个条件。如果在不同行中输入多个筛选条件，则筛选结果只需满足其中任意一个条件。

然后，执行【排序和筛选】|【高级】命令，在弹出的【高级筛选】对话框中设置筛选参数，如图 10-9 所示。

	D	E	F	G	H	
23	职员	2006/9/10	8	￥1,100.00	￥800.00	￥8
24	职员	2008/11/3	6	￥800.00	￥800.00	￥6
25	职员	2009/12/9	5	￥1,500.00	￥800.00	￥5
26	筛选条件					
27	职务	入职时间	工作年限	基本工资	职位工资	工
28			>5			
29						
30	筛选结果					
31						

员工信息表　考勤 ...

图 10-8　制作筛选条件

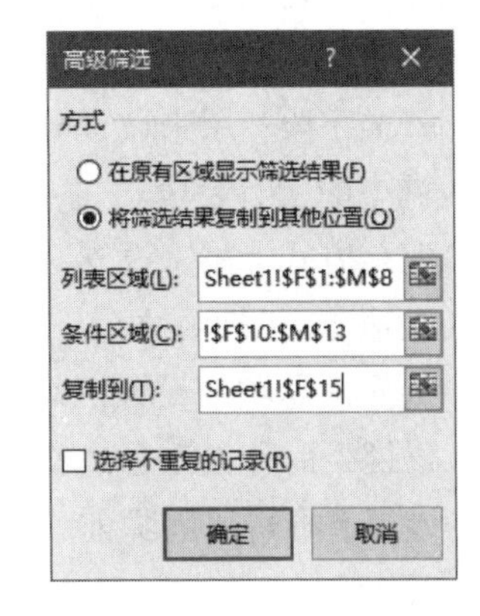

图 10-9　设置筛选参数

该对话框主要包括下列选项。

（1）在原有区域显示筛选结果：表示筛选结果显示在原数据清单位置，原有数据区域被覆盖。

（2）将筛选结果复制到其他位置：表示筛选后的结果将显示在指定的单元格区域中，与原表单并存。

（3）列表区域：设置筛选数据区域。

（4）条件区域：设置筛选条件区域，即新制作的筛选条件区域。

（5）复制到：设置筛选结果的存放位置。

（6）选择不重复的记录：选中该复选框，表示在筛选结果中将不显示重复的数据。

最后，单击【确定】按钮，即可获得筛选结果。

提　示

可以通过执行【排序和筛选】选项组中的【清除】命令，清除筛选操作。

10.2　分类汇总数据

分类汇总是数据处理的另一个重要工具，它可以在数据清单中轻松快速地汇总数据，可以通过分类汇总功能对数据进行统计汇总操作。

10.2.1　创建分类汇总

在 Excel 中，不仅可以根据分析需求为数据创建分类汇总，而且还可以创建嵌套分类汇总，其具体创建方法如下所述。

1. 创建分类汇总

在创建分类汇总之前，需要对数据进行排序，以便将数据中关键字相同的数据集中在一起。选择数据区域中的任意单元格，执行【数据】|【分级显示】|【分类汇总】命令，在弹出的【分类汇总】对话框中设置各选项即可，如图10-10所示。

该对话框主要包括下列几个选项。

（1）分类字段：用来设置分类汇总的字段依据，包含数据区域中的所有字段。

（2）汇总方式：用来设置汇总函数，包含求和、平均值、最大值等11种函数。

（3）选定汇总项：设置汇总数据列。

（4）替换当前分类汇总：表示在进行多次汇总操作时，单击该复选框可以清除前一次汇总结果，按本次分类要求进行汇总。

（5）每组数据分页：单击该复选框，表示在打印工作表时，将每一类分别打印。

（6）汇总结果显示在数据下方：单击该复选框，可以将分类汇总结果显示在本类最后一行（系统默认是放在本类的第一行）。

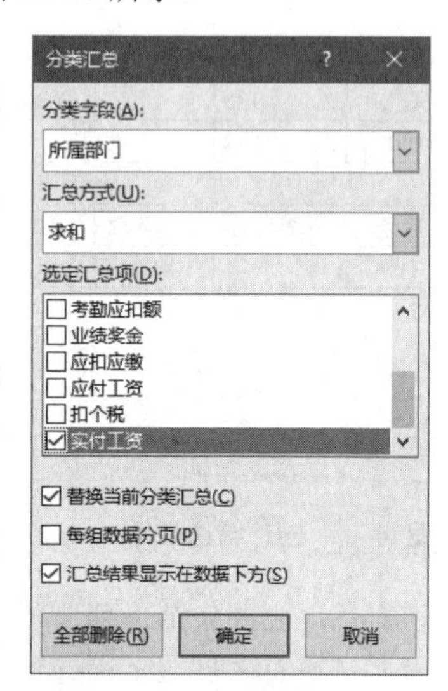

图10-10 【分类汇总】对话框

2. 创建嵌套分类汇总

嵌套汇总是对某项指标汇总，然后将汇总后的数据再汇总，以便做进一步的细化。首先将数据区域进行排序，执行【数据】|【分级显示】|【分类汇总】命令，在弹出的【分类汇总】对话框中设置各选项，单击【确定】按钮即可。

然后再次执行【分类汇总】命令，在弹出的【分类汇总】对话框中取消上次分类汇总的【选定汇总项】选项组中的选项，重新设置【分类字段】、【汇总方式】与【选定汇总项】选项，并禁用【替换当前分类汇总】选项，单击【确定】按钮即可。嵌套分类汇总效果如图10-11所示。

	A	B	C	D
1			销售明细账工作表	
2	日期	销售员	产品编号	产品类别
3	2015/1/12	杨昆	C330	冰箱
4	2015/1/12 汇总			
5	2015/1/15	张建军	C330	冰箱
6	2015/1/15 汇总			
7	2015/1/18	魏骊	C330	冰箱
8	2015/1/18	杨昆	C330	冰箱
9	2015/1/18 汇总			
10			C330 汇总	
11	2015/1/14	仝明	C340	冰箱
12	2015/1/14 汇总			
13	2015/1/15	闫辉	C340	冰箱
14	2015/1/15 汇总			

图10-11 嵌套分类汇总

技 巧

可以通过启用【分类汇总】对话框中的【全部删除】命令的方法，删除工作表中的分类汇总。

10.2.2 创建分级显示

在 Excel 中，还可以通过【创建组】功能分别创建行分级显示和列分级显示。

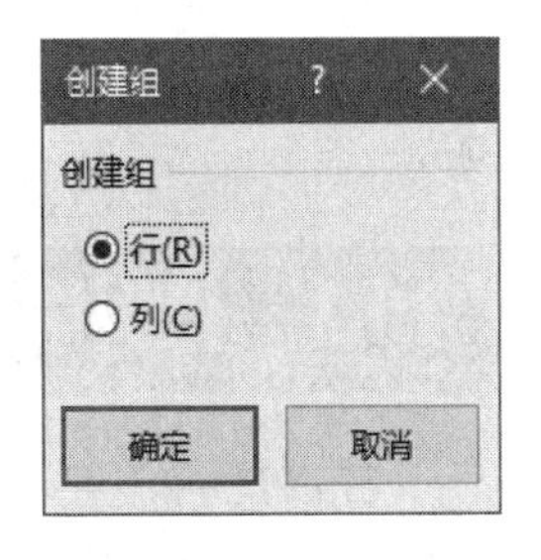

图10-12 行分级

1. 创建行分级显示

选择需要分级显示的单元格区域，执行【数据】|【分级显示】|【创建组】|【创建组】命令，在弹出的【创建组】对话框中选中【行】选项，如图 10-12 所示。

单击【确定】按钮后，系统会显示所创建的行分级。使用同样的方法，可以为其他行创建分级功能，如图 10-13 所示。

2. 创建列分级显示

列分级显示与行分级显示操作方法相同。选择需要创建的列，执行【分级显示】|【创建组】|【创建组】命令，在弹出的【创建组】对话框中，选中【列】选项。此时，系统会自动显示所创建的行分级。使用同样的方法，可以为其他列创建分级功能，如图 10-14 所示。

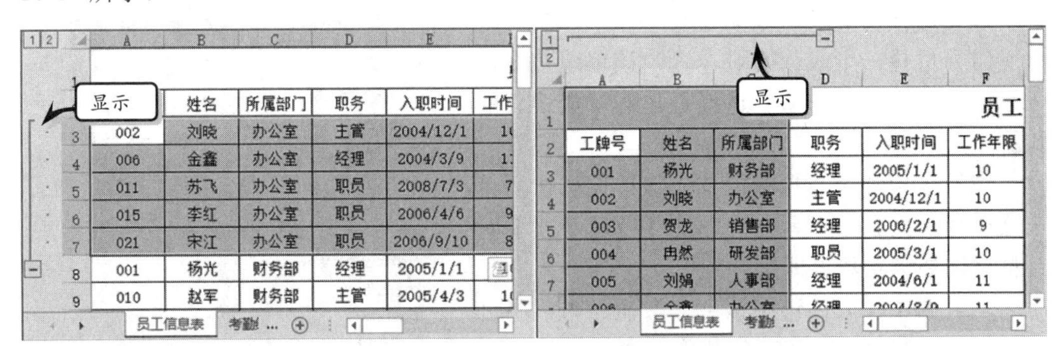

图10-13 行分级效果 图10-14 列分级效果

10.2.3 操作分类数据

在显示分类汇总结果的同时，分类汇总表的左侧会自动显示分级显示按钮，使用分级显示按钮可以显示或隐藏分类数据。各类分级显示按钮的图标及功能如表 10-1 所示。

表 10-1 分级显示按钮

按　钮	名　称	功　能
+	展开细节	单击此按钮可以显示分级显示信息
-	折叠细节	单击此按钮可以隐藏分级显示信息
1	1 级级别	单击此按钮只显示总的汇总结果，即总计数据
2	2 级级别	单击此按钮显示部分数据及其汇总结果
3	3 级级别	单击此按钮显示全部数据
|	级别条	单击此按钮可以隐藏分级显示信息

利用这些分级显示按钮可控制数据的显示。例如，单击【3 级级别】按钮，则只显示区域平均值与汇总值；单击【2 级级别】按钮，则只显示区域汇总值，如图 10-15 所示。

图10-15 分级显示汇总值

10.3 使用数据透视表

数据透视表是一种具有创造性与交互性的报表。使用数据透视表，可以汇总、分析、浏览与提供汇总数据。而数据透视表强大的功能主要体现在可以使杂乱无章、数据庞大的数据表快速有序地显示出来，是Excel用户不可缺少的数据分析工具。

10.3.1 创建数据透视表

选择需要创建数据透视表的数据区域，该数据区域要包含列标题。执行【插入】|【表格】|【数据透视表】命令，即可弹出【创建数据透视表】对话框，如图 10-16 所示。

该对话框主要包括以下选项。

（1）选择一个表或区域：选中该单选按钮，表示可以在当前工作簿中选择创建数据透视表的数据。

（2）使用外部数据源：选中该单选按钮后单击【选择连接】按钮，在弹出的【现有链接】对话框中选择链接数据即可。

（3）新工作表：选中该单选按钮，可以将创建的数据透视表显示在新的工作表中。

（4）现有工作表：选中该单选按钮，可以将创建的数据透视表显示在当前工作表所指定的位置中。

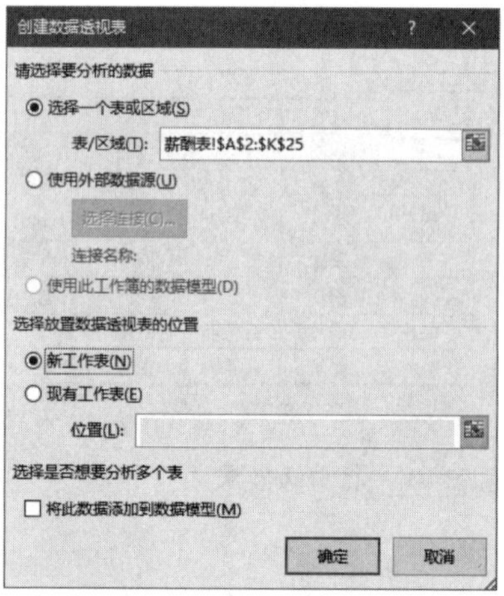

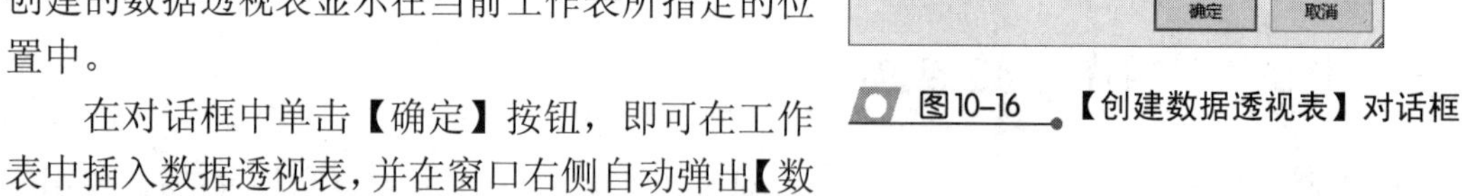

图10-16 【创建数据透视表】对话框

在对话框中单击【确定】按钮，即可在工作表中插入数据透视表，并在窗口右侧自动弹出【数据透视表字段】任务窗格。用户需要在【选择要添加到报表的字段】列表框中选择需要添加的字段，如图 10-17 所示。

用户也可以在数据透视表中，像创建图表那样创建以图形形状显示数据的透视表透视图。选中数据透视表，执行【数据透视表工具】|【分析】|【工具】|【数据透视图】命令，在弹出的【插入图表】对话框中选择需要插入的图表类型即可，如图 10-18 所示。

提 示

也可以执行【插入】|【表格】|【推荐的数据透视表】命令，使用系统推荐的数据透视表类型。

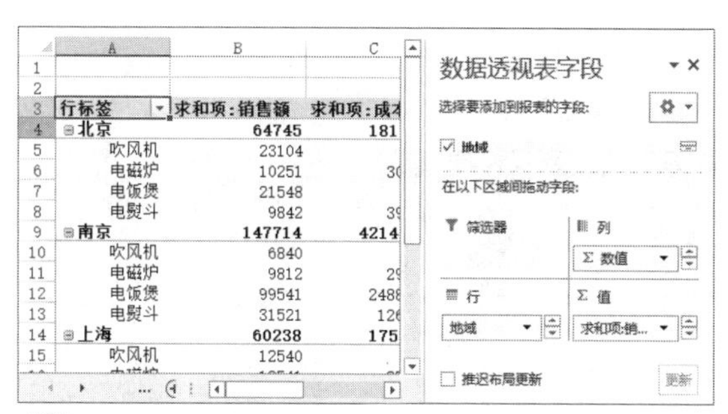

	A	B	C
1			
2			
3	行标签	求和项:销售额	求和项:成本
4	⊟北京	64745	181
5	吹风机	23104	
6	电磁炉	10251	30
7	电饭煲	21548	
8	电熨斗	9842	39
9	⊟南京	147714	4214
10	吹风机	6840	
11	电磁炉	9812	29
12	电饭煲	99541	2488
13	电熨斗	31521	126
14	⊟上海	60238	175
15	吹风机	12540	

图10-17 数据透视表

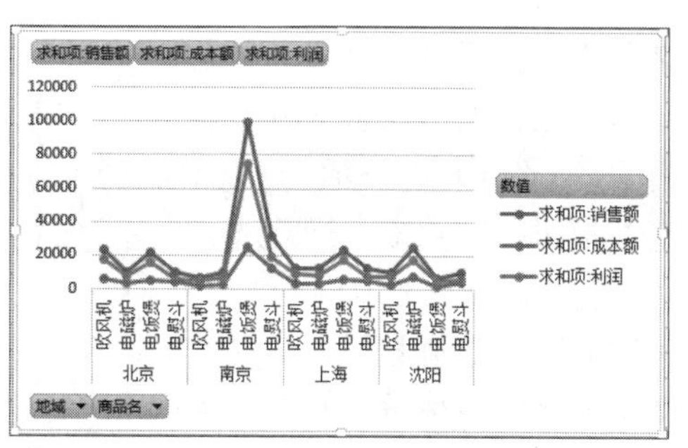

图10-18 数据透视图

10.3.2 编辑数据透视表

创建数据透视表之后，为了适应分析数据的需求，需要编辑数据透视表，其编辑内容主要包括更改数据的计算类型、筛选数据等内容。

1. 更改计算类型

在【数据透视表字段列表】任务窗格中的【数值】列表框中，单击数值类型选择【值字段设置】选项，在弹出的【值字段设置】对话框中的【计算类型】列表框中选择计算类型即可，如图 10-19 所示。

2. 设置数据透视表样式

Excel 为用户提供了浅色、中等深浅、深色三种类型共 85 种样式。选择数据透视表，执行【数据透视表工具】|【设计】|【数据透视表样式】|【快速样式】命令，在下拉列表中选择一种样式即可，如图 10-20 所示。

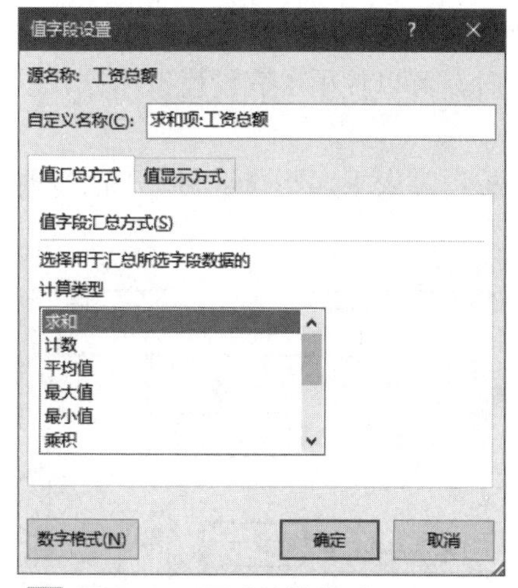

图10-19 更改计算类型

	A	B	C	D
1				
2				
3	行标签	求和项:销售额	求和项:成本额	求和项:利润
4	⊟北京	64745	18175.1	46569.9
5	吹风机	23104	5776	17328
6	电磁炉	10251	3075.3	7175.7
7	电饭煲	21548	5387	16161
8	电熨斗	9842	3936.8	5905.2
9	⊟南京	147714	42147.25	105566.75
10	吹风机	6840	1710	5130
11	电磁炉	9812	2943.6	6868.4
12	电饭煲	99541	24885.25	74655.75
13	电熨斗	31521	12608.4	18912.6
14	⊟上海	60238	17508.3	42729.7
15	吹风机	12540	3135	9405
16	电磁炉	12541	3762.3	8778.7
17	电饭煲	23012	5753	17259

Sheet3

图10-20 设置数据透视表样式

3. 筛选数据

选择数据透视表，在【数据透视表字段列表】任务窗格中，将需要筛选数据的字段名称拖动到【报表筛选】列表框中。此时，在数据透视表上方将显示筛选列表，如图 10-21 所示。可以单击【筛选】按钮，对数据进行筛选。

另外，还可以在【行标签】、【列标签】或【数值】列表框中单击需要筛选的字段名称后面的下拉按钮，在下拉列表中选择【移动到报表筛选】选项，将该值字段设置为可筛选的字段。

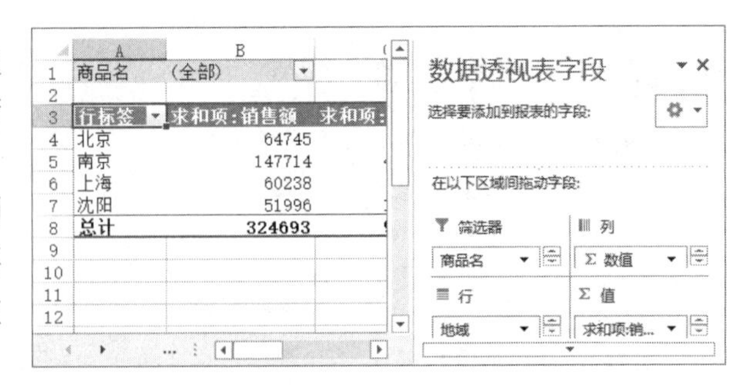

图10-21 筛选数据

10.4 使用高级分析工具

Excel 提供了非常实用的单变量求解、规划求解、数据表等高级分析工具。使用高级分析工具，可以帮助用户解决数据分析中的财务分析、工程分析等多个应用领域中复杂的数据管理与预测问题。

10.4.1 使用模拟运算表

模拟运算表是由一组替换值代替公式中的变量得出的一组结果所组成的一个表格，数据表为某些计算中的所有更改提供了捷径。数据表有两种，即单变量和双变量模拟运算表。

1. 单变量模拟运算表

单变量模拟运算表是基于一个变量预测对公式计算结果的影响，当用户已知公式的预期结果，而未知使公式返回结果的某个变量的数值时，可以使用单变量模拟运算表进行求解。

已知贷款金额、年限和利率，下面运用单变量模拟运算表求解不同年利率下的每期付款额。

首先，在工作表中输入基础文本和数值，并在单元格 B5 中，输入计算还款额的公式，如图 10-22 所示。

在表格中输入不同的年利率，以便于运用模拟运算表求解不同年利率下的每期付款额。然后，选择包含每期还款额与不同利率的数据区域，执行【数据】|【预测】|【模拟分析】|【模拟运算表】命令，如图 10-23 所示。

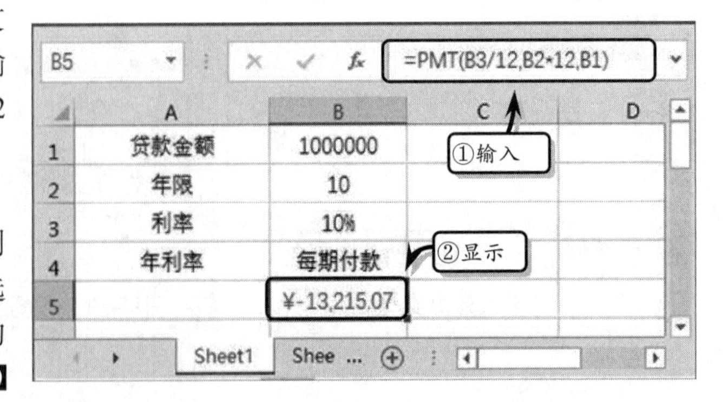

图10-22 制作基础数据表

在弹出的【模拟运算表】对话框中设置【输入引用列的单元格】选项，单击【确定】按钮，即可显示不同年利率下的每期付款额，如图 10-24 所示。

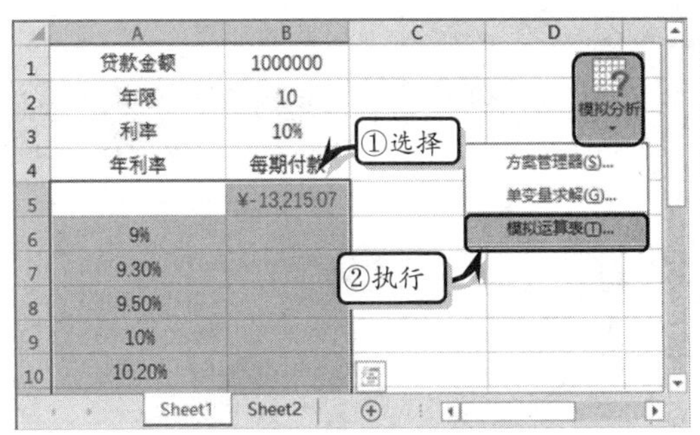

图10-23 选择运算区域

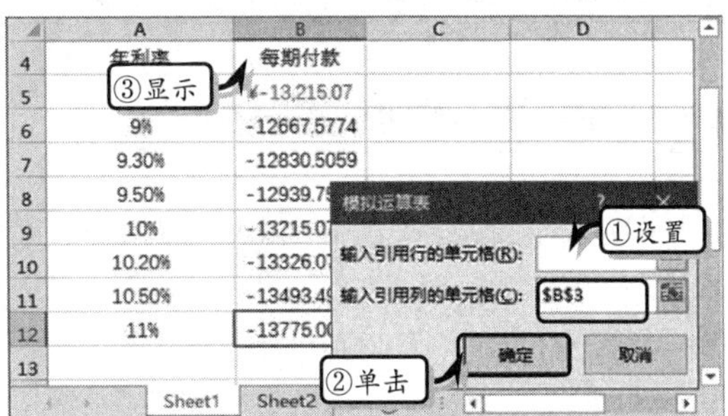

图10-24 单变量模拟求解

该对话框主要包含两种类型的引用单元格，其功能如下所述。

（1）输入引用行的单元格：表示在数据表为行方向时，在该文本框中输入引用单元格地址。

（2）输入引用列的单元格：表示在数据表为列方向时，在该文本框中输入引用单元格地址。

2. 双变量模拟运算表

双变量模拟运算表用来分析两个变量的几组不同的数值变化对公式结果所造成的影响。已知贷款金额、年限和利率，下面运用单变量模拟运算表求解不同年利率下和不同贷款年限下的每期付款额。

使用双变量模拟运算表的第一步也是制作基础数据，在单变量模拟运算表基础表格的基础上，添加一行年限值，如图 10-25 所示。

然后，选择包含年限值和年利率值的单元格区域，执行【预测】|【模拟分析】|【模拟运算表】命令，如图 10-26 所示。

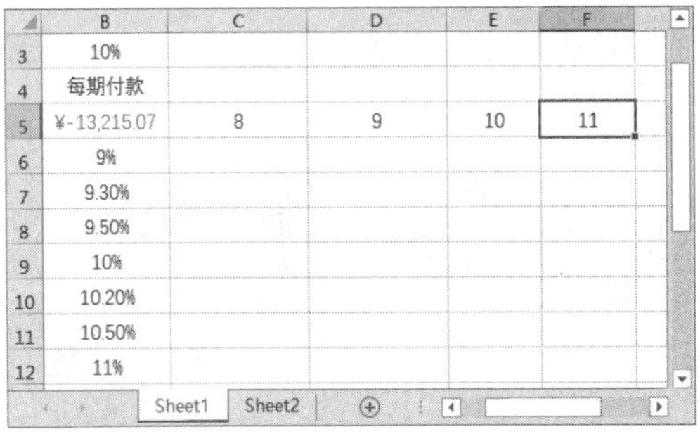

图10-25 制作基础数据表

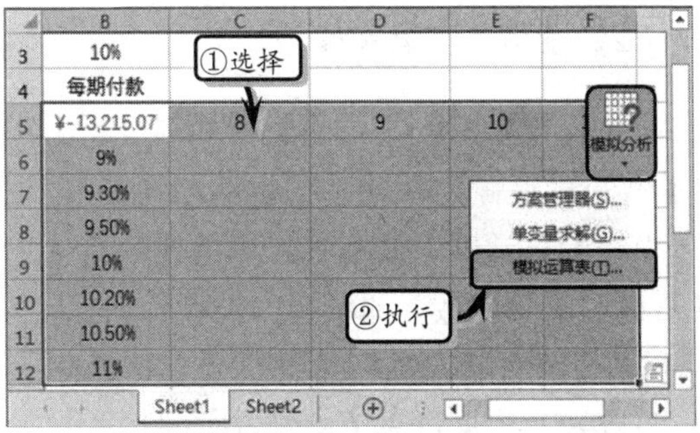

图10-26 选择数据区域

在弹出的【模拟运算表】对话框中，分别设置【输入引用行的单元格】和【输入引用列的单元格】选项，单击【确定】按钮，即可显示每期付款额，如图 10-27 所示。

提 示

在使用双变量数据表进行求解时，两个变量应该分别放在一行或一列中，而两个变量所在的行与列交叉的那个单元格中放置的是这两个变量输入公式后得到的计算结果。

10.4.2 单变量求解

单变量求解与普通的求解过程相反，其求解的运算过程为已知某个公式的结果，反过来求公式中的某个变量的值。

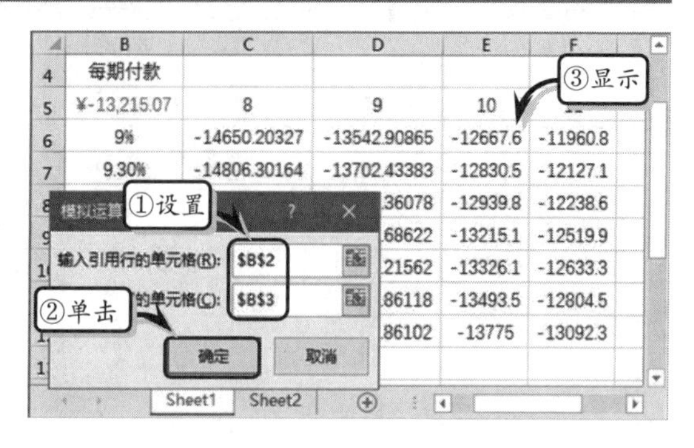

图10-27 双变量模拟求解

1. 制作基础数据表

使用单变量求解之前，需要制作数据表。首先，在工作表中输入基础数据。然后，选择单元格 B4，在【编辑】栏中输入计算公式，按 Enter 键计算结果，如图 10-28 所示。

同样，选择单元格 C7，在【编辑】栏中输入计算公式，按 Enter 键计算结果，如图 10-29 所示。

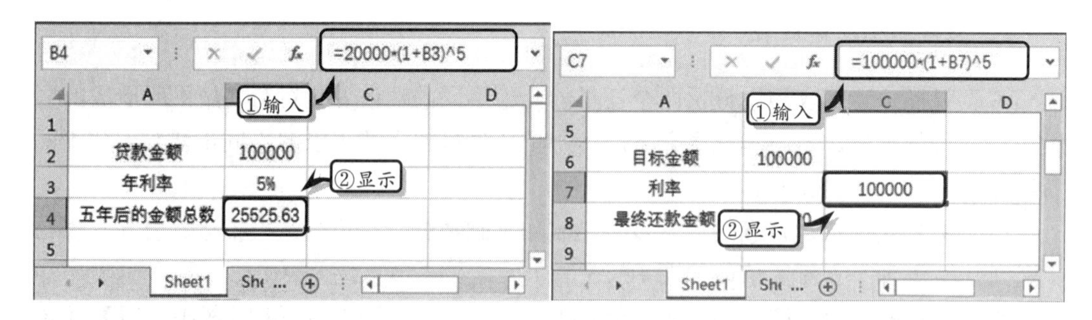

图10-28 计算金额总数

图10-29 计算利率

2. 使用单变量求解

执行【数据】|【预测】|【模拟分析】|【单变量求解】命令。在弹出的【单变量求解】对话框中设置【目标单元格】、【目标值】等参数，如图 10-30 所示。

在【单变量求解】对话框中，单击【确定】按钮，系统将在【单变量求解状态】对话框中执行计算，并显示计算结果。单击【确定】按钮之后，系统将在单元格 B7 中显示求解结果，如图 10-31 所示。

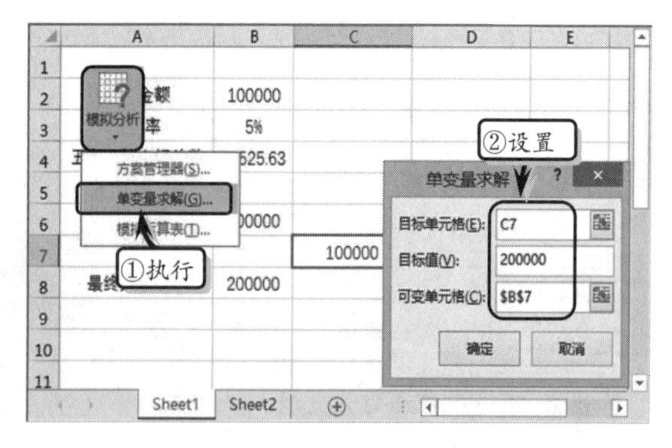

图10-33 单变量求解

提 示

在进行单变量求解时，需要注意在目标单元格中必须含有公式，其他单元格中不能包含公式，只能包含数值。

10.4.3 规划求解

规划求解又称为假设分析，是一组命令的组成部分，不仅可以解决单变量求解的单一值的局限性，而且还可以预测含有多个变量或某个取值范围内的最优值。

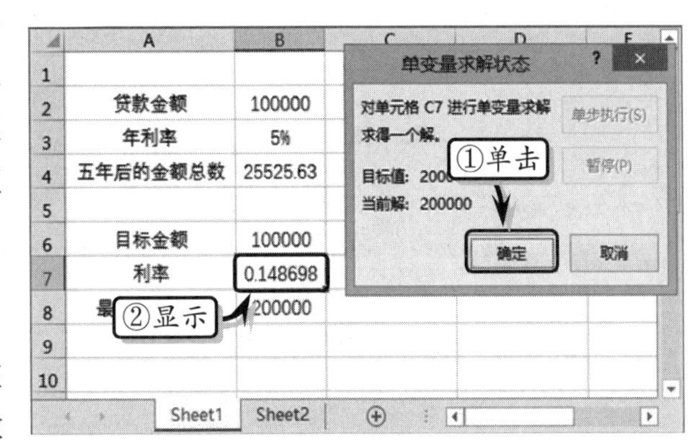

图10-31 显示求解结果

1．加载规划求解加载项

执行【文件】|【选项】命令，在弹出的【Excel 选项】对话框中，激活【加载项】选项卡，单击【转到】按钮，如图 10-32 所示。

然后在弹出的【加载宏】对话框中，启用【规划求解加载项】复选框，单击【确定】按钮，系统将自动在【数据】选项卡中添加【分析】选项组，并显示【规划求解】功能，如图 10-33 所示。

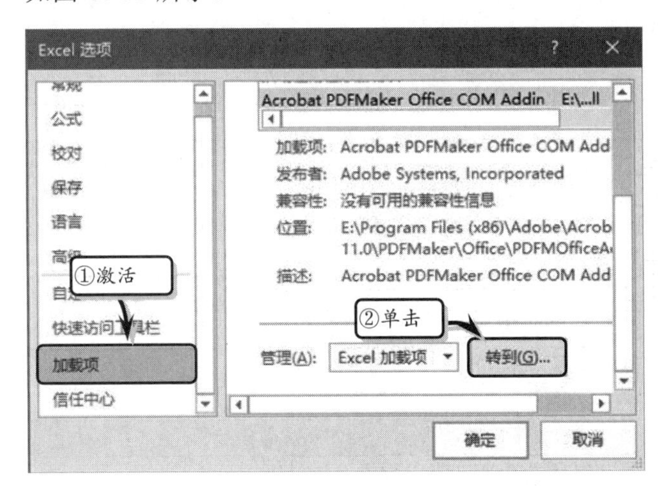

图10-32 【Excel 选项】对话框

图10-33 加载规划求解

2．使用规划求解

在使用规划求解之前，需要设置基本数据与求解条件。然后执行【数据】|【分析】|【规划求解】命令，在弹出的【规划求解参数】对话框中设置各项参数即可，如图 10-34 所示。

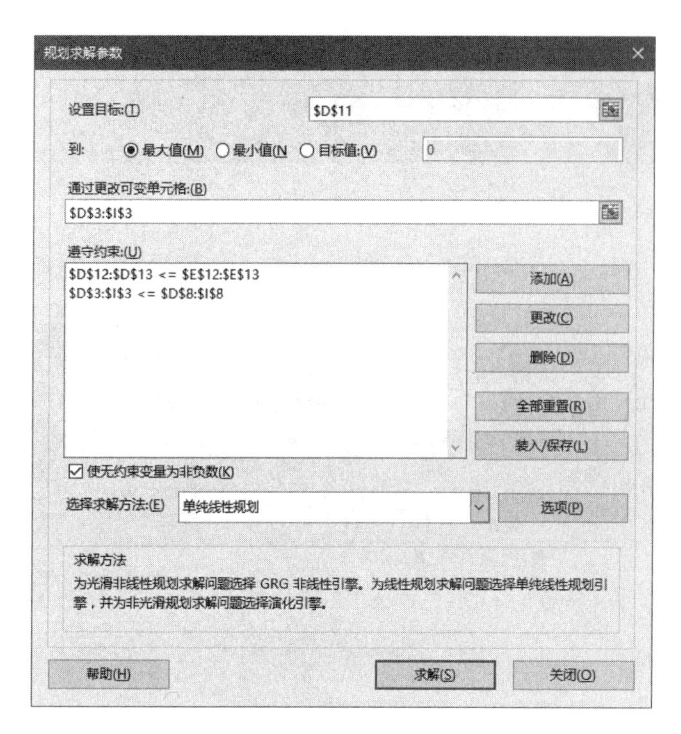

图10-34 设置规划求解参数

该对话框中各选项中参数的功能如表 10-2 所示。

表 10-2 规划求解参数

选　　项		说　　明
设置目标		用于设置显示求解结果的单元格，在该单元格中必须包含公式
到	最大值	表示求解最大值
	最小值	表示求解最小值
	目标值	表示求解指定值
通过更改可变单元格		用来设置每个决策变量单元格区域的名称或引用，用逗号分隔不相邻的引用。另外，可变单元格必须直接或间接与目标单元格相关。最多可指定 200 个变量单元格
遵守约束	添加	表示添加规划求解中的约束条件
	更改	表示更改规划求解中的约束条件
	删除	表示删除已添加的约束条件
全部重置		可以设置规划求解的高级属性
装入/保存		可在弹出的【装入/保存模型】对话框中保存或加载问题模型
使无约束变量为非负数		启用该选项，可以使无约束变量为正数
选择求解方法		启用该选项，可用在列表中选择规划求解的求解方法。主要包括用于平滑线性问题的“非线性（GRG）”方法，用于线性问题的“单纯线性规划”方法与用于非平滑问题的“演化”方法
选项		启用该选项，可在【选项】对话框中更改求解方法的【约束精确度】、【收敛】等参数
求解		执行该选项，可对设置好的参数进行规划求解
关闭		关闭【规划求解参数】对话框，放弃规划求解
帮助		启用该选项，可弹出【Excel 帮助】对话框

当单击【求解】按钮时，在弹出的【规划求解结果】对话框中设置规划求解保存位置与报告类型即可，如图 10-35 所示。

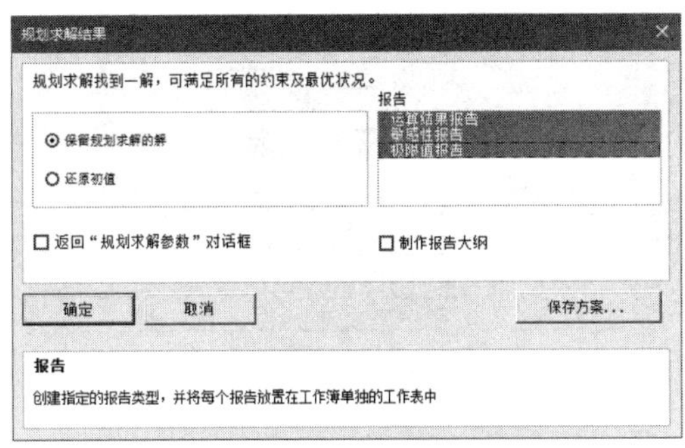

图10-35 【规划求解结果】对话框

该对话框主要包括下列几个选项。

（1）保留规划求解的解：用规划求解结果值替代可变单元格中的原始值。

（2）还原初值：将可变单元格中的值恢复成原始值。

（3）报告：选择用来描述规划求解执行的结果报告，包括运算结果报告、敏感性报告、极限值报告三种报告。

（4）返回“规划求解参数”对话框：启用该复选框，单击【确定】按钮之后，将返回到【规划求解参数】对话框中。

（5）制作报告大纲：启用该复选框，可以制作规划求解报告大纲。

（6）保存方案：将规划求解设置作为模型进行保存，便于下次规划求解时使用。

（7）确定：完成规划求解操作，生成规划求解报告。

（8）取消：取消本次规划求解操作。

10.5 课堂练习：求解最大利润

一个企业在进行投资之前，需要利用专业的分析工具，分析投资比重与预测投资所获得的最大利润。在本练习中，将利用规划求解功能来求解投资项目的最大利润，如图 10-36 所示。

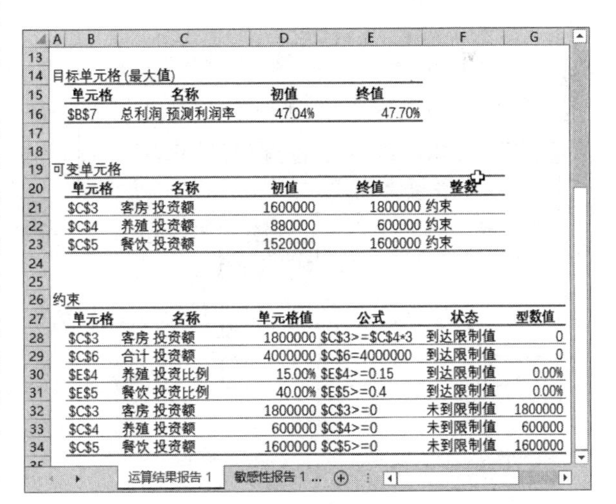

目标单元格 (最大值)

单元格	名称	初值	终值
$B$7	总利润 预测利润率	47.04%	47.70%

可变单元格

单元格	名称	初值	终值	整数
$C$3	客房 投资额	1600000	1800000	约束
$C$4	养殖 投资额	880000	600000	约束
$C$5	餐饮 投资额	1520000	1600000	约束

约束

单元格	名称	单元格值	公式	状态	型数值
$C$3	客房 投资额	1800000	$C$3>=$C$4*3	到达限制值	0
$C$6	合计 投资额	4000000	$C$6=4000000	到达限制值	0
$E$4	养殖 投资比例	15.00%	$E$4>=0.15	到达限制值	0.00%
$E$5	餐饮 投资比例	40.00%	$E$5>=0.4	到达限制值	0.00%
$C$3	客房 投资额	1800000	$C$3>=0	未到限制值	1800000
$C$4	养殖 投资额	600000	$C$4>=0	未到限制值	600000
$C$5	餐饮 投资额	1600000	$C$5>=0	未到限制值	1600000

运算结果报告 1　敏感性报告 1 ...

图10-36 求解最大利润

求解最大利润之前，需要先了解一下投资条件。已知某公司计划投资客房、养殖与餐饮三个项目，每个项目的预测投资金额分别为 160 万、88 万及 152 万，每个项目的预测利润率分别为 50%、40%及 48%。为获得投资额与回报率的最大值，董事会要求财务部分析三个项目的最小投资额与最大利润率，并且企业管理者还为财务部附加了以下投资条件。

（1）总投资额必须为 400 万。

（2）客房的投资额必须为养殖投资额的三倍。

（3）养殖的投资比例大于或等于 15%。

（4）客房的投资比例大于或等于 40%。

操作步骤

1 计算数据。制作基础数据表，在单元格 D3 中输入公式“=B3*C3”，按 Enter 键，如图 10-37 所示。

2 在单元格 E3 中输入公式“=C3/$F$3”，按

Enter 键，如图 10-38 所示。

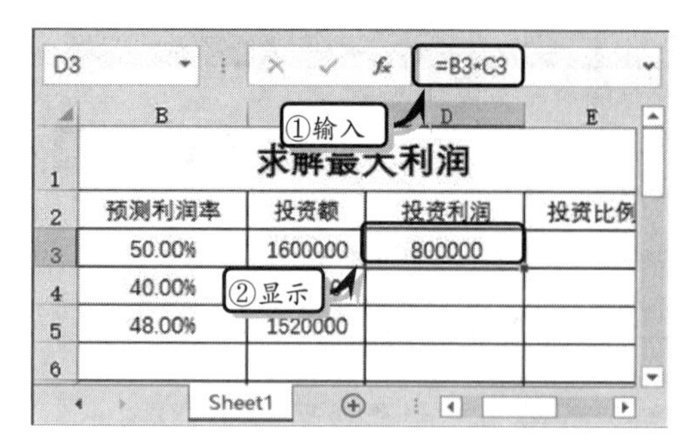

图10-37 求解投资利润

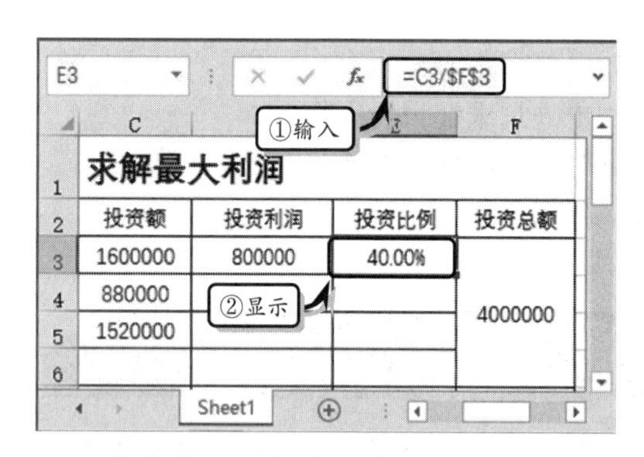

图10-38 求解投资比例

3 选择单元格区域 D3:E3，拖动填充柄向下复制公式，如图 10-39 所示。

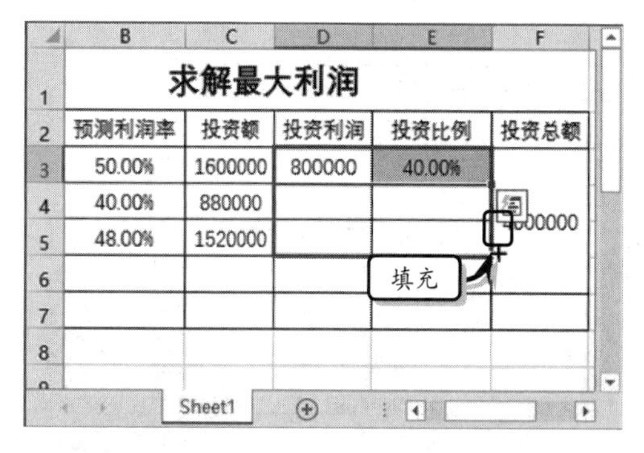

图10-39 向下填充公式

4 在单元格 C6 中输入求和公式“=SUM(C3:C5)”，按 Enter 键返回合计值，如图 10-40 所示。使用同样的方法计算其他合计值。

5 然后，在单元格 B7 中输入公式“=D6/C6”，按 Enter 键返回总利润，如图 10-41 所示。

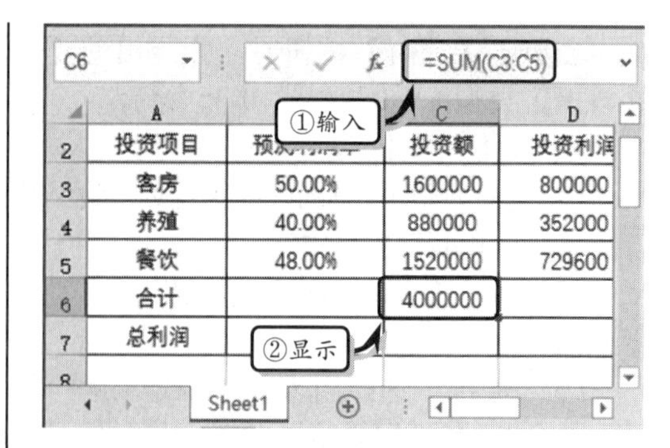

图10-40 计算合计值

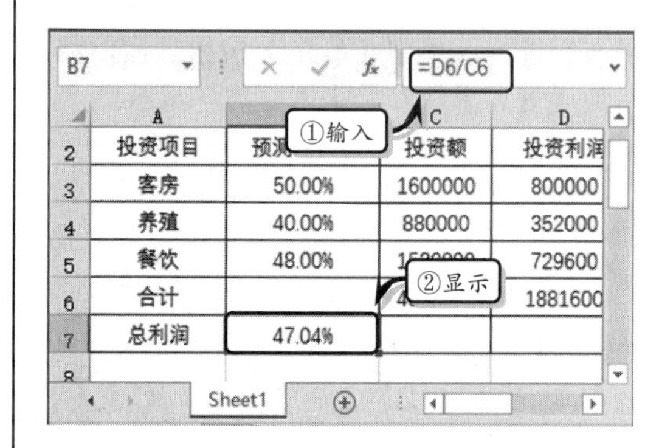

图10-41 计算总利润

6 设置求解参数。执行【数据】|【分析】|【规划求解】命令，将【设置目标】设置为$B$7，将【通过更改可变单元格】设置为$C$3:$C$5，如图 10-42 所示。

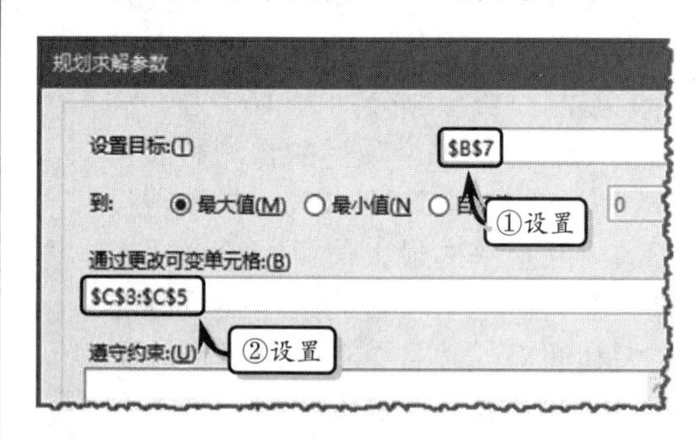

图10-42 设置目标与可变单元格

7 单击【添加】按钮，将【单元格引用位置】设置为“$C$6”，将符号设置为“=”，将【约束值】设置为 4000000a，单击【添加】按钮即可，如图 10-43 所示。

8 重复步骤（6）中的操作，分别添加约束条件“$C$3>=$C$4*3”“$E$4>=0.15”

"$E$5>=0.4""$C$3>=0""$C$4>=0""$C$5>=0"，如图 10–44 所示。

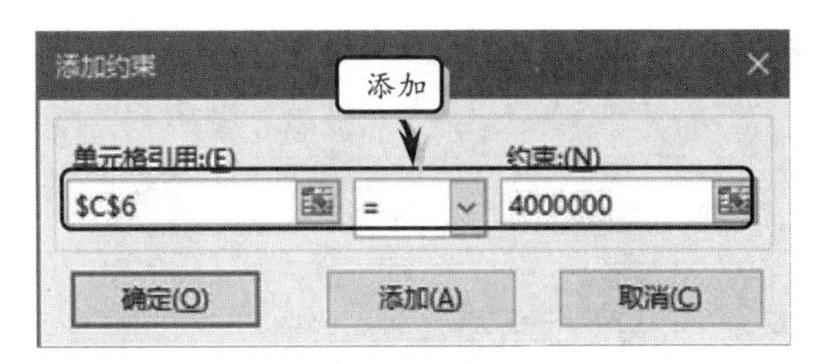

图10–43 设置第一个约束条件

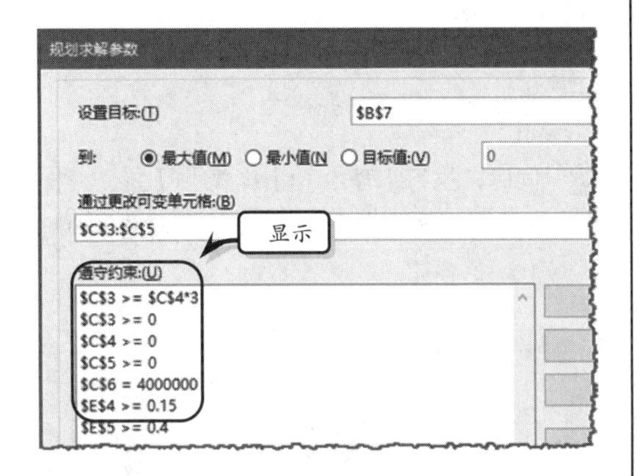

图10–44 添加其他约束条件

9 单击对话框中的【选项】按钮，在弹出的【选项】对话框中启用【使用自动缩放】复选框，单击【确定】按钮，如图 10–45 所示。

10 单击【求解】按钮，选中【保存规划求解的解】单选按钮。在【报告】列表框中，按住 Ctrl 键同时选择所有报告，如图 10–46 所示。单击【确定】按钮，即可在工作表中显示求解结果与求解报告。

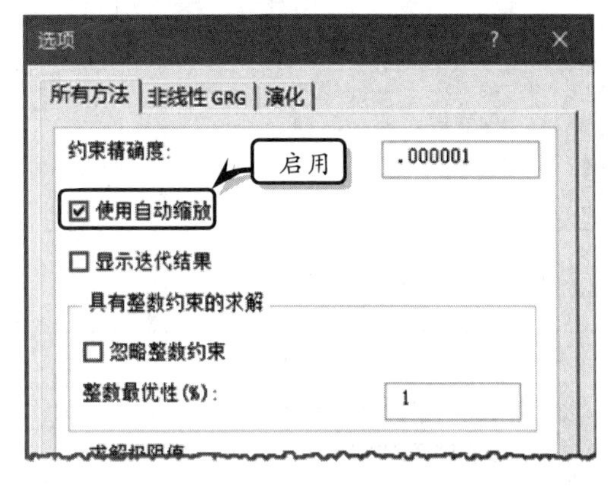

图10–45 设置规划求解选项

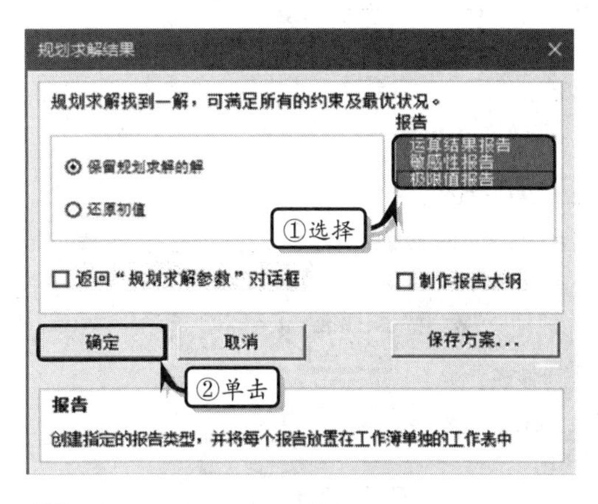

图10–46 【规划求解结果】对话框

10.6 课堂练习：分析考试成绩

在企业管理中，人事部需要在每一季度或固定期间内进行员工绩效考核，每次考核完人事部人员需要分析与总计考核成绩。在本练习中，将利用 Excel 2010 中的高级筛选功能，按多个条件分析考核成绩，如图 10-47 所示。

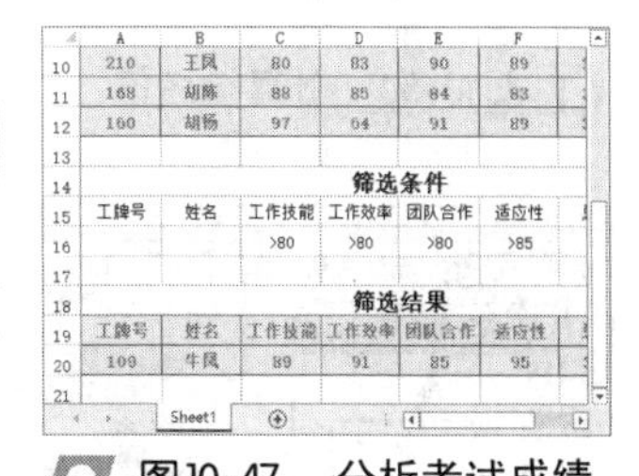

图10–47 分析考试成绩

操作步骤

1 制作数据表。合并单元格区域 A1:H1，并输入表格标题。然后在单元格区域 A2:H12 中输入考核数据，如图 10–48 所示。

2 计算数据。选择单元格 G3，执行【开始】|【编辑】|【自动求和】命令，按 Enter 键输入公式，如图 10–49 所示。

3 选择单元格 H3，在编辑栏中输入计算公式，按 Enter 键求解排名值，如图 10–50 所示。

4 选择单元格 G3:H12，执行【开始】|【编辑】|【填充】|【向下】命令，如图 10–51 所示。

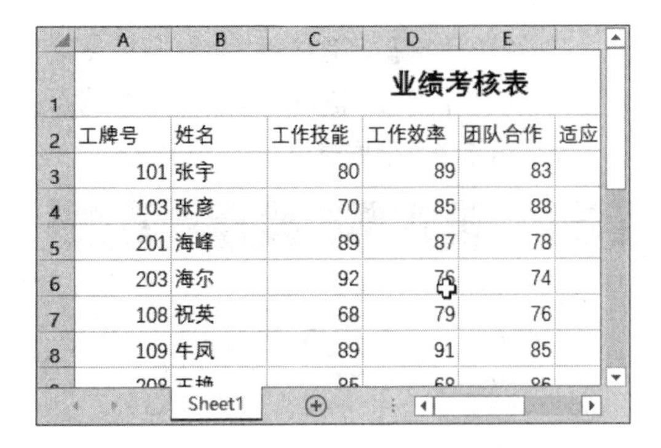

图10-48 输入基础数据

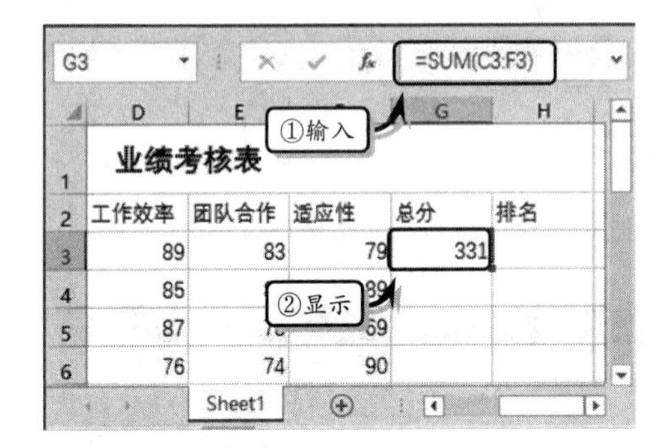

图10-49 自动求和

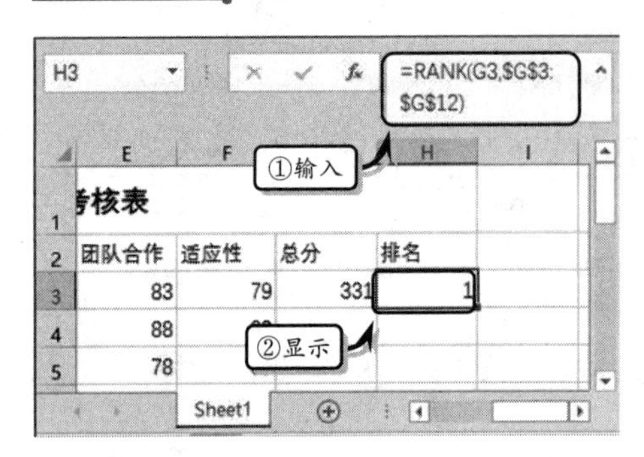

图10-50 计算排名值

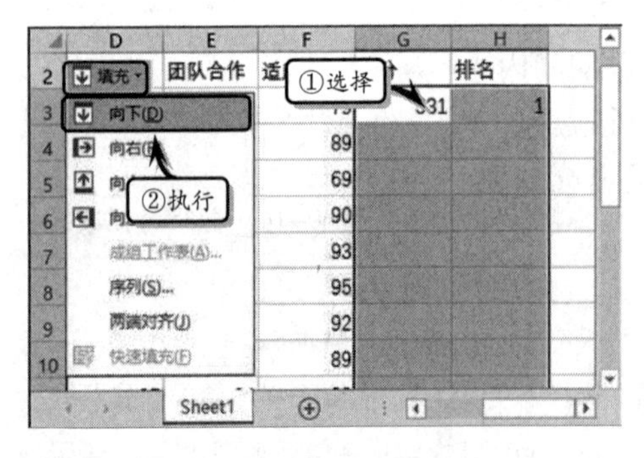

图10-51 向下填充公式

5 美化表格。选择单元格区域 A2:H12，执行【开始】|【对齐方式】|【居中】命令，如图10-52所示。

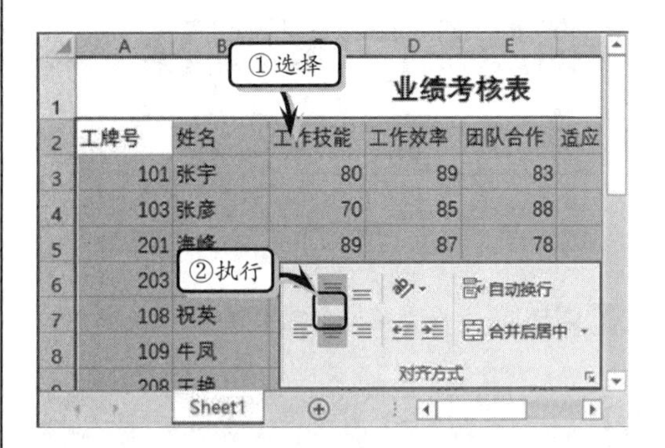

图10-52 设置对齐格式

6 同时，执行【开始】|【样式】|【单元格样式】|【计算】命令，设置单元格样式，如图10-53所示。

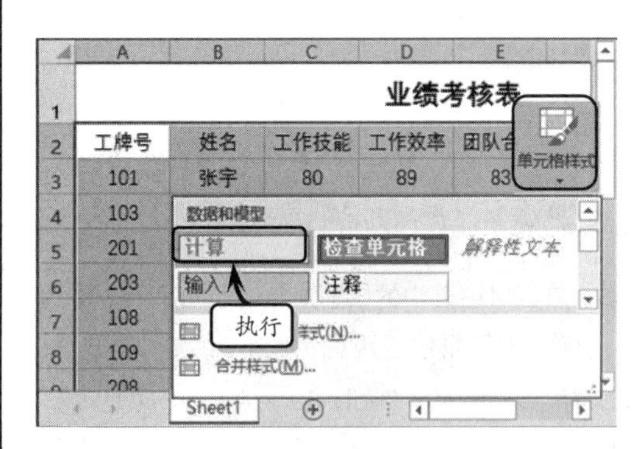

图10-53 设置单元格样式

7 筛选数据。合并相应的单元格区域，输入标题文本并设置文本的字体格式，同时输入筛选条件，如图10-54所示。

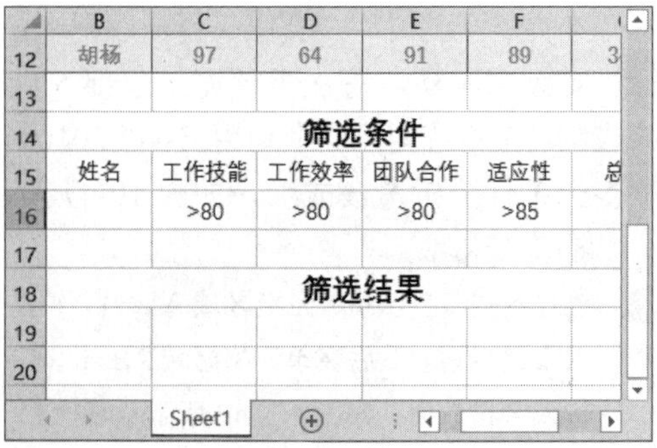

图10-54 制作筛选条件标题

8 执行【数据】|【排序和筛选】|【高级】命令，选中【将筛选结果复制到其他位置】选项，并设置相应的选项，如图 10-55 所示。

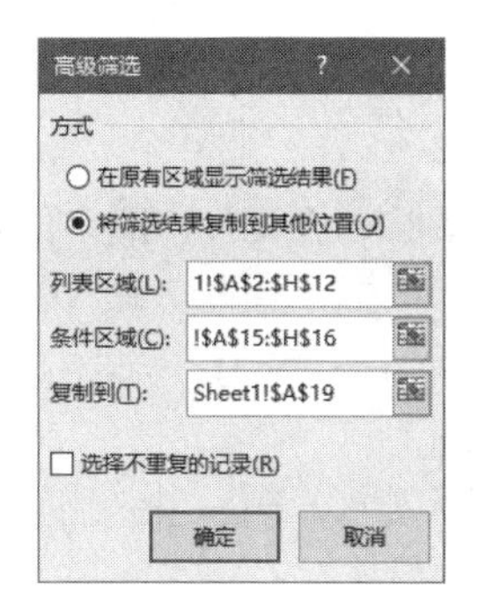

图10-55 设置筛选参数

10.7 思考与练习

一、填空题

1．在对数据进行排序时，如果只选择数据区域中的部分数据，当执行【升级】或【降级】命令时，系统会自动弹出________对话框。

2．在排序或筛选数据时，还可以启用【开始】选项卡________选项组中的________命令，进行排序与筛选操作。

3．在进行自定义筛选时，当在同一行中输入多个筛选条件时，筛选的结果必须同时满足多个条件。当在不同行中输入多个筛选条件时，其筛选结果________。

4．在创建分类汇总之前，需要对数据________，以便将数据中关键字相同的数据集中在一起。

5．嵌套汇总是对某项指标汇总，然后________，以便做进一步的细化。

6．________是一种具有创造性与交互性的报表，其强大的功能主要体现在可以使杂乱无章、数据庞大的数据表快速有序地显示出来。

7．Excel 提供了单变量与多变量数据表，单变量数据表是________对公式计算结果的影响，而双变量数据表是________预测对公式计算结果的影响。

8．单变量求解利用已知某个含有公式的结果值来________，即已知某个公式的结果值，反过来求解公式中包含的________。

二、选择题

1．在筛选数据时，可以使用________组合键进行快速筛选操作。

A．Ctrl+Shift+I　　B．Ctrl+Shift+L

C．Alt+Shift+L　　D．Alt+Ctrl+L

2．规划求解属于加载宏范围，是一组命令的组成部分，也可以称为________。

A．数据分析　　B．假设分析

C．预测数据　　D．预测工具

3．Excel 具有默认的排序顺序，在按照升序排序数据时，错误值将按________顺序进行排列。

A．位置　　B．时间

C．相同　　D．高低

4．下列各选项中，对分类汇总描述错误的是________。

A．分类汇总之前需要排序数据

B．汇总方式主要包括求和、最大值、最小值等方式

C．分类汇总结果必须与原数据位于同一个工作表中

D．不能隐藏分类汇总数据

5．下列各选项中，对数据透视表描述错误的是________。

A．数据透视表只能放置在新工作表中

B．可以在【数据透视表字段列表】任务窗格中添加字段

C．可以更改计算类型

D．可以筛选数据

6．在【数据表】对话框中，【输入引用行的单元格】选项表示为________。

A．表示在数据表为行方向时，输入引用单元格地址

B．表示在数据表为列方向时，输入引用单元格地址

C．表示在数据表中，输入数值

D．表示在数据表中，输入单元格地址

7．在进行单变量求解时，需要注意在________单元格中必须含有公式。

A．目标　　　　B．可变

C．数据　　　　D．其他

三、问答题

1．什么是嵌套分类汇总？

2．简述创建数据透视表的操作步骤。

3．如何使用单变量求解最大利润？

4．如何使用高级筛选功能筛选数据？

四、上机练习

1．分类汇总分析销售数据

在本练习中，将利用分类汇总功能来分析销售数据，如图 10-56 所示。首先制作销售数据，执行【数据】|【排序和筛选】|【升序】命令，对数据进行升序排序。然后执行【分级显示】|【分类汇总】命令，在【选定汇总项】文本框中同时选择【第一季度】、【第二季度】与【第三季度】选项，单击【确定】按钮即可。最后再次执行【分类汇总】命令，将【汇总方式】设置为【平均值】，禁用【替换当前分类汇总】选项，单击【确定】按钮即可。

	A	B	C	D	E
1	分析销售数据				
2	分公司	产品	第一季度	第二季度	第三季度
3	北京	产品一	2000000	2300000	3000000
4	北京	产品二	3000000	2000000	2300000
5	北京	产品三	1200000	1400000	1300000
6	北京 平均值		2066666.7	1900000	2200000
7	北京 汇总		6200000	5700000	6600000
8	大连	产品二	3200000	2100000	1890000
9	大连	产品一	1890000	3200000	2100000

图10-56　分类汇总分析销售数据

2．数据透视表分析销售数据

在本练习中，将利用数据透视表功能来分析销售数据，如图 10-57 所示。首先制作销售数据，执行【插入】|【表格】|【数据透视表】命令，在弹出的对话框中设置数据区域，单击【确定】按钮插入数据透视表。然后在【数据透视表字段】任务窗格中的【选择要添加到报表的字段】列表框中，启用所有的字段名称。最后在【行标签】列表中拖动“分公司”字段至【筛选器】列表中，即可在数据透视表上方根据分公司名称来分析具体销售数据。

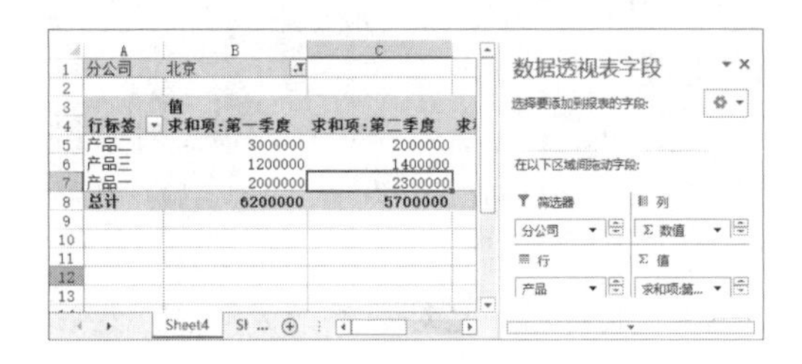

图10-57　数据透视表分析销售数据

第 11 章

高级应用

在前面的章节中，已经详细地介绍了 Excel 从基础知识到计算数据以及分析数据的基础知识与操作技巧。但是，上述基础知识与操作技巧将无法满足用户组之间的沟通与协作要求。在此章中，将详细介绍允许多人同时编辑同一个工作簿，以及查看与修订工作簿中被修改的记录，从而方便用户之间进行有效的协同工作。同时，为了防止工作簿中的数据被更改，还需要介绍如何保护工作簿和工作表的操作技巧。除此之外，本章还介绍了使用宏功能的操作技巧，从而帮助用户快速而准确地进行重复性的操作。

本章学习目的：

- 共享工作簿
- 保护结构与窗口
- 保护工作簿文件
- 修复受损工作簿
- 链接工作表
- 使用宏

11.1 共享工作簿

对于工作组来讲，经常会共享某份工作簿，以便传递相互工作中的数据。此时，可以使用 Excel 中的共享功能，来达到在同一工作簿中快速处理数据的目的。另外，还可以使用 Excel 中的刷新工作簿数据的功能，来保证工作簿中数据的时刻更新。

11.1.1 创建共享工作簿

执行【审阅】|【更改】|【共享工作簿】命令，启用【允许多用户同时编辑，同时允

许工作簿合并】选项。然后，在【高级】选项卡中设置修订与更新参数即可，如图 11-1 所示。

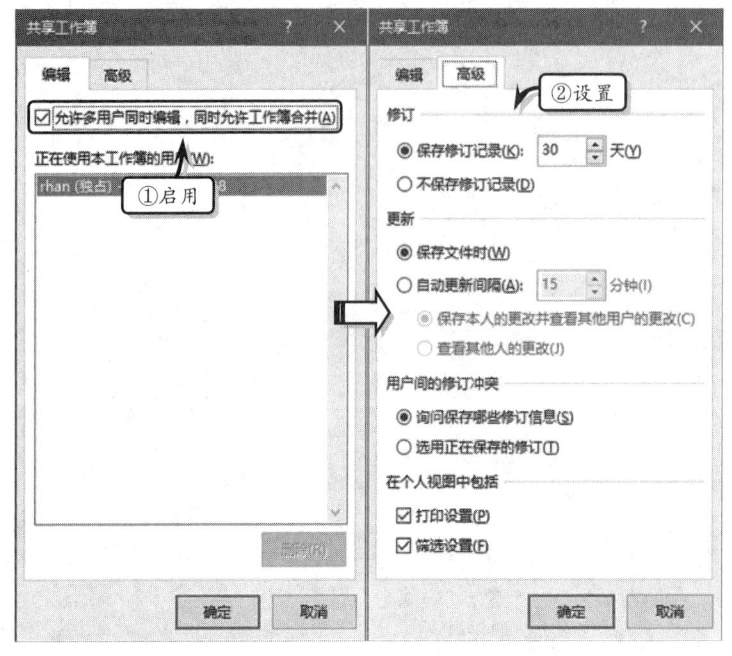

(a)【编辑】选项卡　　(b)【高级】选项卡

图 11-1　共享工作簿

另外，【高级】选项卡中各选项的具体功能如表 11-1 所示。

表 11-1　【高级】选项卡

选　项		说　明
修订	保存修订记录	表示系统将按照用户设置的天数保存修订记录
	不保存修订记录	表示系统不保存修订记录
更新	保存文件时	表示在保存工作簿时，进行修订更新
	自动更新间隔	可以在文本框中设置间隔时间，并可以选择保存本人的更改并查看其他用户的更改，或者是选择查看他人的更改
用户间的修订冲突	询问保存哪些修订信息	启用该选项，系统会自动弹出询问对话框，询问用户如何解决冲突
	选用正在保存的修订	启用该选项，表示最近保存的版本总是优先的
在个人视图中包括	打印设置	表示在个人视图中可以进行打印设置
	筛选设置	表示在个人视图中可以进行筛选设置

提　示

只有在【编辑】选项卡中启用了【允许用户同时编辑，同时允许工作簿合并】选项，【高级】选项卡中的各项才显示为可用状态。

11.1.2 查看与修订共享工作簿

在 Excel 中创建共享工作簿后，可以使用修订功能更改共享工作簿中的数据，同样也可以查看其他用户对共享工作簿的修改，并根据情况接受或拒绝更改。

1．开启或关闭修订功能

执行【审阅】|【更改】|【修订】|【突出显示修订】命令，并启用【编辑时跟踪修订信息，同时共享工作簿】复选框，如图 11-2 所示。

其中，【突出显示修订】对话框中各选项的功能如表 11-2 所示。

突出显示修订
☑ 编辑时跟踪修订信息，同时共享工作簿(T)
突出显示的修订选项
☑ 时间(N): 从上次保存开始
☐ 修订人(O): 每个人
☐ 位置(R):
☑ 在屏幕上突出显示修订(S)
☐ 在新工作表上显示修订(L)
确定 取消

图 11-2 打开修订功能

表 11-2 修订选项

名称		功能
编辑时跟踪修订信息，同时共享工作簿		启用该选项，在编辑时可以跟踪修订信息，并可以共享工作簿
突出显示的修订选项	时间	启用该选项，可以设置修订的时间
	修订人	启用该选项，可以选择修订人
	位置	启用该复选框，可以选择修订的位置
	在屏幕上突出显示修订	启用该复选框，当鼠标停留在修改过的单元格上时，屏幕上将会自动显示修订信息
	在新工作表上显示修订	启用该复选框，将自动生成一个包含修订信息的名为“历史记录”的工作表

2．浏览修订

当发现工作簿中存在修订记录时，便可以执行【审阅】|【更改】|【修订】|【接受/拒绝修订】命令，并选择相应的选项即可接受或拒绝修订，如图 11-3 所示。

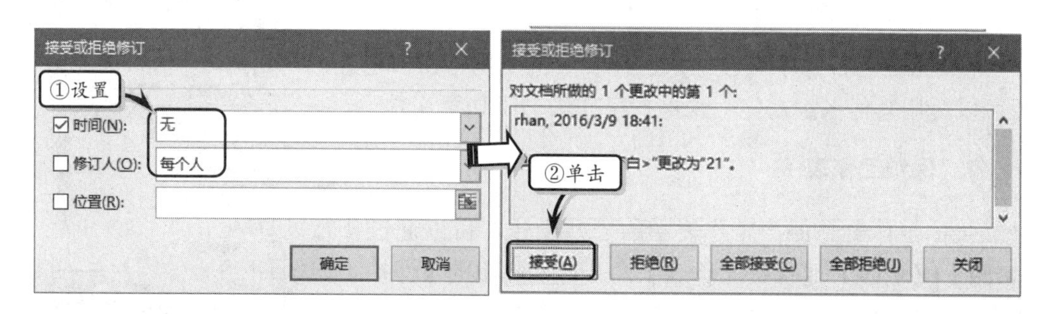

图 11-3 接受修订

提 示

可以通过禁用【共享工作簿】对话框中的【允许多用户同时编辑，同时允许工作簿合并】选项，来取消共享工作簿。

11.2 保护工作簿

在实际工作中，往往需要处理一些保密性的数据。此时，可以运用 Excel 中的保护工作簿功能，来保护工作簿、工作表或部分单元格，从而有效地防止数据被其他用户复制或更改。

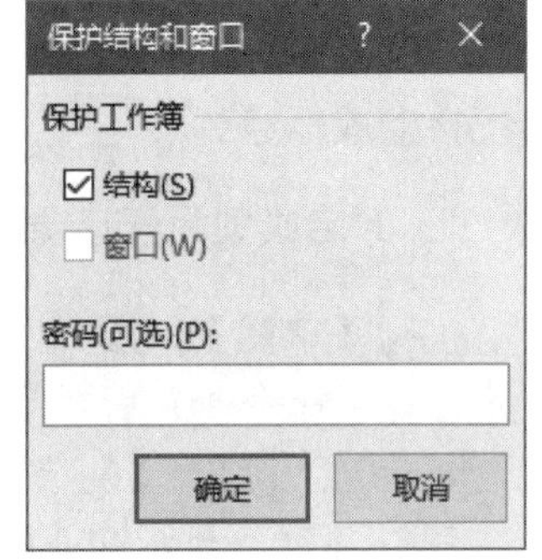

图 11-4 保护结构与窗口

11.2.1 保护结构与窗口

执行【审阅】|【更改】|【保护工作簿】命令，在弹出的【保护结构和窗口】对话框中选择需要保护的内容，输入密码即可保护工作表的结构和窗口，如图 11-4 所示。

【保护结构和窗口】对话框中包括下列三个选项。

（1）结构：启用该选项，可保持工作簿的现有格式。例如删除、移动、复制等操作均无效。

（2）窗口：启用该选项，可保持工作簿的当前窗口形式。

（3）密码：在此文本框中输入密码可防止未　权的用户取消工作簿的保护。

另外，当用户保护了工作簿的结构或窗口后，再次执行【审阅】|【更改】|【保护工作簿】命令，即可弹出【撤销工作簿保护】对话框，输入保护密码，单击【确定】按钮即可撤销保护，如图 11-5 所示。

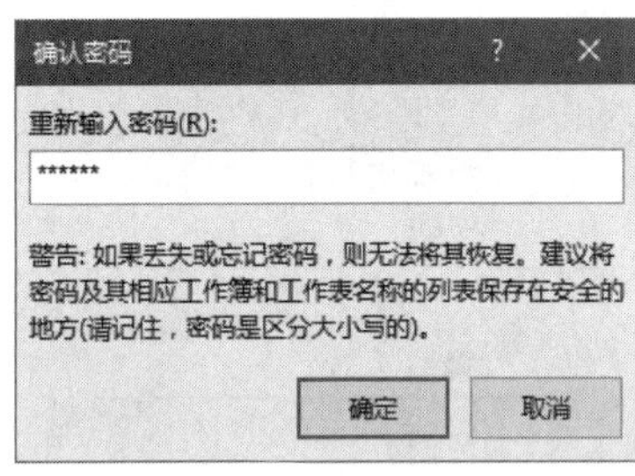

图 11-5 撤销工作簿保护

提　示

当工作簿处于共享的状态下，【保护工作簿】与【保护工作表】命令将为不可用状态。

11.2.2 保护工作簿文件

在 Excel 中，除了可以保护工作表中的结构与窗口之外，还可以运用其他保护功能，来保护工作表与工作簿文件。

1. 保护工作表

保护工作表是保护工作表中的一些操作，可以通过执行【审阅】|【更改】|【保护工作表】命令，在弹出的【保护工作表】对话框中启用所需保护的选项，并输入保护密码，如图 11-6 所示。

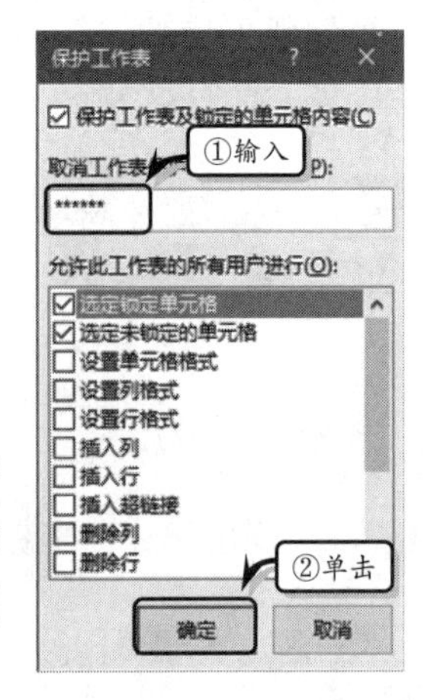

图 11-6 保护工作表

2. 保护工作簿文件

保护工作簿文件是通过为文件添加保护密码的方法，来保护工作簿文件。只需执行

【文件】|【另存为】命令，在弹出的【另存为】对话框中单击【工具】下拉按钮，选择【常规选项】选项，并输入打开权限与修改权限密码，如图 11-7 所示。

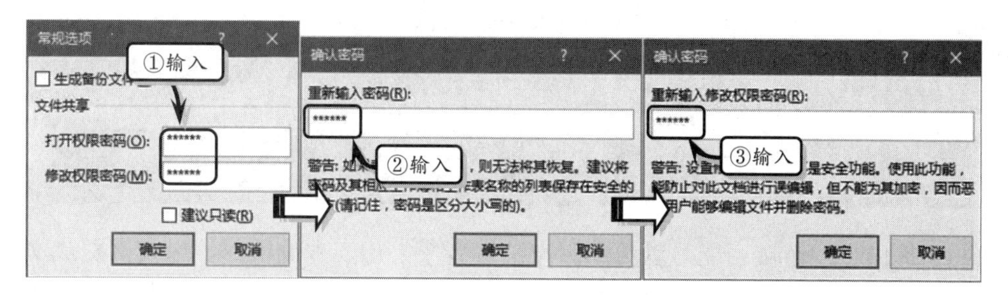

图 11-7 保护工作簿文件

提 示

对于新建工作簿或未保存过的工作簿，单击【快速访问工具栏】中的【保存】命令，即可弹出【另存为】对话框。

11.2.3 修复受损工作簿

在使用 Excel 时，经常会遇到已保存的文件无法打开，或打开后部分数据丢失，无法继续编辑等工作簿受损的情况。此时，可通过下列两种方法来修复受损的工作簿。

1. 直接修复法

当启用 Excel 工作簿，系统提示文件已损坏时，只需单击【快速工具栏】中的【打开】命令，在【打开】对话框中单击【打开】下拉按钮，选择【打开并修复】选项即可，如图 11-8 所示。

2. SYLK 符号链接法

当打开文件却发现部分数据丢失时，可以通过执行【文件】|【另存为】命令，在展开的【另存为】页面中选择保存位置。然后，在【另存为】对话框中，将【保存类型】设置为“SYLK（符号链接）”的格式，如图 11-9 所示。

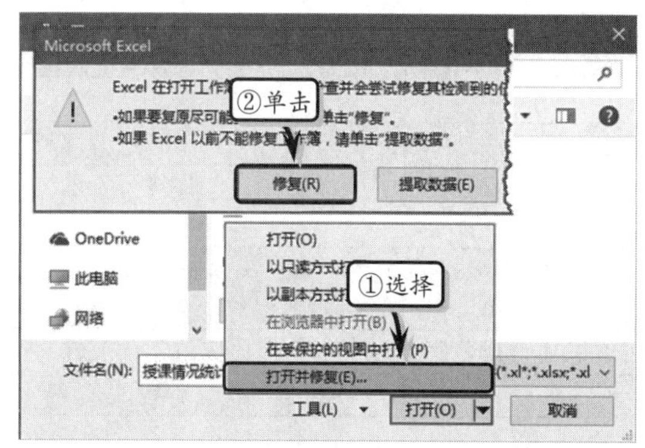

图 11-8 修复工作簿

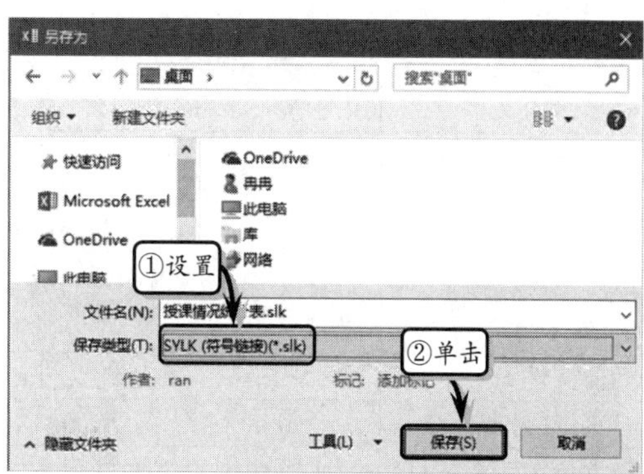

图 11-9 保存为符号链接类型的文件

然后，在保存文件的文件　中，双击打开以“SYLK（符号链接）”格式保存的 Excel 文件，即可显示修复后的 Excel 文件。

提　示

也可以使用 Excel Viewer 或 EasyRecovery 等第三方软件来修复受损的 Excel 文件。

11.3　链接工作表

Excel 还提供了超链接功能，以帮助用户链接多个工作表中的数据，以及网页或文件中的数据，从而解决了为结合不同工作簿中的数据而产生的需求，方便了数据的整理与统计。

11.3.1　使用超链接

内部链接是将多个不同类型的文件链接到工作簿中，适用于将多个工作簿或不同类型的文件集合在一个工作簿之中。可以通过执行【插入】|【链接】|【超链接】命令，来超链接新建文档、原有文件、网页与电子邮件地址。

1. 创建现有文件或网页的超链接

在工作表中选择需要插入链接的单元格，然后在【插入超链接】对话框中的【原有文件或网页】选项卡中设置相应的选项，即可链接本地硬盘中的文件与指定的网页，如图 11-10 所示。

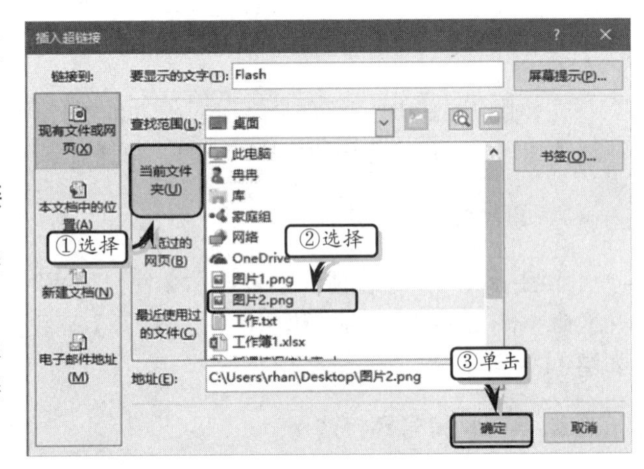

图 11-10　链接现有文件

【原有文件或网页】选项卡中各选项的功能如表 11-3 所示。

表 11-3　【原有文件或网页】选项功能

选　　项	功　　能
要显示的文字	用于显示表示超链接的文本
屏幕提示	可在【屏幕提示文字】对话框中设置指针悬停在超链接上时所显示的帮助信息
查找范围	用于查找文件与网页的位置。其中，按钮表示上一级文件　，按钮表示浏览文件，而按钮表示浏览 Web
书签	可在【在文档中选择位置】对话框中创建指向文件中或网页上特定位置的超链接
当前文件	用于选择需要链接的文件，可通过【查找范围】列表中的按钮更改当前文件
浏览过的网页	用于链接用户浏览过的网页
最近使用过的文件	用于链接用户浏览过的文件
地址	用于链接已知的文件或网页的名称与位置

提　示

在使用【书签】选项创建特定位置的超链接时，要链接的文件或网页必须具有书签。

2．创建工作簿内的超链接

在工作表中选择需要插入链接的单元格，然后在【本文档中的位置】选项卡中选择工作表并输入引用单元格的名称，即可链接同一工作簿中的工作表，如图 11-11 所示。

3．创建新文档中的超链接

在工作表中选择需要插入链接的单元格，然后在【新建文档】选项卡中设置新文件的名称与位置即可，如图 11-12 所示。

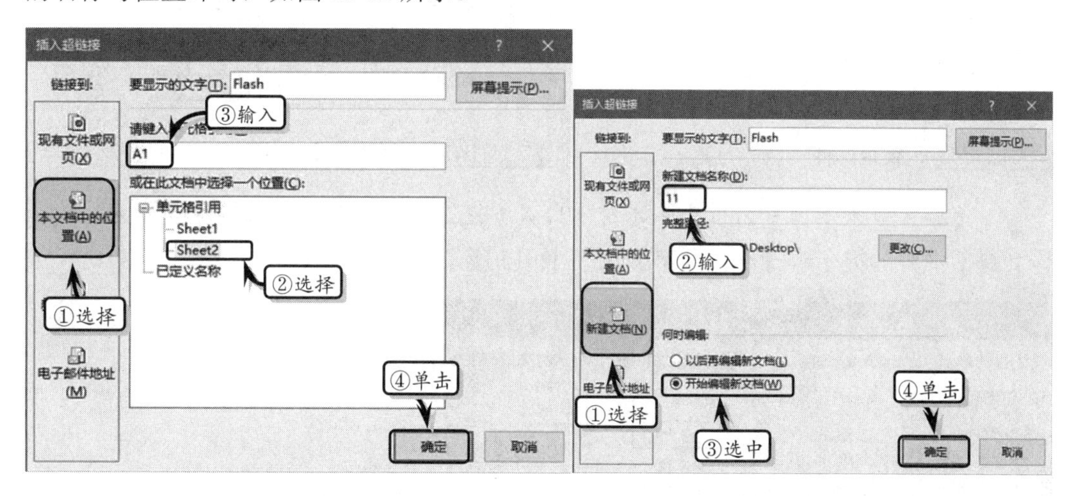

图11-11　链接本文档中的位置　　　　图11-12　链接新文档

另外，在【何时编辑】选项组中可以设置新文档的编辑时间。选中【以后再编辑新文档】选项时，系统将立即保存新建文档；而选中【开始编辑新文档】选项时，系统则会自动打开新建文档，以方便用户进行编辑操作。

提　示

可以单击【更改】按钮，来更改新文档的位置。

4．创建指向电子邮件的超链接

在工作表中选择需要插入链接的单元格，然后在【电子邮件地址】选项卡中设置电子邮件地址与主题即可，如图 11-13 所示。

11.3.2　使用外部链接

在 Excel 中，除了可以链接本文档中的文件以及邮件之外，还可以链接本工作簿之外的文本文件与网页，以帮助用户创建文本文件与网页的链接。

1. 通过文本创建

执行【数据】|【获取外部数据】|【自文件】命令，在弹出的对话框中选择需要导入的文本文件，单击【导入】按钮即可，如图 11-14 所示。

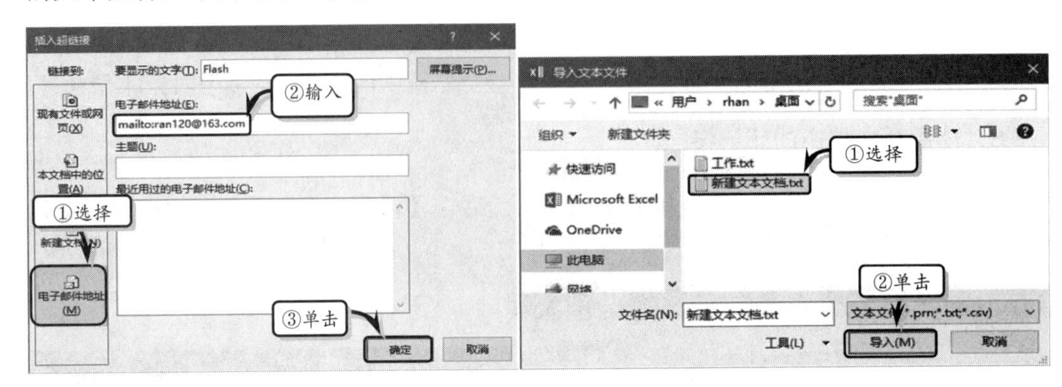

图 11-13 链接邮件

图 11-14 链接文本文件

在【导入文本文件】对话框中执行【导入】选项之后，用户只需根据【文本导入向导】对话框中的提示步骤操作即可，如图 11-15 所示。

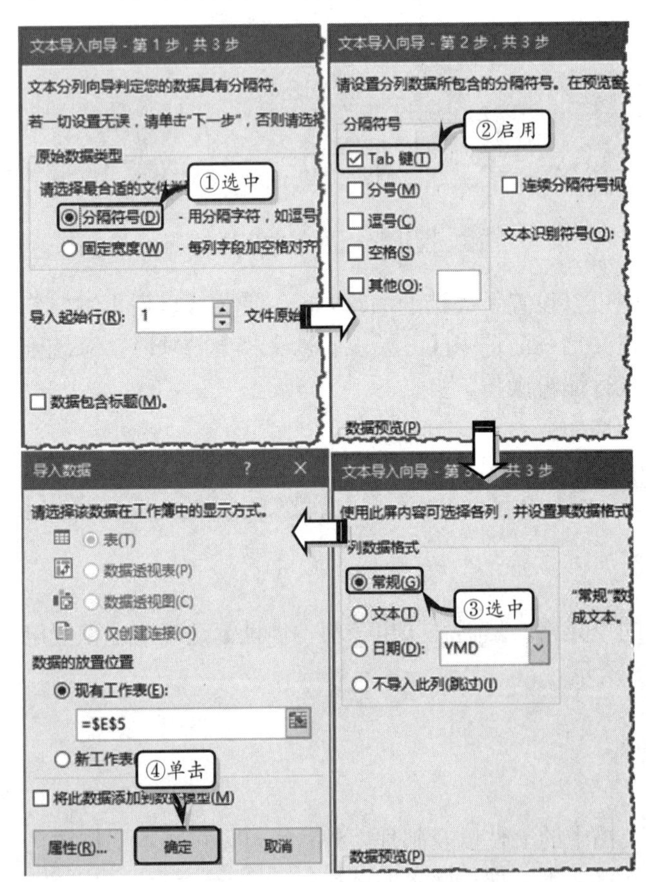

图 11-15 导入文件

2. 通过网页创建

在工作表中选择导入数据的单元格，执行【数据】|【获取外部数据】|【自网站】命令，在对话框中输入网站地址，选择相应的网页内容，单击【导入】按钮后选择放置位置，如图 11-16 所示。

3. 刷新外部数据

创建外部链接之后，还需要刷新外部数据，使工作表中的数据可以与外部数据保持一致，以便获得最新的数据。首先，打开含有外部数据的工作表，选择包含外部数据的单元格。然后，执行【数据】|【连接】|【全部刷新】|【刷新】命令，如图 11-17 所示。

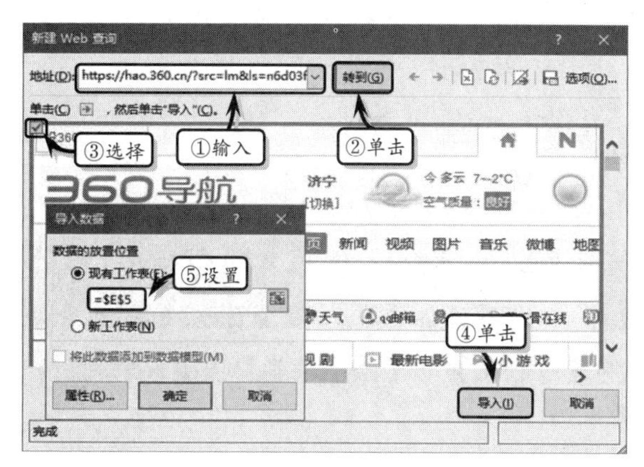

图11-16 创建网页链接

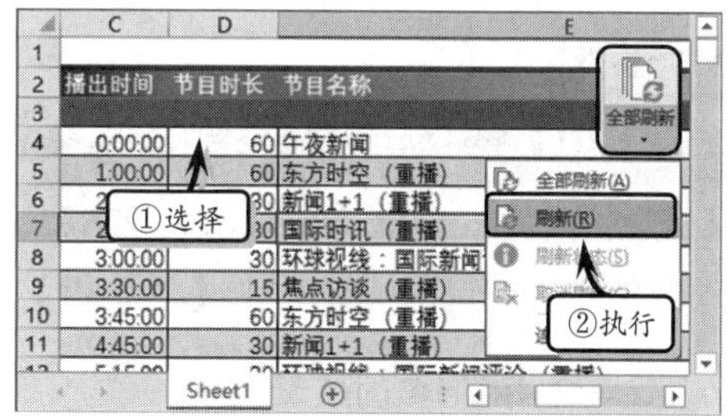

图11-17 刷新外部数据

另外，选择包含外部数据的单元格，执行【数据】|【连接】|【全部刷新】|【连接属性】命令，即可在【连接属性】对话框中设置刷新选项，如图 11-18 所示。

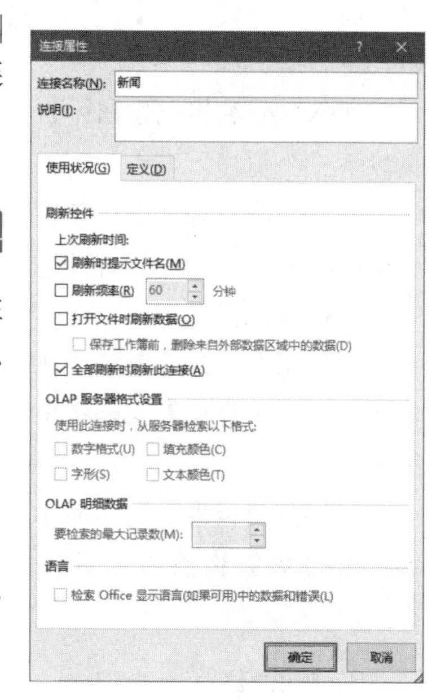

图11-18 设置连接属性

11.4 使用宏

Excel 提供了宏功能，用以帮助用户自动执行重复性的动作，也就是使常用任务自动化。通过使用宏，可以减少用户的工作步骤，提高工作效率。

11.4.1 创建宏

用户不仅可以在 Excel 中直接录制宏，而且还可以使用 VBA 编辑器来编写宏。另外，对于不再使用的宏，可以将其删除。

1. 录制宏

录制宏是利用宏录制器记录用户在工作表中的操作步骤，其功能区上的导航步骤不包括在录制过程中。

执行【开发工具】|【代码】|【录制宏】命令，弹出【录制宏】对话框。在【宏名】文本框中输入宏的名称，如图 11-19 所示。在工作表中进行一系列操作，最后执行【代码】选项组中的【停止录制】命令即可。

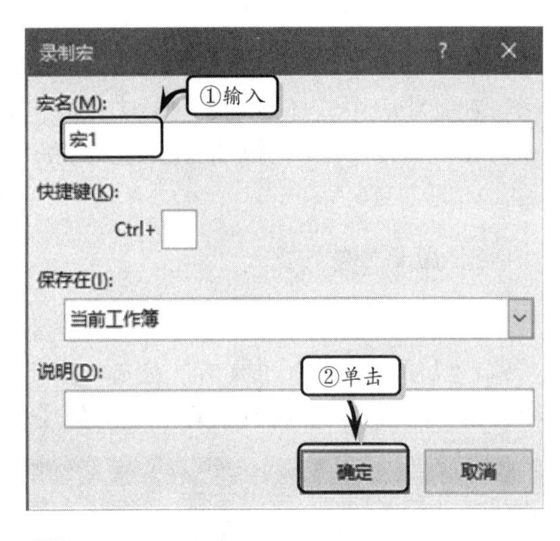

图11-19 录制宏

其中，在【录制宏】对话框中主要包含以下几个选项。

（1）宏名：用于输入新宏的名称。

（2）快捷键：用于设置运行宏的快捷键，以便运行时使用。

（3）保存在：用于设置宏的保存位置。

（4）说明：用于输入宏的相关说明信息。

提 示

宏名的第一个字符必须是字母，后面的字符可以是字母、数字或下划线字符。宏名中不能有空格。

另外，还可以通过单击【状态栏】中的【录制宏】与【停止录制】按钮来录制宏。

2. 使用 VBA 创建宏

除了录制宏的方法外，还可以使用 Visual Basic 编辑器编写自己的宏脚本。

执行【开发工具】|【代码】|Visual Basic 命令，在弹出的窗口中编写宏脚本，如图 11-20 所示。

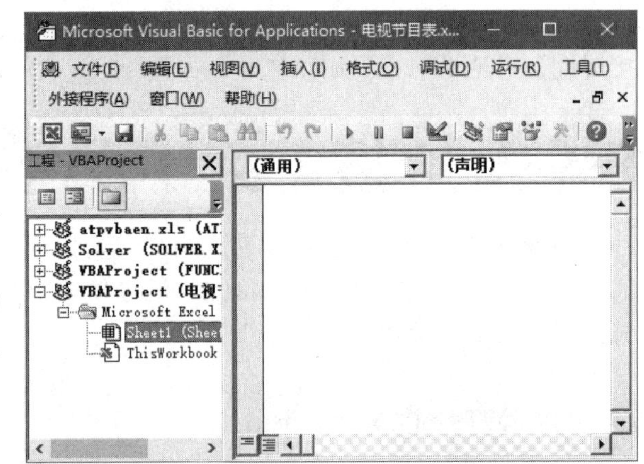

图11-20 VBA 窗口

在 VBA 编辑器窗口中，主要包括以下三个窗格。

（1）工程资源管理：该窗格列出应用程序中所有当前打开的项目，从中可以打开编辑器。

（2）属性：该窗格基于浏览和编辑【工程资源管理】窗格中所选对象的属性。

（3）模块编辑：用于显示宏的内容。通过该编辑器可以进行大量的工作。

3. 删除宏

在包含宏的工作簿中，执行【开发工具】|【代码】|【宏】命令，在【宏名】列表框中选择需要删除的宏，单击【删除】按钮即可，如图 11-21 所示。

11.4.2 宏的安全性

在使用宏之前，为保证宏的正常运行与保存，用户还需要设置宏的安全性。执行【开发工具】|【代码】|【宏安全性】命令，在弹出的【信任中心】对话框中进行宏设置，如图 11-22 所示。

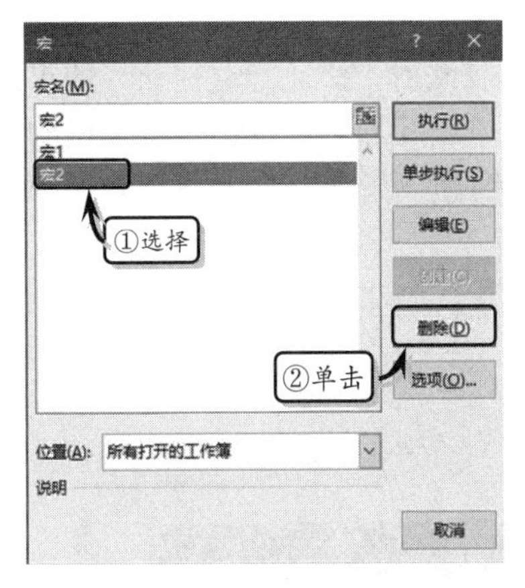

图 11-21 删除宏

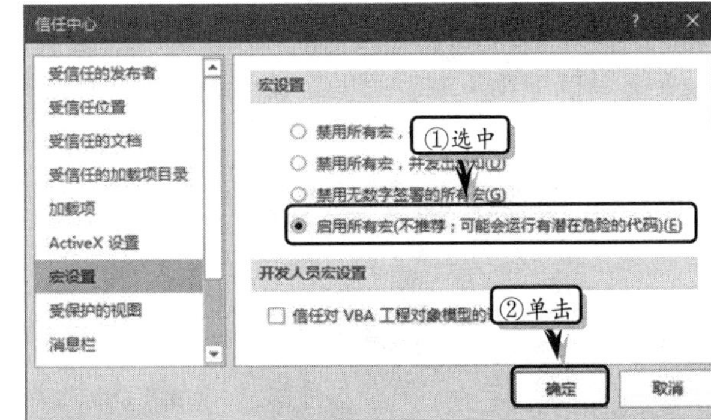

图 11-22 设置宏

在【信任中心】对话框中的【宏设置】选项卡中，主要包括 5 个选项。每个选项的具体含义如表 11-4 所示。

表 11-4 宏的安全选项

安 全 选 项	含 义
禁用所有宏，并且不通知	当用户不信任宏时，可启用该选项。文档中的所有宏，以及有关宏的安全警报都将被禁用。如果文档具有信任的未签名的宏，则可以将这些文档放在受信任位置
禁用所有宏，并发出通知	为默认设置。如果想禁用宏，但又希望在存在宏的时 收到安全警报，则应启用该选项。这样，可以根据具体情况选择何时启用这些宏
禁用无数字签署的所有宏	该选项与【禁用所有宏，并发出通知】选项相同，但下面这种情况除外：在宏已由受信任的发行者进行了数字签名时，如果用户信任发行者，则可以运行宏
启用所有宏（不推荐，可能会运行有潜在 的代码）	可以 时使用该选项，以便允许运行所有宏。由于启用该选项会使计算机容易受到 意代码的 击，所以不建议用户 使用该选项
信任对 VBA 工程对象模型的访问	该选项仅适用于开发人员

提 示

也可以执行【文件】|【选项】命令，激活【信任中心】选项卡，单击【信任中心设置】按钮，在【信任中心】对话框中的【宏设置】选项卡中设置宏的安全性。

11.4.3 运行宏

Excel 提供了对话框、快捷键与编辑器三种运行宏的方法。

1．对话框法

通过【宏】对话框来运行宏是常用的一种方法。执行【开发工具】|【代码】|【宏】命令，在弹出的【宏】对话框中选择需要运行的宏，单击【执行】按钮，如图 11-23 所示。

2．快捷键法

如果用户在录制宏时已设置了宏的执行快捷键，可直接使用该快捷键运行宏。如果在录制宏时未设置宏的执行快捷键，可在【宏】对话框中单击【选项】按钮。在弹出的【宏选项】对话框中指定运行宏的快捷键，并使用该快捷键运行宏，即可运行该宏，如图 11-24 所示。

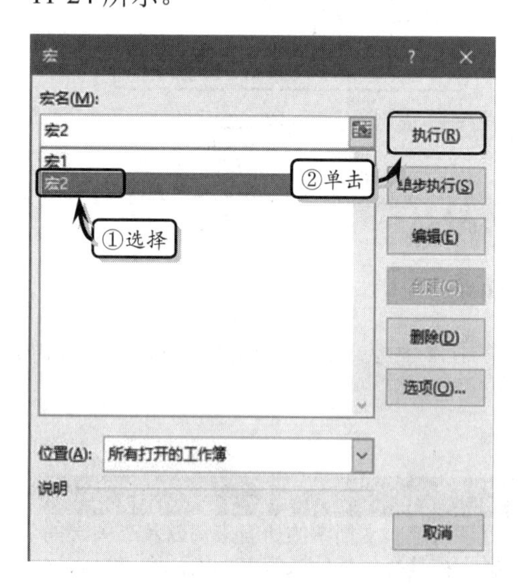

图11-23 对话框法运行宏

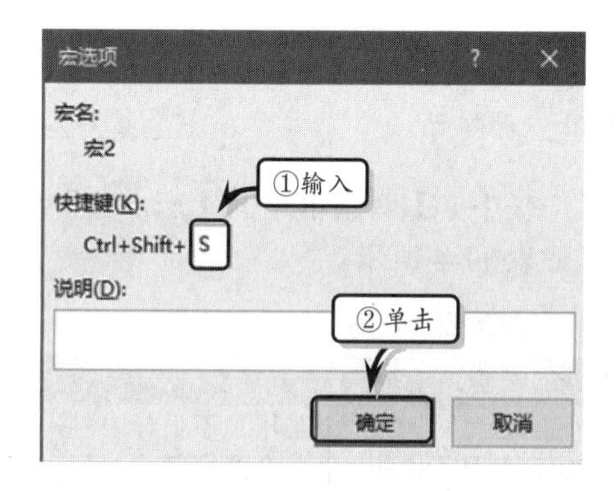

图11-24 指定宏快捷键

提　示

为宏设置快捷键之后，该快捷键将会直接覆盖 Excel 中默认的快捷键。

3．编辑器法

还可以在 VBA 编辑器窗口中执行【运行子过程/用户窗体】按钮▶，或者使用 F5 快捷键，来执行 VBA 代码，如图 11-25 所示。

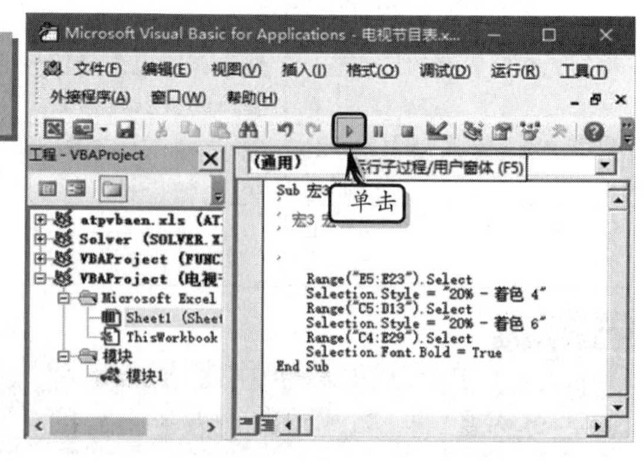

图11-25 运行宏

4．分配宏

在创建宏之后，可以将宏分配给按钮、形状、控件或图像等对象。选择工作表中的对象，右击对象执行【指定宏】命令，选择已录制的宏即可，如图 11-26 所示。

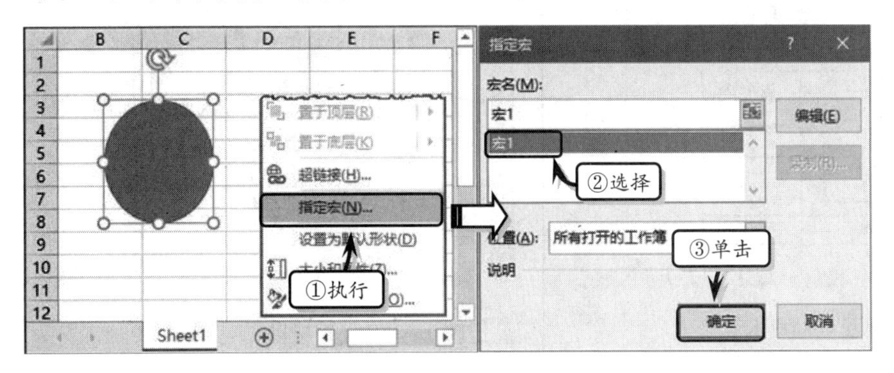

图11-26 分配宏

11.5 课堂练习：盈亏平衡分析图

盈亏平衡分析又称为量本利分析，主要用来显示成本、销售收入和销售数量之间的相互性。可通过盈亏平衡分析图，分析数据的盈亏变化情况。在本练习中，将运用 Excel 中的散点图、公式和函数，以及设置图表格式等功能，来制作一份盈亏平衡分析图，如图 11-27 所示。

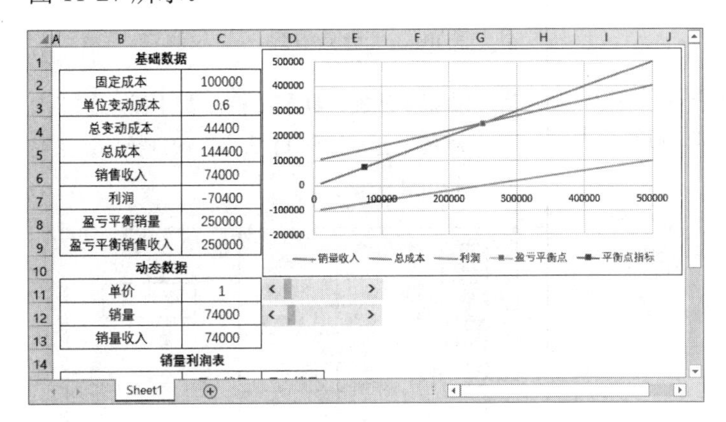

图11-27 盈亏平衡分析图

操作步骤

1. 制作基础数据表。合并相应的单元格区域，输入基础数据，并设置数据区域的对齐和边框格式，如图 11-28 所示。
2. 选择单元格 C4，在编辑栏中输入计算公式，按 Enter 键返回总变动成本值，如图 11-29 所示。
3. 选择单元格 C5，在编辑栏中输入计算公式，按Enter键返回计算结果，如图 11-30 所示。用同样的方法计算其他数据。

基础数据	
固定成本	100000
单位变动成本	0.6
总变动成本	
总成本	
销售收入	
利润	
盈亏平衡销量	
盈亏平衡销售收入	

图11-28 制作基础数据

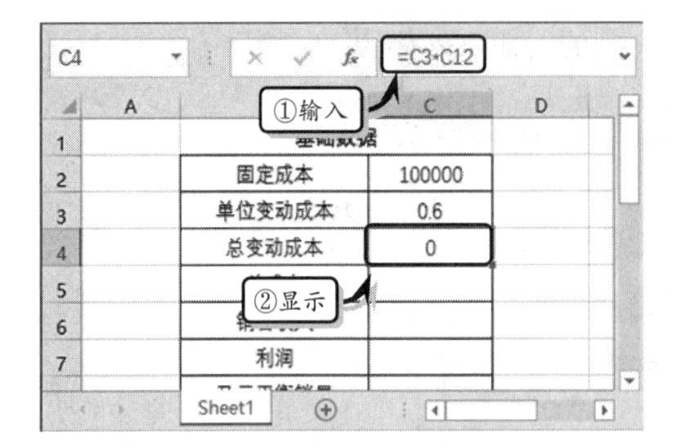

图11-29 计算总变动成本

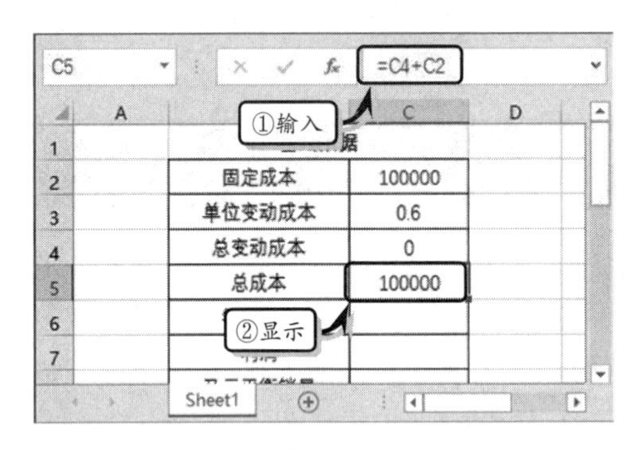

图11-30 计算总成本

4 制作动态数据表。合并相应的单元格区域，输入基础数据，并设置数据区域的对齐和边框格式，如图 11–31 所示。

	A	B	C	D
6		销售收入	0	
7		利润	-100000	
8		盈亏平衡销量	-166667	
9		盈亏平衡销售收入	0	
10		动态数据		
11		单价		1
12		销量		60
13		销量收入		
14				

图11-31 制作动态数据表

5 选择单元格 C11，在编辑栏中输入计算公式，按 Enter 键返回计算结果，如图 11–32 所示。

6 选择单元格 C12，在编辑栏中输入计算公式，按 Enter 键返回计算结果，如图 11–33 所示。使用同样的方法计算销量收入值。

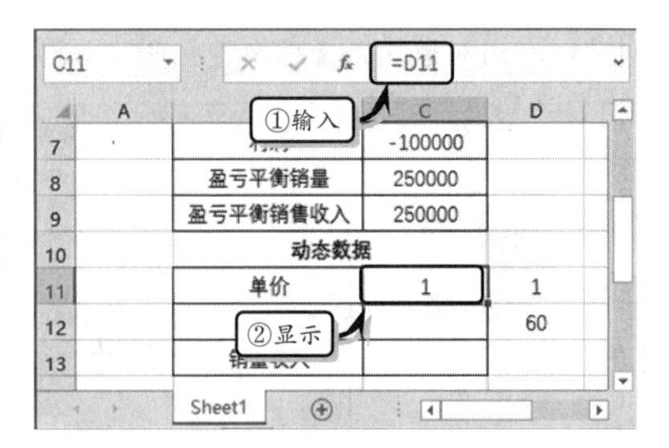

图11-32 计算单价

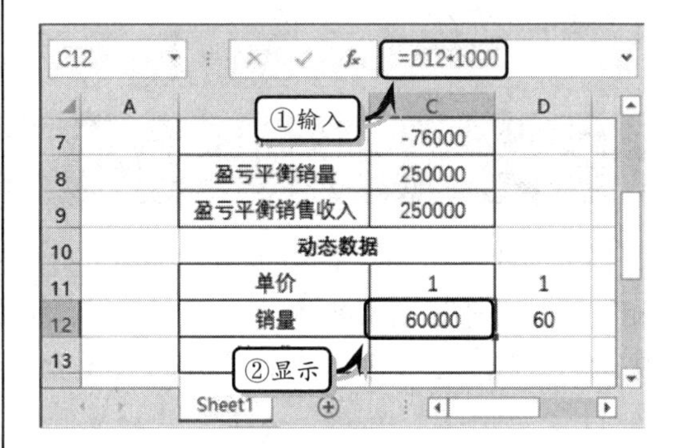

图11-33 计算销售

7 执行【开发工具】|【控件】|【插入】|【滚动条（窗体控件）】命令，绘制控件，如图 11–34 所示。

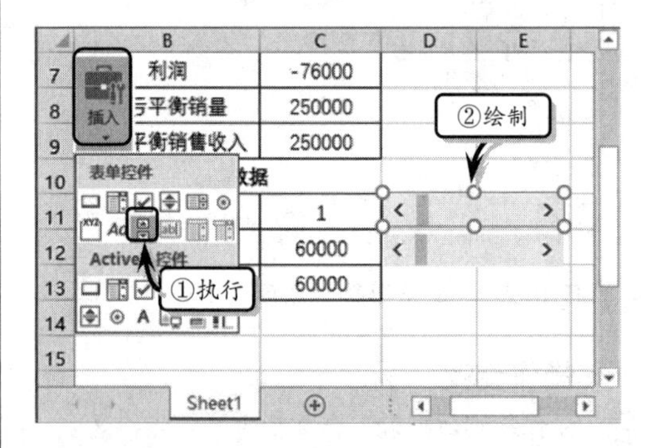

图11-34 添加控件

8 右击控件执行【设置控件格式】命令，在弹出的对话框中设置链接单元格。使用同样的方法设置另外一个控件的链接单元格，如图 11–35 所示。

9 制作销量利润表。合并相应的单元格区域，输入基础数据，并设置数据区域的对齐和边框格式，如图 11-36 所示。

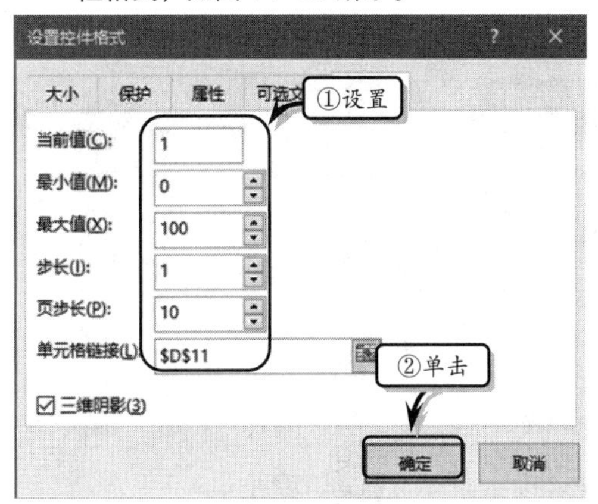

图 11-35 设置控件格式

	A	B	C	D	E
12		销量	6000		
13		销量收入	6000		
14		销量利润表			
15			最小销量	最大销量	
16		销量	10000	500000	
17		销量收入			
18		总成本			
19		利润			
20					

图 11-36 制作销量利润表

10 选择单元格 C17，在编辑栏中输入计算公式，按 Enter 键返回计算结果，如图 11-37 所示。

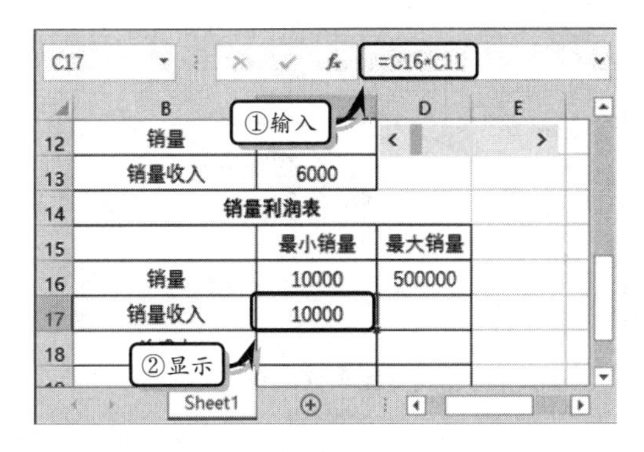

图 11-37 计算数据

11 制作图表。选择单元格区域 B16:D19，插入一个带平滑线的散点图，并删除图表标题，如图 11-38 所示。

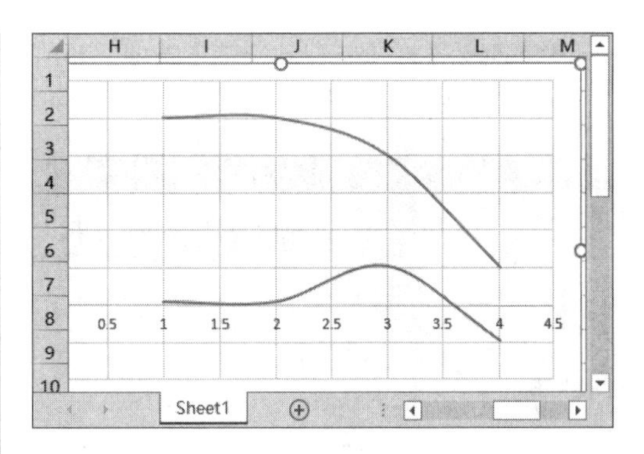

图 11-38 插入散点图

12 选择图表，执行【设计】|【数据】|【切换行/列】命令。切换行/列显示方式，使横向坐标轴中的刻度与纵向坐标轴的一致，如图 11-39 所示。

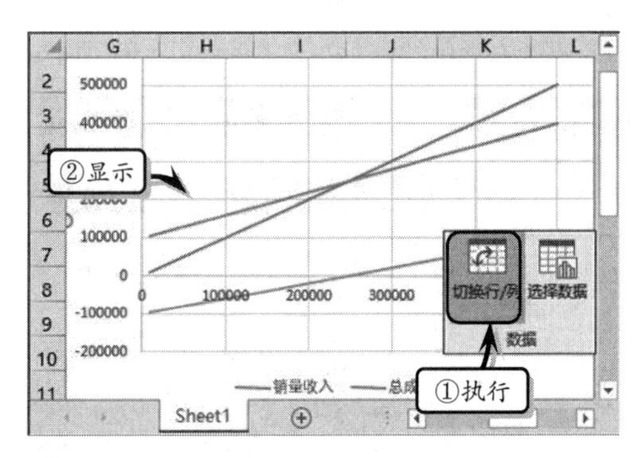

图 11-39 切换行/列显示

13 双击“水平（值）轴”，将【最大值】设置为 50 000。使用同样的方法设置“垂直（值）轴”的最大值，如图 11-40 所示。

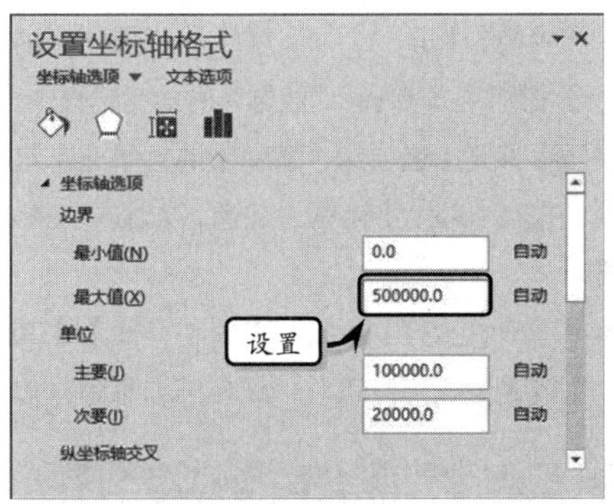

图 11-40 设置坐标轴格式

14 执行【设计】|【数据】|【选择数据】命令，单击【添加】按钮，设置【系列名称】、【X

轴系列值】和【Y 轴系列值】选项，如图 11-41 所示。

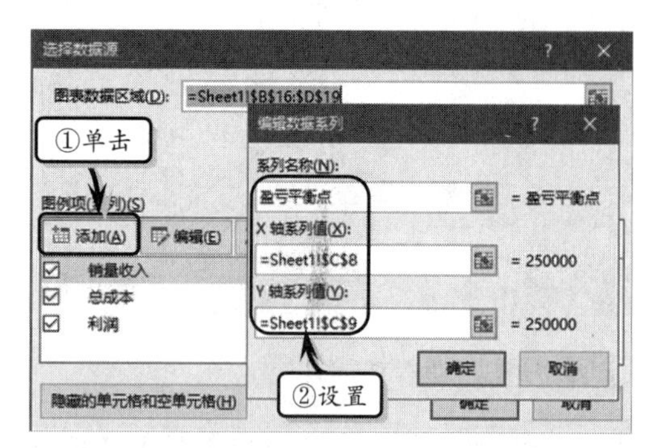

图 11-41 【选择数据源】对话框

15 在【选项数据源】对话框中，再次单击【添加】按钮，设置【系列名称】、【X 轴系列值】和【Y 轴系列值】选项，如图 11-42 所示。

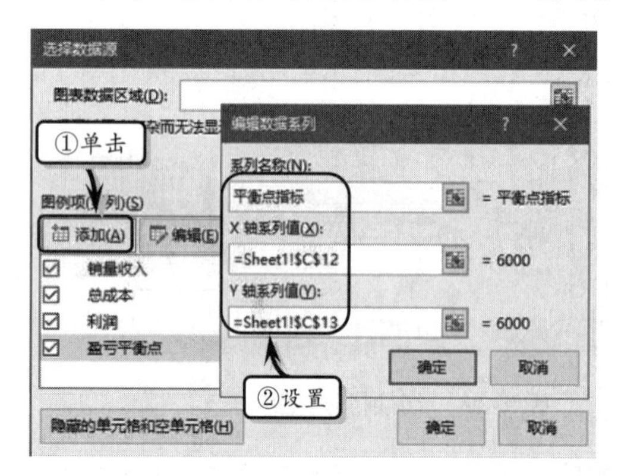

图 11-42 添加数据系列

16 双击“盈亏平衡点”数据系列，设置标记类型和颜色，如图 11-43 所示。使用同样的方法设置“平衡点指标”数据系列的标记样式。

17 展开【填充】选项组，选中【纯色填充】选项，并将【颜色】设置为红色，如图 11-44 所示。

18 选择图表，执行【格式】|【形状样式】|【其他】|【彩色轮廓-黑色，深色 1】命令，如图 11-45 所示。

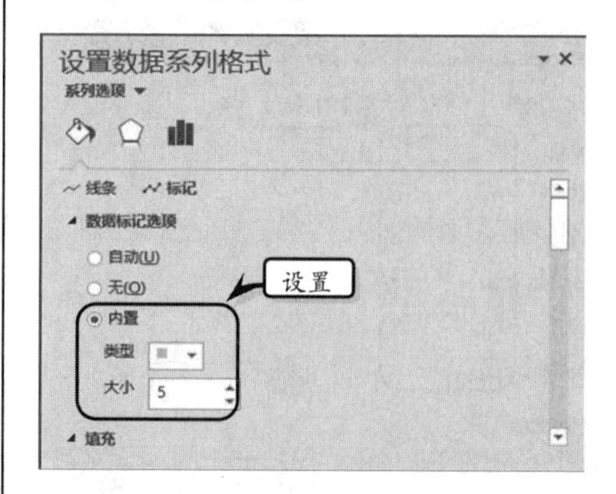

图 11-43 设置数据标记样式

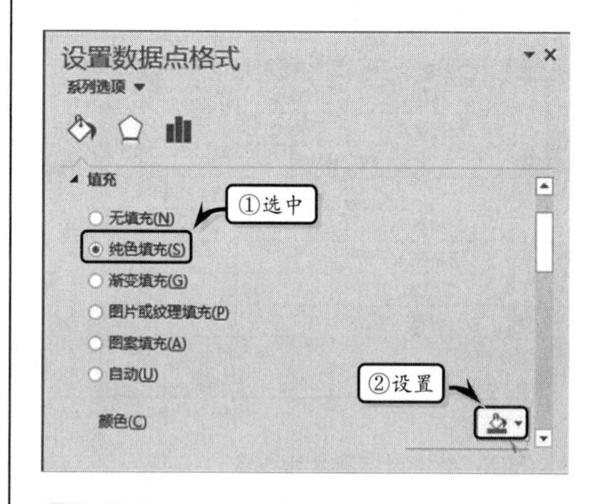

图 11-44 设置填充颜色

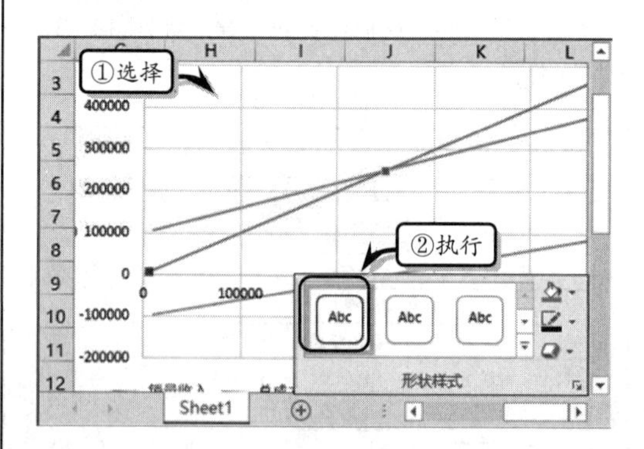

图 11-45 设置图表轮廓样式

11.6 课堂练习：筹资决策分析模型

筹资决策分析是指企业对各种筹资方式的还款计划进行比较分析，使企业资金达到最优结构的一种过程。在本练习中，将利用函数、设置单元格格式及控件等功能，来制

作一份比较等额 还与等额本金还款计划的筹资决策分析模型，如图 11-46 所示。

筹资决策分析模型									
等额摊还法分析模型					等额本金法分析模型				
借款金额	800000				借款金额	800000			
借款期限	5				借款期限	5			
借款年利率	4.50%				借款年利率	4.50%			
期数	年偿还额	支付利息	偿还本金	剩余本金	期数	年偿还额	支付利息	偿还本金	剩余本金
总计	911166.558	111166.56	800000		总计	908000	108000	800000	
0				800000	0				800000
1	182233.312	36000	146233.31	653766.69	1	196000	36000	160000	640000
2	182233.312	29419.501	152813.81	500952.88	2	188800	28800	160000	480000
3	182233.312	22542.879	159690.43	341262.45	3	181600	21600	160000	320000
4	182233.312	15356.81	166876.5	174385.94	4	174400	14400	160000	160000

图11-46 筹资决策分析模型

操作步骤

1 等额摊还法分析模型。制作总标题，在 A~E 列中输入标题文本、基本数据表及分析内容，如图 11-47 所示。

筹资决策				
等额摊还法分析模型				
借款金额	800000			
借款期限	5			
借款年利率	4.50%			
期数	年偿还额	支付利息	偿还本金	剩余本金
总计				

图11-47 制作基础数据

2 设置“等额摊还法分析模型”表格的对齐方式与边框格式，如图 11-48 所示。

筹资决策				
等额摊还法分析模型				
借款金额	800000			
借款期限	5			
借款年利率	4.50%			
期数	年偿还额	支付利息	偿还本金	剩余本金
总计				

图11-48 设置边框格式

3 选择单元格 B8，在编辑栏中输入求和公式，按Enter键返回计算结果，如图 11-49 所示。使用同样的方法计算其他合计值。

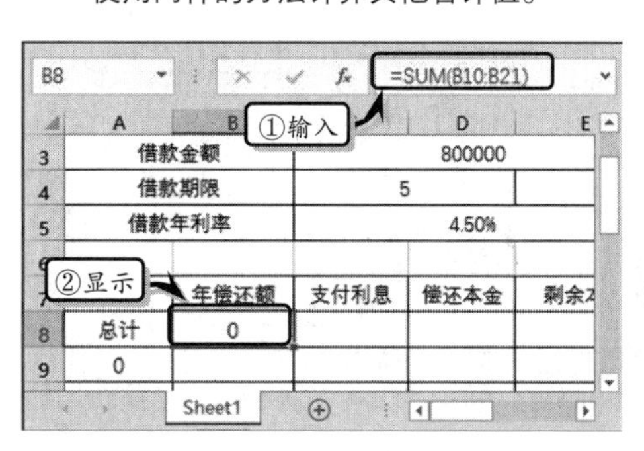

图11-49 计算总计额

4 选择单元格 E9，在编辑栏中输入计算公式，按 Enter 键返回期初剩余本金额，如图 11-50 所示。

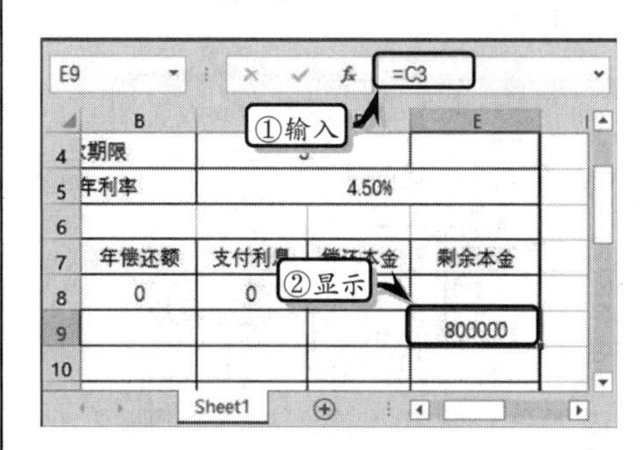

图11-50 计算期初剩余本金

5 选择单元格 A10，在编辑栏中输入计算公式，按 Enter 键返回期数值，如图 11-51 所示。使用同样的方法计算其他期数值。

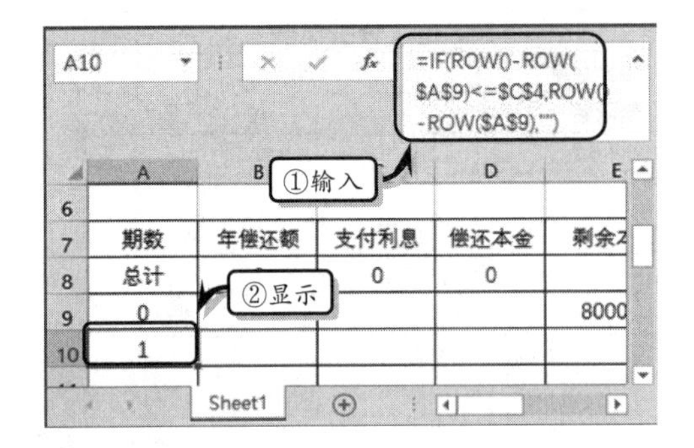

图11-51 计算期数

6 选择单元格 B10，在编辑栏中输入计算公式，按 Enter 键返回第一年的偿还额，如图 11-52 所示。使用同样的方法计算其他偿还额。

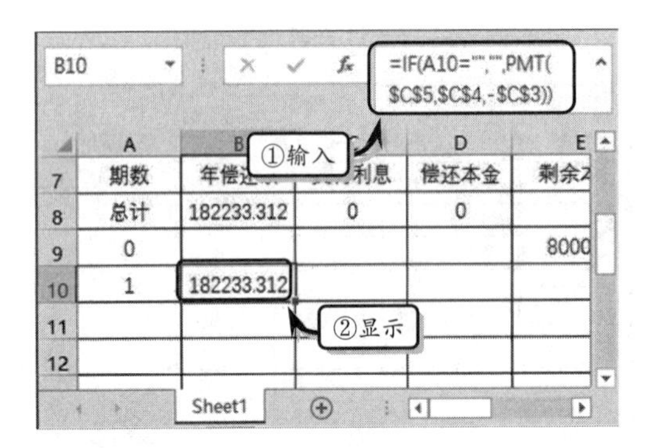

图11-52 计算年偿还额

7 选择单元格 C10，在编辑栏中输入计算公式，按 Enter 键返回第一年的支付利息额，如图 11-53 所示。使用同样的方法计算其他利息额。

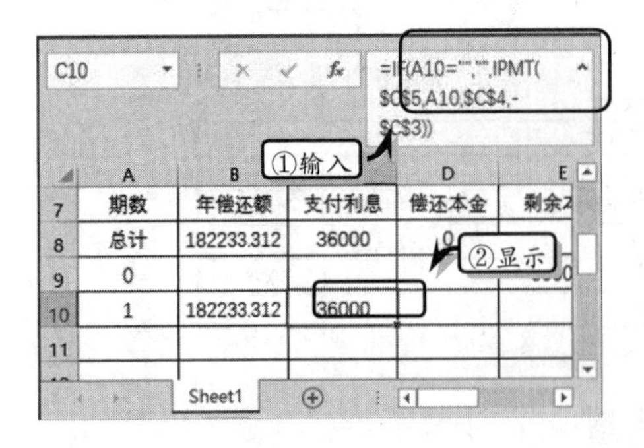

图11-53 计算支付利息额

8 选择单元格 D10，在编辑栏中输入计算公式，按 Enter 键返回第一年的偿还本金额，如图 11-54 所示。使用同样的方法计算其他偿还本金。

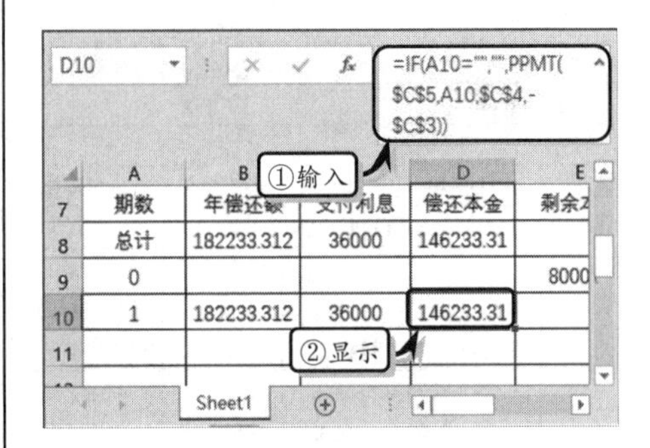

图11-54 计算偿还本金

9 选择单元格 E10，在编辑栏中输入计算公式，按 Enter 键返回第一年的剩余本金额，如图 11-55 所示。使用同样的方法计算其他剩余本金。

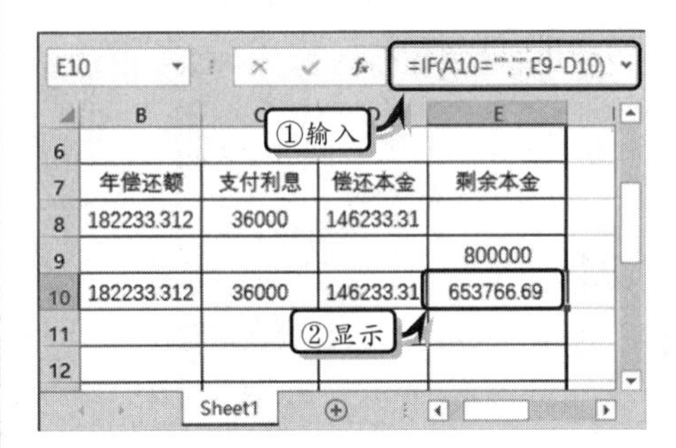

图11-55 计算剩余本金

10 执行【开发工具】|【控件】|【插入】|【滚动条（窗体控件）】命令，在工作表中绘制控件，如图 11-56 所示。

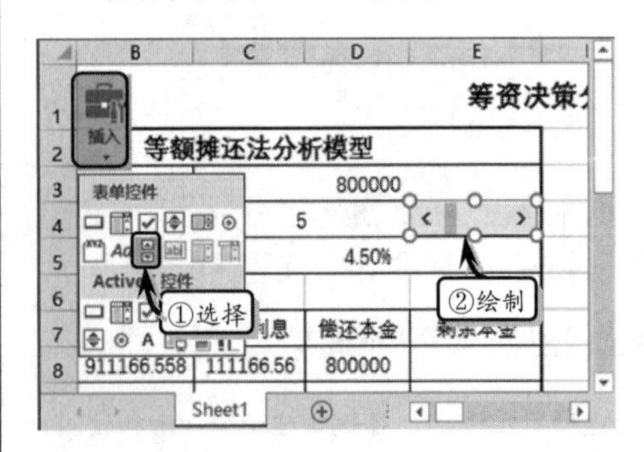

图11-56 添加控件

11 右击控件执行【设置控件格式】命令，在弹出的对话框中设置控件的各选项，如图 11-57 所示。

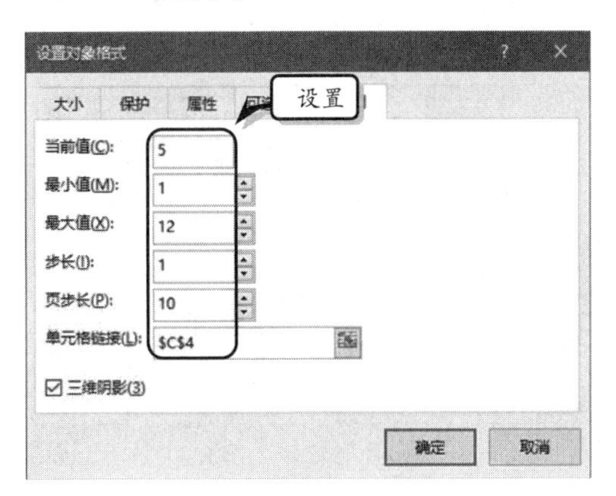

图11-57 设置控件参数

12 等额本金法分析模型。在工作表的 G~K 列中，输入标题、基本数据表及分析内容，如图 11-58 所示。

	G	H	I	J
1	分析模型			
2	等额本金法分析模型			
3	借款金额		800000	
4	借款期限		5	
5	借款年利率		4.50%	
6				
7	期数	年偿还额	支付利息	偿还本金
8	总计			

图11-58 制作基础数据

13 设置“等额本金法分析模型”表格的对齐方式与边框格式，如图 11-59 所示。

	G	H	I	J
2	等额本金法分析模型			
3	借款金额		800000	
4	借款期限		5	
5	借款年利率		4.50%	
6				
7	期数	年偿还额	支付利息	偿还本金
8	总计			
9	0			
10				

图11-59 设置边框格式

14 选择单元格 H8，在编辑栏中输入计算公式，按 Enter 键返回第一年的年偿还额，如图 11-60 所示。使用同样的方法计算其他年偿还额。

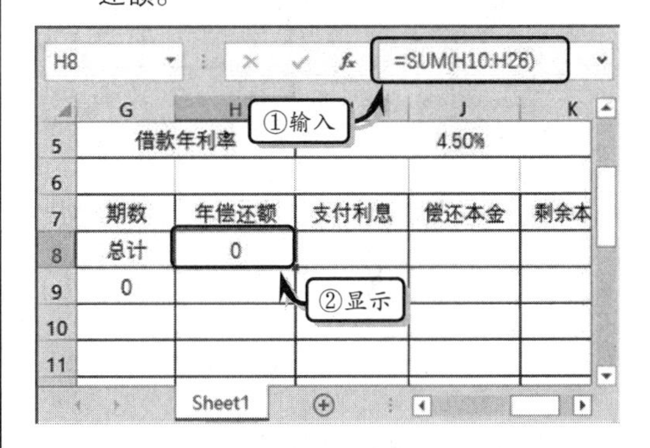

图11-60 计算总计值

15 选择单元格 K9，在编辑栏中输入计算公式，按 Enter 键返回期初剩余本金，如图 11-61 所示。

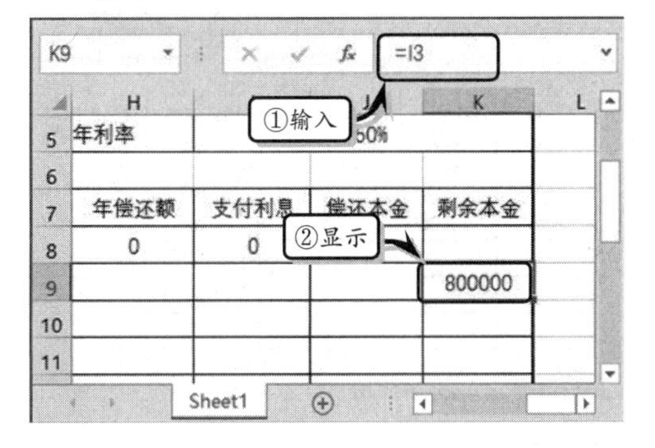

图11-61 计算期初剩余本金

16 选择单元格 G10，在编辑栏中输入计算公式，按 Enter 键返回期数值，如图 11-62 所示。使用同样的方法计算其他期数值。

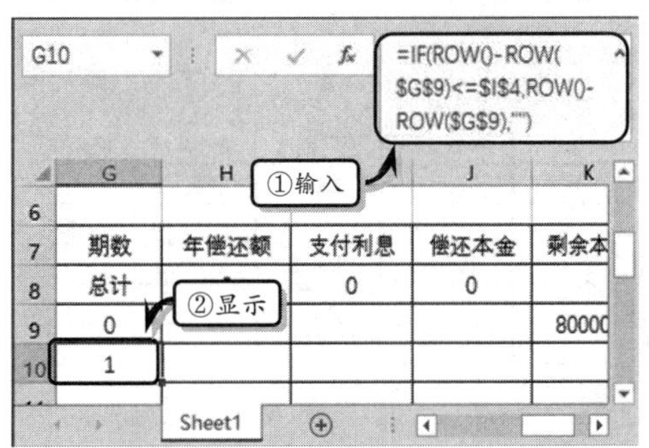

图11-62 计算期数

17 选择单元格 H10，在编辑栏中输入计算公式，按 Enter 键返回年偿还额，如图 11-63 所示。使用同样的方法计算其他年偿还额。

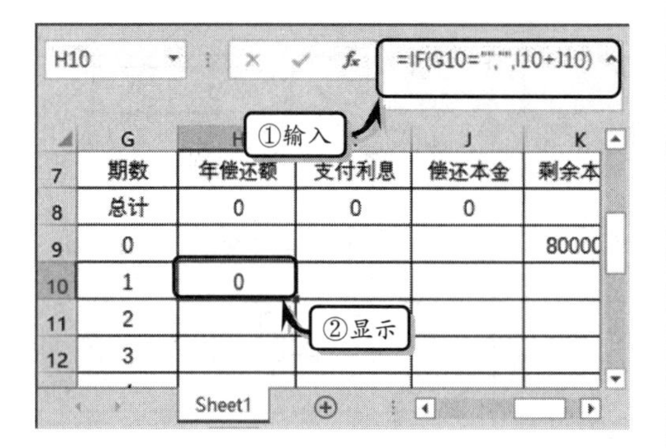

图11-63 计算年年偿还额

18 选择单元格 I10，在编辑栏中输入计算公式，按 Enter 键返回支付利息额，如图 11-64 所示。使用同样的方法计算其他支付利息额。

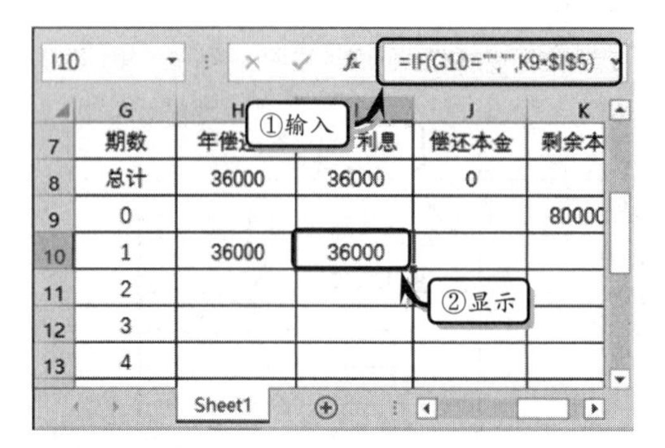

图11-64 计算支付利息

19 选择单元格 J10，在编辑栏中输入计算公式，按 Enter 键返回偿还本金额，如图 11-65 所示。使用同样的方法计算其他偿还本金。

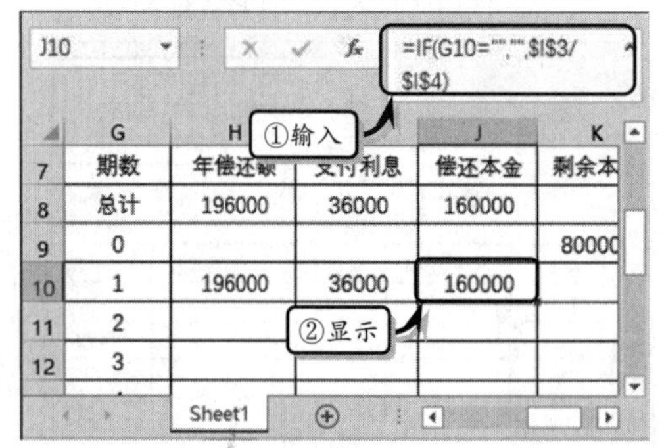

图11-65 计算偿还本金

20 选择单元格 K10，在编辑栏中输入计算公式，按 Enter 键返回第一年的剩余本金额，如图 11-66 所示。使用同样的方法计算其他剩余本金。

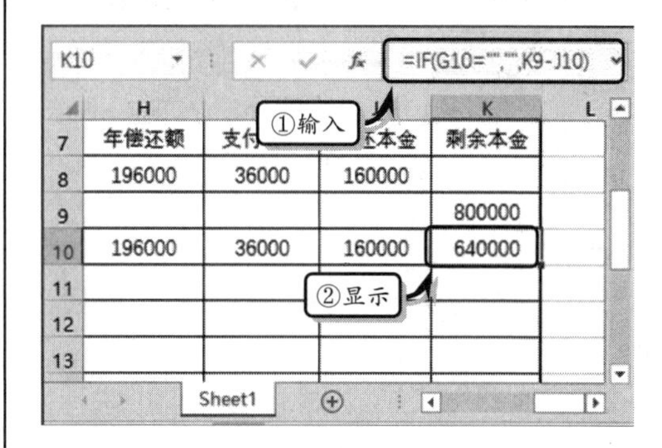

图11-66 计算剩余本金

21 执行【开发工具】|【控件】|【插入】|【滚动条（窗体控件）】命令，在工作表中绘制控件，如图 11-67 所示。

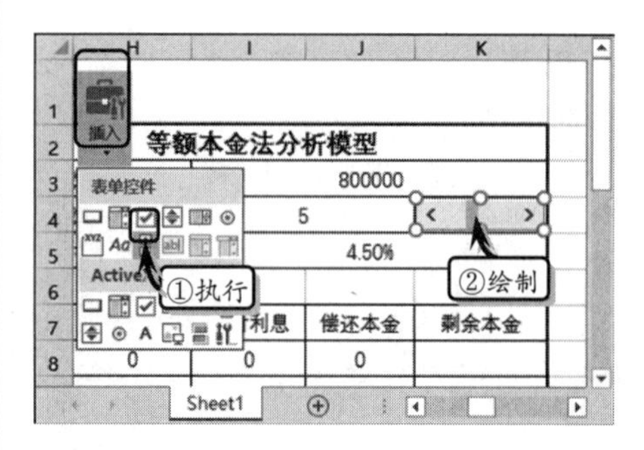

图11-67 添加控件

22 右击控件执行【设置控件格式】命令，在弹出的对话框中设置控件的各选项，如图 11-68 所示。

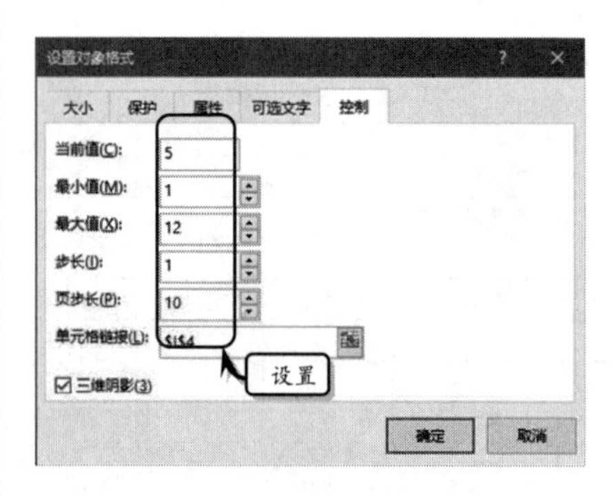

图11-68 设置控件格式

11.7 思考与练习

一、填空题

1．当创建共享工作簿后，可以通过禁用__________对话框中的【允许用户同时编辑，同时允许工作簿合并】选项，来取消共享工作簿。

2．当工作簿处于__________状态下，【更改】选项组中的【保护工作簿】与【保护工作表】命令将不可用。

3．当启用 Excel 工作簿系统提示文件已损坏时，可直接在__________对话框中，单击【打开】按钮，选择__________选项，来修复工作簿。

4．当打开文件发现部分数据丢失时，可以执行【文件】|【另存为】命令，将【保存类型】设置为"____________________"格式。

5．在 Excel 中，还可以为工作簿链接新建文件、__________、__________与电子邮件。

6．在刷新数据时，如果数据来自文件，系统则会弹出__________对话框，在该对话框中选择的文件必须是导入源的文件。

7．录制宏是利用宏录制器记录用户在工作表中的操作步骤，其____________________不包括在录制过程中。

8. 宏名字的第一个字符必须是__________，后面的字符可以是字母、数字或下划线字符，并且宏名字中不能存在__________。

9．在创建宏之后，用户可以将宏分配给__________、__________、__________或__________等 Excel 对象。

二、选择题

1．在 Excel 中保护工作簿的结构与窗口时，下列描述错误的是________。

A．启用【结构】复选框，可以保持工作簿的当前窗口形式

B．启用【窗口】复选框，可以保持工作簿的当前窗口形式

C．启用【结构】复选框，可以保持工作簿的现有格式

D．【启用窗口】复选框，可以保存工作簿当前的窗口形式

2．在遇到受损的工作簿时，通常可以使用________与________方法，来修复它。

A．打开并修复

B．SYLK（符号链接）

C．打开

D．直接修复

3．下列对象，不可以链接到 Excel 工作簿的是________。

A．网页

B．文本文件

C．电子邮件

D．电子书籍

4．Excel 为用户准备了录制与运行宏的功能，在下列描述中，不属于运行宏操作的是________。

A．在【宏】对话框中，单击【执行】按钮

B．在 VBA 窗口中，执行【运行子过程/用户窗体】按钮

C．在 VBA 窗口中，按 F5 键运行宏

D．在工作簿中，右击对象执行【指定宏】命令

5．共享工作簿之后，用户可通过________操作来显示修订。

A．执行【审阅】|【更改】|【修订】|【接受/拒绝修订】命令

B．执行【审阅】|【更改】|【修订】|【突出显示修订】命令

C．执行【审阅】|【更改】|【共享工作簿】命令

D．执行【审阅】|【更改】|【共享工作表】命令

6. 在创建工作簿的超链接时，下列描述正确的是________。

A. 在【插入超链接】对话框中的【原有文件或网页】选项卡中，设置相应的选项，即可链接本地硬盘中的文件与指定的网页

B. 在【本文档中的位置】选项卡中，选择工作表并输入引用单元格的名称，即可链接本地硬盘中的文件与指定的网页

C. 在【本文档中的位置】选项卡中，设置电子邮件的地址与主题，即可链接本地硬盘中的文件与指定的网页

D. 在【本文档中的位置】选项卡中，设置新文件的名称与位置，即可链接本地硬盘中的文件与指定的网页

7. 在 Excel 中，除了可以运用【超链接】功能链接文本文件、当前文件与电子地址之外，还可以链接________。

A. 网页

B. 音

C. 视频

D. 图片

三、问答题

1. 简述创建共享工作簿的操作步骤。

2. 一般情况下，用户可通过哪几种方法来修复受损的文件？

3. 如何创建与运行宏？

四、上机练习

1. 创建宏

在本练习中，将运用 Excel 创建宏功能，来记录设置表格格式的宏操作，如图 11-69 所示。首先，执行【开发工具】|【代码】|【录制宏】命令。在弹出的【录制宏】对话框中设置宏名，并单击【确定】按钮。然后，设置工作表的行高，输入基础数据，并设置数据区域的美化格式。最后，执行【开发工具】|【代码】|【停止录制】命令即可。

序号	地域	商品	销售金额	成本额	利润额
1	北京	产品A	200000	120000	80000
2	上海	产品B	210000	126000	84000
3	大连	产品C	190000	114000	76000
4	沈阳	产品A	180000	108000	72000
5	青岛	产品B	210000	126000	84000
6	深圳	产品D	110000	66000	44000
7	济南	产品E	140000	84000	56000
8	安徽	产品C	120000	72000	48000
9	徐州	产品D	180000	108000	72000
10	泰安	产品A	160000	96000	64000

图11-69 创建宏

2. 共享工作簿

在本练习中，将运用共享工作簿的功能共享指定的工作簿，如图 11-70 所示。首先，打开需要共享的工作簿。执行【审阅】|【更改】|【共享工作簿】命令，启用【允许多用户同时编辑，同时允许工作簿合并】复选框。单击【确定】按钮，并单击【是】按钮。然后，执行【审阅】|【更改】|【修订】|【突出显示修订】命令，在弹出的【突出显示修订】对话框中，启用【编辑时跟踪修订信息，同时共享工作簿】复选框，并设置修订选项。最后，执行【审阅】|【更改】|【修订】|【接受/拒绝修订】命令即可。

销售业绩分配表

年龄	部门	业绩额	提成额	绩效奖金	应发提成
31	销售部	120000	2400	0	2400
29	销售部	201000	6030	603	6633
31	销售部	150000	3750	375	4125
33	销售部	230000	6900	690	7590
39	销售部	260000	7800	780	8580
27	销售部	210200	6306	630.6	6936.6
33	销售部	300000	15000	3000	18000
32	销售部	310000	15500	3100	18600

图11-70 设置排练计时

第 12 章

PowerPoint 2016 基础操作

PowerPoint 是 Office 软件中专门用于制作演示文档的组件，它拥有强大的文字、多媒体、表格、图像等对象功能，不仅可以制作出集文字、图形、图像与声音等多媒体于一体的演示文稿，而且还可以将用户所表达的信息以图文并茂的形式展现出来，从而达到最佳的演示效果。在运用 PowerPoint 制作美观的演示文档之前，还需要先学习并掌握 PowerPoint 的工作界面、创建与保存演示文档等基础操作，为今后制作专业水准的演示文稿奠定基础。

本章学习目的：

- 认识 PowerPoint 2016 界面
- 认识 PowerPoint 2016 视图
- 创建演示文稿
- 保存演示文稿
- 查找与替换文本
- 设置文本格式
- 增减幻灯片

12.1 PowerPoint 2016 界面介绍

相对于旧版本的 PowerPoint 来讲，PowerPoint 2016 中具有新颖而优美的工作界面，其方便、快捷且优化的界面布局，可以为用户节省许多操作时间。在运用 PowerPoint 2016 制作演示文稿之前，用户应该先认识 PowerPoint 2016 的工作界面，及多种视图的切换方法。

12.1.1 PowerPoint 2016 窗口简介

PowerPoint 2016 采用了全新的操作界面，与 Office 2013 系列软件的界面风格保持一致。相比之前版本，PowerPoint 2016 的界面更加整齐而简洁，也更便于操作。PowerPoint 2016 软件的基本界面如图 12-1 所示。

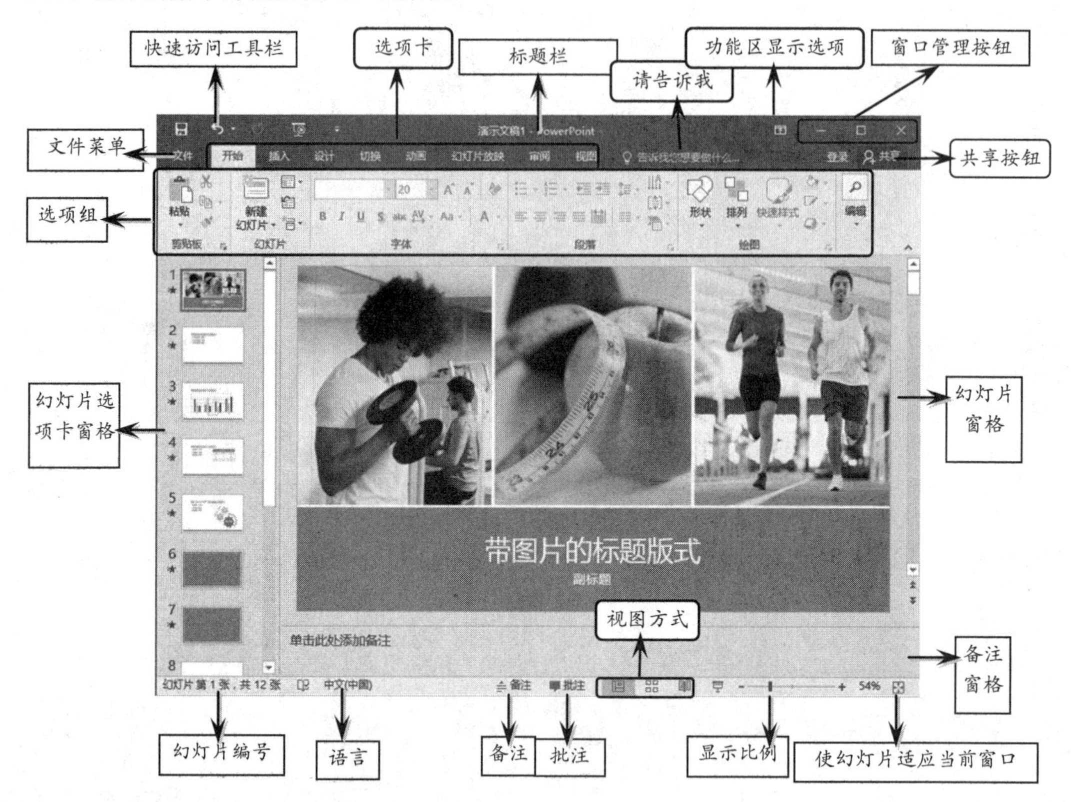

图 12-1 PowerPoint 2016 工作界面

1．标题栏

标题栏位于窗口的最上方，由快速访问工具栏、当前文档名称、窗口管理按钮、功能区显示选项组成。通过标题栏，不仅可以调整窗口大小，查看当前所编辑的文档名称，还可以进行新建、打开、保存等文档操作。

2．快速访问工具栏

快速访问工具栏在默认情况下位于标题栏的最左侧，是一个可自定义工具按钮的工具栏，主要放置一些常用的命令按钮。默认情况下，系统会放置【保存】、【撤销】与【重复】三个命令。

单击旁边的下三角按钮，可添加或删除快速访问工具栏中的命令按钮。另外，还可以将快速工具栏放在功能区的下方。

3．选项卡和选项组

选项卡栏是一组重要的按钮栏，它提供了多种按钮，在单击该栏中的按钮后，即可切换功能区，应用 PowerPoint 中的各种工具，如图 12-2 所示。

选项组集成了 PowerPoint 中绝大多数的功能。根据用户在选项卡栏中选择的内容，功能区可显示各种相应的功能。

在功能区中，相似或相关的功能按钮、下拉菜单以及输入文本框等组件以组的方式显示。一些可自定义功能的组还提供了扩展按钮，辅助用户以对话框的方式设置详细的属性。

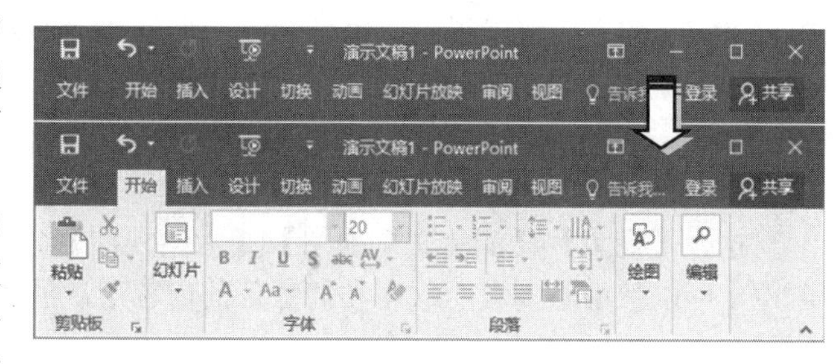

图 12-2 选项卡和选项组

4. 幻灯片选项卡窗格

【幻灯片选项卡】窗格的作用是显示当前幻灯片演示程序中所有幻灯片的预览或标题，供用户选择以进行浏览或播放。另外，在该窗格中还可以实现新建、复制和删除幻灯片，以及新增节、删除节和重命名节等功能。

5. 幻灯片窗格

幻灯片窗格是 PowerPoint 的【普通】视图中最主要的窗格。在该窗格中，既可以浏览幻灯片的内容，也可以选择【功能区】中的各种工具，对幻灯片的内容进行修改。

6. 备注窗格

在设计幻灯片时，在某些情况下可能需要在幻灯片中标注一些提示信息。如果不希望这些信息在幻灯片中显示，则可将其添加到【备注】窗格。

7. 状态栏

【状态栏】是多数 Windows 程序或窗口共有的工具栏，其通常位于窗口的底部，用于显示【幻灯片编号】、【备注】、【批注】以及幻灯片所使用的【语言】状态。

除此之外，还可以通过【状态栏】中提供的【视图】工具栏切换 PowerPoint 的视图，以实现各种功能，

在【状态栏】中，可以单击当前幻灯片的【显示比例】数值，在弹出的【显示比例】对话框中选择预设的显示比例，或输入自定义的显示比例值。

在【状态栏】最右侧提供了【使幻灯片适应当前窗口】按钮。单击该按钮后，PowerPoint 2016 将自动根据窗口的尺寸大小，对【幻灯片】窗格内的内容进行缩放。

12.1.2 PowerPoint 2016 视图简介

PowerPoint 文稿视图包括普通视图、大纲视图、幻灯片浏览视图、备注页视图、阅读视图以及状态栏中的幻灯片放映视图 6 种视图方式。

1. 普通视图

执行【视图】|【演示文稿视图】|【普通】命令，即可切换到普通视图中，该视图为

PowerPoint 的主要编辑视图，也是 PowerPoint 默认视图，可以编辑逐张幻灯片，并且可以使用普通视图导航缩略图，如图 12-3 所示。

2．大纲视图

执行【视图】|【演示文稿视图】|【大纲视图】命令，即可切换到大纲视图。在该视图中，可以按由小到大的顺序和幻灯片的内容层次的关系显示演示文稿内容，如图 12-4 所示。

图 12-3 普通视图　　图 12-4 大纲视图

3．幻灯片浏览视图

执行【视图】|【演示文稿视图】|【幻灯片浏览】命令，即可切换到幻灯片浏览视图中。该视图是以缩略图形式显示幻灯片内容的一种视图方式，便于查看与重新排列幻灯片，如图 12-5 所示。

提　示

也可以单击状态栏中的【幻灯片浏览】按钮，切换到幻灯片浏览视图。

4．备注页视图

执行【视图】|【演示文稿视图】|【备注页】命令，即可切换到备注页视图中。该视图用于查看备注页，以及编辑演讲者的打印外观。除此之外，可以在“幻灯片窗格”下方的“备注窗格”中输入备注内容，如图 12-6 所示。

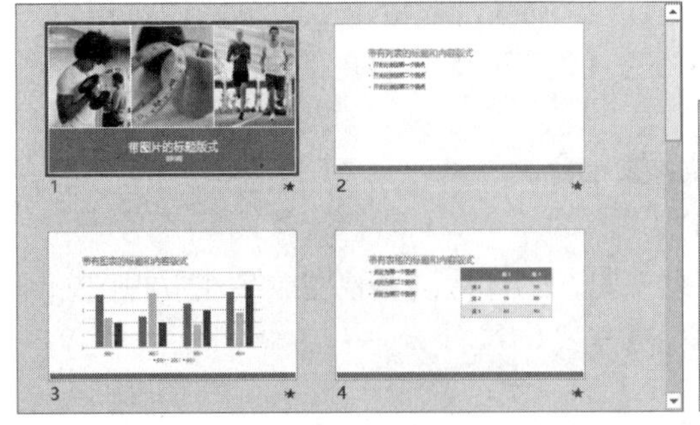

图 12-5 幻灯片浏览视图　　图 12-6 备注页视图

5. 阅读视图

执行【视图】|【演示文稿视图】|【阅读视图】命令，即可切换到备注页视图中。在该视图中，可以以放映幻灯片的方式显示幻灯片内容，以实现在无需切换到全屏状态下，查看动画和切换效果的目的。在阅读视图中，可以通过单击鼠标来切换幻灯片，使幻灯片按照顺序显示，直至阅读完所有的幻灯片。另外，可在阅读视图中单击【状态栏】中的【菜单】按钮来查看或操作幻灯片，如图 12-7 所示。

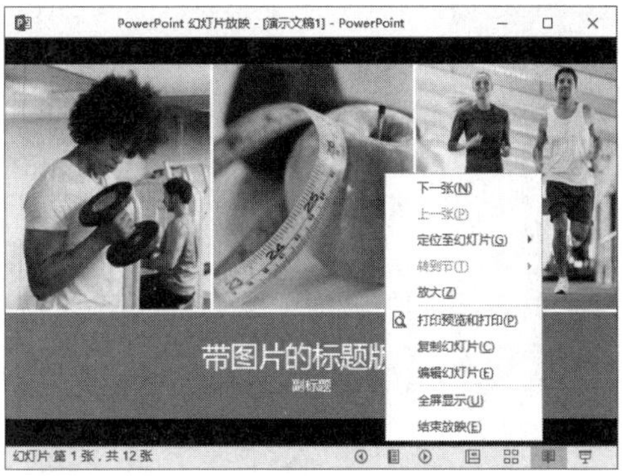

图 12-7 阅读视图

6. 幻灯片放映视图

单击状态栏中的【幻灯片放映】按钮，切换至【幻灯片放映视图】，在该视图中可以看到演示文稿的演示效果。在放映幻灯片的过程中，可通过按 Esc 键结束放映。另外，还可以在放映幻灯片中右击，执行【结束放映】命令，来结束幻灯片的放映操作。

12.2 操作演示文稿

利用 PowerPoint 2016 的强大功能，可以制作并设计出复杂且优美的演示文稿。在制作演示文稿之前，还需要先掌握创建演示文稿、保存演示文稿，以及页面设置等操作演示文稿的方法与技巧。

12.2.1 创建演示文稿

在 PowerPoint 2016 中，不仅可以创建空白演示文稿，而且还可以创建 PowerPoint 自带的模板文档。

1. 创建空白演示文稿

启动 PowerPoint 组件，系统自动弹出【新建】页面，在该页面中选择【空白演示文稿】选项，即可创建一个空白演示文稿。另外，当已经进入到 PowerPoint 组件中时，则需执行【文件】|【新建】命令，打开【新建】页面，在该页面中选择【空白演示文稿】选项，创建空白演示文稿，如图 12-8 所示。

除此之外，也可以通过【快速访问工具栏】中的【新建】命令来创建空白演示文稿。对于初次使用 PowerPoint 2016 的用户来讲，需要单击【快速访问工具栏】右侧的下拉按钮，在其列表中选择【新建】选项，将【新建】命令添加到【快速访问工具栏】中。然后，直接单击【快速访问工具栏】中的【新建】按钮，即可创建空白演示文稿，如图 12-9 所示。

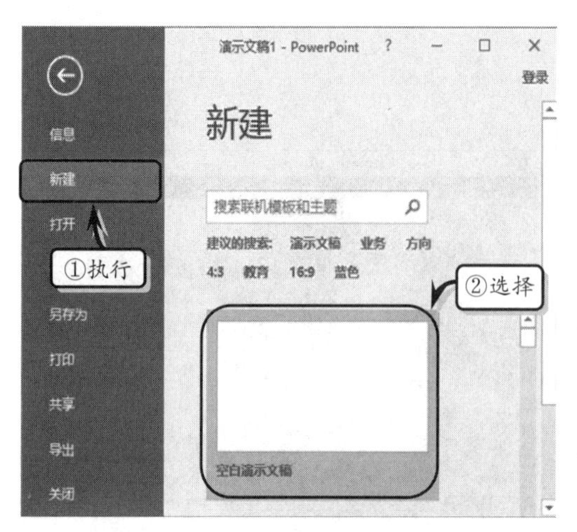

图 12–8　创建空白演示文稿

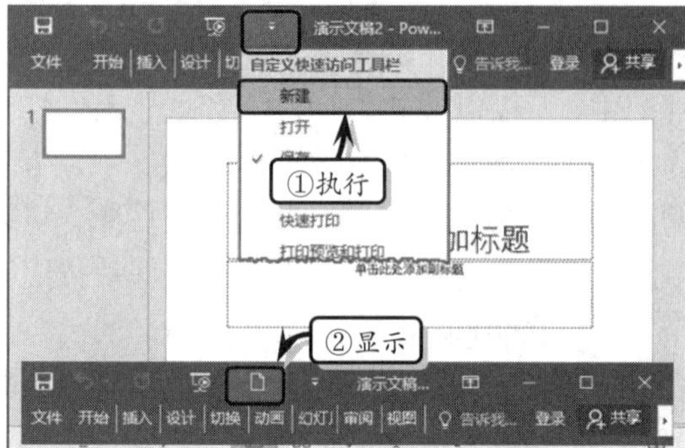

图 12–9　快速创建空白演示文稿

提　示

可以在打开的演示文稿中使用 Ctrl+N 快捷键快速创建空白演示文稿。

2．创建常用模板演示文稿

PowerPoint 2016 为用户准备了一些模板，以方便用户根据实际需求创建不同类型的演示文稿。执行【文件】|【新建】命令之后，系统只会在该页面中显示固定的模板样式，以及最近使用的模板演示文稿样式。在该页面中选择所需要的模板类型，如图 12-10 所示。

然后，在弹出的创建页面中预览模板文档内容，并单击【创建】按钮，如图 12-11 所示。

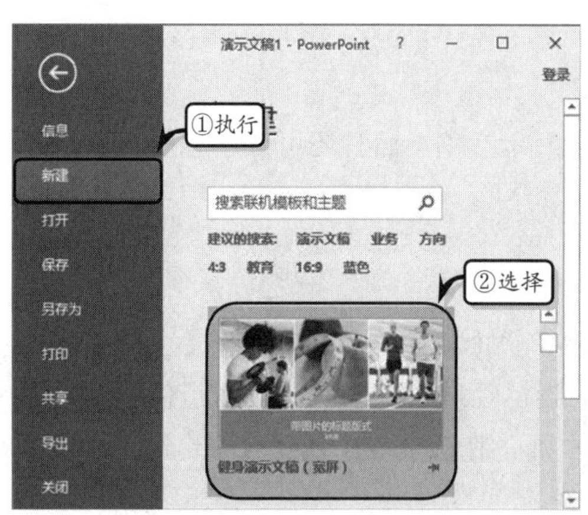

图 12–10　选择模板类型

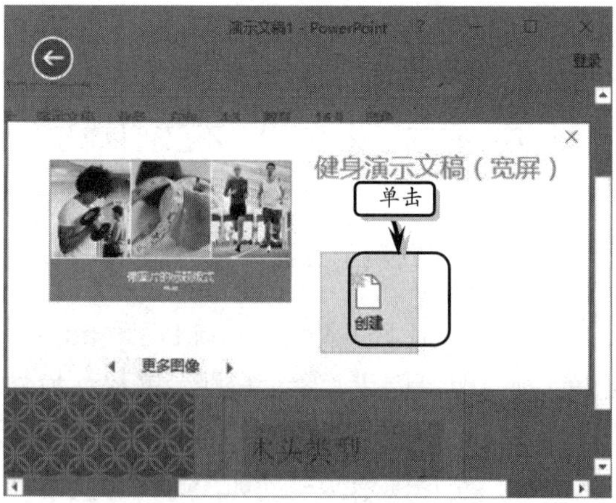

图 12–11　创建模板

技　巧

在新建模板列表中，单击模板名称后面的 按钮，即可将该模板固定在列表中，便于下次使用。

3. 创建类别模板演示文稿

在【新建】页面中的【建议的搜索】列表中选择相应的搜索类型，即可新建该类型的相关演示文稿模板。例如，在此选择【演示文稿】选项，如图 12-12 所示。

技　巧

在【新建】页面中的【搜索】文本框中输入需要搜索的模板名称，单击【搜索】按钮即可创建搜索后的模板演示文稿。

然后，在弹出的【演示文稿】模板页面中选择模板类型，或者在右侧的【类别】窗口中选择模板类型，然后在列表中选择相应的演示文稿模板即可，如图 12-13 所示。

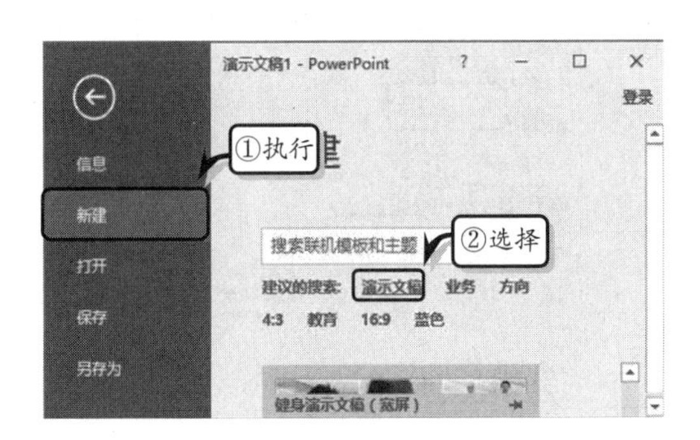

图 12-12　选择模板类别

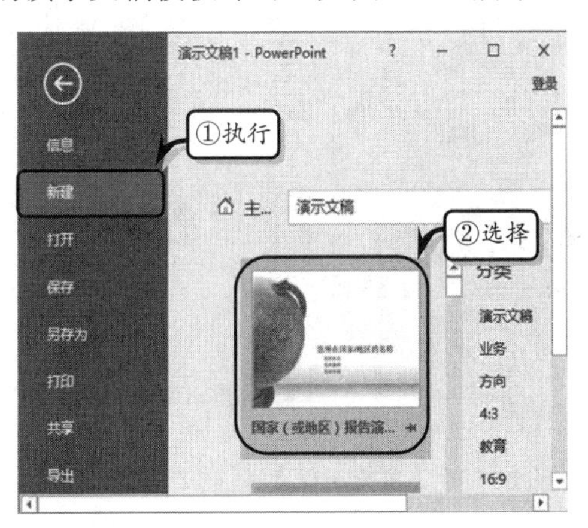

图 12-13　选择具体模板

12.2.2　页面设置

PowerPoint 可以制作多种类型的演示文稿，由于每种类型的幻灯片的尺寸不完全相同，所以还需要通过 PowerPoint 的页面设置对制作的演示文稿进行编辑，制作出符合播放设备尺寸的演示文稿。

1. 设置幻灯片的宽屏样式

在演示文稿中，执行【设计】|【自定义】|【幻灯片大小】|【宽屏】命令，将幻灯片的大小设置为 16:9 的宽屏样式，以适应播放时的电视和视频所采用的宽屏和高清格式，如图 12-14 所示。

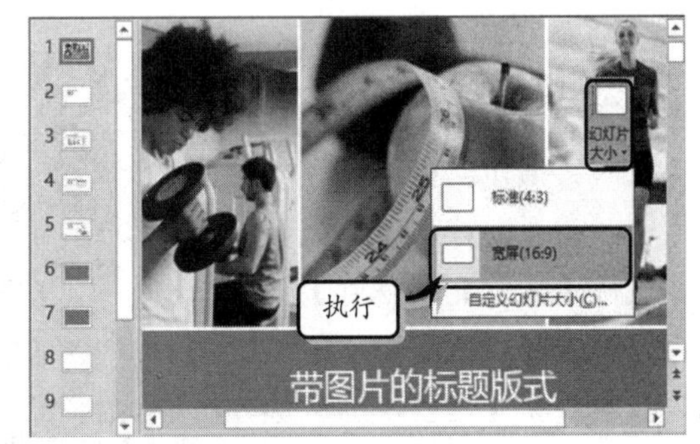

图 12-14　设置宽屏样式

2. 设置幻灯片的标准大小样式

将幻灯片的大小由【宽屏】样式更改为【标准】样式时，系统无法自动缩放内容的

大小，此时会自动弹出提示对话框，提示对内容的缩放进行选择。执行【设计】|【自定义】|【幻灯片大小】|【标准】命令，在弹出的 Microsoft PowerPoint 对话框中，选择【最大化】选项或单击【最大化】按钮即可，如图 12-15 所示。

3. 自定义幻灯片的大小

执行【设计】|【自定义】|【幻灯片大小】|【自定义幻灯片大小】命令，在弹出的【幻灯片大小】对话框中单击【幻灯片大小】下拉按钮，在其列表中选择一种样式，如图 12-16 所示。

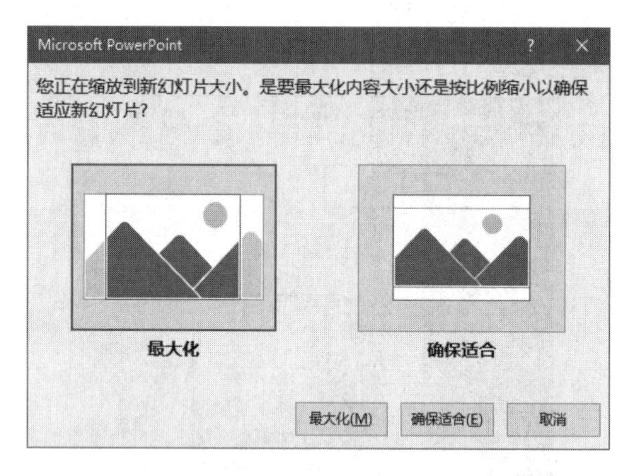

图 12-15 设置大小样式

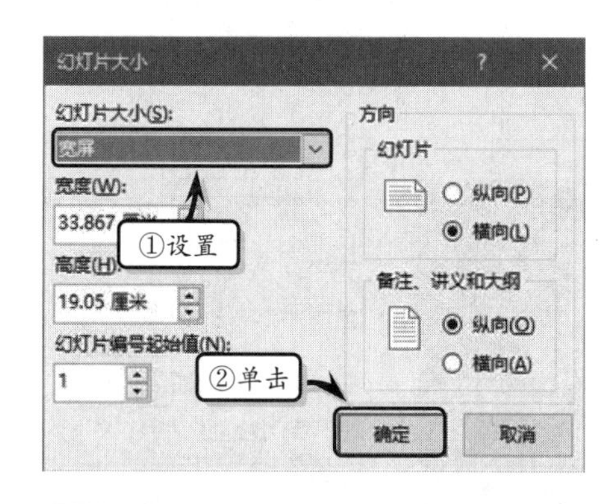

图 12-16 自定义大小

提 示

还可以在【宽度】和【高度】两个输入文本域下方，设置演示文稿起始的幻灯片编号，在默认状态下，幻灯片编号从 1 开始。

12.2.3 保存演示文稿

创建完演示文稿之后，为了保护文稿中的格式及内容，还需要及时将演示文稿保存在本地硬盘中。对于新建演示文稿，则需要执行【文件】|【保存】或【另存为】命令，在展开的【另存为】列表中选择【这台电脑】选项，并单击【桌面】按钮，如图 12-17 所示。

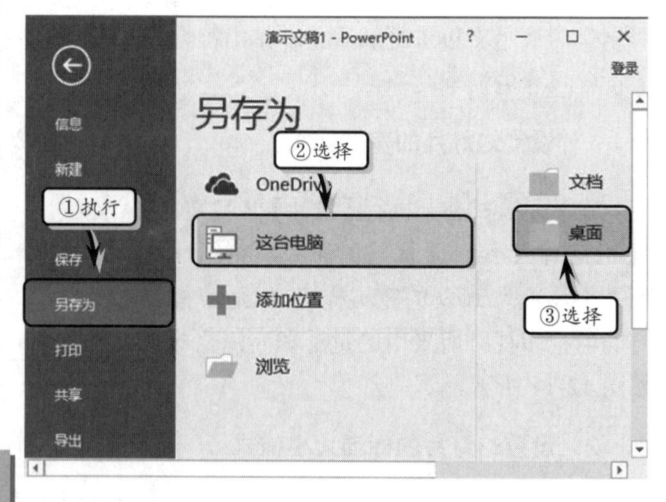

图 12-17 选择保存位置

提 示

可以使用 Ctrl+S 快捷键，或使用 F12 快捷键，来打开【另存为】页面。

然后，在弹出的【另存为】对话框中，选择保存位置，设置保存名称和类型，单击【保存】按钮即可，如图 12-18 所示。而对于已保存过的演示文稿，直接单击【快速访问工具栏】中的【保存】按钮，即可直接保存演示文稿。

PowerPoint 默认的保存类型为"PowerPoint 演示文稿"，其扩展名为.pptx。另外，其他的保存类型及扩展名如表 12-1 所示。

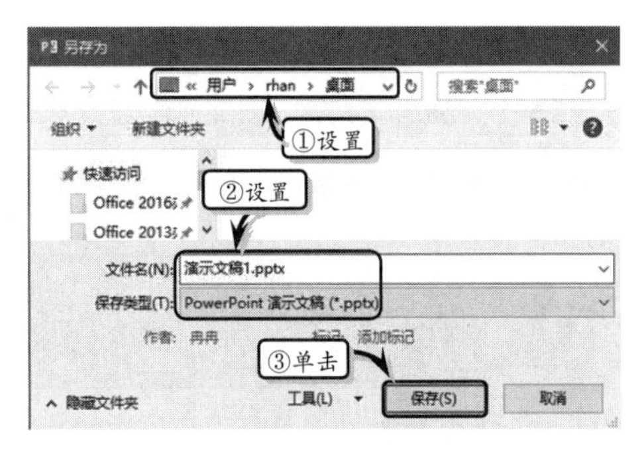

图 12-18 保存演示文稿

表 12-1 保存类型

文件类型	扩展名	说明
PowerPoint 演示文稿	.pptx	Office PowerPoint 2016 演示文稿，默认情况下为 XML 文件格式
启用宏的 PowerPoint 演示文稿	.pptm	包含 Visual Basic for Applications (VBA)代码的演示文稿
PowerPoint 97-2003 演示文稿	.ppt	可以在旧版本的 PowerPoint（从 97 到 2003）中打开的演示文稿
PowerPoint 模板	.potx	将演示文稿保存为模板，可用于对将来的演示文稿进行格式设置
PowerPoint 启用宏的模板	.potm	包含预先批准的宏的模板，这些宏可以添加到模板中以便在演示文稿中使用
PowerPoint 97-2003 模板	.pot	可以在旧版本的 PowerPoint 中打开的模板
Office 主题	.thmx	包含颜色主题、字体主题和效果主题的定义的样式表
PowerPoint 放映	.ppsx	始终在幻灯片放映视图中打开的演示文稿
启用宏的 PowerPoint 放映	.ppsm	包含预先批准的宏的幻灯片放映，可以从幻灯片放映中运行这些宏
PowerPoint 97-2003 放映	.pps	可以在旧版本的 PowerPoint（从 97 到 2003）中打开的幻灯片放映
PowerPoint 加载项	.ppam	用于存储自定义命令、Visual Basic for Applications (VBA) 代码和特殊功能（例如加载宏）的加载宏
PowerPoint 97-2003 加载项	.ppa	可以在旧版本的 PowerPoint 中打开的加载宏
PowerPoint XML 演示文稿	.xml	可保存为用于生成数据的 XML 格式的文件，用来存储演示文稿中的数据
Windows Media 视频	.wmv	可以将文件保存为视频的演示文稿 PowerPoint 2016 演示文稿可以按高质量、中等质量与低质量进行保存 WMV 文件格式可以在 Windows Media Player 之类的多种媒体播放器上播放
GIF 可交换的图形格式	.gif	作为用于网页的图形的幻灯片
JPEG 文件交换格式	.jpg	作为用于网页的图形的幻灯片 JPEG 文件格式支持 1600 万种颜色，最适合照片和复杂图像
PNG 可移植网络图形格式	.png	作为用于网页的图形的幻灯片。万维网联合会已批准将 PNG 作为一种替代 GIF 的标准。PNG 不像 GIF 那样支持动画，某些旧版本的浏览器不支持此文件格式

续表

文 件 类 型	扩展名	说　　明
TIFF Tag 图像文件格式	.tif	作为用于网页的图形的幻灯片。TIFF 是用于在个人计算机上存储位映射图像的最佳文件格式。TIFF 图像可以采用任何分辨率，可以是黑白、灰度或彩色
设备无关位图	.bmp	作为用于网页的图形的幻灯片。位图是一种表示形式，包含由点组成的行和列以及计算机内存中的图形图像
Windows 图元文件	.wmf	作为 16 位图形的幻灯片，用于 Microsoft Windows 3.x 和更高版本
增强型 Windows 元文件	.emf	作为 32 位图形的幻灯片，用于 Microsoft Windows 95 和更高版本
大纲/RTF 文件	.rtf	可提供更小的文件大小，并能够与具有不同版本的 PowerPoint 或操作系统的其他人共享不包含宏的文件。使用这种文件格式，不会保存备注窗格中的任何文本
PDF	.pdf	可以将演示文稿保存为由 Adobe Systems 开发的基于 PostScriptd 的电子文件格式，该格式保留了文档格式并允许共享文件
XPS 文档	.xps	可以将演示文稿保存为一种版面配置固定的新的电子文件格式，用于以文档的最终格式交换文档
PowerPoint 图片演示文稿	.pptx	可以将演示文稿以图片演示文稿的格式保存，该格式可以减小文件的大小，但会丢失某些信息
OpenDocument 演示文稿	.odp	该文件格式可以在使用 OpenDocument 演示文稿的应用程序中打开，还可以在 PowerPoint 2016 中打开.odp 格式的演示文稿
MPEG-4 视频	.mp4	可以将演示文稿保存为 MPEG-4 视频格式，即 MP4 格式
Strict Open XML 演示文稿	.pptx	保存一个 Strict Open XML 类型的演示文稿，可以帮助用户读取和写入 ISO8601 日期以解决 1900 年的闰年问题

12.3　文本操作

在一个优秀的幻灯片中，必不可缺的便是文本。由于文本内容是幻灯片的基础，所以在幻灯片中输入文本、编辑文本、设置文本格式等操作是制作幻灯片的基础操作。在本节中，将详细讲解文本操作的具体内容与操作技巧。

12.3.1　编辑文本

文本输入主要在普通视图中进行，输入文本之后还可以编辑文本，其主要内容包括输入文本、修改文本、复制文本、移动文本等。

1．输入文本

在普通视图中的【幻灯片】视图方式下，将鼠标置于占位符的边缘处，当光标变成四向箭头时，单击占位符，输入文本内容即可，如图 12-19 所示。

另外，在普通视图中的【幻灯片】视图方式下，单击备注窗格区域，输入描述幻灯片的文本即可，如图 12-20 所示。

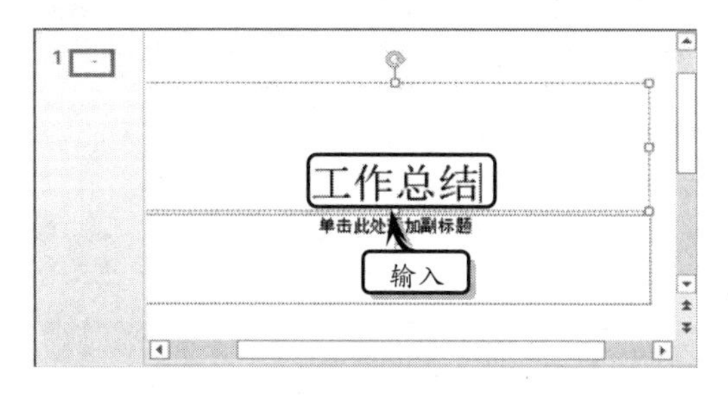

图 12-19　在占位符中输入

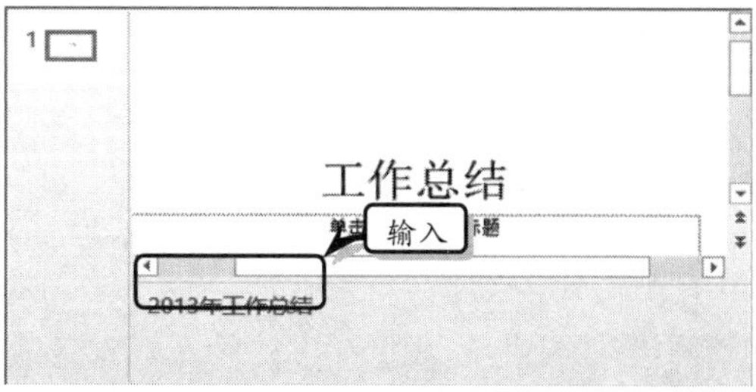

图 12-20　在备注窗格中输入

2. 修改文本

输入文本之后，还需要根据幻灯片内容修改文本内容。首先单击需要修改文本的开始位置，拖动鼠标至文本结尾处即可选择文本。然后在选择的文本上直接输入新文本或按 Delete 键再输入文本即可。另外，还可以将光标放置于需要修改的文本后，按 Back Space 键删除原有文本，输入新文本即可。

3. 复制、移动和删除文本

输入文本之后，还可以对文本进行复制、剪切、移动和删除等编辑操作。

（1）复制文本：选择需要复制的文本，执行【剪贴板】|【复制】命令，或按 Ctrl+C 快捷键复制文本。将光标置于需要粘贴的位置，执行【剪贴板】|【粘贴】命令，或按 Ctrl+V 快捷键粘贴文本。

（2）移动文本：选择需要移动的文本，执行【剪切板】|【剪切】命令，或按 Ctrl+X 快捷键剪切文本。将光标置于要移动到的位置，执行【剪贴板】|【粘贴】命令，或按 Ctrl+V 快捷组合键粘贴文本。

（3）删除文本：选中需要删除的文本，按 Back Space 键或 Delete 键即可。

12.3.2 设置字体格式

设置字体格式即设置字体的字形、字体或字号等字体效果。选择需要设置字体格式的文字，也可以选择包含文字的占位符或文本框，执行【开始】|【字体】选项组中的命令即可，如图 12-21 所示。

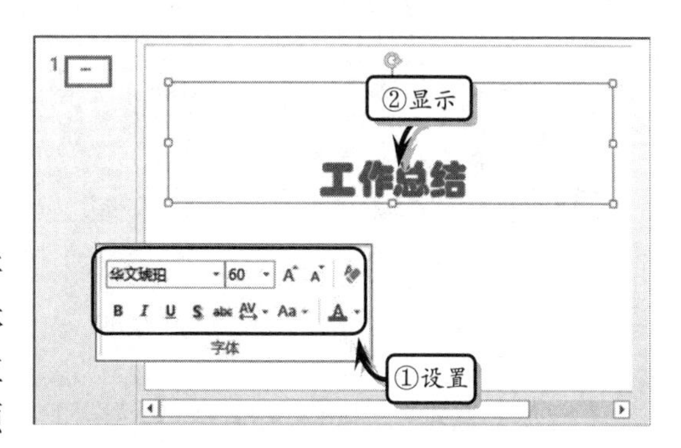

图 12-21　设置字体格式

【字体】选项组中的各项命令的名称与功能如表 12-2 所示。

表 12-2 【字体】选项组中的命令

按钮	命令	功能
A	增大字号	启用该命令，可以增大所选字体的字号
A	减小字号	启用该命令，可以减小所选字体的字号
	清除所有格式	启用该命令，可以清除所选内容的所有格式
B	加粗	启用该命令，可以将所选文字设置为加粗格式
I	倾斜	启用该命令，可以将所选文字设置为倾斜格式
U	下划线	启用该命令，可以给所选文字添加下划线
abc	删除线	启用该命令，可以给所选文字的中间添加一条线
S	文字阴影	启用该命令，可以给所选文字的后边添加阴影
AV	字符间距	启用该命令，可以调整字符之间的间距
Aa	更改大小写	启用该命令，可以将所选文字更改为全部大写、全部小写或其他常见的大小写形式
A	字体颜色	启用该命令，可以更改所选字体颜色

提 示

可以单击【字体】选项组中的【对话框启动器】按钮，在弹出的【字体】对话框中设置字体格式。

12.3.3 设置段落格式

同样，在 PowerPoint 中还可以像 Word 那样设置段落格式，即设置行距、对齐方式、文字方向等格式。

1. 设置对齐方式

选择需要设置对齐方式的文本，执行【开始】|【段落】选项组中的对齐命令即可，如图 12-22 所示。

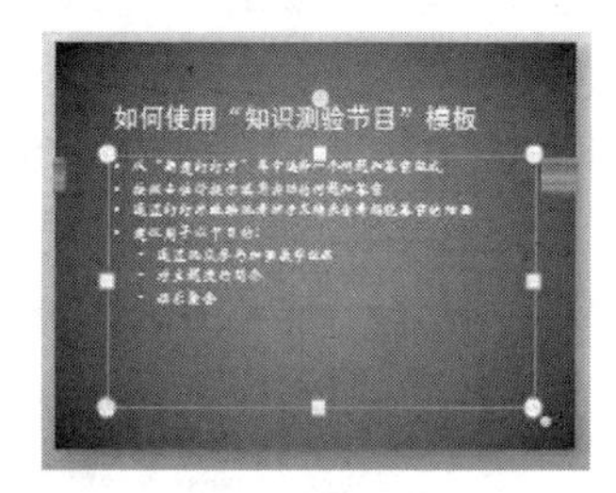

（a）文本左对齐

（b）居中对齐

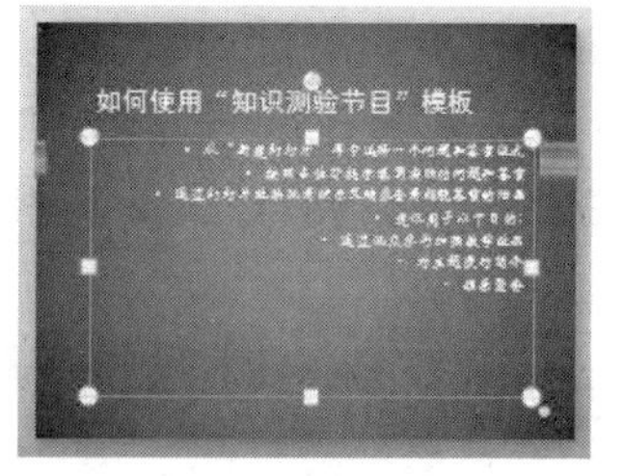

（c）文本右对齐

图 12-22 设置段落格式

【段落】选项组中的对齐命令及功能如表 12-3 所示。

提 示

可以执行【段落】选项组中的【对齐文本】命令，在打开的下拉列表中执行相应的命令，来设置文本垂直方向的对齐方式。

表 12-3 对齐命令

按　钮	命　令	功　能
	左对齐	启用该命令，将文字左对齐
	居中	启用该命令，将文字居中对齐
	右对齐	启用该命令，将文字右对齐
	两端对齐	启用该命令，将文字左右两端同时对齐
	分散对齐	启用该命令，将段落两端同时对齐

2. 设置分栏

执行【开始】|【段落】|【分栏】命令，可将文本内容以两列或三列的样式进行显示，如图 12-23 所示。

另外，可执行【分栏】|【更多栏】命令，在弹出的【分栏】对话框中设置【数量】与【间距】选项值即可，如图 12-24 所示。

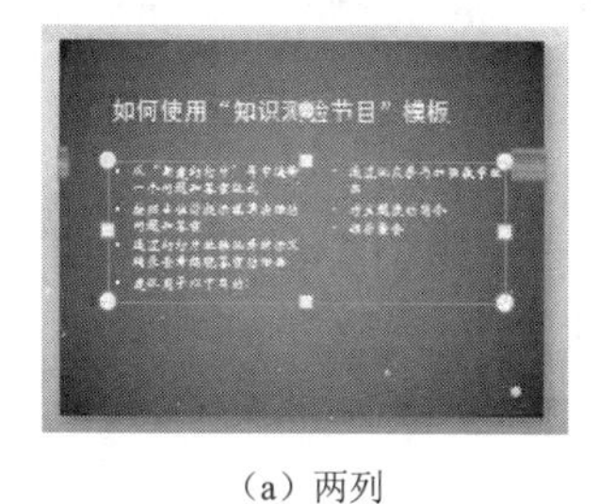

（a）两列

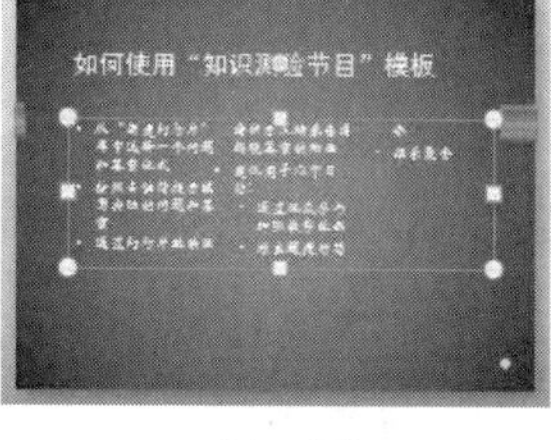

（b）三列

图 12-23 设置分栏

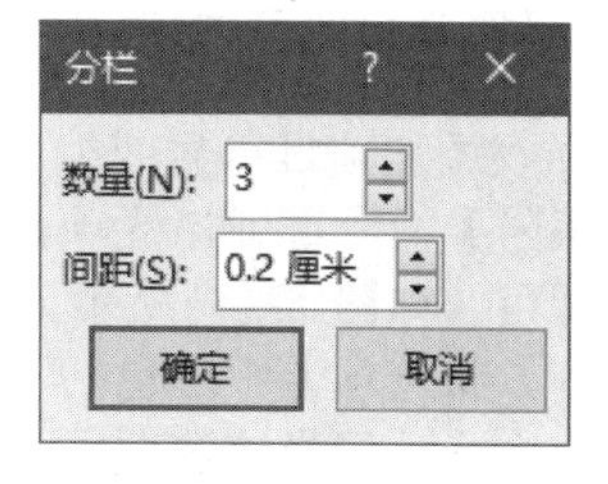

图 12-24 设置多栏

3. 设置行距

选择需要设置行距的文本信息，执行【开始】|【段落】|【行距】命令，在下拉列表中选择相应的选项即可。另外，执行【行距】|【行距选项】命令，在弹出的【段落】对话框中设置【间距】选项组中的【行距】选项与【设置值】微调框中的值即可，如图 12-25 所示。

4. 设置文字方向

选择需要更改方向的文字，执行【开始】|【段落】|【文字方向】命令，在下拉列表中选择相应的选项即可，如图 12-26 所示。

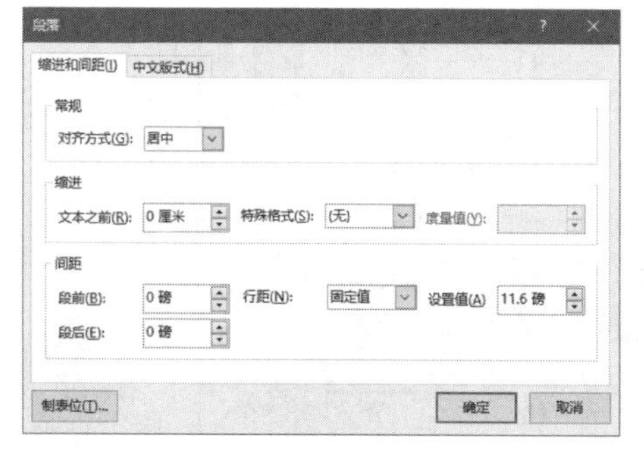

图 12-25 设置行距

（a）所有文字旋转 90°

（b）所有文字旋转 270°

图 12-26 设置文字方向

【文字方向】下拉列表中的各选项的功能如表 12-4 所示。

表 12-4 【文字方向】命令

按 钮	命 令	功 能
	横排	启用该命令，可以将占位符或文本框中的文字从左向右横向排列
	竖排	启用该命令，可以将占位符或文本框中的文字从右侧开始，从上到下竖向排列
	所有文字旋转 90°	启用该命令，可以将占位符或文本框中的文字按顺时针旋转 90°
	所有文字旋转 270°	启用该命令，可以将占位符或文本框中的文字按顺时针旋转 270°
	堆积	启用该命令，可以将占位符或文本框中的文字，以占位符或文本框的大小为基础从左向右填充

提 示

选择【文字方向】下拉列表中的【其他选项】，弹出【设置文本效果格式】对话框。在【文本框】选项卡中的【文字版式】选项组中，可以设置【文字】方向与【行顺序】。

5. 设置项目符号与编号

选择要添加项目符号或编号的文本，执行【开始】|【段落】|【项目符号】|【项目符号和编号】命令，弹出【项目符号和编号】对话框。在【项目符号】选项卡中选择项目符号即可，如图 12-27 所示。

另外，该选项卡中还包括下列几个选项。

（1）大小：选择该选项，可以按比例调整项目符号的大小。

（2）颜色：选择该选项，可以设置项目符号的颜色，包括主题颜色、标准色与自定义颜色。

（3）图片：单击该按钮，可以在弹出的【图片项目符号】对话框中设置项目符号的显示图片。

（4）自定义：单击该按钮，可以在弹出的【符号】对话框中设置项目符号的字体、字符代码等字符样式。

（5）重置：单击该按钮，可以恢复到最初状态。

在【项目符号和编号】对话框中激活【编号】选项卡，在该选项卡中选择编号样式即可，如图 12-28 所示。

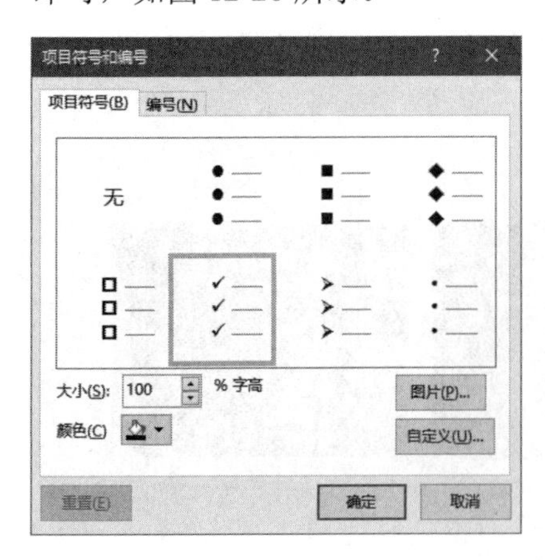

图 12-27 设置项目符号

图 12-28 设置编号

另外，该选项卡中还包括下列几个选项。

（1）大小：选择该选项，可以按百分比调整编号的大小。

（2）起始编号：选择该选项，可以在文本框中设置编号的开始数字。

（3）颜色：选择该选项，可以设置编号的颜色，包括主题颜色、标准色与自定义颜色。

12.3.4 查找与替换文本

对于文字内容比较庞大的演示文稿来讲，查找与修改某个词语或短句比较麻烦。可以通过 PowerPoint 提供的查找和替换功能来解决上述问题。

1. 查找文本

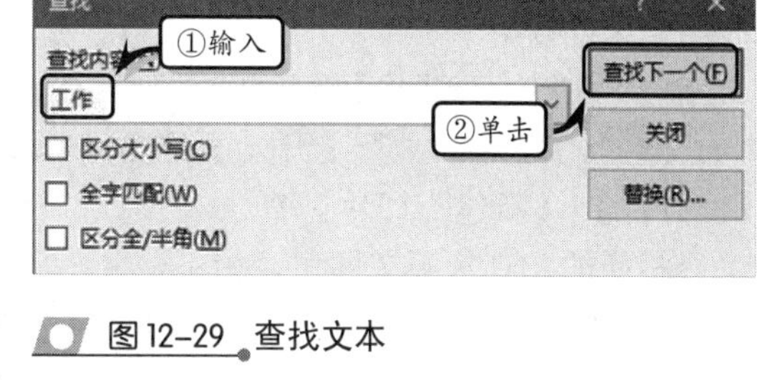

图 12-29 查找文本

执行【开始】|【编辑】|【查找】命令或按 Ctrl+F 快捷键，在弹出的【查找】对话框中输入查找的内容即可，如图 12-29 所示。

【查找】对话框中还包括下列几个选项。

（1）区分大小写：选中该复选框，可以在查找文本时区分大小写。

（2）全字匹配：选中该复选框，表示在查找英文时，只查找完全符合条件的英文单词。

（3）区分全/半角：选中该复选框，表示在查找英文字符时，区分全角和半角字符。

2. 替换文本

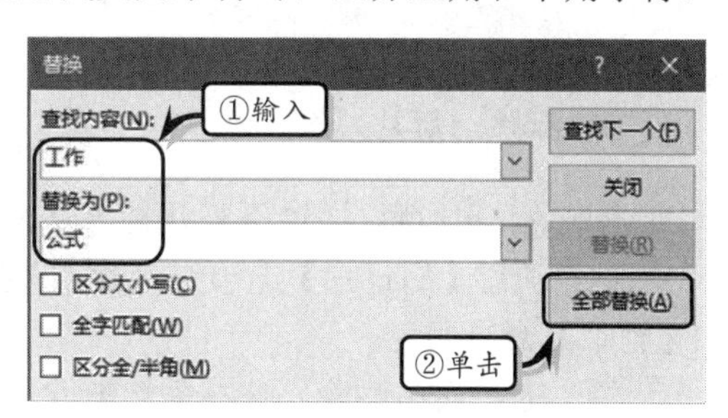

图 12-30 替换文本

执行【开始】|【编辑】|【替换】|【替换】命令，在弹出的【替换】对话框中输入替换文字即可。在该对话框中可以通过单击【替换】按钮，对文本进行依次替换；通过单击【全部替换】按钮，对符合条件的文本进行全部替换，如图 12-30 所示。

另外，还可以替换字体格式。执行【编辑】|【替换】|【替换字体】命令或按 Ctrl+H 快捷键，在弹出的【替换字体】对话框中选择需要替换的字体与待替换的字体类型，单击【替换】按钮即可，如图 12-31 所示。

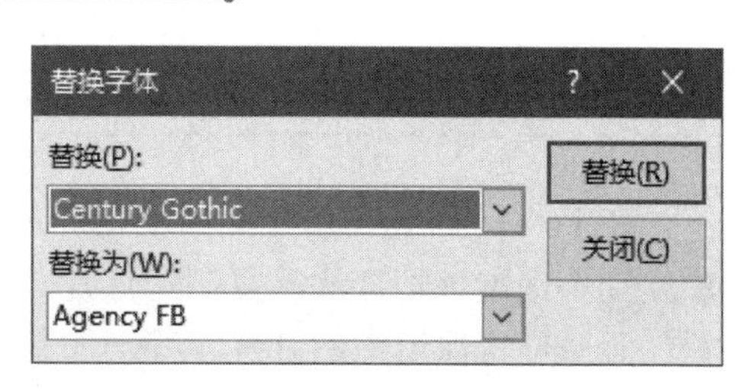

图 12-31 替换字体

12.4 操作幻灯片

创建演示文稿之后，还需要通过操作幻灯片来完善演示文稿。操作幻灯片主要包括增减幻灯片、移动与复制幻灯片等内容。

12.4.1 增减幻灯片

创建演示文稿之后，由于默认情况下只存在一张幻灯片，所以需要根据演示内容在演示文稿中插入幻灯片。另外，还需要删除无用的幻灯片，以确保演示文稿的逻辑性与准确性。

1. 插入幻灯片

插入幻灯片主要通过下列几种方法来实现。

（1）通过【幻灯片】选项组插入：选择幻灯片，执行【开始】|【幻灯片】|【新建幻灯片】命令，选择相应的幻灯片版式即可，如图 12-32 所示。

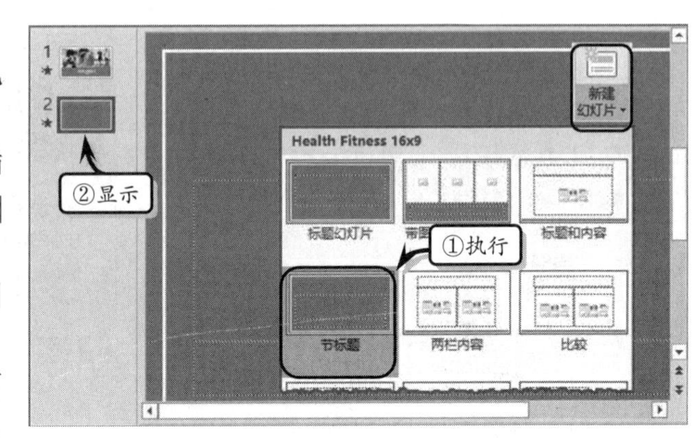

图 12-32 插入幻灯片

（2）通过右击插入：选择幻灯片，右击执行【新建幻灯片】命令，即可在选择的幻灯片之后插入新幻灯片。

（3）通过键盘插入：选择幻灯片后按 Enter 键，即可插入新幻灯片。

提 示

可以通过 Ctrl+M 快捷键在演示文稿中快速插入幻灯片。

2. 删除幻灯片

删除幻灯片可以通过下列几种方法来实现。

（1）通过【幻灯片】选项组删除：选择需要删除的幻灯片，执行【开始】|【幻灯片】|【删除】命令即可。

（2）通过右击删除：选择需要删除的幻灯片，右击执行【删除幻灯片】命令即可。

（3）通过键盘删除：选择需要删除的幻灯片，按 Delete 键即可。

12.4.2 移动与复制幻灯片

在 PowerPoint 2016 中，移动幻灯片是将幻灯片从一个位置移动到另外一个位置，而原位置不保留该幻灯片。复制幻灯片是将该幻灯片的副本从一个位置移动到另外一个位置，而原位置保留该幻灯片。移动与复制幻灯片的方法如下所述。

1. 移动单张幻灯片

移动单张幻灯片可以在普通视图中的【幻灯片】选项卡，或在幻灯片浏览视图下实施。首先选择需要移动的幻灯片，拖动鼠标至合适的位置即可，如图 12-33 所示。

另外，选择需要移动的幻灯片，执行【开始】|【剪贴板】|【剪切】命令，或按 Ctrl+X 快捷键。选择要放置幻灯片的位置，执行【剪贴板】|【粘贴】命令，或按 Ctrl+V 快捷键即可。

2. 移动多张幻灯片

选择第一张需要移动的幻灯片，按住 Ctrl 键的同时选择其他需要移动的幻灯片，拖动鼠标至合适的位置即可，如图 12-34 所示。

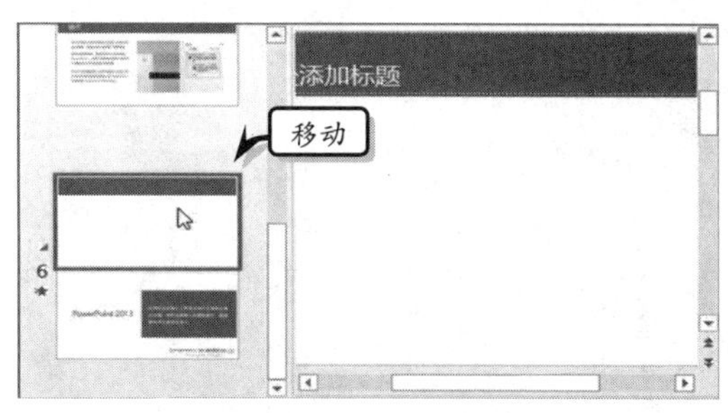

图 12-33 移动单张幻灯片

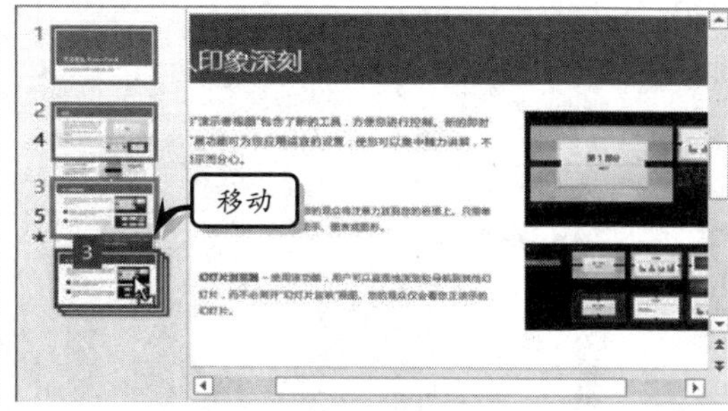

图 12-34 移动多张幻灯片

3. 同一演示文稿中复制幻灯片

用户可以通过复制幻灯片的方法，来保持新建幻灯片与已建幻灯片版式与设计风格的一致性。选择需要复制的幻灯片，执行【开始】|【剪贴板】|【复制】命令，或执行【幻灯片】|【新建幻灯片】|【复制选定幻灯片】命令，如图 12-35 所示。然后，选择放置位置，执行【开始】|【剪贴板】|【粘贴】命令即可。

技 巧

可以通过 Ctrl+C 快捷键复制幻灯片，通过 Ctrl+V 快捷键粘贴幻灯片。

4. 不同演示文稿中复制幻灯片

同时打开两个演示文稿，执行【视图】|【窗口】|【全部重排】命令。在其中一个演示文稿中选择需要移动的幻灯片，拖动鼠标到另外一个演示文稿中即可，如图 12-36 所示。

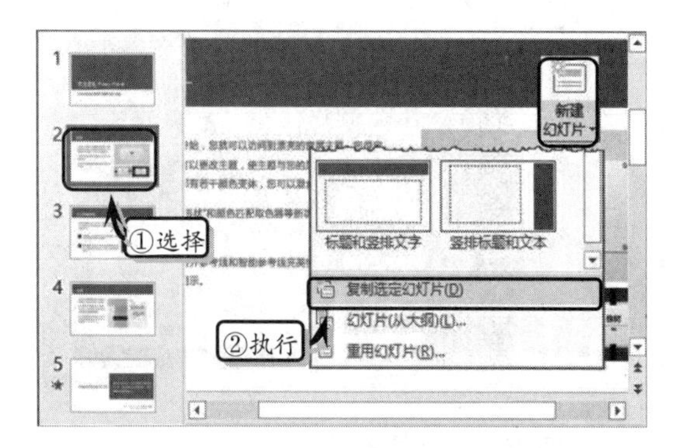

图 12-35 同一演示文稿中复制幻灯片

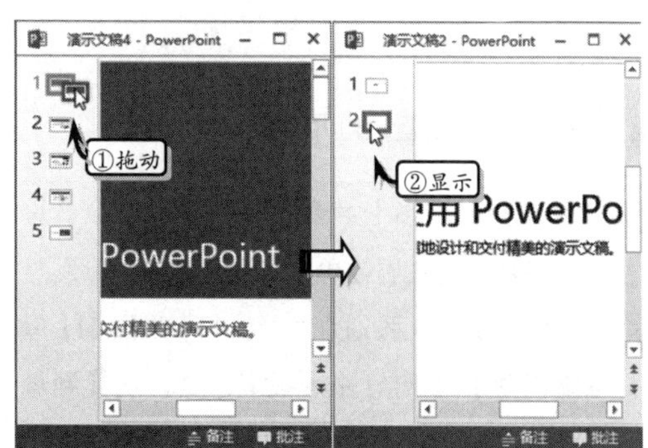

图 12-36 不同演示文稿中复制幻灯片

12.5 课堂练习：动态背景

在制作演示文稿时，通常会根据文稿内容来设计幻灯片的背景，以增加演示文稿的可视性、实用性与美观性。在本示例中，将通过制作一个动态背景演示文稿，详细介绍设计动态背景、幻灯片母版和主题应用的操作方法和实用技巧，如图 12-37 所示。

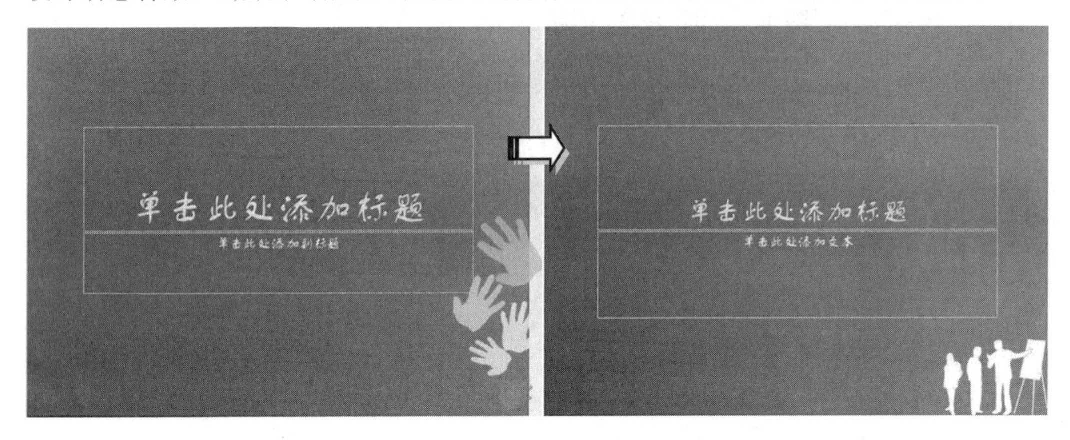

图 12-37 动态背景

操作步骤

1 设置幻灯片。执行【设计】|【自定义】|【幻灯片大小】|【标准】命令，设置幻灯片的大小，如图 12-38 所示。

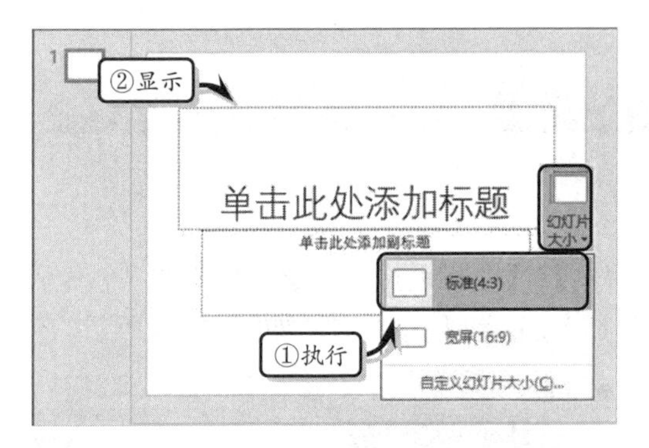

图 12-38 设置幻灯片大小

2 执行【设计】|【主题】|【石板】命令，设置幻灯片的主题效果，如图 12-39 所示。

3 制作母版第 1 张幻灯片。执行【视图】|【母版视图】|【幻灯片母版】命令，切换到母版视图中，如图 12-40 所示。

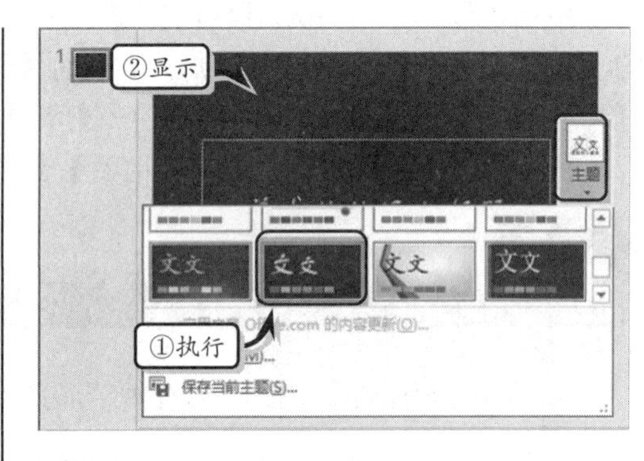

图 12-39 设置主题效果

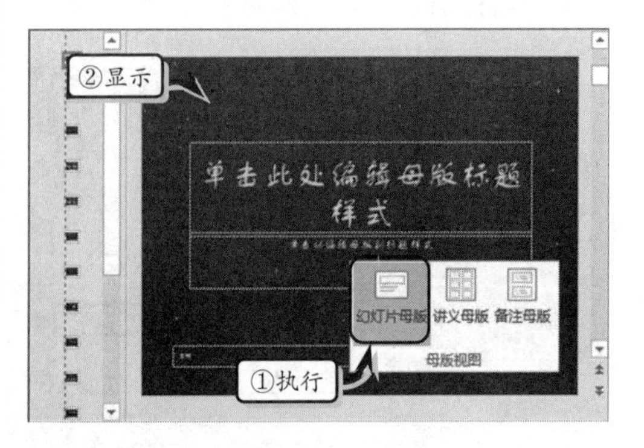

图 12-40 切换视图

4 选择第 1 张幻灯片，执行【插入】|【图像】|【图片】命令，选择图片文件，单击【插入】按钮，如图 12-41 所示。

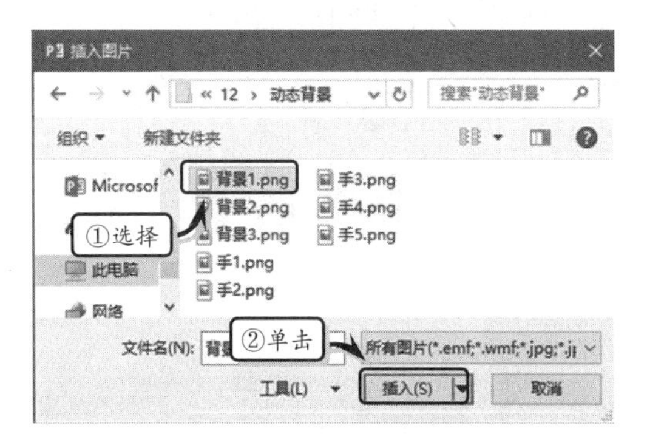

图 12-41 插入背景图片

5 选择插入后的图片，右击执行【置于底层】|【置于底层】命令，将图片放置于最底层，如图 12-42 所示。

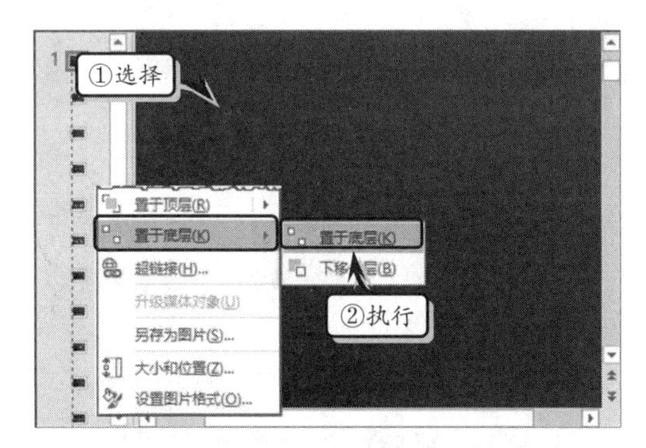

图 12-42 调整图像层次

6 同样，执行【插入】|【图像】|【图片】命令，选择图片文件，单击【插入】按钮，如图 12-43 所示。

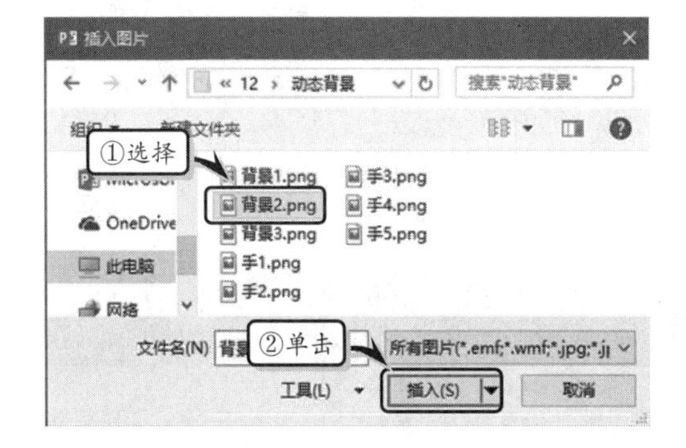

图 12-43 插入第 2 张背景图片

7 选择插入后的图片，右击执行【置于底层】|【置于底层】命令，同时执行【置于顶层】|【上移一层】命令，将图片放置于所有文本的下方，如图 12-44 所示。

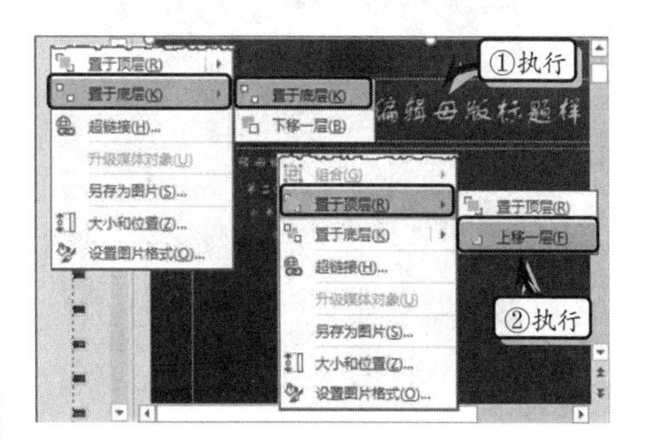

图 12-44 调整图像层次

8 执行【插入】|【图像】|【图片】命令，选择图片文件，单击【插入】按钮，插入人形图片并调整图片位置，如图 12-45 所示。

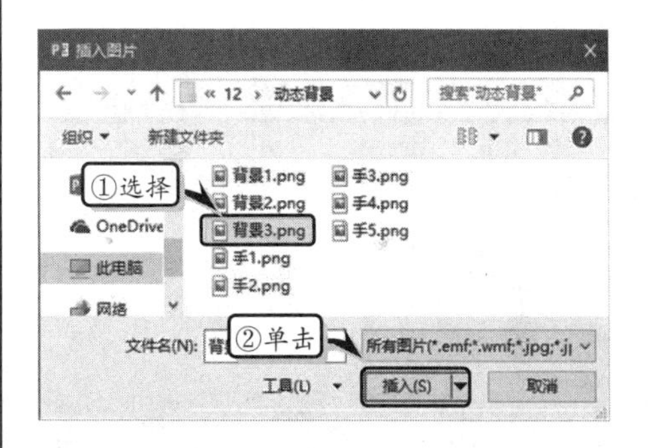

图 12-45 插入第 3 张背景图片

9 选择最上层的背景图片，执行【动画】|【动画】|【动画样式】|【淡出】命令，并将【开始】选项设置为【与上一动画同时】，如图 12-46 所示。

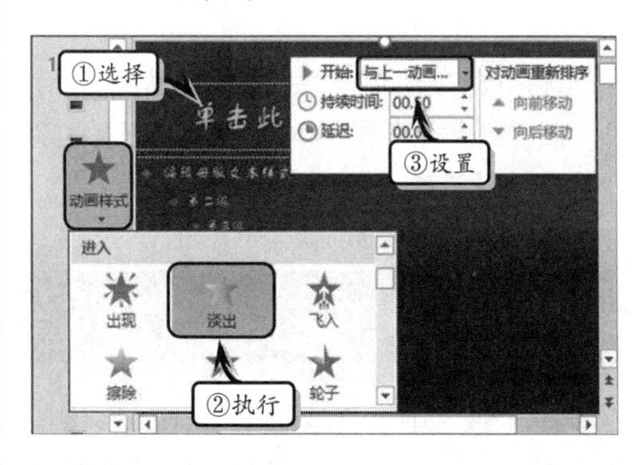

图 12-46 添加动画效果

10 制作第2张幻灯片。选择第2张幻灯片，在【背景】选项组中启用【隐藏背景图形】命令，如图12-47所示。

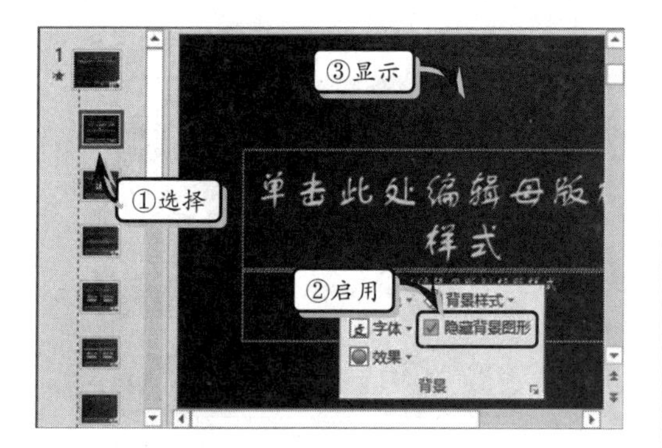

图12-47 隐藏背景

11 执行【插入】|【图像】|【图片】命令，选择图片文件，单击【插入】按钮，插入背景图片并调整图片的显示层次，如图12-48所示。

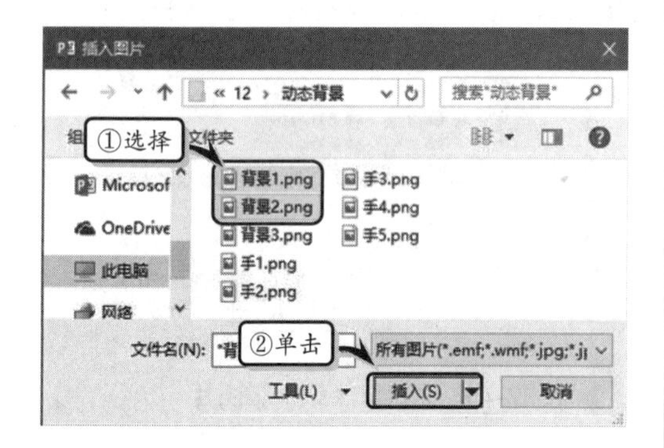

图12-48 插入背景图片

12 执行【插入】|【图像】|【图片】命令，选择图片文件，插入手形图片，并调整图片的显示位置，如图12-49所示。

13 选择最下侧的手形图片，执行【动画】|【动画样式】|【缩放】命令，设置【开始】和【延迟】选项，如图12-50所示。

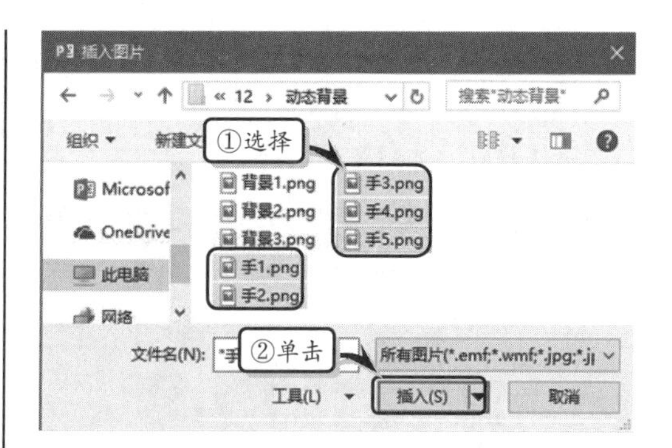

图12-49 插入手形图片

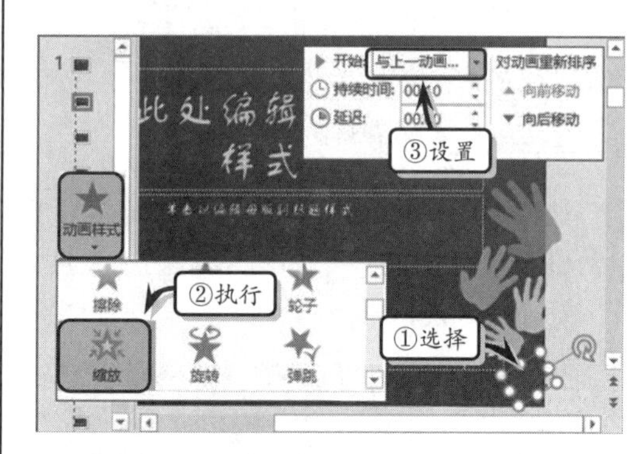

图12-50 添加动画效果

14 选择下侧第2个手形图片，执行【动画】|【动画样式】|【缩放】命令，并设置【开始】和【延迟】选项，如图12-51所示。使用同样的方法设置其他动画效果。

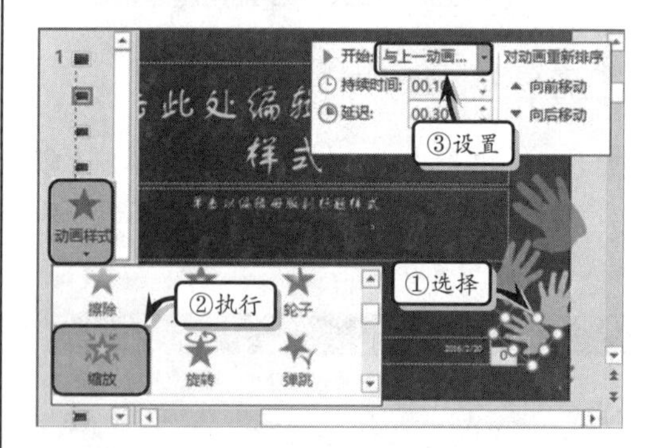

图12-51 添加动画效果

12.6 课堂练习：寓言故事

在本练习中，将运用PowerPoint中的插入图片、设置图表格式、插入形状、设置形状格式，以及添加动画等功能，通过制作一个寓言故事演示文稿，通过使用借喻手法使富有教训意义的主题或深刻的道理在简单的故事中体现出来，如图 12-52 所示。

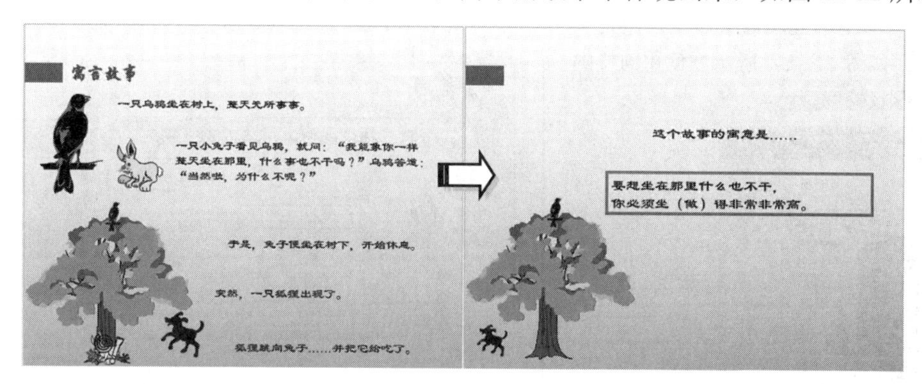

图 12-52 寓言故事

操作步骤

1 设置幻灯片。新建空白演示文稿，执行【设计】|【自定义】|【幻灯片大小】|【标准】命令，如图 12-53 所示。

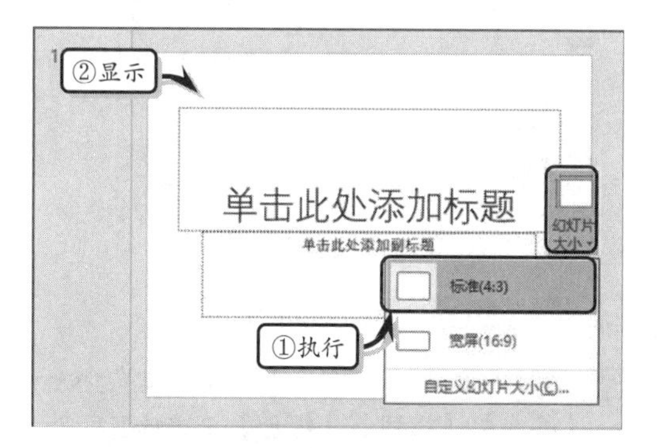

图 12-53 设置幻灯片大小

2 执行【设计】|【自定义】|【设置背景格式】命令，选中【渐变填充】选项，设置相应选项，如图 12-54 所示。

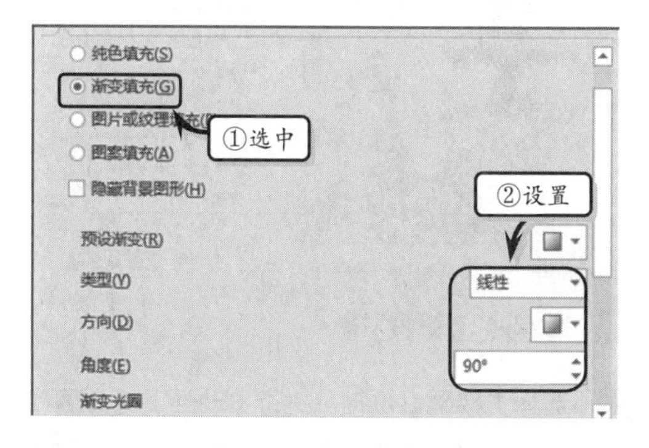

图 12-54 设置渐变填充选项

3 选中右侧的渐变光圈，单击【颜色】下拉按钮，选择【其他颜色】选项，自定义渐变颜色，如图 12-55 所示。

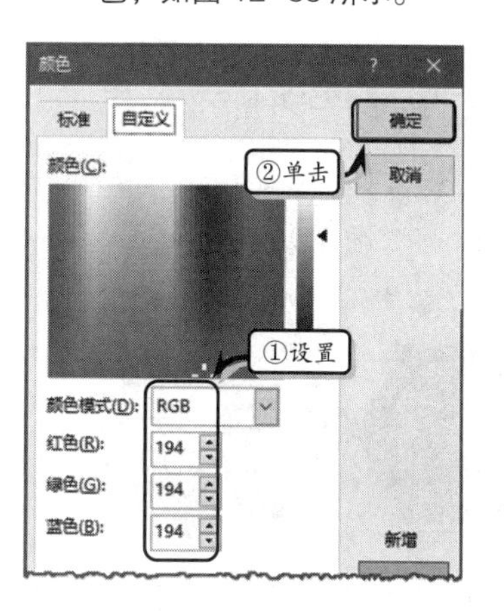

图 12-55 自定义填充色

4 制作第 1 张幻灯片。执行【插入】|【插图】|【形状】|【矩形】命令，绘制一个矩形形状，如图 12-56 所示。

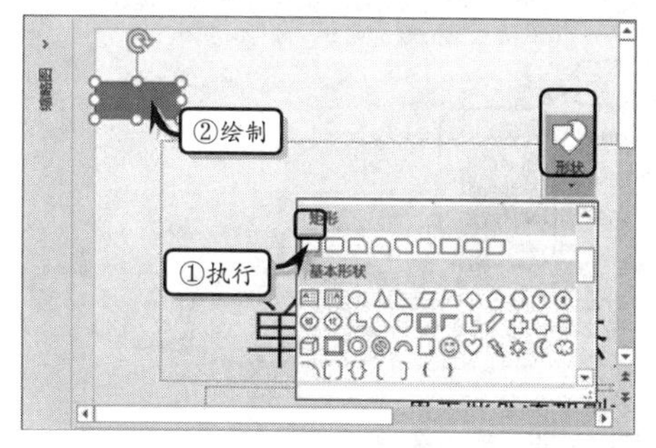

图 12-56 绘制形状

5 选择形状，执行【格式】|【形状样式】|【形状填充】|【其他填充颜色】命令，自定义填充颜色，如图 12-57 所示。使用同样的方法设置形状轮廓颜色。

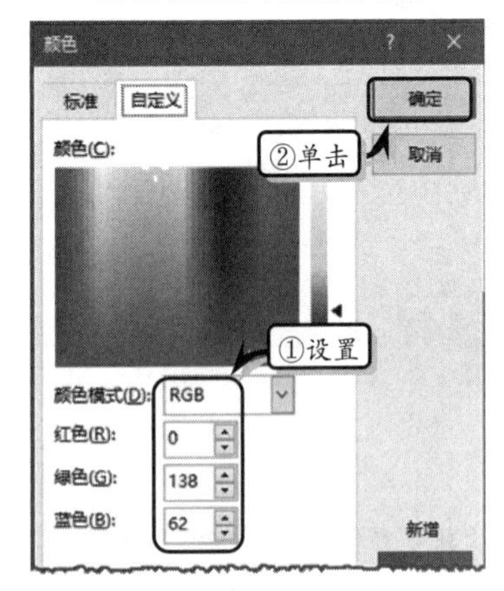

图 12-57 自定义填充色

6 输入标题文本，并在【字体】选项组中设置其字体格式，如图 12-58 所示。

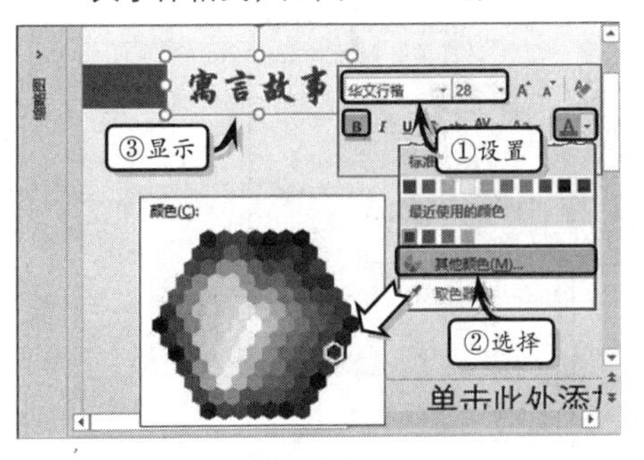

图 12-58 制作幻灯片标题

7 执行【插入】|【图像】|【图片】命令，选择图片文件，单击【插入】按钮插入图片，如图 12-59 所示。

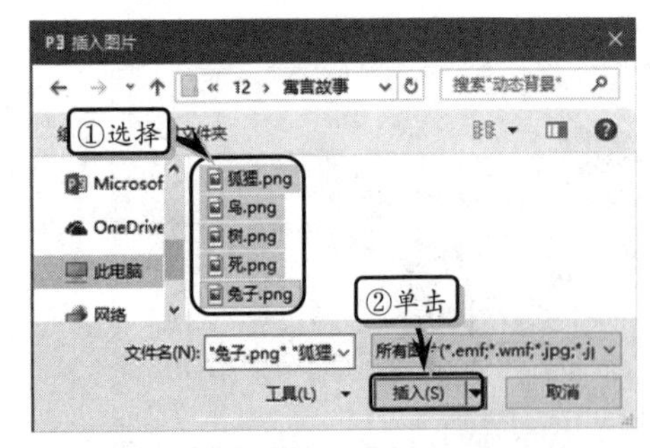

图 12-59 插入图片

8 复制相应的图片并调整图片的显示位置，在副标题占位符中输入文本，并设置文本的字体格式，如图 12-60 所示。

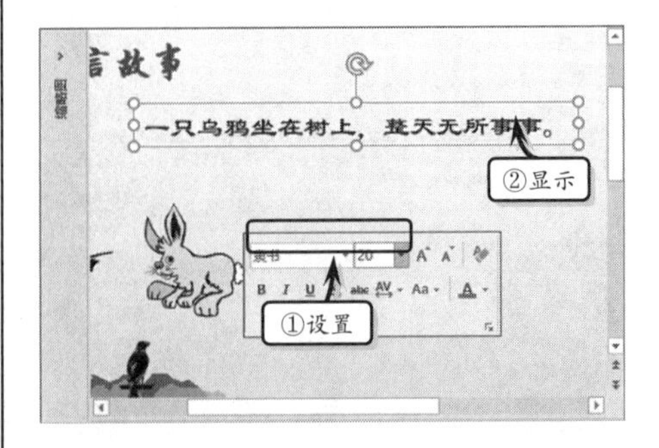

图 12-60 制作副标题

9 复制副标题占位符，修改文本内容，并排列占位符的显示位置，如图 12-61 所示。

图 12-61 复制并修改占位符

10 同时选择第 1 个图片和第 1 个占位符，执行【格式】|【排列】|【组合】|【组合】命令，如图 12-62 所示。使用同样的方法分别组合其他图片和占位符。

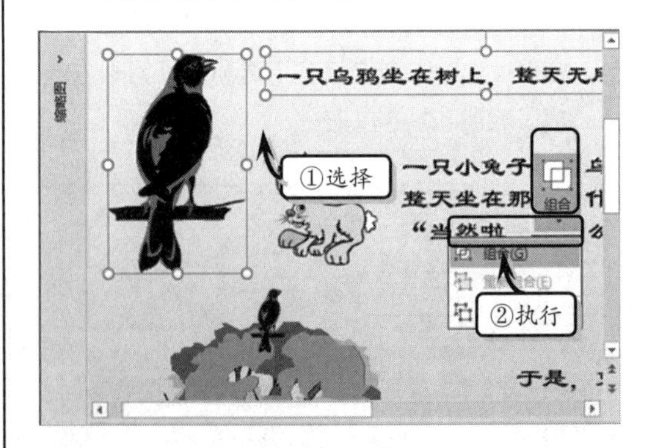

图 12-62 组合对象

11 选择主标题占位符，执行【动画】|【动画】|【动画样式】|【飞入】命令，同时执行【效果选项】|【自右侧】命令，如图 12-63 所

示。使用同样的方法设置其他对象的动画效果。

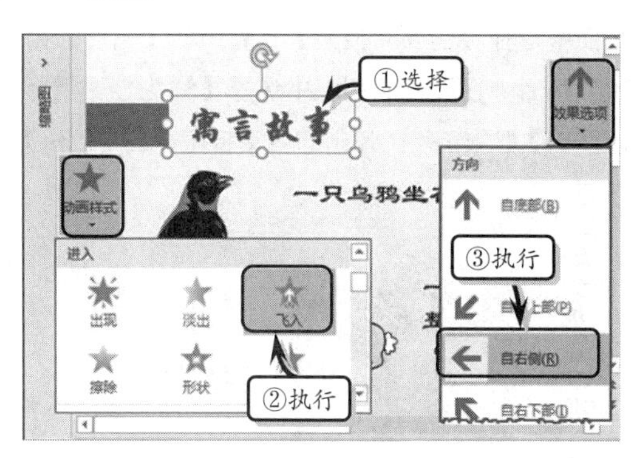

图 12-63 添加动画效果

12 制作第 2 张幻灯片。复制第 1 张幻灯片，删除多余的内容，调整图片和占位符的位置。更改占位符中的文本，并设置其字体格式，如图 12-64 所示。

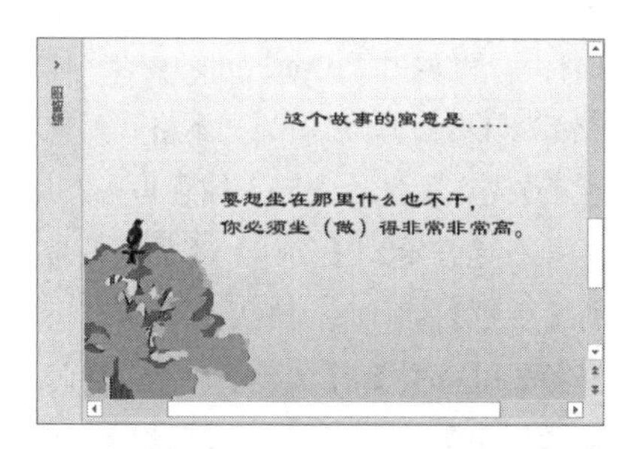

图 12-64 复制并修改幻灯片

13 选择第 2 个占位符，单击【形状样式】选项组中的【对话框启动器】按钮，设置占位符的边框样式，如图 12-65 所示。

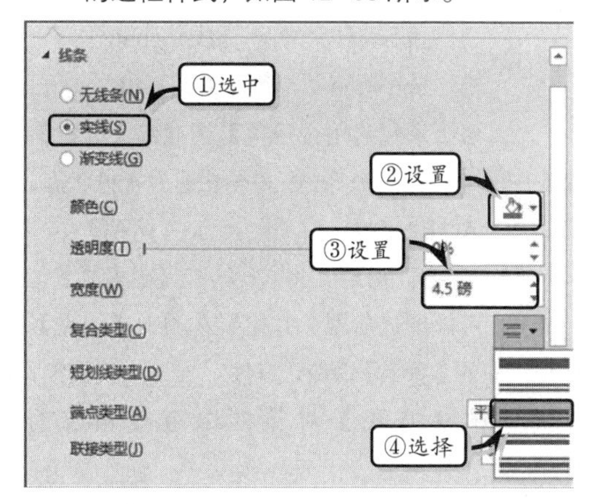

图 12-65 设置边框样式

14 选择第 2 个占位符，执行【动画】|【动画】|【动画样式】|【飞入】命令，同时执行【效果选项】|【按段落】命令，如图 12-66 所示。

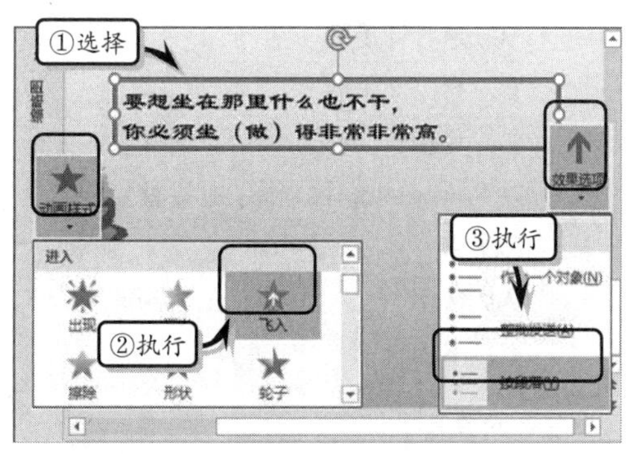

图 12-66 添加动画效果

12.7 思考与练习

一、填空题

1．PowerPoint 中默认的文件扩展名为________。

2．在移动多张幻灯片时，选择第一张幻灯片后，按住________键，再分别选择其他幻灯片。

3．在幻灯片中，带有虚线边缘的框被称为________。

4．在 PowerPoint 中，新建演示文稿的快捷键为________，插入幻灯片的快捷键为________。

5．可以使用________快捷键或________快捷键来打开【另存为】对话框。

6．修改文本时，可以拖动鼠标选择需要修改的文本，然后按________或________键来删除文本。

二、选择题

1．PowerPoint 中演示文稿类型文件的扩展名为________。

A．.pptx　　B．.pptm

C．.ppt　　D．.potx

2．可以通过启用【段落】选项组【分栏】命令中的________命令，将文本设置为4栏状态。

A．【一列】　　B．【两列】

C．【三列】　　D．【更多栏】

3．可以通过启用【开始】选项卡【编辑】选项组中的【替换】命令，或按________快捷键，在弹出的【查找】对话框中查找相应的文字。

A．Ctrl+C　　B．Ctrl+F

C．Alt+F　　D．Ctrl+V

4．设置文字方向，除了可以将文字设置为横排、竖排、所有文字旋转90°与所有文字旋转270°之外，还可以将文字设置为________方向。

A．顺时针旋转

B．逆时针旋转

C．自定义角度

D．堆积

5．在PowerPoint中，除了可以替换文本之外，还可以替换_______。

A．数字　　B．字母

C．字体　　D．格式

三、问答题

1．创建演示文稿的方法有哪几种？

2．简述查找与替换文本的操作步骤。

3．简述PowerPoint中各个视图的优点。

4．简述设置文本格式的具体内容。

四、上机练习

1．创建演示文稿

在本练习中，将运用PowerPoint中自带的模板来创建一个相册类型的演示文稿，如图12-67所示。首先启动PowerPoint，在展开的【新建】页面中选择【建议的搜索】列表中的【相册】选项。然后，在展开的列表中选择【鲜花心形相册（宽屏）】选项，并在弹出的对话框中单击【创建】按钮。

图12-67 创建演示文稿

2．设置文本格式

在本练习中，将运用PowerPoint中的字体格式与段落格式来设置幻灯片中的文本格式，如图12-68所示。首先在幻灯片中输入标题与正文，选择标题，并执行【开始】|【字体】|【加粗】命令，同时执行【字号】|48命令。然后选择所有正文，执行【开始】|【字体】|【加粗】命令，同时执行【段落】|【居中】命令，再执行【行距】|2.0命令。最后执行【设计】|【主题】|【环保】命令。

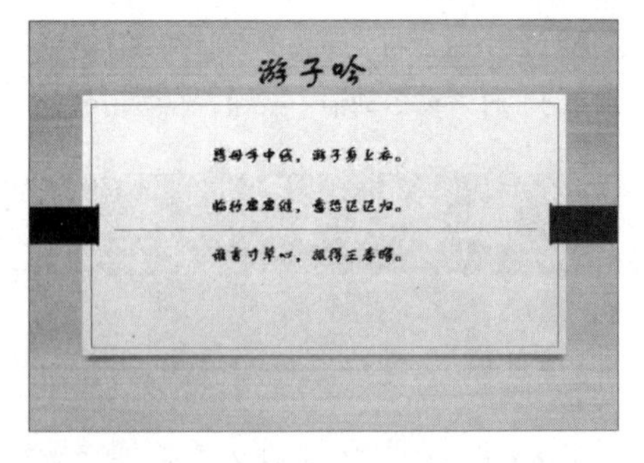

图12-68 设置文本格式

第 13 章 编辑 PowerPoint

创建完演示文稿之后，可以使用 PowerPoint 中的设计、插入、格式等功能，来增加演示文稿的可视性、实用性与美观性。例如，通过插入图片、形状等对象可以增加演示文稿的实用性，同时通过更改主题与背景颜色可以增加演示文稿的美观性。另外，还可以利用相册功能，创建具有个性的电子相册。

在本章中，主要讲解如何设置演示文稿版式、主题和背景等元素。另外，还讲解了如何在演示文稿中插入对象及创建电子相册的基础操作。通过本章的学习，希望能熟练掌握编辑 PowerPoint 的基础知识与操作技巧。

本章学习目的：

- 设置母版
- 设置幻灯片背景
- 应用幻灯片主题
- 设置幻灯片版式
- 插入图片
- 插入 SmartArt 图形
- 创建相册

13.1 设置母版

幻灯片母版是存储关于模板信息的设计模板的一个元素，这些模板信息包括字形、占位符大小和位置、背景设计和主题颜色。可以通过设置母版，来创建一个具有特色风格的幻灯片模板。PowerPoint 主要提供了幻灯片母版、讲义母版与备注母版三种母版。

13.1.1 设置幻灯片母版

幻灯片母版主要用来控制下属所有幻灯片的格式，当更改母版格式时，所有幻灯片的格式也将同时被更改。在幻灯片母版中，可以设置主题类型、字体、颜色、效果及背景样式等格式。同时，还可以进行插入幻灯片母版、插入版式、设置幻灯片方向等操作。下面便开始详细讲解设置幻灯片母版的具体内容。

1. 插入幻灯片母版

执行【视图】|【母版视图】|【幻灯片母版】命令，将视图切换到【幻灯片母版】视图中。同时，执行【幻灯片母版】|【编辑母版】|【插入幻灯片母版】命令，在母版视图中插入新的幻灯片母版，如图 13-1 所示。

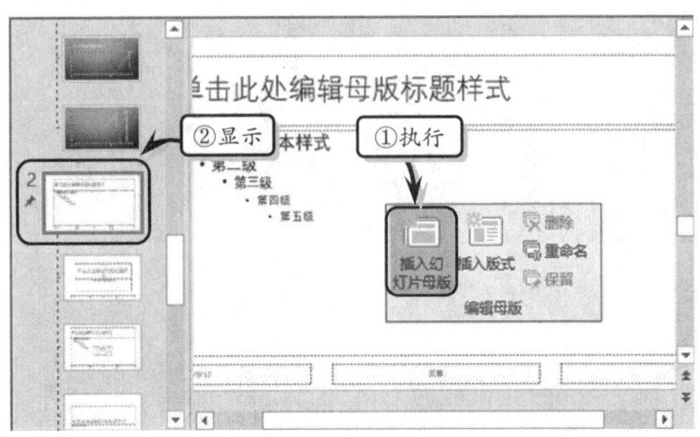

图 13-1 插入幻灯片母版

技 巧

在【幻灯片选项卡】窗格中选择任意一个幻灯片，右击执行【插入幻灯片母版】命令，即可插入一个新的幻灯片母版。

对于新插入的幻灯片母版，系统会根据母版个数自动以数字进行命名。例如，插入第一个幻灯片母版后，系统自动命名为 2；继续插入第二个幻灯片母版后，系统会自动命名为 3，以此类推。

2. 插入幻灯片版式

在幻灯片母版中，系统准备了 14 个幻灯片版式，该版式与普通幻灯片中的版式一样。当母版中的版式无法满足工作需求时，选择幻灯片的位置，执行【幻灯片母版】|【编辑母版】|【插入版式】命令，便可以在选择的幻灯片下面插入一个标题幻灯片，如图 13-2 所示。

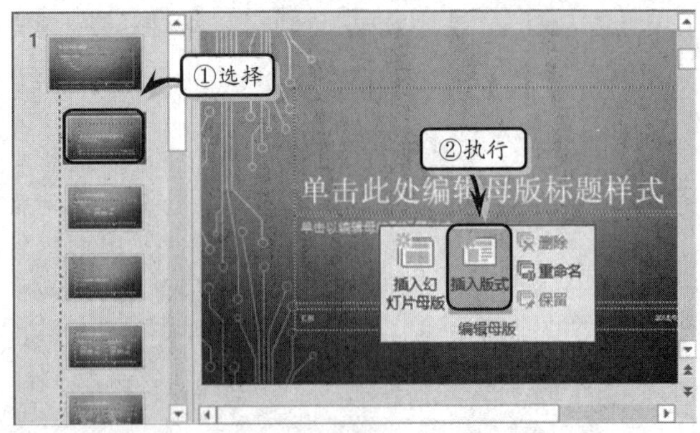

图 13-2 插入幻灯片版式

技 巧

如果选择第一张幻灯片，执行【插入版式】命令后系统将自动在整个母版的末尾处插入一个新版式。

3. 重命名灯片母版

插入新的母版与版式之后，为了区分每个版式与母版的用途与内容，可以设置母版与版式的名称，即重命名幻灯片母版与版式。在幻灯片母版中选择第一个幻灯片，执行

【幻灯片母版】|【编辑母版】|【重命名】命令，在弹出的对话框中输入母版名称，来重命名幻灯片母版，如图 13-3 所示。

4. 编辑母版版式

PowerPoint 提供了编辑母版版式的功能，以帮助实现隐藏或显示幻灯片母版中元素的目的。选择幻灯片母版中的第一张幻灯片，执行【幻灯片母版】|【母版版式】|【母版版式】命令，在弹出的【母版版式】对话框中禁用或启用相应选项，如图 13-4 所示。

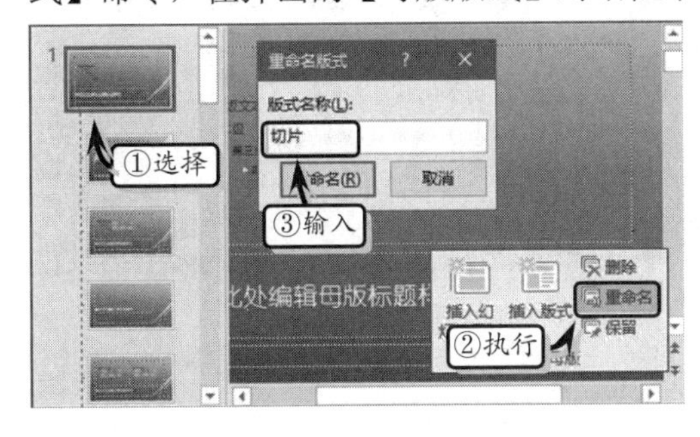

图 13-3 重命名幻灯片母版

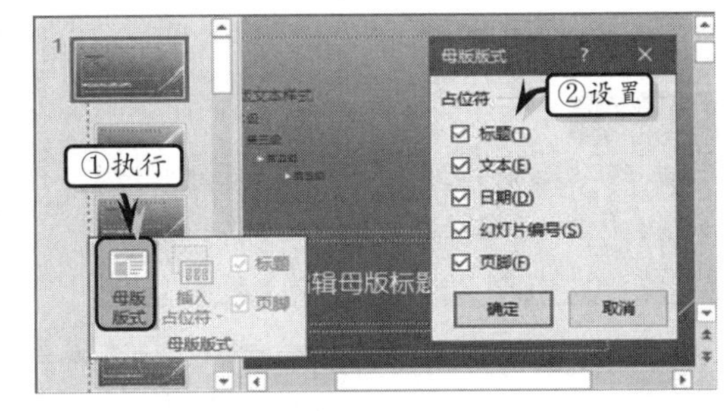

图 13-4 编辑母版版式

技 巧

选择母版中的第一张幻灯片，右击【母版版式】命令，也会弹出【母版版式】对话框。

5. 插入占位符

PowerPoint 提供了内容、文本、图表、图片、表格、媒体、剪贴画、SmartArt 等 10 种占位符，可根据具体需求在幻灯片中插入新的占位符。选择除第一张幻灯片之外的任意一个幻灯片，执行【幻灯片母版】|【母版版式】|【插入占位符】命令，在其级联菜单中选择一种占位符的类型，并拖动鼠标放置占位符，如图 13-5 所示。

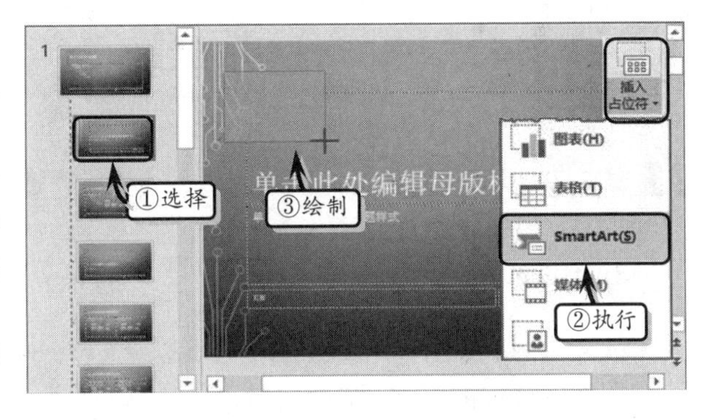

图 13-5 插入占位符

6. 设置页脚和标题

在幻灯片母版中，系统默认的版式显示了标题与页脚，可以通过启用或禁用【母版版式】选项卡中的【标题】或【页脚】复选框来隐藏标题与页脚。例如，禁用【页脚】复选框，将会隐藏幻灯片中的页脚显示。同样，启用【页脚】复选框便可以显示幻灯片中的页脚，如图 13-6 所示。

13.1.2 设置讲义母版

讲义母版主要以讲义的方式来展示演示文稿内容，可以显示多个幻灯片的内容，便于用户对幻灯片进行打印和快速浏览。

1. 设置讲义方向

执行【视图】|【母版视图】|【讲义母版】命令，切换到【讲义母版】视图中。然后，执行【讲义母版】|【页面设置】|【讲义方向】命令，在其级联菜单中选择一种显示方向，如图 13-7 所示。

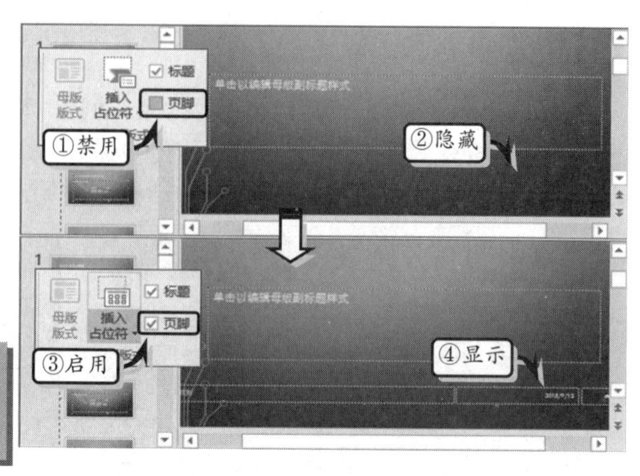

图 13-6 设置标题

提 示

执行【讲义母版】|【页面设置】|【幻灯片大小】命令，即可设置幻灯片的标准和宽屏样式。

2. 设置每页幻灯片的数量

执行【讲义母版】|【页面设置】|【每页幻灯片数量】命令，在其级联菜单中选择一种选项，即可更改每页讲义母版所显示的幻灯片的数量，如图 13-8 所示。

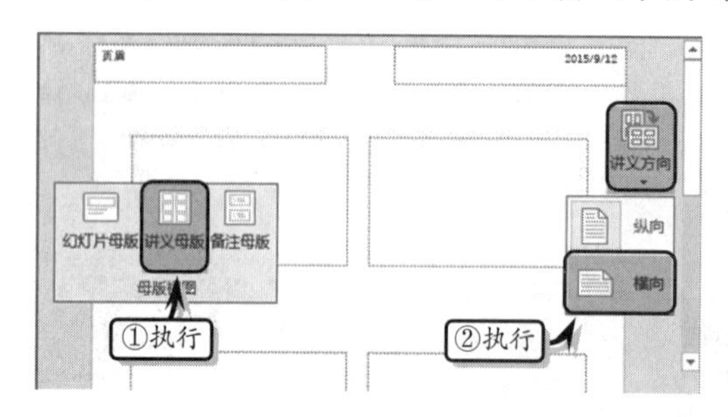

图 13-7 设置讲义方向

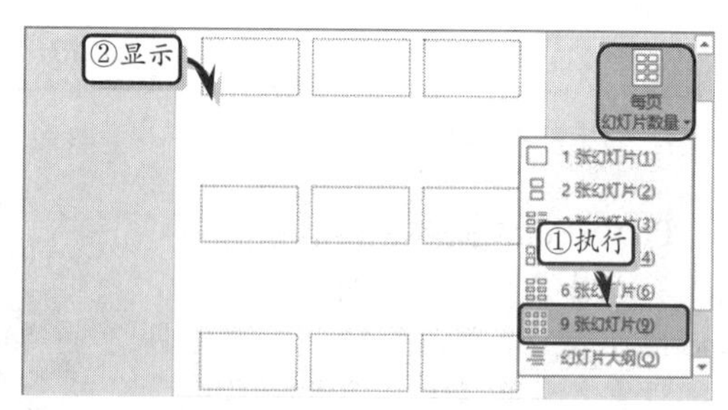

图 13-8 设置幻灯片的数量

3. 编辑母版版式

讲义母版和幻灯片母版一样，也可以通过自定义占位符的方法，实现编辑母版版式的目的。在讲义母版视图中，只需启用或禁用【讲义母版】选项卡【占位符】选项组中相应的复选框，即可隐藏或显示占位符，如图 13-9 所示。

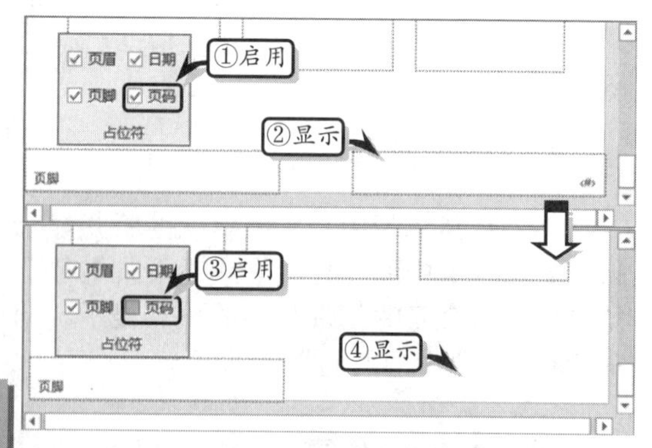

图 13-9 编辑母版版式

提 示

右击讲义母版，执行【讲义母版版式】命令，可在弹出的【讲义母版版式】对话框中通过设置母版占位符的方法，来编辑母版版式。

13.1.3 设置备注母版

备注母版也常用于教学备课中，其作用是演示各幻灯片的备注和参考信息，由幻灯片缩略图和页眉、页脚、日期、正文码等占位符组成。

1．设置备注页方向

执行【视图】|【母版视图】|【备注母版】命令，切换到【备注母版】视图中。然后，执行【备注母版】|【页面设置】|【备注页方向】命令，在其级联菜单中选择一种显示方向，如图 13-10 所示。

提　示

执行【备注母版】|【页面设置】|【幻灯片大小】命令，即可设置幻灯片的标准和宽屏样式。

2．编辑母版版式

在备注母版视图中，启用或禁用【备注母版】选项卡【占位符】选项组中相应的复选框，即可通过隐藏或显示占位符的方法来实现编辑母版版式的目的，如图 13-11 所示。

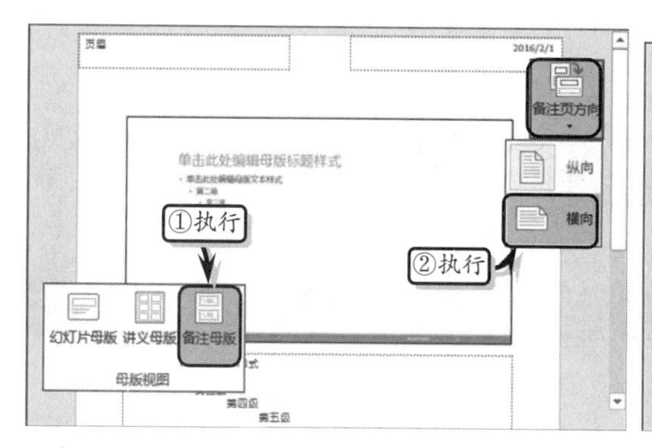

图 13-10 设置备注页方向

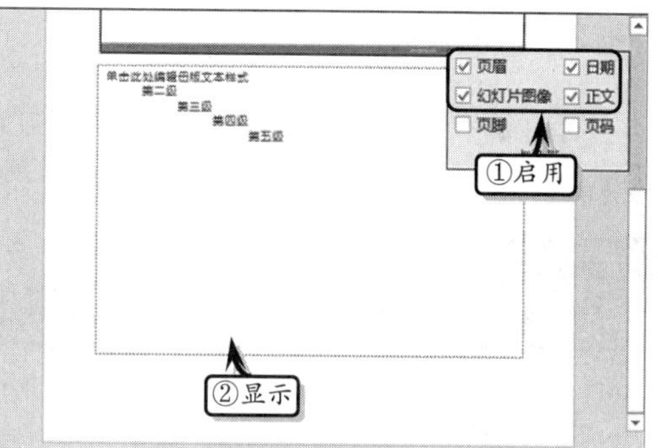

图 13-11 编辑母版版式

13.2 设置版式与主题

在设计演示文稿时，可通过设计幻灯片的版式和主题等操作，来保持演示文稿中所有的幻灯片风格外观一致，以增加演示文稿的可视性、实用性与美观性。PowerPoint 提供了丰富的主题颜色和幻灯片版式，方便对幻灯片进行设计，使其具有更好的视觉效果。

13.2.1 设置幻灯片版式

在 PowerPoint 中通过幻灯片版式的应用，可使幻灯片的制作更加整齐、简洁。

1. 幻灯片版式

创建演示文稿之后，会发现所有新创建的幻灯片的版式都被默认为“标题幻灯片”版式。为了丰富幻灯片内容，体现幻灯片的实用性，需要设置幻灯片的版式。PowerPoint 主要提供了“标题和内容”“比较”“内容与标题”“图片与标题”等 11 种版式，其具体内容如表 13-1 所示。

表 13-1 幻灯片版式

版式名称	包含内容
标题幻灯片	标题占位符和副标题占位符
标题和内容	标题占位符和正文占位符
节标题	文本占位符和标题占位符
两栏内容	标题占位符和两个正文占位符
比较	标题占位符、两个文本占位符和两个正文占位符
仅标题	仅标题占位符
空白	空白幻灯片
内容与标题	标题占位符、文本占位符和正文占位符
图片与标题	图片占位符、标题占位符和文本占位符
标题和竖排文字	标题占位符和竖排文本占位符
垂直排列标题与文本	竖排标题占位符和竖排文本占位符

2. 新建版式

选择需要在其下方新建幻灯片的幻灯片，然后执行【开始】|【幻灯片】|【新建幻灯片】|【两栏内容】命令，即可创建新版式的幻灯片，如图 13-12 所示。

提 示

通过【新建幻灯片】命令应用版式时，PowerPoint 会在原有幻灯片的下方插入新幻灯片。

3. 更改版式

选择需要应用版式的幻灯片，执行【开始】|【幻灯片】|【版式】|【两栏内容】命令，即可将现有幻灯片的版式应用于“两栏内容”的版式，如图 13-13 所示。

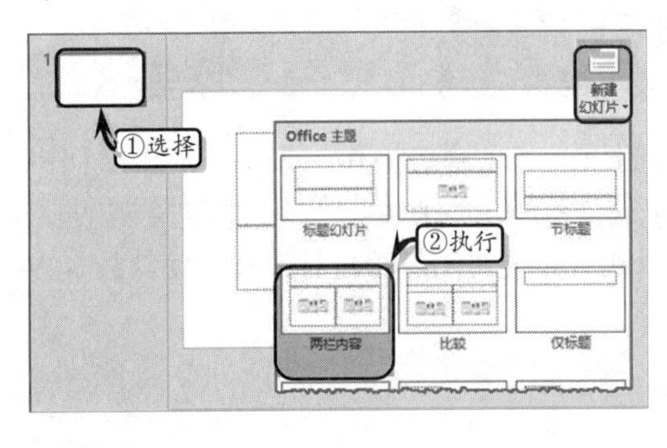

图 13-12 新建版式

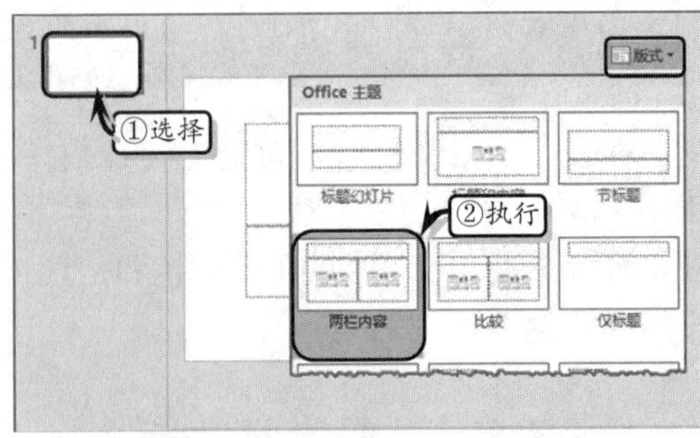

图 13-13 更改版式

4. 重用幻灯片

执行【开始】|【幻灯片】|【新建幻灯片】|【重用幻灯片】命令，弹出【重用幻灯片】窗格，单击【浏览】按钮，在其列表中选择【浏览文件】选项，如图 13-14 所示。

提 示

在【重用幻灯片】窗格中，单击【浏览】按钮，选择【浏览幻灯片库】选项，在弹出的【选择幻灯片库】对话框中选择演示文稿文件即可。

然后，在弹出的【浏览】对话框中选择一个幻灯片演示文件，单击【打开】按钮，如图 13-15 所示。

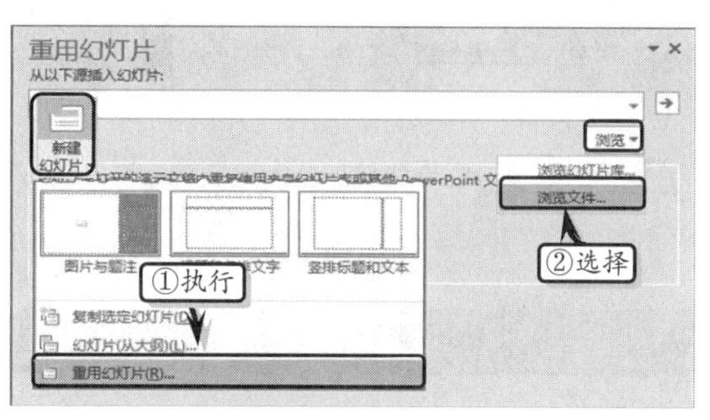

图 13-14 浏览文件

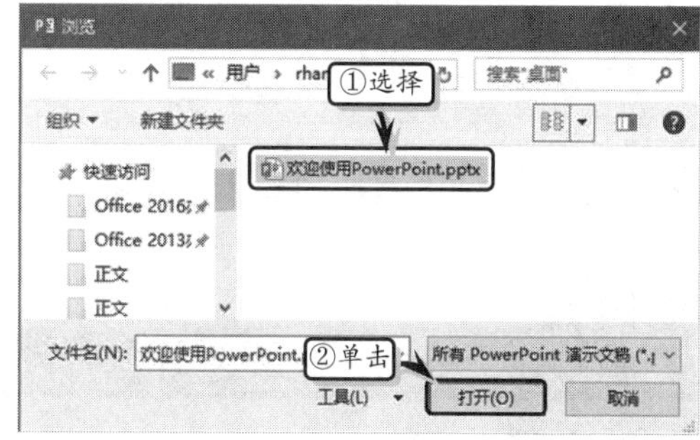

图 13-15 选择文件

此时，系统会自动在【重用幻灯片】窗格中显示所打开演示文稿中的幻灯片，在其列表中选择一种幻灯片，即可将所选幻灯片插入到当前演示文稿中，如图 13-16 所示。

13.2.2 应用幻灯片主题

幻灯片主题是应用于整个演示文稿的各种样式的集合，包括颜色、字体和效果三大类。PowerPoint 预置了多种主题供用户选择，除此之外还可以通过自定义主题样式，来弥补自带主题样式的不足。

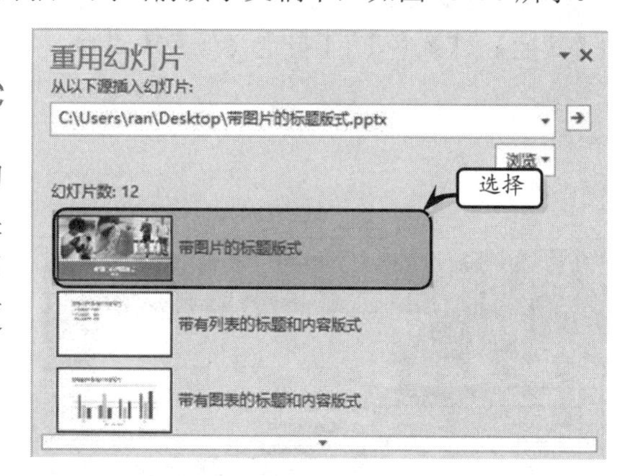

图 13-16 选择幻灯片

1. 应用主题

在演示文稿中更改主题样式时，默认情况下会同时更改所有幻灯片的主题。只需执行【设计】|【主题】|【环保】命令，即可将“环保”主题应用到整个演示文稿中，如图 13-17 所示。

提 示

对于具有一定针对性的幻灯片，也可以单独应用某种主题。选择幻灯片，在【主题】列表中选择一种主题，右击执行【应用于选定幻灯片】命令即可。

2. 应用变体效果

PowerPoint 为用户提供了“变体”样式，该样式会随着主题的更改而自动更换。在【设计】选项卡【变体】选项组中，系统会自动提供 4 种不同背景颜色的变体效果，只需选择一种样式进行应用，如图 13-18 所示。

图 13-17 应用幻灯片主题

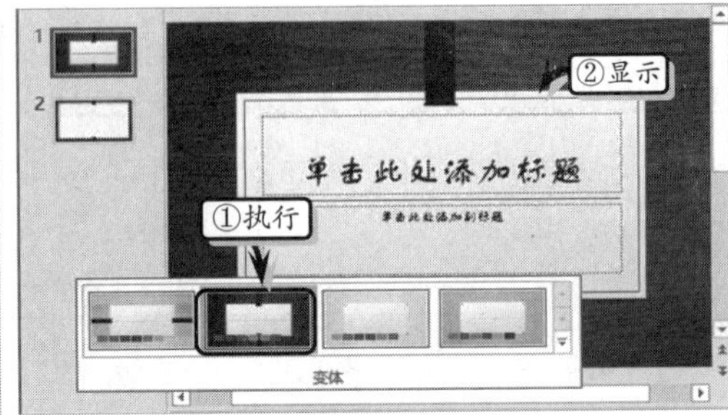

图 13-18 应用变体

提 示

右击变体效果，执行【应用于所选幻灯片】命令，即可将变体效果只应用到当前幻灯片中。

3. 设置主题颜色

PowerPoint 准备了 23 种主题颜色，可根据幻灯片的内容，执行【设计】|【变体】|【其他】|【颜色】命令，在其级联菜单中选择一种主题颜色，如图 13-19 所示。

除了上述 23 种主题颜色之外，还可以创建自定义主题颜色。执行【设计】|【变体】|【其他】|【颜色】|【自定义颜色】命令，自定义主题颜色，如图 13-20 所示。

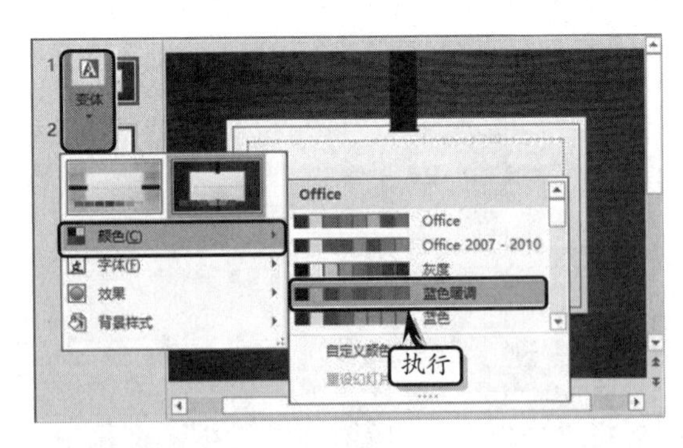

图 13-19 应用主题颜色

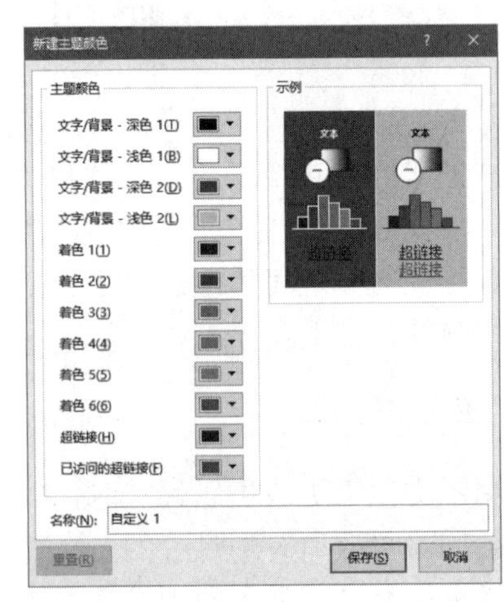

图 13-20 自定义主题颜色

提 示

若不满意新创建的主题颜色，单击【重设】按钮，可重新设置主题颜色。

4. 设置主题字体

PowerPoint 准备了 25 种主题字体，可根据幻灯片的内容，执行【设计】|【变体】|【其他】|【字体】命令，在其级联菜单中选择一种主题字体，如图 13-21 所示。

除了上述 26 种主题颜色之外，还可以创建自定义主题字体。执行【设计】|【变体】|【其他】|【字体】|【自定义字体】命令，自定义主题字体，如图 13-22 所示。

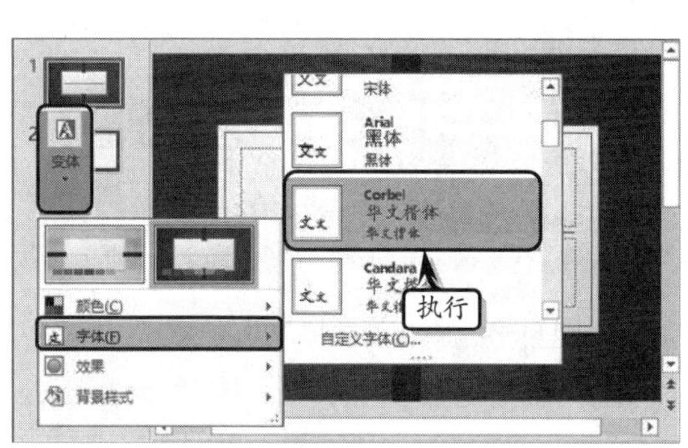

图 13-21 应用主题字体

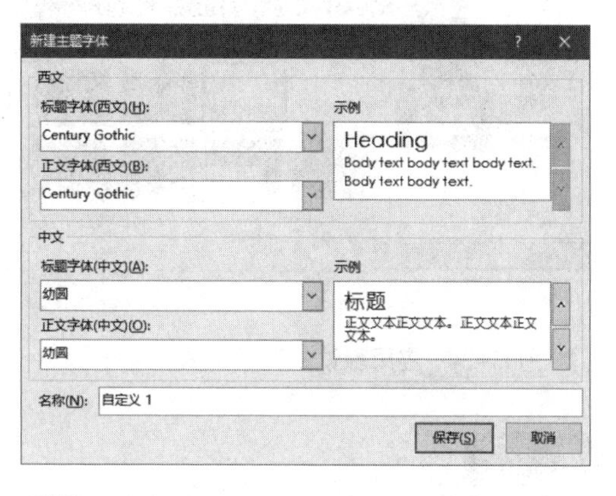

图 13-22 自定义主题字体

5. 设置主题效果

PowerPoint 提供了 15 种主题效果，可根据幻灯片的内容，执行【设计】|【变体】|【其他】|【效果】命令，在其级联菜单中选择一种主题效果，如图 13-23 所示。

提　示

自定义主题样式之后，可通过执行【设计】|【主题】|【其他】|【保存当前主题】命令保存自定义主题。

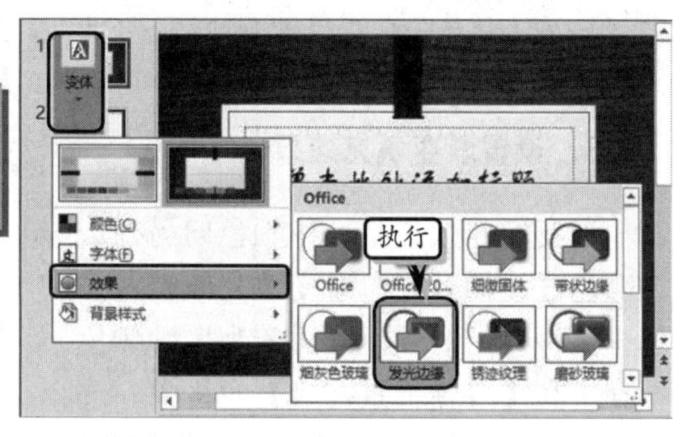

图 13-23 应用主题效果

13.2.3 设置幻灯片背景

在 PowerPoint 中，除了可以为幻灯片设置主题效果之外，还可以根据幻灯片的整体风格，设置幻灯片的背景样式。

1. 应用默认背景样式

PowerPoint 提供了 12 种默认的背景样式，执行【设计】|【变体】|【其他】|【背景样式】命令，在其级联菜单中选择一种样式即可，如图 13-24 所示。

2. 设置纯色填充效果

除了使用内置的背景样式设置幻灯片的背景格式之外，还可以自定义纯色填充效果。执行【设计】|【自定义】|【设置背景格式】命令，打开【设置背景格式】窗格。选

中【纯色填充】选项，单击【颜色】按钮，在其级联菜单中选择一种色块，如图 13-25 所示。

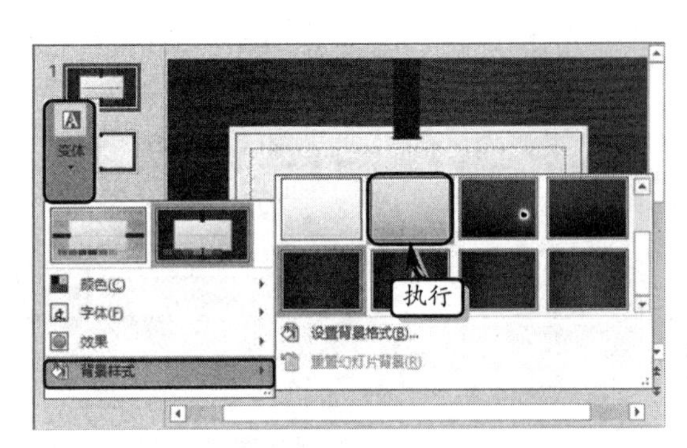

图 13-24 应用默认的背景样式

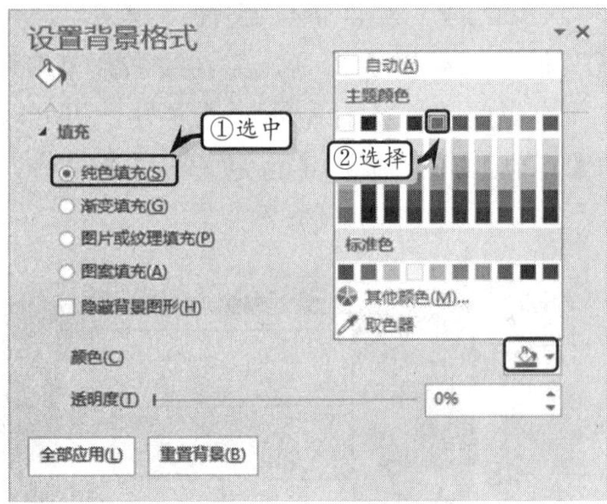

图 13-25 设置纯色填充效果

提 示

当【颜色】级联菜单中的色块无法满足用户需求时，可以执行【其他颜色】命令，在弹出的【颜色】对话框中自定义填充颜色。

选择色块之后，单击【全部应用】按钮即可将纯色填充效果应用到所有幻灯片中。另外，还可以通过设置透明度值的方法，来增加背景颜色的透明效果。

3. 设置渐变填充效果

渐变填充效果是一种颜色向另外一种颜色过渡的效果，渐变填充效果往往包含两种以上的颜色，通常为多种颜色并存。在【设置背景格式】窗格中，选中【渐变填充】选项，单击【预设渐变】按钮，在其级联菜单中选择一种预设渐变效果，应用内置的渐变效果，如图 13-26 所示。

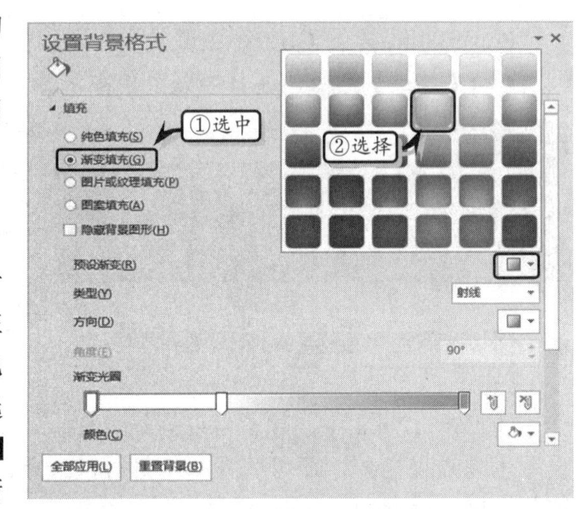

图 13-26 设置渐变填充效果

在【渐变效果】列表中，除了应用系统提供的 30 种预设渐变填充效果之外，还可以自定义渐变填充效果。其中各选项的具体含义和使用方法如表 13-2 所示。

提 示

除了对背景进行纯色和渐变填充之外，还可以选中【图片或纹理填充】和【图案填充】选项，以图片、纹理或图案的方式设置幻灯片的背景样式。

表 13-2 渐变效果选项

属性		作用
类型	线性	渐变色彩以直线为流动方向，包括 8 种不同的流动方向
	射线	渐变色彩以一个中心点向四周发散，包括 5 种颜色方向
	矩形	渐变色彩以矩形的形状向四周发散，包括 5 种不同的颜色方向
	路径	渐变色彩向四角发散，不包含颜色显示方向
	标题的阴影	渐变色彩从标题占位符向四周发散，不包含颜色显示方向
方向		定义渐变色彩发散的方向，包括右下角、左下角、中心、右上角和左上角等方向，该属性仅可应用于线性、射线和矩形三种类型的渐变，并且会随着类型的改变而自动改变
角度		用于设置渐变色彩的倾斜角度，其取值范围介于 0～359.9° 之间
渐变光圈		用于设置渐变颜色的种类，一个渐变光圈代表一种颜色，可通过后面的【增加渐变光圈】和【删除渐变光圈】按钮增加或删除渐变光圈
颜色		用于设置渐变光圈的颜色，选中色条中的渐变光圈，可设置光圈的颜色
位置		用于设置渐变光圈的显示位置，选择色条中的渐变光圈，在该文本框中输入位置数值即可
透明度		用于设置渐变光圈的透明度，选中色条中的渐变光圈，然后即可在此设置光圈的颜色透明度
亮度		用于设置渐变光圈的亮度，选中色条中的渐变光圈，然后即可在此设置光圈的颜色亮度
与形状一起旋转		启用该复选框，表示所设置的渐变颜色将随着形状一起旋转

13.3 插入对象

为了丰富幻灯片的内容，可以在幻灯片中插入各种对象。PowerPoint 提供了图表、表格、形状、图片、声音、影片等对象。通过插入对象，不仅可以在幻灯片中分析与记录数据，同时还可以增加幻灯片的美观性与特效性。

13.3.1 插入图片

在 PowerPoint 中插入图片，可以通过各种来源插入，如通过Internet下载的图片、利用扫描仪和数码相机输入的图片等。

1. 插入本地图片

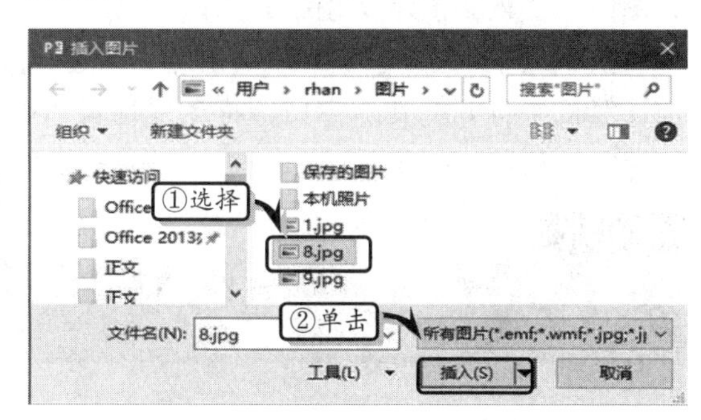

图 13-27 插入图片

执行【插入】|【图像】|【图片】命令，弹出【插入图片】对话框。在该对话框中，选择需要插入的图片文件，并单击【插入】按钮，如图 13-27 所示。

提 示

单击【插入图片】对话框中的【插入】下拉按钮，选择【链接到文件】选项，当图片文件丢失或移动位置时，重新打开演示文稿，图片无法正常显示。

另外，新建一张具有【标题和内容】版式的幻灯片，在内容占位符中单击占位符中的【图片】图标。然后在弹出的【插入图片】对话框中，选择所需图片，单击【插入】按钮即可。

2. 插入联机图片

在 PowerPoint 2016 中，系统用“联机图片”功能代替了“剪贴画”功能。执行【插入】|【图像】|【联机图片】命令，在弹出的【插入图片】对话框中的【必应图像搜索】搜索框中输入搜索内容，单击【搜索】按钮搜索网络图片，如图 13-28 所示。

然后，在搜索到的剪贴画列表中选择需要插入的图片，单击【插入】按钮，将图片插入到幻灯片中，如图 13-29 所示。

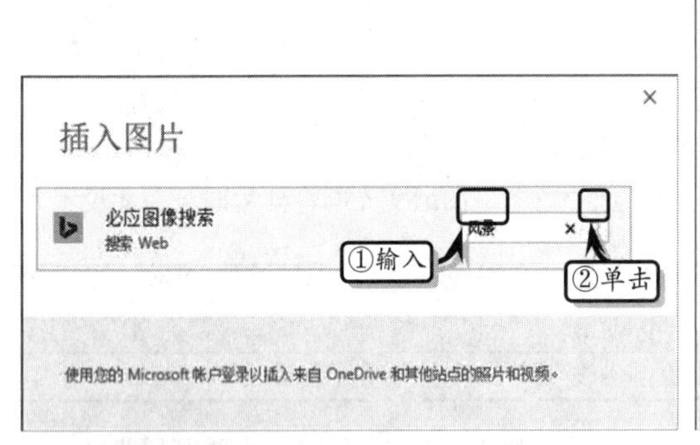

图 13-28 搜索图片

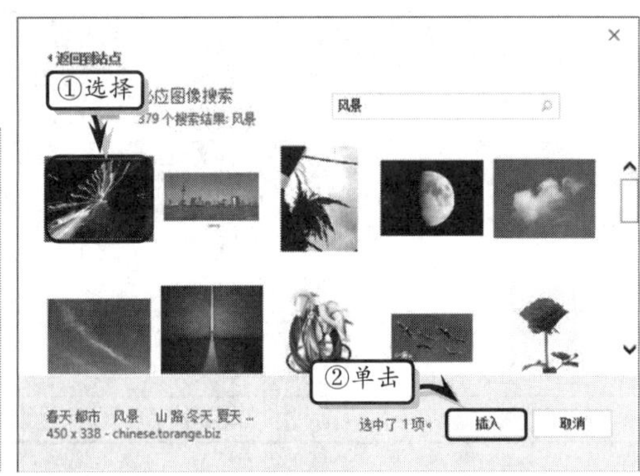

图 13-29 选择图片

3. 插入屏幕截图

屏幕截图是 PowerPoint 新增的一种对象，可以截取当前系统打开的窗口，将其转换为图像，插入到演示文稿中。

执行【插入】|【图像】|【屏幕截图】|【屏幕剪辑】命令，此时系统会自动显示当前计算机中打开的其他窗口，拖动鼠标裁剪图片范围，即可将裁剪的图片范围添加到幻灯片中，如图 13-30 所示。

提　示

执行【插入】|【图像】|【屏幕截图】|【屏幕剪辑】命令，此时系统会自动显示当前计算机中打开的其他窗口，拖动鼠标裁剪图片范围，即可将裁剪的图片范围添加到幻灯片中。

4. 设置图片样式

插入图片之后，应该设置图片的样式。设置图片样式主要包括设置图片的样式类型、设置图片形状、设置图片边框与设置图片效果等内容，如图 13-31 所示。

其具体内容如下所述。

（1）设置图片样式：在 PowerPoint 中，共存在居中矩形阴影、柔化边缘椭圆、棱台矩形、棱台透视等 28 种图片样式。在幻灯片中选择图片，在【格式】选项卡中的【图片样式】选项组中选择一种样式，即可设置图片的样式。

图 13-30 插入屏幕截图

图 13-31 设置图片样式

（2）设置图片形状：在 PowerPoint 中，不仅可以设置图片的样式，还可以将图片设置为矩形、箭头汇总、公式形状、流程图、星与旗帜、标注与动作按钮 8 种形状。选择图片，执行【格式】|【大小】|【裁剪】|【裁剪为形状】命令即可。

（3）设置图片边框：在【图片样式】选项组中的【图片边框】下拉列表中，可以设置图片的主题颜色、轮廓颜色、有无轮廓、粗细及虚线类别。

（4）设置图片效果：在【图片样式】选项组中的【图片效果】下拉列表中，可以设置图片的预设、阴影、映像等 7 种图片效果。

13.3.2 插入 SmartArt 图形

在制作演示文稿时，往往需要利用流程图、层次结构图及列表来显示幻灯片的内容。PowerPoint 为用户提供了列表、流程、循环等 8 类 SmartArt 图形，其具体内容如表 13-3 所示。

表 13-3 SmartArt 图形类型

图形类别	说明
列表	显示无序信息
流程	在流程或时间线中显示步骤
循环	显示连续而可重复的流程
层次结构	显示树状列表关系
关系	对连接进行图解
矩阵	以矩形阵列的方式显示并列的 4 种元素
棱锥图	以金字塔的结构显示元素之间的比例关系
图片	允许用户为 SmartArt 插入图片背景

在幻灯片中，执行【插入】|【插图】|SmartArt 命令，在弹出的【选择 SmartArt 图形】对话框中选择图形类型，单击【确定】按钮，即可在幻灯片中插入 SmartArt 图形，如图 13-32 所示。

提　示

在包含【内容】版式的幻灯片中，单击占位符中的【插入 SmartArt 图形】按钮。在弹出的【选择 SmartArt 图形】对话框中选择相应的图形类型，单击【确定】按钮即可插入 SmartArt 图形。

13.3.3 创建相册

在 PowerPoint 中，还可以将计算机硬盘、数码相机、扫描仪等设备中的照片添加到幻灯片中，制作个人电子相册或产品展览册等。创建电子相册主要是在新建幻灯片的基础上插入图片、文本框，设置图片的显示效果、版式、主题等内容。

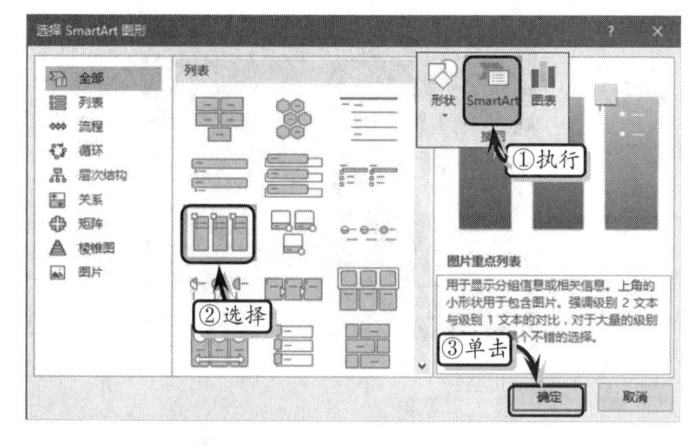

图 13-32 插入 SmartArt 图形

执行【插入】|【图像】|【相册】|【新建相册】命令，弹出【相册】对话框。下面便根据【相册】对话框，详细讲解创建电子相册的操作方法。

1．设置相册内容

创建电子相册的基本步骤便是插入图片。在相册中不仅需要图片，偶尔还需要配以说明性文字。

首先，在【相册】对话框中单击【文件/磁盘】按钮，弹出【插入图片】对话框。选择需要插入的图片，单击【插入】按钮即可。利用上述方法，分别插入其他图片，如图 13-33 所示。

然后，在【相册】对话框中单击【新建文本框】按钮，在相册中插入一个文本框幻灯片，可在文本框幻灯片中输入相册文字，如图 13-34 所示。

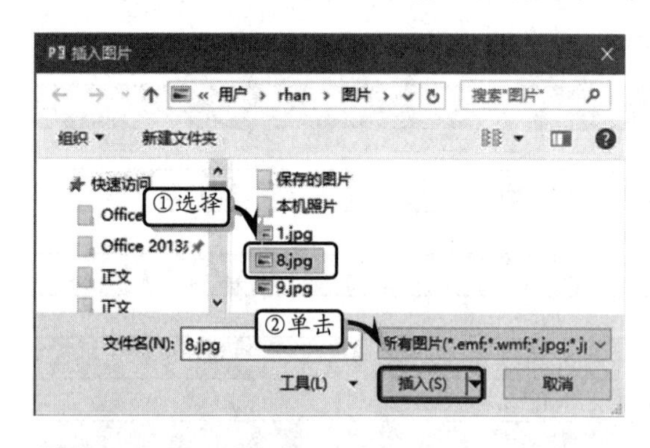

图 13-33 插入图片

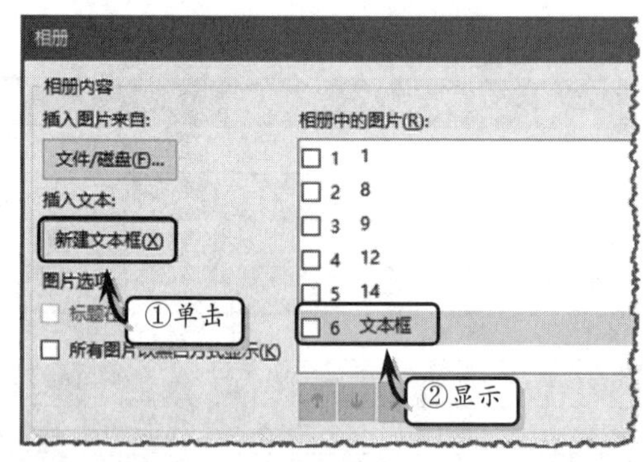

图 13-34 插入文本框

2．编辑图片

插入图片之后，需要调整图片的前后位置，而且还需要删除多余的图片。在【相册】对话框中的【相册的图片】列表框下方，单击【上移】按钮，可以将选中的图片上移一个位置；单击【下移】按钮，可以将选中的图片下移一个位置；单击【删除】按钮，可以删除多余的图片。

3. 设置图片选项

设置图片选项，主要是设置图片的标题位置与显示方式。在【相册】对话框中，启用【标题在所有图片下方】复选框，即将标题设置为图片的下方；启用【所有图片以黑白方式显示】复选框，即将图片设置为以黑白的方式进行显示。

4. 预览图片效果

在【相册】对话框中，还可以预览插入图片的效果。同时，还可以调整图片的方向、亮度与对比度。其中各项按钮的具体功能如表 13-4 所示。

表 13-4 预览图片按钮表

按钮名称	功能
逆时针旋转	单击此按钮，图片将向左旋转 90°
顺时针旋转	单击此按钮，图片将向右旋转 90°
增强对比度	单击此按钮，增强图片的对比度
降低对比度	单击此按钮，降低图片的对比度
增强亮度	单击此按钮，增强图片的亮度
降低亮度	单击此按钮，降低图片的亮度

5. 设置图片版式

在【相册】对话框中的【相册版式】选项组中，单击【图片版式】下拉按钮，在下拉列表中选择版式类别，即可设置图片版式。PowerPoint 提供了 7 种版式，每种版式的具体功能如表 13-5 所示。

表 13-5 图片版式功能表

版式名称	功能
适应幻灯片尺寸	图片与幻灯片的尺寸一致
1 张图片	每张幻灯片中包含 1 张图片
2 张图片	每张幻灯片中包含 2 张图片
4 张图片	每张幻灯片中包含 4 张图片
1 张图片（带标题）	每张幻灯片中包含 1 张图片与 1 个标题
2 张图片（带标题）	每张幻灯片中包含 2 张图片与 1 个标题
4 张图片（带标题）	每张幻灯片中包含 4 张图片与 1 个标题

6. 设置相框形状

在【相册】对话框中的【相册版式】选项组中，单击【相框形状】下拉按钮，在下拉列表中选择【形状】选项，即可设置相片形状。PowerPoint 为用户提供了【矩形】、【圆角矩形】、【简单框架，白色】、【简单框架，黑色】、【复杂框架，黑色】、【居中矩形阴影】与【柔化边缘矩形】7 种相框形状。

7. 设置主题

在【相册】对话框中的【相册版式】选项组中，单击【浏览】按钮，弹出【选择主题】对话框。选择主题类型，单击【选择】按钮，即可将主题应用到相册中，如图 13-35 所示。

最后单击【创建】按钮，系统会自动新建一个演示文稿，并将图片插入到第二张以后的幻灯片中。

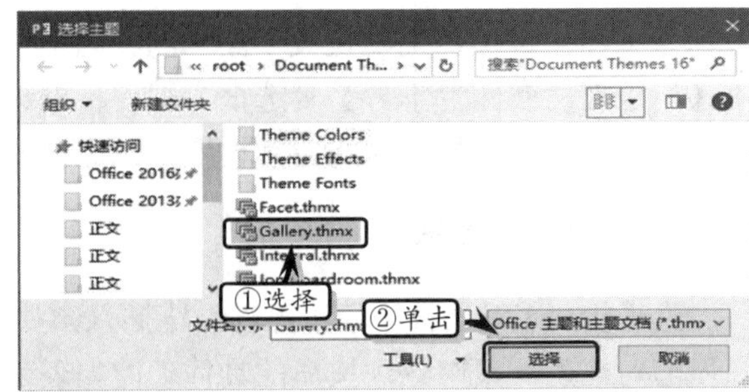

图 13-35 选择主题

13.3.4 插入形状

PowerPoint 提供了形状绘制工具，允许用户为演示文稿添加箭头、方框、圆角矩形等各种矢量形状，并设置这些形状的样式。通过使用形状绘制工具，不仅美化了演示文稿，也使演示文稿更加生动、形象，更富有说服力。

1. 绘制形状

形状是 Office 系列软件的一种特有功能，可为 Office 文档添加各种线、框、图形等元素，丰富 Office 文档的内容。在 PowerPoint 中，用户也可以方便地为演示文稿插入这些图形。

执行【插入】|【插图】|【形状】|【心形】命令，拖动鼠标即可在幻灯片中绘制一条直线，如图 13-36 所示。

2. 设置显示层次

选择形状，执行【绘图工具】|【格式】|【排列】|【上移一层】或【下移一层】命令，在级联菜单中选择一个选项，即可调整形状的显示层次，如图 13-37 所示。

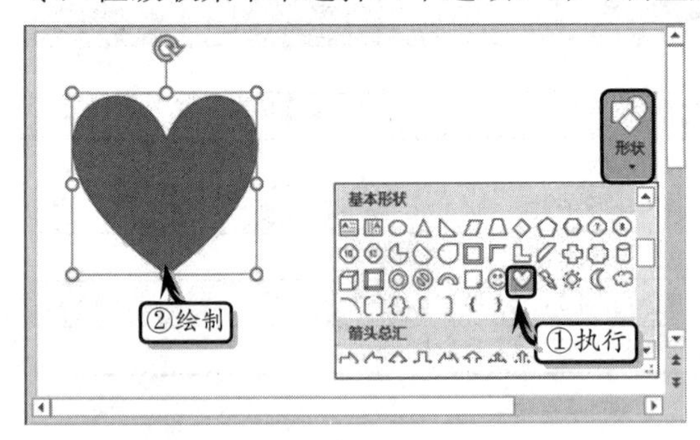

图 13-36 绘制形状

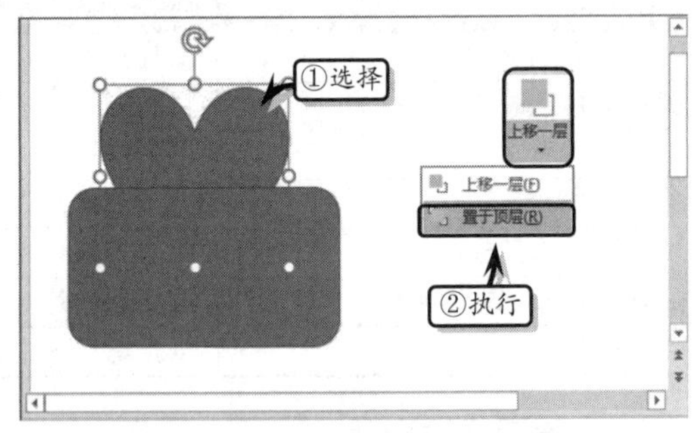

图 13-37 设置显示层次

3. 旋转形状

选择形状，将光标移动到形状上方的旋转按钮上，按住鼠标左键，当光标变为形状时，旋转鼠标即可旋转形状，如图 13-38 所示。

除了上述方法之外，还可以通过下列两种方法来旋转形状。

（1）固定旋转法：选择形状，执行【绘图工具】|【格式】|【排列】|【旋转】命令，选择相应的选项即可将图片向左旋转 90°。

（2）自由旋转法：选择形状，执行【旋转】|【其他旋转选项】命令，在弹出的【设置形状格式】任务窗格中的【大小】选项卡中输入旋转角度值，即可按指定的角度旋转形状。

4. 应用形状样式

PowerPoint 2016 中内置了 42 种主题样式，以及 35 种内置样式和 12 种其他主题填充样式供用户选择使用。选择形状，执行【绘图工具】|【格式】|【形状样式】|【其他】下拉按钮，在下拉列表中选择一种形状样式，如图 13-39 所示。

图 13-38 旋转形状

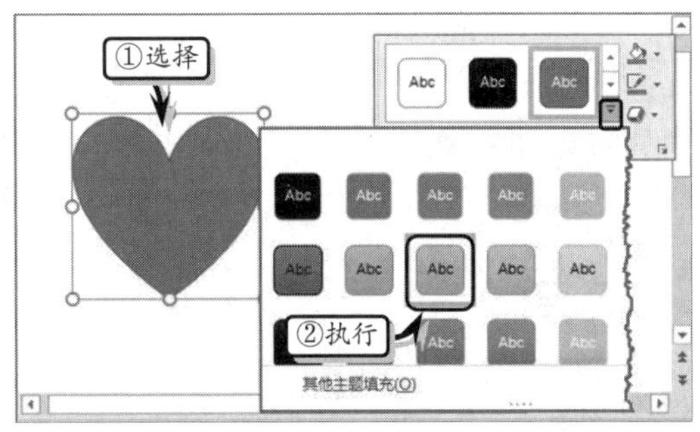

图 13-39 设置形状样式

提 示

当内置的形状样式无法满足需求时，可在【形状样式】选项组中，通过设置形状填充、形状轮廓和形状效果等方法，来自定义形状样式。

13.4 课堂练习：堆积块

文本框与占位符一样，是盛放文本的容器，也是占位符的一种扩展形状，便于移动与操作。在 PowerPoint 中，文本框与形状一样，除了可以通过设置内置的形状样式进行美化之外，还可以使用自定义功能，自定义文本框的外观样式。在本示例中，将通过制作一个具有立体效果的堆积块，来详细介绍自定义文本框样式的操作方法，如图 13-40 所示。

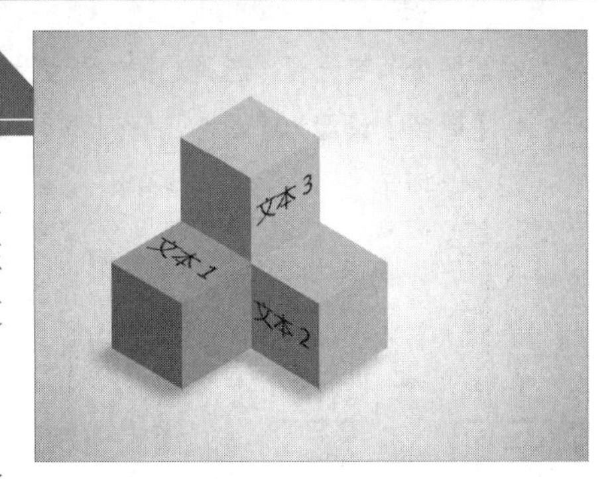

图 13-40 堆积块

操作步骤

1 设置幻灯片。执行【设计】|【自定义】|【幻灯片大小】|【标准】命令，设置幻灯片的大小，如图 13-41 所示。

2 设置背景颜色。执行【设计】|【自定义】|【设置背景格式】命令。选中【渐变填充】选项，设置【类型】和【方向】选项，如图

13-42 所示。

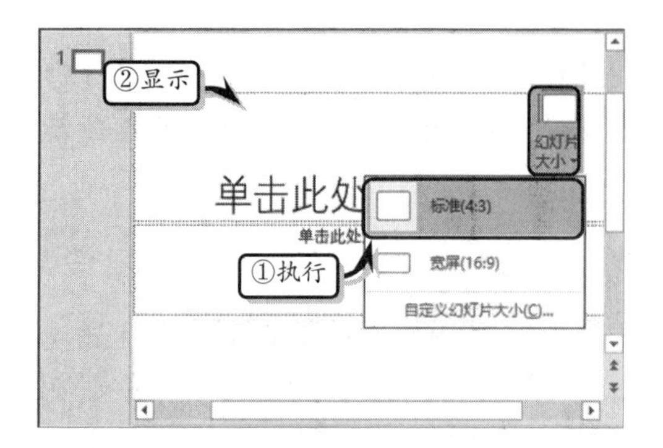

图 13-41 设置幻灯片大小

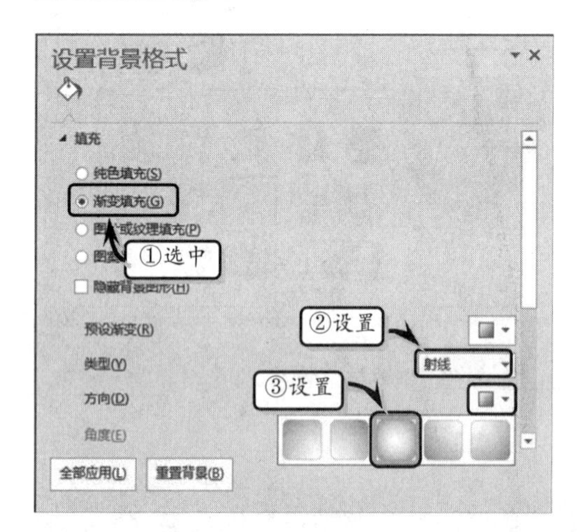

图 13-42 设置渐变选项

3 保留两个渐变光圈，选择左侧的渐变光圈，将【颜色】设置为【白色，背景 1】，如图 13-43 所示。

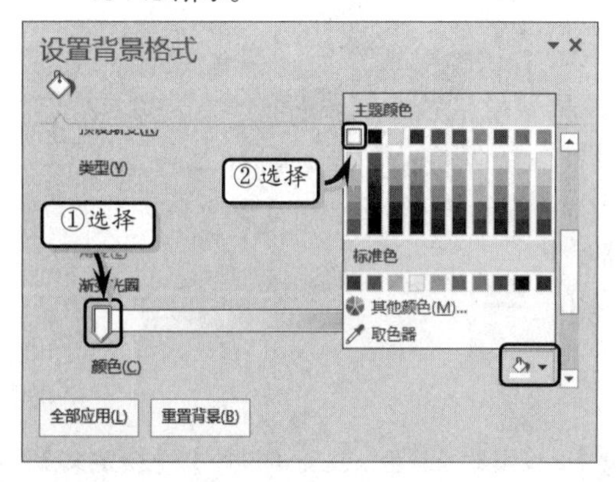

图 13-43 设置左侧渐变光圈

4 选择右侧的渐变光圈，将【颜色】设置为【白色，背景 1，深色 35%】，如图 13-44 所示。

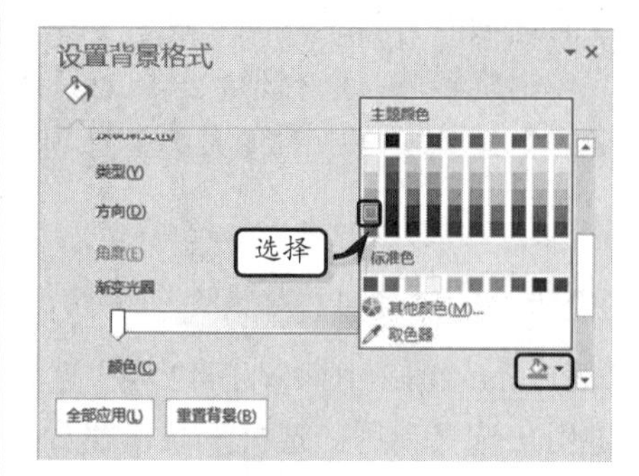

图 13-44 设置右侧渐变光圈

5 制作矩形形状。执行【插入】|【插图】|【形状】|【矩形】命令，绘制矩形并调整形状的大小，如图 13-45 所示。

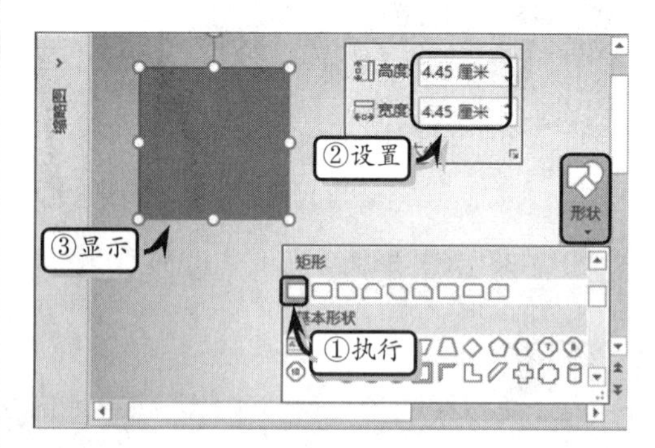

图 13-45 绘制形状

6 执行【格式】|【形状样式】|【形状填充】|【其他填充颜色】命令，自定义填充颜色，如图 13-46 所示。

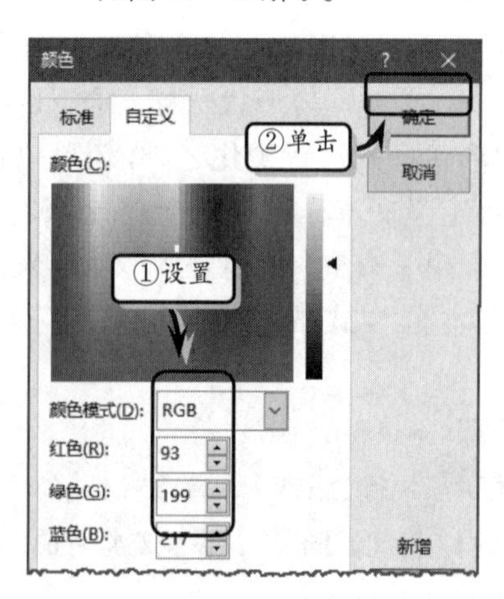

图 13-46 自定义填充颜色

7 执行【格式】|【形状样式】|【形状轮廓】|【无轮廓】命令，取消形状的轮廓样式，如图 13-47 所示。

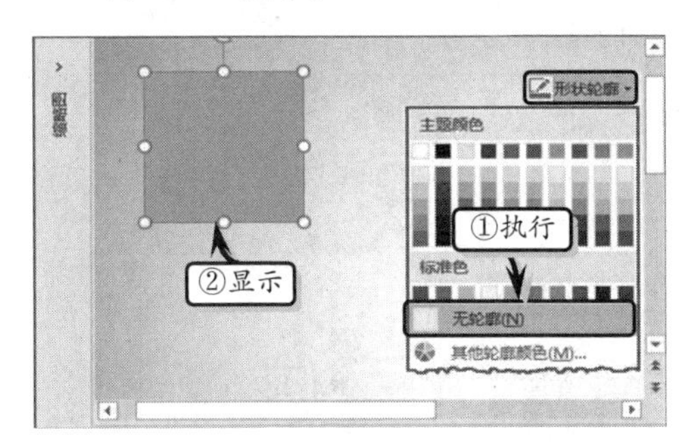

图 13-47 设置轮廓样式

8 右击形状执行【设置形状格式】命令，展开【三维格式】选项组，将【深度】中的【大小】设置为“130 磅”，如图 13-48 所示。

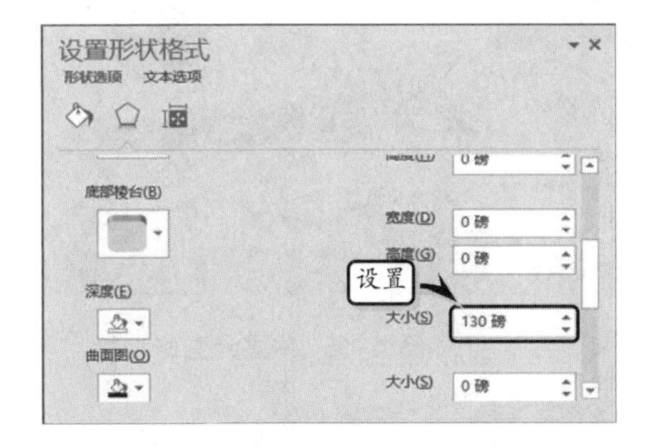

图 13-48 设置三维效果

9 展开【三维旋转】选项组，设置各旋转参数，如图 13-49 所示。使用同样的方法制作另外两个矩形形状并调整其位置。

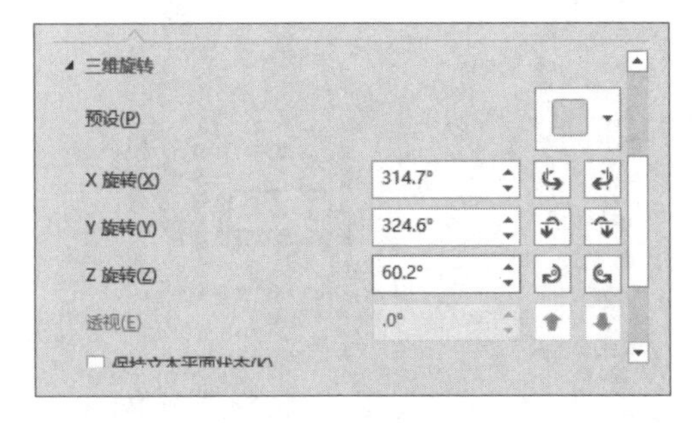

图 13-49 设置三维旋转格式

10 制作文本。在主标题占位符中输入文本内容，并设置其字体格式。使用同样的方法输入其他文本，如图 13-50 所示。

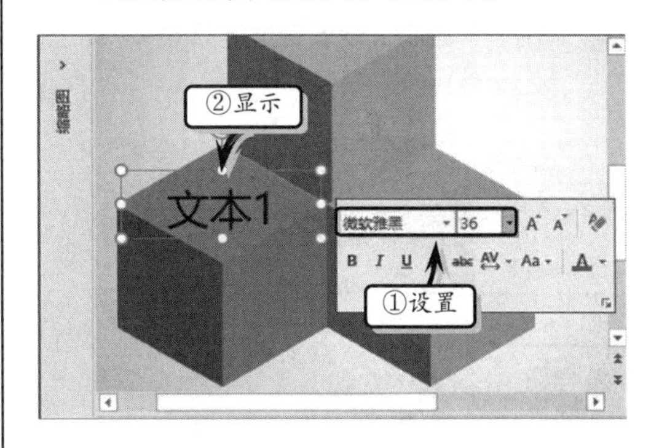

图 13-50 输入文本

11 选择“文本 1”占位符，执行【开始】|【段落】|【文字方向】|【所有文字旋转 90°】命令，如图 13-51 所示。

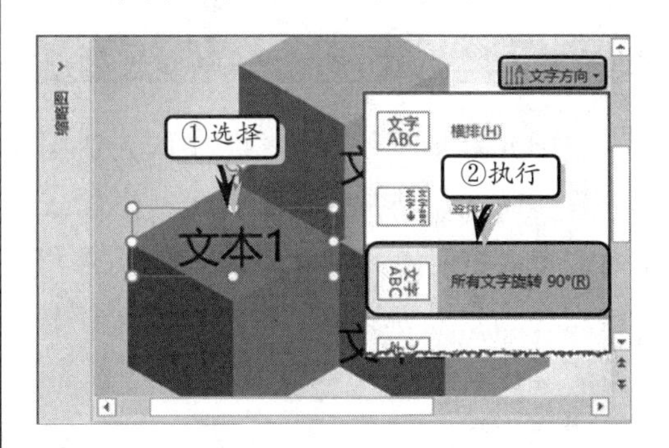

图 13-51 设置文本方向

12 调整占位符大小，执行【格式】|【艺术字样式】|【文本效果】|【三维旋转】|【等长顶部朝上】命令，设置三维旋转效果，如图 13-52 所示。

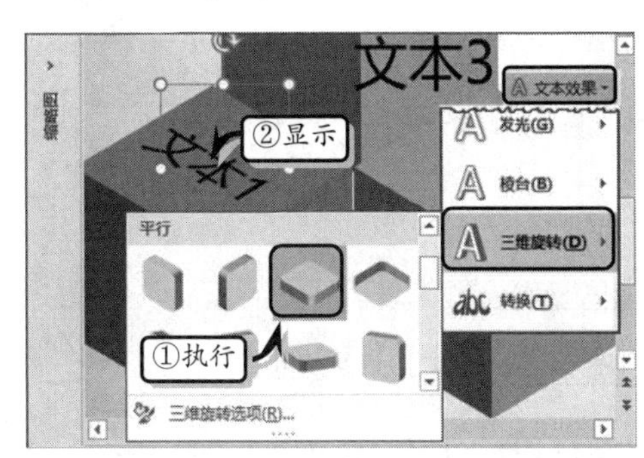

图 13-52 设置文本 1 三维旋转效果

13 选择“文本 2”占位符，执行【格式】|【艺术字样式】|【文本效果】|【三维旋转】|【等轴左下】命令，设置三维旋转效果，如图 13-53 所示。

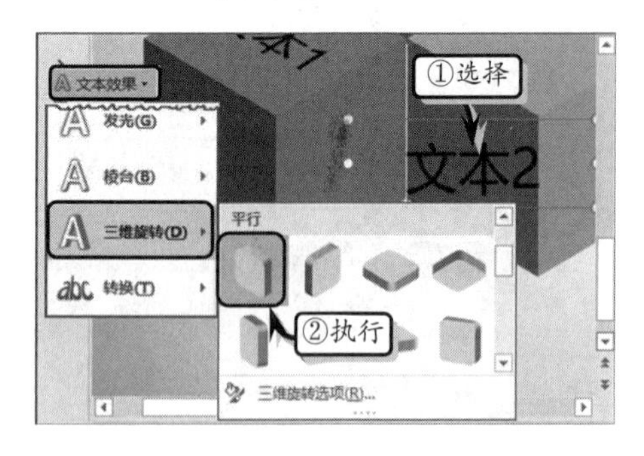

图 13-53 设置文本 2 的三维旋转效果

14 选择“文本 3”占位符，执行【格式】|【艺术字样式】|【文本效果】|【三维旋转】|【等轴右上】命令，设置三维旋转效果，如图 13-54 所示。

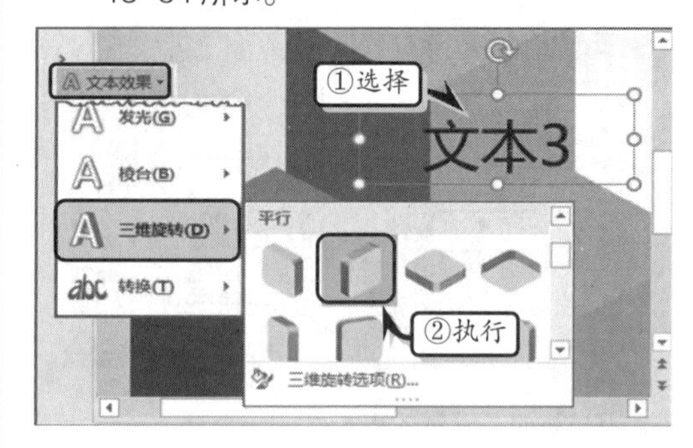

图 13-54 设置文本 3 的三维旋转效果

13.5 课堂练习：中国元素

中国元素是一种被大多数中国人认同的、凝结着中华民族传统文化精神的一种符号、形象或风俗习惯。在本练习中，将运用 PowerPoint 中的插入和排列图片，以及添加动画效果等功能，制作一份具有中国特色的中国元素幻灯片，如图 13-55 所示。

图 13-55 中国元素幻灯片

操作步骤

1 设置幻灯片。执行【设计】|【自定义】|【幻灯片大小】|【标准】命令，设置幻灯片的大小，如图 13-56 所示。

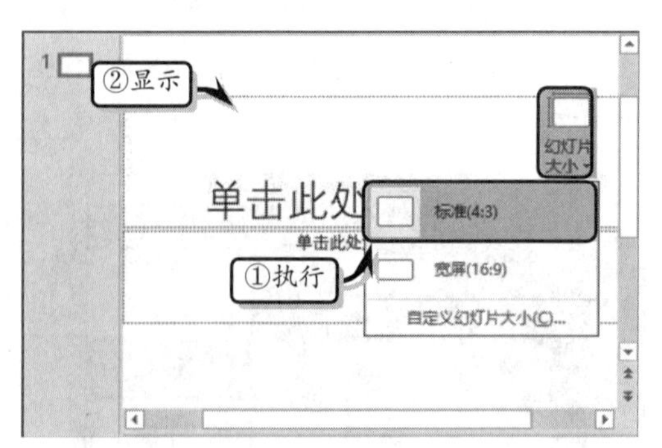

图 13-56 设置幻灯片大小

2 执行【设计】|【自定义】|【设置背景格式】命令，选中【渐变填充】选项，选中左侧的渐变光圈，将【颜色】设置为【白色，背景 1，深色 5%】，如图 13-57 所示。

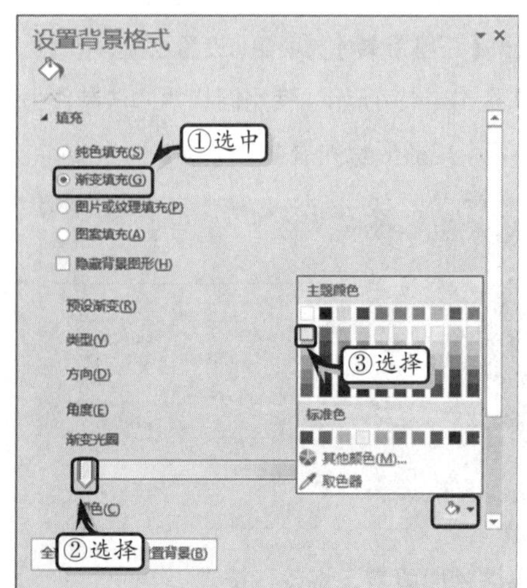

图 13-57 设置左侧渐变光圈颜色

3 选中右侧渐变光圈，将【颜色】设置为【白色，背景 1，深色 25%】，如图 13-58 所示。

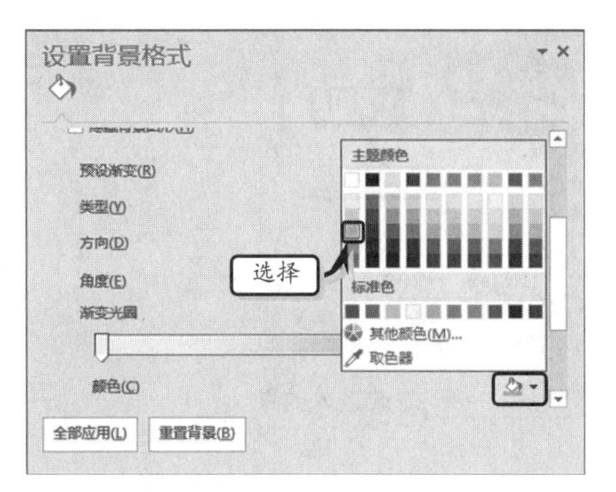

图 13-58 设置右侧渐变光圈颜色

4 执行【插入】|【图像】|【图片】命令，选择图片文件，单击【插入】按钮，如图 13-59 所示。

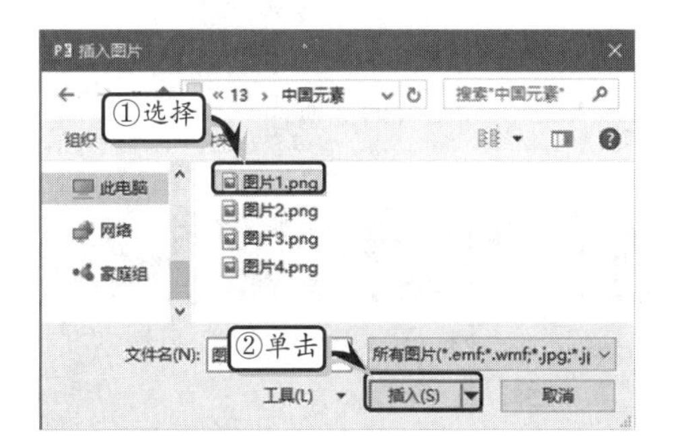

图 13-59 插入图片

5 使用同样的方法插入其他图片，并调整图片的显示位置和层次，如图 13-60 所示。

图 13-60 调整图片

6 选择最上方的图片，执行【动画】|【动画】|【动画样式】|【淡出】命令，如图 13-61 所示。

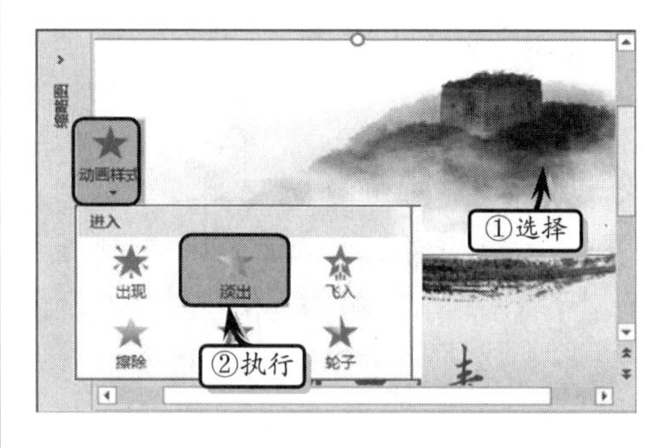

图 13-61 添加动画效果

7 在【计时】选项组中将【开始】选项设置为【与上一动画同时】，并将【持续时间】设置为 01.70，如图 13-62 所示。

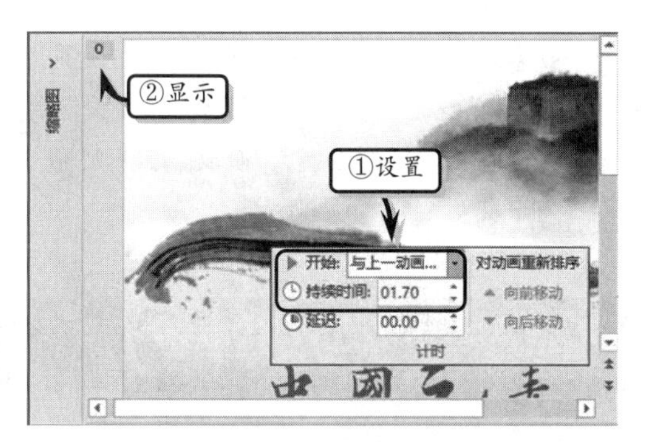

图 13-62 设置计时选项

8 选择中间的图片，执行【动画】|【动画】|【动画样式】|【擦除】命令，添加动画效果，如图 13-63 所示。

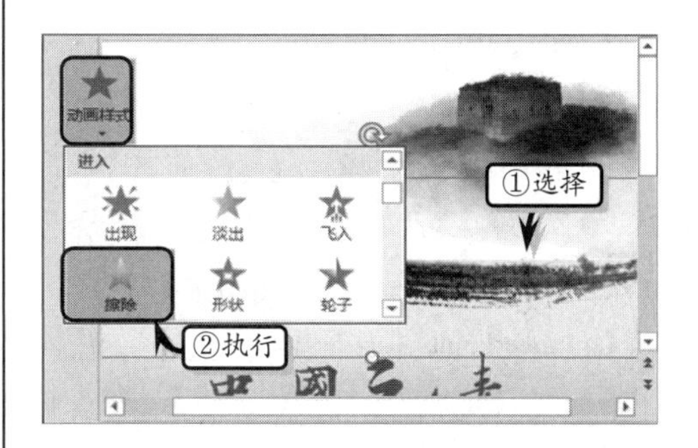

图 13-63 添加动画效果

9 在【计时】选项组中将【开始】选项设置为【上一动画之后】，并将【持续时间】设置为

00.90，将【延迟】设置为 00.20，如图 13-64 所示。

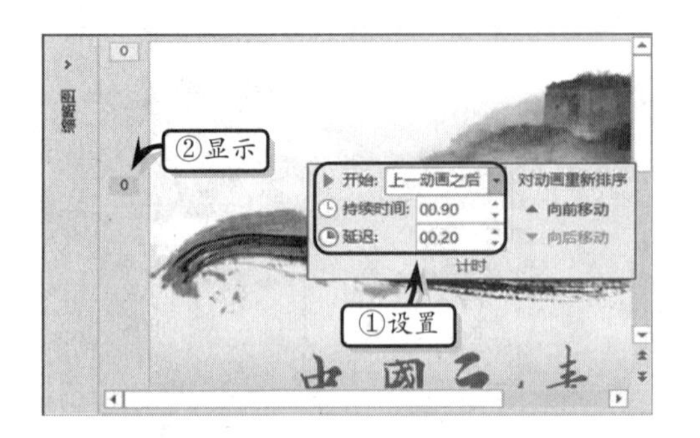

图 13-64 设置计时选项

10 选择文字图片，执行【动画】|【动画】|【动画样式】|【更改进入效果】命令，选择【压缩】选项，如图 13-65 所示。

11 在【计时】选项组中将【开始】选项设置为【上一动画之后】，并将【持续时间】设置为 02.00，将【延迟】设置为 00.50，如图 13-66 所示。

图 13-65 更改进入效果

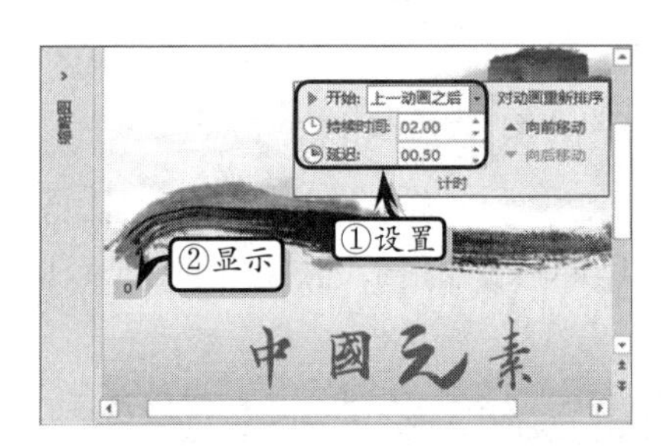

图 13-66 设置计时选项

13.6 思考与练习

一、填空题

1．幻灯片母版主要用来控制________的格式，当用户更改母版格式时，________的格式也将同时被更改。

2．PowerPoint 主要提供了____________、____________与____________三种母版。

3．讲义母版主要以__________的方式来展示演示文稿内容，可以显示__________的内容，便于用户对幻灯片进行打印和快速浏览。

4．PowerPoint 主要提供了____________、____________、____________、____________等 11 种版式。

5．幻灯片主题是应用于整个演示文稿的各种样式的集合，包括_________、_________和_________三大类。

二、选择题

1．插入新的母版与版式之后，为了区分每个版式与母版的用途与内容，可以设置母版与版式的名称，即_______幻灯片母版与版式。

A．新建

B．重命名

C．插入

D．编辑

2．PowerPoint 提供了内容、文本、图表、图片、表格、媒体、剪贴画、SmartArt 等_____种占位符，可根据具体需求在幻灯片中插入新的占位符。

A．24

B．12

C．10

D．8

3．创建演示文稿之后，会发现所有新创建的幻灯片的版式，都被默认为______版式。

A．两栏内容

B．标题幻灯片

C．内容与标题

D．图片与标题

4．渐变填充效果是一种颜色向另外一种颜色过渡的效果，渐变填充效果往往包含____种以上的颜色，通常为多种颜色并存。

A．1

B．2

C．3

D．4

三、问答题

1．简述创建相册的参数设置内容。

2．简述设置幻灯片母版的操作步骤。

3．简述幻灯片版式的类别与功能。

四、上机练习

1．制作倒影图片

在本练习中，将运用 PowerPoint 中的插入图片功能，来制作一个具有倒影效果的图片，如图 13-67 所示。首先，执行【插入】|【图像】|【图片】命令，在弹出的对话框中选择图片文件，单击【插入】按钮。然后，调整图片的大小与位置。选择图片，执行【格式】|【图片样式】|【棱台透视】命令，设置图片的样式。最后，执行【格式】|【图片样式】|【图片效果】|【映像】|【半映像,接触】命令，设置图片的映像效果。

图 13-67 倒影图片

2．制作组织结构图

在本实例中，将运用 PowerPoint 中的 SmartArt 图形功能，来制作一份组织结构图，如图 13-68 所示。首先，执行【插入】|【插图】|SmartArt 命令，选择【层次结构】选项卡中的【组织结构图】选项，并单击【确定】按钮。然后，在 SmartArt 图形中输入组织结构图中的职位名称，并执行【设计】|【SmartArt 样式】|【嵌入】命令，设置图形的样式。最后，执行【设计】|【SmartArt 样式】|【更改颜色】|【彩色-着色】命令，设置图形的颜色。

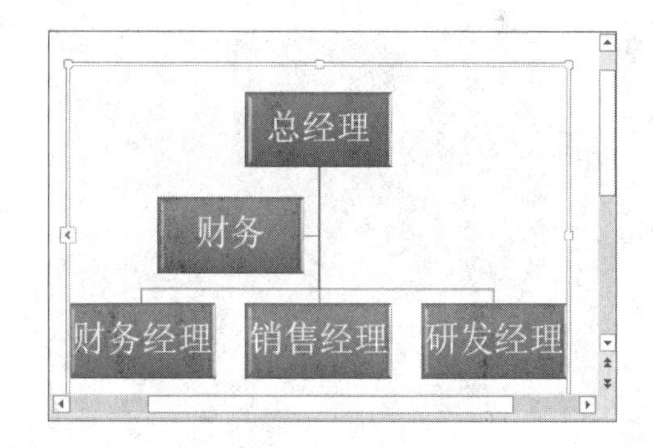

图 13-68 组织结构图

第 14 章

展示与分析数据

在 PowerPoint 中，除了可以插入图片与 SmartArt 图形等对象来丰富幻灯片的内容之外，还可以在幻灯片中通过使用表格与图表，来增加幻灯片中数据的可读性和可分析性。PowerPoint 与 Excel 具有相同的数据处理与图表功能，其中 PowerPoint 中的表格是组织数据最有用的工具之一，它能够以条理性、易于理解性的方式显示数据。而图表是用来比较与分析数据之间关系的图形，它可以清晰、直观地显示数据。本章主要介绍使用图表、表格以及美化图表、表格的基础知识与使用技巧。

本章学习目的：

- 创建表格
- 美化表格
- 设置数据格式
- 创建图表
- 设置图表格式

14.1 使用表格

在使用 PowerPoint 制作演示文稿时，往往需要运用一些数据，来增加演示文稿的说明性。此时，可以运用 PowerPoint 中的表格功能，来显示并分析幻灯片中的数据，从而使单调枯燥的数据更易于理解。

14.1.1 创建表格

创建表格是在 PowerPoint 中运用系统自带的表格插入功能，按需求插入规定行数与列数的表格；或者运用 PowerPoint 中的绘制表格功能，按照数据需求绘制表格。另外，

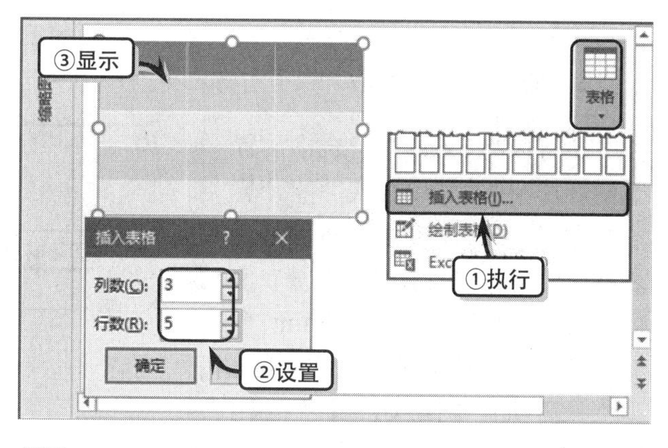

图 14-1　插入表格

还可以在 PowerPoint 中插入 Excel 表格，从而达到专业化显示与分析数据的目的。

1. 插入表格

选择幻灯片，执行【插入】|【表格】|【表格】|【插入表格】命令，在弹出的【插入表格】对话框中输入行数与列数即可，如图 14-1 所示。

另外，执行【插入】|【表格】|【表格】命令，在弹出的下拉列表中直接选择行数和列数，即可在幻灯片中插入相对应的表格，如图 14-2 所示。

提　示

还可以在含有内容版式的幻灯片中，单击占位符中的【插入表格】按钮，在弹出的【插入表格】对话框中设置行数与列数即可。

2. 绘制表格

绘制表格是根据数据的具体要求，手动绘制表格的边框与内线。执行【插入】|【表格】|【表格】|【绘制表格】命令，当光标变为“笔”形状时，拖动鼠标在幻灯片中绘制表格边框，如图 14-3 所示。

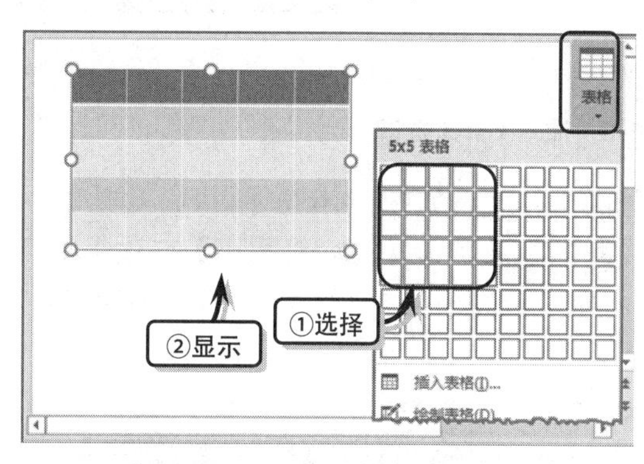

图 14-2　自动插入表格

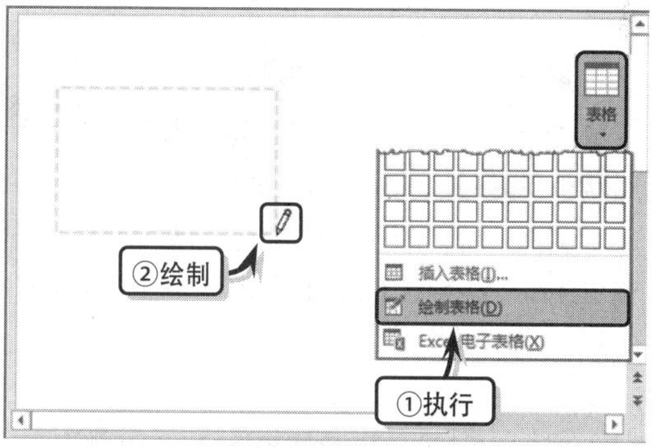

图 14-3　绘制表格边框

然后，执行【表格工具】|【设计】|【绘图边框】|【绘制表格】命令，将光标放至外边框内部，拖动鼠标绘制表格的行和列，如图 14-4 所示。再次执行【绘制表格】命令，即可结束表格的绘制。

提　示

当再次执行【绘制表格】命令后，需要将光标移至表格的内部进行绘制，否则将会绘制出表格的外边框。

3. 插入 Excel 表格

还可以将Excel电子表格放置于幻灯片中，并利用公式功能计算表格数据。Excel 电子表格可以对表格中的数据进行排序、计算、使用公式等操作，而 PowerPoint 系统自带的表格将不具备上述功能。

只需执行【插入】|【表格】|【表格】|【Excel 电子表格】命令，输入数据与计算公式并单击幻灯片的其他位置即可，如图 14-5 所示。

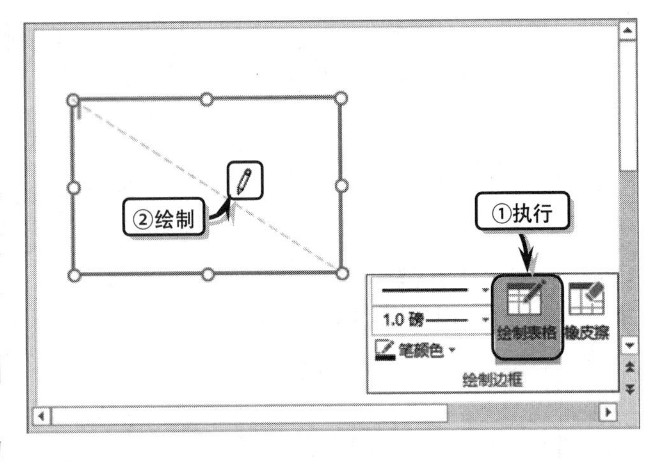

图 14-4 绘制表格内线

14.1.2 编辑表格

在幻灯片中创建表格之后，需要通过调整表格的行高、列宽，以及插入行或列等编辑表格的操作，在使表格具有美观性与实用性的同时达到数据对表格的各类要求。

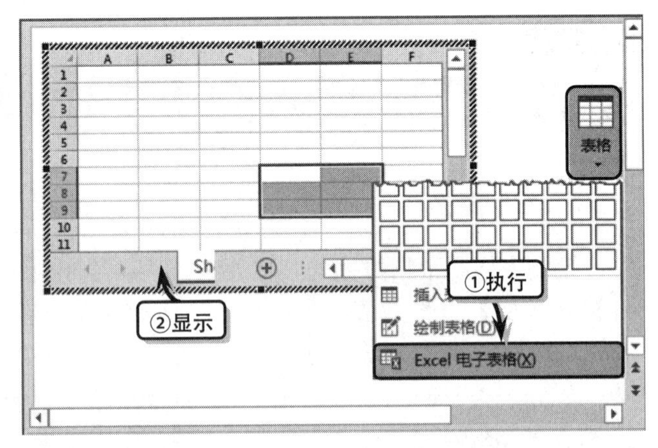

图 14-5 插入 Excel 表格

1. 调整行高与列宽

移动鼠标，将光标移至表格的行或列上，当光标变为“双向箭头”形状⟺或⇕时，拖动鼠标即可调整工作表的行高与列宽，如图 14-6 所示。

另外，将光标定位在某个单元格中，在【布局】选项卡【单元格大小】选项组中，直接输入【高度】和【宽度】选项中的数值，即可调整表格的行高与列宽，如图 14-7 所示。

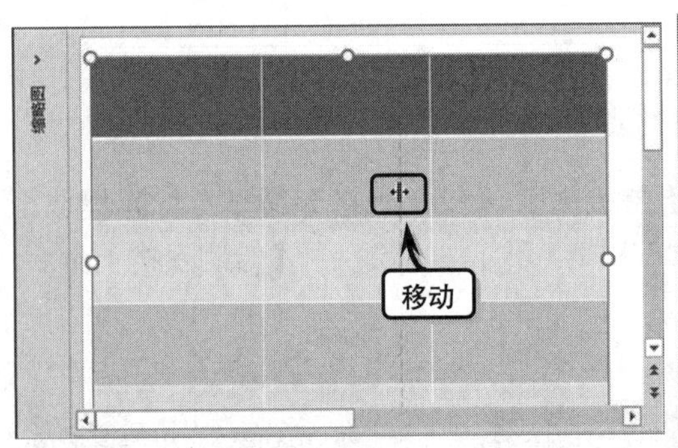

图 14-6 调整列宽

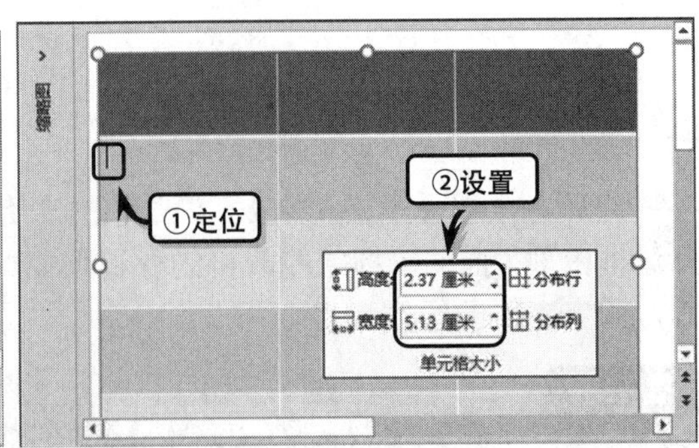

图 14-7 调整宽度与高度

提　示

当表格中某个单元格的内容超过列宽时，系统会自动根据内容调整单元格的行高。

2. 选择表格对象

当对表格进行编辑操作时，往往需要选择表格中的行、列、单元格等对象。选择表格对象的具体方法如表 14-1 所示。

表 14-1　选择表格对象

选择区域	操作方法
选中当前单元格	移动光标至单元格左边界与第一个字符之间，当光标变为“指向斜上方箭头”形状时，单击即可
选中后（前）一个单元格	按 Tab 或 Shift+Tab 键，可选中插入符所在的单元格后面或前面的单元格
选中一整行	将光标移动到该行左边界的外侧，待光标变为“指向右箭头”形状时，单击即可
选择一整列	将鼠标置于该列顶端，待光标变为“指向下箭头”时，单击即可
选择多个单元格	单击要选择的第一个单元格，按住 Shift 键的同时，单击要选择的最后一个单元格即可
选择整个表格	将鼠标放在表格的边框线上单击，或者将光标定位于任意单元格内，选择【布局】选项卡【表】选项组中的【选择】下拉按钮，执行【选择】表格命令即可

3. 合并与拆分表格

合并单元格是将两个以上的单元格合并成单独的一个单元格。首先，选择需要合并的单元格区域，然后执行【布局】|【合并】|【合并单元格】命令即可，如图 14-8 所示。

拆分单元格是将单独的一个单元格拆分成指定数量的单元格。首先，选择需要拆分的单元格。然后，执行【布局】|【合并】|【拆分单元格】命令，在弹出的对话框中输入需要拆分的行数与列数即可，如图 14-9 所示。

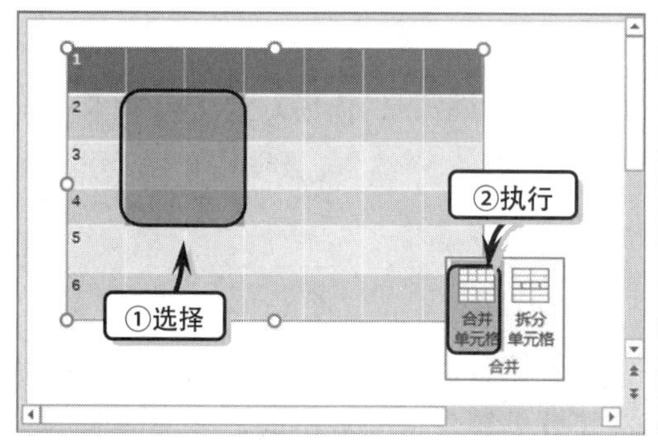

图 14-8　合并单元格

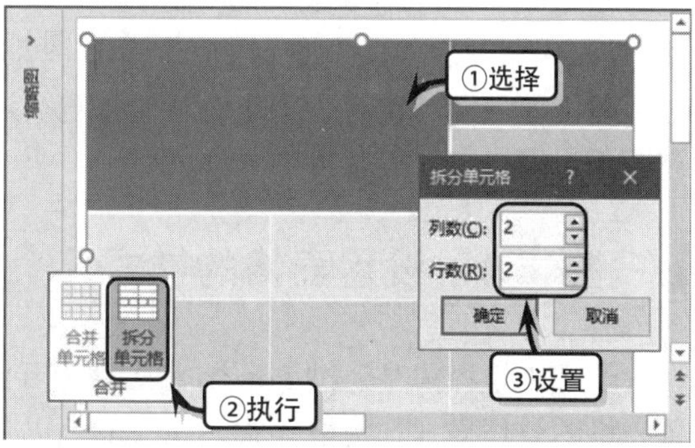

图 14-9　拆分单元格

提　示

选择单元格，右击并执行【合并单元格】或【拆分单元格】命令，即可快速合并或拆分单元格。

4. 插入与删除表格

在编辑表格时，需要根据数据的具体类别插入表格行或表格列。此时，可通过执行【布局】选项卡【行和列】选项组中的各项命令，为表格中插入行或列。插入行与插入列的具体方法与位置如表 14-2 所示。

表 14-2 插入行与列

名 称	方 法	位 置
插入行	将光标移至插入位置，执行【行和列】选项组中的【在上方插入】命令	在光标所在行的上方插入一行
	将光标移至插入位置，执行【行和列】选项组中的【在下方插入】命令	在光标所在行的下方插入一行
插入列	将光标移至插入位置，执行【行和列】选项组中的【在左侧插入】命令	在光标所在列的左侧插入一列
	将光标移至插入位置，执行【行和列】选项组中的【在右侧插入】命令	在光标所在列的右侧插入一列

另外，选择需要删除的行（列），执行【布局】|【行或列】|【删除】命令，在其下拉列表中选择【删除行】或【删除列】选项，即可删除选择的行（列），如图 14-10 所示。

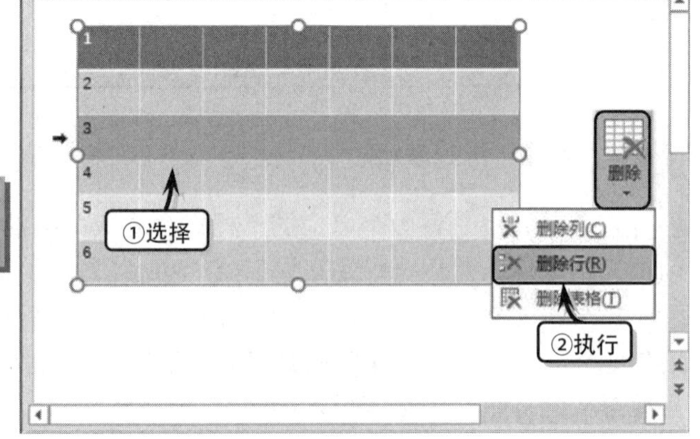

图 14-10 删除行

提 示

还可以通过执行【开始】|【剪切板】|【剪切】命令的方法来删除行或列。

14.2 美化表格

在幻灯片中创建并编辑完表格之后，为了使表格适应演示文稿的主题色彩，同时也为了美化表格的外观，还需要设置表格的整体样式、边框格式、填充颜色与表格字体等表格格式。

14.2.1 设置表格的样式

设置表格样式是通过 PowerPoint 中内置的表格样式，以及各种美化表格命令，来设置表格的整体样式、边框样式、底纹颜色以及特殊效果等表格外观格式，在适应演示文稿数据与主题的同时，增加表格的美观性。

1. 套用表格样式

PowerPoint 提供了 70 多个内置的表格样式，该表格样式是一组包含表格边框、底纹颜色等命令的组合，从而帮助用户达到快速美化表格的目的。

执行【表格工具】|【设计】|【表格样式】|【其他】命令，在其下拉列表中选择相应的选项，即可为表格设置多彩的样式，如图 14-11 所示。

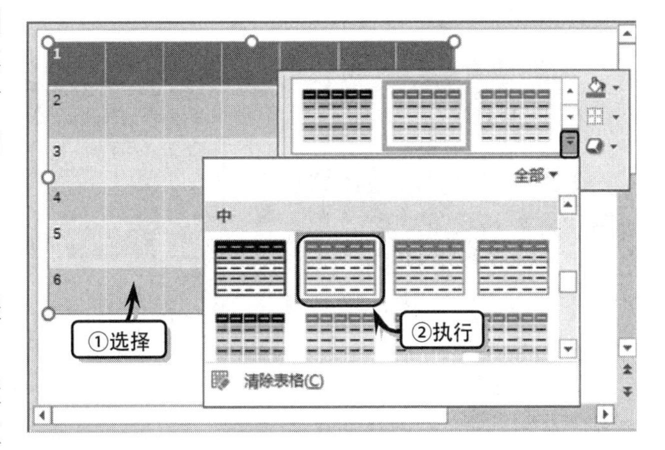

图 14-11 设置表格的整体样式

2. 设置表格边框样式

在 PowerPoint 中除了套用表格样式设置表格的整体格式之外，还可以运用【边框】命令单独设置表格的边框样式。即执行【表格工具】|【设计】|【表格样式】|【边框】命令，在其列表中选择相应的选项，即可为表格设置边框格式，如图 14-12 所示。

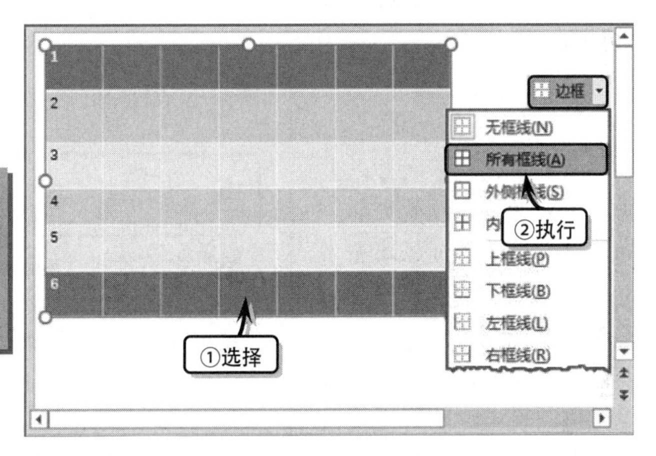

图 14-12 设置边框样式

提 示

可以先执行【设计】|【绘图边框】|【笔颜色】命令，在其列表中选择相应的色块。然后，再执行【边框】命令中的相应选项，即可为标题添加彩色的边框。

3. 设置表格特殊效果

特殊效果是 PowerPoint 为用户提供的一种为表格添加外观效果的命令，主要包括单元格的凹凸效果、阴影、映像等效果。

执行【表格工具】|【设计】|【表格样式】|【效果】命令，在其列表中选择【单元格凹凸效果】|【圆】选项即可，如图 14-13 所示。

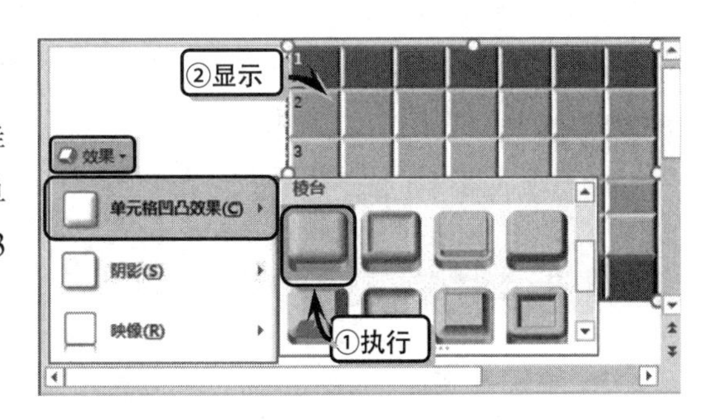

图 14-13 设置特殊效果

14.2.2 设置填充颜色

PowerPoint 中默认的表格颜色为白色，为突出表格中的特殊数据，用户可为单个单元格、单元格区域或整个表格设置纯色填充、纹理填充与图表填充等填充颜色与填充效果。

1. 纯色填充

纯色填充是为表格设置一种填充颜色。首先，选择单元格区域或整个表格，执行【表

格工具】|【设计】|【表格样式】|【底纹】命令，在其下拉列表中选择相应的颜色即可，如图 14-14 所示。

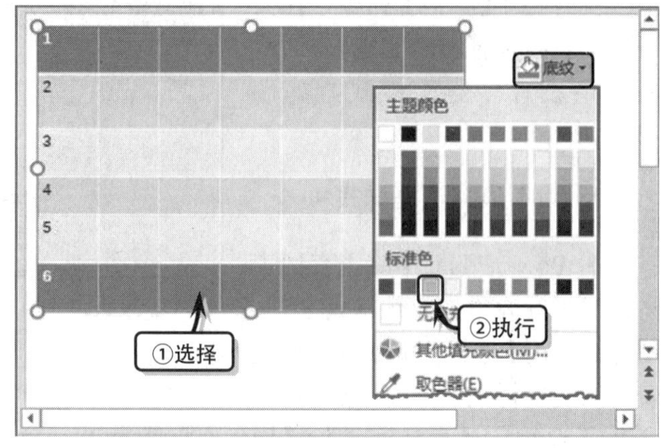

图 14-14 设置纯色填充

2. 图片填充

图片填充是以本地计算机中的图片为表格设置底纹效果。首先，选择单元格区域或整个表格，执行【表格工具】|【设计】|【表格样式】|【底纹】|【图片】命令，在弹出的【插入图片】对话框中选择图片来源。然后，在弹出的对话框中选择相应的图片，单击【插入】按钮即可将图片填充到表格中，如图 14-15 所示。

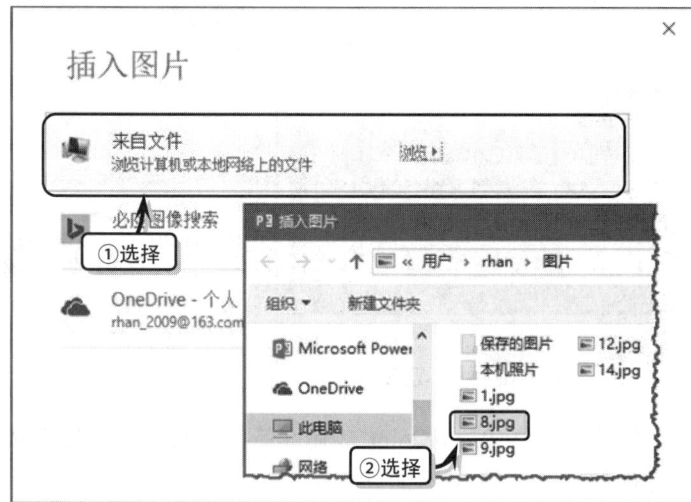

图 14-15 设置图片填充

3. 渐变填充

渐变填充是以两种以上的颜色来设置底纹效果的一种填充方法，其渐变填充是由两种颜色之中的一种颜色逐渐过渡到另外一种颜色的现象。首先，选择单元格区域或整个表格，执行【表格工具】|【设计】|【表格样式】|【底纹】|【渐变】命令，在弹出列表中选择相应的渐变样式即可，如图 14-16 所示。

提　示

可以执行【底纹】|【渐变】|【其他渐变】命令，在弹出的【设置形状格式】对话框中设置渐变效果的详细参数。

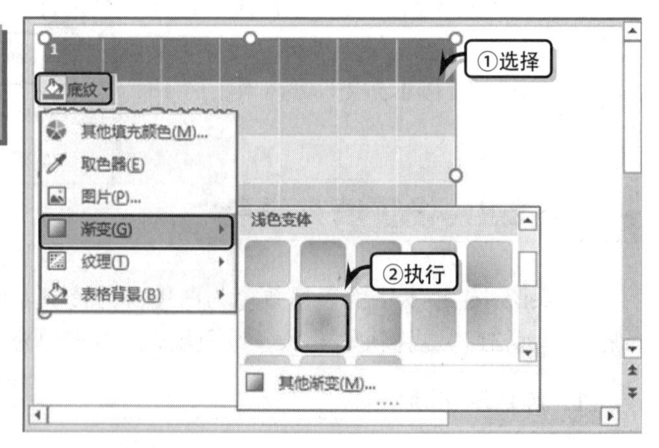

图 14-16 设置渐变效果

4. 纹理填充

纹理填充是利用 PowerPoint 中内置的纹理效果设置表格的底纹样式，默认情况下 PowerPoint 为用户提供了 24 种纹理图案。首先，选择单元格区域或整个表格，执行【表格工具】|【设计】|【表

格样式】|【底纹】|【纹理】命令，在弹出列表中选择相应的纹理即可，如图 14-17 所示。

14.2.3 设置表格字体

当在表格中输入数据时，系统会以默认的字体与字号进行显示。此时，可以通过设置表格数据的字型、字号、字样以及颜色等字体格式的方法，来达到突出显示特殊数据的目的。

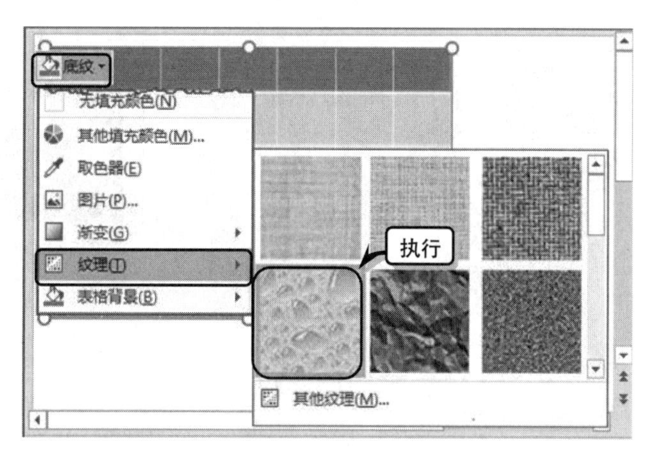

图 14-17 设置纹理填充

1. 设置字型与字号

选择包含数据的单元格区域或整个表格，执行【开始】|【字体】|【字体】命令，在其下拉列表中选择一种字体样式即可，如图 14-18 所示。

另外，选择包含数据的单元格区域或整个表格，执行【开始】|【字体】|【字号】命令，在其下拉列表中选择相应的字号即可，如图 14-19 所示。

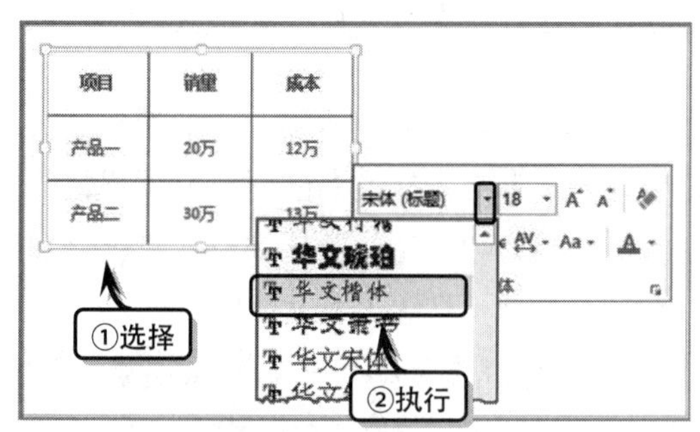

图 14-18 设置字型

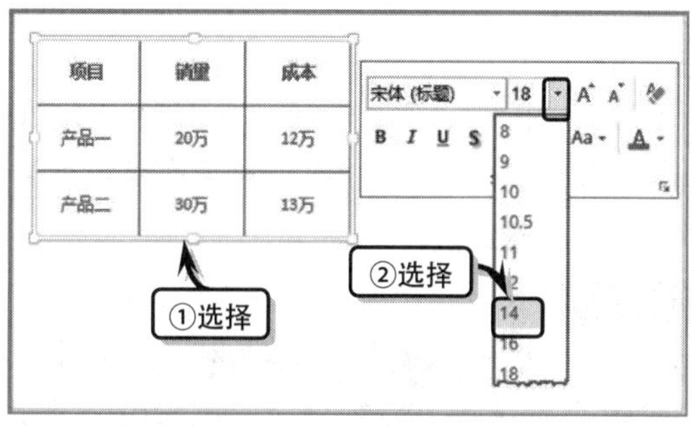

图 14-19 设置字号

2. 设置字体颜色

选择单元格区域或整个表格，执行【开始】|【字体】|【字体颜色】命令，在其下拉列表中选择相应的颜色即可，如图 14-20 所示。

还可以执行【开始】|【字体】|【字体颜色】|【其他颜色】命令，在弹出的【颜色】对话框中激活【标准】选项卡，选择一种色块，单击【确定】按钮，如图 14-21 所示。

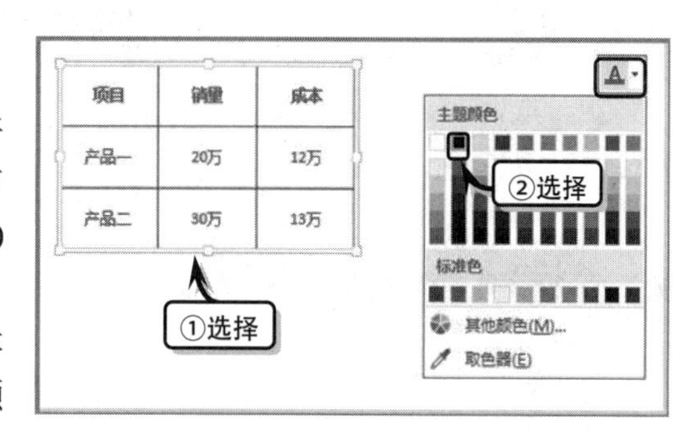

图 14-20 设置字体颜色

另外，在【颜色】对话框中激活【自定义】选项卡，选择某种颜色或颜色模式，输入红色、绿色与蓝色值并单击【确定】按钮，如图 14-22 所示。

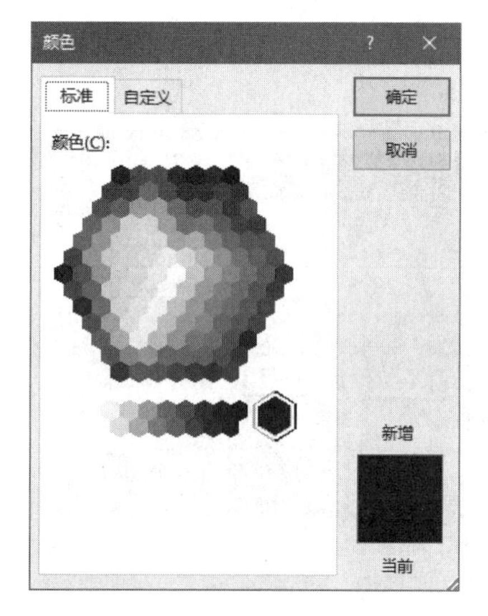

图 14-21 设置标准颜色

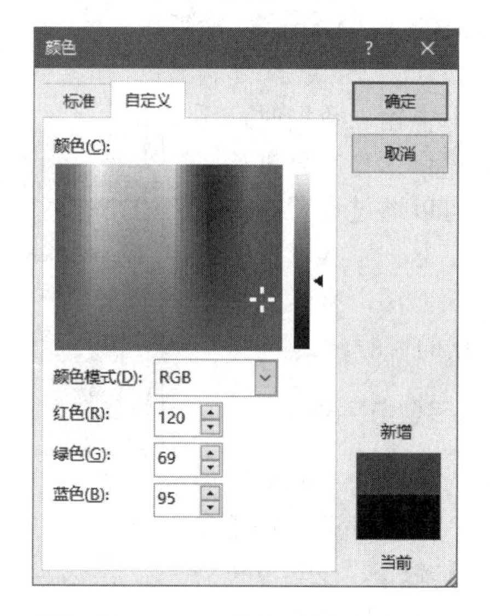

图 14-22 设置自定义颜色

【自定义】选项卡中的【颜色模式】下拉列表中包括 RGB 与 HSL 颜色模式。

（1）RGB 颜色模式：该模式主要基于红、绿、蓝三种基色，共 256 种颜色，每种基色的度量值在 0～255 之间。用户只需单击【红色】、【绿色】和【蓝色】微调按钮，或在微调框中直接输入颜色值即可。

（2）HSL 颜色模：主要基于色调、饱和度与亮度三种效果来调整颜色，各数值的取值范围在 0～255 之间。用户只需在【色调】、【饱和度】与【亮度】微调框中设置数值即可。

提　示

还可以通过单击【字体】选项组中的【对话框启动器】按钮，在弹出的【字体】对话框中设置文本的字体颜色。另外，在单元格上右击，即可在弹出的【浮动工具栏】中快速设置字体颜色。

14.3　设置数据格式

创建表格之后，为了规范表格中的文本，也为了突出表格的整齐性与美观性，还需要设置表格对齐方式与显示方向。

14.3.1　设置对齐方式

设置对齐方式即设置表格文本的左对齐、右对齐等对齐格式，以及文本的竖排、横排等显示方向，从而在使数据具有一定规律性的同时，也规范表格中某些特定数据的显示方向。

1. 设置数据的对齐方式

在 PowerPoint 中，可通过执行【布局】选项卡【对齐方式】选项组中相应的命令，来设置文本的对齐方式。【对齐方式】选项组中各命令的具体说明如表 14-3 所示。

表 14-3 设置对齐方式

按　钮	名　称	作　用
	左对齐	将文本靠左对齐
	居中	将文本居中对齐
	右对齐	将文本靠右对齐
	顶端对齐	沿单元格顶端对齐文本
	垂直居中	将文本垂直居中
	底端对齐	沿单元格底端对齐文本

提　示

选择表格中的文本，按 Ctrl+L 快捷键将文本左对齐；按 Ctrl+B 快捷键，将文本居中；按 Alt+R 快捷键，将文本右对齐。

2. 设置单元格边距

可以使用系统预设单元格边距，通过自定义单元格边距的方法，达到设置数据格式的目的。执行【布局】|【对齐方式】|【单元格边距】命令，在其列表中选择一种预设单元格边距即可，如图 14-23 所示。

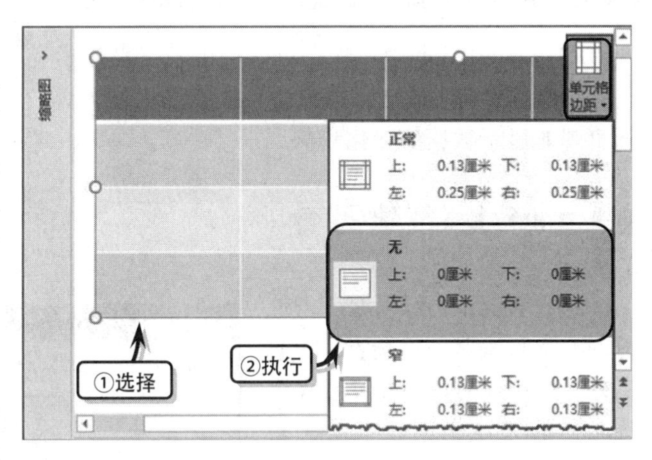

图 14-23 设置单元格边距

其中，【单元格边距】下拉列表中主要包括正常、无、窄、宽 4 个选项，每个选项的边距范围如表 14-4 所示。

表 14-4 单元格边距说明

边 距 方 式	边 距 范 围
正常	上、下：0.13 厘米、左右：0.25 厘米
无	上、下、左、右均为 0 厘米
窄	上、下、左、右均为 0.13 厘米
宽	上、下、左、右均为 0.38 厘米

14.3.2 设置显示方向

在使用表格丰富幻灯片的内容时，除了设置表格文本的字体格式之外，还需要设置表格文字的方向，使其适应整体表格的设置与布局。

1. 使用【文字方向】命令

选择表格中的文字，执行【布局】|【对齐方式】|【文字方向】命令，在其列表中选择相应的选项即可，如图 14-24 所示。

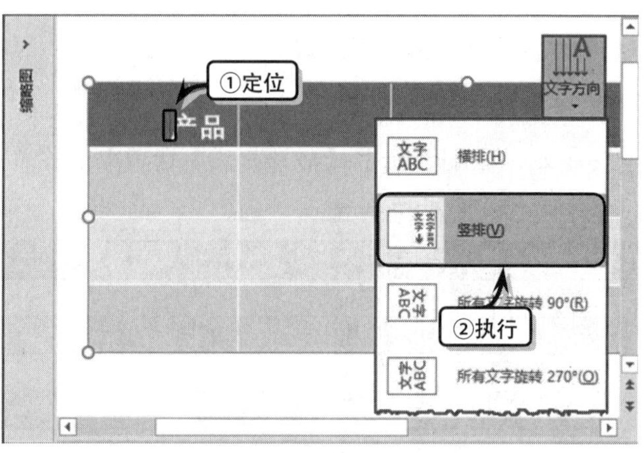

图 14-24 更改文字方向

2. 使用【单元格边距】命令

选择表格中的文字，执行【布局】|【对齐方式】|【单元格边距】|【自定义边距】命令，在【单元格文本布局】对话框中的【文字方向】下拉列表中选择一种文字方向即可，如图 14-25 所示。

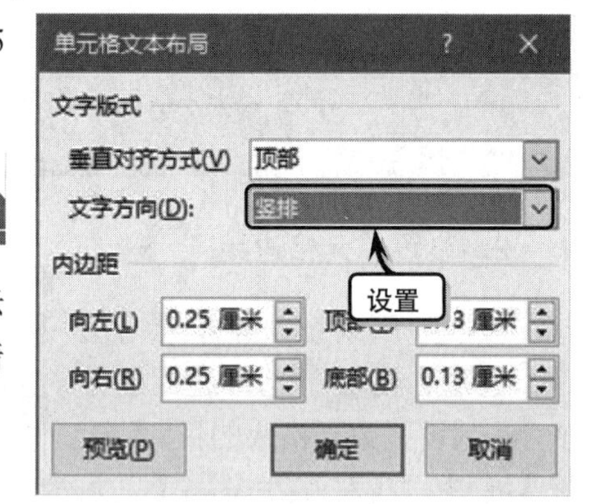

图 14-25 设置文本方向

14.4 使用图表

在 PowerPoint 中，除了可以使用表格来显示与分析数据之外，还可以通过使用图表的方法，清晰直观地显示数据的变化趋势。

14.4.1 创建图表

一般情况下，可以通过占位符的方法来快速创建图表。除此之外，用户还可以运用【插图】选项组的方法来创建不同类型的图表。

1. 占位符创建

在幻灯片中，单击占位符中的【插入图表】按钮，在弹出的对话框中选择相应的图表类型，并在弹出的 Excel 工作表中输入图表数据，如图 14-26 所示。

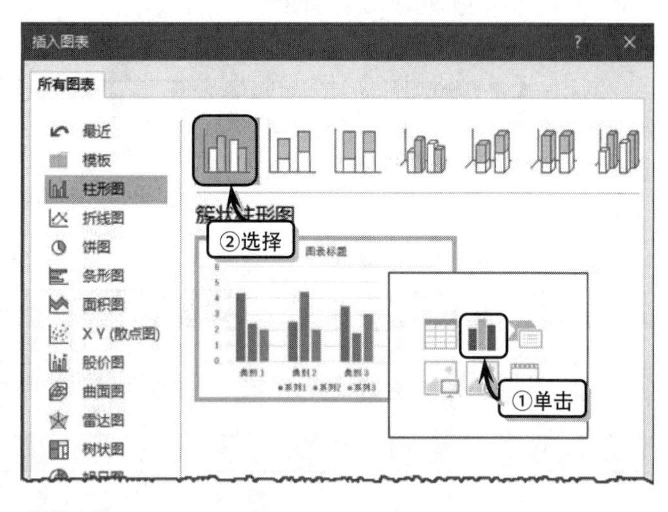

图 14-26 占位符法创建图表

提 示

需要注意的是：只有在包含图表占位符的幻灯片版式中，才能通过单击【插入图表】按钮创建图表。

2. 选项组创建

执行【插入】|【插图】|【图表】命令，在弹出的【插入图表】对话框中选择相应的图表类型，并在弹出的 Excel 工作表中输入示例数据即可，如图 14-27 所示。

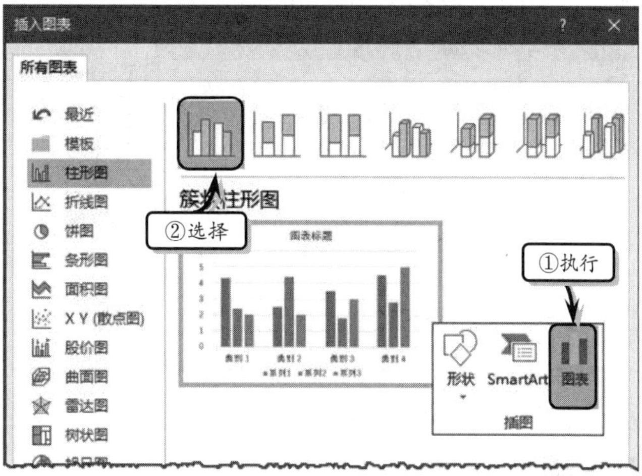

图 14-27　选项组法创建图表

14.4.2　编辑图表

在幻灯片中创建图表之后，需要通过调整图表的位置、大小与类型等编辑图表的操作，来使图表符合幻灯片的布局与数据要求。

1. 调整图表的位置

选择图表，将鼠标移至图表边框或图表空白处，当鼠标变为“四向箭头”时，拖动鼠标即可调整图表位置，如图 14-28 所示。

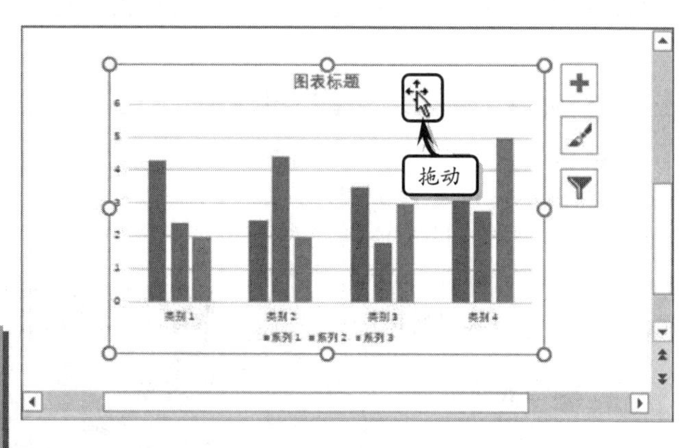

图 14-28　调整图表的位置

提　示

当将鼠标置于坐标轴、图例或绘图区等图表对象上方时，拖动鼠标只能更改相应对象的位置，无法更改图表的位置。

2. 调整图表的大小

选择图表，将鼠标移至图表四周边框的控制点上，当鼠标变为“双向箭头”时，拖动即可调整图表大小，如图 14-29 所示。

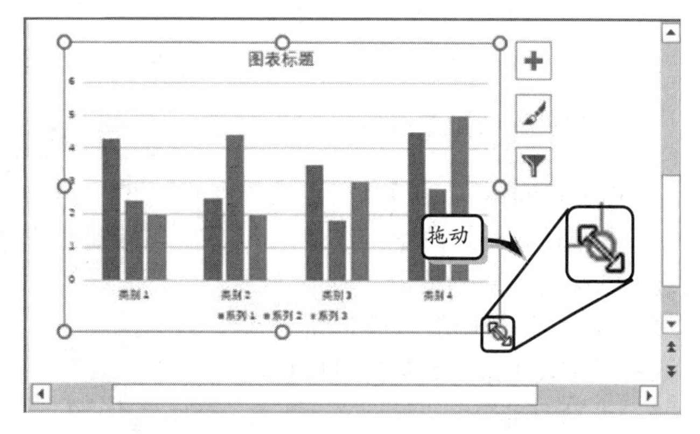

图 14-29　调整图表的大小

3. 更改图表类型

更改图表类型是将图表由当前的类型更改为另外一种类型，通常用于多方位分析数据。执行【设计】|【类型】|【更改图表类型】命令，在弹出的【更改图表类型】对话框中选择一种图表类型即可，如图 14-30 所示。

另外，执行【插入】|【插图】|【图表】命令，在弹出的【更改图表类型】对话框中

选择相应的图表类型，并单击【确定】按钮，如图 14-31 所示。

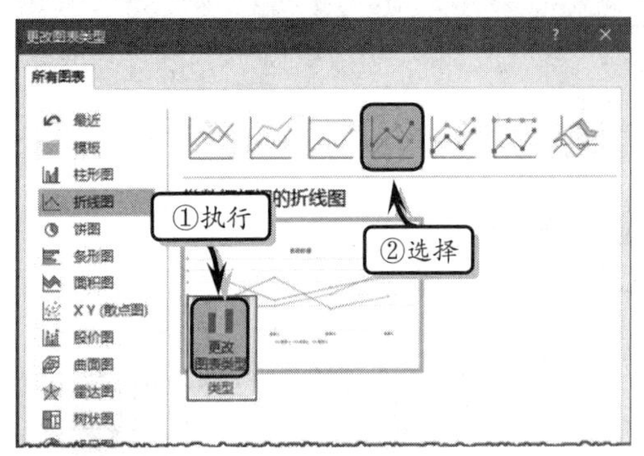

图 14-30 更改图表类型

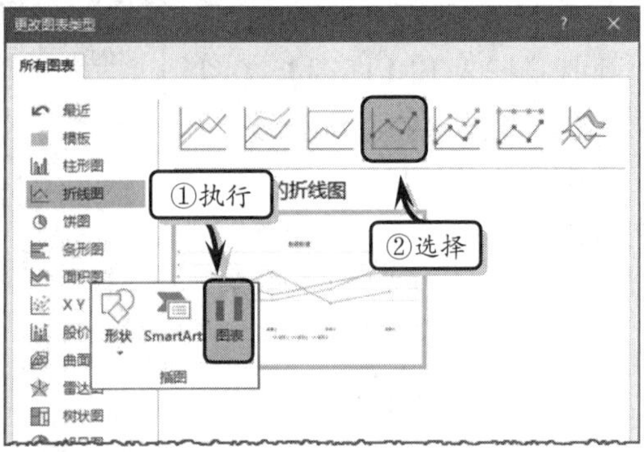

图 14-31 【插图】选项组法

提 示

右击图表执行【更改图表类型】命令，在弹出的【更改图表类型】对话框中选择相应的选项即可快速更改图表类型。

14.4.3 设置图表数据

创建图表之后，为了达到详细分析图表数据的目的，还需要对图表中的数据进行选择、添加与删除操作，以满足分析各类数据的要求。

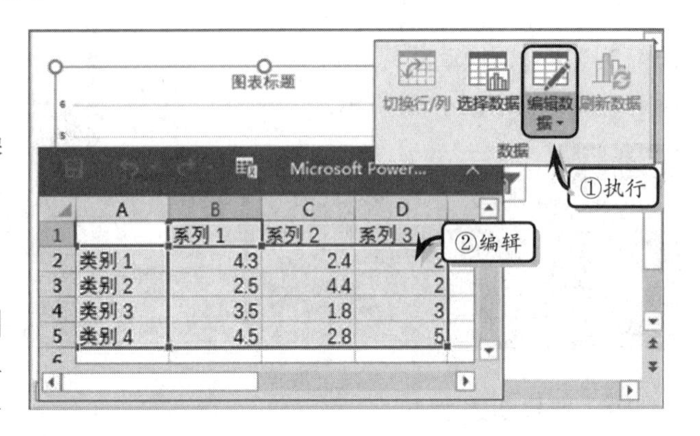

图 14-32 编辑数据

1. 编辑现有数据

执行【图表工具】|【设计】|【数据】|【编辑数据】命令，在弹出的 Excel 工作表中编辑图表数据即可，如图 14-32 所示。

2. 重新定位数据区域

执行【图表工具】|【设计】|【数据】|【选择数据】命令，在弹出的【选择数据源】对话框中，单击【图表数据区域】右侧的折叠按钮，在 Excel 工作表中选择数据区域即可，如图 14-33 所示。

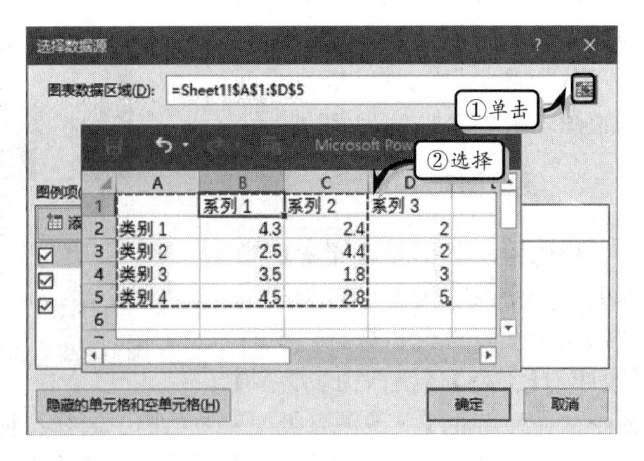

图 14-33 定位数据区域

3. 添加数据区域

执行【数据】|【选择数据】命令，在弹出的【选择数据源】对话

框中单击【添加】按钮。然后，在弹出的【编辑数据系列】对话框中，分别设置【系列名称】和【系列值】选项即可，如图 14-34 所示。

4．删除数据区域

执行【数据】|【选择数据】命令，在弹出的【选择数据源】对话框中的【图例项（系列）】列表框中选择需要删除的系列名称，并单击【删除】按钮，如图 14-35 所示。

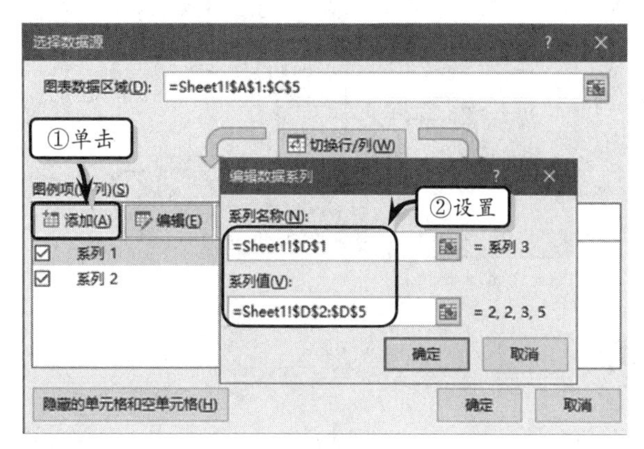

图 14-34　添加数据区域

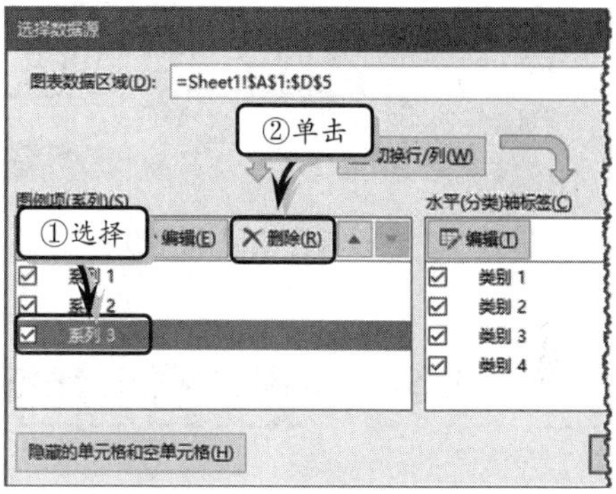

图 14-35　删除数据区域

提　示

也可以在幻灯片图表中选择所要删除的系列，按 Delete 键或【退格】键，即可删除所选系列。

14.5　设置图表格式

PowerPoint 中的图表与 Excel 中的图表一样，也可通过设置图表元素格式的方法，达到美化图表的目的。

14.5.1　设置图表区格式

可以通过设置图表区的边框颜色、边框样式、三维格式与旋转等操作，来美化图表区。首先，执行【格式】|【当前所选内容】|【图表元素】命令，在其下拉列表中选择【图表区】选项。然后，执行【设置所选项内容格式】命令，在弹出的【设置图表区格式】窗格中的【填充】选项组中，选择一种填充效果，设置填充颜色，如图 14-36 所示。

然后，激活【效果】选项卡，在展开的【阴影】选项组中单击【预设】下拉按钮，在其下拉列表中选择一种阴影样式，如图 14-37 所示。

另外，还可以在该对话框中设置图表区的边框颜色和样式、三维格式、三维旋转等效果。

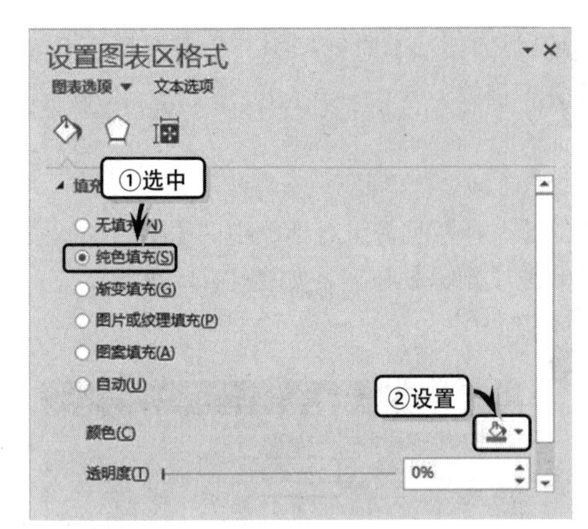

图 14-37 设置图表区填充颜色

图 14-37 设置阴影效果

14.5.2 设置数据系列格式

除了可以美化图表区域之外，还可以通过设置数据系列的形状、填充、边框颜色和样式、阴影以及三维格式等效果，达到美化数据系列的目的。

1. 更改形状

首先，执行【格式】|【当前所选内容】|【图表元素】命令，在其下拉列表中选择一个数据系列。然后，执行【设置所选内容格式】命令，在弹出的【设置数据系列格式】窗格中的【系列选项】选项卡中调整【系列间距】和【分类间距】值，并选择一种形状样式，如图 14-38 所示。

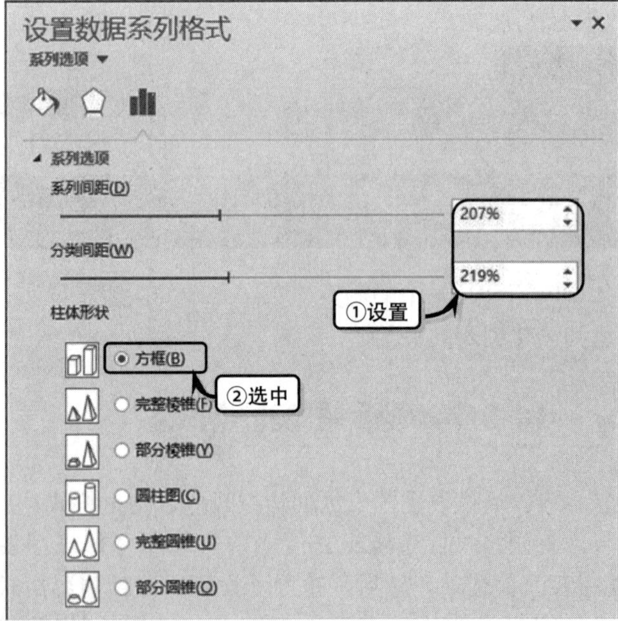

图 14-38 设置系列形状

提 示

【设置数据系列格式】对话框中形状的样式会随着图表类型的改变而改变。

2. 设置填充效果

在【设置数据系列格式】窗格中，激活【填充线条】选项卡。然后，展开【填充】选项组，设置图表的纯色填充、渐变填充、图片或纹理填充等填充效果，如图 14-39

所示。

3. 设置线条颜色

选择数据系列，激活【填充与线条】选项卡，在该选项卡中可以设置数据系列的线条颜色，包括无线条、实线、渐变线等，如图 14-40 所示。

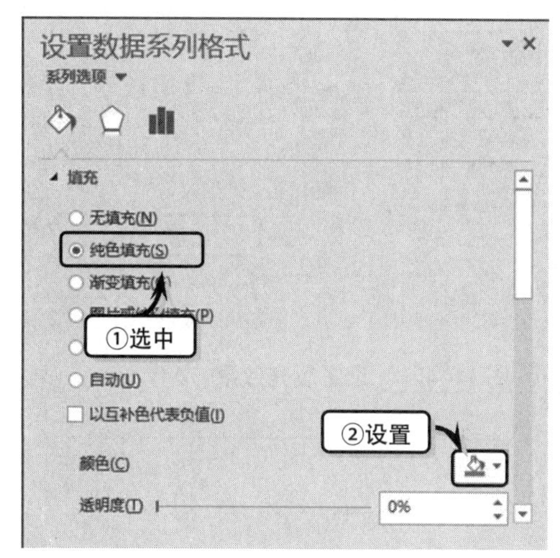

图 14-39 设置填充效果

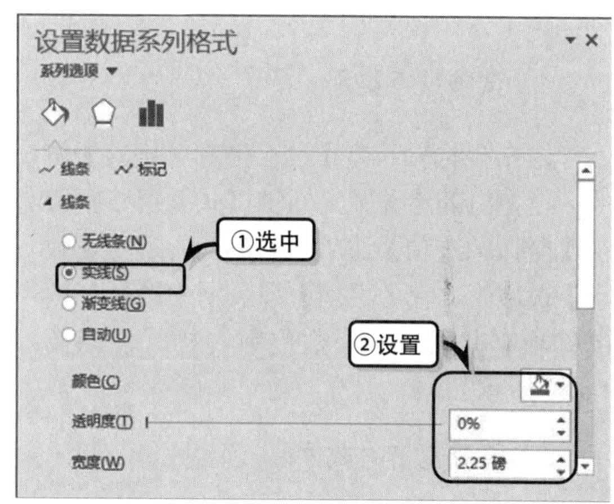

图 14-40 设置线条颜色

14.5.3 设置图例格式

图例是标识图表中数据系列或分类所指定的图案或颜色，可以运用【设置图例格式】命令设置图例的位置与填充效果。

1. 调整图例位置

右击图例执行【设置图例格式】命令，弹出【设置图例格式】窗格，在【图例位置】列表中选择相应的选项即可，如图 14-41 所示。

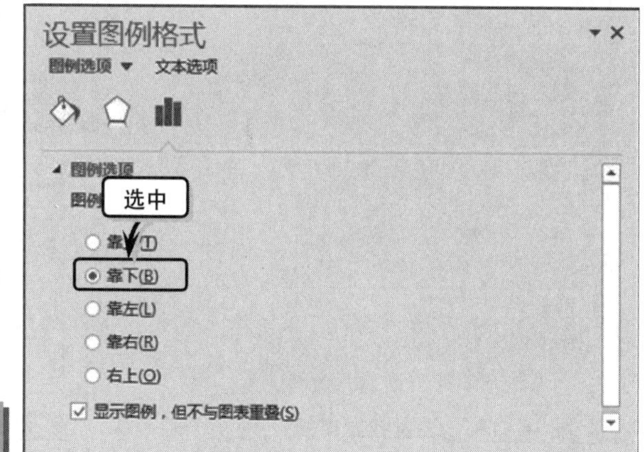

图 14-41 调整图例位置

提 示

也可以通过执行【设计】|【图表布局】|【添加图表元素】|【图例】命令的方法，来设置图例的位置。

2. 设置填充效果

在【设置图例格式】窗格中激活【填充线条】选项卡，展开【填充】选项组，选中【图片或纹理填充】选项，并在【纹理填充】下拉列表中选择相应的选项，如图 14-42

所示。

14.5.4 设置坐标轴格式

坐标轴是表示图表数据类别的坐标线，可以在【设置坐标轴格式】窗格中设置坐标轴的数字类别与对齐方式。

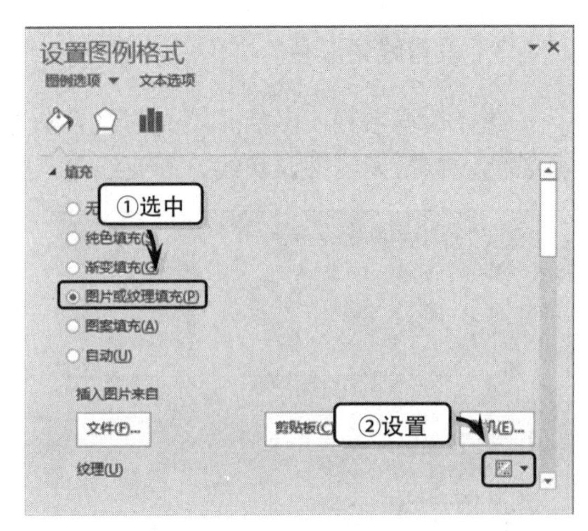

图 14-42 设置填充效果

1. 调整数字类别

右击坐标轴执行【设置坐标轴格式】命令，在弹出的【设置坐标轴格式】窗格中激活【坐标轴选项】选项卡。然后，展开【数字】选项组，在【类别】列表框中选择相应的选项，并设置其小数位数与样式，如图 14-43 所示。

2. 调整对齐方式

在【设置坐标轴格式】窗格中激活【大小属性】选项卡。然后，展开【对齐方式】选项组，设置垂直对齐方式、文字方向与自定义角度，如图 14-44 所示。

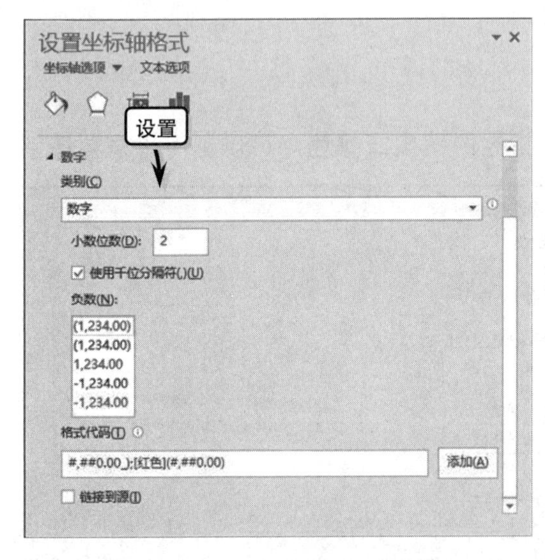

图 14-43 设置数据类别

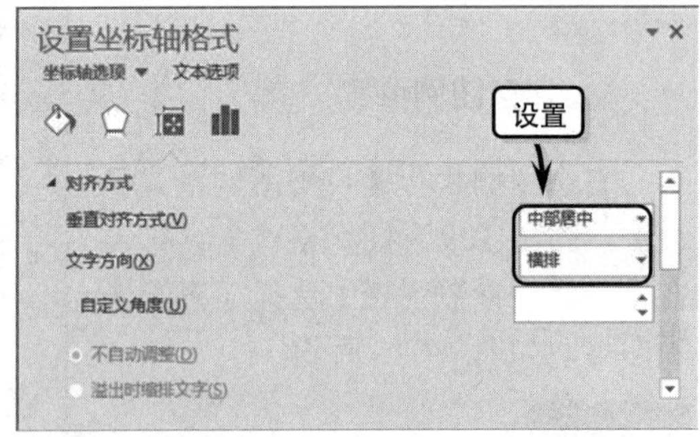

图 14-44 设置对齐方式

14.6 课堂练习：展示年销售数据

在本练习中，将运用 PowerPoint 中的插入表格、设置表格数据，以及添加动画效果等功能，来制作年终工作总结中的年销售数据幻灯片。通过该幻灯片，不仅可以以表格的方式形象地展示企业一年内的销售情况，而且还可以使用变色文本突出显示不同的销售增长率，如图 14-45 所示。

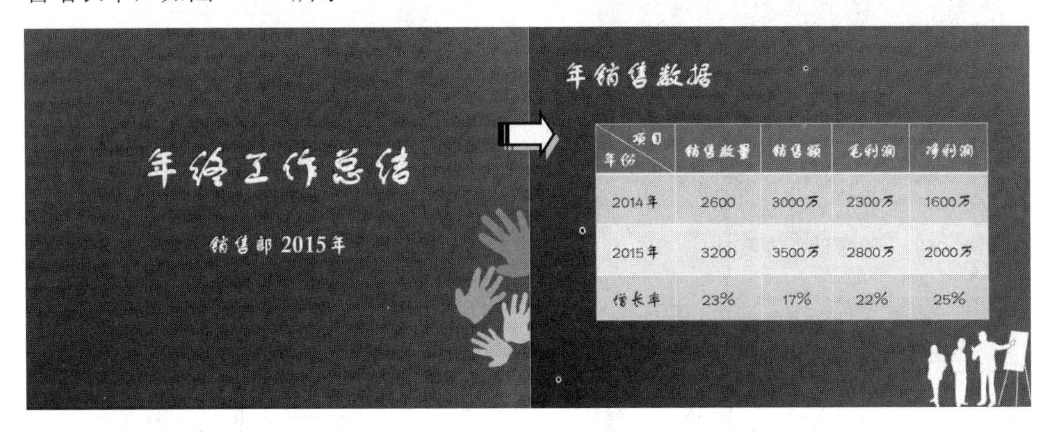

项目 年份	销售数量	销售额	毛利润	净利润
2014年	2600	3000万	2300万	1600万
2015年	3200	3500万	2800万	2000万
增长率	23%	17%	22%	25%

图 14-45 展示年销售数据

操作步骤

1 制作标题幻灯片。打开“动态背景”幻灯片，输入主标题文本并设置文本的字体格式和颜色，如图 14-46 所示。

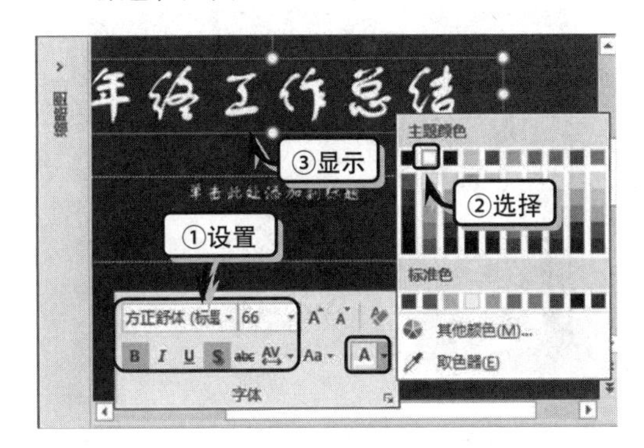

图 14-46 制作主标题

2 在占位符中输入副标题文本，设置其字体格式，并调整占位符的大小和位置，如图 14-47 所示。

3 选择主标题，执行【动画】|【动画】|【动画样式】|【翻转由远及近】命令，为标题添加动画效果，如图 14-48 所示。

4 然后，在【计时】选项组中设置动画效果的开始方式，如图 14-49 所示。使用同样的方法为副标题添加动画效果。

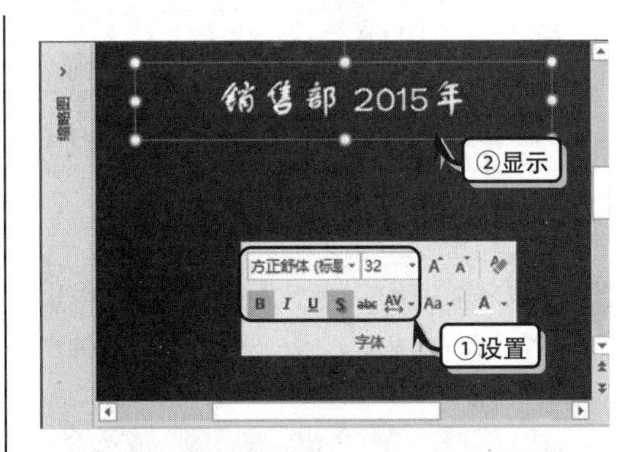

图 14-47 制作副标题

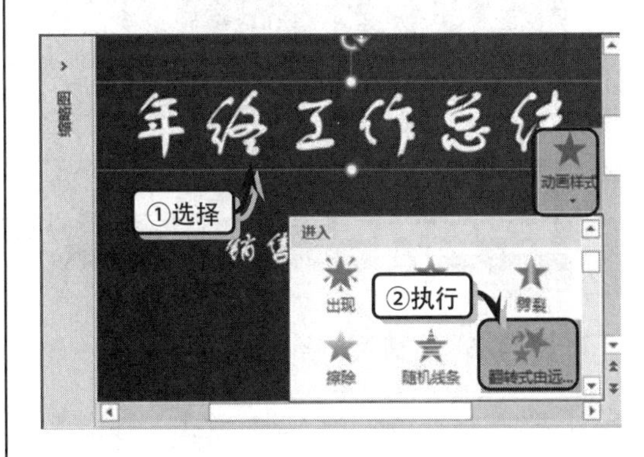

图 14-48 添加动画效果

5 制作第 2 张幻灯片。选中第 2 张幻灯片，输入幻灯片标题，并设置文本的字体格式和颜色，如图 14-50 所示。

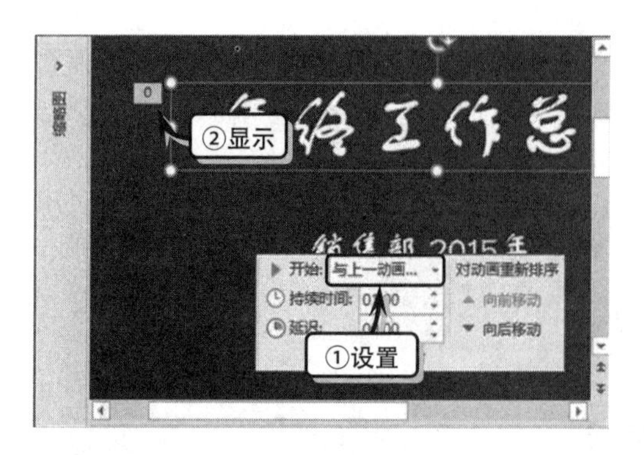

图 14-49 设置动画效果

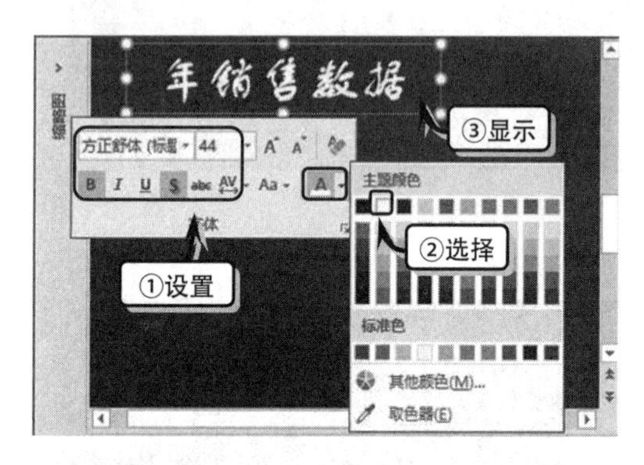

图 14-50 制作幻灯片标题

6 删除多余占位符，执行【插入】|【表格】|【插入表格】命令，插入一个 5 列 4 行的表格，如图 14-51 所示。

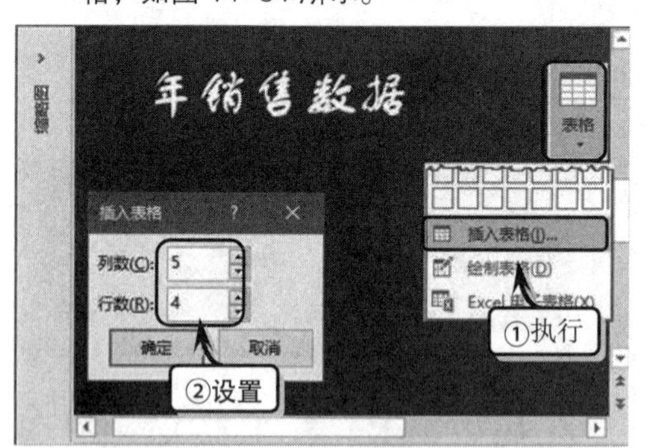

图 14-51 插入表格

7 调整表格的大小，输入表格数据，并设置数据的字体格式，如图 14-52 所示。

8 选择表格，执行【布局】|【对齐方式】|【居中】和【垂直居中】命令，如图 14-53 所示。

9 选择第 1 个单元格，设置左对齐格式，并执行【设计】|【表格样式】|【边框】|【斜下框线】命令，如图 14-54 所示

图 14-52 输入表格数据

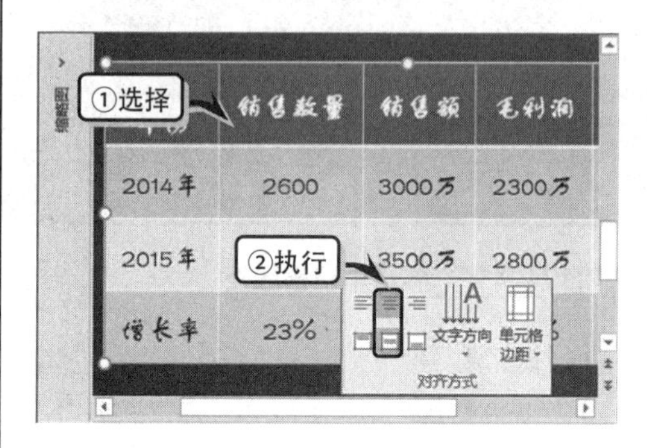

图 14-53 设置对齐格式

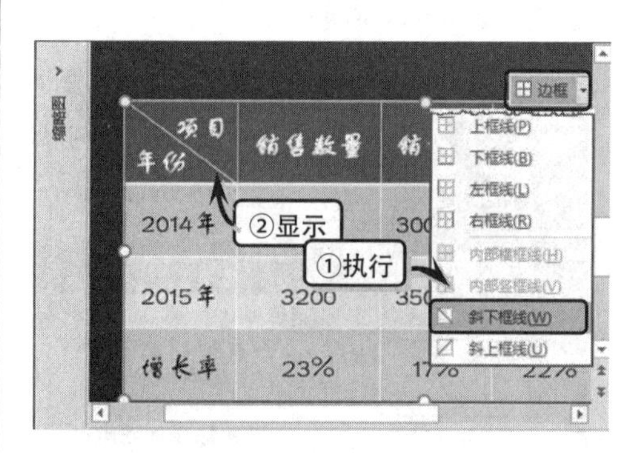

图 14-54 绘制斜线表头

10 选择幻灯片标题，执行【动画】|【动画】|【动画样式】|【形状】命令，如图 14-55 所示。

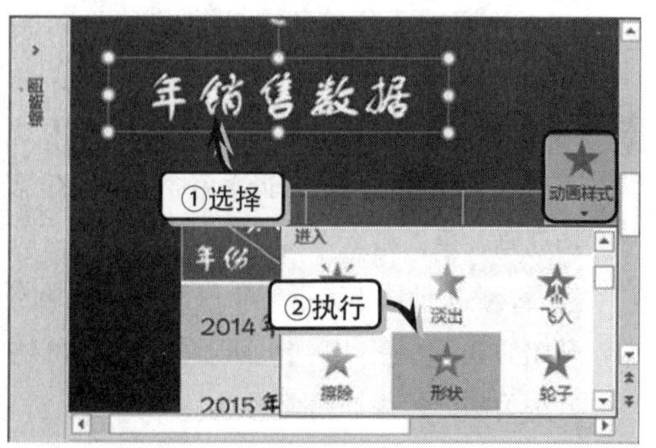

图 14-55 添加动画效果

11 在【计时】选项组中，设置动画效果的【开始】与【持续时间】选项，如图 14-56 所示。

图 14-56 设置计时选项

12 选择表格，执行【动画】|【动画】|【动画样式】|【浮入】命令，并设置【开始】和【持续时间】选项，如图 14-57 所示。

图 14-57 添加动画效果

14.7 课堂练习：甘特图

甘特图是一个水平条形图，常用于项目管理。在本练习中，将运用堆积条形图来创建甘特图。首先，创建堆积条形图。然后，设置堆积条形图的坐标轴格式，隐藏指定的数据系列并设置显示数据系列的棱台效果，如图 14-58 所示。

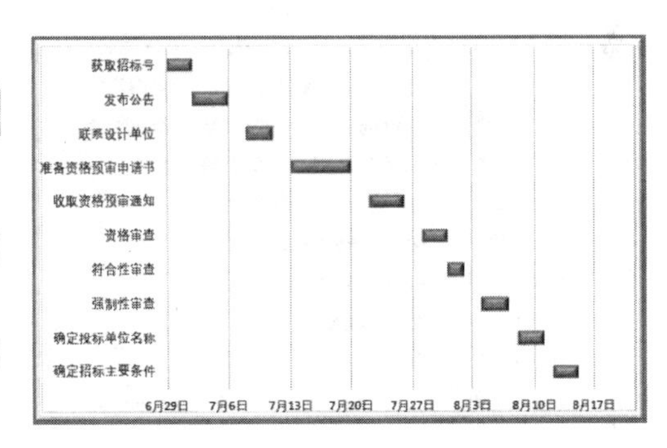

图 14-58 甘特图

操作步骤

1 设置幻灯片。执行【设计】|【自定义】|【幻灯片大小】|【标准】命令，设置幻灯片的大小，如图 14-59 所示。

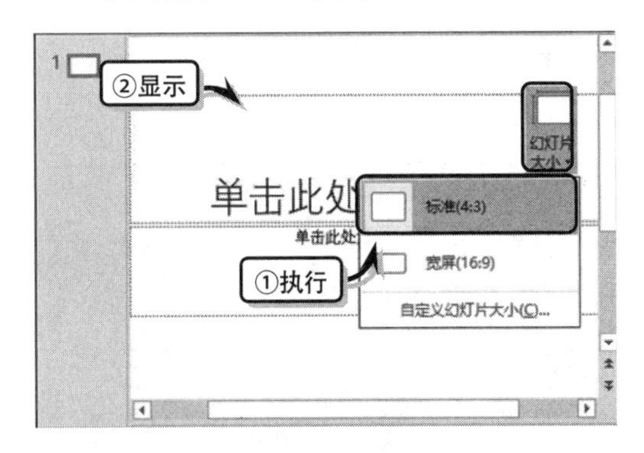

图 14-59 设置幻灯片大小

2 插入图表。删除所有占位符，执行【插入】|【插图】|【图表】命令，选择【堆积条形图】选项，如图 14-60 所示。

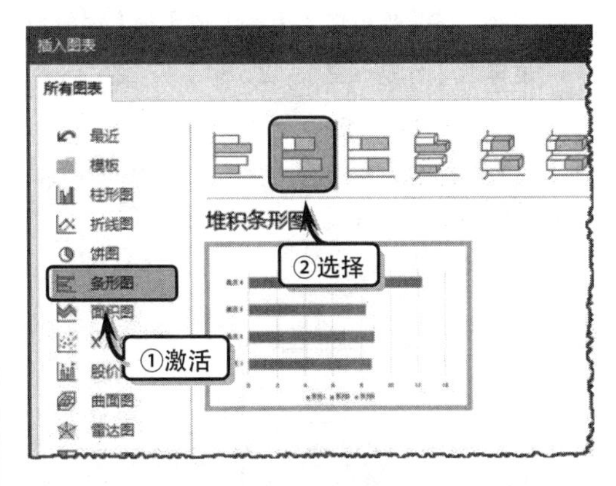

图 14-60 选择图表类型

3 在弹出的 Excel 工作表中输入图表数据，如图 14-61 所示。

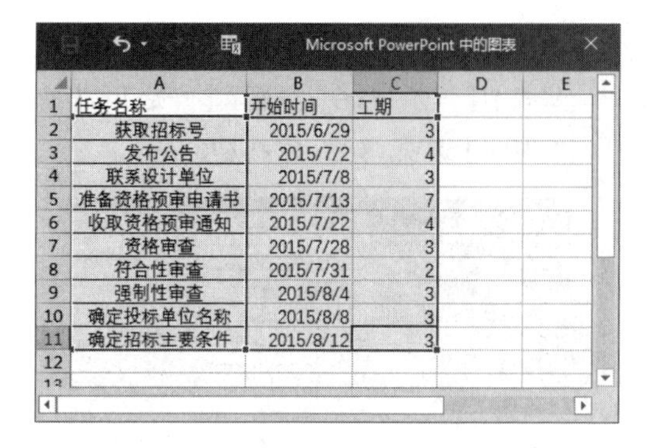

	A	B	C
1	任务名称	开始时间	工期
2	获取招标号	2015/6/29	3
3	发布公告	2015/7/2	4
4	联系设计单位	2015/7/8	3
5	准备资格预审申请书	2015/7/13	7
6	收取资格预审通知	2015/7/22	4
7	资格审查	2015/7/28	3
8	符合性审查	2015/7/31	2
9	强制性审查	2015/8/4	3
10	确定投标单位名称	2015/8/8	3
11	确定招标主要条件	2015/8/12	3

图 14-61 输入图表数据

4 删除元素。选择图表中的标题和图例，按 Delete 键，删除标题和图例，如图 14-62 所示。

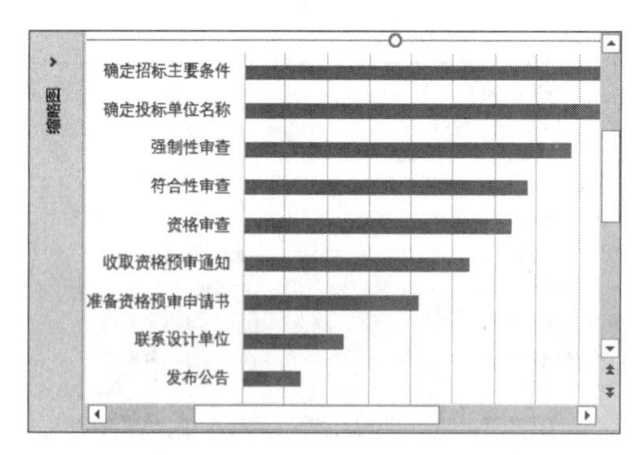

图 14-62 删除标题和图例

5 设置坐标轴格式。双击“水平（值）轴”坐标轴，将【最小值】、【最大值】与【主要刻度单位】分别设置为 42 184、42 235 与 7，如图 14-63 所示。

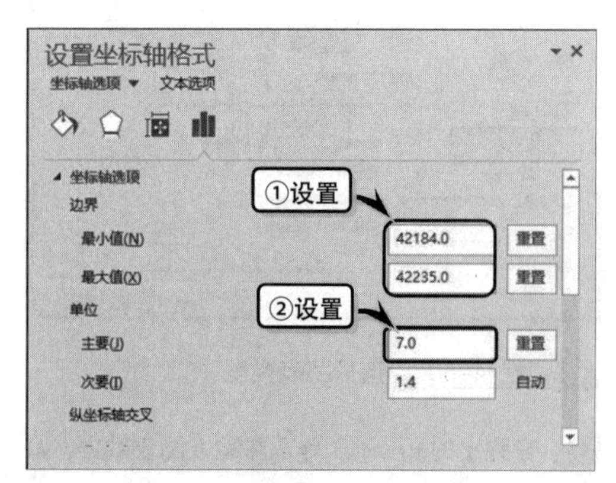

图 14-63 设置坐标轴选项

6 激活【数字】选项卡，将日期格式设置为“3月 14 日”，如图 14-64 所示。

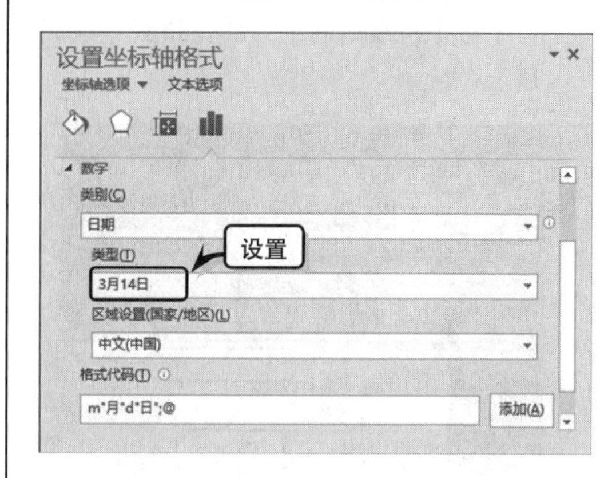

图 14-64 设置数字类型

7 设置字体格式。选择图表，在【开始】选项卡【字体】选项组中，将【字号】设置为 14，如图 14-65 所示。

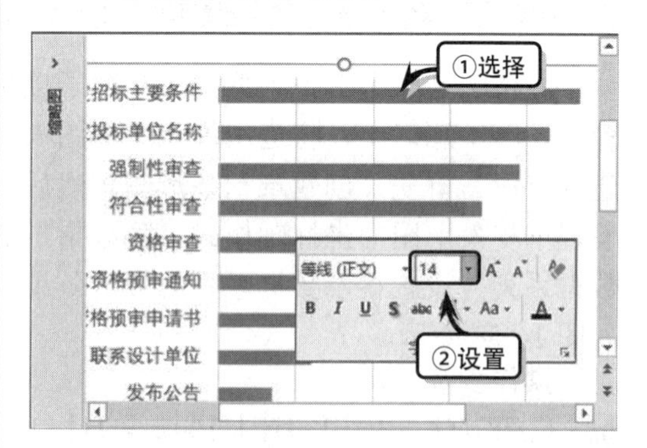

图 14-65 设置文本格式

8 设置数据系列格式。双击“开始时间”数据系列，在【填充】选项卡中选中【无填充】选项，如图 14-66 所示。

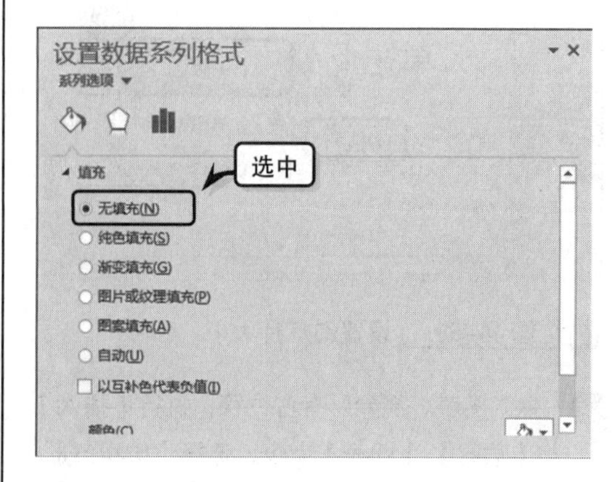

图 14-66 设置填充格式

9 设置坐标轴格式。双击“垂直(类别)轴”，启用【逆序类别】，并选择【最大分类】选项，如图 14-67 所示。

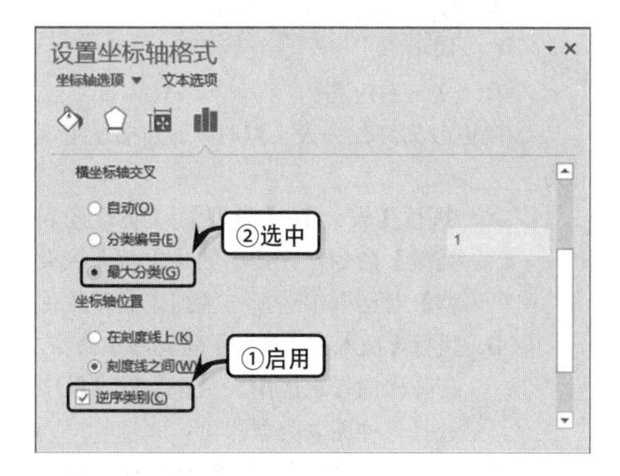

图 14-67 设置坐标轴格式

10 美化图表。选择图表，执行【格式】|【形状样式】|【彩色轮廓-橙色,强调颜色 2】命令，如图 14-68 所示。

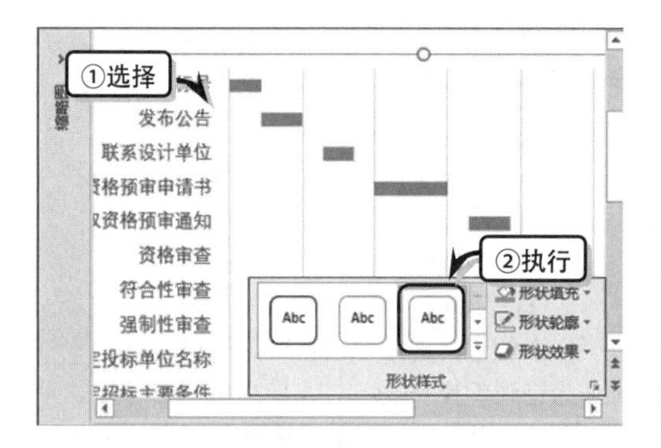

图 14-68 设置形状样式

11 执行【形状轮廓】|【粗细】|【3 磅】命令，设置轮廓粗细，如图 14-69 所示。

12 执行【形状样式】|【形状效果】|【棱台】|【草皮】命令，设置图表的棱台效果，如图 14-70 所示

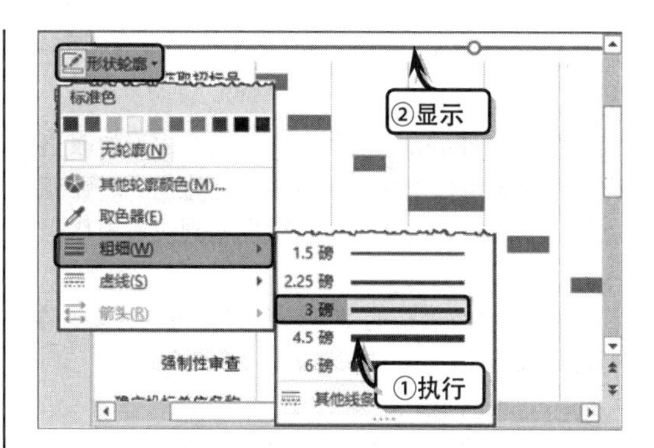

图 14-69 设置轮廓粗细

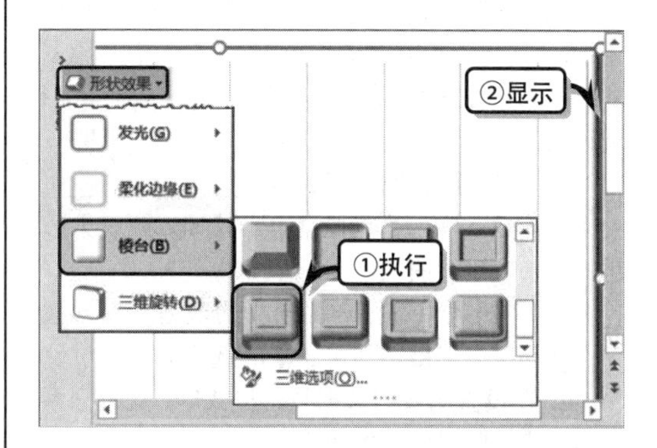

图 14-70 设置图表的棱台效果

13 选择数据系列，执行【格式】|【形状样式】|【形状效果】|【棱台】|【圆】命令，如图 14-71 所示。

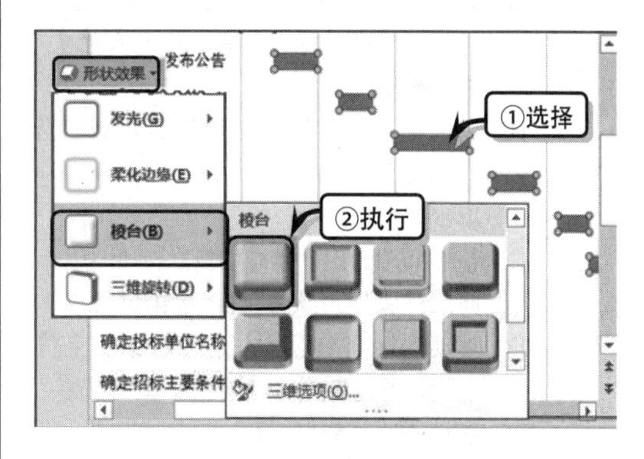

图 14-71 设置数据系列的棱台效果

14.8 思考与练习

一、填空题

1. 可以将 Excel 电子表格放置于幻灯片中，并利用公式功能计算表格数据。Excel 电子表格可以对表格中的数据进行________、计算、________等操作。

2．当表格中的某个单元格中的内容超过列宽时，系统会__________。

3. PowerPoint提供了________个内置的表格样式，该表格样式是一组包含表格边框、底纹颜色等命令的组合，从而帮助用户达到快速美化表格的目的。

4．在设置表格的字体颜色时，可在【颜色】对话框【自定义】选项卡中，设置________与________颜色模式。

5．在设置表格文本的对齐方式时，按________快捷键将文本左对齐，按________快捷键将文本居中，按________快捷键将文本右对齐。

6．在设置单元格的边距时，【单元格边距】下拉列表中主要包括正常、无、_____、_____4个选项。

7．在创建图表时，只有在______________的幻灯片版式中，才能通过单击【插入图表】按钮的方法来创建图表。

8．在图表中选择需要删除的数据系列，按_____键或_____键，即可删除所选系列。

9. 在设置图表的数据系列格式时，其数据系列的形状会随着图表的改变_________。

二、选择题

1．下列描述中，_____为描述选中当前单元格的操作方法。

A．移动光标至单元格左边界与第一字符之间，当光标变为“指向斜上方箭头”形状↗时，单击即可

B．将光标移动到该行左边界的外侧，当光标变为“指向右箭头”形状➡时，单击即可

C. 将光标置于该列顶端，当光标变为“指向下箭头”形状⬇时，单击即可

D．移动光标至单元格左边界与第一字符之间，当光标变为“指向斜上方箭头”形状➡时，单击即可

2．当按_____或_____键时，可以选中插入符所在的单元格后面或前面的单元格。

A．Tab

B．Ctrl

C．Shift+Tab

D．Shift+Alt

3．可以通过执行【布局】选项卡【对齐方式】选项组中的相应命令，来设置文本的对齐方式。其中，下列描述中，不属于【对齐方式】选项组中的命令为_____。

A．文本左对齐

B．文本分散对齐

C．居中

D．文本右对齐

4．在更改幻灯片图表类型时，下列描述错误的为_____。

A．执行【设计】|【类型】|【更改图表类型】命令，在弹出的【更改图表类型】对话框中选择一种图表类型即可

B．执行【插入】|【插图】|【图表】命令，在弹出的【更改图表类型】对话框中选择一种图表类型即可

C．右击图表执行【更改图表类型】命令，在弹出的【更改图表类型】对话框中选择一种图表类型即可

D．执行【插入】|【图像】|【图表】命令，在弹出的【更改图表类型】对话框中选择一种图表类型即可

5．在删除幻灯片中图表的数据系列时，除了在【选择数据源】对话框中删除之外，还可以通过按下_____键来删除数据系列。

A．Delete

B．退格

C．Enter

D．Tab

6．在幻灯片中绘制表格时，下列操作中_____操作为错误的操作。

A．执行【插入】|【表格】|【表格】|【绘制表格】命令，当光标变成“笔”形状✎时，拖动鼠标在幻灯片中绘制表格边框

B．执行【插入】|【表格】|【表格】|【绘制表格】命令，当光标变成“笔”形状✎时，拖动鼠标在幻灯片中绘制表格内线

C．执行【表格工具】|【设计】|【绘图边框】|【绘制表格】命令，将光标放至外边框内部，拖动鼠标绘制表格的行和列

D．当再次执行【绘制表格】命令后，需要将光标移至表格的内部绘制，否则将绘制表格的外边框

三、问答题

1. 简述设置坐标轴格式的操作方法。

2. 创建表格主要包括哪几种创建方法？简述每种创建方法的操作步骤。

3. 设置图表数据主要包括哪些内容？

四、上机练习

1. 创建 Excel 表格

在本练习中，将运用 PowerPoint 中的表格功能来创建一个 Excel 表格，如图 14-72 所示。首先，新建一个幻灯片，执行【插入】|【表格】|【表格】|【Excel 电子表格】命令。然后，将鼠标移至电子表格的右下角，当鼠标变成“双向箭头”形状时，拖动鼠标调整表格的大小，并在表格中输入各类数据与计算公式，单击幻灯片空白位置，结束表格的编辑状态。最后，选择整个表格，执行【格式】|【形状样式】|【形状填充】命令，在其列表中选择【橄榄色-强调文字颜色 3，淡色 80%】色块。同样，执行【形状样式】|【形状轮廓】命令，在其列表中选择【黑色】色块。

应收账款统计表

当前日期：2011-5-1

客户名称	赊销日期	经手人	应收账款	已收账款	结余
A公司	2010-8-5	小张	¥ 200,000.00	¥ 10,000.00	¥190,000.00
B公司	2010-8-10	小刘	¥ 10,000.00	¥ 3,000.00	¥ 7,000.00
C公司	2010-8-16	小王	¥ 50,000.00	¥ 30,000.00	¥ 20,000.00
D公司	2010-9-10	小李	¥ 60,000.00	¥ 40,000.00	¥ 20,000.00
E公司	2010-9-29	小然	¥ 30,000.00	¥ 10,000.00	¥ 20,000.00
F公司	2010-10-20	小金	¥ 20,000.00	¥ 15,000.00	¥ 5,000.00
A公司	2010-10-21	小张	¥ 10,000.00	¥ 6,000.00	¥ 4,000.00
B公司	2010-10-22	小刘	¥ 40,000.00	¥ 40,000.00	¥ -
C公司	2010-8-23	小王	¥ 50,000.00	¥ 40,000.00	¥ 10,000.00
D公司	2010-10-24	小李	¥ 60,000.00	¥ 40,000.00	¥ 20,000.00
E公司	2010-10-25	小然	¥ 30,000.00	¥ 20,000.00	¥ 10,000.00
F公司	2010-10-26	小金	¥ 20,000.00	¥ 20,000.00	¥ -
A公司	2010-10-27	小张	¥ 70,000.00	¥ 50,000.00	¥ 20,000.00
B公司	2010-10-28	小刘	¥ 10,000.00	¥ 3,000.00	¥ 7,000.00
C公司	2010-10-29	小王	¥ 30,000.00	¥ 10,000.00	¥ 20,000.00
D公司	2010-10-30	小李	¥ 50,000.00	¥ 30,000.00	¥ 20,000.00

图 14-72　创建 Excel 表格

2. 创建“带数据标记”的折线图

在本练习中，将运用 PowerPoint 中的图表功能，创建一个带数据标记的折线图，如图 14-73 所示。首先，执行【插入】|【插图】|【图表】命令，选择【带数据标记的折线图】选项，并单击【确定】按钮。然后，在弹出的 Excel 表格中输入图表基础数据，并关闭 Excel 表格。最后，执行【图表工具】|【设计】|【图表样式】|【样式 18】命令，同时执行【格式】|【形状样式】|【细微效果-橄榄色，强调颜色 3】命令。

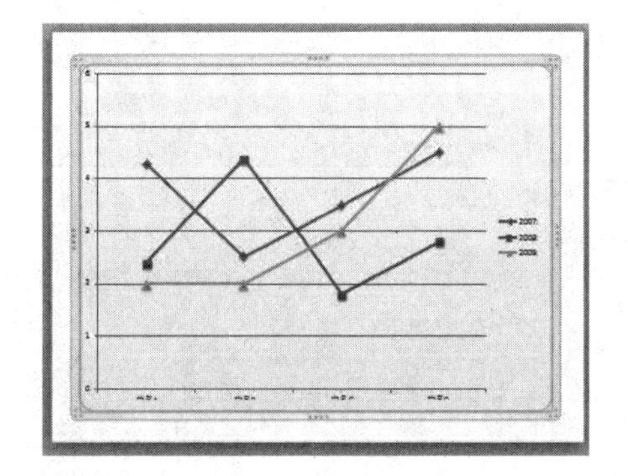

图 14-73　带数据标记的折线图

第 15 章

设置动画与交互效果

在使用 PowerPoint 制作演示文稿时，需要运用其内置的动画与转换效果，来增加演示文稿的动态性与多样性。例如，为幻灯片添加淡出、飞入等自定义动画效果与幻灯片的转换效果。除此之外，还可以通过为幻灯片添加各种切换效果，来增加幻灯片演示时的过渡动感效果；或者通过为幻灯片添加音频的方法，来丰富幻灯片的内容。本章将详细介绍设置动画效果、切换效果，以及添加超链接和动作交互效果的基础知识和操作方法。

本章学习目的：

- 设置文字效果
- 设置图表效果
- 排序动画效果
- 自定义动画路径
- 添加切换效果
- 设置换片方式
- 添加音频文件

15.1 设置文字效果

文字是演示文稿中的主旋律，是丰富幻灯片内容的主要方式之一。在 PowerPoint 中，可通过为文字设置动画效果的方法，在突出显示幻灯片中的文字效果的同时增加幻灯片的互动性。

15.1.1 添加动画效果

PowerPoint 提供了进入、强调、退出等几十种内置动画效果，可以通过为幻灯片中的文本对象添加、更改与删除动画效果的方法，来增加了文本的互动性与多彩性。

1. 添加单个动画效果

选择幻灯片中的文本或文本框，执行【动画】|【动画】|【动画样式】命令，在其列表中选择相应的动画效果，如图 15-1 所示。

提 示

在添加动画效果之后，可以通过执行【动画】|【其他】|【无】命令，来取消已设置的动画效果。

另外，可以通过执行【动画】|【动画样式】|【更多进入效果】命令，在弹出的【更多进入效果】对话框中选择相应的动画类型，如图 15-2 所示。还可以使用同样的方法添加更多强调或退出动画效果。

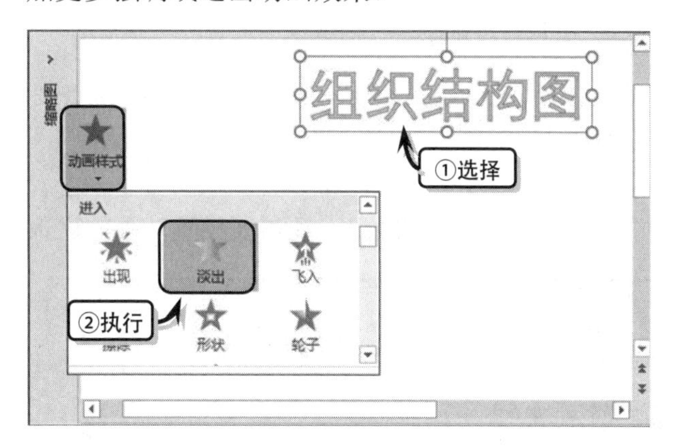

图 15-1 添加动画效果

图 15-2 添加其他动画效果

提 示

可以通过执行【动画】|【其他】|【更多强调效果】或【更多退出效果】或【其他动作路径】命令，来设置更多种类的动画效果。

2. 更改动画效果

为文本或文本框添加动画效果之后，单击对象前面的动画序列，执行【动画】|【动画样式】命令，在其列表中选择另外一种动画效果，即可更改当前的动画效果，如图 15-3 所示。

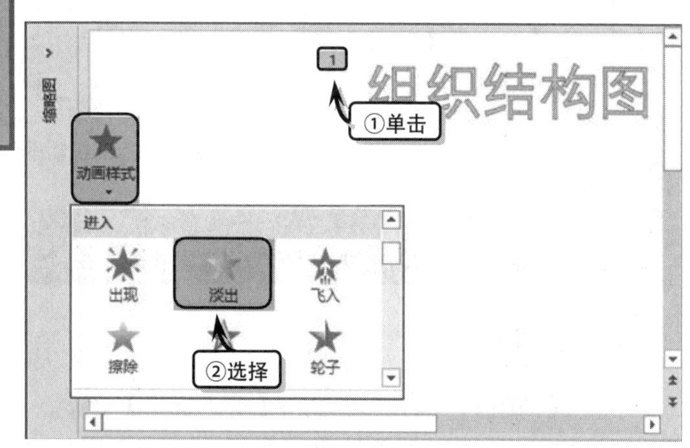

图 15-3 更改动画效果

提 示

还可以通过单击对象前面显示动画效果的数字序列，来选择具体的动画效果。

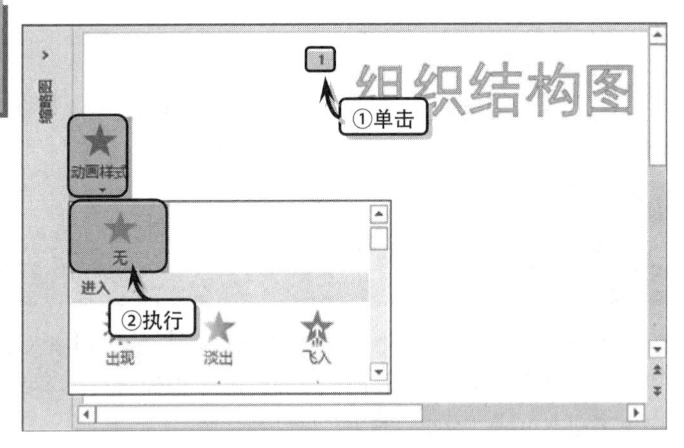

图 15-4 删除动画效果

3．删除动画效果

当为某个文本多添加了一个动画效果，或不再需要已添加的动画效果时，单击对象前面的动画序列 1 ，按 Delete 键或执行【动画】|【动画样式】|【无】命令来可删除该动画效果，如图 15-4 所示。

15.1.2 设置动画路径

为文本添加动画效果之后，为了突出显示文本的动态效果，还需要设置动画的进入路径，例如自左侧进入、自右侧进入等进入方式。一般情况下，可通过选项组法与动画窗格法两种方法，设置文字动画的路径方向。

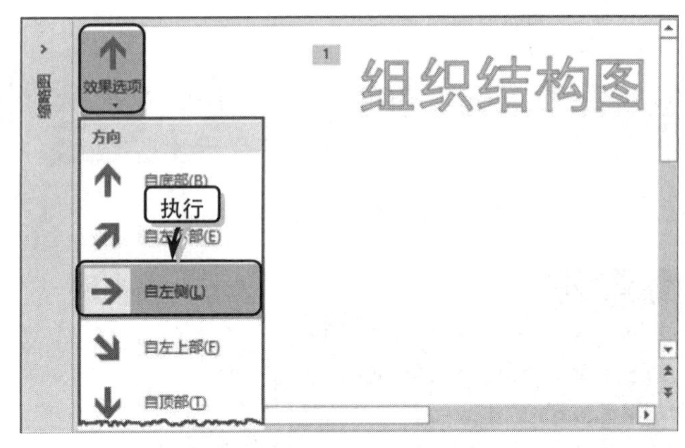

图 15-5 设置动画的进入方式

1．选项组法

选择已设置的动画效果，执行【动画】|【动画】|【效果选项】命令，在其列表中选择相应的选项，如图 15-5 所示。

提 示

在【效果选项】命令中，其选项会随着动画效果的改变而改变，例如动画效果为【形状】时，【效果选项】命令中的选择将自动更改为【方向】与【形状】栏。

2．动画窗格法

执行【动画】|【高级动画】|【动画窗格】命令，在弹出的【动画窗格】窗格中，单击动画效果后面的下拉按钮，在其下拉列表中选择【效果选项】选项，如图 15-6 所示。

然后，在弹出的对话框中激活【效果】选项卡，单击【方向】下拉按钮，在其下拉列表中选择相应的选项，如图 15-7 所示。

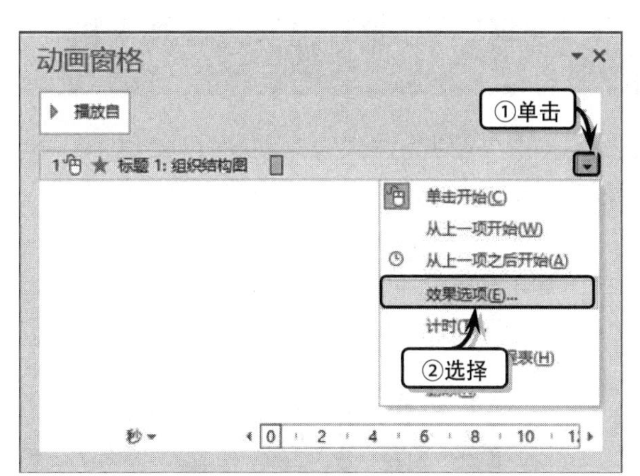

图 15-6 选择动画效果

图 15-7 设置动画路径

15.1.3 设置多重动画效果

PowerPoint 提供了为单个对象添加多个动画的功能，运用该功能可以充分体现文本的动感性。

1. 添加多个动画效果

首先，为文本添加一个动画效果。然后，执行【动画】|【高级动画】|【添加动画】命令，在其列表中选择相应的选项，如图 15-8 所示。

2. 排序动画效果

当为单个对象添加多个动画效果之后，为了形象地显示动画效果，发挥动画效果的最优性，还需要排列动画效果的播放顺序。执行【动画】|【计时】|【向前移动】或【向后移动】命令，来调整动画效果的播放顺序，如图 15-9 所示。

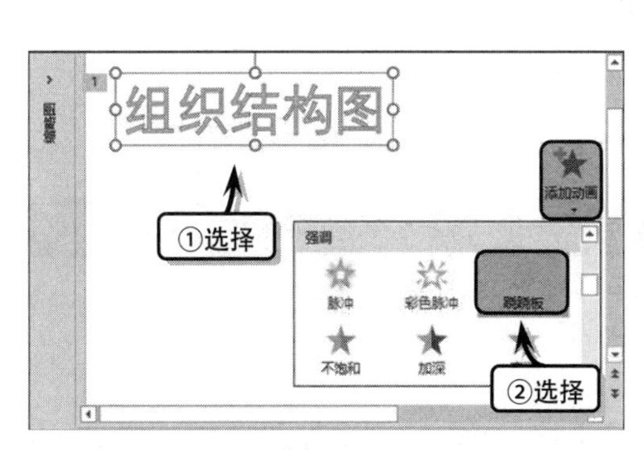

图 15-8 添加多个动画效果

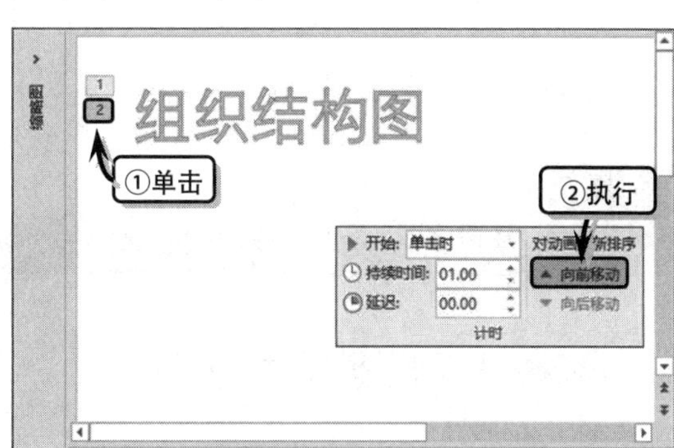

图 15-9 排序动画效果

提 示

当选择【动画】选项卡时，系统将会以数字的方式，自动显示对象中的动画效果，如 2 。

15.2 设置图表效果

图表是幻灯片表现数据的主要形式之一，可以通过为图表设置动画效果的方法，来设置图表中不同数据类型的显示方式与显示顺序，从而使枯燥乏味的数据具有活泼性与动态性。

15.2.1 为图表添加动画

首先，选择幻灯片中的图表，执行【动画】|【动画】|【动画样式】命令，在其下拉列表中选择【进入】类型中的一种动画效果，如图 15-10 所示。

然后，执行【动画】|【效果选项】命令，在其列表中选择【按系列】选项，即可在演示文稿时，按图表中的系列先后出现在幻灯片中，如图 15-11 所示。

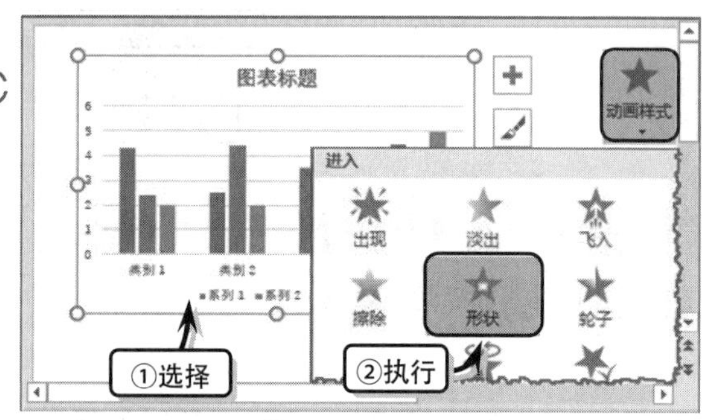

图 15-10 添加动画效果

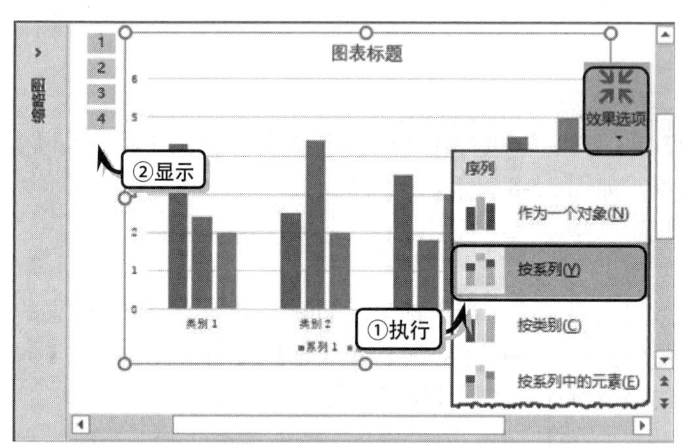

图 15-11 设置进入效果

提 示

还可以通过执行【效果选项】命令中的其他选项，按类别或按元素设置图表数据的动画效果。

15.2.2 设置播放顺序

为图表设置了按系列或按元素等动画效果之后，为满足图表数据显示的特殊需求，以及充分发挥图表数据的说明性，还需要设置图表系列动画效果的开始顺序。

1. 选项组法

选择图表中的某个动画序列，执行【动画】|【计时】命令，单击【开始】下拉按钮，在其下拉列表中选择相应的选项即可，如图15-12所示。

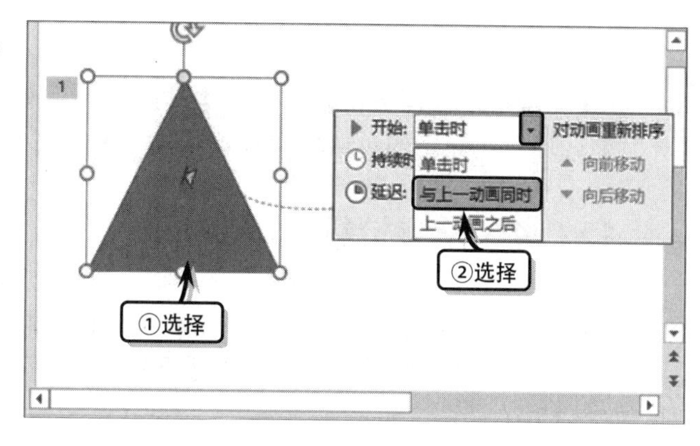

图 15-12 设置开始方式

2. 动画窗格法

执行【动画】|【高级动画】|【动画窗格】命令，在弹出的【动画窗格】任务窗格中，单击动画系列后面的下拉按钮，在其下拉列表中选择【从上一项之后开始】选项即可设置动画的播放顺序，如图15-13所示。

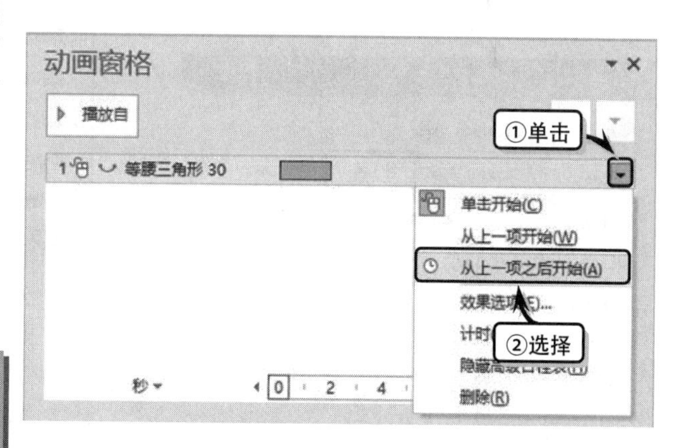

图 15-13 设置播放顺序

提 示

在【动画窗格】任务窗格中，单击动画系列名称后面的下拉按钮，选择【效果选项】命令后，即可在弹出的对话框中设置动画的效果、计时与图表动画。

15.2.3 设置播放时间

虽然已经为图表设置了动画效果，并设置动画效果的播放顺序。但是，会发现在播放多个动画效果时，会感觉到各个动画效果的节拍不是很恰当。此时，可通过下列两种方法，来设置图表动画效果的播放时间，使各个动画效果之间达到完美结合。

1. 选项组法

在【动画】选项卡【计时】选项组中，单击【持续时间】与【延迟时间】后面的微调按钮，调整至合适时间，如图15-14所示。

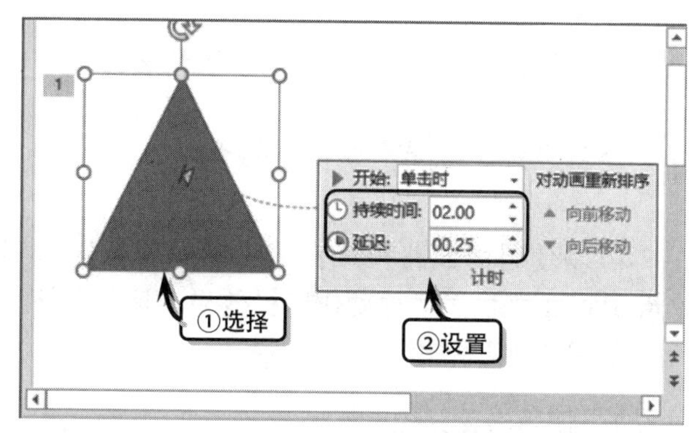

图 15-14 设置播放时间

2. 动画窗格法

在【动画窗格】任务窗格中，单击动画名称后面的下拉按钮，在其下拉列表中选择【计时】选项。在弹出的对话框中设置【延迟】与【期间】选项，如图 15-15 所示。

15.2.4 设置持续放映效果

在【动画窗格】任务窗格中，单击动画名称后面的下拉按钮，在其下拉列表中选择【计时】选项。在弹出的对话框中单击【重复】下拉按钮，在其下拉列表中选择相应的选项，如图 15-16 所示。

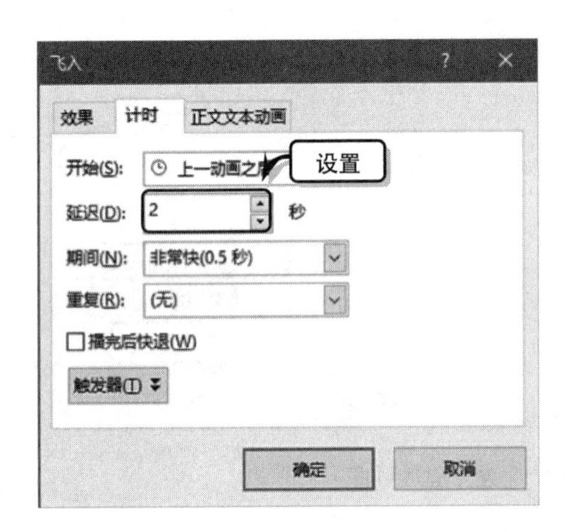

图 15-15 设置计时选项

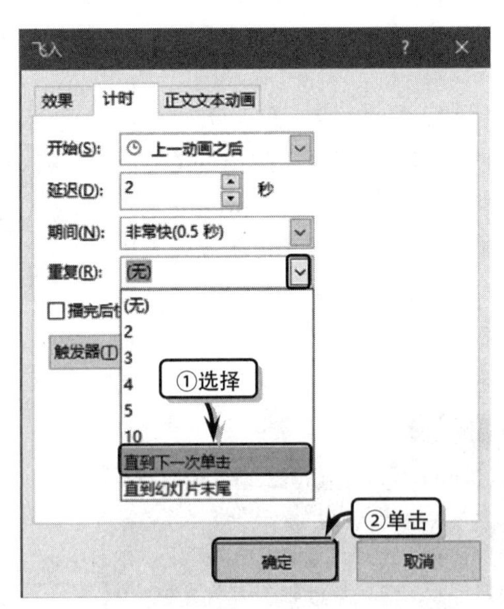

图 15-16 设置持续放映效果

15.3 自定义动画路径

在 PowerPoint 中，还可以使用自定义动画路径的功能，来定义幻灯片对象的行进路线，以充分显示幻灯片动画效果的独特之处。

15.3.1 设置动画路径

可以使用内置路径或自定义路径，来设置对象的动作路径效果。默认情况下，PowerPoint 提供了多种动作路径效果。除此之外，还可以运用绘制路径的功能，自定义动画效果的进入路径。

1. 使用内置路径

选择幻灯片中的对象，执行【动画】|【动画】命令，单击【动画样式】下拉按钮，

在其下拉列表中选择【动作路径】栏中的任意一个选项，如图 15-17 所示。

另外，还可以执行【动画】|【高级动画】|【添加动画】命令，在其列表中选择【动作路径】栏中的任意一个选项，如图 15-18 所示。

提　示

执行【添加动画】|【其他动作路径】命令，可在弹出的【添加动作路径】对话框中添加更多的动作路径。

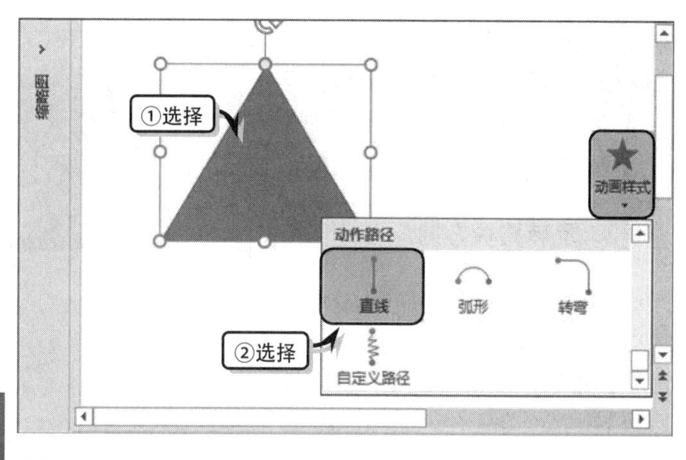

图 15–17　设置内置路径

2. 绘制自定义路径

选择对象，执行【动画】|【动画样式】下拉按钮，在其下拉列表中选择【动作路径】栏中的【自定义路径】选项，拖动该鼠标在幻灯片中绘制路线即可，如图 15-19 所示。

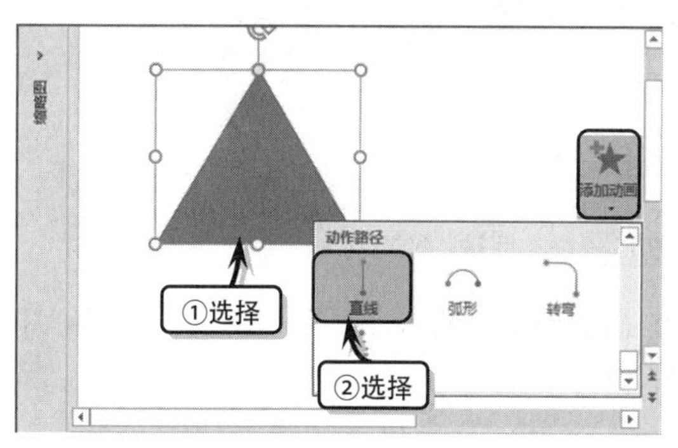

图 15–18　添加多个动画效果

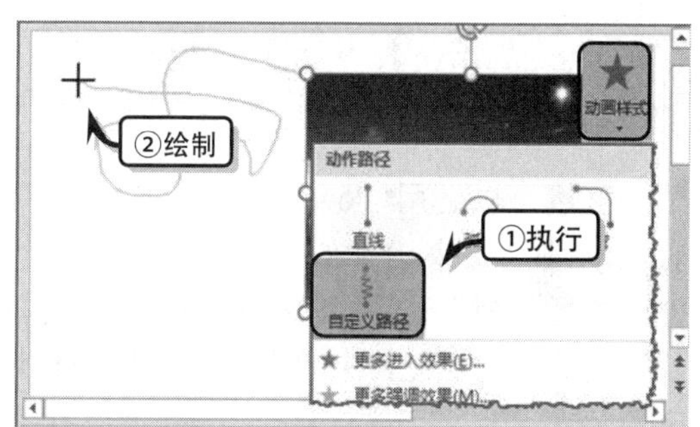

图 15–19　绘制动作路径

提　示

在绘制曲线或任意多边形路径时，以及在绘制直线或自由直线路径时，都需按 Enter 键才可完成绘制。

15.3.2　设置路径方向

为对象添加动作路径效果之后，还需要通过编辑动作路径的顶点与方向，来显示动作路径的整体运行效果。

1. 编辑顶点

首先，执行【动画】|【动画】|【效果选项】命令，在其列表中选择【编辑顶点】选项。然后，将光标置于路径顶点处，当光标变为“调整”形状时，拖动鼠标即可调整路径的顶点，如图 15-20 所示。

提　示

选择路径，右击并执行【编辑顶点】命令，将光标放置于顶点处，拖动鼠标即可编辑顶点。

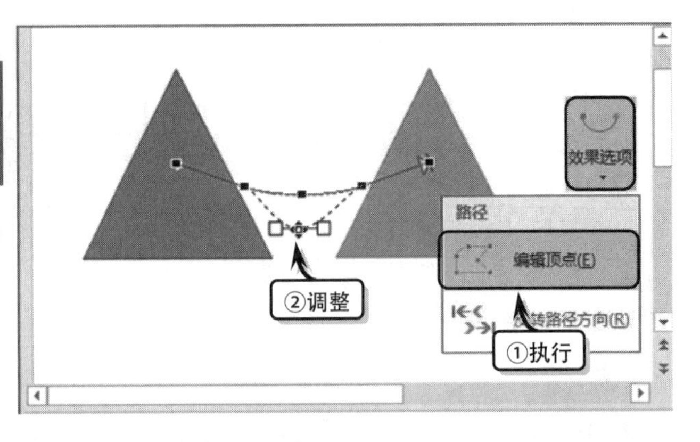

图 15-20　编辑顶点

2. 反转路径方向

选择需要反转方向的路径，执行【动画】|【动画】|【效果选项】|【反转路径方向】命令，即可反转自定义路径，如图 15-21 所示。

提　示

可以通过执行【预览】|【自动预览】命令，设置动画效果的自动预览功能。也就是当用户每设置一次动画效果，系统便会自动预览该动画效果。

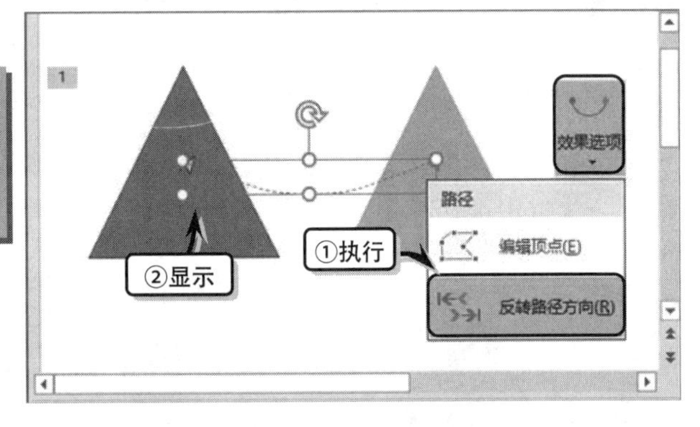

图 15-21　反转路径方向

15.4　设置切换效果

虽然可以运用 PowerPoint 中内置的动画效果来增加幻灯片的动态性。但是，却无法增加幻灯片与幻灯片之间的播放效果。此时，可以运用设置每张幻灯片切换效果的功能，来完善演示文稿的整体动画效果。

15.4.1　添加切换效果

切换效果是一张幻灯片过渡到另外一张幻灯片时所应用的效果。首先，选择幻灯片，执行【切换】|【切换到此幻灯片】|【切换样式】命令，在其列表中选择一种转换效果，如图 15-22 所示。

提　示

可以通过执行【计时】|【全部应用】命令，将该切换效果显示在整个演示文稿中。

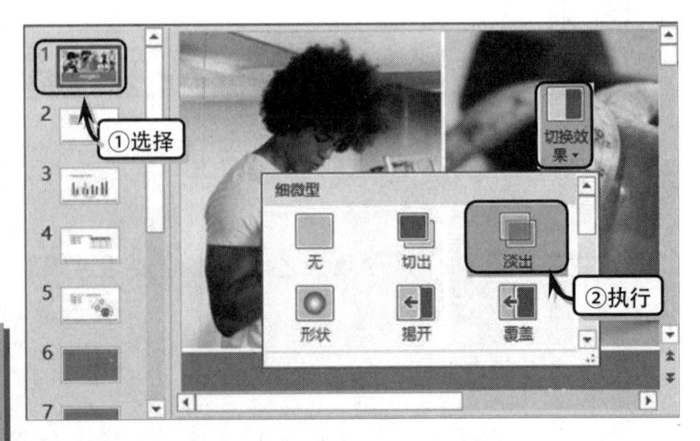

图 15-22　设置切换效果

然后，执行【切换】|【切换

到此幻灯片】|【效果选项】命令，在其列表中选择切换的具体样式，如图 15-23 所示。

15.4.2 设置转换声音与速度

为幻灯片设置了切换效果之后，还可以通过设置幻灯片的切换声音和速度，来增加切换效果的动感性。

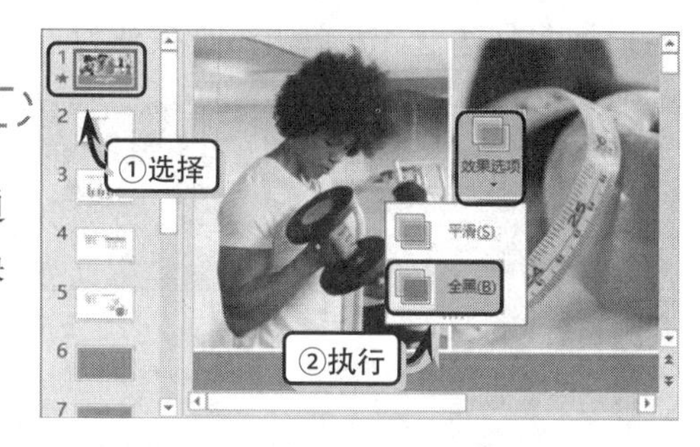

图 15-23 设置切换效果

1. 设置转换声音

选择幻灯片，执行【切换】|【计时】|【声音】命令，在其下拉列表中选择相应的声音，如图 15-24 所示。

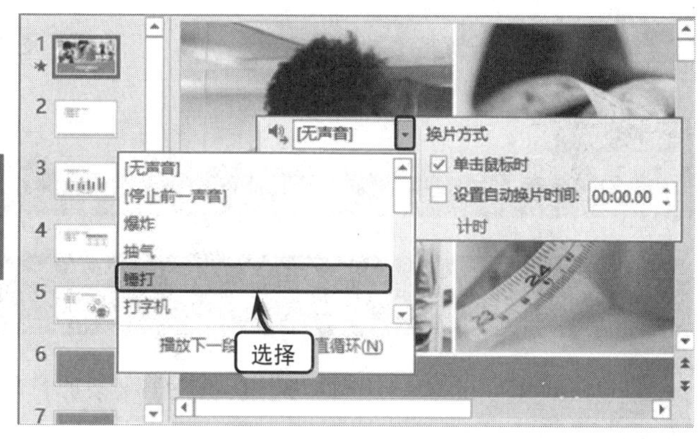

图 15-24 设置转换声音

提 示

可以通过执行【声音】|【播放下一段声音之前一直循环】命令，设置转换声音的重复播放功能。

另外，执行【切换】|【计时】|【声音】|【其他声音】命令，在弹出的【添加音频】对话框中选择相应的声音选项，即可将本地计算机中的声音作为切换声音，如图 15-25 所示。

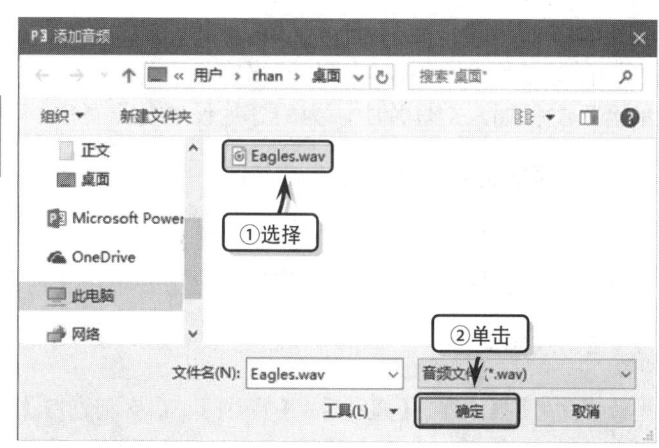

图 15-25 添加本地声音

提 示

在【添加音频】对话框中，必须选择.wav 形式的声音格式。

2. 设置转换速度

转换速度是上一张幻灯片转换到当前幻灯片所用的时间。首先，选择幻灯片。然后，执行【切换】|【计时】|【持续时间】命令，在其微调框中设置相应的持续时间即可，如图 15-26 所示。

15.4.3 设置换片方式

在 PowerPoint 中，可以根据放映需求设置不同的换片方式。一般情况下，换片方式包括单击鼠标时与自动换片两种方式。

首先，在【计时】选项组中禁用【单击鼠标时】复选框。然后，启用【设置自动换片时间】复选框，并单击微调按钮设置换片时间，如图 15-27 所示。

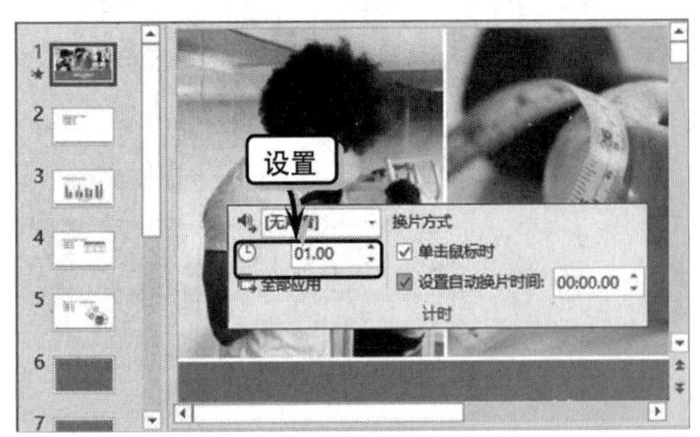

图 15-26 设置持续时间

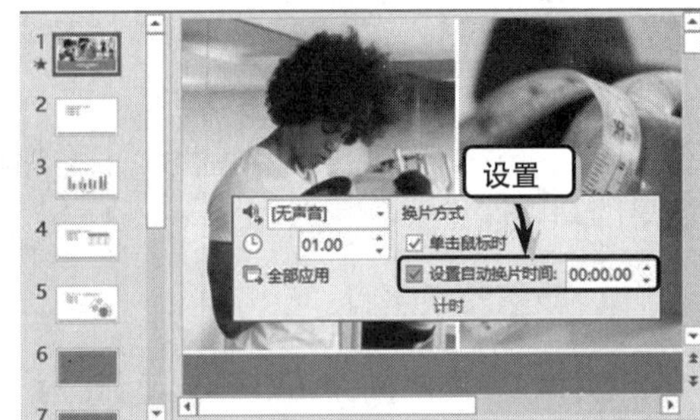

图 15-27 设置换片方式

提 示

当禁用【单击鼠标时】选项后，在放映时演示文稿时，单击鼠标将无法切换到下一张幻灯片。

15.5 添加音频文件

在 PowerPoint 中，还可以通过为幻灯片添加音频文件的方法，来增加幻灯片生动活泼的动感效果。

15.5.1 添加声音

在幻灯片中，不仅可以将网络中的声音插入幻灯片中，而且还可以将本地计算机中的音乐文件插入幻灯片中，为幻灯片设置背景音乐。

1. 添加文件中的声音

选择幻灯片，执行【插入】|【媒体】|【音频】|【PC 上的音频】命令，在弹出的【插入音频】对话框中，选择相应的音频选项并单击【插入】按钮，如图 15-28 所示。

2. 录制声音

执行【插入】|【媒体】|【音频】|【录制音频】命令，在弹出的【录制声音】对话框中输入名称，单击【录制】按钮。录制完毕后单击【停止】按钮即可，如图 15-29 所示。

3. 淡化声音

淡化声音是指控制声音在开始播放时音量从无声逐渐增大，以及在结束播放时音量逐渐减小的过程。

在 PowerPoint 中，可以为音频设置淡化效果。选择音频，选择【音频工具】下的【播放】选项卡，在【编辑】选项组中设置【淡入】值和【淡出】值即可，如图 15-30

所示。

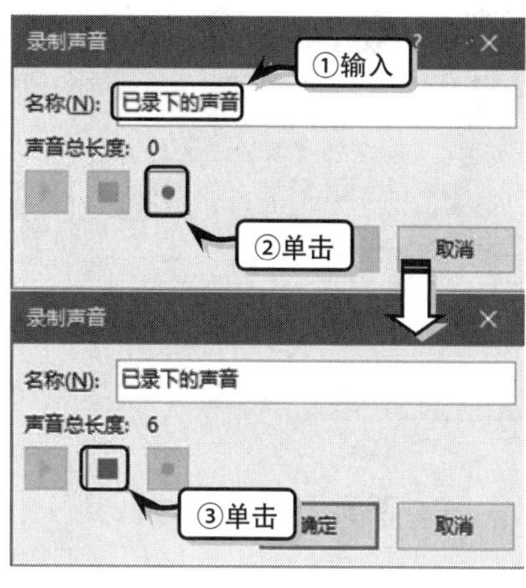

图 15-28　插入文件中的声音

图 15-29　录制声音

其中，【淡入】值的作用是为音频添加开始播放时的音量放大特效，而【淡出】值的作用则是为音频添加停止播放时的音量缩小特效。

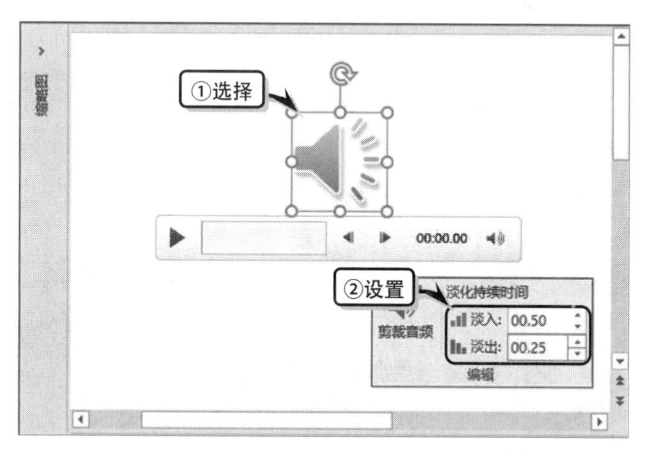

图 15-30　淡化声音

4. 裁剪声音

在录制或插入音频后，若需要剪裁并保留音频的一部分，则可使用 PowerPoint 的剪裁音频功能。选中音频，执行【音频工具】|【播放】|【编辑】|【剪裁音频】命令，如图 15-31 所示。

然后，在弹出的【剪裁音频】对话框中，可以手动拖动进度条中的绿色滑块，以调节剪裁的开始时间，同时，也可以调节红色滑块，修改剪裁的结束时间。如需要根据试听的结果来决定剪裁的时间段，也可以直接单击该对话框中的【播放】按钮，来确定剪裁内容，如图 15-32 所示。

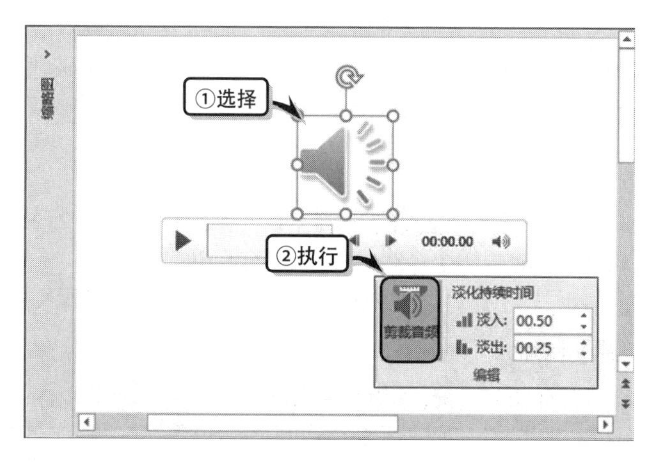

图 15-31　选择音频

5. 调整音频大小

选择添加的音频图标，执行【播放】|【音频选项】|【音量】命令，在其列表中选择相应的选项，如图 15-33 所示。

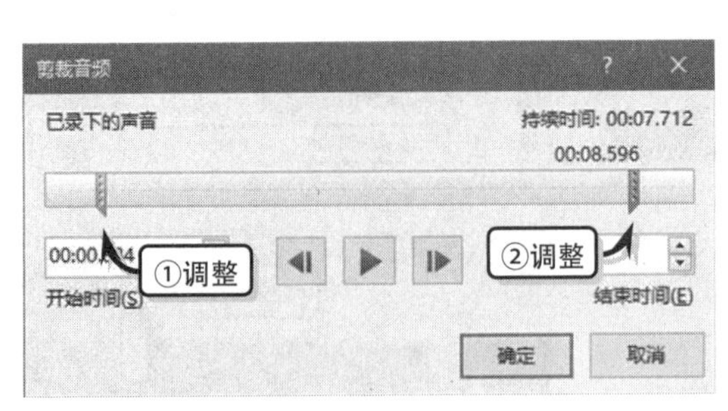

图 15-32 裁剪音频

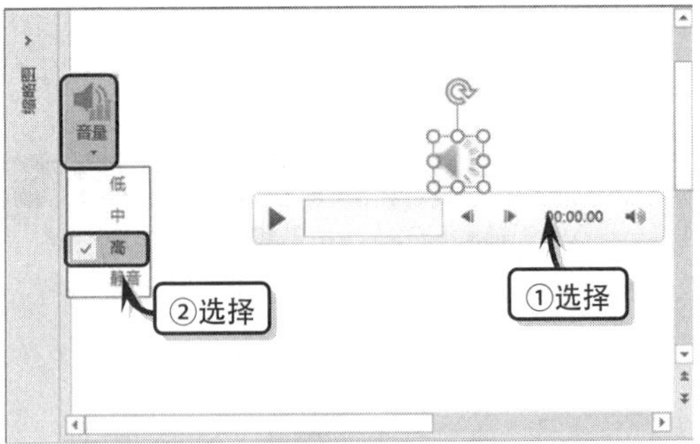

图 15-33 调整音频的大小

6. 隐藏与重复播放音频

选择添加的音频图标，在【播放】选项卡【音频选项】选项组中，启用【循环播放，直到停止】与【放映时隐藏】选项，即可设置音频的循环播放与隐藏方式，如图 15-34 所示。

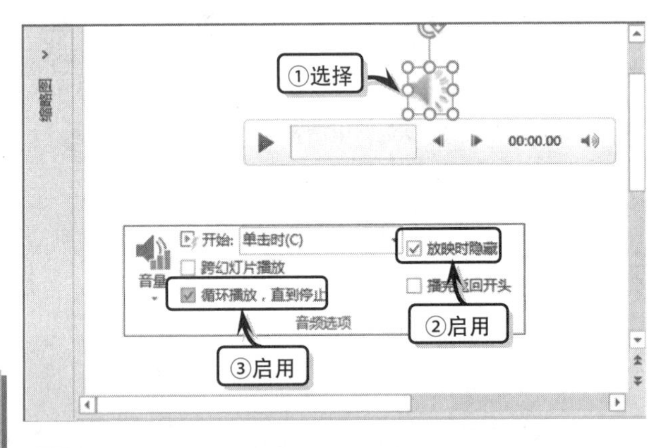

图 15-34 设置隐藏与播放方式

提 示

执行【音频选项】|【开始】命令，在其下拉列表中选择相应的选项，即可设置音频的播放方式。

15.5.2 添加视频

在幻灯片中，可以像插入音频那样为幻灯片插入剪贴画或本地文件中的影片，用来加强幻灯片的说服力。其中，所插入的视频文件主要包括 avi、asf、mpeg、wmv 等格式的文件。

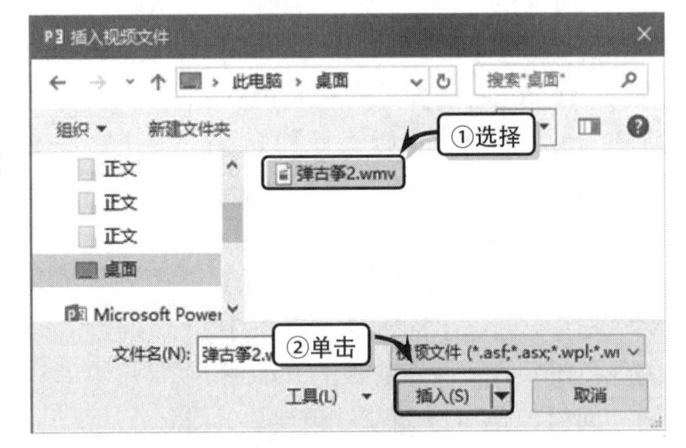

图 15-35 插入本地视频

1. 插入本地视频

执行【插入】|【媒体】|【视频】|【PC 上的视频】命令，在弹出的【插入视频文件】对话框中选择视频文件，单击【插入】按钮，如图 15-35 所示。

提 示

也可以在包含【内容】版式的幻灯片中，通过单击占位符中的【插入视频文件】图标来插入视频。

2. 插入联机视频

PowerPoint 2016 提供了一个联机视频功能，通过该功能可以查找位于 OneDrive 或

YouTube 等网络中的视频文件。

在幻灯片中，执行【插入】|【媒体】|【视频】|【联机视频】命令，在弹出的对话框中选择所需搜索视频的类型，输入搜索内容，单击【搜索】按钮，如图 15-36 所示。

此时，系统会自动搜索网络中的音频文件，并显示搜索列表。在其结果列表中选择一个视频文件，单击【插入】按钮即可。

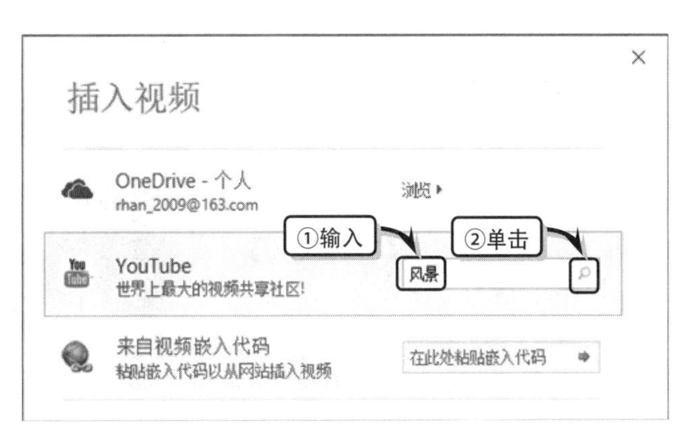

图 15-36 插入联机视频

3. 录制屏幕

PowerPoint 2016 内置了屏幕录制功能，运用该功能可以录制屏幕中的一些操作或视频播放。执行【插入】|【媒体】|【屏幕录制】命令，此时会弹出录制操作菜单和区域选择框，如图 15-37 所示。

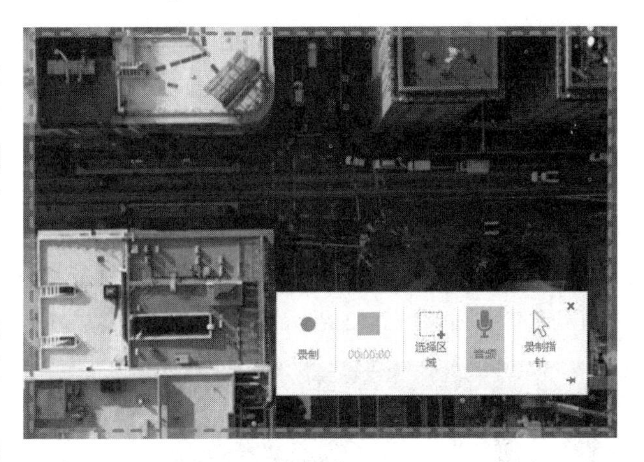

图 15-37 显示录制界面

选择菜单中的【选择区域】选项，可重新选择录制区域。选择区域之后，在菜单中选择【录制】选项可开始录制屏幕，如图 15-38 所示。

录制完成之后，在菜单中选择【停止录制】选项可停止屏幕录制，并将录制内容以视频的方式显示在幻灯片中，如图 15-39 所示。

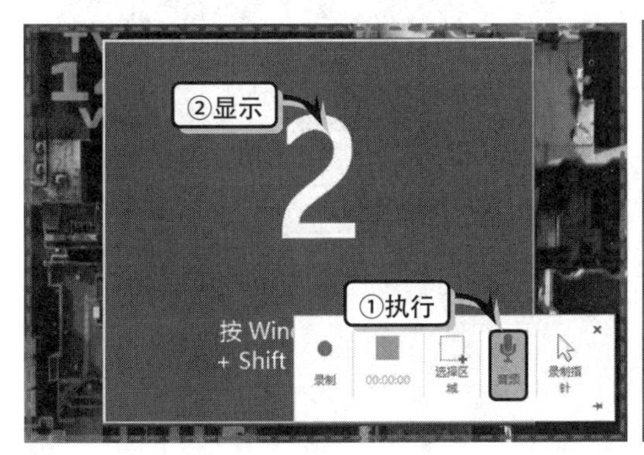

图 15-38 开始录制

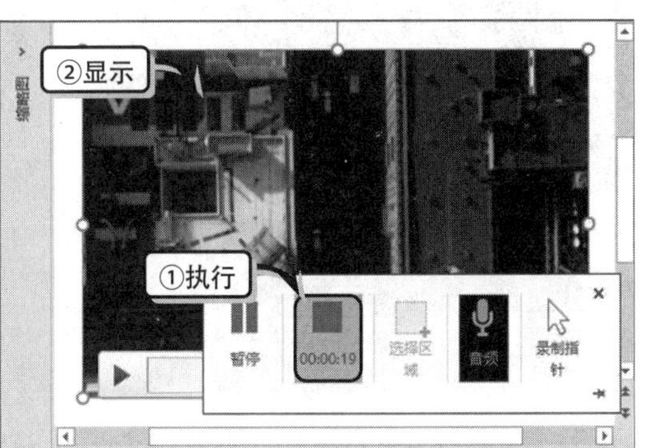

图 15-39 显示录制内容

4. 淡化视频

在 PowerPoint 中，可以为视频设置淡化效果。选择视频，选择【视频工具】下的【播放】选项卡，在【编辑】选项组中设置【淡入】值和【淡出】值，如图 15-40

所示。

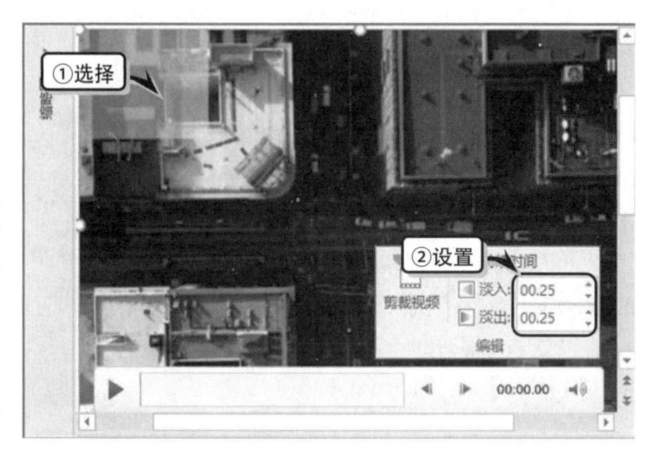

图 15-40 淡化视频

5．裁剪视频

选中视频，执行【音频工具】|【播放】|【编辑】|【剪裁视频】命令。然后，在弹出的【剪裁视频】对话框中手动拖动进度条中的绿色滑块，以调节剪裁的开始时间，同时，也可以调节红色滑块，修改剪裁的结束时间。如需要根据试听的结果来决定剪裁的时间段，也可以直接单击该对话框中的【播放】按钮，来确定剪裁内容，如图 15-41 所示。

6．设置视频选项

选择视频，在【视频工具】下的【播放】选项卡中的【视频选项】选项组中，设置各选项即可设置视频的相关属性。例如，启用【全屏播放】复选框、将【开始】设置为【自动】等，如图 15-42 所示。

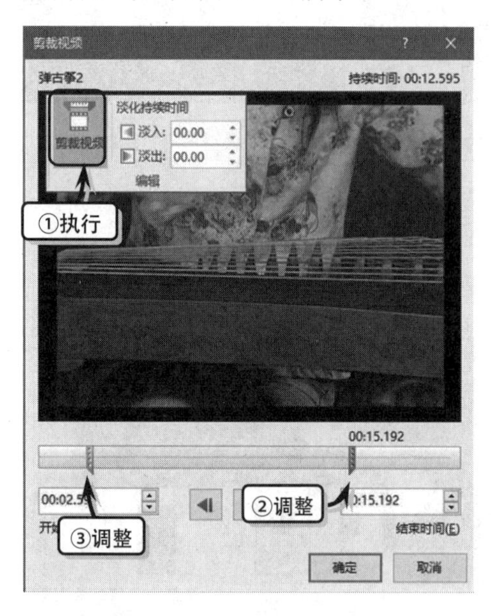

图 15-41 裁剪视频

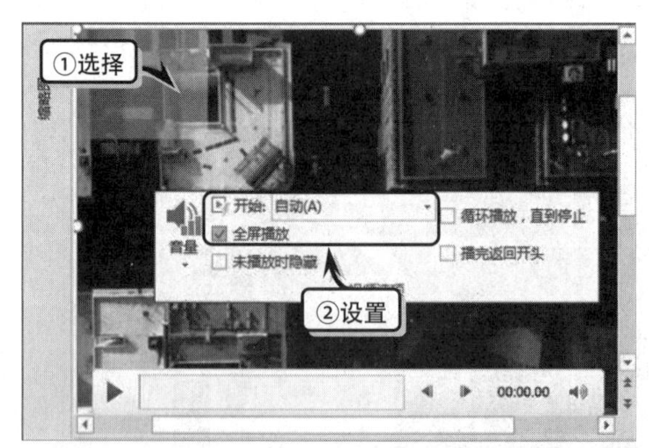

图 15-42 设置视频选项

提 示

只有将幻灯片的视图切换到【幻灯片放映】视图中，才可看到影片的隐藏效果。

15.6 课堂练习：新年贺卡

春节是中国的传统节日，也是俗语中的年。在过年时，家家户户在准备年夜饭的同时，也在一起等待着新年的来临。在本练习中，将利用插入图片、自定义动画等功能，来制作一个带有动画效果的新年贺卡，如图 15-43 所示。

图 15-43 新年贺卡

操作步骤

1 设置幻灯片。新建空白演示文稿，执行【设计】|【自定义】|【幻灯片大小】|【标准】命令，如图 15-44 所示。

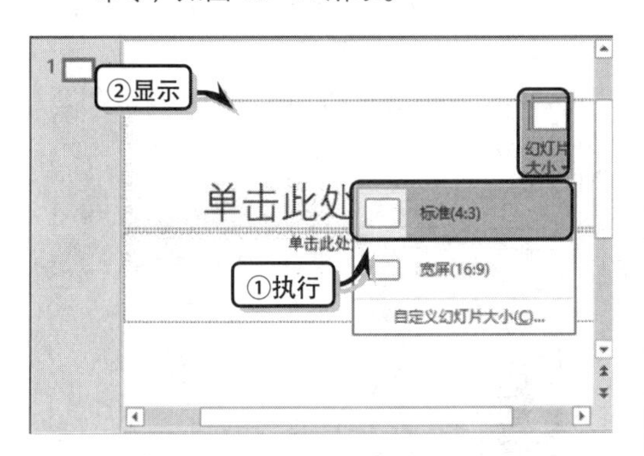

图 15-44 设置幻灯片大小

2 删除所有占位符，执行【设计】|【自定义】|【设置背景格式】命令，选中【纯色填充】选项，将【颜色】设置为【深红】，如图 15-45 所示。

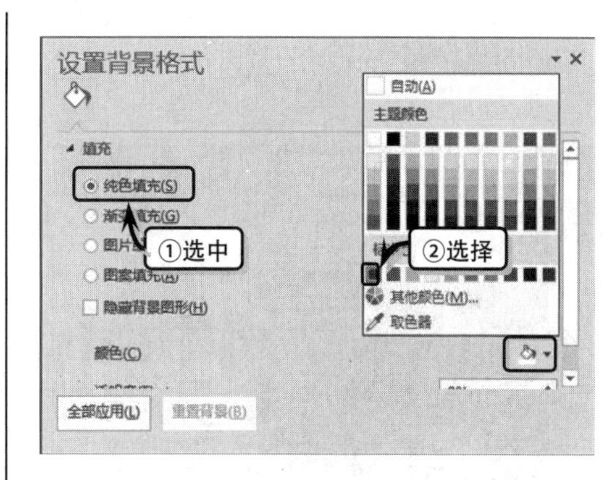

图 15-45 设置背景色

3 插入图片。执行【插入】|【图像】|【图片】命令，在弹出的【插入图片】对话框中选择图片文件，如图 15-46 所示。

4 制作文本框。调整各个图片的位置，执行【插入】|【文本】|【文本框】|【竖排文本框】命令，绘制文本框并输入文本，如图 15-47 所示。

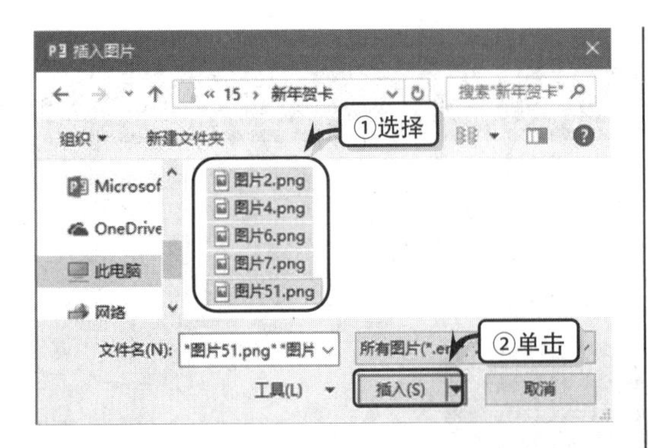

图 15-46 插入图片

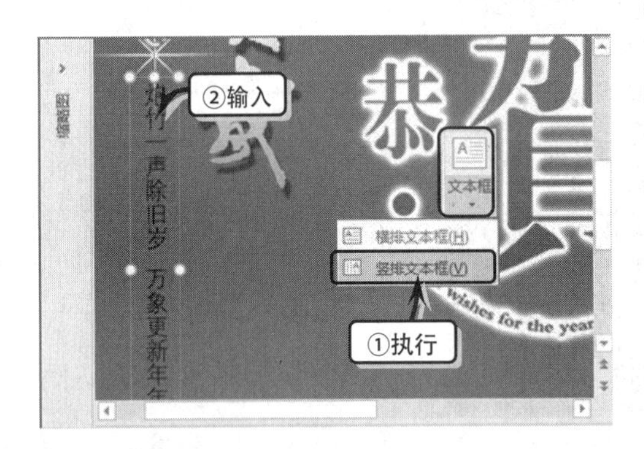

图 15-47 绘制文本框

5 选择文本框，在【开始】选项卡【字体】选项组中设置文本的字体格式，如图 15-48 所示。

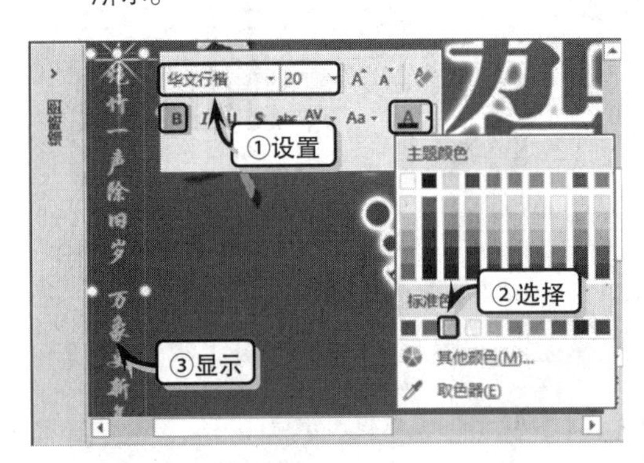

图 15-48 设置文本格式

6 添加动画效果。选择图片“恭贺新年”，执行【动画】|【动画】|【动画样式】|【缩放】命令，并设置【开始】和【持续时间】选项，如图 15-49 所示。

7 选择第 1 排左侧的“星光”图片，执行【动画】|【动画】|【动画样式】|【进入】|【淡出】命令，并设置【开始】选项，如图 15-50 所示。

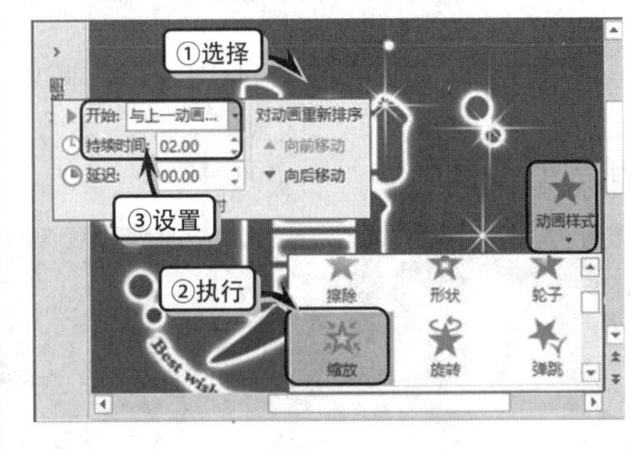

图 15-49 添加缩放动画效果

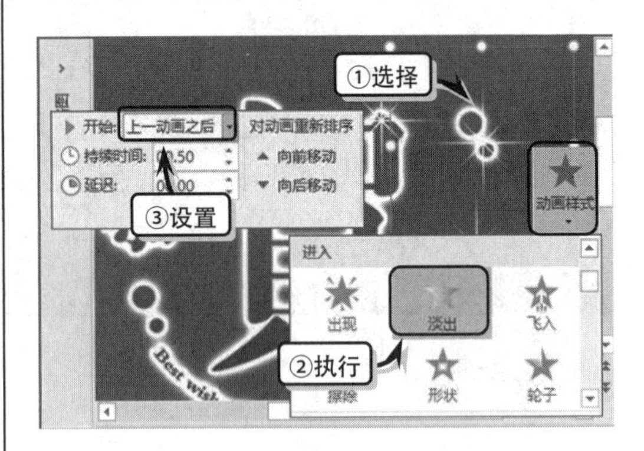

图 15-50 添加淡出动画效果

8 执行【动画】|【高级动画】|【添加动画】|【退出】|【淡出】命令，并设置【开始】选项，如图 15-51 所示。

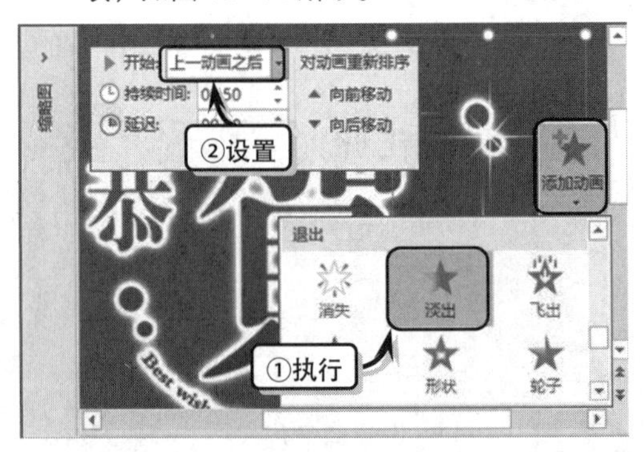

图 15-51 添加退出动画效果

9 执行【动画】|【高级动画】|【添加动画】|【进入】|【淡出】命令，并设置【开始】选项，如图 15-52 所示。使用同样的方法设置其他星光图片的动画效果。

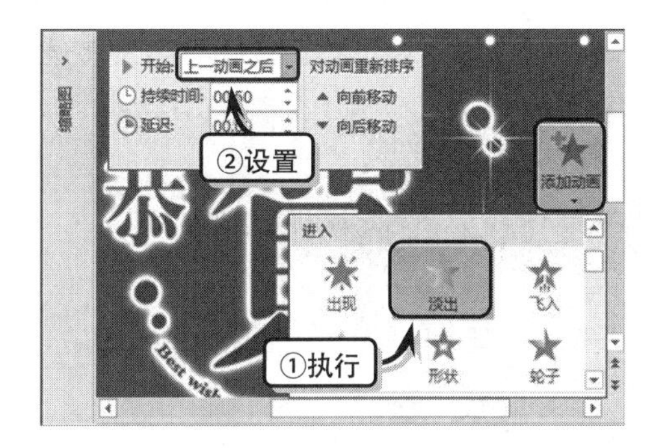

图 15-52 添加进入动画效果

10 选择“贺岁”图片，执行【动画】|【动画】|【动画样式】|【进入】|【浮入】命令，同时执行【效果选项】|【方向】|【下浮】命令，并设置【开始】选项，如图 15-53 所示。

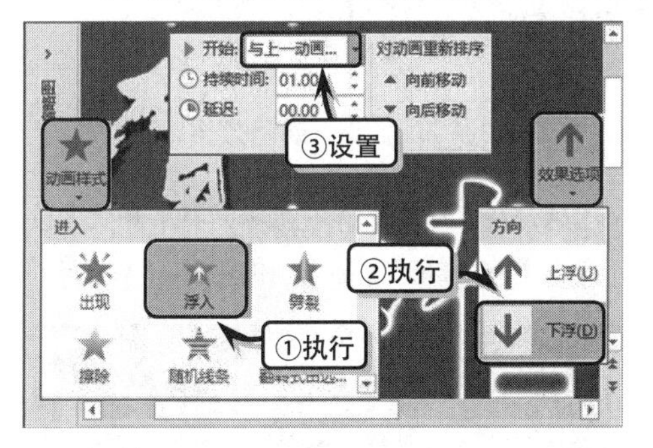

图 15-53 添加浮入动画效果

11 选择文本框上方的“星光”图片，执行【动画】|【动画】|【动画样式】|【更改进入效果】命令，选择【基本缩放】选项，如图 15-54 所示。

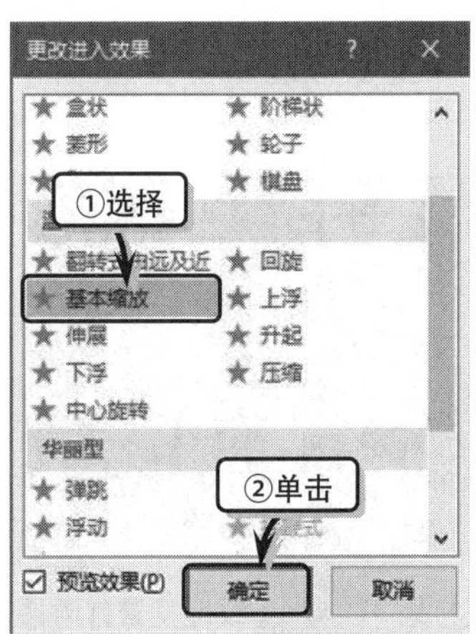

图 15-54 选择动画效果

12 然后，在【计时】选项组中，将【开始】设置为【与上一动画同时】，如图 15-55 所示。

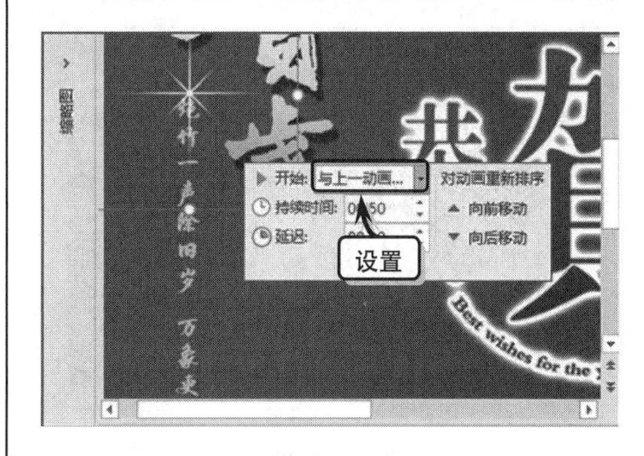

图 15-55 设置【开始】选项

13 执行【动画】|【高级动画】|【添加动画】|【强调】|【陀螺旋】命令，并设置【开始】选项，如图 15-56 所示。

图 15-56 添加陀螺旋动画效果

14 执行【动画】|【高级动画】|【添加动画】|【动作路径】|【直线】命令，并设置【开始】选项，如图 15-57 所示。

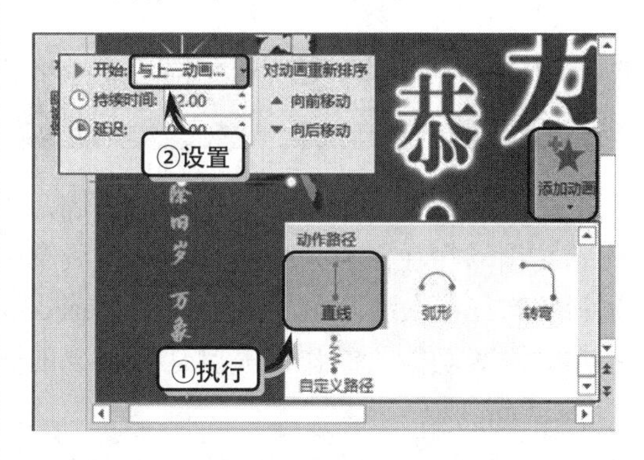

图 15-57 添加直线动画效果

15 然后，选择动作路径动画效果，调整动作路径的动画线的方向和长度，如图 15-58 所示。

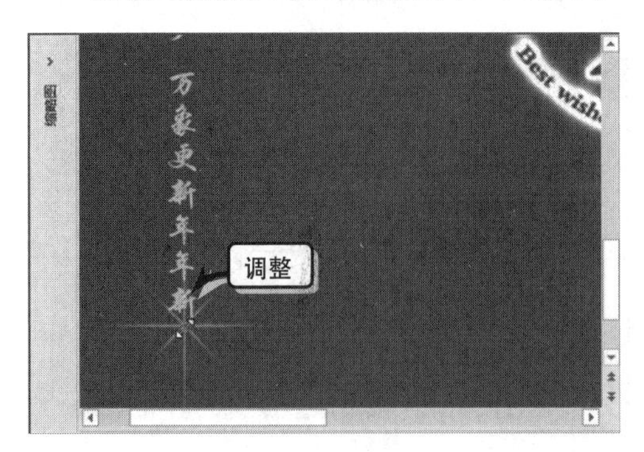

图 15-58 调整动画路线

16 选择文本框，执行【动画】|【动画】|【动画样式】|【进入】|【擦除】命令，同时执行【效果选项】|【方向】|【自顶部】命令，并设置【开始】和【持续时间】选项，如图 15-59 所示。

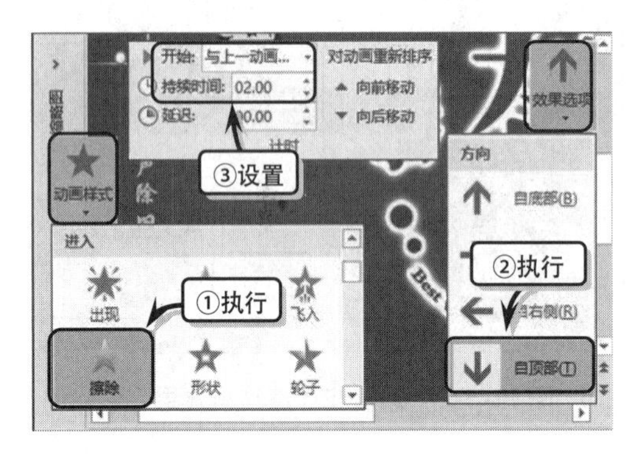

图 15-59 添加擦除动画效果

17 选择文本框上方的"星光"图片，执行【动画】|【高级动画】|【添加动画】|【更多退出效果】命令，选择【基本缩放】选项，如图 15-60 所示。

图 15-60 添加退出动画效果

18 然后，在【计时】选项组中，将【开始】设置为【上一动画之后】，如图 15-61 所示。

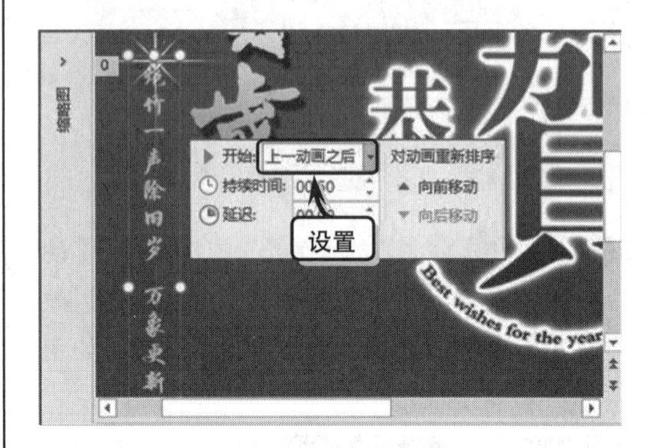

图 15-61 设置【开始】选项

15.7 课堂练习：纹理背景计时器

动画效果是一个优秀幻灯片的精髓，而一个优秀的演示文稿，往往需要由一些具有动态效果的开头幻灯片进行装饰。在本练习中，将运用 PowerPoint 中的图片与添加动画等功能，制作具有倒计时效果的开头幻灯片，如图 15-62 所示。

图 15-62 纹理背景计时器

操作步骤

1 插入图片。设置幻灯片大小，执行【插入】|【图像】|【图片】命令，选择图片文件，如图 15-63 所示。

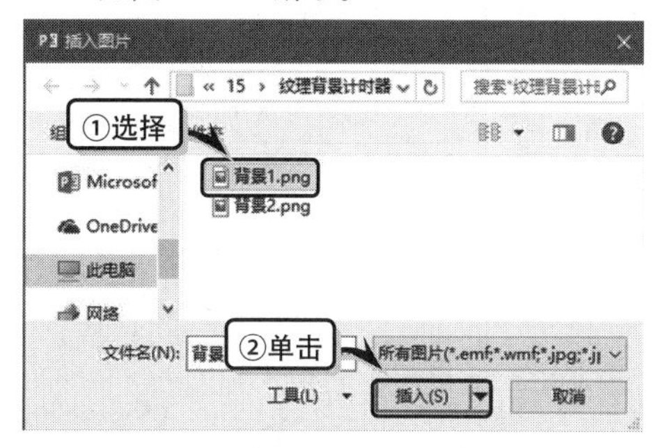

图 15-63 插入背景图片

2 绘制形状。删除所有占位符，执行【插入】|【插图】|【形状】|【矩形】命令，绘制矩形形状，如图 15-64 所示。

图 15-64 绘制矩形形状

3 设置形状格式。右击矩形形状，执行【设置形状格式】命令，选中【渐变填充】选项，并设置【类型】和【角度】选项，如图 15-65 所示。

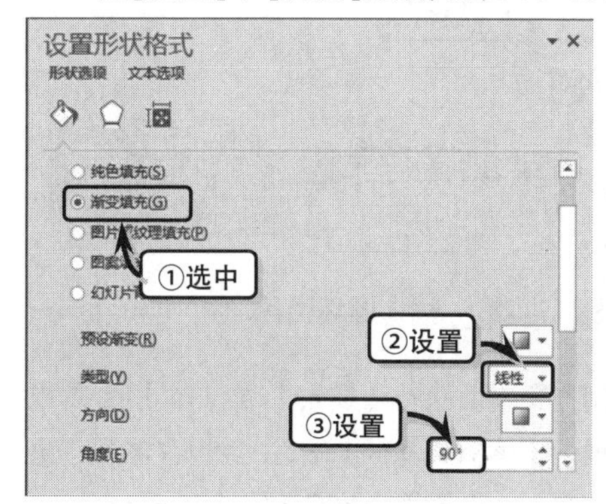

图 15-65 设置渐变选项

4 选择左侧的渐变光圈，将【颜色】设置为【黑色,文字 1】，将【透明度】设置为 75%，如图 15-66 所示。

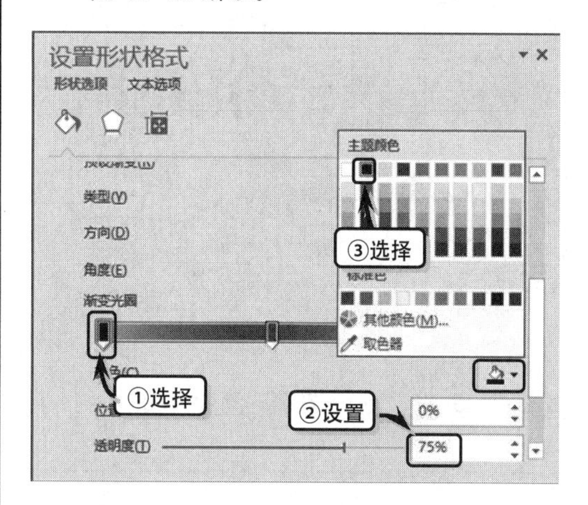

图 15-66 设置左侧渐变光圈

5 选择中间的渐变光圈，将【颜色】设置为【黑色,文字 1】,【位置】设置为 35%，如图 15-67 所示。

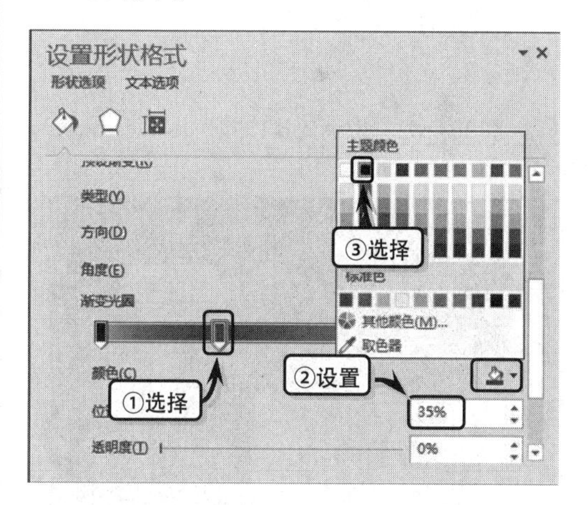

图 15-67 设置中间渐变光圈

6 选择右侧的渐变光圈，将【颜色】设置为【黑色,文字 1】,【透明度】设置为 100%，如图 15-68 所示。

7 展开【线条】选项组，选中【无线条】选项，取消轮廓样式，如图 15-69 所示。

8 制作同心圆。执行【插入】|【插图】|【形状】|【同心圆】命令，绘制并调整形状的大

小，如图 15-70 所示。

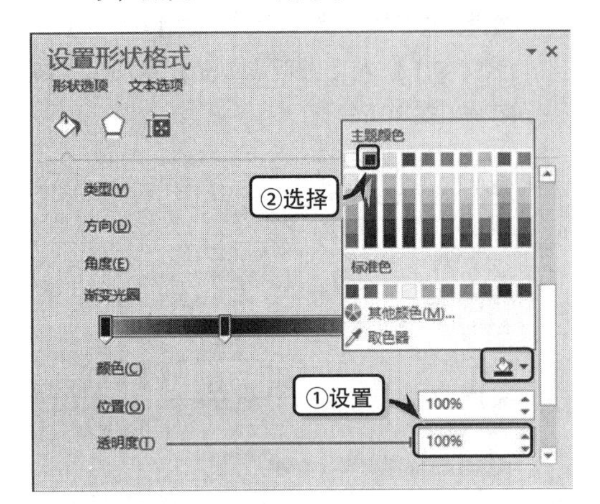

图 15-68 设置右侧的渐变光圈

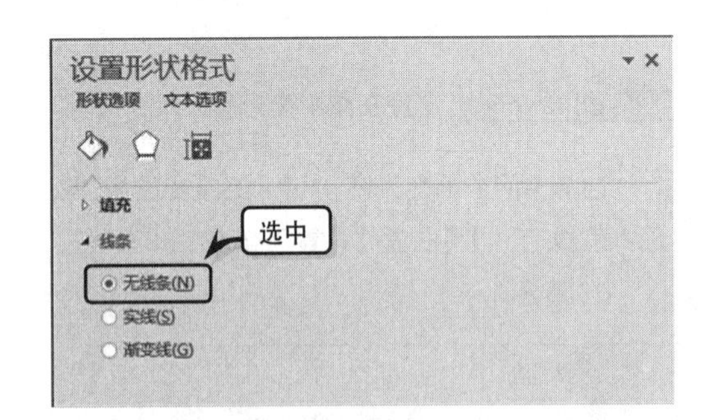

图 15-69 取消轮廓样式

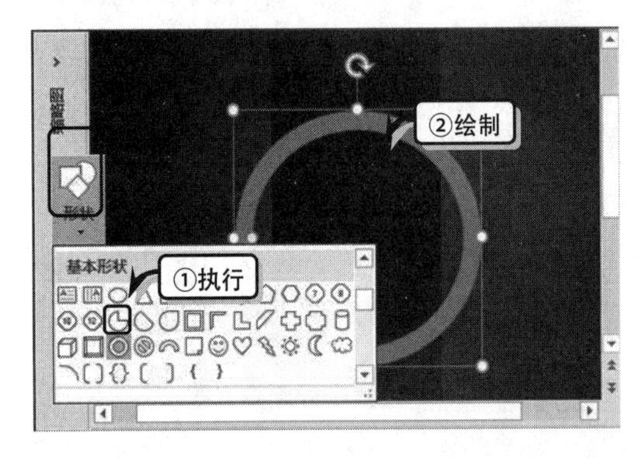

图 15-70 绘制同心圆

9 执行【格式】|【形状样式】|【形状填充】|【其他填充颜色】命令，自定义填充颜色，如图 15-71 所示。

10 同时，执行【形状样式】|【形状轮廓】|【无轮廓】命令，取消形状轮廓，如图 15-72 所示。

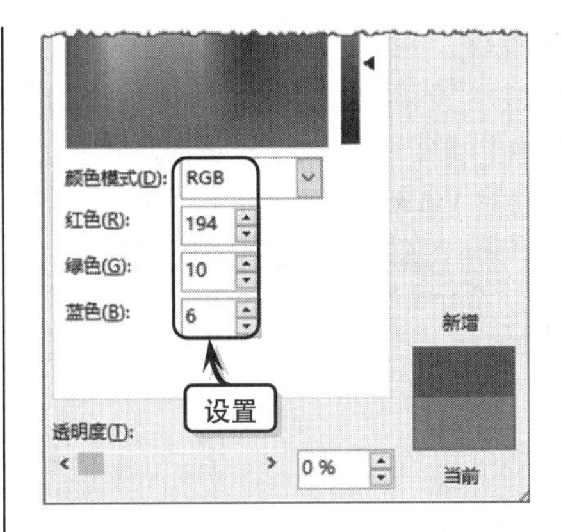

图 15-71 自定义填充颜色

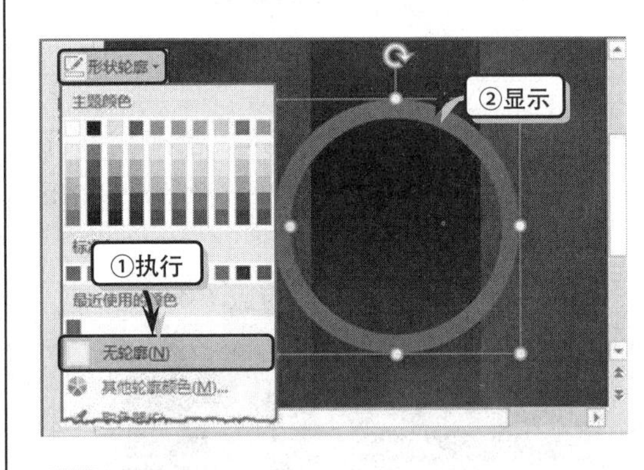

图 15-72 取消形状轮廓

11 插入图片。执行【插入】|【图像】|【图片】命令，选择图片文件，单击【插入】按钮，如图 15-73 所示。

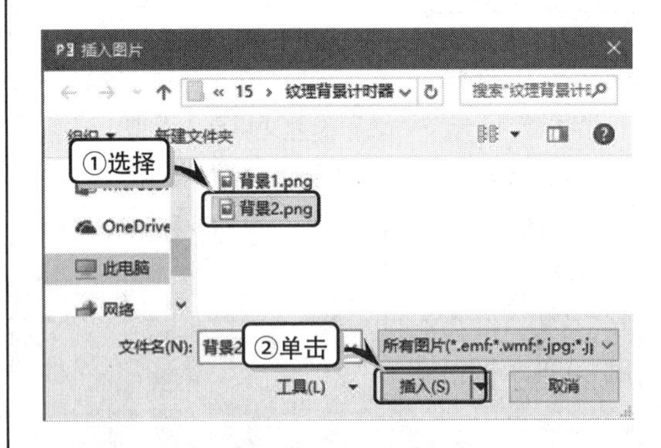

图 15-73 插入圆环图片

12 制作文本。执行【插入】|【文本】|【文本框】|【横排文本框】命令，绘制文本框，输入文本并设置文本的字体格式和颜色，如图 15-74 所示。

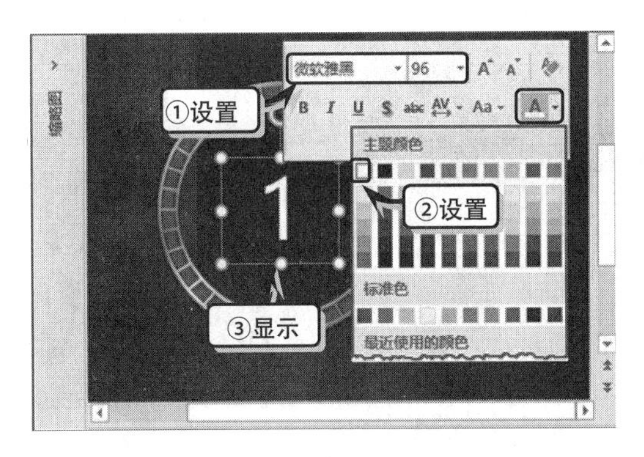

图 15-74 制作倒计时文本

13 复制文本框，修改文本内容，并排列其显示层次，如图 15-75 所示。

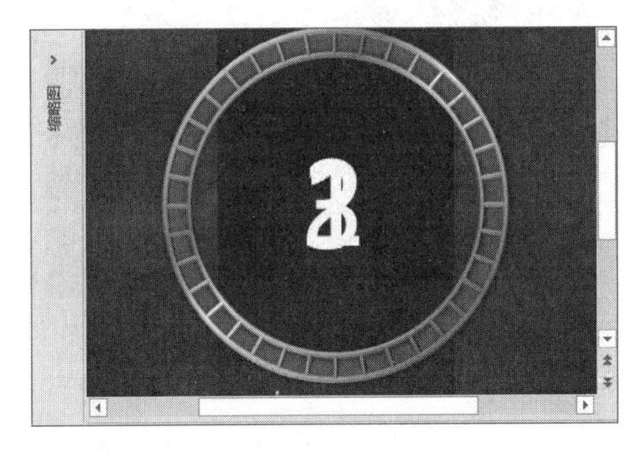

图 15-75 排列文本框

14 添加动画效果。选择圆环图片，执行【动画】|【动画】|【动画样式】|【进入】|【翻转式由远及近】命令，并设置【开始】选项，如图 15-76 所示。

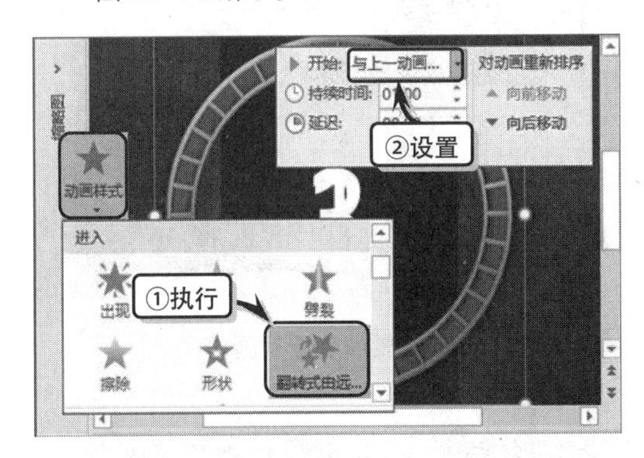

图 15-76 为圆环图片添加动画效果

15 选择矩形形状，执行【动画】|【动画】|【动画样式】|【更多动画效果】命令，选择【展开】选项，如图 15-77 所示。

图 15-77 选择动画效果

16 然后，在【计时】选项组中，将【开始】设置为【与上一动画同时】，如图 15-78 所示。

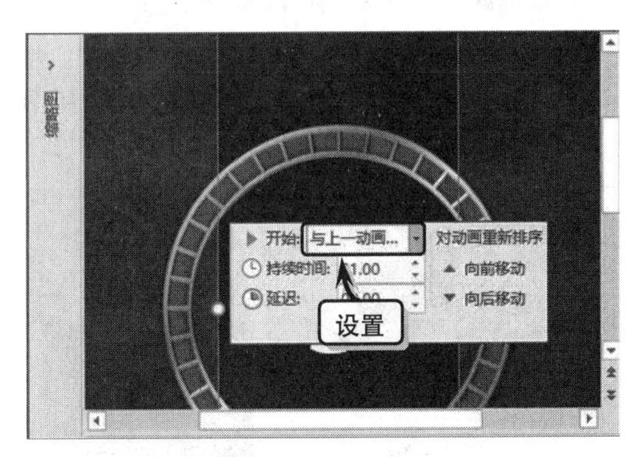

图 15-78 设置开始选项

17 选择同心圆形状，执行【动画】|【动画】|【动画样式】|【进入】|【淡出】命令，并设置【开始】和【持续时间】选项，如图 15-79 所示。

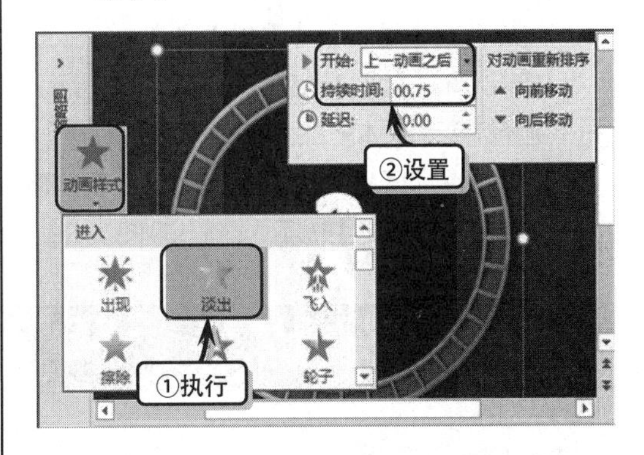

图 15-79 为同心圆添加动画效果

18 选择数字 3 文本框，执行【动画】|【动画】|【动画样式】|【进入】|【淡出】命令，如图 15-80 所示。

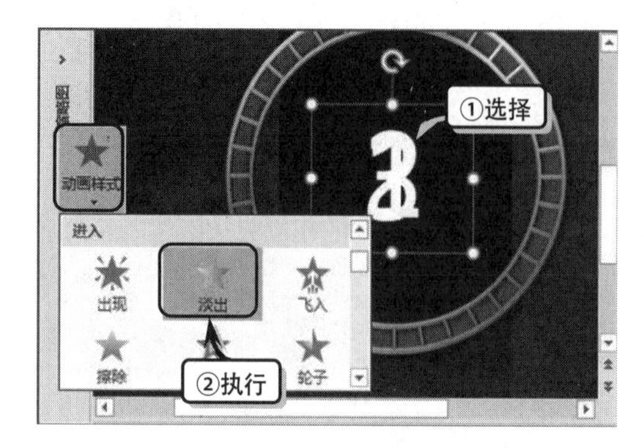

图 15-80 为数字 3 添加动画效果

19 选择同心圆形状，执行【动画】|【高级动画】|【添加动画】|【退出】|【轮子】命令，并设置【开始】和【持续时间】选项，如图 15-81 所示。

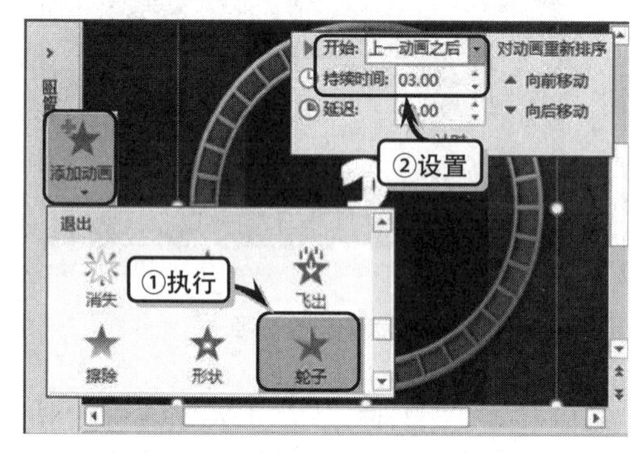

图 15-81 为同心圆添加动画效果

20 选择数字 3 文本框，执行【高级动画】|【添加动画】|【退出】|【淡出】命令，并设置【开始】和【延迟】选项，如图 15-82 所示。

21 选择数字 2 文本框，执行【动画】|【动画】|【动画样式】|【进入】|【淡出】命令，并设置【开始】和【延迟】选项，如图 15-83 所示。

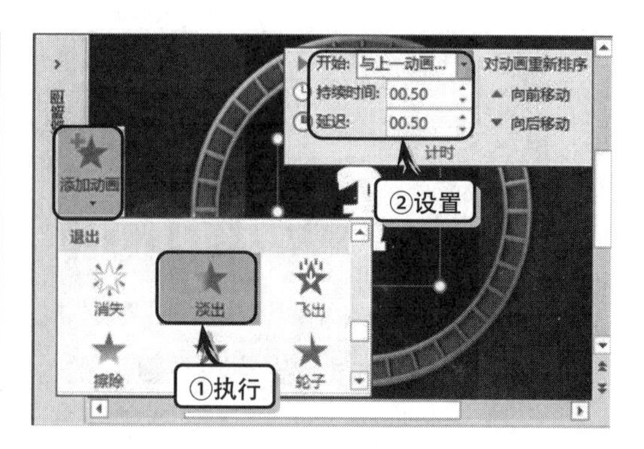

图 15-82 为数字 3 添加动画效果

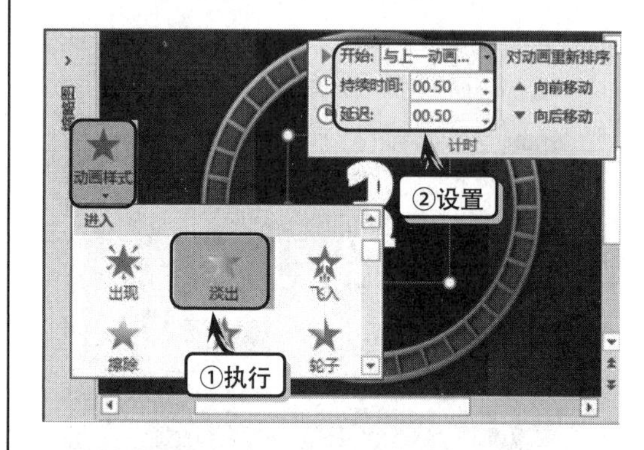

图 15-83 为数字 2 添加动画效果

22 执行【高级动画】|【添加动画】|【退出】|【淡出】命令，并设置【开始】和【延迟】选项，如图 15-84 所示。使用同样的方法设置其他数字的动画效果。

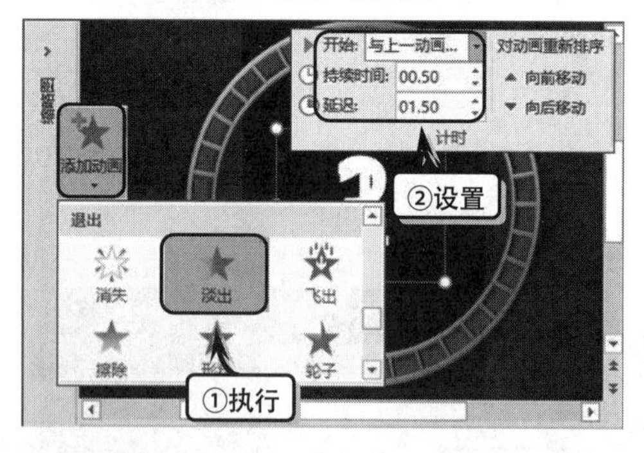

图 15-84 添加多重动画效果

15.8 思考与练习

一、填空题

1. 在自定义动画时，可以为幻灯片添加进入、退出、________与________动画效果。

2. 在设置幻灯片切换声音的【添加声音】对话框中只能添加________格式的声音。

3．只有在绘制________与________路径时，需要按 Enter 键完成绘制。

4．在添加动画效果之后，可以通过执行【动画】|【其他】|________命令的方法，来取消已设置的动画效果。

5．在为幻灯片添加动画效果之后，可以通过单击对象前面显示动画效果的________，来选择具体的动画效果。

6．默认情况下，PowerPoint 为用户提供了多种动作路径效果。除此之外，还可以运用______方法，自定义动画效果的进入路径。

7．为幻灯片添加视频之后，只有将幻灯片切换到______________视图，才可以看到影片的隐藏效果。

二、选择题

1．在为幻灯片设置动画效果之后，可通过_____的操作，删除已添加的动画效果。

A．执行【动画】|【其他】|【无】命令
B．执行【动画】|【其他】|【更多进入效果】命令
C．按 Delete 键
D．按 Delete+Ctrl 键

2．在绘制自定义动画路径时，需要按_____键结束绘制。

A．Delete
B．空格
C．Enter
D．Ctrl

3．在 PowerPoint 中设置幻灯片的转换效果时，下列描述中错误的是_____。

A．可以通过执行【计时】|【全部应用】命令，将当前的切换效果应用在全部幻灯片中
B．可以通过执行【切换】|【切换到此幻灯片】命令，在【其他】下拉列表中选择一种切换效果的方法，来为幻灯片添加转换效果
C．可以通过执行【切换】|【切换到此幻灯片】|【效果选项】命令的方法，设置其切换方式的具体效果
D．可以通过执行【切换】|【切换到此幻灯片】命令，在【其他】下拉列表中设置切换声音与速度

4．在为幻灯片添加声音时，一般情况下不可添加_____中的声音。

A．联机
B．文件
C．录制声音
D．计时旁白

5．在为幻灯片添加动画效果时，下列描述中错误的是_____。

A．在 PowerPoint 中，可以为单个对象添加单个动画效果
B．在 PowerPoint 中，可以为单个对象添加多个动画效果
C．在 PowerPoint 中，可以为图表单个类别或单个元素单独添加动画效果
D．在 PowerPoint 中，可以将图表动画效果按类别或元素进行分类

6．在设置幻灯片的持续放映效果时，可通过_____方法进行。

A．在【动画窗格】任务窗格中，单击动画效果下拉按钮，执行【计时】命令。在【图形扩展】对话框中，设置【重复】选项
B．在【动画窗格】任务窗格中，单击动画效果下拉按钮，执行【计时】命令。在【图形扩展】对话框中，设置【期间】选项
C．在【动画窗格】任务窗格中，单击动画效果下拉按钮，执行【计时】命令。在【图形扩展】对话框中，设置【延迟】选项
D．在【动画窗格】任务窗格中，单击动画效果下拉按钮，执行【计时】命令。在【图形扩展】对话框中，设置【开始】选项

7．在 PowerPoint 中，用户可通过_______与_______方法，来设置自定义动画效果的动作路径。

A．编辑路径顶点
B．重新绘制路径
C．反转路径方向
D．设置进入效果

三、问答题

1．简述绘制自定义路径的操作步骤。
2．如何为幻灯片中的动作添加声音？
3．如何按图表的类别与元素设置动画

效果？

四、上机练习

1．设置幻灯片动画

在本练习中，将运用插入与动画功能，来制作一个“舞动的心”，如图 15-85 所示。

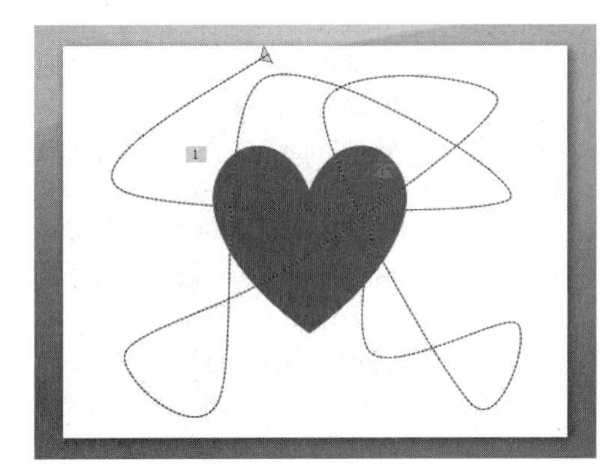

图 15-85 设置幻灯片动画

首先，新建一个幻灯片，启用【插入】选项卡【插图】选项组中的【形状】命令，在幻灯片中插入一个心形。然后，启用【格式】选项卡【形状样式】选项组中的【形状填充】命令，在列表中选择【红色】。同时，启用【形状轮廓】命令，在列表中选择【红色】。

最后，启用【动画】选项卡【动画】选项组中的【自定义动画】命令，在任务窗格中的【添加效果】下拉列表中选择【进入】选项中的【飞入】效果。同时，在任务窗格中的【添加效果】下拉列表中选择【动作路径】选项中的【自定义动作路径】选项，在幻灯片中绘制动作路径。将【开始】设置为【之后】，将【速度】设置为【中速】即可。

2．设置转换效果

在本练习中，将运用 PowerPoint 中的切换功能来设置每张幻灯片之间的切换效果，如图 15-86 所示。首先，选择第二张幻灯片，执行【切换】|【切换到此幻灯片】|【切换样式】|【形状】命令。然后，执行【切换】|【计时】|【全部应用】命令，应用到所有的幻灯片中。最后，选择第一张幻灯片，执行【切换】|【切换到此幻灯片】|【切换样式】|【框】命令。

图 15-86 设置转换效果

第 16 章

放映与输出

在使用 PowerPoint 制作大型演示文稿时，为了实现具有条理性的放映效果，还需要使用超链接功能，实现幻灯片与幻灯片、幻灯片与演示文稿或幻灯片与其他程序之间的链接。另外，在 PowerPoint 中，还可以根据实际环境设置不同的放映范围与方式，以满足用户展示幻灯片内容的各种需求。以及通过将演示文稿打包成 CD 数据包、发布到网络中以及输出到纸张中的方法，来传递与展示演示文稿的内容。在本章中，将详细介绍设置幻灯片的放映范围与方式，以及发布、输出与打印幻灯片的基础知识与操作方法。

本章学习目的：

- 链接幻灯片
- 设置链接按钮
- 设置播放范围
- 设置放映方式
- 审阅与监视幻灯片
- 发布演示文稿

16.1 串联幻灯片

串联幻灯片就是运用 PowerPoint 中的超链接功能，链接相关的幻灯片。其中，超链接是一个幻灯片指向另一个幻灯片等目标的链接关系。可以使用 PowerPoint 中的超链接功能，链接幻灯片与电子邮件、新建文档等其他程序。

16.1.1 链接幻灯片

PowerPoint 为用户提供了链接幻灯片的功能，一般情况下用户可通过下列方法，链接本演示文稿中的幻灯片。

1．文本框链接

在幻灯片中选择相应的文本，执行【插入】|【链接】|【超链接】命令。在弹出的【插入超链接】对话框中的【链接到】列表中，选择【本文档中的位置】选项，并在【请选择文档中的位置】列表框中选择相应的选项，如图 16-1 所示。

提 示

为文本创建超链接后，在文本下方将会添加一条下画线，并且该文本的颜色将使用系统默认的超链接颜色。

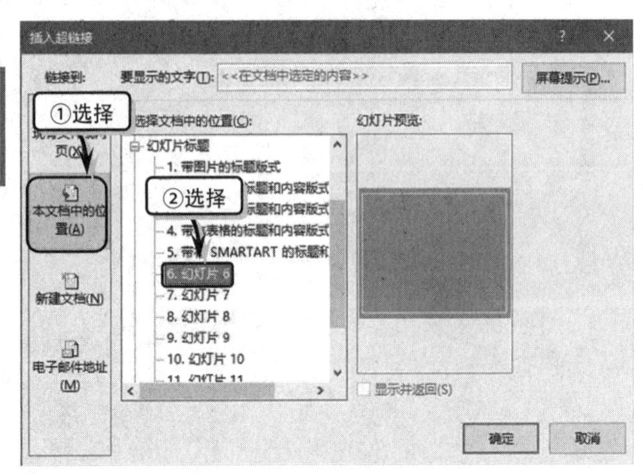

图 16-1　文本框链接幻灯片

2．动作按钮链接

执行【插入】|【插图】|【形状】命令，在其列表中选择【动作按钮】栏中相应的形状，在幻灯片中拖动鼠标绘制该形状，如图 16-2 所示。

在弹出的【操作设置】对话框中，选择【超链接到】下拉列表中的【幻灯片】选项。在【幻灯片标题】列表框中选择需要连接的幻灯片即可，如图 16-3 所示。

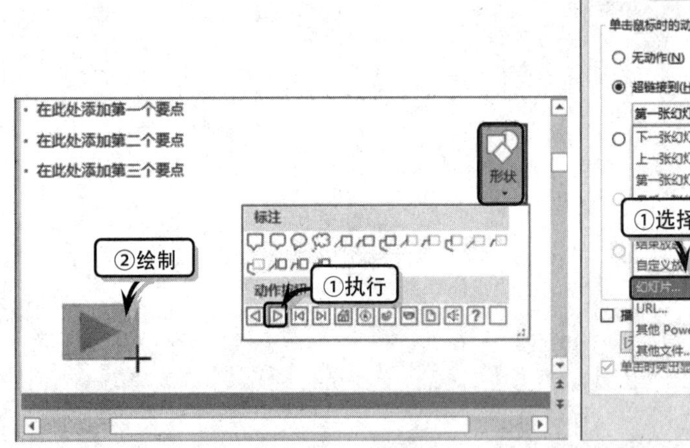

图 16-2　绘制形状

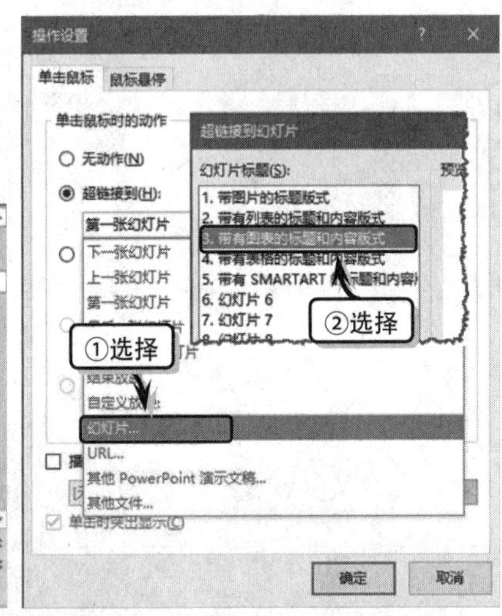

图 16-3　设置链接位置

提 示

在幻灯片中，右击对象执行【超链接】命令，在弹出的对话框中设置超链接选项即可。

3．动作设置链接

选择幻灯片中的对象，执行【插入】|【链接】|【动作】命令。在弹出的【操作设置】

对话框中选中【超链接到】选项。然后，单击【超链接到】下拉按钮，在下拉列表中选择相应的选项，如图 16-4 所示。

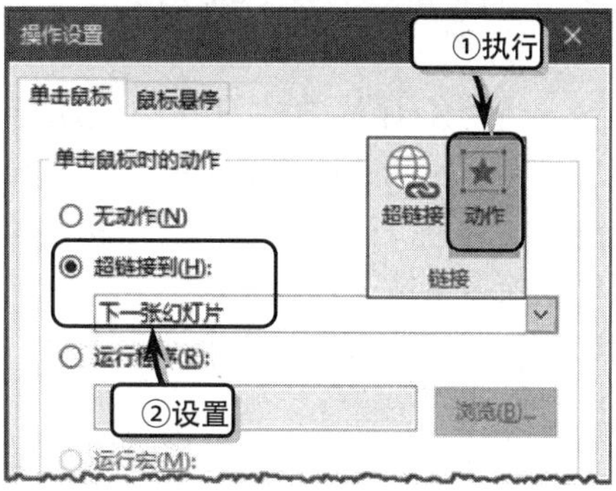

图 16-4 设置动作链接

16.1.2 链接其他对象

在 PowerPoint 中除了可以链接本演示文稿中的幻灯片之外，还可以链接其他演示文稿、电子邮件、新建文档等对象，从而使幻灯片的内容更加丰富多彩。

1. 链接其他演示文稿

执行【插入】|【链接】|【超链接】命令，选择【原有文件和网页】选项，在【当前文件夹】列表框中选择需要链接的演示文稿，如图 16-5 所示。

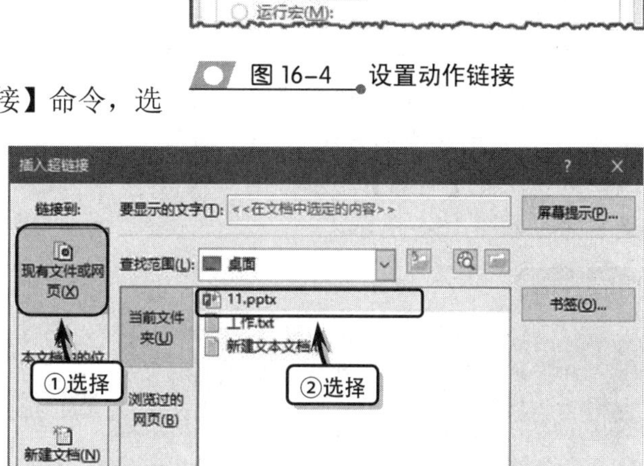

图 16-5 链接其他演示文稿

2. 链接电子邮件

在【插入超链接】对话框中，选择【电子邮件地址】选项。在【电子邮件地址】文本框中输入邮件地址，并在【主题】文本框中输入邮件主题名称，如图 16-6 所示。

3. 链接新建文件

在【插入超链接】对话框中选择【新建文档】选项，在【新建文档名称】文本框中输入文档名称。执行【更改】选项，在弹出的【新建文件】对话框中选择存放路径，并设置编辑时间，如图 16-7 所示。

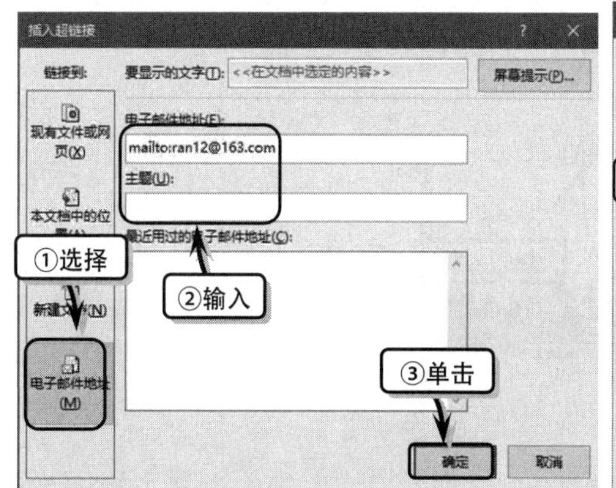

图 16-6 链接电子邮件

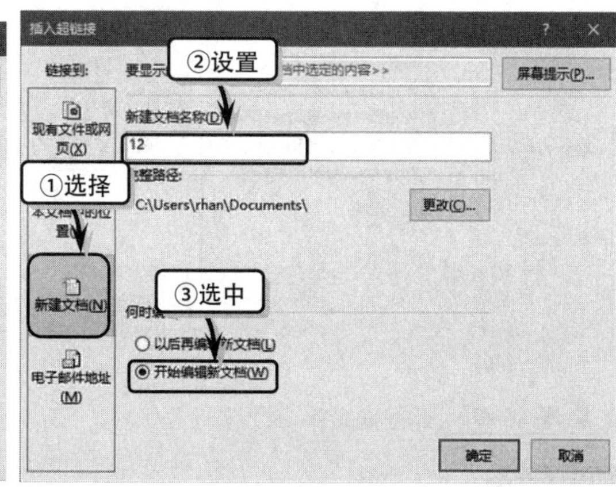

图 16-7 链接新建文件

16.1.3 编辑链接

当为幻灯片中的对象添加超链接之后，为了区别超链接的类型，需要设置超链接的颜色。同时，为了管理超链接，需要删除多余或无用的超链接。

1. 设置链接颜色

执行【设计】|【变体】|【其他】|【颜色】|【自定义颜色】命令，在弹出的【新建主题颜色】对话框中单击【超链接】下拉按钮，在其下拉列表中选择相应的颜色。然后，在【名称】文本框中输入自定义名称，如图 16-8 所示。

提 示

单击【已访问的超链接】下拉按钮，在其下拉列表中选择相应的颜色，即可设置已访问过的超链接的显示颜色。

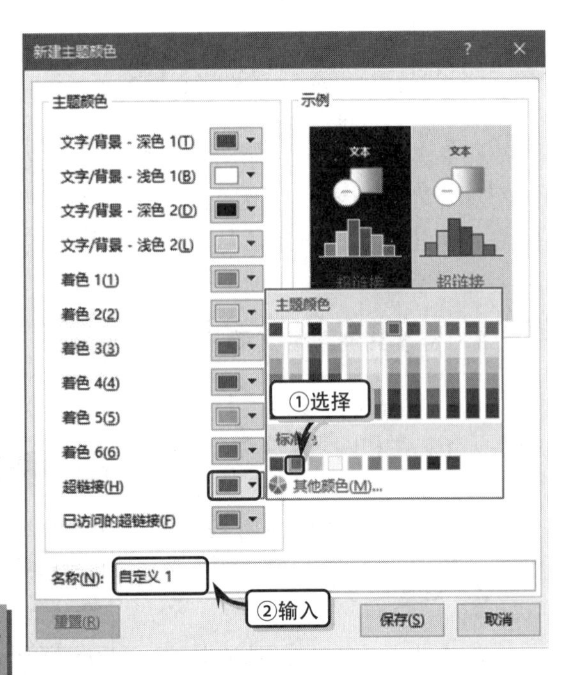

图 16-8 新建主题颜色

2. 删除链接

选择包含超链接的对象，执行【插入】|【链接】|【超链接】命令。在弹出的【编辑超链接】对话框中单击【删除链接】按钮，如图 16-9 所示。

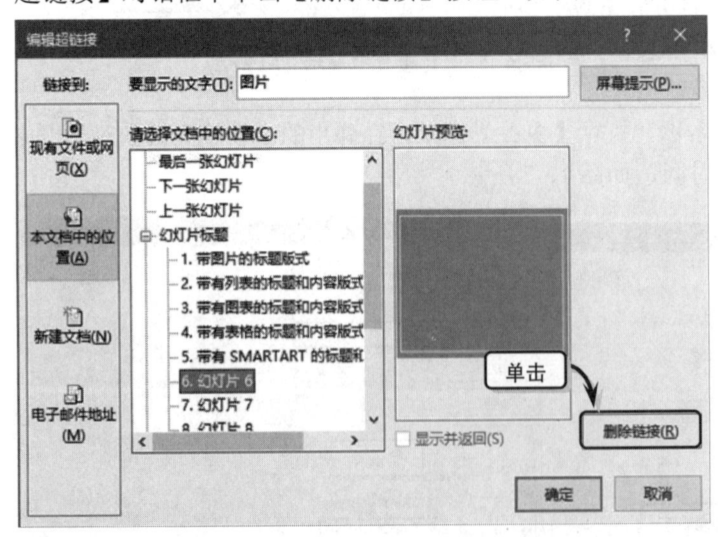

图 16-9 删除超链接

提 示

右击包含超链接的对象，执行【编辑超链接】命令，可在弹出的【编辑超链接】对话框中删除超链接。

另外，选择包含超链接的对象，右击执行【取消超链接】命令，即可删除超链接，如图 16-10 所示。

提 示

右击包含超链接的对象，执行【打开超链接】命令，可直接转换到被链接的幻灯片或其他文件中。

16.1.4 链接程序与对象

在 PowerPoint 中，还可以创建对象与程序之间的链接。另外，为增加超链接的多功能性，还可以创建动作链接，以及为动作添加声音效果。

1. 链接程序

首先，选择幻灯片中的对象。然后，执行【插入】|【链接】|【动作】命令。选中【运行程序】选项，同时单击【浏览】按钮。在弹出的【选择一个要运行的程序】对话框中选择相应的程序，如图 16-11 所示。

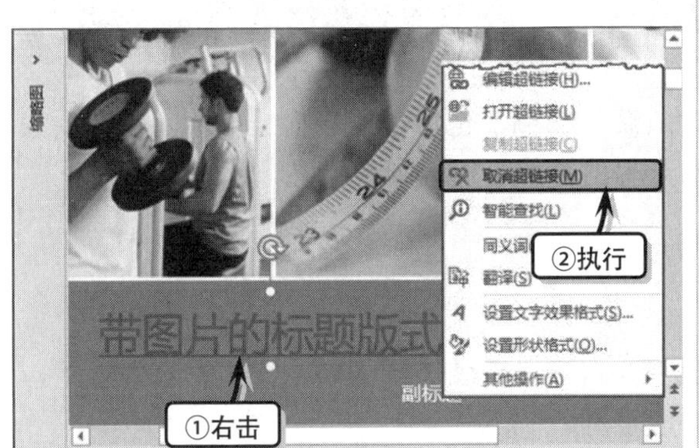

图 16-10 删除超链接

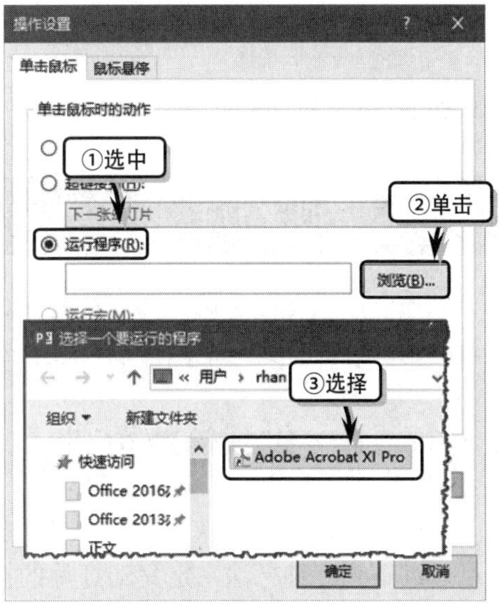

图 16-11 设置链接按钮

2. 链接对象

执行【插入】|【链接】|【动作】命令，在【动作设置】对话框中选中【对象动作】选项，并在【对象动作】下拉列表中选择一种动作方式，如图 16-12 所示。

提 示

只有选择在幻灯片中通过【插入对象】对话框插入的对象，对话框中的【对象动作】选项才可用。

3. 添加声音

在【设置动作】对话框中，选择某种动作后启用【播放声音】复选框。然后，单击

【播放声音】下拉按钮，在其下拉列表中选择一种声音，如图 16-13 所示。

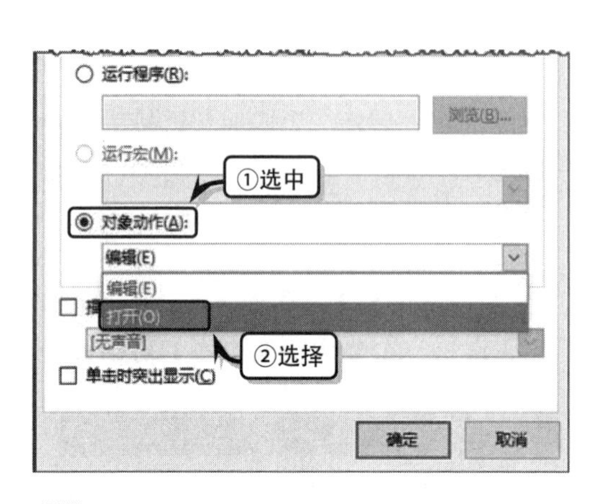

图 16-12 链接动作

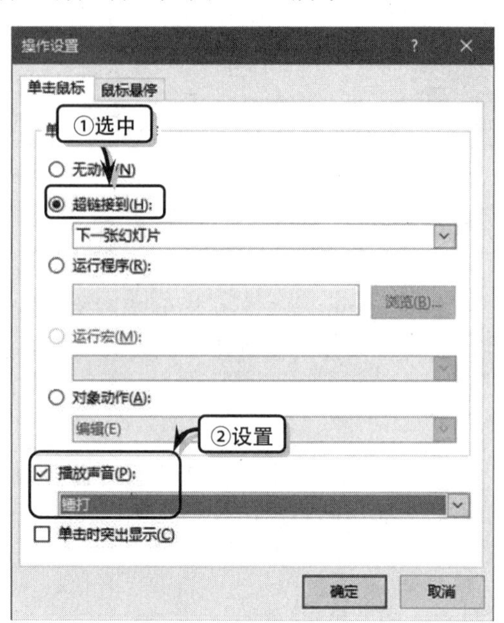

图 16-13 添加动作声音

16.2 放映幻灯片

制作完演示文稿之后，为了按规律播放演示文稿，也为了适应播放环境，还需要设置放映幻灯片的方式与范围，以及设置幻灯片的排练计时与录制旁边。

16.2.1 设置播放范围

PowerPoint 提供了从头放映、当前放映与自定义放映三种放映方式。一般情况下，可以通过下列三种方法来定义幻灯片的播放范围。

1. 从头放映

从头放映是从第一张幻灯片放映到最后一张幻灯片。执行【幻灯片放映】|【开始放映幻灯片】|【从头开始】命令，即可从演示文稿的第一张幻灯片开始放映，如图 16-14 所示。

提 示

还可以通过 F5 快捷键，将幻灯片的播放范围设置为从头开始放映。

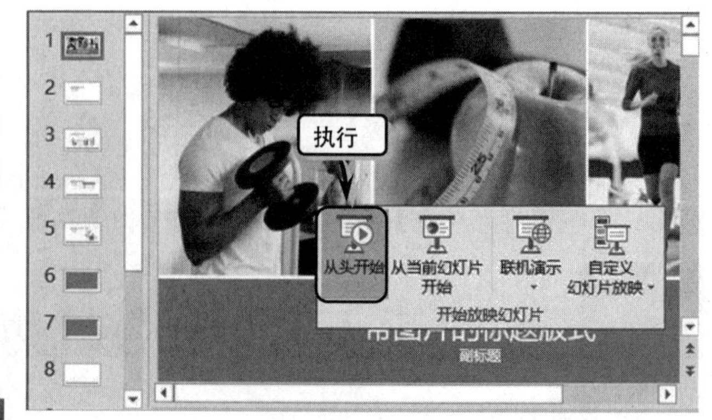

图 16-14 从头放映方式

2．当前放映

选择幻灯片，执行【幻灯片放映】|【开始放映幻灯片】|【从当前幻灯片开始】命令，即可从选择的幻灯片开始放映，如图 16-15 所示。

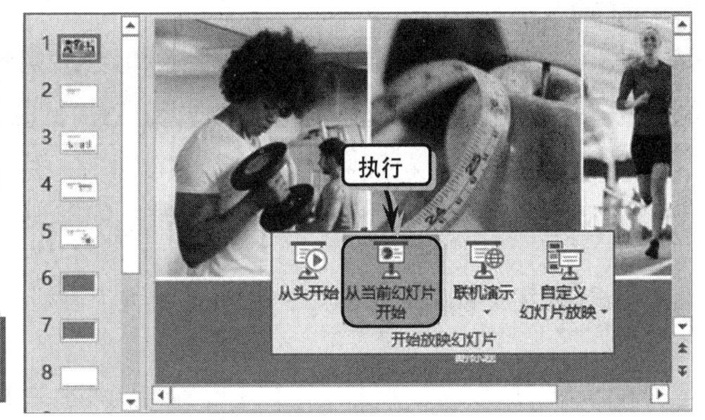

图 16-15 当前放映方式

提 示

选择要放映的幻灯片，按 Shift+F5 快捷键，也可从当前幻灯片开始放映。

另外，选择幻灯片，单击状态栏中的【幻灯片放映】按钮，也可从选择的幻灯片开始放映演示文稿，如图 16-16 所示。

3．自定义放映

首先，执行【开始放映幻灯片】|【自定义幻灯片放映】|【自定义放映】命令，在弹出的对话框中执行【新建】命令，如图 16-17 所示。

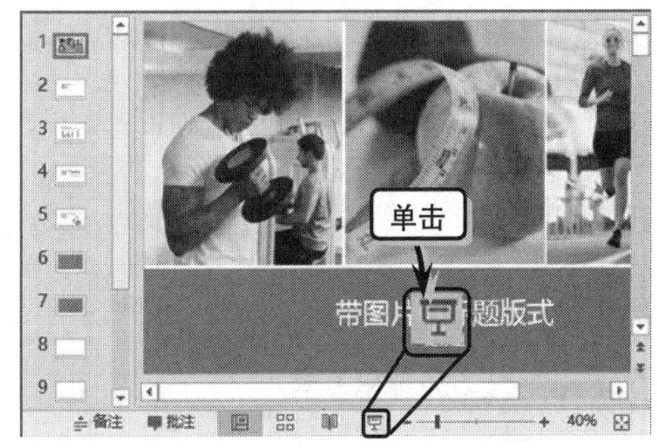

图 16-16 快速放映按钮

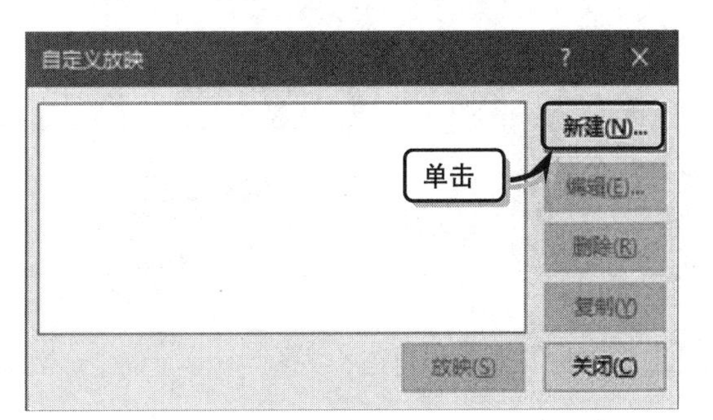

图 16-17 新建自定义放映

然后，在弹出的【定义自定义放映】对话框中的【幻灯片放映名称】文本框中输入放映名称，在【在演示文稿中的幻灯片】列表框中启用需要自定义放映的幻灯片复选框，并单击【添加】按钮，如图 16-18 所示。

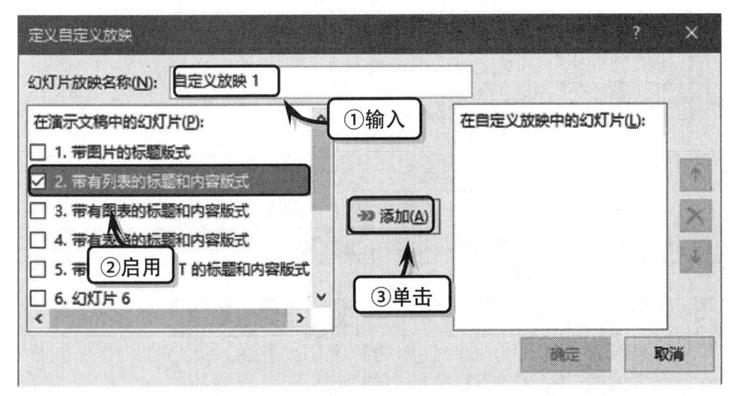

图 16-18 设置放映参数

提 示

在【在自定义放映中的幻灯片】列表框中选择幻灯片名称，单击【删除】按钮，即可删除已添加的幻灯片。

最后，完成自定义放映范围之后，在幻灯片中执行【自定义幻灯片放映】下拉列表中的【自定义放映 1】命令即可放映幻灯片，如图 16-19 所示。

16.2.2 设置放映方式

执行【幻灯片放映】|【设置】|【设置幻灯片放映】命令，在弹出的【设置放映方式】对话框中设置放映参数，如图 16-20 所示。

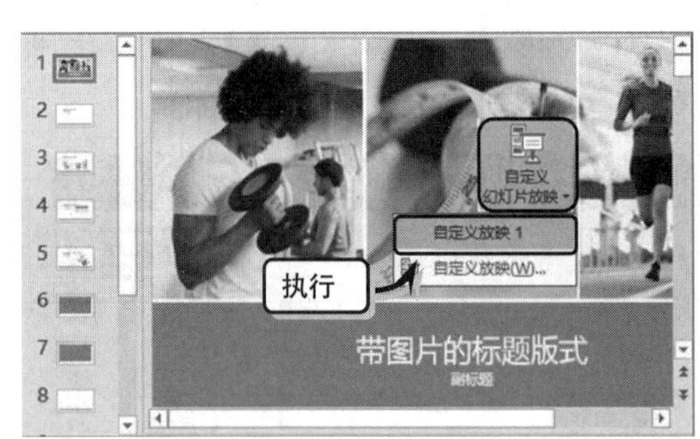

图 16-19 使用自定义放映

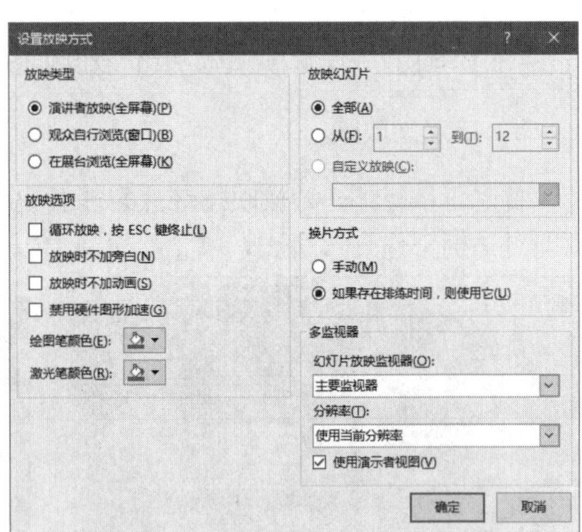

图 16-20 设置放映方式

【设置放映方式】对话框中的各选项的具体功能如表 16-1 所示。

表 16-1 【设置放映方式】对话框中的各选项及其功能

选项		功能
放映类型	演讲者放映（全屏幕）	在有人看管的情况下，运用全屏幕显示的演示文稿，适用于演讲者使用
	观众自行浏览（窗口）	可以移动、编辑、复制和打印幻灯片，适用于自行浏览环境
	在展台浏览（全屏幕）	可以自动运行演示文稿，不需要专人控制，适用于会展或站台环境
放映幻灯片	全部	可以放映所有的幻灯片
	从…到	可以放映一组或某阶段内的幻灯片
	自定义放映	可以使用自定义放映范围
放映选项	循环放映，按 ESC 键终止	可以连续播放声音文件或动画效果，直到按下 Esc 键为止
	放映时不加旁白	在放映幻灯片时，不放映嵌入的解说
	放映时不加动画	在放映幻灯片时，不放映嵌入的动画
	禁止硬件图形加速	在放映幻灯片中，将禁止硬件图形自动进行加速运行
	绘图笔颜色	用户设置放映幻灯片时使用的解说字体颜色，该选项只能在【演讲者放映（全屏幕）】选项中使用
	激光笔颜色	设置录制演示文稿时显示的指示光标

续表

选　　项		功　　能
换片方式	手动	表示依靠手动来切换幻灯片
	如果存在排练时间，则使用它	表示在放映幻灯片时，使用排练时间自动切换幻灯片
多监视器	幻灯片放映监视器	在具有多个监视器的情况下，选择需要放映幻灯片的监视器
	分辨率	用来设置幻灯片放映时的分辨率，分辨率越高计算运行速度越慢
	使用演示者视图	启用该复选框，将使用演示者视图进行放映

16.2.3 排练计时与旁白

在 PowerPoint 中，还可以通过为幻灯片添加排练计时与录制旁白的功能来完善幻灯片的功能。

1. 设置排练计时

执行【幻灯片放映】|【设置】|【排练计时】命令，切换到幻灯片放映视图中，系统会自动记录幻灯片的切换时间。结束放映时或单击【录制】工具栏中的【关闭】按钮时，系统将自动弹出 Microsoft Office PowerPoint 对话框，单击【是】按钮即可保存排练计时，如图 16-21 所示。

图 16-21 设置排练计时

提　示

在记录排练时间的过程中，若幻灯片未放映完毕，但需保存当前的排练时间时，只需按 Esc 键，即可弹出 Microsoft Office PowerPoint 对话框。

2. 录制旁白

执行【幻灯片放映】|【设置】|【录制幻灯片演示】|【从当前幻灯片开始录制】命令，在弹出的【录制幻灯片演示】对话框中启用所有复选框，并单击【开始录制】按钮，如图 16-22 所示。

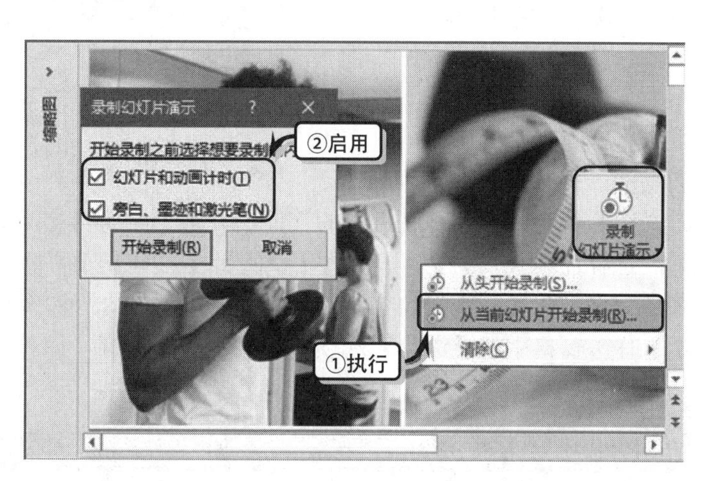

图 16-22 录制旁白

在放映视图下，单击【录制】工具栏中的【关闭】按钮，停止录制。然后，执行【视图】|【演示文稿视图】|【幻灯片

浏览】按钮，切换到【幻灯片浏览】视图。此时，在幻灯片的底部将显示录制时间与声音图标，如图 16-23 所示。

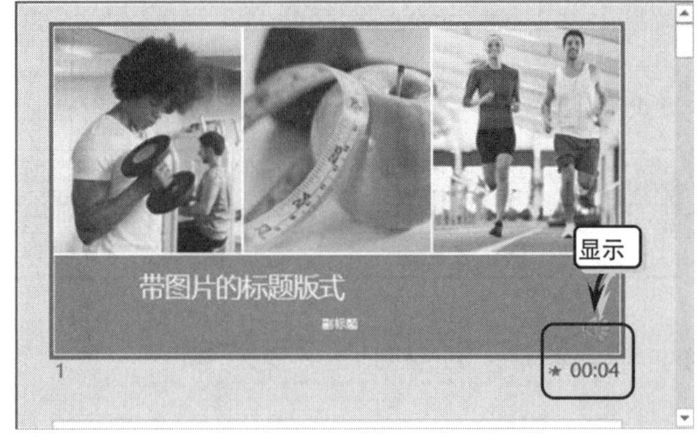

图 16-23 显示录制效果

16.3 审阅幻灯片

PowerPoint 提供了多种实用的工具，允许对演示文稿进行校验和翻译，甚至允许多个用户对演示文稿的内容进行编辑并标记编辑历史。此时，就需要使用到 PowerPoint 的审阅功能，通过软件对 PowerPoint 的内容进行审阅和查对。

16.3.1 文本检查与检索

拼写检查是运用系统自带的拼写功能，检查幻灯片中的文本错误，以保证文本的正确性。而信息检索功能是通过微软的 Bing 搜索引擎或其他参考资料库，检索与演示文稿中词汇相关的资料，辅助用户编写演示文稿内容。另外，还可以使用系统自带的中文简繁转换功能，转换文本的简繁状态。

1. 拼写检查

执行【审阅】|【校对】|【拼写检查】命令，系统会自动检查演示文稿中的文本拼写状态，当系统发现拼写错误时，则会显示【拼写检查】对话框，否则直接返回提示“拼写检查结束”的提示框，如图 16-24 所示。

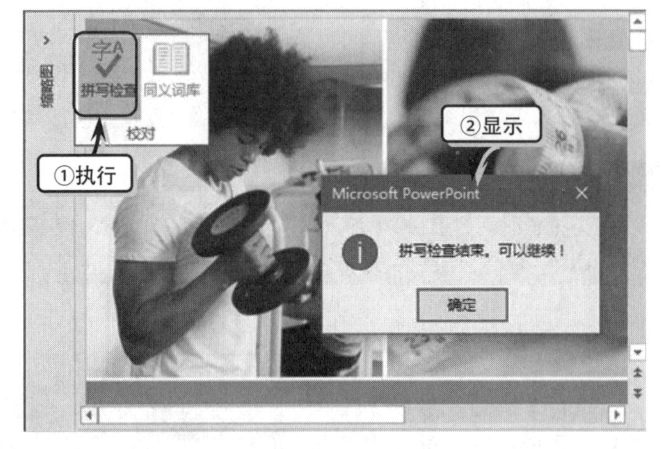

图 16-24 进行拼写检查

2. 智能查找

智能查找是 PowerPoint 2016 新增的一个功能，主要通过查看定义、图像和来自各种联机源的其他结果来了解所选文本的更多信息。

选择需要查找的文本，执行【审阅】|【见解】|【智能查找】命令，在弹出的【见解】任务窗格中将显示查找内容。例如，在幻灯片中选择“列表”文本，系统会自动在【见解】任务窗格中的【浏览】选项卡中显示搜索内容，如图 16-25 所示。

提　示

在【信息检索】任务窗格中的【搜索】文本框中输入文本，单击 按钮，即可检索输入内容。

另外，在【见解】任务窗格中，激活【定义】选项卡，将会显示与所选文本有关的英文翻译内容，如图 16-26 所示。

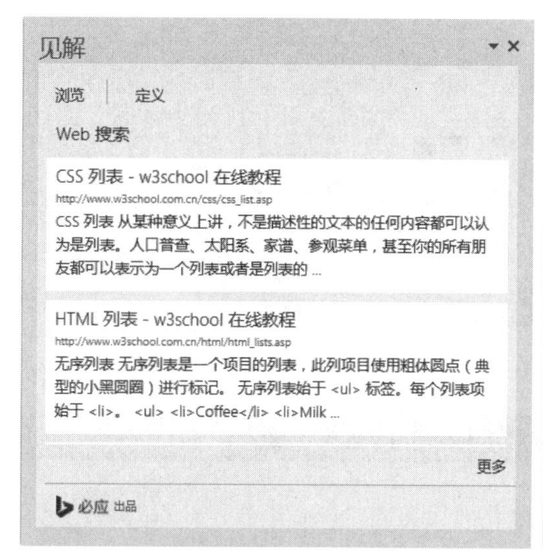

图 16-25 智能插座

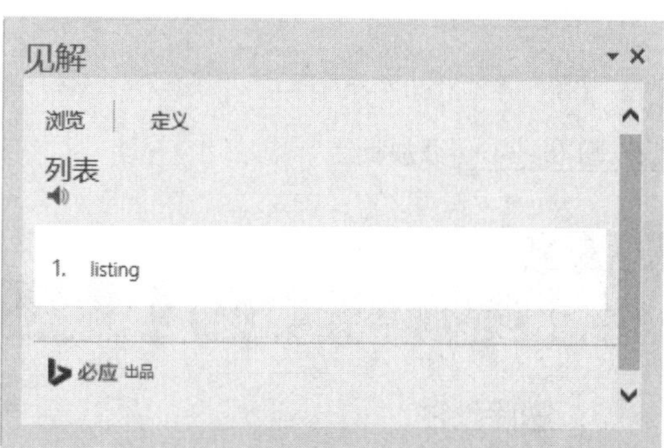

图 16-26 设置信息检索选项

3. 中文简繁转换

选择幻灯片中的文本，执行【审阅】|【中文简繁转换】|【简繁转换】命令。在弹出的【中文简繁转换】对话框中选择转换选项即可，如图 16-27 所示。

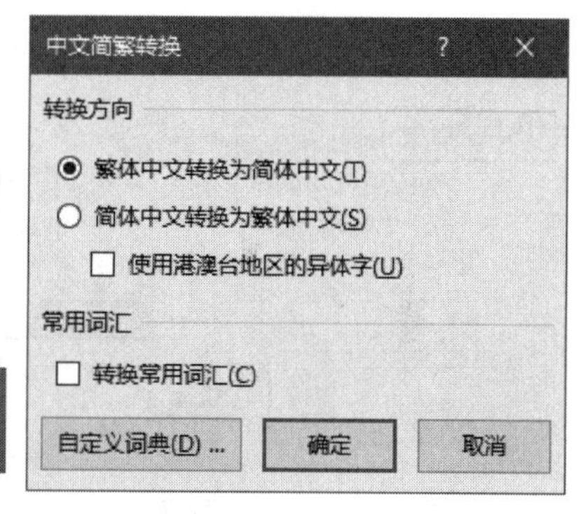

图 16-27 中文简繁转换

提 示

也可以直接执行【中文简繁转换】选项组中的繁转简或简转繁命令直接转换文本。

16.3.2 添加批注

当编辑完演示文稿之后，可以使用 PowerPoint 中的批注功能，在将演示文稿给其他用户审阅时，让其他用户参与到演示文稿的修改工作中，以达到共同完成演示文稿的目的。

1. 新建批注

选择幻灯片中的文本，执行【审阅】|【批注】|【新建批注】命令。在弹出的文本框中输入批注内容，如图 16-28 所示。

新建批注之后，在该批注的下方将显示“答复”栏，便于其他用户回复批注内容，如图 16-29 所示。

2. 显示批注

为幻灯片添加批注之后，执行【审阅】|【批注】|【显示批注】|【显示标记】命令，

即可在幻灯片中只显示批注标记，而隐藏批注任务窗格，如图 16-30 所示。

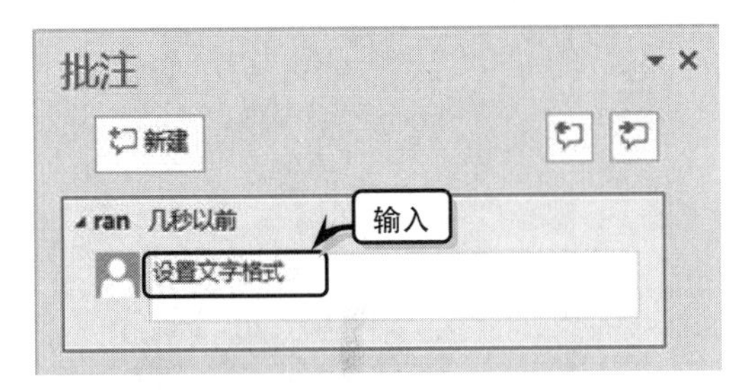

图 16-28 添加批注

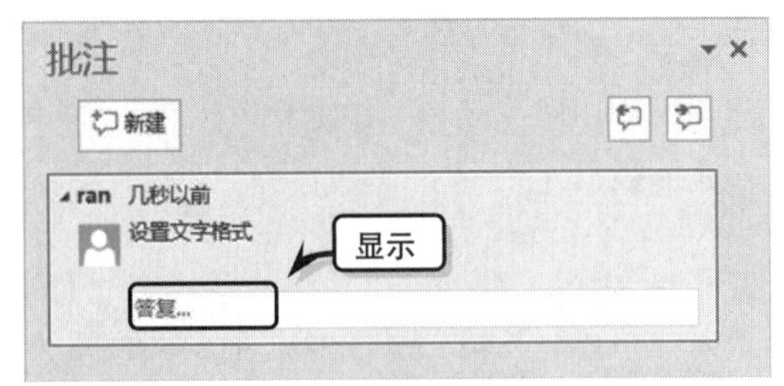

图 16-29 答复批注

提 示

再次执行【审阅】|【批注】|【显示批注】|【显示标记】命令，将隐藏批注图标。

3. 删除批注

当不需要幻灯片中的批注时，可以执行【审阅】|【批注】|【删除】|【删除此幻灯片中的所有批注和墨迹】命令，即可删除当前幻灯片中的所有批注，如图 16-31 所示。

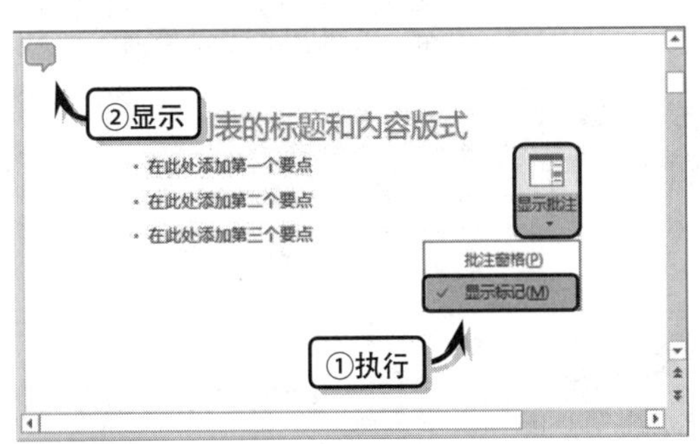

图 16-30 显示批注

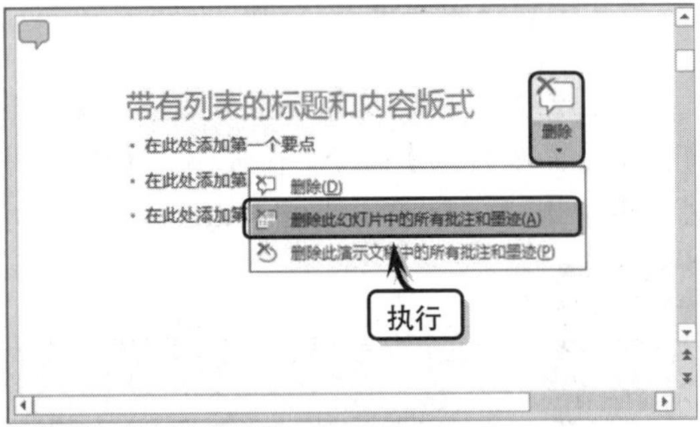

图 16-31 删除批注

提 示

执行【审阅】|【批注】|【删除】|【删除】命令，将按创建先后顺序删除幻灯片中的单个批注。

16.4 发送和发布演示文稿

在制作完成演示文稿后，除了可以通过 PowerPoint 软件来对其进行放映以外，还可以将演示文稿制作成多种类型的可执行程序，甚至发布为视频，以满足实际使用的需要。

16.4.1 发送演示文稿

PowerPoint 可以与微软 Microsoft Outlook 软件结合，通过电子邮件发送演示文稿。

1．作为附件发送

执行【文件】|【共享】命令，在展开的【共享】列表中选择【电子邮件】选项，同时选择【作为附件发送】选项，如图 16-32 所示。

选中该选项，PowerPoint 会直接打开 Microsoft Outlook 窗口，将完成的演示文稿直接作为电子邮件的附件进行发送，单击【发送】按钮，即可将电子邮件发送到指定的收件人邮箱中，如图 16-33 所示。

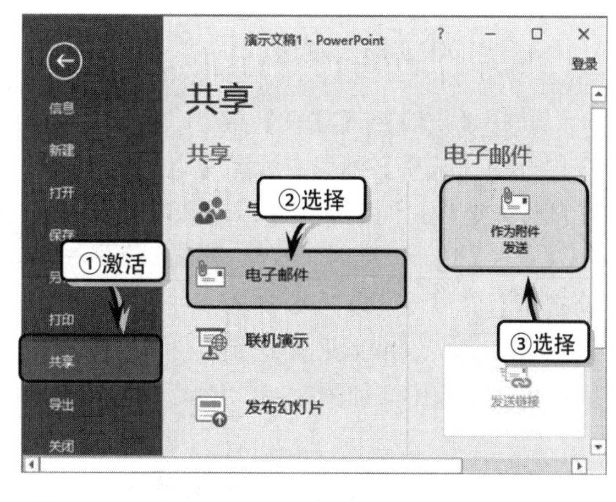

图 16-32 【共享】列表

2．以 PDF 形式发送

执行【文件】|【共享】命令，在展开的【共享】列表中选择【电子邮件】选项，同时选择【以 PDF 形式发送】选项，如图 16-34 所示。

PowerPoint 将演示文稿转换为 PDF 文档，并通过 Microsoft Outlook 发送到收件人的电子邮箱中，如图 16-35 所示。

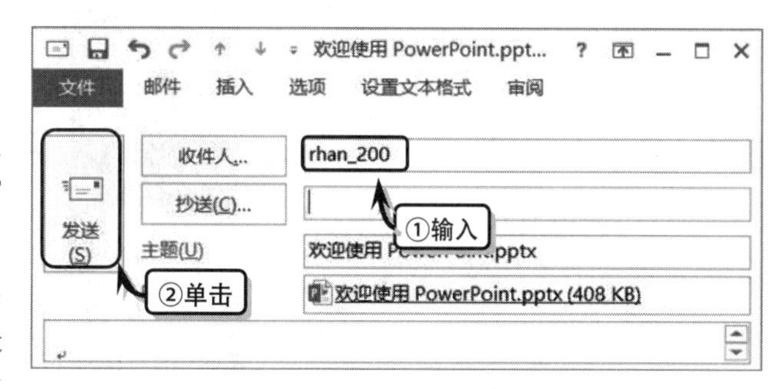

图 16-33 邮件发送

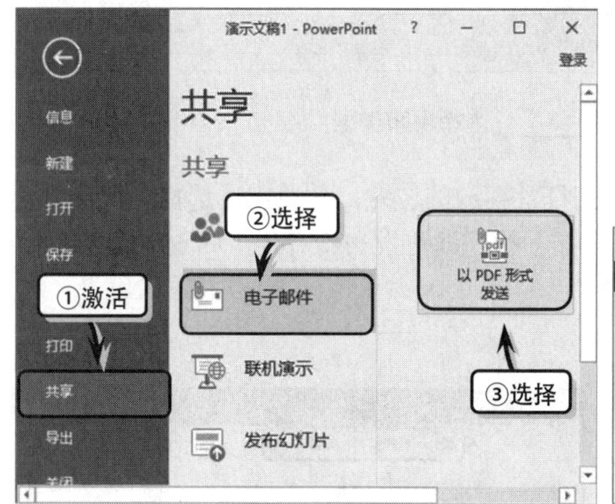

图 16-34 选择发送类型

图 16-35 发送 PDF 文件

3．发送链接

若要将演示文稿上传至微软的 MSN Live 共享空间，则可通过【发送链接】选项，将演示文稿的网页 URL 地址发送到其他的电子邮箱中。

4. 以 XPS 形式发送

执行【文件】|【共享】命令，在展开的【共享】列表中选择【电子邮件】选项，同时选择【以 XPS 形式发送】选项。此时，PowerPoint 将把演示文稿转换为 XPS 文档，并通过 Microsoft Outlook 发送到收件人的电子邮箱中，如图 16-36 所示。

图 16-36 发送 XPS 文件

16.4.2 发布演示文稿

发布演示文稿是将演示文稿发布到幻灯片库或 SharePoint 网站，以及通过 Office 演示文稿服务演示功能，共享演示文稿。

1. 发布幻灯片

执行【文件】|【共享】命令，选择【发布幻灯片】选项，同时在右侧选择【发布幻灯片】选项，如图 16-37 所示。

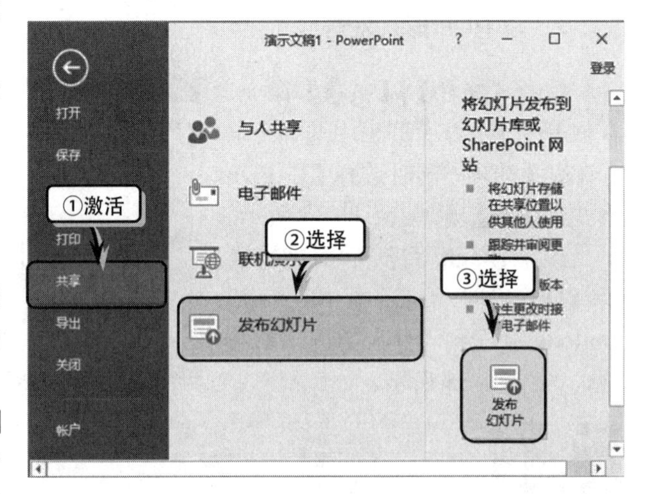

图 16-37 选择发布类型

然后，在弹出的【发布幻灯片】对话框中，启用需要发布的幻灯片复选框，并单击【浏览】按钮，如图 16-38 所示。

在弹出的【选择幻灯片库】对话框中选择幻灯片存放的位置，并单击【选择】按钮，返回到【发布幻灯片】对话框中。然后，单击【发布】按钮即可发布幻灯片，如图 16-39 所示。

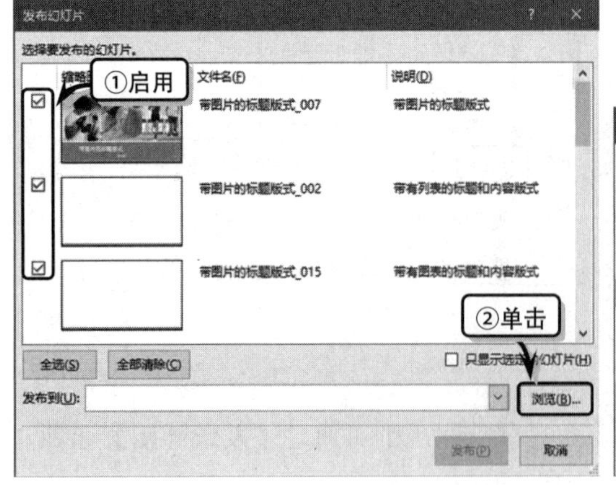

图 16-38 选择幻灯片

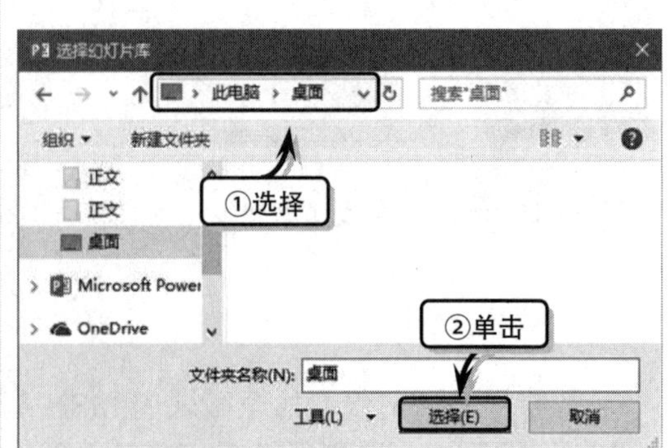

图 16-39 选择存放位置

> **提　示**
>
> 发布幻灯片后，被选择发布的每张幻灯片将分别自动生成为独立的演示文稿。

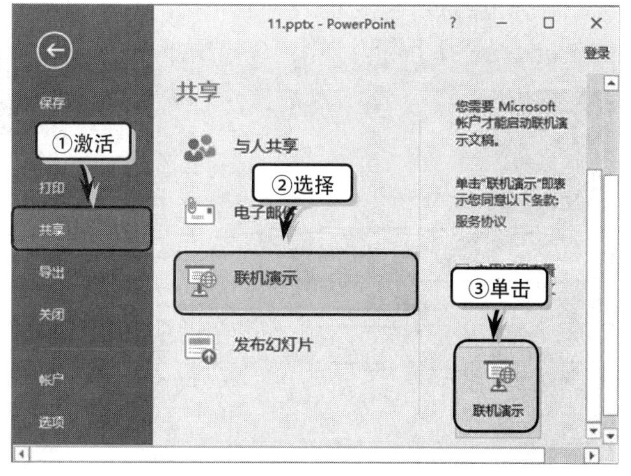

图 16-40　共享列表

2. 联机演示

执行【文件】|【共享】命令，在展开的【共享】列表中选择【联机演示】选项，同时在右侧单击【联机演示】按钮，如图 16-40 所示。

在弹出的【联机演示】对话框中，系统会默认选中链接地址，单击【复制链接】按钮，可将地址复制给其他用户。另外，也可以选择【通过电子邮件发送】选项，如图 16-41 所示。

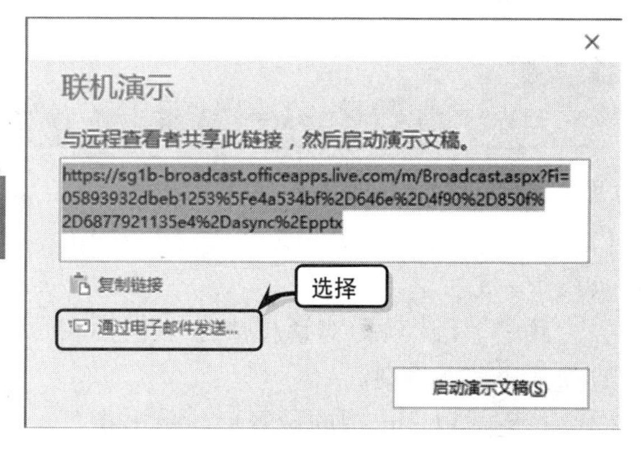

图 16-41　选择发送方式

> **提　示**
>
> 在进行联机演示操作时，需要保证网络畅通，否则将无法显示链接地址。

选择【通过电子邮件发送】选项后，系统将自动弹出 Outlook 组件，并以发送邮件的状态进行显示。用户只需在【收件人】文本框中输入收件人地址，单击【发送】按钮即可，如图 16-42 所示。

16.4.3　打包成 CD 或视频

在 PowerPoint 中，可以将演示文稿打包制作为 CD 光盘上的引导程序，也可以将其转换为视频。

1. 将演示文稿打包成 CD

打包成光盘是将演示文稿压缩成光盘格式，并将其存放到本地磁盘或光盘中。

执行【文件】|【导出】命令，在展开的【导出】列表中选择【将演示文稿打包成 CD】选项，并单击【打包成 CD】按钮，如图 16-43 所示。

图 16-42　发送邮件

在弹出的【打包成 CD】对话框中的【将 CD 命名为】文本框中输入 CD 的标签文本，并单击【选项】按钮，如图 16-44 所示。

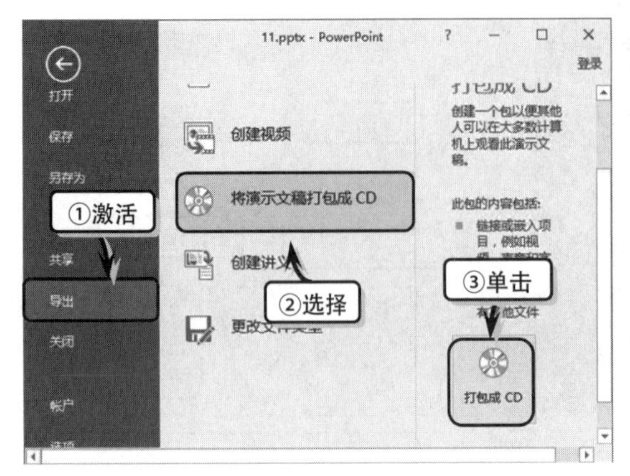

图 16-43 【导出】列表

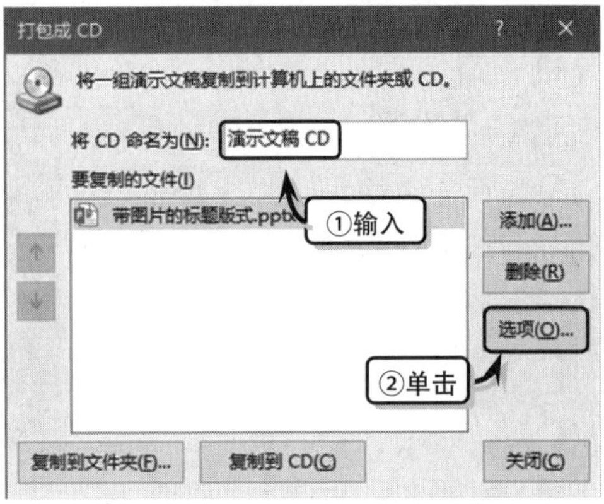

图 16-44 【打包成 CD】对话框

提　示

在【打包成 CD】对话框中单击【添加】按钮，可添加需要打包成 CD 的演示文稿。

在弹出的【选项】对话框中设置打包 CD 的各参数选项，并单击【确定】按钮，如图 16-45 所示。

其中，【选项】对话框中主要包括表 16-2 所示的各选项。

在完成以上选项的设置后，单击【复制到 CD】按钮后，PowerPoint 将检查刻录机中的空白 CD。在插入正确的空白 CD 后，即可将打包的文件刻录到 CD 中。

另外，单击【复制到文件夹】按钮，将弹出【复制到文件夹】对话框，单击【位置】后面的【浏览】按钮，在弹出的【选择位置】对话框中选择放置位置即可。

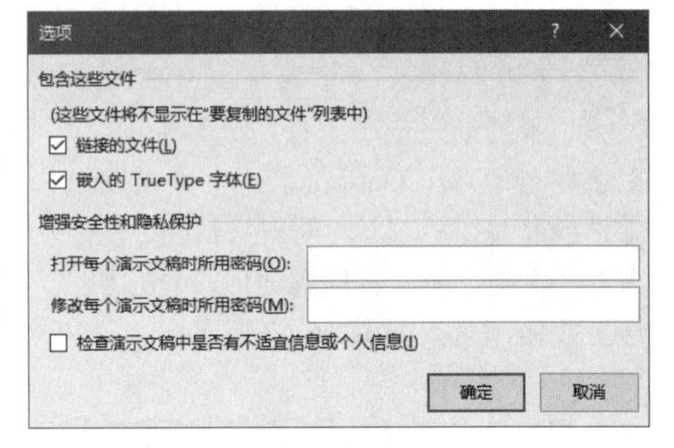

图 16-45 【选项】对话框

表 16-2 【选项】对话框各选项及作用

选　项		作　用
包含这些文件	链接的文件	将相册所链接的文件打包到光盘中
	嵌入的 TrueType 字体	将相册所使用的 TrueType 字体嵌入演示文稿中
增强安全性和隐私保护	打开每个演示文稿时所用密码	为每个打包的演示文稿设置打开密码
	修改每个演示文稿时所用密码	为每个打包的演示文稿设置修改密码
	检查演示文稿中是否有不适宜信息或个人信息	清除演示文稿中包含的作者和审阅者信息

2. 创建视频

PowerPoint 还可以将演示文稿转换为视频内容，以供用户通过视频播放器播放。执

行【文件】|【导出】命令，在展开的【导出】列表中选择【创建视频】选项，并在右侧的列表中设置相应参数，如图 16-46 所示。

设置各选项之后，单击【创建视频】按钮，将弹出【另存为】对话框。设置保存位置和文件名称，单击【保存】按钮。此时，PowerPoint 自动将演示文稿转换为 MPEG-4 视频或 Windows Media Video 格式的视频，如图 16-47 所示。

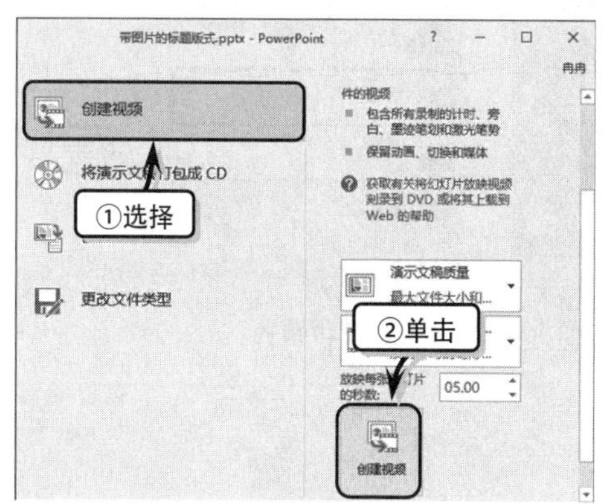

图 16-46 创建视频

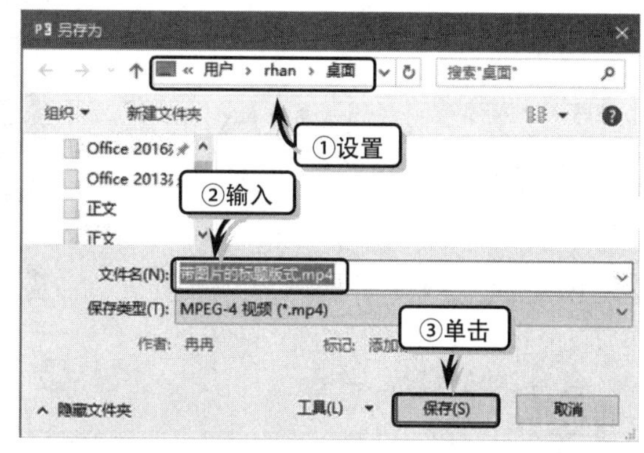

图 16-47 保存视频

16.4.4 打印演示文稿

在 PowerPoint 中，除了分发演示文稿之外，还可以将演示文稿输出到纸张中，便于用户间的传阅与交流。

1. 设置打印范围

执行【文件】|【打印】命令，在【设置】列表中单击【打印全部幻灯片】下拉按钮，在其下拉列表中选择相应的选项即可，如图 16-48 所示。

图 16-48 设置打印范围

2. 设置打印版式

执行【文件】|【打印】命令，在【设置】列表中单击【整页幻灯片】下拉按钮，在其下拉列表中选择相应的选项即可，如图 16-49 所示。

3. 设置打印颜色

执行【文件】|【打印】命令，在【设置】列表中单击【颜色】下拉按钮，在其下拉列表中选择相应的选项即可，如图 16-50 所示。

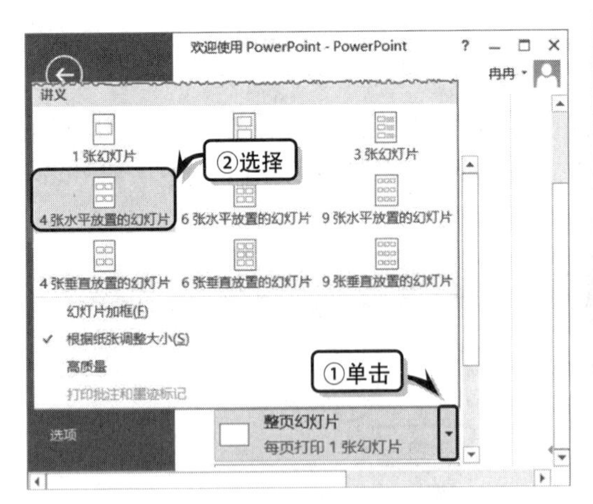

图 16-49 设置打印版式

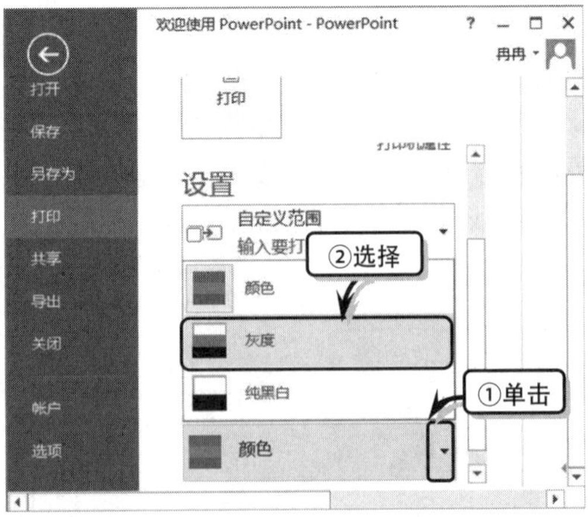

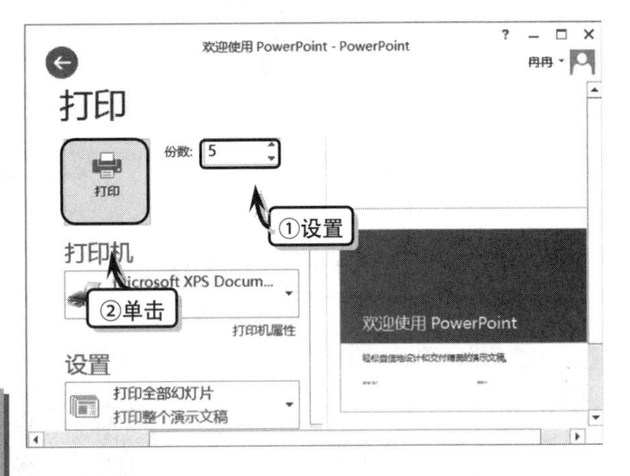

图 16-50 设置打印颜色

4．打印幻灯片

执行【文件】|【打印】命令，在【打印】列表右侧预览最终打印效果，然后设置【份数】选项，并单击【打印】按钮，开始打印演示文稿，如图 16-51 所示。

提 示

在预览效果时，可以通过单击预览效果下方的【放大】和【缩小】按钮，以及【缩放到页面】按钮，调整预览页面的大小。

图 16-51 打印幻灯片

16.5 课堂练习：分析销售数据

对于销售部门来讲，销售数据分析是年度工作总结中的核心内容。只有通过对今年销售数据进行详细分析，才可以准确地制订下一年的销售计划与销售目标。在本练习中，将详细讲解制作数据分析幻灯片的操作技巧与方法，如图 16-52 所示。

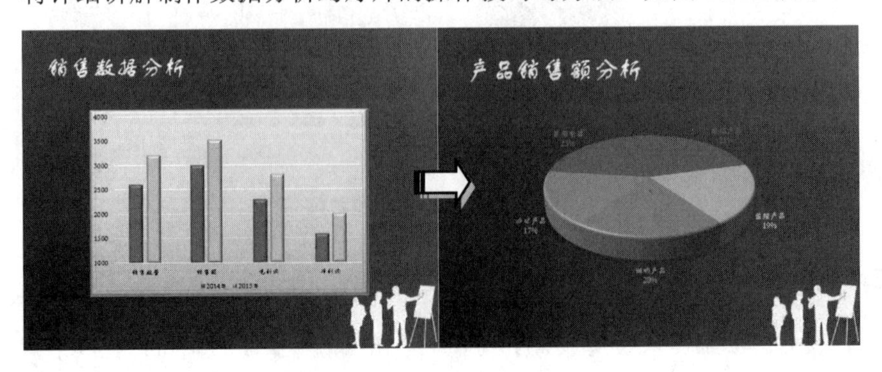

图 16-52 分析销售数据

操作步骤

1 销售数据分析幻灯片。打开“展示年销售数据”演示文稿，复制第 2 张幻灯片，修改幻灯片内容，并为幻灯片插入一个簇状柱形图图表，如图 16-53 所示。

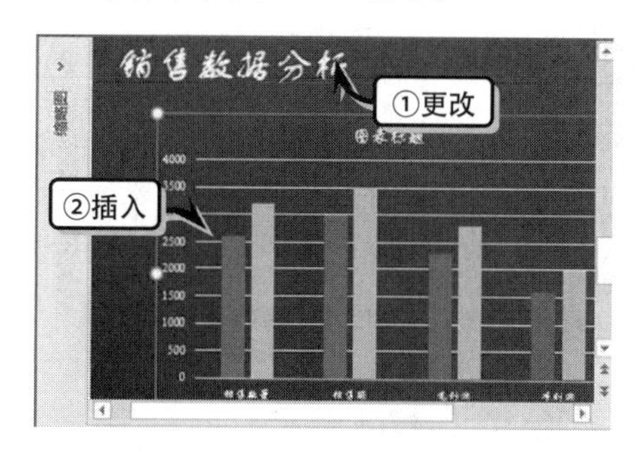

图 16-53 插入簇状柱形图

2 删除图表标题，执行【格式】|【形状样式】|【其他】命令，在其下拉列表中一个选项，如图 16-54 所示。

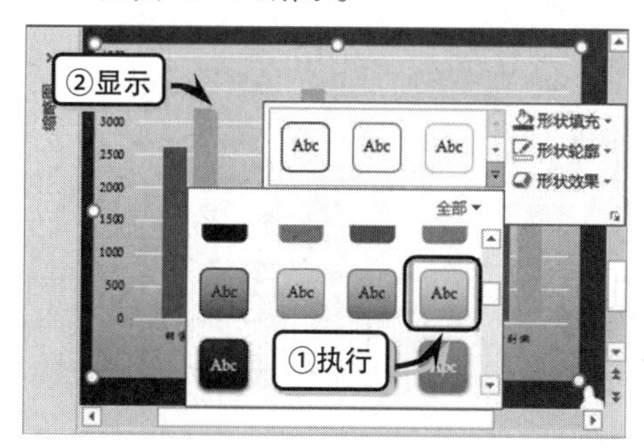

图 16-54 设置形状样式

3 选择图表，执行【形状效果】|【棱台】|【草皮】选项，设置图表的棱台效果，如图 16-55 所示。

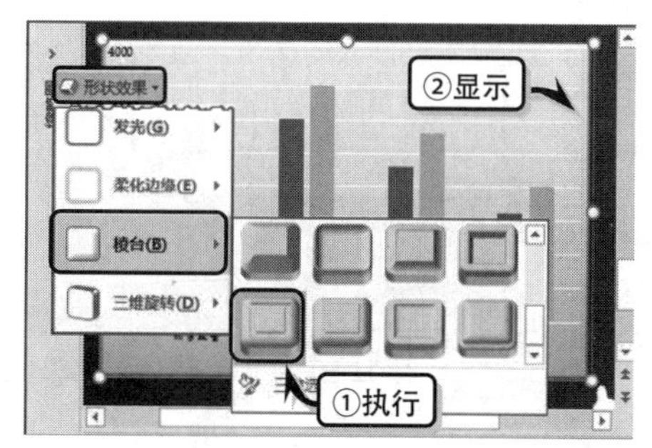

图 16-55 设置形状效果

4 选择垂直坐标轴，右击执行【设置坐标轴格式】命令。将【最小值】设置为“1000”，如图 16-56 所示。

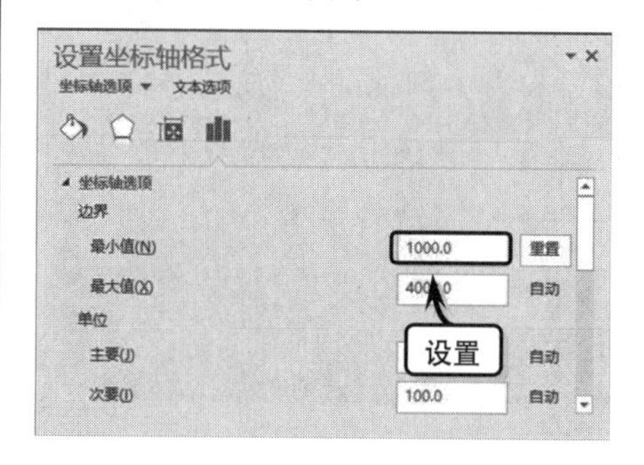

图 16-56 设置坐标轴

5 选择图表中的一个数据系列，执行【格式】|【形状样式】|【形状效果】|【棱台】|【圆】命令，如图 16-57 所示。使用同样的方法设置另外一个数据系列的填充颜色。

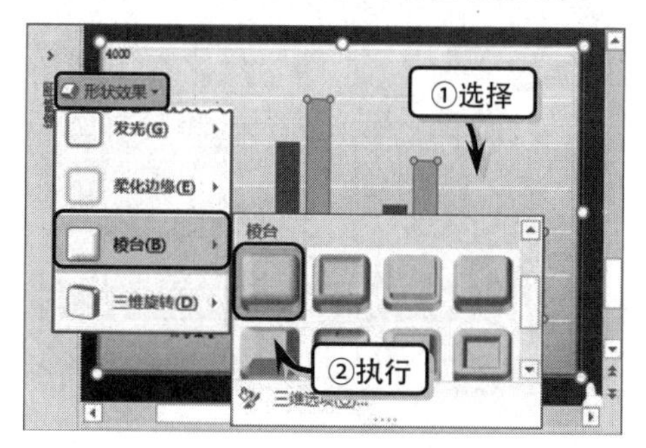

图 16-57 设置数据系列颜色

6 选择图表，执行【动画】|【动画】|【动画样式】|【进入】|【浮入】命令，为其添加动画效果，如图 16-58 所示。

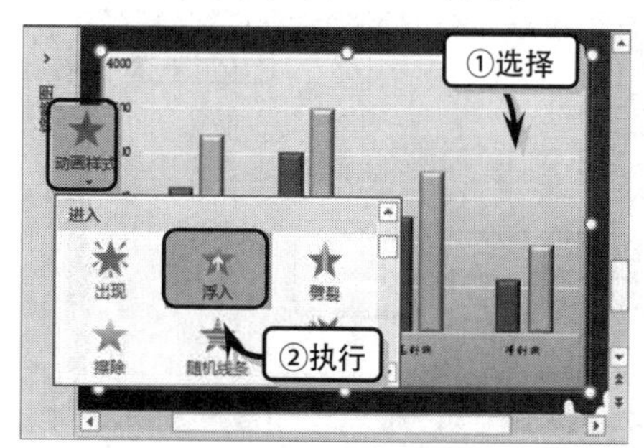

图 16-58 添加动画

7 执行【效果选项】|【按类别中的元素】命令，并将【开始】设置为【上一动画之后】，如图 16-59 所示。

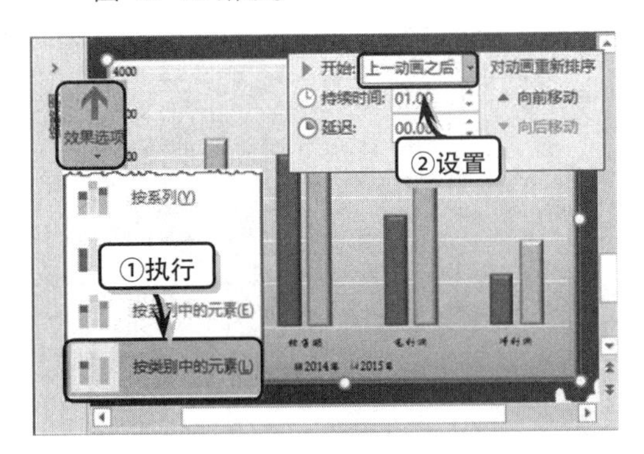

图 16-59 设置动画效果

8 销售人员业绩分析幻灯片。复制第 3 张幻灯片，修改幻灯片内容，并在幻灯片中插入一个带数据标记的折线图，如图 16-60 所示。

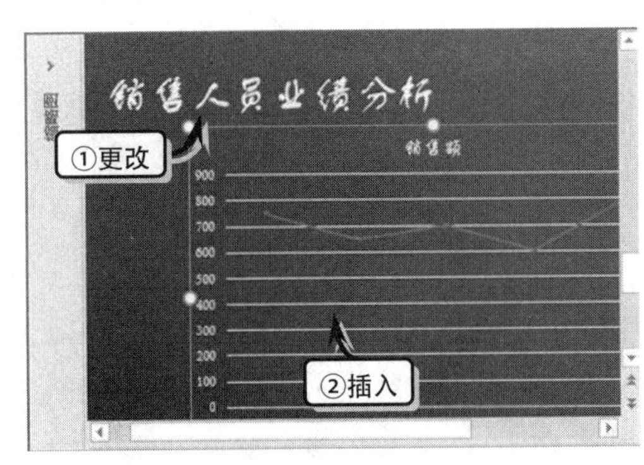

图 16-60 插入折线图

9 删除图表标题，选择折线图，执行【设计】|【图表样式】|【快速样式】|【样式 3】命令，如图 16-61 所示。

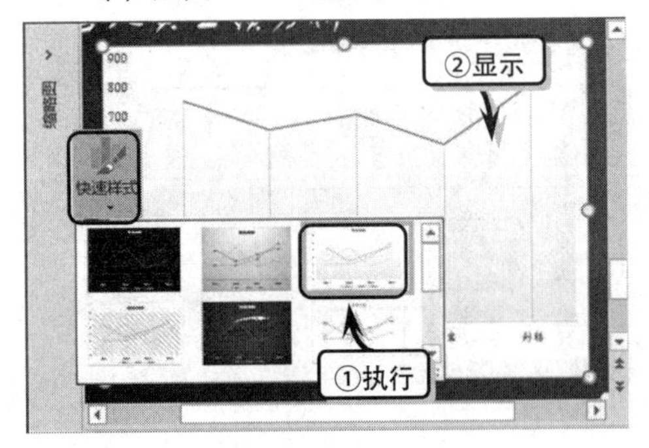

图 16-61 设置图表样式

10 执行【格式】|【形状样式】|【其他】命令，在其列表中选择一种样式，设置图表的形状样式，如图 16-62 所示。

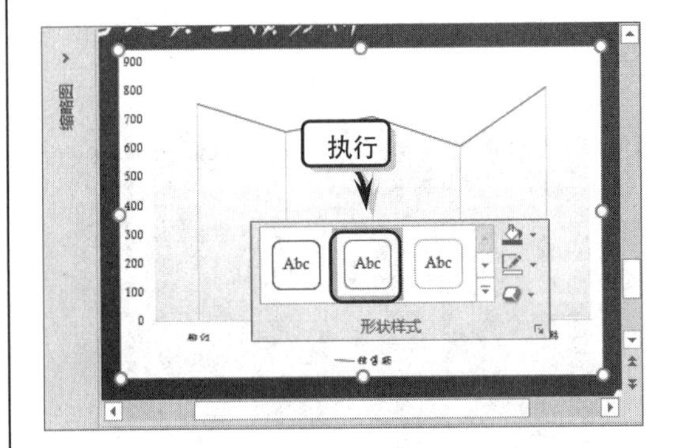

图 16-62 设置形状样式

11 选择图表中的垂直坐标轴，右击执行【设置坐标轴格式】命令，设置【坐标轴选项】中【边界】的最小值与最大值，如图 16-63 所示。

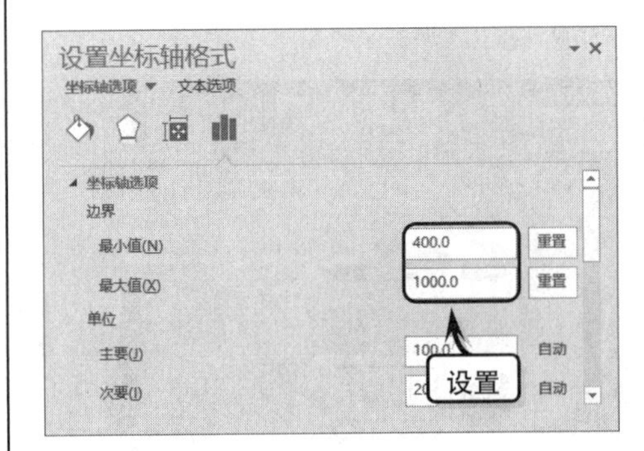

图 16-63 设置垂直坐标轴

12 执行【设计】|【图表布局】|【添加图表元素】|【数据标签】|【上方】命令，添加数据标签，如图 16-64 所示。

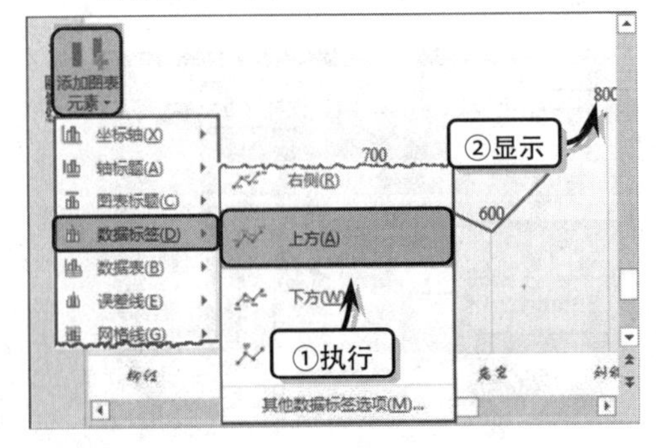

图 16-64 添加数据标签

13 选择图表，执行【动画】|【动画】|【动画样式】|【进入】|【淡出】命令，如图 16-65 所示。

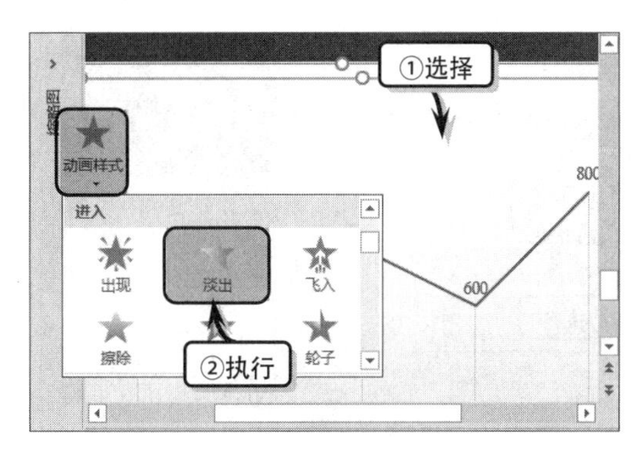

图 16-65 添加动画

14 执行【效果选项】|【序列】|【按类别】命令，并将【开始】设置为【上一动画之后】，如图 16-66 所示。

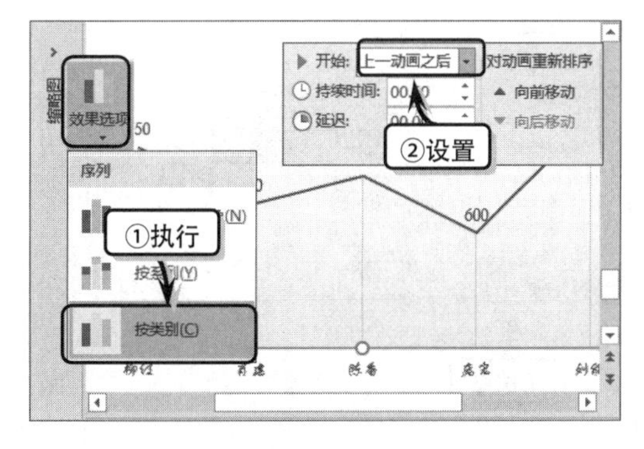

图 16-66 设置动画效果

15 产品销售额分析幻灯片。复制上一张幻灯片，修改幻灯片内容并在幻灯片中插入一个三维饼图，如图 16-67 所示。

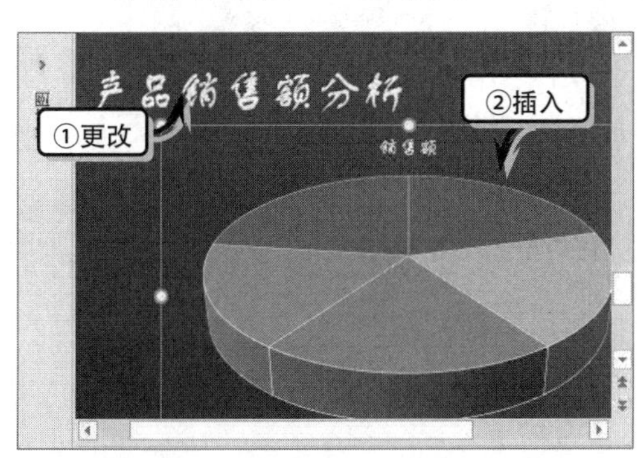

图 16-67 插入饼图

16 执行【设计】|【图表布局】|【快速布局】|【布局 1】命令，同时执行【图表样式】|【其他】|【样式 8】命令，如图 16-68 所示。

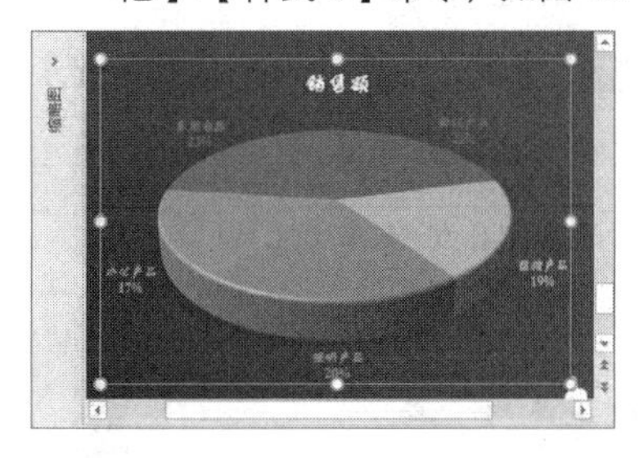

图 16-68 设置布局与样式

17 删除图表标题，执行【动画】|【动画】|【动画样式】|【进入】|【淡出】命令。然后，执行【效果选项】|【序列】|【按类别】命令，并将【开始】设置为“上一动画之后”，如图 16-69 所示。

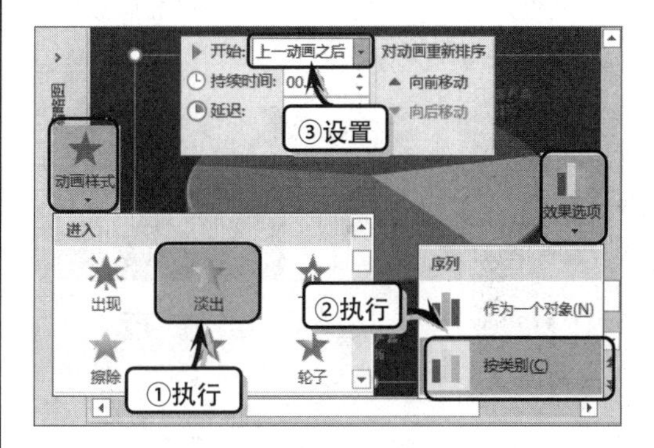

图 16-69 添加动画效果

18 工作目标幻灯片。复制上一张幻灯片，修改幻灯片内容，执行【插入】|【图像】|【图片】命令，为幻灯片插入一个图片，如图 16-70 所示。

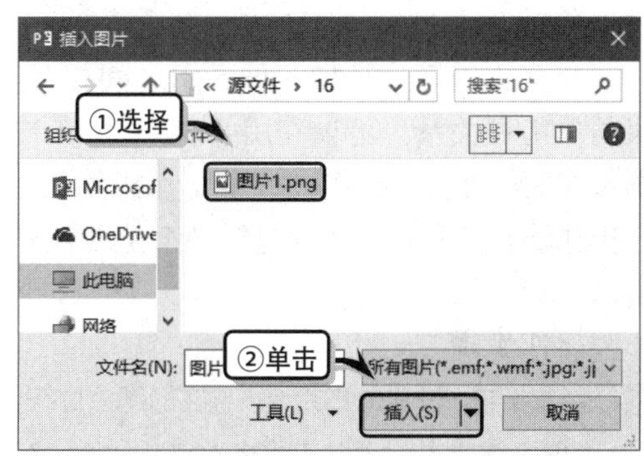

图 16-70 插入图片

19 在图片中插入一个横排文本框，在文本框中输入文本，设置文本的字体格式并为文本添加项目符号，如图 16-71 所示。

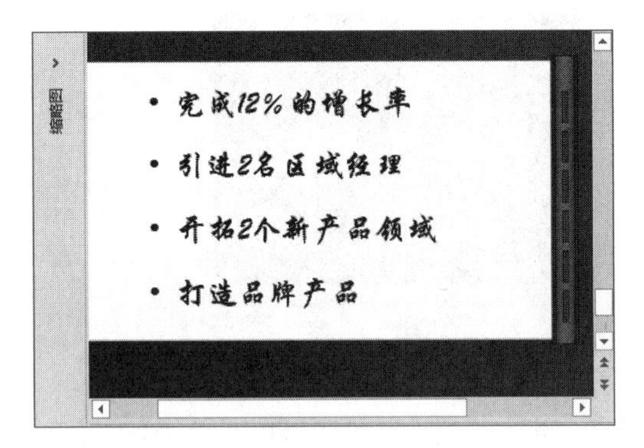

图 16-71 设置文本格式

20 将图片与文本框组合在一起，调整显示位置，执行【动画样式】|【进入】|【飞入】命令，并将【开始】设置为“上一动画之后”，如图 16-72 所示。

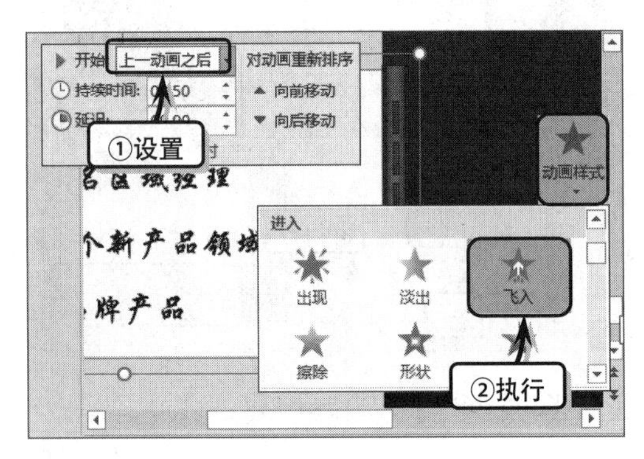

图 16-72 添加动画效果

21 执行【添加动画】|【直线】命令，调整动作路径的方向并执行【添加动画】|【退出】|【消失】命令，如图 16-73 所示。

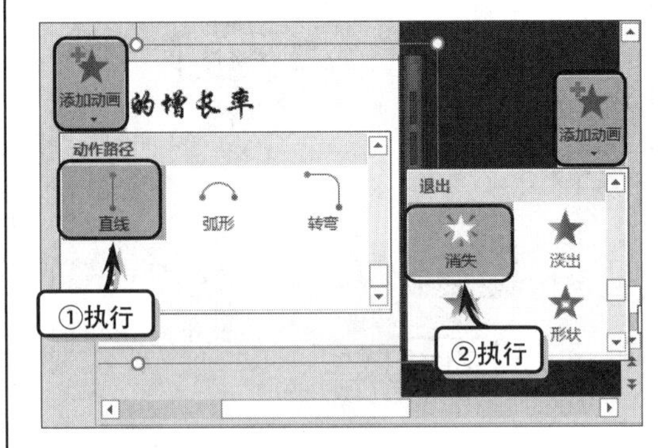

图 16-73 添加其他动画效果

22 在【动画窗格】任务窗格中，同时选择图片的【直线】与【消失】动画效果，执行【触发】|【单击】命令，在级联菜单中选择相应的选项，如图 16-74 所示。

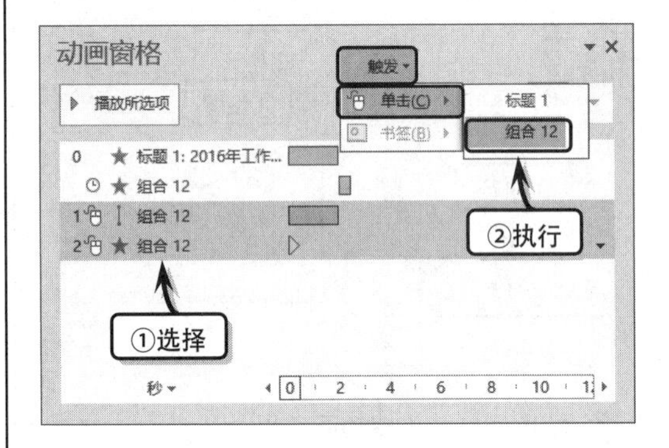

图 16-74 添加触发器

16.6 课堂练习：交互式幻灯片

交互式幻灯片是指各种元素之间相互影响，互为因果的作用和关系。可以利用 PowerPoint 中的自定义动画和 VBA 功能，制作出一个交互式的幻灯片，当用户在操作演示文稿时，自动判断答案是否正确，如图 16-75 所示。

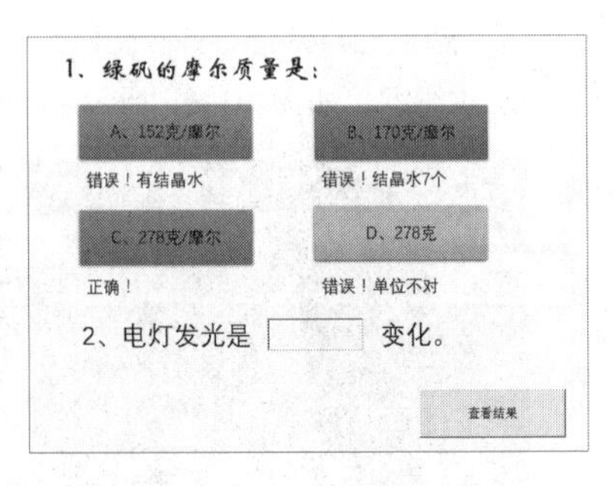

图 16-75 交互式幻灯片

操作步骤

1 制作按钮。设置幻灯片大小，在标题占位符中输入文本并设置其字体格式，如图 16-76 所示。

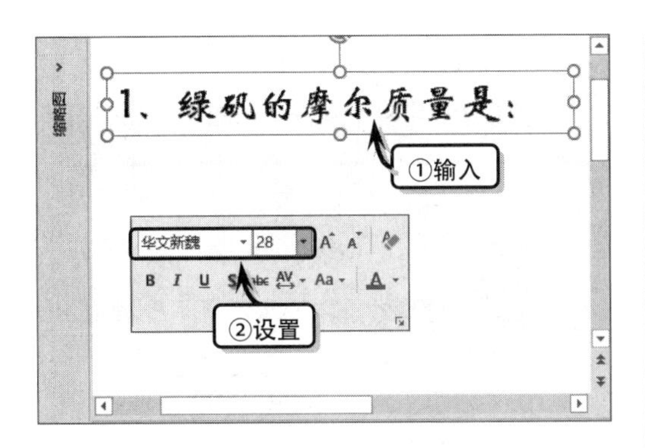

图 16-76　输入文本

2　执行【插入】|【插图】|【形状】|【动作按钮：自定义】命令，绘制形状并选中【无动作】选项，如图 16-77 所示。

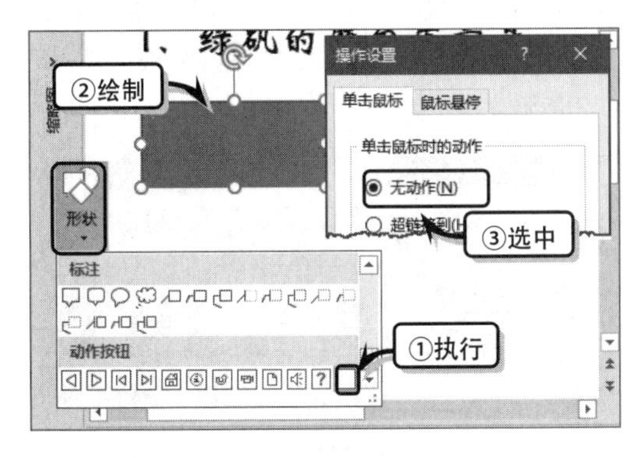

图 16-77　绘制形状

3　编辑按钮文字。右击“动作按钮”形状，执行【编辑文字】命令，输入文本并设置文本的字体格式，如图 16-78 所示。

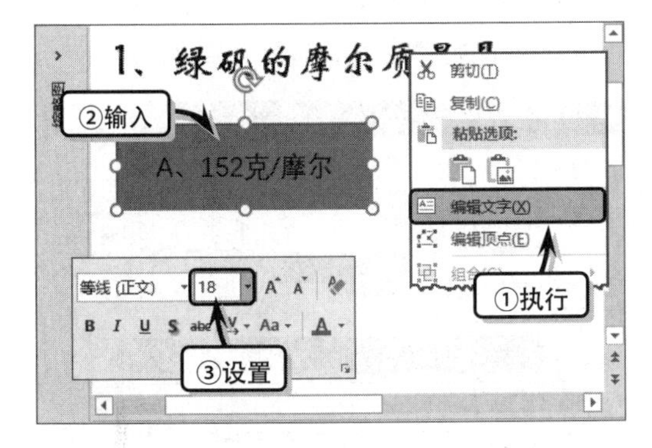

图 16-78　输入文本

4　然后，复制形状，修改形状文本并排列形状，如图 16-79 所示。

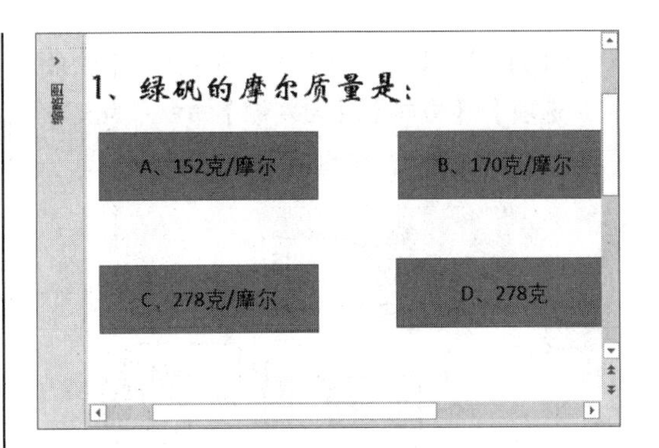

图 16-79　复制并修改形状

5　设置形状样式。选择第 1 个形状，执行【绘图工具】|【格式】|【形状样式】|【其他】|【强烈效果-绿色，强调颜色 6】命令，如图 16-80 所示。

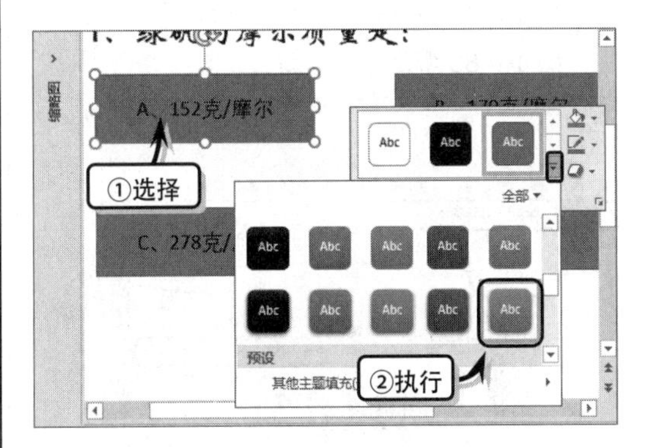

图 16-80　设置形状样式

6　分别运用相同的方法，对其他三个形状应用形状样式。然后，在每个形状下面插入文本框并输入文字，如图 16-81 所示。

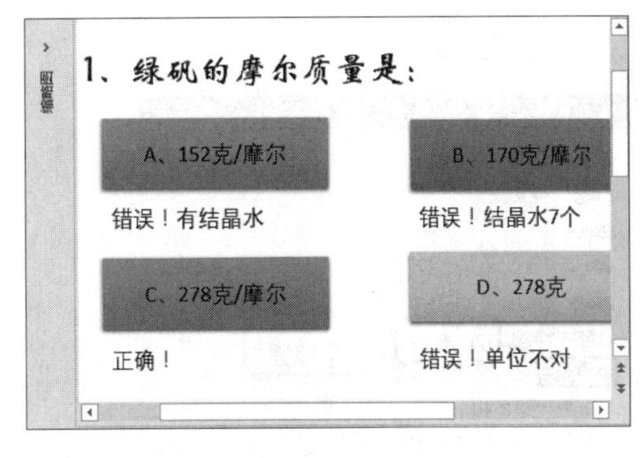

图 16-81　制作文本框

7　添加动画效果。选择文本框“错误！有结晶水”，执行【动画】|【动画】|【动画样式】

|【进入】|【飞入】命令，同时执行【效果选项】|【方向】|【自左侧】命令，为文本添加动画效果，如图 16-82 所示。

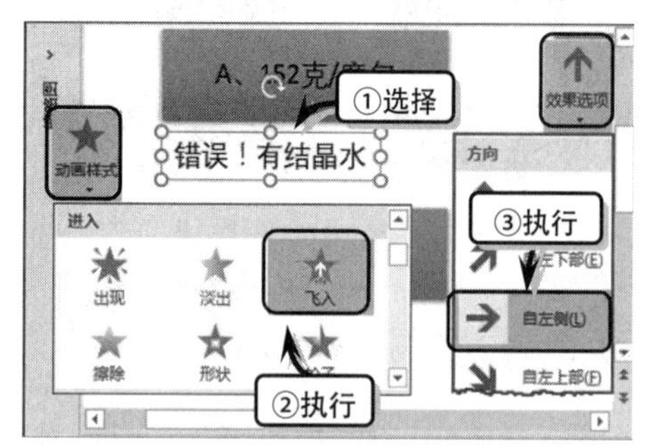

图 16-82　添加动画效果

8 执行【动画】|【高级动画】|【动画窗格】命令，右击动画效果执行【计时】命令，如图 16-83 所示。

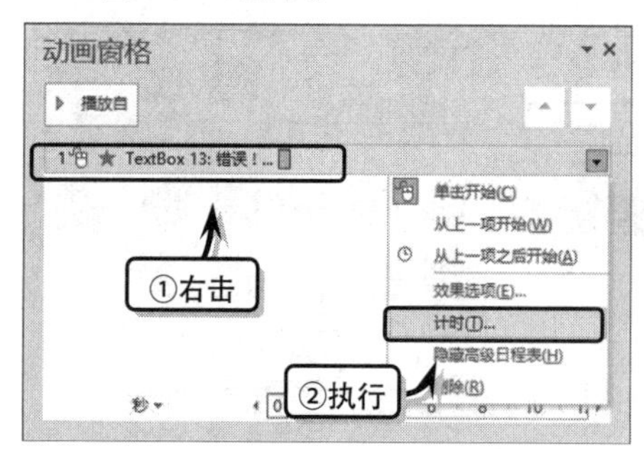

图 16-83　选择动画效果

9 单击【触发器】按钮，选中【单击下列对象时启动效果】选项，并设置对象名称，如图 16-84 所示。使用同样的方法为其他文本添加动画效果。

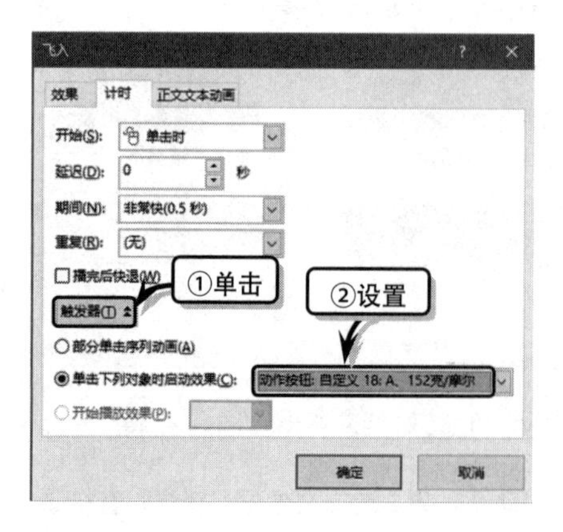

图 16-84　添加触发器

10 添加控件。在幻灯片中插入文本框，输入文本并设置【字号】为 28，如图 16-85 所示。

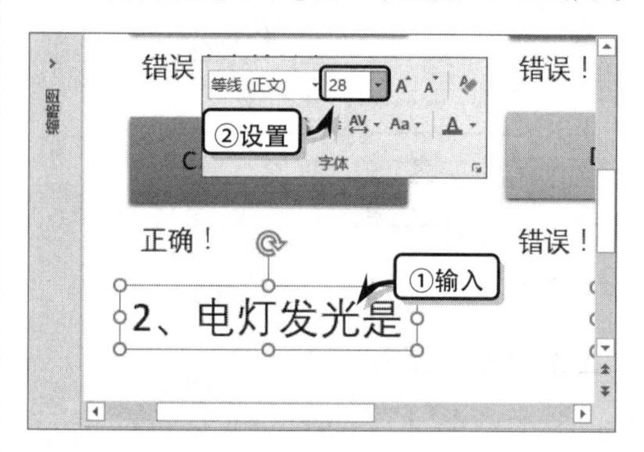

图 16-85　制作文本

11 执行【开发工具】|【控件】|【文本框】命令，绘制一个文本框控件，如图 16-86 所示。

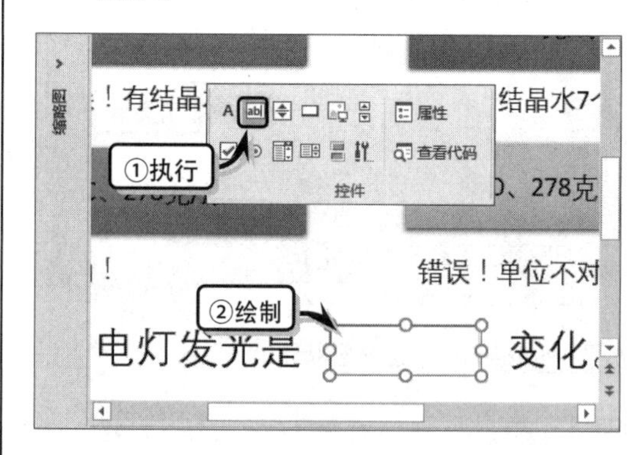

图 16-86　绘制文本框控件

12 选择控件，执行【控件】|【属性】命令，设置控件的字体格式，如图 16-87 所示。

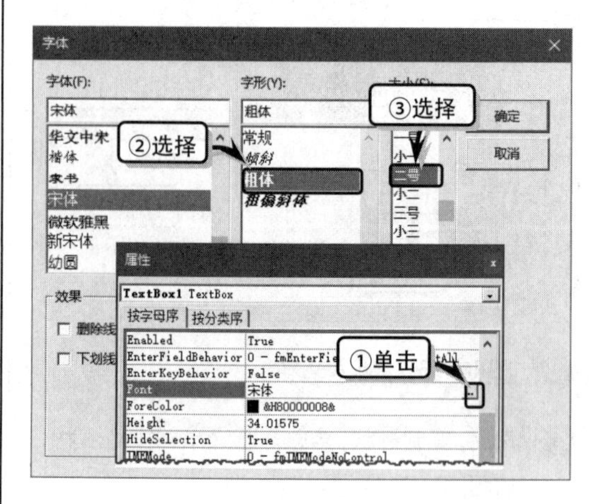

图 16-87　设置字体格式

13 设置控件属性。执行【开发工具】|【控件】|【命令按钮】命令，在幻灯片中绘制该按钮，如图 16-88 所示。

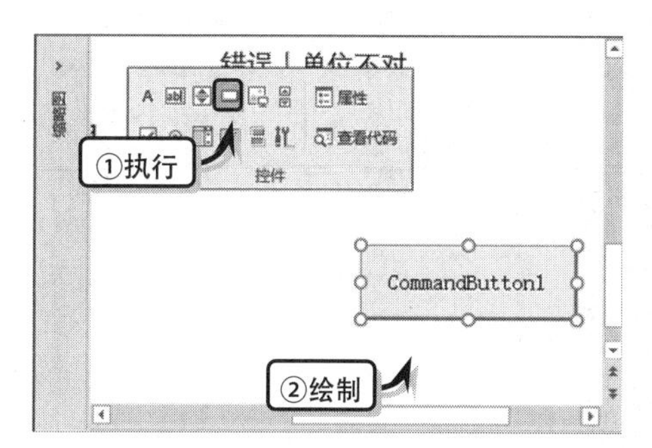

图 16-88 绘制命令按钮控件

14 执行【控件】|【属性】命令，在【属性】对话框中修改按钮名称为“查看结果”，如图 16-89 所示。

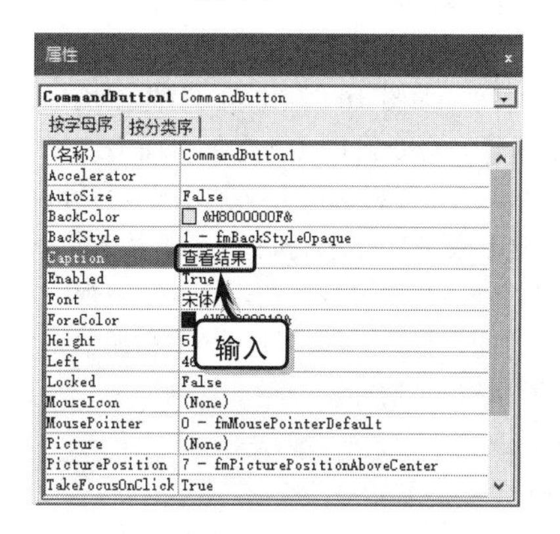

图 16-89 设置控件名称

15 输入代码。双击【查看结果】按钮，在弹出的代码编辑窗口中输入代码即可实现交互效果，如图 16-90 所示。

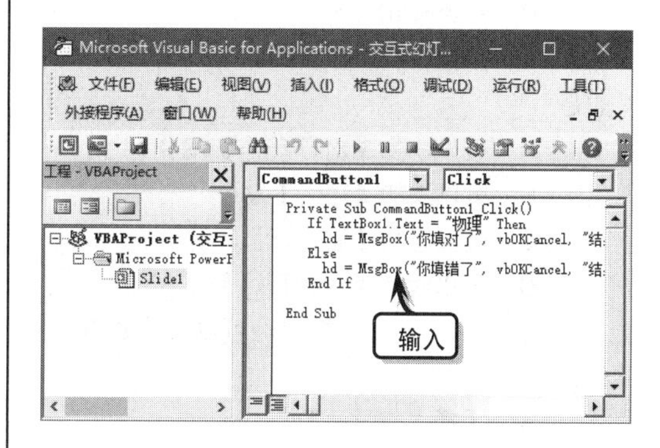

图 16-90 输入代码

代码编辑窗中的代码如下：

```
Private Sub CommandButton1_Click()
  If TextBox1.Text = "物理" Then
    hd = MsgBox("你填对了",
    vbOKCancel, "结果")
  Else
    hd = MsgBox("你填错了",
    vbOKCancel, "结果")
  End If
End Sub
```

16 运行。按 F5 键放映幻灯片，查看效果。单击【查看结果】按钮，弹出【结果】对话框，提示用户是否答对题目。

16.7 思考与练习

一、填空题

1．在放映幻灯片时，选择幻灯片后按__________键，可以从头开始放映幻灯片。

2．可以使用 PowerPoint 中的超链接功能，链接幻灯片与________、________等其他程序。

3．右击包含超链接的对象，执行________命令，即可删除超链接。

4．在设置幻灯片的放映方式时，其放映类型主要包括演讲者放映（全屏幕）、__________、在展台浏览（全屏幕）三种。

5．智能查找是 PowerPoint 2016 新增的一个功能，主要通过__________、__________和__________的其他结果来了解所选文本的更多信息。

6．在预览效果时，可以通过单击预览效果下方的【放大】和【缩小】按钮，以及__________按钮，调整预览页面的大小。

二、选择题

1．可以使用________快捷键，将放映方式设置为从当前幻灯片开始放映。

A. Shift+F1

B. Shift+F5

C. Ctrl+F5

D. Shift+Ctrl+F5

2. 在为幻灯片设置动作时，下列说法中错误的是________。

A. 可以添加【对象动作】动作

B. 可以添加【声音】动作

C. 可以添加【运行宏】动作

D. 可以添加【运行程序】动作

3. 在________对话框中，可以设置超链接颜色。

A. 【插入超链接】

B. 【编辑超链接】

C. 【新建主题颜色】

D. 【动作设置】

4. PowerPoint 在放映演示文稿时，为用户提供了从头开始、__________和自定义放映三种放映方式。

A. 从第一张幻灯片开始

B. 从当前幻灯片开始

C. 固定放映

D. 自动放映

5. 在排练计时的过程中，可以按_______键退出幻灯片放映视图。

A. F5

B. Shift+F5

C. Esc

D. Alt

三、问答题

1. 创建文件链接主要分为哪几种？
2. 如何为演示文稿录制旁白？
3. 如何为幻灯片中的动作添加声音？
4. 如何串联本演示文稿中的幻灯片？

四、上机练习

1. 链接幻灯片

在本练习中，将运用 PowerPoint 中的超链接功能，来创建幻灯片直接的链接，如图 16-91 所示。首先，打开需要创建超链接的演示文稿，选择第 2 张幻灯片，执行【插入】|【插图】|【形状】命令，在其列表中选择【动作按钮：后退或前一项】选项，在幻灯片中拖动鼠标绘制该形状。然后，在弹出的【动作设置】对话框中，将【超链接到】设置为【第一张幻灯片】，并单击【确定】按钮。最后，复制【动作按钮：后退或前一项】形状至第 3 张幻灯片中，并调整其位置与大小。

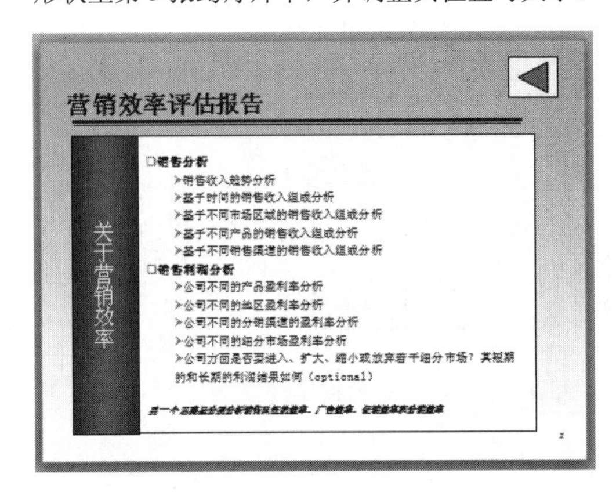

图 16-91 设置幻灯片动画

2. 设置排练计时

在本练习中，将运用排练计时功能来为幻灯片指定播放时间，如图 16-92 所示。首先，执行【文件】|【新建】命令，在【新建】页面中选择【欢迎使用 PowerPoint】选项，并在弹出的对话框中单击【创建】按钮。然后，执行【幻灯片放映】|【设置】|【排练计时】命令，在幻灯片放映视图下记录排练时间。最后，在幻灯片浏览视图中查看幻灯片的排练计时情况。

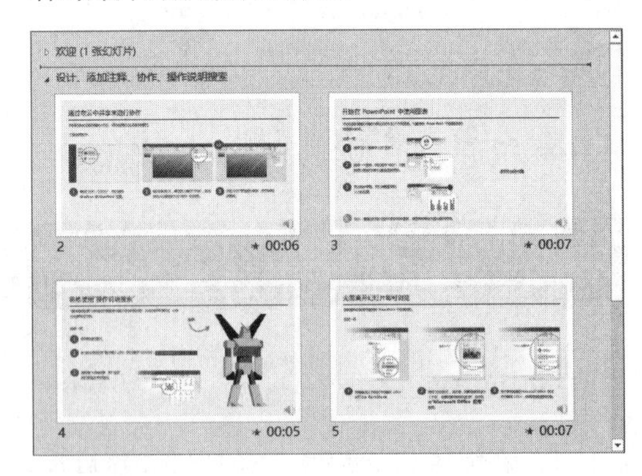

图 16-92 设置排练计时